U0196536

建筑防火设计手册

（第三版）

主　编　王学谦
副主编　景　绒　陈　南

中国建筑工业出版社

图书在版编目（CIP）数据

建筑防火设计手册 / 王学谦主编. —3 版. —北京：
中国建筑工业出版社，2015.9
ISBN 978-7-112-18422-4

Ⅰ. ①建… Ⅱ. ①王… Ⅲ. ①建筑设计-防火-技术
手册 Ⅳ. ①TU892-62

中国版本图书馆 CIP 数据核字（2015）第 205383 号

　　本书是《建筑防火设计手册》的第三版，本书内容共 25 章，包括燃烧基础知识；建筑火灾概论；建筑防火材料和防火涂料；建筑耐火等级；建筑装修和外墙保温防火设计；建筑防火分区、分隔和平面布置防火设计；建筑安全疏散和避难设计；建筑总平面布局和灭火救援设施设计；厂房和仓库防爆设计；建筑室外消防给水系统设计；室内消火栓系统设计；自动喷水灭火系统；消防水幕系统；水喷雾灭火系统；细水雾灭火系统；消防水炮系统；建筑泡沫灭火系统；气体灭火系统；气溶胶灭火系统；干粉灭火系统；灭火器配置设计；建筑防排烟系统设计；供暖、通风空调系统防火；电气防火设计；火灾自动报警系统设计。

　　本书主要供建筑设计人员、建筑施工技术人员、监理人员、建筑防火审核人员、建筑消防科学研究人员学习使用，也可供高等院校消防工程专业和土建专业师生以及企业、事业单位消防干部学习参考。

＊　　＊　　＊

责任编辑：时咏梅　岳建光　张　磊
责任设计：李志立
责任校对：张　颖　刘梦然

建筑防火设计手册

（第三版）

主　编　王学谦

副主编　景　绒　陈　南

＊

中国建筑工业出版社出版、发行（北京西郊百万庄）
各地新华书店、建筑书店经销
北京红光制版公司制版
北京圣夫亚美印刷有限公司印刷

＊

开本：787×1092 毫米　1/16　印张：39¼　字数：1042 千字
2015 年 8 月第三版　2017 年 3 月第七次印刷
定价：**99.00**元
ISBN 978-7-112-18422-4
（27625）

本书编委会

主　编　王学谦

副主编　景　绒　陈　南

参　编　张学魁　李思成　郑俊岭　湛宝华　杨玉胜

　　　　商靠定　马宏伟　王　斌　马双成　朱敬华

　　　　杨卫国　陈　静　陶彦伯

第 三 版 前 言

根据中华人民共和国住房和城乡建设部 2014 年 8 月 27 日第 517 号公告,《建筑设计防火规范》GB 50016—2014 自 2015 年 5 月 1 日起实施。原《建筑设计防火规范》GB 50016—2006 和《高层民用建筑设计防火规范》GB 50045—95 同时废止。

《建筑设计防火规范》GB 50016—2014 是在《建筑设计防火规范》GB 50016—2006 和《高层民用建筑设计防火规范》GB 50045—95(2005 年版)的基础上,经过整合修订而成,与这两个规范的主要区别如下:

1. 合并了《建筑设计防火规范》和《高层民用建筑设计防火规范》,调整了两项标准间不协调的要求,将住宅建筑的高、多层分类统一按照建筑高度划分;

2. 增加了灭火救援设施和木结构建筑两章,完善了有关灭火救援的要求,系统规定了木结构建筑的防火要求;

3. 补充了建筑保温系统的防火要求;

4. 将消防设施的设置独立成章并完善了有关内容;取消了消防给水系统、室内外消火栓系统和防烟排烟系统设计的要求,这些系统的设计要求分别由相应的国家标准作出规定;

5. 适当提高了高层住宅建筑和建筑高度大于 100m 的高层民用建筑的防火技术要求;

6. 补充了有顶商业步行街两侧的建筑利用该步行街进行安全疏散时的防火要求;调整、补充了建材、家具、灯饰商店营业厅和展览厅的设计疏散人员密度;

7. 补充了地下仓库、物流建筑、大型可燃气体储罐(区)、液氨储罐、液化天然气储罐的防火要求,调整了液氧储罐等的防火间距;

8. 完善了防止建筑火灾竖向或水平蔓延的相关要求。

《建筑设计防火规范》GB 50016—2006 和《高层民用建筑设计防火规范》GB 50045—95 整合修订为《建筑设计防火规范》GB 50016—2014,这是国家工程建设消防标准体系的一项重大改革。适逢其以及大批工程建设消防技术规范出台,为了满足广大建筑消防设计人员、施工人员和监督审核人员全面系统学习、掌握建筑防火设计基本知识和各种实用建筑防火技术的需要,我们对 2008 年出版的《建筑防火设计手册》(第二版)进行了大量修订、精编,撰写了《建筑防火设计手册》(第三版)一书。

本书的修订突出了五个特点:一是与新规范紧密接轨,紧密结合国家最新颁布的一系列工程建设消防技术规范,特别是《建筑设计防火规范》GB 50016—2014、《消防给水及消火栓系统技术规范》GB 50974—2014 等重要的技术标准;二是博采众长,尽可能多地吸收借鉴国内外建筑防火设计的先进技术和实践经验;三是体系完整,结构合理,内容丰富,涵盖面广,力求把建筑防火设计所用到的各种规范、知识和数据等尽量融汇于本书之中,做到一书在手,通览无余;四是突出实用性和可操作性,注重理论联系实际;五是在内容表达方面力求做到简洁明了、图文并茂,在内容编排上做到循序渐进、层次清楚、设计步骤程序化。

全书由王学谦负责整体结构设计，并统一整理定稿，撰写附文。本书撰写人员分工为：王斌撰写第一章；杨玉胜撰写第二章；郑俊岭撰写第三章；商靠定撰写第四章；马双成撰写第五章；湛宝华撰写第六章；马宏伟撰写第七章；朱敬华撰写第八章；陶彦伯撰写第九章；张学魁撰写第十、十一章；景绒撰写第十二章至第二十一章；李思成撰写第二十二章；陈静撰写第二十三章；杨卫国撰写第二十四章的第一、二节；陈南撰写第二十四章的第三、四节和第二十五章。

本书主要供建筑设计人员、建筑施工技术人员、监理人员、建筑防火审核人员、建筑消防科学研究人员学习使用，也可供高等院校消防工程专业和土建专业师生以及企业、事业单位消防干部学习参考。

在撰写本书过程中，参阅了部分消防专业书籍（见参考文献）的有关内容，在此谨向这些书籍的各位作者深表谢意。

由于我们水平有限，加之编写时间较为仓促，本书难免存在缺点和错误之处，敬请读者批评指正，以臻完善。

主编　王学谦

2015 年 7 月 6 日

第 二 版 前 言

建筑物是人类进行生活、生产和政治、经济、文化等活动的场所。凡是建筑物都存在可燃物和着火源，因而存在发生火灾的危险性。随着城镇不断扩大，各种建筑越来越多，建筑布局及功能日益复杂，用火、用电、用气和化学物品的应用日益广泛，建筑火灾的危险性和危害性大大增加。近年来，我国的建筑火灾形势依然严峻，历年来在各种火灾事故中占居首位的建筑火灾，其发生的频率和造成的损失在总火灾中所占比例居高不下。自1997年以来，我国火灾直接经济损失年平均在13亿元以上，其中建筑火灾的损失占80%以上；建筑火灾发生的次数占总火灾次数的75%以上。

近十几年来发生的数起特大恶性建筑火灾所造成的财产损失和人员伤亡情况令人十分震惊。例如，1994年12月8日新疆克拉玛依友谊馆特大火灾（死亡323人，伤130人，直接经济损失210.9万元）；1994年11月27日辽宁阜新市歌舞厅特大火灾（死亡233人，伤20人，直接经济损失12.8万元）；2000年12月25日河南洛阳东都商厦特大火灾（死亡309人，直接经济损失275万元）；1993年8月5日广东深圳清水河安贸危险品仓库特大火灾爆炸事故（火灾直接经济损失2.5亿元，死亡18人，重伤136人）；2003年11月3日湖南衡阳市衡州大厦火灾倒塌事故（火灾直接经济损失500万元，伤亡36人，其中有20名消防官兵壮烈牺牲）；等等。这些特大建筑火灾事故损失惨重，骇人听闻。

分析许多建筑发生火灾、造成大量人员伤亡和巨大财产损失的根源，其中最主要的一点就在于建筑设计不符合建筑防火技术规范的规定，或者建筑防火设计技术措施没有在实际工程中得到落实，留下了先天性的火灾危险隐患。无数事例说明，在建筑设计时做好作为其重要组成部分的建筑防火设计工作，则会为该建筑物的消防安全打下一个良好的基础，可以从根本上防止和减少火灾的发生，且在其一旦发生火灾时把火灾损害降低到最低程度。鉴于此，适逢《建筑设计防火规范》（GB 50016）等一系列十分重要的建筑消防技术规范的出台，为了满足广大建筑消防设计人员、施工人员和监督审核人员全面系统学习、掌握建筑防火设计基本知识和各种实用建筑防火技术的需要，我们多位从事建筑防火专业教学、设计、施工和审核工作多年的同行，及时对1998年编写出版的《建筑防火设计手册》大型工具书进行了修订，编写了《建筑防火设计手册》第二版。

《建筑防火设计手册》（第二版）的编写注意突出了四个特点：一是紧密结合国家最新颁布的一系列建筑消防技术规范，特别是《建筑设计防火规范》（GB 50016）等常用重要的规范，注意吸收国内外现代建筑防火设计的先进技术和经验；二是体系完整，结构合理，内容丰富，涵盖建筑防火设计的各个方面，力求把建筑防火设计所需要的各种知识都尽可能地予以介绍；三是突出实用性和可操作性，注重理论联系实际；四是在内容表达方面力求做到简洁而通俗易懂、图文并茂，在内容编排上做到循序渐进、层次清楚、设计步骤程序化。

本手册共分7篇35章，各篇内容如下：

第一篇（包括 2 章）：建筑防火概论；

第二篇（包括 3 章）：建筑防火材料和防火涂料；

第三篇（包括 7 章）：建筑防火设计；

第四篇（包括 13 章）：建筑消防给水、灭火系统设计；

第五篇（包括 3 章）：建筑防排烟系统和通风供暖系统防火设计；

第六篇（包括 4 章）：电气防火、建筑物防雷与火灾监控系统设计；

第七篇（包括 3 章）：特殊建筑场所防火设计（地下建筑、无窗厂房和高危工业建筑防火设计）。

本手册主要供建筑设计人员、建筑施工技术人员、监理人员、建筑防火审核人员、建筑消防科学研究人员学习使用，也可供高等院校消防工程专业和土建专业师生以及机关、团体、企业、事业单位消防干部学习参考。

本手册的编写，参阅了部分消防专业书刊的有关内容，在此谨向这些书刊的各位作者深表谢意。

本手册承蒙我国著名消防专家、武警学院院长杨隽少将担任主审，谨在此向他表示衷心的感谢。

由于我们水平有限，加之编写时间较为仓促，本手册难免存在缺点和错误之处，敬请读者批评指正，以臻完善。

主编　王学谦

2007 年 7 月 10 日

第 一 版 前 言

近几年来，随着我国改革开放的不断深入和经济建设的迅速发展，城市建设进程加快，高层建筑、大型宾馆、饭店、商场和影剧院、歌舞厅急剧增加，居民住宅楼、办公楼越来越多；同时，随着物质财富的不断增多和人民生活逐步改善，社会生活和生产等领域中的火灾危险因素也随之增加，火灾发生的频率和造成的损失一度呈上升趋势。火灾统计资料表明，在各种火灾事故中，占居首位的是建筑火灾。1993 年，建筑火灾发生 28502起，占全年总火灾次数的 74.8%；死 2080 人，占总火灾死亡人数的 84.3%；火灾直接经济损失 9.72 亿元，占总火灾直接经济损失的 86.8%。1994 年，建筑火灾发生 30229 起，占总次数的 76.8%；死 2531 人，占总死亡人数的 88.8%；火灾损失 10.7 亿元，占总火灾损失的 85.8%。1995 年，建筑火灾发生 28476 起，占总火灾次数的 75.1%；死 2030人，占总死亡人数的 89.1%；火灾损失 9.48 亿元，占总火灾损失 86.1%。建筑火灾中的特大恶性火灾屡有发生。例如：新疆克拉玛依友谊馆、阜新市艺苑歌舞厅、唐山林西百货大楼、吉林市银都夜总会、南昌万寿宫商城、北京隆福大厦等几起特大恶性建筑火灾，损失惨重，骇人听闻。

本书共有 23 章，按内容可分为六大部分：

第一部分（第一章）为建筑火灾和防火基本知识；

第二部分（第二章~第九章）为建筑设计防火；

第三部分（第十章~第十八章）为消防给水、灭火系统设计；

第四部分（第十九、二十章）为建筑防排烟系统和通风供暖系统防火设计；

第五部分（第二十一、二十二章）为电气系统防火和火灾自动报警控制系统设计；

第六部分（第二十三章）为特殊建筑的防火设计。

本书全面、系统地介绍了建筑防火设计的基本知识，并按照现行建筑设计防火规范的要求，吸收现代建筑防火设计技术和先进经验，针对建筑防火设计中存在的问题，介绍了一系列实用的建筑防火技术措施。本书内容丰富、完整，涵盖了建筑防火设计的全部内容。编写时，力求突出实用性和可操作性，注重理论联系实际；在内容表达方面力求做到简洁而通俗易懂、图文并茂，在内容编排上做到循序渐进、层次清楚、设计步骤程序化。

本书主要供建筑设计人员和建筑防火审核人员阅读使用，也可供防火监督人员、工业企业和事业单位消防干部及消防院校、建筑院校有关专业师生学习参考。

本书在编写过程中得到了许多专家及同行的热情帮助和支持，并参阅了一些作者的文献资料，在此谨向他们深表谢意。

由于我们的水平有限，缺点和错误之处希望读者批评指正。

目　录

第一章　燃烧基础知识 ··· 1
　　第一节　燃烧条件及其在消防中的应用 ························· 1
　　第二节　燃烧类型和形式 ····································· 3
第二章　建筑火灾概论 ··· 8
　　第一节　建筑火灾和起火原因 ································· 8
　　第二节　建筑火灾的发展和蔓延 ······························ 11
　　第三节　火灾全面发展阶段的性状 ···························· 14
　　第四节　建筑火灾烟气及控制 ································ 18
　　第五节　建筑设计防火对策和措施 ···························· 26
第三章　建筑防火材料和防火涂料 ····································· 28
　　第一节　建筑材料的高温性能 ································ 28
　　第二节　建筑材料及制品燃烧性能分级和试验方法 ·············· 33
　　第三节　建筑防火材料 ······································ 42
　　第四节　建筑防火涂料 ······································ 46
第四章　建筑耐火等级 ··· 59
　　第一节　概述 ·· 59
　　第二节　建筑构件的耐火性能 ································ 60
　　第三节　民用建筑耐火等级 ·································· 63
　　第四节　厂房和仓库的耐火等级 ······························ 69
　　第五节　木结构建筑的燃烧性能和耐火极限 ···················· 79
第五章　建筑装修和外墙保温防火设计 ································· 81
　　第一节　建筑内部装修防火 ·································· 81
　　第二节　建筑外墙保温和外墙装饰防火 ······················ 92
第六章　建筑防火分区、分隔和平面布置防火设计 ····················· 96
　　第一节　概述 ·· 96
　　第二节　防火分区、分隔的分隔物 ···························· 97
　　第三节　建筑防火分区、层数和面积 ························· 120
　　第四节　防火分隔和平面布置 ······························ 126
第七章　建筑安全疏散和避难设计 ···································· 143
　　第一节　概述 ··· 143
　　第二节　疏散楼梯间和疏散楼梯等设施 ······················ 144
　　第三节　民用建筑的安全疏散和避难 ························· 153
　　第四节　厂房的安全疏散 ·································· 161

　　第五节　仓库的安全疏散 ·················· 163
　　第六节　木结构建筑的安全疏散 ·············· 164

第八章　建筑总平面布局和灭火救援设施设计 ·········· 165
　　第一节　总平面布局一般要求 ··············· 165
　　第二节　防火间距 ···················· 167
　　第三节　灭火救援设施 ·················· 182

第九章　厂房和仓库防爆设计 ················· 186
　　第一节　概述 ····················· 186
　　第二节　厂房和仓库防爆设计要点 ············ 190

第十章　建筑室外消防给水系统设计 ············· 196
　　第一节　概述 ····················· 196
　　第二节　消防设计流量 ················· 200
　　第三节　消防水源 ···················· 208
　　第四节　室外消防给水管网设施 ············· 213
　　第五节　系统水力计算 ················· 220
　　第六节　消防水泵给水设施 ··············· 225

第十一章　室内消火栓系统设计 ··············· 233
　　第一节　概述 ····················· 233
　　第二节　系统主要组件及要求 ·············· 239
　　第三节　室内消火栓的布置 ··············· 243
　　第四节　室内消火栓系统的设计计算 ··········· 246

第十二章　自动喷水灭火系统 ················· 253
　　第一节　概述 ····················· 253
　　第二节　系统类型 ···················· 256
　　第三节　系统主要组件 ················· 262
　　第四节　喷头与管网的布置 ··············· 270
　　第五节　系统设计流量与水压 ·············· 277

第十三章　消防水幕系统 ··················· 287
　　第一节　概述 ····················· 287
　　第二节　系统主要组件及设置要求 ············ 289
　　第三节　系统设计 ···················· 296

第十四章　水喷雾灭火系统 ·················· 299
　　第一节　概述 ····················· 299
　　第二节　系统主要组件及设置要求 ············ 303
　　第三节　系统的设计 ·················· 310

第十五章　细水雾灭火系统 ·················· 314
　　第一节　概述 ····················· 314
　　第二节　细水雾灭火系统的组成及类型 ·········· 317
　　第三节　系统设计 ···················· 320

第十六章　消防水炮系统 ························· 323

　第一节　概述 ·················· 323

　第二节　系统主要组件及设置要求 ·········· 324

　第三节　系统设计 ················· 326

第十七章　建筑泡沫灭火系统 ············ 330

　第一节　概述 ·················· 330

　第二节　系统组成设施及设置要求 ·········· 333

　第三节　系统设计计算 ·············· 338

第十八章　气体灭火系统 ·············· 345

　第一节　概述 ·················· 345

　第二节　气体灭火系统组成设施设计要求 ······· 350

　第三节　灭火剂用量计算 ············· 360

　第四节　气体灭火系统设计计算 ·········· 369

第十九章　气溶胶灭火系统 ············· 383

　第一节　概述 ·················· 383

　第二节　灭火剂用量计算 ············· 387

　第三节　系统的设置要求 ············· 389

第二十章　干粉灭火系统 ·············· 392

　第一节　概述 ·················· 392

　第二节　系统主要组件及设置要求 ·········· 397

　第三节　系统设计 ················ 405

第二十一章　灭火器配置设计 ··········· 411

　第一节　灭火器 ················· 411

　第二节　灭火器选配 ··············· 414

　第三节　灭火器配置设计 ············· 417

第二十二章　建筑防排烟系统设计 ········· 421

　第一节　建筑防烟、排烟系统设置范围 ········ 421

　第二节　建筑防烟、排烟系统分类 ·········· 423

　第三节　防烟分区的划分 ············· 424

　第四节　自然通风和自然排烟系统 ·········· 429

　第五节　机械加压送风防烟系统 ··········· 433

　第六节　机械排烟系统 ·············· 440

　第七节　防烟排烟系统主要部件 ··········· 452

　第八节　防烟排烟系统联动控制 ··········· 463

第二十三章　供暖、通风空调系统防火 ······· 469

　第一节　供暖系统防火 ·············· 469

　第二节　通风和空调系统防火 ··········· 469

第二十四章　电气防火设计 ············· 473

　第一节　电气防火概述 ·············· 473

　　　第二节　消防电源及配电防火 ·············· 475
　　　第三节　电力线路及电器装置防火 ·············· 492
　　　第四节　火灾应急照明与疏散指示系统 ·············· 519
第二十五章　火灾自动报警系统设计 ·············· 529
　　　第一节　系统构成 ·············· 529
　　　第二节　火灾探测器选择与设置 ·············· 535
　　　第三节　系统设计 ·············· 548
　　　第四节　住宅建筑火灾报警系统 ·············· 558
　　　第五节　电气火灾监控系统 ·············· 559
　　　第六节　可燃气体探测报警系统 ·············· 567
　　　第七节　消防控制室 ·············· 572
附录一　各类非木结构构件的燃烧性能和耐火极限 ·············· 596
附录二　各类木结构构件的燃烧性能和耐火极限 ·············· 610
参考文献 ·············· 614

第一章 燃 烧 基 础 知 识

第一节 燃烧条件及其在消防中的应用

火灾是一种违反人们意志、在时间和空间上失去控制的燃烧现象。弄清燃烧的条件，对于预防火灾、控制火灾和扑救火灾有着十分重要的指导意义。

一、燃烧条件

燃烧是指可燃物与氧化剂作用发生的放热反应，通常伴有火焰、发光和（或）发烟现象。燃烧过程中，燃烧区的温度较高，使其中白炽的固体粒子和某些不稳定的中间物质分子内电子发生能级跃迁，从而发出各种波长的光；发光的气相燃烧区就是火焰，它是燃烧过程中最明显的标志；由于燃烧不完全等原因，会使产物中产生一些小颗粒，这样就形成了烟。放热、发光、生成新物质是燃烧现象的三个特征。

燃烧可分为有焰燃烧和无焰燃烧。通常看到的明火都是有焰燃烧。有些可燃固体发生表面燃烧时，有发光发热现象，但是没有火焰产生，这种燃烧方式则是无焰燃烧。发生燃烧必须同时具备三个必要条件，即可燃物、助燃物（氧化剂）和引火源。

（一）可燃物

凡是能与空气中的氧或其他氧化剂起化学反应发生燃烧现象的物质，均称为可燃物。

可燃物按其化学组成可分为无机可燃物和有机可燃物两大类。从数量上讲，绝大部分可燃物为有机物，少部分为无机物。

无机可燃物包括金属（如钠、钾、镁、钙、铝等）、非金属（如碳、磷、硫等），以及一氧化碳、氢气等。

有机可燃物种类繁多，其中大部分含有碳（C）、氢（H）、氧（O）元素，有的还含有少量氮（N）、磷（P）、硫（S）等，如木材、煤、棉花、纸、塑料、汽油、甲烷、乙醇、氢气、石油液化气等。

可燃物按其状态可分为可燃固体、可燃液体及可燃气体三大类。不同状态的同一种物质燃烧性能不同。一般来讲，气体比较容易燃烧，其次是液体，再次是固体。

（二）助燃物（氧化剂）

凡是与可燃物发生反应并引起和支持燃烧的物质，称为助燃物。助燃物的种类很多，如广泛存在于空气中的氧气，此外还有氟、氯、溴、碘，以及一些化合物，如硝酸盐、氯酸盐、高锰酸盐及过氧化物等。这些化合物分子中含氧较多，当受到光、热或摩擦、撞击等作用时，能发生分解，放出氧气，从而使可燃物氧化燃烧。

氧气在空气中体积比约占21%，故一般可燃物在空气中均能燃烧。空气供应不足时燃烧就会不完全，隔绝空气能使燃烧停止。

（三）引火源

引火源是指具有一定能量、能够引起可燃物燃烧的能源，也称为点火源。常见的引火源的有下列几种：

(1) 明火。明火是指生产和生活中的炉火、焊接火、撞击、摩擦打火、机动车辆排气管火星、烛火、吸烟火、飞火等。

(2) 电弧、电火花。电弧、电火花是指电气设备、电气线路、电气开关及漏电打火，电话、手机等通信工具火花，静电火花（物体静电放电、人体衣物静电打火、人体积聚静电对物体放电打火）等。

(3) 雷击。雷击瞬间高压放电能引燃许多可燃物。

(4) 高温。高温是指高温加热、烘烤、积热不散、机械设备故障发热、摩擦发热、聚焦发热等。

(5) 自燃引火源。自燃引火源是指在既无明火又无外来热源的情况下，物质本身自行发热、燃烧起火，如白磷、烷基铝在空气中能自行起火；钾、钠等金属遇水着火；易燃、可燃物质与氧化剂、过氧化物接触起火等。

在一定条件下，各种不同可燃物发生燃烧，均有一定的最小点火能量要求，只有达到一定的能量才能引起燃烧。引火源这一燃烧条件的实质是提供一个初始能量，在此能量激发下，使可燃物与氧化剂发生剧烈的氧化反应，引起燃烧。

可燃物、助燃物和引火源是构成燃烧的三个要素，缺一不可，即必要条件。但发生燃烧仅具有必要条件还不够，还要有"量"的方面的条件，即充分条件。在某些情况下，如可燃物的数量不够、助燃物不足或引火源的能量不够大，燃烧也不能发生。例如，在同样温度（20℃）下，用明火瞬间接触汽油和煤油时，汽油会立刻燃烧起来，煤油则不会。这是因为汽油在此温度下的蒸气量已经达到了燃烧所需浓度（数量），而煤油蒸气量没有达到燃烧所需浓度。由于煤油的蒸发量不够，虽有足够的空气（氧气）和着火源的接触，也不会发生燃烧。又如，实验证明，空气中氧气的浓度降低到14%～18%时，一般的可燃物就不会燃烧。再如，火柴可点燃一张纸而不能点燃一块木头；电、气焊火花温度可达1000℃以上，它可以将达到一定浓度的可燃混合气体引爆，而不能将木块、煤块引燃。

由此可见，要使可燃物发生燃烧，不仅要同时具备三个要素，而且每一要素都须有一定的"量"，并彼此相互作用。否则，就不能发生燃烧。

二、燃烧条件在消防中的应用

一切防火与灭火措施的基本原理，就是根据物质燃烧的条件，阻止燃烧三要素同时存在、互相结合、互相作用。

(一) 防火的基本原理和方法

一切防火措施，都是为了防止燃烧条件产生。防止火灾的基本措施有：

(1) 控制可燃物。以难燃或不燃的材料代替易燃或可燃的材料；用防火涂料刷涂可燃材料，改变其燃烧性能；对于具有火灾、爆炸危险性的厂房，采取通风方法，以降低易燃气体、蒸气和粉尘在厂房空气中的浓度，使之不超过最高允许浓度；防止可燃物质跑、冒、滴、漏；对于那些相互作用能产生可燃气体或蒸气的物品加以隔离，分开存放；预防森林火灾采用防火隔离带等。

(2) 隔绝空气。使用易燃易爆物质的生产应在密闭设备中进行；对有异常危险的生产，可充装惰性气体保护；隔绝空气储存，如将钠存于煤油中，磷存于水中，二硫化碳用水封闭存放等。

（3）消除引火源。如采取隔离、控温、接地、避雷、安装防爆灯、遮挡阳光、设禁止烟火标志等。

（4）阻止火势蔓延。如在相邻两建筑之间留出一定的防火间距；在建筑内设防火墙、防火门和防火卷帘；在管道上安装防火阀等。

（二）灭火的基本原理和方法

一切灭火措施，都是为了破坏已经产生的燃烧条件，使燃烧熄灭。灭火的基本方法有：

（1）冷却法。就是将灭火剂直接喷射到燃烧物上，使其温度降低于燃点之下，使燃烧停止；或者将灭火剂喷洒在火源附近的物体上，使其不受到火焰辐射热的威胁，避免形成新的着火点。

冷却法是灭火的主要方法，常用水和二氧化碳冷却降温灭火。灭火剂在灭火过程中不参与燃烧过程中的化学反应，这种方法属于物理灭火方法。用水扑灭一般固体物质引起的火灾，主要是通过冷却作用来实现的。水具有较大的比热容和很高的汽化热，冷却性能很好。在水灭火过程中，水大量地吸收热量，使燃烧物的温度迅速降低，使火焰熄灭、火势得到控制、火灾终止。

（2）隔离法。将可燃物与氧气、火焰隔离，就可以中止燃烧。例如：将火源处或其周围的可燃物质隔离或移开，使燃烧因隔离可燃物而停止；自动喷水泡沫联用系统在喷水的同时，喷出泡沫覆盖于燃烧液体或固体的表面，在发挥冷却作用的同时，将可燃物与空气隔开，从而实现灭火；在扑灭可燃液体或可燃气体火灾时，迅速关闭输送可燃液体或可燃气体的管道阀门，切断流向着火区的可燃液体或可燃气体的输送，同时打开可燃液体或可燃气体通向安全区域的阀门，使已经燃烧或即将燃烧或受到火势威胁的容器中的可燃液体、可燃气体转移。

（3）窒息法。就是阻止空气流入燃烧区或用不燃物质冲淡空气，使燃烧物得不到足够的氧气而熄灭。一般氧浓度低于15％时，燃烧就不能维持。在着火场所内，可以通过灌注不燃气体，如二氧化碳、氮气、蒸汽等，来降低空间的氧浓度，到窒息灭火。水喷雾灭火系统工作时，喷出的水滴吸收热气流热量而转化为蒸汽，当空气中水蒸气浓度达到35％时，燃烧即停止。

（4）化学抑制法。就是使灭火剂参与到燃烧反应过程中去，有效抑制燃烧自由基的产生或降低火焰中自由基的浓度，使燃烧反应终止。化学抑制灭火的灭火剂常见的有干粉和七氟丙烷。

第二节　燃烧类型和形式

掌握燃烧类型和形式，对于了解物质燃烧机理、火灾危险性的评定有着重要的意义。

一、燃烧类型

按照燃烧形成的条件和发生瞬间的特点，燃烧可以分为以下类型：

（一）闪燃

1. 定义

在一定温度条件下，可燃性液体或固体表面产生的蒸气与空气形成的混合物，当遇明火时发生一闪即灭的燃烧现象称为闪燃。

2. 闪点

闪点，系指在规定的试验条件下，可燃性液体或固体表面产生的蒸气与空气形成的混合物，遇火源能够闪燃的液体或固体的最低温度（采用闭杯法测定）。

可燃性液体的闪点，以"℃"表示。闪点是判断液体火灾危险性大小及对可燃性液体进行分类的主要依据。有些固态可燃物质如樟脑、萘、磷等，在一定的条件下，也能够缓慢地蒸发可燃蒸汽，因而也用闪点衡量其火灾和爆炸危险性。

物质的闪点越低，则越容易蒸发可燃蒸气和气体，并与空气形成浓度达到燃烧或爆炸条件的可燃混合气体，其火灾和爆炸的危险性越大，反之则小。例如，汽油的闪点是－50℃，煤油的闪点是38～74℃，显然汽油的火灾危险性就比煤油大。

3. 闪点在消防上的应用

可燃性液体的火灾危险性是根据其闪点进行分类的。根据闪点的不同，将可燃性液体的火灾危险性划分为甲、乙、丙类。具体是：闪点＜28℃的液体划为甲类液体；闪点≥28℃至＜60℃的液体划为乙类液体；闪点≥60℃的液体划为丙类液体。在建筑设计防火规范中，将生产中使用或产生甲、乙、丙类液体的厂房，通常分别划分为甲、乙、丙类火灾危险性厂房，而将储存甲、乙、丙类的仓库，通常分别划分为甲、乙、丙类火灾危险性仓库，根据火灾危险性不同，采取相应的防火措施。

（二）点燃

1. 定义

可燃物质在与空气共存的条件下，当达到某一温度时与火源接触、立即引起燃烧，并在火源离开后仍能继续燃烧，这种持续燃烧的现象称为点燃，也称着火。

2. 燃点

可燃物质开始持续燃烧所需的最低温度称为该物质的燃点或着火点，以"℃"表示。

3. 燃点在消防上的应用

所有可燃液体的燃点都高于闪点，因此，在评定液体的火灾危险性时，燃点就没有多大实际意义。但是燃点对可燃固体及闪点较高的可燃液体，则具有实际意义。如将这些物质的温度控制在燃点以下，就可防止火灾的发生。

（三）自燃

1. 定义

自燃是可燃物质不用明火点燃而能够自发着火燃烧的现象。其可分为受热自燃和自热燃烧两类。可燃物质在外部热源作用下，温度升高，当达到一定温度时着火燃烧，称受热自燃。一些物质在没有外来热源影响下，由于物质内部发生化学、物理或生化过程而产生热量，这些热量积聚引起物质温度持续上升，达到一定温度时而发生燃烧，称自热燃烧。

2. 自燃点

可燃物质在没有外部火花或火焰的条件下，能自动引起燃烧和继续燃烧时的最低温度称为自燃点。可燃物质的自燃点，以"℃"表示。自燃点是判定可燃物质受热升温形成自燃危险性的主要数据。

有些自燃点很低的可燃物质，如赛璐珞、硝化棉等，不仅容易形成自燃，而且在自燃时还会分解释放大量一氧化碳、氮氧化物、氢氰酸等可燃气体。这些气体与空气混合，当浓度达到爆炸极限时，则会发生爆炸。因此，对于自燃点很低的可燃物质，除了采取防火措施外，还应分别采取防爆措施。

3. 自燃点在消防上的应用

建筑设计防火规范对于生产和储存在空气中能够自燃的物质的火灾危险性进行了分类。例如，在库房储存物品的火灾危险性中，将常温下能自行分解或在空气中氧化即能导致迅速自燃或爆炸的物质，划为甲类；而将常温下与空气接触能缓慢氧化，积热不散引起自燃的物品，划为乙类。

（四）爆炸

1. 定义

爆炸是物质由一种状态迅速地转变成另一种状态，并在极短时间内以机械功的形式释放出巨大能量，或是气体、蒸气瞬间发生剧烈膨胀的现象。物质发生爆炸时，在极短时间内释放大量的能量，产生大量高温高压气体，使周围空气发生剧烈震荡，这种空气震荡的现象称为冲击波。它迅速向各个方向传播，在离爆炸中心一定范围内，人将遭受冲击波、被炸裂的碎片的伤害，建筑物将遭受倒塌和燃烧破坏。

2. 爆炸极限

可燃气体、可燃蒸气和可燃粉尘一类物质，当与空气混合浓度达到一定比例范围时，则会形成爆炸性的混合物，此时一接触到火源就立即发生爆炸，此浓度界限的范围称为爆炸极限。其可分为爆炸下限和爆炸上限。能引起爆炸的浓度最低的界限称为爆炸下限；浓度最高的界限称为爆炸上限。浓度低于爆炸下限或高于爆炸上限时，接触到火源都不会引起爆炸。

可燃气体和可燃蒸气的爆炸极限，以可燃气体、蒸气占爆炸混合物单位体积的百分比（％）表示。可燃粉尘的爆炸极限，以可燃粉尘占爆炸混合物单位体积的重量比（g/m³）表示。

爆炸极限是鉴别各种可燃气体发生爆炸危险性的主要数据。爆炸极限的上、下限之间范围愈大，形成爆炸混合物的机会愈多，发生爆炸事故的危险性愈大。爆炸下限愈小，形成爆炸混合物的浓度愈低，则形成爆炸的条件愈是容易。

3. 爆炸极限在消防上的应用

建筑设计防火规范对生产和储存可燃气体一类物质的火灾危险性作了明确的分类。例如，将在生产过程中使用或产生可燃气体的厂房，其可燃气体爆炸下限＜10％，划分为甲类生产；爆炸下限≥10％，划分为乙类生产。库房储存可燃气体和能够产生可燃气体的物质时的火灾危险性类别划分与厂房相同；在生产过程中排放浮游状态的可燃粉尘、纤维、闪点≥60℃的液体雾滴，并能够与空气形成爆炸混合物的生产，则属于乙类生产。

根据爆炸下限，确定了可燃气体生产、储存的火灾危险性类别后，进而就可根据建筑设计防火规范规定对厂房和仓库采取针对性的消防安全技术措施。

二、燃烧形式

可燃物质和助燃物质存在的状态、混合程度和燃烧过程不同，其燃烧形式也不同。不同状态可燃物质燃烧的形式可分为：扩散燃烧、预混燃烧、蒸发燃烧、分解燃烧、表面燃烧和阴燃等。

（一）气体物质的燃烧

1. 扩散燃烧

扩散燃烧是指可燃气体从喷口（管口或容器泄漏口）喷出，在喷口处与空气中的氧边扩散混合、边燃烧的现象。其燃烧速度取决于可燃气体的喷出速度，一般为稳定燃烧。管路、容器泄漏口发生的燃烧，天然气井口发生的井喷燃烧均属扩散燃烧。

2. 预混燃烧

预混燃烧是指可燃气体与氧在燃烧前混合，并形成一定浓度的可燃混合气体，被火源点燃所引起的燃烧，这类燃烧往往是爆炸式的燃烧，也叫动力燃烧，即通常所说的气体爆炸。爆炸式燃烧后火焰返至漏气处，然后转变为稳定式的扩散燃烧。

（二）液体物质的燃烧

易燃和可燃液体在燃烧过程中，并不是液体本身在燃烧，而是液体受热时蒸发出来的气体被分解、氧化至燃点而燃烧，称蒸发燃烧。其燃烧速度取决于液体的蒸发速度，而蒸发速度又取决于接受的热量，故接受热量愈多，气体蒸发量愈大，燃烧速度愈快。可燃、易燃液体的蒸发与可燃气体的燃烧特点相同，也分扩散燃烧和预混燃烧。

（三）固体物质的燃烧

1. 蒸发燃烧

蒸发燃烧是指熔点较低的可燃固体，受热后熔融，然后像可燃液体一样蒸发成蒸气而燃烧。例如：硫、磷、钾等单质固体物质先熔融而后燃烧；沥青、石蜡、松香等先熔融，后蒸发成蒸气，分解、氧化燃烧；高分子材料的热塑性塑料，受热后变形、熔融，由固体变为液体，继而蒸发燃烧；萘和樟脑这类具有升华性质的物质，则在受热后不经熔融，而直接变为可燃熄灭蒸气燃烧。

2. 分解燃烧

分子结构复杂的固体可燃物，在受热分解出其组成成分及与加热温度相应的热分解产物，这些分解产物再氧化燃烧，成为分解燃烧。例如：天然高分子材料中的木材、纸张、棉、麻、毛、丝的功能以及合成高分子的热固塑料、合成橡胶、纤维等燃烧均属分解燃烧。

3. 表面燃烧

当可燃固体燃烧至分解不出可燃气体时，便没有火焰，燃烧继续在所剩固体的表面进行，称为表面燃烧。金属燃烧即属表面燃烧，无气化过程，无需吸收蒸发热，燃烧温度较高。

4. 阴燃

阴燃是指某些固体可燃物在空气不流通，加热温度较低或可燃物含水分较多等条件下发生的只冒烟、无火焰的燃烧现象。例如，成捆堆放的棉、麻、纸张及大量堆放的煤、杂草、湿木材等，受热后易发生阴燃。有焰燃烧和阴燃在一定条件下会相互转化。

　　此外，根据燃烧产物或燃烧进行的程度，燃烧形式还可分为完全燃烧和不完全燃烧。在燃烧反应过程中如果生成的燃烧产物不能再燃烧，则称为完全燃烧，其燃烧产物为完全燃烧产物；如果生成的燃烧产物还能继续燃烧，则这种燃烧称为不完全燃烧，其燃烧产物为不完全燃烧产物。

　　物质在燃烧时生成的气体、蒸气和固体物质称为燃烧产物。其中，散发在空气中能被人们看见的燃烧产物叫烟雾，它实际上是由燃烧产生的悬浮固体、液体粒子和气体的混合物。其粒径一般在 $0.01\sim10\mu m$ 之间。

第二章 建筑火灾概论

第一节 建筑火灾和起火原因

一、火灾及其危害

火使人类脱离了茹毛饮血的野蛮时代，跨入了文明世界的门槛。人类学会用火，使得用火范围不断扩大，用火技能逐步提高，促进了生产力的巨大发展。在今天，火在人类的生活、生产和科学技术等方面应用更加广泛，对造福人类发挥着越来越大的作用。

但是，当人们对火失去控制，火就会成为一种具有很大破坏力、多发性的灾害，给人类的生活、生产乃至生命安全构成威胁。无数火灾事故说明，火灾的危害是很大的。火灾，能烧掉人们辛勤劳动创造的物质财富，使大量的生活、生产资料在顷刻之间化为灰烬；火灾，涂炭生灵，夺去许多人的生命和健康，给人们的身心带来难以消除的痛苦；火灾，能使茂密的森林和广袤的草原数天内化为乌有而变成荒野；火灾能使大量文物、典籍、古建筑等许多稀世珍宝毁于一旦，造成无法弥补的损失等等。

火灾是一种违反人们意志、在时间和空间上失去控制的燃烧现象。从我国多年来发生火灾的情况来看，随着经济建设的发展，城镇数量和规模的扩大，人民物质文化生活水平的提高，在生产和生活中用火、用电、用易燃物、可燃物以及采用具有火灾危险性的设备、工艺逐渐增多，因而发生火灾的危险性也相应地增大，火灾发生的次数以及造成的财产损失、人员伤亡呈现上升的趋势。

二、火灾分类

（一）根据火灾发生的场所和对象分类

根据火灾发生的场所和对象分类，可将火灾分为以下 6 类：

（1）建筑火灾；

（2）石油化工火灾；

（3）交通工具火灾；

（4）矿山火灾；

（5）森林草原火灾；

（6）其他火灾。

在各种火灾中，建筑火灾发生的起数和造成的损失、危害居于首位。凡是建筑都存在着可燃物和着火源，稍有不慎，就可能引起火灾；建筑又是财产和人员极为集中的地方，因此建筑发生火灾往往会造成十分严重的损失。随着城市日益扩大，各种建筑越来越多，建筑布局及功能日益复杂，用火、用电、用气和化学物品的应用日益广泛，建筑火灾的危险性和危害性大大增加。近 20 年来发生的几起特大恶性建筑火灾事故，如 1994 年新疆克拉玛依友谊馆特大火灾（死 323 人）；1994 年阜新市歌舞厅特大火灾（死 233 人）；2000 年洛阳东都商厦特大火灾（死 309 人）；1993 年深圳清水河安贸危险品仓库特大火灾爆炸事故（火灾直接经济损失 2.5 亿元）等，损失惨重，骇人听闻。因此，务必加强建筑火灾的预防，防患于未然，减少损失和危害。

（二）根据可燃物的类型和燃烧特性分类

2009 年 4 月 1 日施行的《火灾分类》（GB/T 4968—2008），根据可燃物的类型和燃烧特性将火灾分为六个类别，即：

A 类火灾：指一般可燃固体物质火灾。如木材、棉、毛、麻、纸张、橡胶及各种塑料等燃烧而引起的火灾。

B 类火灾：指甲、乙、丙类液体火灾和可熔化的固体物质火灾。如汽油、煤油、柴油、原油、酒精、乙醚、沥青、石蜡等燃烧形成的火灾。

C 类火灾：指气体火灾。如煤气、天然气、甲烷、乙烷、丙烷、乙炔、氢气等燃烧引起的火灾。

D 类火灾：指某些金属火灾。如钾、钠、镁、铝、钛、锆、锂及其合金等燃烧引起的火灾。

E 类火灾：指带电体燃烧的火灾。

F 类火灾：烹饪器具内的烹饪物（如动植物油脂）火灾。

（三）根据火灾造成的损失分类

2007 年施行的《生产安全事故报告和调查处理条例》，按照一次火灾事故造成的人员伤亡和直接财产损失，将火灾分为四个等级，即：

（1）特别重大火灾：造成 30 人以上死亡，或者 100 人以上重伤，或者 1 亿元以上直接财产损失的火灾。

（2）重大火灾：造成 10 人以上 30 人以下死亡，或者 50 人以上 100 人以下重伤，或者 5000 万元以上 1 亿元以下直接财产损失的火灾。

（3）较大火灾：造成 3 人以上 10 人以下死亡，或者 10 人以上 50 人以下重伤，或者 1000 万元以上 5000 万元以下直接财产损失的火灾。

（4）一般火灾：造成 3 人以下死亡，或者 10 人以下重伤或者 1000 万元以下直接财产损失的火灾。

其中"以上"包括本数，"以下"不包括本数。

三、建筑起火原因

凡是事故皆有起因，火灾亦不例外。建筑起火的原因归纳起来大致可分为以下六类：

（一）生活和生产用火不慎

1. 生活用火不慎

我国城乡居民家庭火灾绝大多数为生活用火不慎引起。属于这类火灾的原因，大体有以下几方面：

（1）吸烟不慎。烟头和点燃烟后未熄灭的火柴梗虽是个不大的火源，但它能引起许多可燃物质燃烧着火。在生活用火引起的火灾中，吸烟不慎引起的火灾次数占很大比例。

(2) 炊事用火。炊事用火是人们最经常的生活用火，除了居民家庭外，单位的食堂、饮食行业都涉及炊事用火。炊事用火的主要器具是各种炉灶，如煤、柴炉灶、液化石油气炉灶、煤气炉灶、天然气炉灶、沼气炉灶、煤油炉等；炉灶一般都设有排烟烟囱。

(3) 取暖用火。冬季寒冷地区都要取暖。取暖用的电气设备如电暖气、电热褥等和明火取暖用的火炉、火炕、火盆及用于排烟的烟囱在设置、安装、使用不当时，都可能引起火灾。

(4) 灯火照明。在供电发生故障或修理线路时，常采用蜡烛、油灯照明。此外，婚事、丧事、喜事等也往往燃点蜡烛。极少数无电的农村和边远地区则靠蜡烛、油灯等照明。蜡烛和油灯放置位置不当，用时不当心等都容易引起火灾事故。

(5) 小孩玩火。这虽不是正常生活用火，但却是生活中火灾发生的常见原因。

(6) 燃放烟花爆竹。每逢节日庆典，人们多燃放烟花爆竹增加欢乐气氛。但是，在烟花爆竹燃放时若不注意防火安全，则会引起火灾事故。

(7) 宗教活动用火。在进行宗教活动的主要场所庵堂、寺庙、道观中，整日香火不断，烛火通明。如果稍有不慎，就会引起火灾。庵堂、寺庙、道观中很多是古建筑，一旦发生火灾，将会造成重大损失。

2. 生产用火不慎

用明火熔化沥青、石蜡或熬制动物、植物油时，因超过其自燃点，着火成灾。在烘烤木板、烟叶等可燃物时，因升温过高，引起烘烤的可燃物起火成灾。锅炉中排出的炽热炉渣处理不当，会引燃周围的可燃物。

(二) 违反生产安全制度

由于违反生产安全制度引起火灾的情况很多。如在易燃易爆的车间内动用明火，引起爆炸起火；将性质相抵触的物品混存在一起，引起燃烧爆炸；在焊接和切割时，会飞迸出大量火星和熔渣，焊接切割部位温度很高，如果没有采取相应的防火措施，则很容易酿成火灾；在机器运转过程中，不按时加油润滑，或没有清除附在机器轴承上面的杂质、废物，而使机器这些部位摩擦发热，引起附着物燃烧起火；电熨斗放在台板上，没有切断电源就离去，导致电熨斗过热，将台板烤燃引起火灾；化工生产设备失修，发生可燃气体、易燃、可燃液体跑、冒、滴、漏现象，遇到明火燃烧或爆炸。

(三) 电气设备设计、安装、使用及维护不当

电气设备引起火灾的原因，主要有电气设备过负荷、电气线路接头接触不良、电气线路短路；照明灯具设置使用不当，如将功率较大的灯泡安装在木板、纸等可燃物附近，将日光灯的镇流器安装在可燃基座上，以及用纸或布做灯罩并紧贴在灯泡表面上等；在易燃易爆的车间内使用非防爆型的电动机、灯具、开关等。

(四) 自然现象引起

1. 自燃

所谓自燃，是指在没有任何明火的情况下，物质受空气氧化或外界温度、湿度的影响，经过较长时间的发热和蓄热，逐渐达到自燃点而发生燃烧的现象。如大量堆积在库房里的油布、油纸，因为通风不好，内部发热，以至积热不散发生自燃。

2. 雷击

雷电引起的火灾原因，大体上有三种：一是雷直接击在建筑物上发生的热效应、机械效应作用等；二是雷电产生的静电感应作用和电磁感应作用；三是高电位沿着电气线路或金属管道系统侵入建筑物内部。在雷击较多的地区，建筑物上如果没有设置可靠的防雷保护设施或其失效，便有可能发生雷击起火。

3. 静电

静电通常是由摩擦、撞击而产生的。因静电放电引起的火灾事故屡见不鲜。如易燃、可燃液体在塑料管中流动，由于摩擦产生静电，引起易燃、可燃液体燃烧爆炸；抽送易燃液体流速过大，无导除静电设施或者导除静电设施不良，致使大量静电荷积聚，产生火花引起爆炸起火；在有大量爆炸性混合气体存在的地点，身上穿着的化纤织物的摩擦、塑料鞋底与地面的摩擦产生的静电引起爆炸性混合气体爆炸等。

4. 地震

发生地震时人们急于疏散，往往来不及切断电源、熄灭炉火，以及处理好易燃、易爆生产装置和危险物品等，因而伴随着地震发生，会有各种火灾发生。

（五）纵火

纵火分刑事犯罪纵火及精神病人纵火。

（六）建筑布局不合理，建筑材料选用不当

在建筑布局方面，防火间距不符合消防安全要求，没有考虑风向、地势等因素对火灾蔓延的影响，往往会造成发生火灾时火烧连营，形成大面积火灾。在建筑构造、装修方面，大量采用可燃构件，可燃、易燃装修材料都大大增加了建筑火灾发生的可能性。

第二节　建筑火灾的发展和蔓延

一、建筑火灾的发展过程

建筑火灾最初是发生在建筑物内的某个房间或局部区域，然后由此蔓延到相邻房间或区域，以至整个楼层，最后蔓延到整个建筑物。

室内火灾的发展过程可以用室内烟气的平均温度随时间的变化来描述，如图 2-1 所示。

根据室内火灾温度随时间的变化特点，可以将火灾发展过程分为三个阶段，即火灾初起阶段（图中 OA 段）、火灾全面发展阶段（AC 段）、火灾熄灭阶段（C 点以后）。

（一）初起阶段（图中 OA 段）

室内发生火灾后，最初只是起火部位及其周围可燃物着火燃烧。这时火灾好像在敞开的空间里进行一样。在火灾局部燃烧形成之后，可能会出现下列三种情况之一：

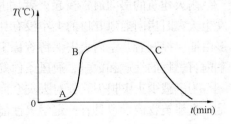

图 2-1　室内火灾温度——时间曲线

（1）最初着火的可燃物质燃烧完，而未延及其他的可燃物质。尤其是初始着火的可燃物处在隔离的情况下。

（2）如果通风不足，则火灾可能自行熄灭，或受到通风供氧条件的支配，以很慢的燃烧速度继续燃烧。

（3）如果存在足够的可燃物质，而且具有良好的通风条件，则火灾迅速发展到整个房间，使房间中的所有可燃物（家具、衣物、可燃装修等）卷入燃烧之中，从而使室内火灾进入到全面发展的猛烈燃烧阶段。

初起阶段的特点是：火灾燃烧范围不大，火灾仅限于初始起火点附近；室内温度差别大，在燃烧区域及其附近存在高温，室内平均温度低；火灾发展速度较慢，在发展过程中，火势不稳定；火灾发展时间因点火源、可燃物质性质和分布、通风条件影响长短差别很大。

初起阶段火灾持续时间的长短对建筑物内人员的安全疏散，重要物资的抢救，以及火灾扑救都具有重要影响。若室内火灾经过诱发成长，一旦达到轰燃，则该室内未逃离火场的人员生命将受到威胁。

根据初起阶段的特点可见，该阶段是灭火的最有利时机，应设法尽早发现火灾，把火灾及时控制消灭在起火点。为此，在建筑物内安装和配备适当数量的灭火设备，设置及时发现火灾和报警的装置是很有必要的。初起阶段也是人员疏散的有利时机，发生火灾时人员若在这一阶段不能疏散出房间，就很危险了。初起阶段时间持续越长，就有更多的机会发现火灾和灭火，并有利于人员安全撤离。

（二）全面发展阶段（AC 段）

在火灾初起阶段后期，火灾范围迅速扩大，当火灾房间温度达到一定值时，聚积在房间内的可燃气体突然起火，整个房间都充满了火焰，房间内所有可燃物表面部分都卷入火灾之中，燃烧很猛烈，温度升高很快（AB 段）。房间内局部燃烧向全室性燃烧过渡的这种现象通常称为轰燃。轰燃是室内火灾最显著的特征之一，它标志着火灾全面发展阶段的开始。对于安全疏散而言，人们若在轰燃之前还没有从室内逃出，则很难幸存。

轰燃发生后，房间内所有可燃物都在猛烈燃烧，放热速度很大，因而房间内温度升高很快，并出现持续性高温，最高温度可达 1100℃ 左右。火焰、高温烟气从房间的开口大量喷出，把火灾蔓延到建筑物的其他部分。室内高温还对建筑构件产生热作用，使建筑物构件的承载能力下降，甚至造成建筑物局部或整体倒塌破坏。

耐火建筑的房间通常在起火后，由于其四周墙壁和顶棚、地面坚固，不会烧穿，因此发生火灾时房间通风开口的大小没有什么变化，当火灾发展到全面燃烧阶段，室内燃烧大多由通风控制着，室内火灾保持着稳定的燃烧状态。火灾全面发展阶段的持续时间取决于室内可燃物的性质和数量、通风条件等。

为了减少火灾损失，针对火灾全面发展阶段的特点，在建筑防火中应采取的主要措施是：在建筑物内设置具有一定耐火性能的防火分隔物，把火灾控制在一定的范围之内，防止火灾大面积蔓延；选用耐火程度较高的建筑结构作为建筑物的承重体系，确保建筑物发生火灾时不倒塌破坏，为火灾时人员疏散、消防队扑救火灾，以及火灾后建筑物修复、继续使用创造条件。

（三）熄灭阶段（C 点以后）

在火灾全面发展阶段后期，随着室内可燃物的挥发物质不断减少，以及可燃物数量减少，火灾燃烧速度递减，温度逐渐下降。当室内平均温度降到温度最高值的 80% 时，则认为火灾进入熄灭阶段。随后，房间温度下降明显，直到把房间内的全部可燃物烧光，室内外温度趋于一致，宣告火灾结束。

该阶段前期，燃烧仍十分猛烈，火灾温度仍很高。针对该阶段的特点，应注意防止建筑构件因较长时间受高温作用和灭火射水的冷却作用而出现裂缝、下沉、倾斜或倒塌破坏，确保消防人员的人身安全；并应注意防止火灾向相邻建筑蔓延。

二、建筑物内火灾蔓延的途径

建筑物内某一房间发生火灾，当发展到轰燃之后，火势猛烈，就会突破该房间的限制向其他空间蔓延。

（一）火灾在水平方向的蔓延

1. 未设防火分区

对于主体为耐火结构的建筑来说，造成水平蔓延的主要原因之一是建筑物内未设水平防火分区，没有防火墙及相应的防火门等形成控制火灾的区域空间。

2. 洞口分隔不完善

对于耐火建筑来说，火灾横向蔓延的另一途径是洞口处的分隔处理不完善。如，户门为可燃的木质门，火灾时被烧穿；普通防火卷帘无水幕保护，导致卷帘失去隔火作用；管道穿孔处未用不燃材料密封等等。

3. 火灾在吊顶内部空间蔓延

装设吊顶的建筑，房间与房间、房间与走廊之间的分隔墙只做到吊顶底皮，吊顶上部仍为连通空间，一旦起火极易在吊顶内部蔓延，且难以及时发现，导致灾情扩大；对没有设吊顶的建筑，隔墙若未砌到结构底部，留有孔洞或连通空间，也会成为火灾蔓延和烟气扩散的途径。

4. 火灾通过可燃的隔墙、吊顶、地毯等蔓延

可燃构件与装饰物在火灾时直接成为火灾荷载，由于它们的燃烧因而导致火灾扩大。

（二）火灾通过竖井蔓延

在现代建筑物内，有大量的电梯、楼梯、设备、垃圾等竖井，这些竖井往往贯穿整个建筑，若未作完善的防火分隔，一旦发生火灾，就可以蔓延到建筑的其他楼层。

1. 火灾通过楼梯间蔓延

建筑的楼梯间，若未按防火、防烟要求进行分隔处理，则在火灾时犹如烟囱一般，烟火很快会由此向上蔓延。

2. 火灾通过电梯井蔓延

电梯间未设防烟前室及防火门分隔，则其井道形成一座座竖向"烟囱"，发生火灾时则会抽拔烟火，导致火灾沿电梯井迅速向上蔓延。

3. 火灾通过其他竖井蔓延

建筑中的通风竖井、管道井、电缆井、垃圾井也是建筑火灾蔓延的主要途径。此外，垃圾道是容易着火的部位，也是火灾中火势蔓延的主要通道。

4. 火灾通过通风和空调系统管道蔓延

建筑空调系统未按规定设防火阀、采用可燃材料风管、采用可燃材料做保温层都容易

造成火灾蔓延。通风管道蔓延火灾，一是通风管道本身起火并向连通的空间（房间、吊顶、内部、机房等）蔓延；二是它可以吸进火灾房间的烟气，而在远离火场的其他空间再喷冒出来。

5. 火灾通过窗口向上层蔓延

在现代建筑中，从起火房间窗口喷出的烟气和火焰，往往会沿窗间墙经窗口向上逐层蔓延。若建筑物采用带形窗，火灾房间喷出的火焰被吸附在建筑物表面，有时甚至会卷入上层窗户内部。

三、建筑火灾蔓延的方式

（一）火焰蔓延

初始燃烧的表面火焰，在使可燃材料燃烧的同时，并将火灾蔓延开来。火焰蔓延的速度主要取决于火焰传热的速度。

（二）热传导

火灾区域燃烧产生的热量，经导热性好的建筑构件或建筑设备传导，能够使火灾蔓延到相邻或上下层房间。例如，薄壁隔墙、楼板、金属管壁，都可以把火灾区域的燃烧热传导至另一侧的表面，使地板上或靠着隔墙堆积的可燃、易燃物质燃烧，导致火灾扩大。应该指出的是，火灾通过传导的方式进行蔓延扩大，有两个比较明显的特点：其一是必须具有导热性好的媒介，如金属构件、薄壁构件或金属设备等；其二是蔓延的距离较近，一般只能是相邻的建筑空间。可见，由热传导蔓延扩大火灾的范围是有限的。

（三）热对流

热对流作用可以使火灾区域的高温燃烧产物与火灾区域外的冷空气发生强烈流动，将高温燃烧产物传播到较远处，造成火势扩大。建筑房间起火时，在建筑内燃烧产物则往往经过房门流向走道，窜到其他房间，并通过楼梯间向上层扩散。在火场上，浓烟流窜的方向，往往就是火势蔓延的方向。

（四）热辐射

热辐射是物体在一定温度下以电磁波方式向外传送热能的过程。一般物体在通常所遇到的温度下，向空间发射的能量，绝大多数都集中于热辐射。建筑物发生火灾时，火场的温度高达上千度，通过外墙开口部位向外发射大量的辐射热，对邻近建筑构成火灾威胁。同时，也会加速火灾在室内的蔓延。

第三节　火灾全面发展阶段的性状

火灾造成建筑物破坏、人员伤亡和财产损失主要发生在火灾全面发展阶段，弄清这一阶段的火灾性状，有助于科学地指导建筑防火设计，达到最大限度减少火灾损失的目的。

一、火灾荷载

火灾荷载是衡量建筑物室内所容纳可燃物数量多少的一个参数，是研究火灾全面发展阶段性状的基本要素。在建筑物发生火灾时，火灾荷载直接决定着火灾持续时间的长短和室内温度的变化情况。因而，在进行建筑结构耐火设计时，很有必要了解火灾荷载的概念，合理确定火灾荷载数值。

建筑物内的可燃物可分为固定可燃物和容载可燃物两类。固定可燃物是指墙壁、顶棚、楼板等结构材料及装修材料所采用的可燃物以及门窗、固定家具等所采用的可燃物。容载可燃物是指家具、书籍、衣物、寝具、摆设等构成的可燃物。固定可燃物数量很容易通过建筑物的设计图纸准确地求得。容载可燃物数量很难准确计算，一般由调查统计确定。

建筑物中可燃物种类很多，其燃烧发热量也因材料性质不同而异。为便于研究，在实际中常根据燃烧热值把某种材料换算为等效发热量的木材，用等效木材的重量表示可燃物的数量，称为等效可燃物的量。一般地说，大空间所容纳的可燃物比小空间要多，因此等效可燃物量与建筑面积或容积的大小有关。为便于研究火灾性状，在此把火灾范围内单位地板面积的等效可燃物木材的数量定义为火灾荷载，并用 q 表示，则有：

$$q = \sum G_i H_i / H_0 A = \sum Q_i / H_0 A \tag{2-1}$$

式中　q——火灾荷载，kg/m^2；

G_i——某种可燃物质量，kg；

H_i——某种可燃物单位质量发热量，MJ/kg；

H_0——单位质量木材的发热量，MJ/kg；

A——火灾范围的地板面积，m^2；

$\sum Q_i$——火灾范围内所有可燃物的总发热量，MJ。

把房间中所有可燃物完全燃烧时所产生的总热量与房间的特征参考面积之比定义为火灾荷载密度。房间的特征参考面积可采用地板面积或室内总表面积。采用地板面积表示的火灾荷载密度表达式为：

$$q_f = \sum g_i H_i / A = q H_0 \tag{2-2}$$

采用室内总表面积作为房间特征参考面积表示的火灾荷载密度表达式为：

$$q_t = \sum g_i H_i / A_t \tag{2-3}$$

上两式中　q_f——用地板面积表示的火灾荷载密度，MJ/m^2；

q_t——用室内总表面积表示的火灾荷载密度，MJ/m^2；

A_t——室内总表面积，m^2。

建筑物内由容载可燃物构成的火灾荷载密度需要通过调查统计得到。

二、火灾全面发展阶段的燃烧速度

单位时间内室内等效可燃物燃烧的重量称为燃烧速度。燃烧速度大小决定了室内火灾释放热量的多少，直接影响室内火灾温度的变化。

对于耐火建筑而言，室内的四周墙壁、楼板等是坚固的，火灾时一般不会烧穿，因此可以认为在火灾全面发展阶段，室内开口大小不变。大量试验研究表明，这类建筑的房间在火灾全面发展阶段有两种燃烧状况：一种是室内的开口特别大，超过某一数值，使得室内燃烧速度与开口大小无关，而是由室内可燃物的表面积和燃烧特性决定的，即火灾是受燃料控制的；另一种是室内可燃物的燃烧速度由流入室内的空气流速控制，即火灾是受通风控制的。大多数建筑的室内房间，在一般开口条件下，火灾全面发展阶段的性状是受通风开口的空气流速控制的。下面，研究这种情况下室内燃烧速度的计算。

为了便于分析、简化计算，假设火灾房间内各处的温度都相同。

因此，在房间窗口某高度处必然存在室内外压力差为零的中性层，沿窗口高度的压力分布呈直线关系。在该压力作用下，新鲜空气从窗口下部流入房间，而房间内的火焰、高温烟气从窗口的上部流出。上述假设和现象已被许多实际房间的火灾试验所证实。在假设条件下，可得到火灾房间开口部位压力、速度分布如图 2-2 所示。

在室内发生完全燃烧的情况下，1kg 木材完全燃烧所需空气量约为 5.7kg，于是木材的燃烧速度可表示为：

$$R = 5.5 A_\mathrm{w} H^{1/2} \quad (\mathrm{kg/min}) \tag{2-4}$$

式中　A_w——通风开口面积，m^2；

　　　H——通风开口高度，m。

该式为许多实际房间和小比例房间的火灾试验所证实（图 2-3），是国际公认的关系式，对于耐火建筑中受通风控制的室内火灾是完全适用的。

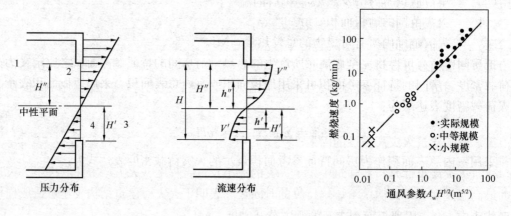

图 2-2　火灾房间开口部位压力、速度分布　　　图 2-3　通风参数与燃烧速度的关系

三、火灾全面发展阶段的持续时间

火灾全面发展阶段后的燃烧持续时间 t，是指轰燃以后到火灾进入熄灭阶段时所持续的时间，可通过式（2-5）计算：

$$t = \frac{qA}{R} = \frac{qA}{5.5 A_\mathrm{w} \sqrt{H}} \quad (\mathrm{min}) \tag{2-5}$$

式中各符号意义同前。

除了用公式（2-5）计算火灾持续时间之外，根据火灾荷载还可推算出火灾燃烧时间的经验数据，见表 2-1。此表的使用条件是，火灾荷载是纤维系列可燃物，即可燃物发热量与木材的发热量接近或相同，油类及爆炸物品不适用。

火灾荷载和火灾持续时间的关系　　　　　　　　表 2-1

火灾荷载(kg/m²)	25	37.5	50	75	100	150	200
火灾持续时间(h)	0.5	0.7	1.0	1.5	2.0	3.0	4～4.5

四、火灾全面发展阶段的室内温度

为了研究轰燃之后火灾进入全面发展阶段对建筑物的破坏作用，以便进行防火设计和火灾后建筑物结构强度的鉴定和加固，有必要建立火灾全面发展阶段室内温度的计算模型，进而计算得出室内温度的数值。由于轰燃发生之前室内平均温度较低，对建筑结构的破坏作用很小，故可以不计室内轰燃之前的温度，而把时间 $t=0$ 作为火灾全面发展阶段的起始点计算室内温度。

建立起火房间火灾温度计算数学模型，准确计算出房间的火灾温度是很复杂的，通常需要利用计算机来实现。在此介绍一种目前较为实用的测算火灾温度的简便方法。

当求出火灾持续时间后，可以根据国际标准 ISO 所规定的标准火灾升温曲线及公式查得或算出火灾温度。国际标准 ISO 规定的标准火灾升温曲线公式为：

$$T_t = 345\lg(8t+1) + T_0 \tag{2-6}$$

式中　T_t——标准试验加热炉加热 t 时刻时的温度，℃；

T_0——标准试验加热炉内初始温度，℃；

t——加热时间，min。

在对建筑构件进行耐火试验时用公式（2-6）控制试验炉炉温，加热构件。在此，将公式（2-6）中的 T_0、t 分别表示火灾前室内温度、轰燃后火灾持续时间，则可以根据此式计算室内火灾温度 T_t。

五、影响建筑火灾严重性的因素

建筑火灾严重性是指在建筑中发生火灾的大小及危害程度。火灾严重性取决于火灾达到的最高温度和在最高温度下燃烧持续的时间，它表明了火灾对建筑结构或建筑造成损坏和对建筑中人员、财产造成危害的程度大小。

火灾严重性与建筑的可燃物或可燃材料的数量和材料的燃烧性能以及建筑的类型和构造等有关。影响火灾严重性的因素大致有以下 6 个方面：

（1）可燃材料的燃烧性能；

（2）可燃材料的数量（火灾荷载）；

（3）可燃材料的分布；

（4）房间开口的面积和形状；

（5）着火房间的大小和形状；

（6）着火房间的热性能。

前 3 个因素主要与建筑的可燃材料有关，而后 3 个因素主要涉及建筑的布局。影响建筑火灾严重性的各种因素是相互联系、相互影响的，如图 2-4 所示。从建筑结构耐火而言，减小火灾严重性就是要限制火灾发生、发展和蔓延成大火的因素，根据各种影响因素合理选用材料、布局和结构设计及构造措施，达到限制严重程度高的火灾发生的目的。

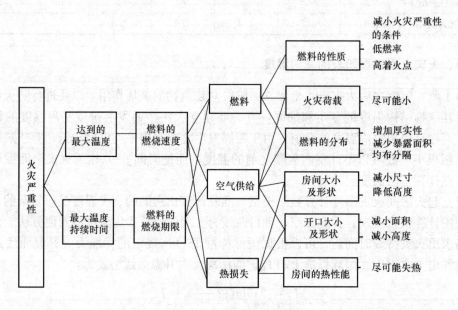

图 2-4　影响火灾严重性的因素

第四节　建筑火灾烟气及控制

一、火灾烟气的危害

(一) 火灾烟气的组成

火灾烟气的成分和性质取决于发生热解和燃烧的物质本身的化学组成，以及与燃烧条件有关的供热条件、供氧条件和空间、时间情况。火灾烟气中含有燃烧和热分解所生成的气体（如一氧化碳、二氧化碳、氯化氢、硫化氢、氰化氢、苯、甲苯、乙醛、光气、氯气、氨、丙醛等）、悬浮在空气中的液态颗粒（蒸气冷凝而成的均匀分散的焦油类粒子和高沸点物质的凝缩液滴等）和固态颗粒（燃料充分燃烧后残留下来的灰烬和碳黑固体粒子）。火灾烟气的毒性是由燃烧的材料所决定的。

(二) 火灾烟气对人体的危害

大量火灾事例说明，火灾中人员死亡和受伤大多是由于烟气中毒造成的。

1. CO 中毒

CO 被人吸入后与血液中的血红蛋白结合成为一氧化碳血红蛋白，从而阻碍血液把氧输送到人体各部分。当 CO 与血液 50% 以上的血红蛋白结合时，便能造成脑和中枢神经严重缺氧，继而失去知觉，甚至死亡。即使 CO 的吸入在致死量以下，也会因缺氧而发生头痛无力及呕吐等症状，最终仍可导致不能及时逃离火场而死亡。不同浓度的 CO 对人体的影响程度见表 2-2。

CO 对人体的影响程度　　　　　　　　表 2-2

空气中一氧化碳含量（%）	对人体的影响程度
0.01	数小时对人体影响不大
0.05	1.0h 内对人体影响不大
0.1	1.0h 后头痛，不舒服，呕吐
0.5	引起剧烈头晕，经 20～30min 有死亡危险
1.0	呼吸数次失去知觉，经过 1～2min 即可能死亡

2. 烟气中毒

随着新型建筑材料及塑料的广泛使用，发生火灾时烟气的毒性也越来越大。烟气中所含的甲醛、乙醛、氢氧化物、氢化氰等有毒气体可使人在很短的时间内受到伤害，并导致死亡。

3. 缺氧

在着火区域，空气中充满了由可燃物燃烧所产生的一氧化碳、二氧化碳和其他有毒气体等，加之燃烧需要大量的氧气，因此空气中的含氧量大大降低。由于缺少氧气，人的身体也会受而受到各种伤害。缺氧对人体的影响见表 2-3。

缺氧对人体的影响　　　　　　　　表 2-3

空气中氧的浓度（%）	症　状
21	空气中含氧的正常值
20	无影响
16～12	呼吸、脉搏增加，肌肉有规律的运动受到影响
12～10	感觉错乱，呼吸紊乱，肌肉不舒畅，很快疲劳
10～6	呕吐，神志不清
6	呼吸停止，数分钟后死亡

4. 窒息

火灾时人员吸入高温烟气会引起口腔及喉部肿胀，造成呼吸道阻塞窒息。此时，如不能得到及时抢救，就有被烧死或被烟气毒死的可能性。

（三）对疏散的危害

在着火区域的房间及疏散通道内，充满了含有大量一氧化碳及各种燃烧成分的热烟，甚至远离火区的部位及火区上部也可能烟雾弥漫，这给人员的疏散带来了极大的困难。烟气中的某些成分会对眼睛、鼻、喉产生强烈刺激，使人们视力下降且呼吸困难。浓烟能造成人们的恐惧感，使人们失去行为能力甚至做出异常行为。

此外，烟气集中在疏散通道的上部空间，迫使人们掩面弯腰摸索行走，速度既慢又不易找到安全出口，甚至还可能走回头路，严重影响了疏散速度。

（四）对扑救的危害

消防队员在进行灭火求援时，烟气会严重妨碍消防队员的行动。弥漫的烟雾影响视线，使消防队员很难找到起火点，也不易辨别火势发展的方向，妨碍搜救遇险人员，使灭火战斗和救援难以有效地开展。

二、火灾烟气的浓度

火灾中的烟气浓度，一般有质量浓度、粒子浓度和光学浓度三种表示法。

(一) 烟的质量浓度

单位容积的烟气中所含烟粒子的质量，称为烟的质量浓度 μ_s，即

$$\mu_s = m_s/V_s \quad (\text{mg/m}^3) \tag{2-7}$$

式中 m_s——容积 V_s 的烟气中所含烟粒子的质量，mg；

V_s——烟气容积，m^3。

(二) 烟的粒子浓度

单位容积的烟气中所含烟粒子的数目，称为烟的粒子浓度 n_s，即

$$n_s = N_s/V \quad (\text{个} /\text{m}^3) \tag{2-8}$$

式中 N_s——容积 V_s 的烟气中所含的烟粒子数。

(三) 烟的光学浓度

当可见光通过烟层时，烟粒子使光线的强度减弱。光线减弱的程度与烟的浓度存在一定的函数关系。烟的光学浓度通常用减光系数 C_s 来表示。

设光源与受光物体之间的距离为 L（m），无烟时受光物体处的光线强度为 I_0（cd），有烟时光线强度为 I（cd），则根据朗伯—比尔定律得：

$$I = I_0 e^{-C_s L} \quad (\text{cd}) \tag{2-9}$$

即

$$C_s = \frac{1}{L} \ln \frac{I_0}{I} \quad (\text{m}^{-1}) \tag{2-10}$$

式中 C_s——烟的减光系数，m^{-1}；

L——光源与受光体之间的距离，m；

I_0——光源处的光强度，cd。

从以上两式可以看出，当 C_s 值愈大时，亦即烟的浓度愈大时，光线强度 I 就愈小；L 值愈大时，亦即距离愈远时，I 值就愈小。这一点与人们的火场体验是一致的。

为了研究各种材料在火灾时的发烟特性，在恒温的电炉中燃烧试块，把燃烧所产生的烟集蓄在一定容积的集烟箱里，同时测定试块在燃烧时的重量损失和集烟箱内烟的浓度，将测量得到的结果列于表 2-4 中。

建筑材料燃烧时产生烟的浓度和表观密度 表 2-4

材　料	木　材		氯乙烯树脂	苯乙烯泡沫塑料	聚氨酯泡沫塑料	发烟筒(有酒精)
燃烧温度(℃)	300～210	580～620	820	500	720	720
空气比	0.41～0.49	2.43～2.65	0.64	0.17	0.97	—
减光系数(m⁻¹)	10～35	20～31	＞35	30	32	3
表观密度(%)	0.7～1.1	0.9～1.5	2.7	2.1	0.4	2.5

注：表观密度是指在同温度下，烟的表观密度 γ_s 与空气表观密度 γ_a 之差的百分比，即 $(\gamma_s - \gamma_a)/\gamma_s$。

三、建筑材料的发烟量与发烟速度

各种建筑材料在不同温度下，单位重量所产生的烟量是不同的，见表 2-5。从表中可

以看出，高分子有机材料能产生大量的烟气。

各种材料产生的烟量（$C_s = 0.5$ 时，单位 m³/g）　表 2-5

材料名称	300℃	400℃	500℃	材料名称	300℃	400℃	500℃
松	4.0	1.8	0.4	锯木屑板	2.8	2.0	0.4
杉木	3.6	2.1	0.4	玻璃纤维增强塑料	—	6.2	4.1
普通胶合板	4.0	1.0	0.4	聚氯乙烯	—	4.0	10.4
难燃胶合板	3.4	2.0	0.6	聚苯乙烯	—	12.6	10.0
硬质纤维板	1.4	2.1	0.6	聚氨酯（人造橡胶之一）	—	14.6	4.0

发烟速度是指单位时间、单位重量可燃物的发烟量。表 2-6 给出了部分材料的发烟速度。由该表可见，木材类在加热温度超过 350℃ 时，发烟速度一般随温度的升高而降低。而高分子有机材料则恰好相反。同时，还可以看出，高分子材料的发烟速度比木材要大得多。

各种材料的发烟速度 [m³/(s·g)]　表 2-6

材料名称	加热温度（℃）											
	225	230	235	260	280	290	300	350	400	450	500	550
针枞							0.72	0.80	0.71	0.38	0.17	0.17
杉		0.17		0.25		0.28	0.61	0.72	0.71	0.53	0.13	0.31
普通胶合板	0.03			0.19	0.25	0.26	0.93	1.08	1.10	1.07	0.31	0.24
难燃胶合板	0.01		0.09	0.11	0.13	0.20	0.56	0.61	0.58	0.59	0.22	0.20
硬质板							0.76	1.22	1.19	0.19	0.26	0.27
微片板							0.63	0.76	0.85	0.19	0.15	0.12
苯乙烯泡沫板 A							1.58	2.68	5.92	6.90	8.96	
苯乙烯泡沫板 B							1.24	2.36	3.56	5.34	4.46	
聚氨酯								5.0	11.5	15.0	16.5	
玻璃纤维增强塑料								0.50	1.0	3.0	0.5	
聚氯乙烯								0.10	4.5	7.50	9.70	
聚苯乙烯								1.0	4.95	—	2.97	

在现代建筑中，高分子材料大量用于家具用品、建筑装修、管道及其保温、电缆绝缘等方面。其一旦发生火灾，高分子材料不仅燃烧迅速，加快火势扩展蔓延，还会产生大量有毒的浓烟，其危害远远超过一般可燃材料。

四、能见距离和烟的允许极限浓度

火灾烟气导致人们辨认目标的能力大大降低，并使事故照明和疏散标志的作用减弱。因此，人们在疏散时往往看不清周围的环境，甚至达到辨认不清疏散方向，找不到安全出口，影响人员安全的程度。研究表明，当能见距离降到 3m 以下时，逃离火场就十分困难了。

研究表明，烟的减光系数 C_s 与能见距离 D 之积为常数 C，即 $C_s D = C$，其数值因观察目标的不同而不同。例如，疏散通道上的反光标志、疏散门等，$C=2\sim4$；对发光型标志、指示灯等，$C=5\sim10$。用公式表示：

反光型标志及门的能见距离：

$$D = (2 \sim 4)/C_s \quad (m) \qquad (2\text{-}11)$$

发光型标志及白天窗的能见距离：

$$D = (5 \sim 10)/C_s \quad (m) \qquad (2\text{-}12)$$

能见距离 D 与烟浓度 C_s 的关系还可以从图 2-5 和图 2-6 的试验结果予以说明。有关室内装饰材料等反光型材料的能见距离和不同功率的电光源的能见距离分别列于表 2-7 和表 2-8 中。

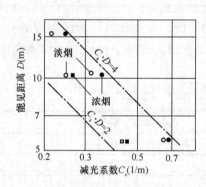

图 2-5　反光型标志的能见距离
○●反射系数为 0.7；■□反射系数为 0.3
室内平均照度为 40lx

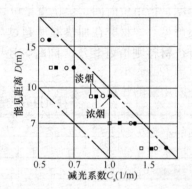

图 2-6　发光型标志的能见距离
○●20cd/m²；■□500cd/m²；
室内平均照度为 40lx

反光型饰面材料的能见距离 D（m）　　　　　　　　　　表 2-7

反光系数	室内饰面材料名称	烟的浓度 C_s（m^{-1}）					
		0.2	0.3	0.4	0.5	0.6	0.7
0.1	红色木地板、黑色大理石	10.40	6.93	5.20	4.16	3.47	2.97
0.2	灰砖、菱苦土地面、铸铁、钢板地面	13.87	9.24	6.93	5.55	4.62	3.96
0.3	红砖、塑料贴面板、混凝土地面、红色大理石	15.98	10.59	7.95	6.36	5.30	4.54
0.4	水泥砂浆抹面	17.33	11.55	8.67	6.93	5.78	4.95
0.5	有窗未挂帘的白墙、木板、胶合板、灰白色大理石	18.45	12.30	9.22	7.23	6.15	5.27
0.6	白色大理石	19.36	12.90	9.68	7.74	6.45	5.53
0.7	白墙、白色水磨石、白色调合漆、白水泥	20.13	13.42	10.06	8.05	6.93	5.75
0.8	浅色瓷砖、白色乳胶漆	20.80	13.86	10.40	8.32	6.93	5.94

发光型标志的能见距离 D（m）　　　　　　　　　　表 2-8

I_0（lm/m²）	电光源类型	功率（W）	烟的浓度 C_s（m^{-1}）				
			0.5	0.7	1.0	1.3	1.5
2400	荧光灯	40	16.95	12.11	8.48	6.52	5.65
2000	白炽灯	150	16.59	11.85	8.29	6.38	5.53

I_0 (lm/m²)	电光源类型	功率 (W)	烟的浓度 C_s (m⁻¹)				
			0.5	0.7	1.0	1.3	1.5
1500	荧光灯	30	16.01	11.44	8.01	6.16	5.34
1250	白炽灯	100	15.65	11.18	7.82	6.02	5.22
1000	白炽灯	80	15.21	10.86	7.60	5.85	5.07
600	白炽灯	60	14.18	10.13	7.09	5.45	4.73
350	白炽灯、荧光灯	40.8	13.13	9.36	6.55	5.04	4.37
222	白炽灯	25	12.17	8.70	6.09	4.68	4.06

为了使处于火场中的人们能够看清疏散楼梯间的门和疏散标志，保障疏散安全，需要确定疏散时人们的能见距离不得小于某一最小值。这个最小的允许能见距离称为疏散极限视距，一般用 D_{min} 表示。

对于不同用途的建筑，其内部的人员对建筑物的熟悉程度是不同的。例如，住宅楼、教学楼、生产车间等建筑，其内部人员对建筑物的疏散路线、安全出口等很熟悉；而像旅馆等建筑中的绝大多数人员是非固定的，对建筑物的疏散路线、安全出口等不太熟悉。因此，对于不熟悉建筑物的人，其疏散极限视距应规定较大些，$D_{min}=30m$；对于熟悉建筑物的人，其疏散极限视距应规定可规定小一些，$D_{min}=5m$。因而，若要看清疏散通道上的门和反光型标志，则烟的允许极限浓度 C_{smax} 应为：

对于熟悉建筑物的人：$C_{smax}=(0.2\sim0.4)m^{-1}$，平均为 $0.3m^{-1}$；

对于熟悉建筑物的人：$C_{smax}=(0.07\sim0.13)m^{-1}$，平均为 $0.1m^{-1}$。

火灾房间的烟浓度根据实验取样检测，一般为 $C_s=(25\sim30)m^{-1}$。因此，当火灾房间有黑烟喷出时，这时室内烟浓度即为 $C_s=(25\sim30)m^{-1}$。由此可见，为了保障疏散安全，无论是熟悉建筑物的人，还是不熟悉建筑物的人，烟在走廊里的浓度只允许达到起火房间内烟浓度的 1/300(0.1/30)～1/100(0.3/30) 的程度。

五、烟在建筑内流动的特点

烟在建筑物内的流动，在不同燃烧阶段表现是不同的。火灾初期，热烟相对密度小，烟带着火舌向上升腾，遇到顶棚，即转化为水平方向运动，其特点是呈层流状态流动。试验证明，这种层流状态可保持 40～50m。烟在顶棚下向前运动时，如遇梁或挡烟垂壁，烟气受阻，此时烟会倒折回来，聚集在空间上空，直到烟的层流厚度超过梁高时，烟会继续前进，占满另外空间。此阶段，烟气扩散速度约为 0.3m/s。轰燃前，烟扩散速度约为 0.5～0.8m/s，烟占走廊高度约一半。轰燃时，烟被喷出的速度高达每秒数十米，烟也几乎降到地面。

烟在垂直方向的流动也是很迅速的。试验表明，烟气上升速度比水平流动速度大得多，一般可达到 3～5m/s。我国对内天井式建筑进行过大型火灾试验。通常状态下，天井因风力或温度差形成负压而产生抽力。当天井内某房间起火后，大量热烟因抽力作用进入天井并向上排出。天井内温度随之升高，冷风则由天井向其他开启的窗户流入补充。试验证明：当天井高度越大和天井温度越高时，抽力就越大，烟的流动速度也由初期的 1～

2m/s 增至 3～4m/s，最盛时 3～5m/s，轰燃时可达 9m/s。

烟气流动的基本规律是：由压力高处向压力低处流动，如果房间为负压，则烟火就会通过各种洞口进入。

烟气流动的驱动力包括室内温差引起的烟囱效应、燃气的浮力和膨胀力、风力影响、通风系统风机的影响、电梯的活塞效应等。

（一）烟囱效应

当室内的温度比室外温度高时，室内空气的密度比外界小，这样就产生了使室内气体向上运动的浮力。高层建筑往往有许多竖井，如楼梯井、电梯井、管道井和垃圾井等。在这些竖井内，气体上升运动十分显著，这就是烟囱效应。在建筑物发生火灾时，室内烟气温度很高，则竖井的烟囱效应更强。通常，将内部气流上升的现象称为正烟囱效应。

烟囱效应是建筑火灾中烟气流动的主要因素。在中性面（建筑物内外压力相等的高度）以下楼层发生火灾时，在正烟囱效应情况下，火源产生的烟气将与建筑物内的空气一起流入竖井并上升。一旦升到中性面以上，烟气便可由竖井流出来，进入建筑物的上部楼层。楼层间的缝隙也可使烟气流向着火层上部的楼层。如果楼层间的缝隙可以忽略，则中性面以下的楼层，除了着火层外都不会有烟气。但如果楼层间的缝隙很大，则直接流进着火层上一层的烟气将比流入中性面下其他楼层的要多。

若中性面以上的楼层发生火灾，由于正烟囱效应产生的空气流动可限制烟气的流动，空气从竖井流进着火层可以阻止烟气流进竖井。不过，楼层间的缝隙却可以引起少量烟气流动。如果着火层燃烧强烈，热烟气的浮力克服了竖井内的烟囱效应，则烟气仍可以在进入竖井后，再流入上部楼层，如图 2-7 所示。

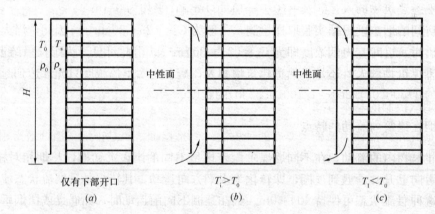

仅有下部开口　　　　　　$T_i > T_0$　　　　　　$T_i < T_0$
(a)　　　　　　　　　　　(b)　　　　　　　　　　(c)

图 2-7　建筑物中正烟囱效应引起的烟气流动

如果在盛夏季节，安装空调的建筑内的温度则比外部温度低，这时建筑内的气体是向下运动的，此称为逆烟囱效应。逆烟囱效应的空气流可驱使比较冷的烟气向下运动，但在烟气较热的情况下，浮力较大，即使楼内起初存在逆烟囱效应，不久则会使得烟气向上运动。

（二）高温烟气的浮力和膨胀力

高温烟气处于火源区附近，其密度比常温气体低得多，因而具有较大的浮力。研究表明，对于高度约为 3.5m 的着火房间，其顶部壁面内外的最大压力为 16Pa。当着火房间较高时，中性面以上的高度也较大，则会产生较大的压差。若着火房间只有一个小的墙壁开口与建筑物其他部分相连通时，烟气将从开口的上半部流出，外界空气将从开口下半部流进。当烟气温度达到 600℃时，其体积约膨胀到原体积的 3 倍。若着火房间的门窗开着，由于流动面积较大，高温烟气膨胀引起的开口处的压差较小可忽略。但是，如果着火房间没有开口或开口很小，并假定其中有足够多的氧气支持较长时间的燃烧，则高温烟气膨胀引起的压差则较大。

（三）风力影响

风力可在建筑物的周围产生压力分布，影响建筑物内的烟气流动。建筑物外部的压力分布受到多种因素的影响，其中包括风的速度和方向、建筑物的高度和几何形状等。风力影响往往可以超过其他驱动烟气运动的力。一般来说，风朝着建筑物吹来会在建筑物的迎风侧产生较高的风压，它可增强建筑物内烟气向下风方向的流动。

一栋建筑与其他建筑的毗连状况及建筑本身的几何形状对其表面的风压分布有重要影响。例如，在高层建筑的下部布置有裙房时，其周围风的流动形式则是相当复杂的。随着风的速度和方向的变化，裙房房顶表面的压力分布也将发生显著变化。在某种风向情况下，裙房可以依靠房顶排烟口的自然通风来排除烟气，但在另一种风向下，房顶上的通风口附近可能是压力较高的区域，这时便不能靠自然通风把烟气排到室外。风速随离地面的高度增加而增大。

（四）机械通风系统造成的压力

设有通风和空调系统的建筑，即使引风机不开动，系统管道也能起到通风网的作用。在上述几种驱动力（尤其是烟囱效应）的作用下，烟气将会沿管道流动，从而促进烟气在整个楼内蔓延。若系统处于工作状态，通风网的影响还会加强。

（五）电梯的活塞效应

电梯在电梯井中运动时，能够使电梯井内出现瞬时压力变化，此称为电梯的活塞效应。这种活塞效应能够在较短的时间内影响电梯附近门厅和房间的烟气流动方向和速度。

六、烟气控制的基本方式

控制烟气在建筑物内蔓延主要有两种方法：一是挡烟，二是排烟。挡烟是指用某些耐火性能好的构件或材料将烟气阻挡在某些限定区域内，不让它流窜到对人和物产生危害的地方。这种方法适用于建筑物与起火区没有开口、缝隙或漏洞的区域。

排烟就是使烟气沿着对人和物没有危害的途径排到建筑外，从而消除烟气的有害影响。排烟有自然排烟和机械排烟两种形式。排烟窗、排烟井是建筑物中常见的自然排烟形式，它们主要适用于烟气具有足够大的浮力、可能克服其他阻碍烟气流动的驱动力的区域。在现代建筑中则广泛采用风机进行机械排烟。这种方法虽然需要增加很多设备，但可克服自然排烟的局限，能够有效地排出烟气。

很多大规模建筑的内部结构相当复杂，其烟气控制往往是几种方法的有机结合。

（一）防烟分隔

在建筑物中，墙壁、隔板、楼板和其他阻挡物都可作为防烟分隔的构件，它们能使离火源较远的空间不受或少受烟气的影响。这些分隔构件可以单独使用，也可与加压方式配合使用。

（二）非火源区的烟气稀释

当烟气由一个空间泄漏到另一个空间时，采取烟气稀释可使后一空间的烟气或粒子浓度控制在人可承受的程度。若烟气泄漏量与所保护空间的体积或流进流出该空间的净化空气流率相比较小时，这种方法则很有效。对于进入离火源较远区域的烟气，可通过供应外界空气来稀释。由于浮力的作用，顶棚附近的烟气浓度较高。因此，在顶棚附近设置排烟口排烟，而在贴近地板处供给空气能够加快烟气的稀释。应当注意供气口和排烟口的相对位置，防止刚供入的空气很快进入排烟口。

（三）加压控制

使用风机可以在防烟分隔物的两侧造成压差，从而控制烟气流过。加压控制烟气有两种情况：一是利用分隔物两侧的压力差控制；二是利用平均流速足够大的空气流控制。

（四）空气流

这种方法阻止烟气运动需要很大的空气流率，而空气流又会给火灾提供氧气，因此需要较复杂的控制。

（五）浮力

在风机驱动和自然通风系统中，经常利用热烟气的浮力机理排烟。

第五节　建筑设计防火对策和措施

一、建筑设计防火对策

防火对策可分为两类，一类是积极防火对策，即采用预防起火、早期发现（如设火灾探测报警系统）、初期灭火（如设自动喷水灭火系统）等措施，尽可能做到不失火成灾。采用这类防火对策为重点进行防火，可以减少火灾发生的起数，但却不能排除遭受重大火灾的可能性。另一类是"消极"防火对策，即采用以耐火构件划分防火分区、提高建筑结构耐火性能、设置防排烟系统、设置安全疏散楼梯等措施，尽量不使火势扩大并疏散人员和财物。以"消极"防火对策为重点进行防火，虽然会发生火灾，但却可以减少发生重大火灾的概率。"消极"防火对策和积极防火对策的目的是一致的，都是为了减轻火灾损失，保证人员的生命安全。

二、建筑设计防火措施

《建筑设计防火规范》GB 50016—2014 等国家标准规定了建筑设计防火应采取的技术措施，其按工种概括起来有以下四大方面：

（1）建筑防火（包括结构耐火）；

（2）消防给水、灭火系统；

（3）供暖、通风和空气调节系统防火，防烟和排烟系统；

（4）电气防火、火灾报警控制系统等。

（一）建筑防火

建筑设计防火的主要内容有：

总平面防火。它要求在总平面设计中，应根据建筑物的使用性质、火灾危险性、地形、地势和风向等因素合理布局，尽量避免建筑物相互之间构成火灾威胁和发生火灾爆炸后可能造成严重后果，并且为消防车顺利扑救火灾提供条件。

建筑耐火等级。划分建筑耐火等级是建筑设计防火技术措施中最基本的措施。它要求确保建筑在火灾高温的持续作用下，墙、柱、梁、楼板、屋盖、吊顶等基本建筑构件，在一定的时间内不破坏、不传播火灾，从而起到延缓和阻止火灾蔓延的作用，并为人员疏散、抢救物资和扑灭火灾以及为火灾后结构修复创造条件。

防火分区和防火分隔。在建筑中采用耐火性较好的分隔构件将建筑物空间分隔成若干区域，一旦某一区域起火，则会把火灾控制在这一局部区域之中，防止火灾扩大蔓延。

防烟分区。对于某些建筑物需用挡烟构件（挡烟梁、挡烟垂壁、隔墙）划分防烟分区将烟气控制在一定范围内，以便用排烟设施将其排出，保证人员安全疏散和便于消防扑救工作顺利进行。

室内外装修防火。在建筑防火设计中应根据建筑的性质、规模，对建筑的不同装修部位，采用相应燃烧性能的装修材料。要求室内装修材料尽量做到不燃或难燃化，减少火灾的发生和降低蔓延速度。

安全疏散。建筑发生火灾时，为避免建筑内人员由于火烧、烟熏中毒和房屋倒塌而遭到伤害，必须尽快撤离；室内的物资也要尽快抢救出来，以减少火灾损失。为此，要求建筑应有完善的完全疏散设施，为安全疏散创造良好的条件。

工业建筑防爆。在一些工业建筑中，使用和产生的可燃气体、可燃蒸气、可燃粉尘等物质能够与空气形成爆炸危险性的混合物，遇到火源就能引起爆炸。这种爆炸能够在瞬间以机械功的形式释放出巨大的能量，使建筑物、生产设备遭到毁坏，造成人员伤亡。对于上述有爆炸危险的工业建筑，为了防止爆炸事故的发生，减少爆炸事故造成的损失，要从建筑平面与空间布置、建筑构造和建筑设施方面采取防火防爆措施。

（二）消防给水、灭火系统

其设计的主要内容包括：室外消防给水系统、室内消火栓给水系统、闭式自动喷水灭火系统、雨淋喷水灭火系统、水幕系统、水喷雾消防系统，以及二氧化碳灭火系统等。要求根据建筑的性质、具体情况，合理设置上述各种系统，做好各个系统的设计计算，合理选用系统的设备、配件等。

（三）供暖、通风和空调系统防火，防排烟系统

供暖、通风和空调系统防火设计应按规范要求选好设备的类型，布置好各种设备和配件，做好防火构造处理等。在设计防排烟系统时要根据建筑物性质、使用功能、规模等确定好设置范围，合理采用防排烟方式，划分防烟分区，做好系统设计计算，合理选用设备类型等。

（四）电气防火，火灾自动报警控制系统

根据建筑物的性质，合理确定消防供电级别，做好消防电源、配电线路、设备的防火设计，做好火灾事故照明和疏散指示标志设计，采用先进、可靠的火灾报警控制系统。

第三章　建筑防火材料和防火涂料

第一节　建筑材料的高温性能

一、判定建筑材料高温性能的因素

建筑材料在建筑物中有的用做结构材料，承受各种荷载的作用；有的用做室内装修材料，美化室内环境，给人们创造一个良好的生活或工作环境；有的用做功能材料，满足保温、隔热、防水等方面的使用要求。这些建筑材料高温下的性能直接关系到建筑物的火灾危险性大小，以及发生火灾后火势扩大蔓延的速度。对于结构材料而言，在火灾高温作用下力学强度的降低还直接关系到建筑的安全。因此，必须了解和掌握建筑材料在火灾高温下的各种性能，以便在建筑防火设计时科学合理地选用建筑材料，预防和减少火灾。

在建筑设计防火中，通常从以下五个方面衡量建筑材料的高温性能：

（一）燃烧性能

材料的燃烧性能包括着火性、火焰传播性、燃烧速度和发热量等。

（二）力学性能

材料的力学性能包括材料在高温作用下力学性能（尤其是强度性能）随温度的变化关系。对于结构材料，在火灾高温作用下保持一定的强度至关重要。

（三）发烟性能

可燃材料燃烧时会产生大量的烟，它除了对人身造成危害之外，还严重妨碍人员的疏散行动和消防扑救工作进行。在许多火灾中，大量死难者并非烧死，而是烟气窒息造成死亡。

（四）毒性性能

在烟气生成的同时，材料燃烧或热解中还产生一定的毒性气体。据统计，建筑火灾中人员死亡 80% 为烟气中毒而死，因此对材料的潜在毒性必须加以重视。

（五）隔热性能

在隔绝火灾高温热量方面，材料的导热系数和热容量是两个最为重要的影响因素。此外，材料的膨胀、收缩、变形、裂缝、熔化、粉化等因素也对隔热性能有较大的影响，这是因为在实际中，构造做法与隔热性能直接有关，而这些因素又影响着构造做法。

选用建筑材料时必须综合考虑上述五个因素。但是，由于材料的种类、使用目的和作用等不相同，在考虑其防火性能时应有所侧重。例如，对于用于承重构件的砖、石、混凝土、钢材等材料，由于它们同属于无机材料，具有不燃性，因此在考虑其防火性能时重点在于其高温下的力学性能及隔热性能。而对于塑料、木材等材料，由于其是有机材料，具有可燃性，在建筑中主要用作装修和装饰材料，所以在考虑其防火性能时，则应侧重于燃烧性能、发烟性能及燃烧毒性。

建筑材料可分为无机材料、有机材料和复合材料三大类。从燃烧性能看，无机材料一般都是不燃性材料，有机材料一般为可燃性材料，复合材料含有一定的可燃成分。

二、有机材料的高温性能

有机材料都具有可燃性。由于有机材料在 300℃ 以前会发生炭化、燃烧、熔融等变化，因此在热稳定性方面一般比无机材料差。有机材料的特点是重量轻，隔热性好，耐热应力作用，不易发生裂缝和爆裂等。

有机材料的燃烧以分解燃烧的形态进行，即在受热时，它先发生热分解，分解出 CO、H_2、C_nH_m 等可燃性气体，并与空气中的 O_2 混合而发生燃烧。

建筑材料中常用的有机材料有木材、塑料、胶合板、纤维板、木屑板等。

（一）木材

木材具有重量轻、强度大、导热系数小、容易加工、装饰性好、取材广泛等优点，因此作为一种重要的建筑材料在建筑工程中得到了广泛应用。木材的显著缺点是容易燃烧，在火灾高温下的性能主要表现为燃烧性能和发烟性能。

木材是天然高分子化合物，主要化学成分是碳、氢和氧元素，还有少量的氮和其他元素，不含其他燃料中常有的硫。木材受热温度超过 100℃ 以后，发生热分解，分解的产物有可燃性气体（CO、CH_4、C_2H_4、H_2、有机酸、醛等）和不燃性气体（水蒸气、CO_2）；在温度达到 260℃ 左右，热分解进行得很剧烈，如遇明火，便会被引燃。因此，在防火方面，将 260℃ 作为木材起火的危险温度。在加热温度达到 400～460℃ 时，即使没有火源，木材也会自行着火。

木材的燃烧可分为有焰燃烧和无焰燃烧两个阶段。有焰燃烧是木材所产生的可燃性气体着火燃烧，形成可见的火焰，因而是火势蔓延的主要原因。无焰燃烧是木材热分解完后形成的木炭（木材的固体部分）的燃烧（其产物是灰），它助长火焰燃烧的持久性，会导致火势持久。试验研究表明，木材的平均燃烧速度一般为 0.6mm/min 左右，因此在火灾条件下，截面尺寸大的木构件，在短时间内仍可保持所需的承载力，因而它往往比未保护的钢构件耐火时间长。

为克服木材容易燃烧的缺点，可以通过如下三种方法有效地对木材进行阻燃处理：

（1）加压浸注。这种方法是将木材浸在容器内的阻燃剂溶液中，对容器内加压一段时间，将阻燃剂压入木材细胞中。常用的阻燃剂有磷酸铵、硫酸铵、硼酸铵、氯化铵、硼酸、氯化镁等。

（2）常压浸注。这种方法是在常压、室温或加温约 95℃ 状态下将木材浸泡在阻燃剂溶液中。

（3）表面涂刷。该方法在木材表面涂刷一层具有一定防火作用的防火涂料，造成保护性的阻火膜。

（二）塑料

塑料是一种天然树脂或人工合成树脂为主要原料，加入填充剂、增塑剂、润滑剂和颜料等制成的一种高分子有机物。大部分塑料制品容易着火燃烧，燃烧时温度高、发烟量大、毒性大，给火灾中人员逃生和消防人员扑救火灾带来很大困难。

1. 塑料的燃烧过程

（1）加热

塑料遇到火灾高温作用时，热塑性塑料（如聚乙烯、聚氯乙烯、聚苯乙烯等）达到一定温度时便开始软化，进而熔融变成黏稠状物质。热固性塑料（如酚醛树脂等）在分解点以下温度不熔融，热量被积蓄起来。

（2）分解

温度继续升高，塑料便发生分解，生成不燃性气体（如卤化氢、N_2、CO_2、H_2O 等）、可燃性气体（烃类化合物等）和炭化残渣。

（3）着火燃烧

当塑料受热分解产生的可燃性气体与空气混合并达到燃点时，则被引燃而发生燃烧。若无明火，把塑料加热到足够高的温度时，它也会发生燃烧。

2. 塑料的燃烧特点

（1）火焰温度高

塑料燃烧时放热量大，火焰温度高。许多塑料着火，其温度比木材在类似情况下着火的温度高。

（2）燃烧速度

大多数塑料燃烧速度快。不同的塑料，由于比热、导热系数、燃烧热不同，因而燃烧速度不同，通常燃烧热大、比热小、导热系数大的塑料其燃烧速度较快。例如，聚乙烯的燃烧速度为 7.6～30.5mm/min，聚苯乙烯为 12.7～63.5mm/min。

（3）发烟量大

塑料燃烧时产生大量的烟，又浓又黑，远远超过木材燃烧的烟，严重妨碍人员疏散和火灾扑救。

（4）毒性大

塑料燃烧产物的毒性比木材等传统材料大得多，其放出的有害气体，因塑料种类不同而不同。只含有碳和氢的塑料（如聚乙烯、聚丙烯）和含有氧的塑料（如有机玻璃、赛璐珞等）燃烧放出的有害气体为 CO_2、CO，含有氮的塑料（如聚酰铵、聚氨酯泡沫塑料）燃烧放出的有害气体除此而外，还有 NH_3、NO_2、HCN 等，而含卤素的塑料（如聚氯乙烯、聚氟乙烯）燃烧产物中含有 Cl_2、HCl、HF、$COCl_2$ 等有害气体。

塑料的燃烧特性见表3-1。对塑料进行阻燃处理的手段和技术是在塑料中添加各种阻燃剂。

塑 料 燃 烧 特 性　　　　　　　　　　表 3-1

	塑料名称	燃烧难易程度	离开火焰后，是否燃烧	火焰的状态	表面变化	燃烧时气味
热塑性塑料	聚氯乙烯	难燃	不燃	黄色、外边绿色	软化	盐酸气味
	聚乙烯	易燃	燃烧	蓝色、上端黄色	熔融滴落	石蜡气味
	聚丙烯	易燃	燃烧	蓝色、上端黄色	膨胀滴落	石油气味
	聚苯乙烯	易燃	燃烧	橙黄色、浓黑烟、向空中喷出黑炭末	发软	特殊气味
	尼龙	缓燃	缓熄	蓝色火焰、上端黄色	熔融滴落	烧羊毛味
	有机玻璃	易燃	燃烧	黄色、上端蓝色	发软	香味
	赛璐珞	剧烈燃烧	燃烧	黄色	全烧光	无味

续表

塑料名称		燃烧难易程度	离开火焰后,是否燃烧	火焰的状态	表面变化	燃烧时气味
热固性塑料	酚醛塑料(无填料)	难燃	不燃	黄色火花	裂纹、变深色	甲醛味
	酚醛塑料(木粉填料)	缓燃	不燃	黄色、黑烟	膨胀、裂缝	木材和甲醛味
	脲醛塑料	难燃	不燃	黄色、上端蓝色	膨胀、裂纹发白	甲醛味
	三聚氰胺塑料	难燃	不燃	淡黄色	膨胀、裂纹发白	甲醛味

三、无机材料的高温性能

建筑中使用的无机材料在高温性能方面存在的问题是导热、变形、爆裂、强度降低、组织松懈等,问题往往是由于高温时的热膨胀收缩不一致引起的。此外,铝材、花岗石、大理石、钠钙玻璃等建筑材料在高温还要考虑软化、熔融等现象的出现。

（一）建筑钢材

建筑钢材可分为钢结构用钢材（各种型材、钢板）和钢筋混凝土结构用钢筋两类。它是在严格的技术控制下生产的材料;具有强度大、塑性和韧性好、品质均匀、可焊可铆、制成的钢结构重量轻等优点。但就防火而言,钢材虽然属于不燃性材料,耐火性能却很差。

1. 强度

建筑结构中广泛使用的普通低碳钢的抗拉强度在250～300℃时达到最大值（由于兰脆现象引起）;温度超过350℃,强度开始大幅度下降,在500℃时约为常温时的1/2,600℃时约为常温时的1/3。屈服强度在500℃约为常温的1/2。由此可见,钢材在高温下强度降低很快。此外,钢材的应力-应变曲线形状随温度升高发生很大变化温度升高,屈服平台降低,且原来呈现的锯齿形状逐渐消失。当温度超过400℃后,低碳钢特有的屈服点消失。

普通低合金钢是在普通碳素钢中加入一定量的合金元素冶炼成的。这种钢材在高温下的强度变化与普通碳素钢基本相同,在200～300℃的温度范围内极限强度增加,当温度超过300℃后,强度逐渐降低。

冷加工钢筋是普通钢筋经过冷拉、冷拔、冷轧等加工强化过程得到的钢材,其内部晶格构架发生畸变,强度增加而塑性降低。这种钢材在高温下,内部晶格的畸变随着温度升高而逐渐恢复正常,冷加工所提高的强度也逐渐减少和消失,塑性得到一定恢复。因此,在相同的温度下,冷加工钢筋强度降低值比未加工钢筋大很多。当温度达到300℃时,冷加工钢筋强度约为常温时的1/3;400℃时强度急剧下降,约为常温时的1/2;500℃左右时,其屈服强度接近甚至小于未冷加工钢筋在相应温度下的强度。

高强钢丝用于预应力钢筋混凝土结构。它属于硬钢,没有明显的屈服极限。在高温下,高强钢丝的抗拉强度的降低比其他钢筋更快。当温度在150℃以内时,强度不降低;温度达350℃时,强度降低约为常温时的1/2;400℃时强度约为常温时的1/3;500℃时强度不足常温时的1/5。

预应力钢筋混凝土构件，由于所用的冷加工钢筋和高强钢丝在火灾高温下强度下降明显大于普通低碳钢筋和低合金钢筋，因此耐火性能远低于非预应力钢筋混凝土构件。

2. 变形

钢材在一定温度和应力作用下，随时间的推移，会发生缓慢塑性变形，即蠕变。蠕变在较低温度时就会产生，在温度高于一定值时比较明显，对于普通低碳钢这一温度为 300～350℃，对于合金钢为 400～450℃，温度愈高，蠕变现象愈明显。蠕变不仅受温度的影响，而且也受应力大小影响，若应力超过了钢材在某一温度下屈服强度时，蠕变会明显增大。

高温下钢材塑性增大，易于产生变形。

钢材在高温下强度降低很快，塑性增大，加之其导热系数大是造成钢结构在火灾条件下极易在短时间内破坏的主要原因。试验研究和大量火灾实例表明，处于火灾高温下的裸露钢结构往往在 15min 左右即丧失承载能力，发生倒塌破坏。

(二) 混凝土

混凝土热容量大，导热系数小，火灾高温下升温慢，是一种耐火性能良好的材料。

1. 强度

混凝土抗压强度随温度升高逐渐降低，在低于 300℃ 的情况下，温度升高对强度影响不大，甚至出现高于常温强度的现象。在高于 300℃ 时，强度随温度升高明显降低。当温度为 600℃ 时，强度约降低 50％，800℃ 时约降低 80％。大量试验结果表明，混凝土在热作用下，抗压强度在温度超过 300℃ 以后，基本上呈直线下降。

当温度超过 300℃ 以后，随着温度升高，混凝土抗压强度逐渐降低。其主要原因是：

(1) 混凝土各组成材料的热膨胀不同。在温度较高 (超过 300℃) 的情况下，水泥石脱水收缩，而骨料受热膨胀，由于胀缩的不一致性，使混凝土中产生很大的内应力，不但破坏了水泥石与骨料间的粘结，而且会把包裹在骨料周围的水泥石撑破。

(2) 水泥石内部产生一系列物理化学变化。如水泥主要水化产物 $Ca(OH)_2$，水化铝酸钙等的结晶水排出，使结构变得疏松。

(3) 骨料内部的不均匀膨胀和热分解。如花岗岩和砂岩内石英颗料膨胀的方向性及晶形转变 (在温度达到 573℃、870℃)，石灰岩中 $CaCO_3$ 的热分解 (在 825℃)，都会导致骨料强度的下降。

骨料在混凝土组成中占绝大部分。骨料的种类不同，性质也不同，直接影响混凝土的高温强度。用膨胀性小、性能较稳定、粒径较小的骨料配制的混凝土在高温下抗压强度保持较好。

此外，采用高强度等级水泥、减少水泥用量、减少含水量，也有利于保持混凝土在高温下的强度。

在火灾高温条件下，混凝土的抗拉强度随温度上升明显下降，下降幅度比抗压强度大10％～15％。当温度超过 600℃ 以后，混凝土抗拉强度则基本丧失。混凝土抗拉强度发生下降的原因是在高温下混凝土中的水泥石产生微裂缝造成的。在火灾高温作用下，混凝土抗拉强度降低会使钢筋混凝土构件过早开裂，将受拉钢筋直接暴露于火中，温度迅速升高，因此产生过大的变形，钢筋强度迅速下降，导致构件很快破坏。

对于钢筋混凝土结构而言，在火灾高温作用下钢筋和混凝土之间的粘结强度变化对其承载力影响很大。钢筋混凝土结构受热时，其中的钢筋发生膨胀，由于水泥石中产生的微裂缝和钢筋的轴向错动，导致钢筋与混凝土之间的粘结强度下降。螺纹钢筋表面凹凸不平，与混凝土间机械咬合力较大，因此在升温过程中粘结强度下降较少。

2. 弹性模量

混凝土在高温下弹性模量降低明显，其呈现明显的塑性状态，形变增加。试验结果表明，在 50℃ 的温度范围内，混凝土的弹性模量基本没有下降，之后到 200℃ 之间下降最为明显，200～400℃ 之间下降速度减缓，400～600℃ 时下降幅度很小，600℃ 时基本丧失。弹性模量降低的主要原因是：水泥石与骨料在高温时产生差异，两者之间出现裂缝，组织松弛以及混凝土发生脱水现象内部孔隙率增加。

3. 混凝土的爆裂

在火灾初期，混凝土构件受热表面层发生的块状爆炸性脱落现象，称为混凝土的爆裂。它在很大程度上决定着钢筋混凝土结构的耐火性能，尤其是预应力钢筋混凝土结构。混凝土的爆裂会导致构件截面减小和钢筋直接暴露于火中，造成构件承载力迅速降低，甚至失去支持能力，发生倒塌破坏。此外会使薄壁混凝土构件出现穿透性裂缝或孔洞，失去隔火作用。

影响爆裂的因素有混凝土的含水率、密实性、骨料的性质、加热的速度、构件施加预应力的情况以及约束条件等。解释爆裂发生的原因有蒸汽压锅炉效应理论和热应力理论。

根据耐火试验发现在下列情况容易发生爆裂：耐火试验初期；急剧加热；混凝土含水率大；预应力混凝土构件；周边约束的钢筋混凝土板；厚度小的构件；梁和柱的棱角处以及工字型梁的腹板部位等。

（三）黏土砖

黏土砖经过高温煅烧，不含结晶水等水分，即使含极少量石英，对制品性能影响也不大，因而再次受到高温作用时性能保持平稳，耐火性良好。

黏土砖受 800～900℃ 的高温作用时无明显破坏。耐火试验得出，240mm 非承重砖墙可耐火 8h，承重砖墙可耐火 5.5h。

（四）石材

石材是一种耐火性较好的材料。石材在温度超过 500℃ 以后，强度降低较明显，含石英质的石材还发生爆裂。出现这种情况的原因是：石材在火灾高温作用，沿厚度方向存在较大的温度梯度，由于内外膨胀大小不一致而产生内应力，使石材强度降低，甚至使石材破裂；石材中的石英晶体，在 573℃ 和 870℃ 还会发生晶形转变，体积增大，导致强度急剧下降，并出现爆裂现象；含碳酸盐的石材（大理石、石灰石），在高温下会发生分解反应，分解生成 CaO，其强度低，且遇水会消解成 $Ca(OH)_2$。

第二节　建筑材料及制品燃烧性能分级和试验方法

一、建筑材料及制品燃烧性能分级

国家标准化管理委员会 2012 年 12 月 31 日批准发布强制性国家标准《建筑材料及制品燃烧性能分级》GB 8624—2012，自 2013 年 10 月 1 日起实施，并替代 GB 8624—2006。

本标准规定了建筑材料及制品的术语和定义、燃烧性能等级、燃烧性能等级判据、燃烧性能等级标识和检验报告。

本标准适合于建设工程中使用的建筑材料、装饰装修材料及制品等的燃烧性能分级和判定。

国家标准《建筑材料及制品燃烧性能分级》GB 8624—2012，明确了建筑材料及制品的燃烧性能基本分级为 A、B₁、B₂、B₃四个等级，与《建筑材料及制品燃烧性能分级》GB 8624—2006 标准的分级对应关系见表 3-2。

建筑材料及制品燃烧性能等级及新旧标准对比　　　　　　表 3-2

燃烧性能等级		材料燃烧性能
GB 8624—2012	GB 8624—2006	
A 级	A₁、A₂ 级	不燃材料（制品）
B₁ 级	B、C 级	难燃材料（制品）
B₂ 级	D、E 级	可燃材料（制品）
B₃ 级	F	易燃材料（制品）

二、建筑材料燃烧性能术语和定义

（1）材料。材料是指单一物质均匀分布的混合物，如金属、石材、木材、混凝土、矿纤、聚合物。

（2）制品。要求给出相关信息的建筑材料、复合材料或组件。

（3）管状绝热制品。具有绝热性能的圆形管道状制品。如橡塑保温管、玻璃纤维保温管。

（4）匀质制品。由单一材料组成的，或其内部具有均匀密度和组分的制品。

（5）非匀质制品。不满足匀质制品定义的制品。由一种或多种主要或次要组分组成的制品。

（6）主要组分。非匀质制品的主要构成物质。如：单层面密度 $\geqslant 1.0 \text{kg/m}^2$ 或厚度 $\geqslant 1.0\text{mm}$ 的一层材料。

（7）次要组分。非匀质制品的非主要构成物质。如：单层面密度 $< 1.0\text{kg/m}^2$ 或厚度 $< 1.0\text{mm}$ 的材料。两层或多层次要组分直接相邻（中间无主要组分），当其满足次要组分要求时，可视作一个次要组分。

（8）内部次要组分。两面均至少接触一种主要组分的次要组分。

（9）外部次要组分。有一面未接触主要组分的次要组分。

（10）铺地材料。可铺设在地面上的材料或制品。

（11）基材。与建筑制品背面（或底面）直接接触的某种制品，如混凝土墙面等。

（12）标准基材。可代表实际应用的基材的制品。

（13）燃烧滴落物/微粒。在燃烧试验过程中，从试样上分离的物质或微粒。

（14）临界热辐射通量 CHF。火焰熄灭处的热辐射通量或试验 30min 时火焰传播到的最远处的热辐射通量。

（15）燃烧增长速率指数 FIGRA。试样燃烧的热释放速率值与其对应时间比值的最大值，用于燃烧性能分级。$\text{FIGRA}_{0.2\text{MJ}}$ 是指当试样燃烧释放热量达到 0.2MJ 时的燃烧增长速率指数。FIGRA$_{0.4MJ}$是指当试样燃烧释放热量达到 0.4MJ 时的燃烧增长速率指数。

（16）烟气生成速率指数 SMOGRA。试样燃烧烟气产生速率与其对应时间比值的最大值。

（17）烟气毒性。烟气中的有毒有害物质引起损伤/伤害的程度。

（18）损毁材料。在热作用下被点燃、碳化、熔化或发生其他损坏变化的材料。

（19）热值。单位质量的材料完全燃烧所产生的热量，以 J/kg 表示。

（20）总热值。单位质量的材料完全燃烧，燃烧产物中所有的水蒸气凝结成水时所释放出来的全部热量。

（21）持续燃烧。试样表面或其上方持续时间大于 4s 的火焰。

（22）THR$_{600s}$。试验开始后 600s 内试样的热释放总量（MJ）。

（23）产烟附加等级 s1、s2、s3。按《建筑材料或制品的单体燃烧试验》GB/T 20284（除铺地材料以外的建筑制品）或《铺地材料的燃烧性能测定　辐射热源法》GB/T 11785（铺地材料）规定试验所获得的测量数据确定。

（24）燃烧滴落物/微粒的附加等级 d0、d1、d2。通过在《建筑材料可燃性试验方法》GB/T 8626 和《建筑材料或制品的单体燃烧试验》GB/T 20284 试验中观察燃烧滴落物/微粒得出。

（25）产烟毒性附加等级 t0、t1、t2。按《建筑材料或制品的单体燃烧试验》GB/T 20285 规定试验，对应于不同的烟气毒性等级。

三、燃烧性能等级判据

（一）建筑材料

1. 平板状建筑材料

平板状建筑材料及制品的燃烧性能等级和分级判据见表 3-3。表中满足 A$_1$、A$_2$ 级即为 A 级，满足 B、C 级即为 B$_1$，满足 D 级、E 级即为 B$_2$ 级。

对墙面保温泡沫材料，除符合表 3-3 规定外应同时满足以下要求：B$_1$ 级氧指数值 OI≥30％；B$_2$ 级氧指数值 OI≥26％。

平板状建筑材料及制品燃烧性能等级和分级判据　　　　　表 3-3

燃烧性能等级		试验方法		分级判据
A	A$_1$	GB/T 5464[a] 且		炉内温升 ΔT≤30℃；质量损失率 Δm≤50％；持续燃烧时间 t_f=0
		GB/T 14402		总热值 PCS≤2.0MJ/kg[a,b,c,e]；总热值 PCS≤1.4MJ/m²[d]
	A$_2$	GB/T 5464[a] 或	且	炉内温升 ΔT≤50℃；质量损失率 Δm≤50％；持续燃烧时间 t_f≤20s
		GB/T 14402		总热值 PCS≤3.0MJ/kg[a,e]；总热值 PCS≤4.0MJ/m²[b,d]
		GB/T 20284		燃烧增长速率指数 FIGRA$_{0.2MJ}$≤120W/s；火焰横向蔓延未到达试样长翼边缘；600s 的总放热量 THR$_{600s}$≤7.5MJ

燃烧性能等级		试验方法	分级判据
B_1	B	GB/T 20284 且	燃烧增长速率指数 $FIGRA_{0.2MJ} \leqslant 120W/s$； 火焰横向蔓延未到达试样长翼边缘； 600s 的总放热量 $THR_{600s} \leqslant 7.5MJ$
		GB/T 8626 点火时间 30s	60s 内焰尖高度 $F_s \leqslant 150mm$； 60s 内无燃烧滴落物引燃滤纸现象
	C	GB/T 20284 且	燃烧增长速率指数 $FIGRA_{0.4MJ} \leqslant 250W/s$； 火焰横向蔓延未到达试样长翼边缘； 600s 的总放热量 $THR_{600s} \leqslant 15MJ$
		GB/T 8626 点火时间 30s	60s 内焰尖高度 $F_s \leqslant 150mm$； 60s 内无燃烧滴落物引燃滤纸现象
B_2	D	GB/T 20284 且	燃烧增长速率指数 $FIGRA_{0.4MJ} \leqslant 750W/s$；
		GB/T 8626 点火时间 30s	60s 内焰尖高度 $F_s \leqslant 150mm$； 60s 内无燃烧滴落物引燃滤纸现象
	E	GB/T 8626 点火时间 15s	20s 内焰尖高度 $F_s \leqslant 150mm$； 20s 内无燃烧滴落物引燃滤纸现象
B_3	F	无性能要求	

注：[a] 匀质制品和非匀质制品的主要组分。
[b] 非匀质制品的外部次要组分。
[c] 当外部次要组分的 PCS $\leqslant 2.0MJ/m^2$ 时，若整体制品的 $FIGRA_{0.2MJ} \leqslant 20W/s$、LFS$<$试样边缘、$THR_{600s}$ $\leqslant 4.0MJ$ 并达到 s1 和 d0 级，则达到 A_1。
[d] 非匀质制品的任一内部次要组分。
[e] 整体制品。

2. 铺地材料

铺地材料的燃烧性能等级和分级判据见表 3-4。表中满足 A_1、A_2 级即为 A 级，满足 B、C 级即为 B_1，满足 D 级、E 级即为 B_2 级。

铺地材料的燃烧性能等级和分级判据　　　　　　　表 3-4

燃烧性能等级			试验方法	分级判据
A	A_1		GB/T 5464[a] 且	炉内温升 $\Delta T \leqslant 30℃$； 质量损失率 $\Delta m \leqslant 50\%$； 持续燃烧时间 $t_f = 0$
			GB/T 14402	总热值 PCS $\leqslant 2.0MJ/kg^{a,b,d}$； 总热值 PCS $\leqslant 1.4MJ/m^{2c}$
	A_2	GB/T 5464[a] 或	且	炉内温升 $\Delta T \leqslant 50℃$； 质量损失率 $\Delta m \leqslant 50\%$； 持续燃烧时间 $t_f \leqslant 20s$
		GB/T 14402		总热值 PCS $\leqslant 3.0MJ/kg^{a,d}$； 总热值 PCS $\leqslant 4.0MJ/m^{2b,c}$
			GB/T 11785[e]	临界热辐射通量 CHF $\geqslant 8.0kW/m^2$
B_1	B		GB/T 11785[e] 且	临界热辐射通量 CHF $\geqslant 8.0kW/m^2$
			GB/T 8626 点火时间 15s	20s 内焰尖高度 $F_s \leqslant 150mm$
	C		GB/T 11785[e] 且	临界热辐射通量 CHF $\geqslant 4.5kW/m^2$
			GB/T 8626 点火时间 15s	20s 内焰尖高度 $F_s \leqslant 150mm$；

续表

燃烧性能等级		试验方法	分级判据
B_2	D	GB/T 11785[e]且	临界热辐射通量 CHF≥3.0kW/m²
		GB/T 8626 点火时间 15s	20s 内焰尖高度 F_s≤150mm
	E	GB/T 11785[e]且	临界热辐射通量 CHF≥2.2kW/m²
		GB/T 8626 点火时间 15s	20s 内焰尖高度 F_s≤150mm
B_3	F	无性能要求	

注：[a] 匀质制品和或非匀质制品的主要组分。

[b] 非匀质制品的外部次要组分。

[c] 非匀质制品的任一内部次要组分。

[d] 整体制品。

[e] 试验最长时间 30min。

3. 管状绝热材料

管状绝热材料的燃烧性能等级和分级判据见表 3-5。表中满足 A_1、A_2 级即为 A 级，满足 B、C 级即为 B_1，满足 D 级、E 级即为 B_2 级。

当管状绝热材料的外径大于 300mm 时，其燃烧性能等级和分级判据按表 3-5 的规定。

管状绝热材料烧性能等级和分级判据　　　　　　　　　　**表 3-5**

燃烧性能等级		试验方法	分级判据
A	A_1	GB/T 5464[a]且	炉内温升 ΔT≤30℃；质量损失率 Δm≤50%；持续燃烧时间 t_f＝0
		GB/T 14402	总热值 PCS≤2.0MJ/kg[a,b,d]；总热值 PCS≤1.4MJ/m²[c]
	A_2	GB/T 5464[a]或 GB/T 14402	且 炉内温升 ΔT≤50℃；质量损失率 Δm≤50%；持续燃烧时间 t_f≤20s
			总热值 PCS≤3.0MJ/kg[a,d]；总热值 PCS≤4.0MJ/m²[b,c]
		GB/T 20284	燃烧增长速率指数 FIGRA$_{0.2MJ}$≤270W/s；火焰横向蔓延未到达试样长翼边缘；600s 的总放热量 THR$_{600s}$≤7.5MJ
B_1	B	GB/T 20284 且	燃烧增长速率指数 FIGRA$_{0.2MJ}$≤270W/s；火焰横向蔓延未到达试样长翼边缘；600s 的总放热量 THR$_{600s}$≤7.5MJ
		GB/T 8626 点火时间 30s	60s 内焰尖高度 F_s≤150mm；60s 内无燃烧滴落物引燃滤纸现象
	C	GB/T 20284	燃烧增长速率指数 FIGRA$_{0.4MJ}$≤460W/s；火焰横向蔓延未到达试样长翼边缘；600s 的总放热量 THR$_{600s}$≤15MJ
		GB/T 8626 且点火时间 30s	60s 内焰尖高度 F_s≤150mm；60s 内无燃烧滴落物引燃滤纸现象

燃烧性能等级		试验方法	分级判据
B₂	D	GB/T 20284 且	燃烧增长速率指数 $FIGRA_{0.4MJ} \leqslant 2100W/s$； 600s 的总放热量 $THR_{600s} < 100MJ$
		GB/T 8626 点火时间 30s	60s 内焰尖高度 $F_s \leqslant 150mm$； 60s 内无燃烧滴落物引燃滤纸现象
	E	GB/T 8626 点火时间 15s	20s 内焰尖高度 $F_s \leqslant 150mm$； 20s 内无燃烧滴落物引燃滤纸现象
B₃	F	无性能要求	

注：[a] 匀质制品和非匀质制品的主要组分。
　　[b] 非匀质制品的外部次要组分。
　　[c] 非匀质制品的任一内部次要组分。
　　[d] 整体制品。

（二）建筑用制品

建筑用制品分为四大类：（1）窗帘幕布、家具制品装饰用织物；（2）电线电缆套管、电器设备外壳及附件；（3）电器、家具制品用泡沫塑料；（4）软质家具和硬质家具。

（1）窗帘幕布、家具制品装饰用织物等的燃烧性能等级和分级判据见表 3-6。耐洗涤织物在进行燃烧性能试验前，应按《纺织品织物燃烧试验前的商业洗涤程序》GB/T 17596 的规定对试样进行至少 5 次洗涤。

窗帘幕布、家具制品装饰用织物燃烧性能等级和分级判据　　　　　表 3-6

燃烧性能等级	试验方法	分级判据
B₁	GB/T 5454 GB/T 5455	氧指数 $OI \geqslant 32.0\%$； 损毁长度 $\leqslant 150mm$，续燃时间 $\leqslant 5s$，阴燃时间 $\leqslant 15s$； 燃烧滴落物未引起脱脂棉燃烧或阴燃
B₂	GB/T 5454 GB/T 5455	氧指数 $OI \geqslant 26.0\%$； 损毁长度 $\leqslant 200mm$，续燃时间 $\leqslant 15s$，阴燃时间 $\leqslant 30s$； 燃烧滴落物未引起脱脂棉燃烧或阴燃
B₃	无性能要求	

（2）电线电缆套管、电器设备外壳及附件的燃烧性能等级和分级判据见表 3-7。

电线电缆套管、电器设备外壳及附件的燃烧性能等级和分级判据　　　　　表 3-7

燃烧性能等级	制品	试验方法	分级判据
B₁	电线电缆套管	GB/T 2406.2 GB/T 2408 GB/T 8627	氧指数 $OI \geqslant 32.0\%$； 垂直燃烧性能 V-0 级； 烟密度等级 $SDR \leqslant 75$
	电器设备外壳及附件	GB/T 5169.16	垂直燃烧性能 V-0 级
B₂	电线电缆套管	GB/T 2406.2 GB/T 2408	氧指数 $OI \geqslant 26.0\%$； 垂直燃烧性能 V-1 级
	电器设备外壳及附件	GB/T 5169.16	垂直燃烧性能 V-1 级
B₃	无性能要求		

（3）电器、家具制品用泡沫塑料的燃烧性能等级和分级判据见表3-8。

电器、家具制品用泡沫塑料燃烧性能等级和分级判据　　　　　表3-8

燃烧性能等级	试验方法	分级判据
B₁	GB/T 16172[a] GB/T 8333	单位面积热释放速率峰值≤400kW/m²； 平均燃烧时间≤30s，平均燃烧高度≤250mm
B₂	GB/T 8333	平均燃烧时间≤30s，平均燃烧高度≤250mm
B₃	无性能要求	

注：[a] 辐射热照度设置为30kW/m²。

（4）软质家具和硬质家具的燃烧性能等级和分级判据见表3-9。

软质家具和硬质家具的燃烧性能等级和分级判据　　　　　表3-9

燃烧性能等级	制品类别	试验方法	分级判据
B₁	软质家具	GB/T 27904 GB 17927.1	热释放速率峰值≤200kW； 5min内总热释放量≤30MJ； 最大烟密度≤75%； 无有焰燃烧引燃或阴燃引燃现象
	软质床垫	床垫热释放速率试验方法	热释放速率峰值≤200kW； 10min内总热释放量≤15MJ
	硬质家具[a]	GB/T 27904	热释放速率峰值≤200kW； 5min内总热释放量≤30MJ； 最大烟密度≤75%
B₂	软质家具	GB/T 27904 GB 17927.1	热释放速率峰值≤300kW； 5min内总热释放量≤40MJ； 试件未整体燃烧； 无有焰燃烧引燃或阴燃引燃现象
	软质床垫	床垫热释放速率试验方法	热释放速率峰值≤300kW； 10min内总热释放量≤25MJ
	硬质家具	GB/T 27904	热释放速率峰值≤300kW； 5min内总热释放量≤40MJ； 试件未整体燃烧
B₃	无性能要求		

注：[a] 塑料座椅的试验火源功率采用20kW，燃烧器位于座椅下方的一侧，距座椅底部300mm。

四、建筑材料燃烧性能等级的附加信息和标识

（一）附加信息

建筑材料及制品燃烧性能等级附加信息包括产烟特性、燃烧滴落物/微粒等级和烟气毒性等级。

对于A₂级、B级和C级建筑材料及制品，应给出产烟特性等级、燃烧滴落物/微粒

等级（铺地材料除外）、烟气毒性等级等附加信息。

对于 D 级建筑材料及制品，应给出产烟特性等级、燃烧滴落物/微粒等级这两项附加信息。

1. 产烟特性等级

按《建筑材料或制品的单体燃烧试验》GB 20284—2006 或《铺地材料的燃烧性能测定 辐射热源法》GB/T 11785—2005 试验所获得的数据确定，见表 3-10。

产烟特性等级和分级判据　　　　　　　　　　表 3-10

产烟特性等级	试验方法	分级判据	
s1	GB/T 20284	除铺地制品和管状绝热制品外的建筑材料及制品	烟气生成速率指数 SMOGRA≤30m^2/s^2 试验 600s 总烟气生成量 TSP_{600S}≤50m^2
		管状绝热制品	烟气生成速率 SMOGRA≤105m^2/s^2；试验 600s 总烟气生成量 TSP_{600S}≤250m^2
	GB/T 11785	铺地材料	产烟量≤750%×min
s2	GB/T 20284	除铺地制品和管状绝热制品外的建筑材料及制品	烟气生成速率指数 SMOGRA≤180m^2/s^2；试验 600s 总烟气生成量 TSP_{600S}≤200m^2
		管状绝热制品	烟气生成速率指数 SMOGRA≤580m^2/s^2；试验 600s 总烟气生成量 TSP_{600S}≤1600m^2
	GB/T 11785	铺地材料	未达到 s1
s3	GB/T 20284	未达到 s2	

2. 燃烧滴落物/微粒等级

通过观察《建筑材料或制品的单体燃烧试验》GB 20284—2006 试验中燃烧滴落物确定，见表 3-11。

燃烧滴落物/微粒等级和分级判据　　　　　　　　表 3-11

燃烧滴落物/微粒等级	试验方法	分级判据
d0	GB/T 20284	600s 内无燃烧滴落物/微粒
d1		600s 内燃烧滴落物/微粒，持续时间不超过 10s
d2		未达到 d1

3. 烟气毒性等级

按《材料产烟毒性危险分级》GB/T 20285—2006 试验所获得的数据确定，见表 3-12。

烟气毒性等级和分级判据　　　　　　　　　表 3-12

烟气毒性等级	试验方法	分级判据
t0	GB/T 20285	达到准安全一级 ZA_1
t1		达到准安全三级 ZA_3
t2		未达到准安全三级 ZA_3

（二）附加信息标识

当按规定需要显示附加信息时，燃烧性能等级标识为：

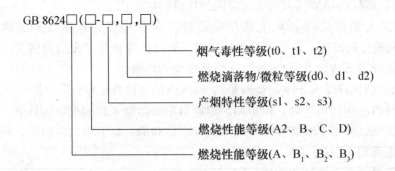

示例：GB 8624 B_1（B-s1，d0，t1），表示属于难燃 B_1 级建筑材料及制品，燃烧性能细化分级为 B 级，产烟特性等级为 s1 级，燃烧滴落物/微粒等级为 d0 级，烟气毒性等级为 t1 级。

（三）试验方法

建筑材料及制品燃烧性能分级规定的四个等级的试验方法主要有：

1.《建筑材料不燃性试验方法》GB/T 5464

本标准规定了在特定条件下匀质建筑制品和非匀质建筑制品主要组分的不燃性试验方法。试验用于确定不会燃烧或不会明显燃烧的建筑制品，而不论这些制品的最终应用形态。该试验用于燃烧性能等级 A1、A2。

2.《建筑材料及制品的燃烧性能燃烧热值的测定》GB/T 14402

本标准规定了在恒定热容量的氧弹量热仪中，测试建筑材料燃烧热值的试验方法。通过该标准试验可测定总燃烧热值（PCS）和净燃烧热值（PCI）的方法。该试验用于燃烧性能等级 A_1、A_2。值得注意的是，本试验方法是用于测量制品燃烧的绝对热值，与制品的形态无关。

热值是指单位质量的材料燃烧所产生的热量，以 J/kg 表示。总热值（PCS）是指单位质量的材料完全燃烧，并当其燃烧产物中的水（包括材料中所含水分生成的水蒸气和材料组成中所含的氢燃烧时生成的水蒸气）均凝结为液态时放出的热量，单位为兆焦耳每千克（MJ/kg）。

净热值（PCI）是指单位质量材料完全燃烧，其燃烧产物中的水（包括材料中所含水分生成的水蒸气和材料组成中所含的氢燃烧时生成的水蒸气）仍以气态形式存在时所放出的热量。它在数值上等于总热值减去材料燃烧后所生成的水蒸气在氧弹内凝结为水时所释放出的汽化潜热的差值，单位为兆焦耳每千克（MJ/kg）。汽化潜热是指将水由液态转为气态所需的热量，单位为兆焦耳每千克（MJ/kg）。

3.《建筑材料或制品的单体燃烧试验》GB/T 20284

本标准规定了测定建筑材料或制品在单体燃烧试验中的对火反应性能的方法。

本试验可以测定 FIGRA，LFS，THR_{600s} 这三个参数。其中：

FIGRA 是指用于分级的燃烧增长速率指数。对于 A2 级和 B 级，FIGRA ＝ $FIGRA_{0.2MJ}$，对于 C 级和 D 级，FIGRA＝$FIGRA_{0.4MJ}$。

$FIGRA_{0.2MJ}$ 是指试样燃烧增长速率指数。THR 临界值达 0.2 MJ 以后，试样热释放速率与受火时间的比值的最大值。$FIGRA_{0.4MJ}$ 是指试样燃烧增长速率指数。THR 临界值达

0.4 MJ 以后，试样热释放速率与受火时间的比值的最大值。

LFS 是指火焰在试样长翼上的横向传播。在试验开始后的 1500s 内，在 500～1000mm 之间的任何高度，持续火焰到达试样长翼远边缘处时，火焰的横向传播应予以记录。火焰在试样表面边缘处至少持续 5s 为该现象的判据。

THR_{600s} 是指试样受火于主燃烧器最初 600s 内的总热释放量。

本试验评价在房间角落处，模拟制品附近有单体燃烧火源的火灾场景下，制品本身对火灾的影响。该试验用于燃烧性能等级 A_2、B、C 和 D。对于非匀质制品，在某些规定条件下本试验也可用 A_1 级。

4.《建筑材料可燃性试验方法》GB/T 8626

本试验评价在与小火焰接触时制品的着火性。该试验用于燃烧性能等级 B、C、D、E。

可燃性材料受到火烧或高温作用能立即起火燃烧，当火源移走后，仍能继续燃烧。有机材料多属于可燃性材料，如木材、纤维板、聚氯乙烯塑料板、橡胶地毯等。可燃性材料火灾危险性大，在建筑中要严格限制使用。达不到可燃性材料级别的均属于易燃性材料。

5.《铺地材料的燃烧性能测定　辐射热源法》GB/T 11785

本试验确定火焰在试样水平表面停止蔓延时的临界热辐射通量 CHF^f（kW/m^2）。本标准规定了评定铺地材料燃烧性能的方法，适用于各种铺地材料，如：纺织地毯、软木板、木板、橡胶板和塑料地板及地板喷涂材料。

铺地材料，是指铺设在地面的上表面，由背衬材料、随附的衬垫、中垫和/或粘结剂一起构成的表面装饰层。基材，是指直接使用于产品下面并满足相应要求的材料。对铺地材料而言，就是指地面（地面上的铺设物）或代表地面的材料。

本试验中几个重要符号及物理意义是：辐射通量 HF，是指单位面积的入射热，包括辐射热通量和对流热通量（kW/m^2）。临界辐射热通量 CHF^f，是指火焰熄灭处的辐射通量（CHF）或试验 30min 时火焰传播到的最远位置处对应的辐射通量（HF-30），两者中的最低值（即火焰 30min 内传播的最远距离处所对应的辐射通量）。火焰传播的距离，是指在规定的时间内，持续火焰沿着试件长度方向传播的最远距离。

6.《材料产烟毒性危险分级》GB/T 20285

本标准规定了材料产烟毒性危险评价的等级、试验装置及试验方法，适用于材料稳定产烟的烟气毒性危险分级。材料稳定产烟是指每时刻产烟材料的质量数稳定，烟生成物相对比例不变的产烟过程。

本试验测定材料充分产烟时无火焰烟气的毒性，适用于燃烧性能等级 A_2、B、C。

材料产烟毒性危险级别的划分：材料产烟毒性危险分为 3 级：安全级（AQ 级）、准安全级（ZA 级）和危险级（WX 级）；其中，AQ 级又分为 AQ1 级和 AQ2 级，ZA 级又分为 ZA1 级、ZA2 级和 ZA3 级。

第三节　建筑防火材料

建筑防火材料种类繁多，本节所介绍的材料其燃烧性能均为不燃性材料和难燃性材料；从特性和用途来看，多为建筑装修防火材料、围护结构防火材料、防火隔热材料（可用于保护耐火极限低的构件和可燃构件，提高其耐火时间和改变其燃烧性能）。

一、轻质砌块和板材

（一）加气混凝土砌块和板材

加气混凝土是用含钙材料（水泥、石灰）、含硅材料（石英砂、粉煤灰、尾矿粉、粒化高炉矿渣、页岩等）和发气剂（铝粉、锌粉等）作为原料生产而成，属于不燃性材料。加气混凝土砌块可用作承重墙体、非承重墙体，也可作保温材料使用；加气混凝土板材可作外墙板、隔墙板及屋面板使用。

（二）轻质混凝土砌块与板材

轻质混凝土砌块是以水泥为胶凝材料，以火山渣、浮石、膨胀珍珠岩、煤渣、各种陶粒等为骨料制成的轻质墙体材料，属于不燃性材料。

（三）粉煤灰墙体材料

粉煤灰墙体材料是以粉煤灰、石灰、石膏和集料（如炉渣）等为原料生产而成，主要用于建筑的墙体，属于不燃性材料。

二、轻质无机防火材料

（一）岩棉和矿渣棉及其制品

岩棉和矿渣棉具有不燃、质轻、导热系数低、防腐、化学稳定性强等优点，可做防火构件的填充材料，也可制成防火隔热板材等。

（二）玻璃棉及其制品

玻璃棉轻质、导热系数低、不燃烧、耐腐蚀。玻璃棉制品主要有玻璃棉毡、玻璃棉板、玻璃棉毯和玻璃棉保温管等。

（三）硅酸铝纤维及其制品

硅酸铝纤维（耐火纤维、陶瓷棉）是一种轻质耐火材料，具有表观密度小、耐高温、导热系数小、化学性能稳定、对电绝缘等优良性能。硅酸铝纤维及其制品可用作防火门的芯材等。

（四）膨胀珍珠岩及其制品

膨胀珍珠岩具有密度小、导热系数低、化学稳定性好、使用温度范围广、防火等特点。膨胀珍珠岩制品品种主要有：水泥膨胀珍珠岩制品、水玻璃膨胀珍珠岩制品、沥青膨胀珍珠岩制品、磷酸盐膨胀珍珠岩制品、高温耐火膨胀珍珠岩制品、石膏珍珠岩制品等。

（五）膨胀蛭石及其制品

蛭石具有表观密度小、导热系数小、防火防腐、化学性质稳定、无毒无味等特点。

膨胀蛭石制品品种主要有：水泥膨胀蛭石制品、水玻璃膨胀蛭石制品、沥青膨胀蛭石制品、膨胀蛭石防火板、石棉硅藻土水玻璃膨胀蛭石制品、膨胀珍珠岩膨胀蛭石制品、云母膨胀蛭石制品等。

（六）硅酸钙及其制品

硅酸钙材料具有良好的耐热性能和热稳定性能，属于不燃材料。硅酸钙材料硅酸钙板是轻质、防火建筑板材，可用作钢结构、梁、柱及墙面的耐火覆盖材料。

三、新型轻质复合防火材料

（一）石膏及其制品

石膏制品质轻、保温隔热、耐火性好。石膏板材有纸面石膏板、纤维石膏板、石膏装饰板、石膏吸声板、石膏空心条板、石膏珍珠岩空心板、石膏硅酸盐空心条板等。

（二）纤维增强水泥板材

纤维增强水泥板材，属于不燃性材料，主要种类有：TK 板、GRC 板、不燃埃特板、石棉水泥平板、穿孔吸声石棉水泥板、水泥木屑板、水泥刨花板等。

（三）钢丝网夹芯复合板材

钢丝网夹芯复合板是以轻质板材为覆面板或用混凝土作面层和结构层，按所用的轻质芯材可分为：钢丝网架泡沫塑料夹芯板，以阻燃型聚苯乙烯泡沫为主做芯材；钢丝网架岩棉夹芯板，用半硬质岩棉板做芯材。常用的钢丝网夹芯复合板材有泰柏板（TIP）、岩棉夹心板（GY 板）等。

（四）金属板材和金属复合板材

常用的金属板材和金属复合板材有金属板材、金属微穿孔吸声板、金属复合板材。金属复合板材有聚氨酯夹芯复合板、聚苯乙烯复合夹芯板（EPS 板）、岩棉夹芯复合板、铝塑复合板等。金属板材有彩色压型钢板和铝及铝合金波纹板等，均属于不燃板材。

（五）其他板材

1. 难燃刨花板

难燃刨花板具有一定的防火性能，其燃烧性能可达到 B_1 级，属于难燃性的建筑材料。

2. WJ 型防火装饰板

WJ 型不燃玻璃钢板用玻璃纤维无机材料制作，具有遇火不燃、不爆、不变形、无烟、无毒、耐腐蚀、耐油、耐火等特点。

3. 难燃铝塑建筑装饰板

难燃铝塑建筑装饰板具有难燃、质轻、保温、耐火、防蛀等特点。

4. 难燃钙塑泡沫装饰板

难燃性钙塑泡沫装饰板具有质轻、隔热、耐水、阻燃性好等特点。

5. 贴塑矿（岩）棉板

贴塑矿（岩）棉板具有隔热、不燃、质轻等特点。

6. 钢丝网石棉水泥波瓦（加筋波瓦）

钢丝网石棉水泥波瓦（加筋波瓦）具有防火、耐热等性能，并有较高的抗折力，适宜用作高温、震动或有防爆要求的工业厂房屋面及墙面。

四、自熄型和阻燃型泡沫塑料

自熄型和阻燃型泡沫塑料的种类有：自熄型聚苯乙烯泡沫塑料、阻燃型硬质聚氨酯泡沫塑料、阻燃型聚苯乙烯泡沫板、聚氯乙烯（PVC）、泡沫塑料、脲醛泡沫塑料、酚醛泡沫塑料等。

五、建筑防火玻璃

防火玻璃在标准火灾试验条件下，能在一定时间内保持耐火完整性和隔热性。它主要用于防火门、窗和玻璃防火隔墙。建筑防火玻璃的种类有：复合防火玻璃、夹丝玻璃、泡沫玻璃。

（一）复合防火玻璃

复合防火玻璃又称防火夹层玻璃，它是将两片或两片以上的平板玻璃用透明防火胶粘剂胶接在一起而制成的。在室温条件下和火灾发生初期，它和普通平板玻璃一样，具有透光和装饰性能；发生火灾后，随着火势的蔓延扩大，火灾区域的温度的升高，防火夹层受热膨胀发泡，逐渐由透明物质转变为不透明的多孔物质，形成很厚的防火隔热层，起到防火隔热和防止玻璃炸裂后脱落的作用。复合防火玻璃是一种新型透明建筑防火装饰材料，主要用于制作室内防火门、窗和防火隔墙材料。

（二）夹丝玻璃

夹丝玻璃当受外力或在火灾中破裂时，碎片仍固定在金属丝或网上，不脱落，仍可以防止火焰穿透，起到阻止火灾蔓延的作用。

（三）泡沫玻璃

泡沫玻璃具有质轻、耐火、隔热、不燃、使用温度范围广、机械强度良好、尺寸稳定性好、抗化学腐蚀能好特点。

六、其他材料

（一）阻燃木地板砖、吊顶板

阻燃木地板砖、吊顶板，阻燃性能好。主要用于宾馆、影剧院、展览馆等建筑物内的地板和吊顶板。

（二）阻燃胶合板

阻燃胶合板阻燃性能好。主要用于宾馆、影剧院、展览馆等建筑物内装修材料和展览馆的展板等。

（三）滞燃型胶合板

滞燃型胶合板在火灾发生时能起到滞燃和自熄的效果。适用于有阻燃要求的建筑内部吊顶和墙面装修。

（四）玻璃纤维贴墙布

玻璃纤维墙面装饰布，具有强度高、不老化、经久耐用、不燃烧、隔热性能好、无毒、无味等特点。适用于作内墙面装饰。

（五）阻燃壁纸

阻燃壁纸具有一定的防火阻燃性能，适用于有防火要求的建筑室内墙面、顶棚的装饰。

（六）阻燃织物

阻燃织物具有一定的防火阻燃性能，不蔓延燃烧、离火自灭，适用于有防火要求的建筑室内墙面、顶棚、地面等。

第四节　建筑防火涂料

涂料是指涂敷于物体表面，并能很好地粘结形成完整的保护膜的物料。防火涂料属于特种涂料，当它用于可燃性基材表面时，则在火灾高温作用下可以降低材料表面燃烧特性，改变其燃烧性能，推迟或消除引燃过程，阻滞火灾迅速蔓延，并可提高其耐火极限；当它用于不燃性或建筑构件（如钢结构、预应力钢筋混凝土楼板等）时，则在火灾高温作用下可以有效地降低构件温度上升速度，提高其耐火极限，从而推迟结构失稳过程。

一、防火涂料的组成、分类和原理

（一）防火涂料组成

防火涂料一般由胶粘剂、防火剂、防火隔热填充料及其他添加剂组成。

1. 基料

基料对膨胀型防火涂料的性能有很大的影响。它与其他组分配合，既保证涂层在正常工作条件下具有一般的使用性能，又能在火焰或高温作用下使涂层具有难燃性和优良的膨胀效果。常用的基料主要有：

（1）水性树脂。水性树脂是以水作溶剂的一类树脂。它具有节约有机溶剂，施工方便，毒性小，无火灾危险等优点。常用的水性树脂有聚醋酸乙烯乳液、氯乙烯-偏二氯乙烯共聚物乳液、聚丙烯酸乳液、氯丁橡胶乳液。

（2）含氮树脂。含氮树脂的耐水性、耐化学性、装饰性及物理机械性能都较好，具有一定的阻燃效果。常用的有三聚氰胺甲醛树脂、聚氨基甲酸酯树脂、聚酰胺树脂、丙烯腈共聚物等。

2. 脱水成碳催化剂

主要作用是涂料遇热时促进涂层脱水、碳化，形成碳化层。常用的催化剂有磷酸二氢铵、磷酸氢二铵、焦磷酸铵、多聚磷酸铵以及有机磷酸酯等。其中多聚磷酸铵具有水溶性小，热稳定性高的特点。

3. 碳化剂

涂料受热后形成多孔结构的碳化层。使用较多的有淀粉、糊精、季戊四醇等。

4. 发泡剂

涂料受热时，释放出不燃性气体，如氨、二氧化碳、水蒸气、卤化氢等，使涂层膨胀起来，并在涂层内形成海绵状结构。常用的发泡剂有三聚氰胺、氯化石蜡、碳酸盐、磷酸铵盐等。

5. 阻燃剂

在防火涂料中的作用是增加涂层的阻燃能力，并在其他组分的协同作用下实现涂层的难燃化。用于防火涂料中的阻燃剂种类很多，常用含磷、卤素的有机阻燃剂，如磷酸酯、三（二溴丙基）磷酸酯，三（二氯丙基）磷酸酯等，常用无机阻燃剂有氢氧化铝、硼砂、氢氧化镁等。

6. 无机隔热材料

用于钢结构、混凝土隔热防火涂料，其主要有膨胀蛭石、膨胀珍珠岩等。钢结构、混凝土本身是不燃性材料，涂覆防火涂料的目的不是起阻燃作用，而是起隔热作用。

7. 颜料

对膨胀型防火涂料来说，含无机填料的比例较少，甚至不含。因其含量增加会影响涂层的发泡效果，从而降低涂层的防火性能。常用的着色颜料有钛白粉、氧化锌、铁红、铁黄等。

8. 辅助剂

为了提高涂层及炭化层的强度，避免泡沫氧化时造成涂层破裂，在膨胀型防火涂料中有时加入少量的玻璃纤维、石棉纤维、酚醛纤维作为涂层的补强剂。同时某些助剂可以提高涂层的物理性能，如增稠剂、乳化剂、增韧剂、颜料分散剂等。

（二）防火涂料分类

防火涂料可以从不同角度进行分类。按基料组成可分为无机防火涂料和有机防火涂料。无机防火涂料用无机盐作基料，有机防火涂料用合成树脂作基料。

按分散介质可分为水溶性防火涂料和溶剂性防火涂料。无机防火涂料和乳胶防火涂料一般用水作分散介质，而有机防火涂料一般用有机溶剂作分散介质。

按防火涂料的保护对象可分为钢结构防火涂料（包括预应力钢筋混凝土防火涂料）和饰面型防火涂料。

饰面型防火涂料用于保护可燃性基材，可涂覆在木材、纤维板、电缆等表面，是一种多用途型防火涂料。

钢结构防火涂料按涂层厚度可分为厚涂型、薄涂型、超薄涂型，对预应力钢筋混凝土楼板等混凝土构件一般采用厚涂型防火涂料。

按应用环境可分为室内、室外用防火涂料。

按防火机理可分为非膨胀型防火涂料和膨胀型防火涂料。

防火涂料产品分类见表3-13。

防 火 涂 料 分 类 表3-13

分类依据	类型	基本特征
分散介质	水溶性	以水为溶剂和分散介质，节约能源，无环境污染，生产、施工储运安全
	溶剂性	以汽油、二甲苯作溶剂施工温、湿度范围大，利于改善涂层的耐水性、装饰性
基料	无机类	以磷酸盐、硅酸盐或水泥作胶粘剂，涂层不易燃，原材料丰富
	有机类	以合成树脂或水乳胶作胶粘剂，利于构成膨胀涂料，有较好的理化性能
防火机理	膨胀型	涂层遇火膨胀隔热，并有较好理化机械性能和装饰效果
	非膨胀型	涂层较厚，遇火后不膨胀，密度较小，自身有较好的防火隔热效果
涂层厚度	厚涂型（H）	涂层厚80～50mm，耐火极限0.5～3h
	薄涂型（B）	涂层厚3～7mm，遇火膨胀隔热，耐火极限0.5～1.5h
	超薄型（C）	涂层厚不超过3mm，遇火膨胀隔热，耐火极限0.5～1.5h
应用环境	室内	应用于建筑物室内，包括薄涂型和超薄型
	室外	应用于石化企业等露天钢结构，耐水、耐候、耐化学性，满足室外使用要求

分类依据	类型	基本特征
保护对象	钢结构、混凝土结构	遇火膨胀或不膨胀，耐火极限高
	木材、可燃性材料	遇火膨胀，涂层薄，耐火极限低
	电缆	遇火膨胀，涂层薄

（三）防火涂料的防火原理

按照防火原理，防火涂料大体可分为非膨胀型和膨胀型两类。

1. 非膨胀型防火涂料

非膨胀型防火涂料是通过以下途径发挥作用的：其一是涂层自身的难燃性或不燃性；其二是在火焰或高温作用下分解释放出不燃性气体（如水蒸气、氨气、氯化氰、二氧化碳等），冲淡氧和可燃性气体，抑制燃烧的产生；其三是在火焰或高温作用条件下形成不燃性的无机釉膜层，该釉膜层结构致密，能有效地隔绝氧气，并在一定时间内有一定的隔热作用。

非膨胀型防火涂料按照成膜物质的不同，可分为有机和无机两种类型。

（1）非膨胀型有机防火涂料

这类涂料由含卤素、氮、磷之类的难燃性有机树脂、防火添加剂及无机颜料构成。

含卤素的树脂具有较好的难燃自熄性，又有较好的耐水性和耐化学药品性，并且受热时可分解释放出卤化氢。卤化氢对可燃性气体燃烧时的连锁反应具有断链作用，从而能抑制燃烧的进行。所以含卤素的树脂被广泛应用于防火涂料中。含卤素的树脂又以热稳定性相对较好且价格低廉的含氯树脂应用最广。常用的含氯树脂有氯化橡胶、氯化醇酸、氯化聚酯、聚偏二氯乙烯、氯化环氧、聚氯乙烯、过氯乙烯、偏氯乙烯-氯乙烯共聚物、氯磺化聚乙烯、氯丁橡胶乳液、偏二氯乙烯酸共聚物乳液、氯化石蜡等。

含卤素树脂与三氧化二锑配合使用，可以发挥更好的防火效果。这是因为含卤素树脂在火焰或高温作用下，分解释放出的卤化氢，除了能捕捉羟基游离基终止连锁反应从而抑制燃烧外，还能与三氧化二锑反应，生成低火熔点、低沸点的三卤化锑等物质，其蒸气可笼罩包覆涂层表面隔绝空气而抑制燃烧。

有机聚合物中含卤素量越高，难燃效果越好。但含卤素量增加，有机聚合物的物理机械性能和耐热性能就会降低。

难燃防火添加剂是防火涂料的重要组成。环氧树脂、醇酸树脂、酚醛树脂等非难燃性树脂作为非膨胀型防火涂料的漆基时，主要就是靠添加难燃剂及无机填料来实现难燃作用的。常用难燃剂有含磷、卤素、氮的有机化合物（如氯化石蜡、十溴联苯醚、磷酸三丁酯等），和硼系（硼砂、硼酸、硼酸锌、硼酸铝）、锑系、铝系、锆系等无机化合物。

无机填料在非膨胀型防火涂料中占有很大比例。它可降低涂层中有机聚合物的体积浓度，使单位面积上的热分解生成物减少，从而提高涂层的耐热性和耐燃性。另外，有些填料在高温可发生脱水、分解等吸热反应或熔融、蒸发等物理吸热过程，填料所分解放出的气体能冲淡可燃性气体和氧的浓度，填料熔融体形成的无机覆盖层可使涂层与空气隔绝。无机填料的这些作用与防火添加剂及难燃树脂的作用相互配合可实现涂层良好的阻燃效果。常用的填料有三氧化二锑、氢氧化铝、石棉粉、磷酸铝、二氧化钛、玻璃粉、氧化锌、硼酸锌等。

（2）非膨胀型无机防火涂料

无机涂层主要是通过涂层自身耐火不燃，且在高温下可形成釉质膜封闭基材，使基材与空气隔绝等途径来达到防火阻燃的目的。作为无机填料的胶粘剂主要有水玻璃（硅酸钠、硅酸钾、硅酸锂等）、硅溶胶、磷酸盐、水泥等。所用的填料主要是一些耐火矿物质，如氧化铝、石棉粉、锌钡白、碳酸钙、氧化锌、珍珠岩、钛白粉等。

无机防火涂料有较高的耐热性和完全不燃、不发烟的特点，且价格低廉，无毒。但其附着力及物理机械性能较差，易龟裂、粉化，涂层装饰性不好。

2. 膨胀型防火涂料

膨胀型防火涂料成膜后，常温下与普通漆无异。但在火焰或高温作用下，涂层剧烈发泡炭化，形成一个比原涂膜厚几十倍甚至几百倍的难燃的海绵状炭质层。它可以隔断外界火源对底材的直接加热，从而起到阻燃作用。防火涂料发泡形成难燃的海绵状炭质隔热层的过程是：

首先，涂料在火中被加热，涂膜表面逐渐变为融膜。此时催化剂中含磷的化合物分解生成磷酸。

其次，熔融物逐渐形成均匀的碳化层。在此期间磷酸不断使碳化剂脱水，形成一种脂类及均匀的发泡碳化层。

最后，在形成碳化层的同时，涂膜形成膨胀的发泡层。在此期间发泡剂分解产生气体（通常为不燃性气体），发泡结果使涂层膨胀。

防火涂料发泡后，涂层增厚剧增，因而使其导热系数大幅度减小。因此，通过泡沫炭化层传给保护基材的热量只有未膨胀涂层的几十分之一，甚至几百分之一，从而有效地阻止外部热源的作用。

另一方面，在火焰或高温作用下，涂层发生的软化、熔融、蒸发、膨胀等物理变化，及聚合物、填料等组分发生的分解、解聚化合等化学变化也能吸收大量的热能，抵消一部分外界作用于物体的热，从而对被保护底材的受热升温过程起延滞作用。

此外，涂层在高温下发生脱水成炭反应和熔融覆盖作用，能隔绝空气，使有机物转化为炭化层，避免氧化放热反应发生。还由于涂层在高温下分解出不燃性气体，能稀释有机物热分解产生的可燃气体及氧气的浓度，抑制燃烧的进行。

二、饰面型防火涂料

饰面型防火涂料是指涂覆于可燃基材（如木材、纤维板、纸板及其制品等）表面，能形成具有防火阻燃保护及一定装饰作用涂膜的防火涂料。饰面性防火涂料具有一定的装饰性和防火性，一般用作可燃基材的保护性材料。这种涂料在火焰高温作用迅速膨胀发泡，形成较为结实和致密的海绵状隔热泡沫层或空心泡沫层，使火焰不能直接作用于可燃基材上，有效地阻止火焰在基材上的传播蔓延，并对基材进行隔热保护从而达到阻止火灾发生和发展的作用。

（一）饰面型防火涂料的分类和阻燃原理

饰面型防火涂料按分散介质分为水性和溶剂型两大类，其分类如下：

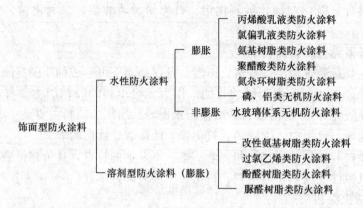

溶剂型防火涂料是以天然树脂、人工树脂和合成树脂为基料,以有机溶剂为溶剂;水性防火涂料是以水为溶剂,基料有无机盐、水乳胶、合成树脂等。

防火涂料之所以能起到防火阻燃作用,大致可归纳为以下几点:

(1) 防火涂料本身具有难或不燃性,使被保护的可燃性基材不直接与空气接触而延迟基材着火燃烧;

(2) 防火涂料遇火受热分解出不燃的惰性气体,冲淡被保护基材受热分解出的可燃气体和空气中的氧气,抑制燃烧;

(3) 燃烧被认为是游离基引起的连锁反应。含氮、磷的防火涂料受热可分解出一些活性自由基团,与有机游离基化合,中断连锁反应,降低燃烧速度;

(4) 膨胀型防火涂料遇火膨胀发泡,生成一层泡沫隔热层,封闭被保护的基材,阻止基材燃烧。

(二) 饰面型防火涂料的技术指标

饰面型防火涂料的技术指标可分为理化性能和防火性能。理化性能包括:防火涂料在容器中的状态、细度、干燥时间、附着力、柔韧性、耐冲击性、耐水性、耐湿热性等项。对于具有特殊用途(如船或化工厂用)的饰面型防火涂料,除必须具备以上物理、化学性能指标外,还应有针对性地增加耐盐雾、耐酸碱性及耐油性等项。防火性能包括:耐燃时间、表面火焰传播比值、质量损失和炭化体积等。

《饰面型防火涂料》GB 12441 规定饰面型防火涂料的技术指标应符合表 3-14 的要求。

饰面型防火涂料技术指标　　　　　　　　　　　　　　　　　表 3-14

序号	项目		技术指标	缺陷类别
1	在容器中的状态		无结块,搅拌后呈均匀状态	C
2	细度(μm)		≤90	C
3	干燥时间	表干(h)	≤5	C
		实干(h)	≤24	
4	附着力(级)		≤3	A
5	柔韧性(mm)		≤3	B
6	耐冲击性(kg. cm)		≥20	B
7	耐水性(h)		经24h试验,不起皱,不剥落,起泡在标准状态下24h能基本恢复,允许轻微失光和变色	B

续表

序号	项目	技术指标	缺陷类别
8	耐湿热性（h）	经 48h 试验，涂膜无起泡、无脱落，允许轻微失光和变色	B
9	耐燃时间（min）	≥15	A
10	火焰传播比值	≤25	A
11	质量损失（g）	≤5.0	A
12	碳化体积（cm³）	≤25	A

《饰面型防火涂料》GB 12441 还规定：

（1）饰面型防火涂料不宜用有害人体健康的原料和溶剂。

（2）饰面型防火涂料的颜色可根据有关规定，也可由制造者与用户协商确定。

（3）防火涂料可用刷涂、涂喷、辊涂和刮涂中任何一种或多种方法方便地施工，能在通常的自然环境条件下干燥、固化。成膜后表面无明显凸凹或条痕，没有脱粉、气泡、龟裂、斑点等现象，能形成平整的饰面。

表 3-14 中防火涂料防火性能所测项目的物理意义是：

（1）耐燃时间。是指在规定的基材（普通 5 层胶合板）和特定的燃烧条件下，试板背火面温度达到 220℃或试板出现穿透所需的时间（min）。它是按《饰面型防火涂料》GB 12441 中附录 A 大板燃烧法的规定进行试验得到的。

（2）火焰传播比值。是指基于石棉板的火焰传播比值为"0"，橡木板的火焰传播比值为"100"时，受试材料具有的表面火焰传播特性数据。它是按《饰面型防火涂料》GB 12441 中附录 B 隧道燃烧法的规定进行试验得到的。

（3）阻火性。以试件燃烧质量损失和碳化体积来表示，这两个性能指标是按《饰面型防火涂料》GB 12441 中附录 C 小室燃烧法的规定进行试验得到的。

失重：这一数值是基于可燃性基材在规定涂覆比和规定燃烧条件下，试板燃烧前后质量之差得出的一项阻火性能数据（g）。

炭化体积：这一数据是基于可燃性基材在规定涂覆比和规定燃烧条件下，基材被炭化的最大长度、最大宽度、最大深度相乘得到的一项阻火性能数据（cm³）。

（三）饰面型防火涂料防火性能试验方法

《饰面型防火涂料》GB 12441 附录中，规定了饰面型防火涂料防火性能的三个试验方法，即大板燃烧法、隧道燃烧法、小室燃烧法，测定的项目有耐燃时间、火焰传播比值、阻火性能（失重、炭化体积）。

1. 大板燃烧法

大板燃烧法规定了在规定条件下，测试涂覆于可燃基材表面的饰面型防火涂料的耐燃特性的试验方法，适用于饰面型防火涂料耐燃时间的测定。

2. 隧道燃烧法

隧道燃烧法规定了在实验室条件下以小型试验炉测试涂覆于可燃基材表面的饰面型防火涂料的火焰传播特性的试验方法，适用于饰面型防火涂料火焰传播性能的测定。

3. 小室燃烧法

小室燃烧法规定了在实验条件下测试涂覆于可燃基材表面饰面型防火涂料的阻火性能

（以燃烧质量损失和炭化体积表示）的试验方法，适用于饰面型防火涂料阻火性能的测定。

（四）常用饰面型防火涂料的种类和应用

溶剂型防火涂料通常为膨胀型防火涂料，是以天然树脂、人工树脂和合成树脂为基料，有机溶剂为溶剂，添加防火剂、颜色填料、助剂等经研磨分散加工处理而成。溶剂型防火涂料的种类有：A_{60-1}改性氨基膨胀防火涂料、A_{60-01}透明防火涂料、A_{60-501}膨胀防火涂料、AE_{60-1}膨胀型透明防火涂料、F_{60-2}膨胀型防火涂料、G_{60-3}膨胀型过氯乙烯防火涂料等。

水性防火涂料分为无机防火涂料、水乳胶防火涂料和水溶性防火涂料三种类型。其中只有无机防火涂料分膨胀型和非膨胀型两类。实际上非膨胀型防火涂料，从它的特性和使用特点来看，属于耐高温（或耐烧蚀性）类涂料。

无机防火涂料的成膜物质——基料，属无机盐类。这种防火涂料的成膜物质都是不燃性的。如果再添加适当的阻燃剂、发泡剂，使涂膜遇火能膨胀发泡，就更增强隔热性能。组分中引入一定量的有机聚合物和有利于涂膜耐水、耐候的助剂，改性后的涂料的理化性能会大大提高。而且这种涂料所采用的原料一般都具有既价廉，又无污染的特点，是一种很有发展前途的防火涂料。

水乳胶防火涂料是以水乳胶为基料的防火涂料。水乳胶是以微细的树脂粒子团（粒子直径在 $0.1\sim10\mu m$）分散在水中成为乳液。乳液加入防火剂、颜填料以及保护胶体的增塑剂、润湿剂、防冻剂、消泡剂、防锈防霉剂等助剂后，经过研磨或分散处理，即成水乳胶防火涂料。

水溶性防火涂料是以合成树脂为基料，它与溶剂型防火涂料所不同的是基料所用的合成树脂是以水为溶剂。合成树脂能溶于水，是由于在聚合物分子链上含有一定数量的强亲水性基团，尤其是其中的羧基大多以中和盐的形式而获得水溶性。以这种合成树脂为基料，水为溶剂，添加阻燃等组分，制成防火涂料。

水性防火涂料的种类有：SJC4 水溶性防火涂料、X-60 饰面型防火涂料、FP-118 膨胀型饰面防火涂料、B_{60-1}膨胀型丙烯酸水性防火涂料、RH-1 水性膨胀型防火涂料、YZL-858 发泡型防火涂料、B60-2 木结构防火涂料、TF-90 膨胀防火涂料、YZ-196 发泡型防火涂料、SFT-I 型水溶性防火涂料、E_{60-1}膨胀型无机防火涂料、FT_{-1200} 型无机防火涂料、HH 型无机防火涂料、膨胀型丙烯酸乳胶防火涂料、B_{60-70}膨胀型丙烯酸乳胶防火涂料、B_{878}膨胀型丙烯酸乳胶防火涂料、膨胀型丙烯酸醋酸乳胶防火涂料、PC_{60-1}膨胀型乳胶防火涂料、SAP-II 膨胀型氨基水溶剂性木质防火涂料等。

（五）饰面型防火涂料的标志和选用

防火涂料的标志应包括以下内容：防火涂料的名称；商标或型号；防火性能和涂覆比；适用范围和使用方法；生产日期和批号；防火涂料的质量；有效存放期；制造厂名和厂址。

三、钢结构防火涂料

钢结构防火涂料（包括预应力钢筋混凝土楼板防火涂料）是施涂于建筑物及构筑物的钢结构表面和预应力钢筋混凝土楼板底面，能形成耐火隔热保护层以提高钢结构和预应力钢筋混凝土楼板耐火极限的特种涂料。这种涂料涂层厚，而且密度较小、导热系数低，因而在火灾高温作用下具有优良的隔热性能，可以延缓被保护构件在火灾条件下的温度上升，确保其材料强度不致降低过快，从而提高构件的耐火极限。

《钢结构防火涂料》GB 14907 规定了钢结构防火涂料的定义及分类、技术要求、试验方法、检验规则、综合判定准则和包装、标志、标签、贮运、产品说明书等内容。其适用于建（构）筑物室内外使用的各类钢结构防火涂料。

（一）钢结构防火涂料的分类、组成和阻火原理

1. 分类和命名

钢结构防火涂料按所使用粘结剂的不同可分为有机防火涂料和无机防火涂料两类，即：

钢结构防火涂料按使用场所可分为：

（1）室内钢结构防火涂料：用于建筑物室内或隐蔽工程的钢结构表面；

（2）室外钢结构防火涂料：用于建筑物室外或露天工程的钢结构表面。

钢结构防火涂料按使用厚度可分为：

（1）超薄型钢结构防火涂料：涂层厚度小于或等于 3mm；

（2）薄型钢结构防火涂料：涂层厚度大于 3mm 且小于或等于 7mm；

（3）厚型钢结构防火涂料：涂层厚度大于 7mm 且小于或等于 45mm。

钢结构防火涂料的产品命名以汉语拼音字母的缩写作为代号，N 和 W 分别代表室内和室外，CB、B 和 H 分别代表超薄型、薄型和厚型三类，各类涂料名称与代号对应关系见表 3-15。

各类涂料名称与代号对应关系　　　　　　　　　　　　表 3-15

钢结构防火涂料名称	钢结构防火涂料代号	钢结构防火涂料名称	钢结构防火涂料代号
室内超薄型钢结构防火涂料	NCB	室外薄型钢结构防火涂料	WB
室外超薄型钢结构防火涂料	WCB	室内厚型钢结构防火涂料	NH
室内薄型钢结构防火涂料	NB	室外厚型钢结构防火涂料	WH

2. 组成

薄涂型钢结构防火涂料涂层厚度有一定装饰效果，高温时涂层膨胀增厚，具有耐火隔热作用，耐火极限可达 0.5～1.5h。这种涂料又称钢结构膨胀防火涂料。它的基本组成是，粘结剂（采购树脂或有机与无机复合物）：10%～30%；有机和无机膨胀、绝热材料：3%～60%；颜料和化学助剂：5%～15%；溶剂和稀释剂：10%～25%。

厚涂型钢结构防火涂料厚度为粒状表面，密度较小，导热系数低，耐火极限可达 0.5～3.0h。这种涂料又称钢结构隔热防火涂料。其基本组成是，胶结料（硅酸盐水泥或无机高温粘结剂等）：10%～40%；骨料（膨胀蛭石、膨胀珍珠岩或空心微珠、矿棉等）：30%～50%；化学助剂（增稠剂、硬化剂、防水剂等）：1%～10%；水：10%～30%。

3. 防火原理和特点

钢结构防火涂料的防火原理有三个：一是涂层对钢基材起屏蔽作用，使钢构件不致于

直接暴露在火焰高温中；二是涂层吸热后部分物质分解放出水蒸气或其他不燃气体，起到消耗热量、降低火焰温度和燃烧速度、稀释氧气的作用；三是涂层本身多孔轻质和受热后形成炭化泡沫层，阻止了热量迅速向钢基材传递，推迟了钢基材强度的降低，从而提高了钢结构的耐火极限。

（1）厚涂型（H 类）隔热防火涂料

厚涂型隔热防火涂料属非膨胀型防火涂料，由难燃性树脂（或无机粘结剂）、无机绝热材料（如膨胀蛭石、珍珠岩、矿物纤维）及阻燃剂等组成。它不燃烧，导热系数小，涂覆于建筑物表面，起到隔绝空气的作用，并能隔热和阻止火源入侵基材。含有机物质的非膨胀型防火涂料，受热分解释放出惰性气体 N_2 等。可以阻止燃烧或迟缓火势蔓延速度。非膨胀型防火涂料在燃烧初期可以起到降低火焰传播速度的作用，但一旦火势旺盛就会失去作用，故一般用于防火要求较低的建筑，这类防火涂料的耐火时间与涂层厚度有关。

厚涂型（H 类）隔热防火涂料的特点是：耐火时间长，最高可达 3h 以上，涂层厚度达 8～50mm；耐老化性能好，兼具抗冻、保温、吸声性，价廉。适用于钢结构建筑物，也可用于混凝土构件，其耐火极限为 1.5～3h。

（2）薄涂型（B 类）树脂类防火涂料

此类涂料属膨胀型防火涂料，主要由树脂、脱水（膨胀）催化剂、成碳剂等组成为一个协调的防火体系。在一定温度下，催化剂首先分解生成碳、水及二氧化碳、无机酸等；成碳剂在脱水催化作用下，形成具有三维空间结构的泡沫炭化层骨架；发泡剂的分解过程为吸热反应，可以消耗大量热量，降低燃烧温度，分解出 N_2、NH_3 等惰性气体，它们覆盖于建筑物表面起隔绝空气作用。另一方面，它使炭化层骨架厚度急剧膨胀几十倍甚至上百倍，形成发泡海绵状隔热层，这一系列连锁效应有利于阻止氧化反应，降低环境温度，延缓热量传递，从而达到防火效果。

膨胀型防火涂料涂层薄，单位面积用量小，防火功能强，装饰效果好，是防火涂料的发展方向。树脂类防火涂料成膜性好，防水、有光泽，外观装饰性好，涂膜粘结力高，有一定的抗腐蚀作用，对钢材的保护性好，用汽油作溶剂，对人体无影响。耐火极限最高可在 1.5h 以上。

超薄型（C 类）防火涂料属于薄涂型钢结构防火涂料的一个种类，其厚度不超过3mm，耐火极限在 1.5h 之内，在满足防火要求同时，又具有较好装饰效果。超薄型钢结构防火涂料的发展，是以薄型钢结构防火涂料的发展为基础，选择对钢材基面有较好粘结力的树脂作为该类涂料的成膜物质。并且选择的阻燃材料有较好的阻燃性能，与树脂能够匹配。通过机械加工后，涂层有较好的流平性、美观性。

超薄型钢结构防火涂料，其成膜物质也可分为两类，即树脂型和乳胶类。树脂类型的有氨基树脂、环氧树脂；乳胶类型的有苯丙乳液等。

该类涂料其特点是：超薄涂层，装饰效果好，粘结强度高，耐火性能好。适用于钢结构建筑物的柱、梁、网架结构。

（二）钢结构防火涂料的技术性能

1. 一般技术要求

（1）用于制造防火涂料的原料应不含石棉和甲醛，不宜采用苯类溶剂。

（2）涂料可用喷涂、抹涂、刷涂、辊涂、刮涂等方法中的任何一种或多种方法方便地施工，并能在通常的自然环境条件下干燥固化。

（3）复层涂料应相互配套，底层涂料应能同普通的防锈漆配合使用，或者底层涂料自身具有防锈性能。

（4）涂层实干后不应有刺激性气味。

2. 性能指标

（1）室内钢结构防火涂料的技术性能应符合表 3-16 的规定。

室内钢结构防火涂料技术性能 表 3-16

序号	检验项目		技术指标			缺陷分类
			NCB	NB	NH	
1	在容器中的状态		经搅拌后呈均匀细腻状态，无结块	经搅拌后呈均匀液态或稠厚流体状态，无结块	经搅拌后呈均匀稠厚流体状态，无结块	C
2	干燥时间（表干）(h)		≤8	≤12	≤24	C
3	外观与颜色		涂层干燥后，外观与颜色同样品相比应无明显差别	涂层干燥后，外观与颜色同样品相比应无明显差别	—	C
4	初期干燥抗裂性		不应出现裂纹	允许出现 1～3 条裂纹，其宽度 ≤0.5mm	允许出现 1～3 条裂纹，其宽度应 ≤1mm	C
5	粘结强度（MPa）		≥0.20	≥0.15	≥0.04	B
6	抗压强度（MPa）		—	—	≥0.03	C
7	干密度（kg/m³）		—	—	≤500	C
8	耐水性(h)		≥24，涂层应无起层、发泡、脱落现象	≥24，涂层应无起层、发泡、脱落现象	≥24，涂层应无起层、发泡、脱落现象	B
9	耐冷热循环性（次）		≥15，涂层应无开裂，剥落，起泡现象	≥15，涂层应无开裂，剥落，起泡现象	≥15，涂层应无开裂，剥落，起泡现象	B
10	耐火性能	涂层厚度（不大于）(mm)	2.00±0.20	5.0±0.5	25±2	A
		耐火极限（不低于）(h)（以 136b 或 140b 标准工字钢梁作基材）	1.0	1.0	2.0	

注：裸露钢梁耐火极限为 15min(136b、140b 验证数据)，作为表中 0mm 涂层厚度耐火极限基础数据。

（2）室外钢结构防火涂料的技术性能应符合表 3-17 的规定。

室外钢结构防火涂料技术性能　　　　表 3-17

序号	检验项目		技术指标			缺陷分类
			WCB	WB	WH	
1	在容器中的状态		经搅拌后细腻状态，无结块	经搅拌后呈均匀液态或稠厚流体状态，无结块	经搅拌后呈均匀稠厚流体状态，无结块	C
2	干燥时间(表干)(h)		≤8	≤12	≤24	C
3	外观与颜色		涂层干燥后，外观与颜色同样品相比应无明显差别	涂层干燥后，外观与颜色同样品相比应无明显差别	—	C
4	初期干燥抗裂性		不应出现裂纹	允许出现1~3条裂纹，其宽度应≤0.5mm	允许出现1~3条裂纹，其宽度应≤1mm	C
5	粘结强度(MPa)		≥0.20	≥0.15	≥0.04	B
6	抗压强度(MPa)		—	—	≥0.5	C
7	干密度(kg/m³)		—	—	≤650	C
8	耐曝热性(h)		≥720，涂层应无起层、脱落、空鼓、开裂现象	≥720，涂层应无起层、脱落、空鼓、开裂现象	≥720，涂层应无起层、脱落、空鼓、开裂现象	B
9	耐湿热性(h)		≥504，涂层应无起层、脱落现象	≥504，涂层应无起层、脱落现象	≥504，涂层应无起层、脱落现象	B
10	耐冻融循环性(次)		≥15，涂层应无开裂、脱落、起泡现象	≥15，涂层应无开裂、脱落、起泡现象	≥15，涂层应无开裂、脱落、起泡现象	B
11	耐酸性(h)		≥360，涂层应无起层、脱落、开裂现象	≥360，涂层应无起层、脱落、开裂现象	≥360，涂层应无起层、脱落、开裂现象	B
12	耐碱性(h)		≥360，涂层应无起层、脱落、开裂现象	≥360，涂层应无起层、脱落、开裂现象	≥360，涂层应无起层、脱落、开裂现象	B
13	耐盐雾腐蚀性(次)		≥30，涂层应无起泡，明显的变质、软化现象	≥30，涂层应无起泡，明显的变质、软化现象	≥30，涂层应无起泡，明显的变质、软化现象	B
14	耐火性能	涂层厚度(不大于)/mm	2.00±0.20	5.0±0.5	25±2	A
		耐火极限(不低于)(h)(以136b或140b标准工字钢梁基材)	1.0	1.0	2.0	

注：裸露钢梁耐火极限为15min(136b、140b 验证数据)，作为表中 0mm 涂层厚度耐火极限基础数据，耐久性项目(耐曝热性、耐湿热性、耐冻融循环性、耐酸性、耐碱性、耐盐雾腐蚀性)的技术要求除表中规定外，还应满足附加耐火性能的要求，方能判定该对应项性能合格。耐酸性和耐碱性可仅进行其中一项测试。

3. 耐火性能

按照《建筑构件耐火试验方法》GB/T 9978 的有关规定对试件进行试验。

选用工程中有代表性的 136b 或 140b 工字型钢梁，依据涂料产品使用说明书规定的工艺条件对试件受火面进行涂覆，形成涂覆钢梁试件，并放在通风干燥的室内自然环境中干燥养护。涂层厚度的确定：对试件涂层厚度的测量应在各受火面沿构件长度方向每米不少于 2 个测点，取所有测点的平均值作为涂层厚度（包括防锈漆、防锈液、面漆及加固措施等厚度在内）。

判定条件是：钢结构防火涂料的耐火极限以涂覆钢梁失去承载能力的时间来确定，当试件最大挠度达到 $L_0/20$（L_0 是计算跨度）时试件失去承载能力。结果表示：耐火性能以涂覆钢梁的涂层厚度（mm）和耐火极限（h）来表示，并注明涂层构造方式和防锈处理措施。

（三）钢结构防火涂料的判定规则

（1）钢结构防火涂料的检验结果，各项性能指标均符合本标准要求时，判定该产品质量合格。

（2）钢结构防火涂料除耐火性能(不合格属 A，不允许出现)外，理化性能尚有严重缺陷(B)和轻缺陷(C)，当室内防火涂料的 B≤1 且 B+C≤3，室外防火涂料的 B≤2 且 B+C≤4 时，亦可综合判定该产品质量合格，但结论中需注明缺陷性质和数量。

（四）钢结构防火涂料的选用

选用钢结构防火涂料时，应考虑结构类型、耐火极限要求、工作环境等。其一般选用原则如下：

（1）室内裸露钢结构、轻型屋盖钢结构，以及其他构件截面小、振动挠曲变化大的钢结构，当要求其耐火极限在 1.5h 及以下时，宜选用薄涂型钢结构防火涂料。装饰要求较高的建筑宜首选超薄型钢结构防火涂料。所谓裸露钢结构是指建筑物或构筑物竣工后仍然露明的钢结构，如体育场馆、工业厂房等的钢结构。

（2）室内隐蔽钢结构、高层全钢结构及多层厂房钢结构，当规定其耐火极限在 1.5h 以上时，应选用厚涂型钢结构防火涂料。隐蔽钢结构是指建筑物或构筑物竣工后，已经被围护、装修材料遮蔽、隔离的钢结构，如影剧院、百货楼、礼堂、办公大厦、宾馆等的钢结构。

（3）露天钢结构，应选用适合室外用的钢结构防火涂料。露天钢结构是指建筑物或构筑物竣工后，露置于大气中，无屋盖防雨防风的钢结构，如石油化工厂、石油钻井平台、液化石油气贮罐支柱钢结构等。

室外使用环境比室内严酷得多，涂料在室外要经受日晒雨淋、风吹冰冻，因此应选用耐水、耐冻融、耐老化、强度高的防火涂料。一般来说，非膨胀型涂料比膨胀型耐候性好，而非膨胀型涂料中蛭石、珍珠岩颗粒型厚质涂料，并采用水泥为胶粘剂比水玻璃为胶粘剂的要好。特别是水泥用量多、密度较大的，更适宜于室外。

（4）用于保护钢结构的防火涂料应不含石棉，不用苯类溶剂，在施工干燥后应没有刺激性气味；不腐蚀钢材，在预定的使用期内须保持其性能。

（5）注意不要将饰面型防火涂料选用于保护钢结构。饰面型防火涂料适用于可燃基材，一般厚度小于 1mm，薄薄的涂膜对于可燃材料能起到有效的阻燃和防止火焰蔓延的作用。但其隔热性能一般达不到大幅度提高钢结构耐火极限的作用。

（五）钢结构防火涂料的厚度

钢结构防火涂料的涂层厚度，可按下列原则之一确定：

（1）按照有关规范对钢结构不同构件耐火极限的要求，根据标准耐火试验数据选定相应的涂层厚度。

（2）根据标准耐火试验数据，采用钢结构防火涂料施用厚度计算方法确定涂层的厚度。

（六）钢结构防火保护方式

钢结构构件的防火喷涂保护方式，宜按图 3-1 选用。

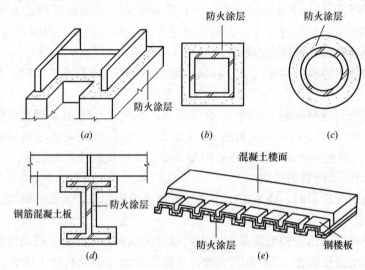

图 3-1　钢结构防火保护方式
(a) 工字形柱的保护；(b) 方形柱的保护；(c) 管形构件的保护；
(d) 工字梁的保护；(e) 楼板的保护

第四章 建筑耐火等级

第一节 概 述

一、建筑耐火设计方法

目前，大多数国家的建筑设计防火规范对建筑物的耐火设计采用耐火等级设计方法，我国也不例外。这种耐火设计方法的原理如图 4-1 所示。

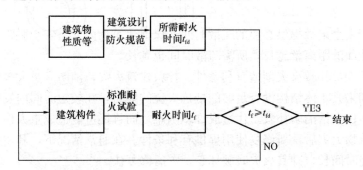

图 4-1 按标准耐火试验划分耐火等级进行建筑耐火设计原理图

这种设计方法主要包括两部分：

(1) 按照 ISO 834 标准给定的标准升温曲线，即 $T - T_0 = 345\lg(8t + 1)$ 的关系对构件加热，进行耐火试验，确定构件的耐火时间。

(2) 按照建筑设计防火规范，确定与建筑物耐火等级相对应的所有构件应具有的耐火时间。

若试验所得的构件耐火时间符合所要求的耐火时间，就认为这个构件满足防火设计要求。

这是目前国际上最通用的一种方法，广泛用于对墙、隔断、柱、梁、楼板及屋面等建筑构件的耐火性能进行评价和分级。

近年来，随着计算机技术的发展，用分析法进行结构防火设计已取得了重大进展。现在已可以用分析法计算室内火灾的温度——时间关系和建筑构件在不同温度时的承重能力。现代建筑防火方面的知识已有可能使人们用分析法确定构件在实际火灾中的耐火性能了。国外在这一领域已进行了大量的研究，并设想了一套完整的完全新型的建筑结构防火设计方法。

新设计方法的基本思路是：首先研究确定建筑物发生火灾时一直到轰燃发生后的温度——时间之间的函数关系，即火灾发展的数学模型，即建筑结构在实际火灾中的"设计受火状况"；其次确定暴露于这一状况中的某一结构或构件的受火响应情况，即其"设计温度状况";最后根据结构设计数据和设计热性能即可决定在设计温度状况下该结构的承载能力。这一承载能力一旦低于火灾时的有效载荷,即认为结构超过极限状态而破坏。

二、耐火等级的定义和作用

耐火等级是衡量建筑物耐火程度的分级标度。规定建筑物的耐火等级是建筑设计防火规范中规定的防火技术措施中最基本的措施之一。

火灾实例说明,耐火等级高的建筑物,发生火灾的次数少,火灾时被火烧坏、倒塌的很少;耐火等级低的建筑,发生火灾概率大,火灾时往往容易被烧坏,造成局部或整体倒塌,火灾损失大。对于不同类型、性质的建筑提出不同的耐火等级要求,可做到既有利于消防安全又有利于节约基本建设投资。建筑物具有较高的耐火等级,可以起到以下几方面的作用:

(1) 在建筑物发生火灾时,确保其能在一定的时间内不破坏,不传播火灾,延缓和阻止火势的蔓延。

(2) 为人们安全疏散提供必要的疏散时间,保证建筑物内人员安全脱险。建筑物层数越多,疏散到地面的距离就越长,所需疏散时间也越长。

(3) 为消防人员扑救火灾创造有利条件。扑救建筑火灾,消防人员大多要进入建筑物内进行扑救。如果其主体结构没有足够的抵抗火烧的能力,在较短时间内发生局部或全部破坏、倒塌,不仅会给消防扑救工作造成许多困难,而且还可能造成重大伤亡事故。

(4) 为建筑物火灾后重新修复使用提供有利条件。在通常情况下,其主体结构耐火能力好,抵抗火烧时间长,则其火灾时破坏少,灾后修复快。

第二节　建筑构件的耐火性能

建筑物是由许多建筑构件组成的(如墙、柱、梁、板、屋顶承重构件等),因此建筑物的耐火程度高低,直接决定于这些建筑构件在火灾高温作用下的耐火性能,即建筑构件的燃烧性能和耐火极限。

一、建筑构件的燃烧性能

建筑构件的燃烧性能,反映了建筑构件遇火烧或高温作用时的燃烧特点,它由制作建筑构件的材料的燃烧性能而定。不同燃烧性能建筑材料制作的建筑构件,可分为三类,即不燃性构件、难燃性构件、可燃性构件。

(一) 不燃性构件

不燃性构件是指用不燃材料制作的建筑构件。这种构件在空气中受到火烧或高温作用时,不起火、不微燃、不炭化。如砖墙、砖柱,钢筋混凝土梁、板、柱,钢梁等。

所谓不燃材料是指通过《建筑材料不燃性试验方法》(GB/T 5464) 试验合格的材料。

(二) 难燃性构件

难燃性构件是指用难燃材料制作的建筑构件或用可燃材料做内部层,而用不燃材料做保护层的建筑构件。这类构件在空气中受到火烧及高温作用时,难起火、难微燃、难碳化,当火源移走后,燃烧或微燃立即停止。如阻燃胶合板吊顶、经阻燃处理的木质防火门、木龙骨板条抹灰隔墙等。

所谓难燃材料是指通过《建筑材料难燃性试验方法》GB/T 8625 试验合格的材料。

（三）可燃性构件

可燃性构件是指用可燃材料制作的建筑构件。这类构件在明火或高温作用下，能立即着火燃烧，且火源移走后，仍能继续燃烧或微燃。如木柱、木屋架、木搁栅、纤维板吊顶等。

二、建筑构件的耐火极限

建筑构件耐火极限是划分建筑耐火等级的基础数据，也是进行建筑物构造防火设计和火灾后制定建筑物修复方案的科学依据。

（一）耐火极限定义

建筑构件的耐火极限是指在标准耐火试验条件下，建筑构件、配件或结构从受到火的作用时起，到失去承载能力、完整性或隔热性时止所用时间，用小时表示。

对建筑构件进行标准耐火试验，测定其耐火极限是通过燃烧试验炉进行的。耐火试验采用明火加热，使试验构件受到与实际火灾相似的火焰作用。为了模拟一般室内火灾的全面发展阶段，试验时，炉内温度随时间推移而上升并按下列关系式控制：

$$T - T_0 = 345\lg(8t + 1) \tag{4-1}$$

式中　t——试验经历的时间，min；

　　　T——在 t 时间时的炉内温度，℃；

　　　T_0——试验开始时的炉内温度，℃，T_0 应在 5～40℃ 范围内。

公式（4-1）表示的曲线称为火灾标准升温曲线。

构件的受火条件是：墙壁和隔板、门窗——一面受火；楼板、屋面板、吊顶——下面受火；横梁——两侧和底面共三面受火；柱子——所有垂直面受火。

判断构件达到耐火极限的条件有三个，即失去承载能力、失去完整性、失去隔热性。

失去承载能力是指构件在试验中失去支持能力或抗变形能力。此条件主要针对承重构件。具体地讲：

墙——试验过程中发生坍垮，则表明试件失去承载能力。

梁或板——试验过程中发生坍垮，则表明试件失去承载能力。试件的最大挠度超过一定值，则表明试件失去抗变形能力。

柱——试验过程中发生坍垮，则表明试件失去承载能力。试件的轴向压缩变形速度超过一定值，则表明试件失去抗变形能力。

失去完整性是指分隔构件（如楼板、门窗、隔墙、吊顶等）当其一面受火作用时，在试验过程中，构件出现穿透性裂缝或穿火孔隙，使其背火面可燃物燃烧起来。这时，构件失去阻止火焰和高温气体穿透或失去阻止其背火面出现火焰的性能。因此，认为构件失去完整性。

失去隔热性是指分隔构件失去隔绝过量热传导的性能。在试验中，试件背火面测点测得的平均温度超过初始温度一定值，或背火面任一测点温度超过初始温度一定值时，均认为构件失去隔热性。

（二）耐火极限的判定

《建筑构件耐火试验方法》GB/T 9978 规定，耐火极限的判定分为分隔构件、承重构件以及具有承重、分隔双重作用的承重分隔构件。

分隔构件，如隔墙、吊顶、门窗等，当构件失去完整性或隔热性时，构件达到其耐火极限。也就是说，此类构件的耐火极限由完整性和隔热性两个条件共同控制。

承重构件，如梁、柱、屋架等，此类构件不具备隔断火焰和过量热传导功能，所以由失去承载能力单一条件来控制是否达到其耐火极限。

承重分隔构件，如承重墙、楼板、屋面板等，此类构件具有承重与分隔的双重功能，所以当构件在试验中失去承载能力、完整性、隔热性任何一条件时，构件即达到其耐火极限。它的耐火极限是由三个条件共同控制。

对建筑构件进行耐火试验、测定耐火极限的意义在于，可以为正确制定和贯彻建筑防火法规提供科学依据，为提高建筑结构耐火性能和建筑物的耐火等级，降低防火投资，减小火灾损失提供技术措施，也与火灾烧损后建筑结构的加固补强工作直接相关。

本书附录中给出了经过大量耐火试验研究得出的各类建筑构件的燃烧性能和耐火极限数据，供建筑耐火设计时采用。

三、提高构件耐火极限和改变其燃烧性能的方法

建筑构件的耐火极限和燃烧性能，与建筑构件所采用的材料性质、构件尺寸、保护层厚度以及构件的构造做法、支承情况等有着密切的关系。在进行耐火等级设计时，当遇到某些建筑构件的耐火极限和燃烧性能达不到规范的要求时，应采用适当的方法加以解决。常用的方法有：

（一）适当增加构件的截面尺寸

建筑构件的截面尺寸越大，其耐火极限越长。此法对提高建筑构件的耐火极限十分有效。

（二）对钢筋混凝土构件增加保护层厚度

这是提高钢筋混凝土构件耐火极限的一种简单而常用的方法，对钢筋混凝土屋架、梁、板、柱都适用。钢筋混凝土构件的耐火性能主要取决于其受力筋高温下的强度变化情况。增加保护层厚度可以延缓和减少火灾高温场所的热量向建筑构件内钢筋的传递，使钢筋温升减慢，强度不致降低过快，从而提高构件的耐火能力。

（三）在构件表面做耐火保护层

在钢结构表面做耐火保护层的构造做法有：用现浇混凝土做耐火保护层；用砂浆或灰胶泥做耐火保护层；用矿物纤维做耐火保护层；用防火板材做耐火保护层。

（四）钢梁、钢屋架下做耐火吊顶

在钢梁、钢屋架下做耐火吊顶，其结构表面虽无耐火保护层，但耐火能力却会大大提高。在木结构等可燃构件表面做防火保护层，不仅可以改变其燃烧性能，而且可以显著提高其耐火能力。

（五）在构件表面涂覆防火涂料

在进行建筑耐火设计时，经常会遇到钢结构构件、预应力楼板达不到耐火等级所规定的耐火极限值的要求，以及有些可燃构件、可燃装修材料由于燃烧性能达不到要求的情况，这时都可以使用防火涂料加以解决。

（六）进行合理的耐火构造设计

构造设计的目的就是通过采用巧妙的约束去抵抗结构的过大挠曲和断裂，合理的构造设计可以延长构件的耐火极限，提高结构的安全性和经济性。

（七）其他方法

如改变构件的支承情况，增加多余约束，做成超静定梁；做好构件接缝的构造处理，防止发生穿透性裂缝等。

第三节　民用建筑耐火等级

一、民用建筑的分类

民用建筑根据其建筑高度和层数可分为单、多层民用建筑和高层民用建筑。

（一）单、多层民用建筑

（1）建筑高度≤27m 的住宅建筑（包括设置商业服务网点的住宅建筑）；

（2）建筑高度>24m 的单层公共建筑；

（3）建筑高度≤24m 的其他公共建筑。

（二）高层民用建筑

（1）建筑高度>27m 但不大于 54m 的住宅建筑（包括设置商业服务网点的住宅建筑）；

（2）建筑高度>24m 的非单层其他民用建筑。

高层民用建筑根据其建筑高度、使用功能和楼层的建筑面积可分为一类和二类。民用建筑的分类见表 4-1。

民 用 建 筑 分 类　　　　　　　　　　表 4-1

名称	高层民用建筑		单层、多层民用建筑
	一　类	二　类	
住宅建筑	建筑高度大于 54m 的住宅建筑（包括设置商业服务网点的住宅建筑）	建筑高度大于 27m，但不大于 54m 的住宅建筑（包括设置商业服务网点的住宅建筑）	建筑高度不大于 27m 的住宅建筑（包括设置商业服务网点的住宅建筑）
公共建筑	1. 建筑高度大于 50m 的公共建筑 2. 建筑高度 24m 以上部分任一楼层建筑面积大于 1000m² 的商店、展览、电信、邮政、财贸金融建筑和其他多功能组合的建筑 3. 医疗建筑、重要公共建筑 4. 省级及以上的广播电视和防灾指挥调度建筑、网局级和省级电力调度建筑 5. 藏书超过 100 万册的图书馆、书库	除一类高层公共建筑外的其他高层公共建筑	1. 建筑高度大于 24m 的单层公共建筑 2. 建筑高度不大于 24m 的其他公共建筑

注：1. 表中未列入的建筑，其类别应根据本表类比确定。
　　2. 除《建筑设计防火规范》GB 50016 另有规定外，宿舍、公寓等非住宅类居住建筑的防火要求，应符合本规范有关公共建筑的规定；裙房的防火要求应符合本规范有关高层民用建筑的规定。

表注中的裙房系指在高层建筑主体投影范围外，与建筑主体相连且建筑高度不大于24m的附属建筑。

这里的商业服务网点系指设置在住宅建筑的首层或首层及二层，每个分隔单元建筑面积不大于300m²的商店、邮政所、储蓄所、理发店等小型营业性用房（图4-2）。

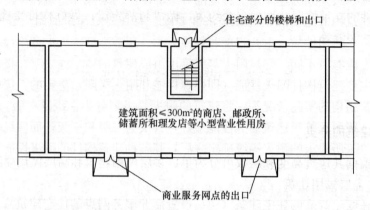

图 4-2　商业服务网点设置在住宅建筑的首层示意图

二、建筑高度和建筑层数的计算

《建筑设计防火规范》GB 50016 附录 A 对建筑高度和建筑层数的计算作了明确的规定。

（一）建筑高度的计算

（1）建筑屋面为坡屋面时，建筑高度应为建筑室外设计地面至其檐口与屋脊的平均高度；

（2）建筑屋面为平屋面（包括有女儿墙的平屋面）时，建筑高度应为建筑室外设计地面至其屋面面层的高度；

（3）同一座建筑有多种形式的屋面时，建筑高度应按上述方法分别计算后，取其中最大值；

（4）对于阶梯式地坪，当位于不同高程地坪上的同一建筑之间有防火墙分隔，各自有符合规范规定的安全出口，且可沿建筑的两个长边设置贯通式或尽头式消防车道时，可分别计算各自的建筑高度。否则，应按其中建筑高度最大者确定该建筑的建筑高度；

（5）局部突出屋顶的瞭望塔、冷却塔、水箱间、微波天线间或设施、电梯机房、排风和排烟机房以及楼梯出口小间等辅助用房占屋面面积不大于1/4者，可不计入建筑高度；

（6）对于住宅建筑，设置在底部且室内高度不大于2.2m的自行车库、储藏室、敞开空间，室内外高差或建筑的地下或半地下室的顶板面高出室外设计地面的高度不大于1.5m的部分，可不计入建筑高度。

（二）建筑层数的计算

建筑层数应按建筑的自然层数计算，下列空间可不计入建筑层数：

（1）室内顶板面高出室外设计地面的高度不大于1.5m的地下或半地下室；

（2）设置在建筑底部且室内高度不大于2.2m的自行车库、储藏室、敞开空间；

（3）建筑屋顶上突出的局部设备用房、出屋面的楼梯间等。

这里关于建筑高度和层数的计算，同样适用于工业建筑的厂房和仓库。

三、民用建筑的耐火等级和构件的耐火性能

建筑的耐火等级是划分建筑耐火程度的分级标度。为了保证建筑在火灾条件下结构安全，又考虑到建筑构造的实际情况和经济性要求，有必要对建筑的耐火程度进行合理分级。各种建筑由于使用性质、重要程度、规模大小、层数高低、火灾危险性存在差异，所要求的耐火程度应有所不同。建筑耐火等级是由组成建筑的墙、柱、梁、楼板、屋顶承重构件和吊顶等主要建筑构件耐火性能（即燃烧性能和耐火极限）决定的。按照我国建筑设计、施工及建筑结构的实际情况等，将建筑的耐火等级划分为一级、二级、三级和四级，共4个级别。一级耐火等级建筑耐火性能最好，其次为二级和三级，而四级耐火等级建筑耐火性能差。建筑所要求的耐火等级确定之后，其各种建筑构件的耐火性能均不应低于相应耐火等级的规定。

（一）民用建筑的耐火等级和构件的耐火性能规定

民用建筑的耐火等级可分为一、二、三、四级。不同耐火等级建筑相应构件的燃烧性能和耐火极限不应低于表4-2的规定。

不同耐火等级民用建筑相应构件的燃烧性能和耐火极限（h）　　　　表4-2

构件名称		耐火等级			
		一级	二级	三级	四级
墙	防火墙	不燃性 3.00	不燃性 3.00	不燃性 3.00	不燃性 3.00
	承重墙	不燃性 3.00	不燃性 2.50	不燃性 2.00	难燃性 0.50
	非承重外墙	不燃性 1.00	不燃性 1.00	不燃性 0.50	可燃性
	楼梯间和前室的墙 电梯井的墙 住宅建筑单元之间的墙和分户墙	不燃性 2.00	不燃性 2.00	不燃性 1.50	难燃性 0.50
	疏散走道两侧的隔墙	不燃性 1.00	不燃性 1.00	不燃性 0.50	难燃性 0.25
	房间隔墙	不燃性 0.75	不燃性 0.50	难燃性 0.50	难燃性 0.25
柱		不燃性 3.00	不燃性 2.50	不燃性 2.00	难燃性 0.50
梁		不燃性 2.00	不燃性 1.50	不燃性 1.00	难燃性 0.50
楼板		不燃性 1.50	不燃性 1.00	不燃性 0.50	可燃性
屋顶承重构件		不燃性 1.50	不燃性 1.00	可燃性 0.50	可燃性
疏散楼梯		不燃性 1.50	不燃性 1.00	不燃性 0.50	可燃性
吊顶（包括吊顶搁栅）		不燃性 0.25	难燃性 0.25	难燃性 0.15	可燃性

注：1. 除《建筑设计防火规范》另有规定外，以木柱承重且墙体采用不燃材料的建筑，其耐火等级应按四级确定。

2. 住宅建筑构件的耐火极限和燃烧性能可按现行国家标准《住宅建筑规范》GB 50368 的规定执行。

在确定不同耐火等级民用建筑相应构件的燃烧性能和耐火极限时，应注意以下特殊情况：

（1）建筑高度大于100m的民用建筑，其楼板的耐火极限不应低于2.00h。

一、二级耐火等级建筑的上人平屋顶，其屋面板的耐火极限分别不应低于 1.50h 和 1.00h。

（2）一、二级耐火等级建筑的屋面板应采用不燃材料，但屋面防水层可采用可燃材料。

（3）二级耐火等级建筑内采用难燃性墙体的房间隔墙，其耐火极限不应低于 0.75h；当房间的建筑面积不大于 100m² 时，房间隔墙可采用耐火极限不低于 0.50h 的难燃性墙体或耐火极限不低于 0.30h 的不燃性墙体。

二级耐火等级多层住宅建筑内采用预应力钢筋混凝土的楼板，其耐火极限不应低于 0.75h。

（4）二级耐火等级建筑内采用不燃材料的吊顶，其耐火极限不限。

三级耐火等级的医疗建筑、中小学校的教学建筑、老年人建筑及托儿所、幼儿园的儿童用房和儿童游乐厅等儿童活动场所的吊顶，应采用不燃材料；当采用难燃材料时，其耐火极限不应低于 0.25h。

二、三级耐火等级建筑内门厅、走道的吊顶应采用不燃材料。

（5）建筑内预制钢筋混凝土构件的节点外露部位，应采取防火保护措施，且节点的耐火极限不应低于相应构件的耐火极限。

（二）各级耐火等级建筑构件的耐火性能特点

1. 构件的耐火性能特点

从表 4-2 可见，对各耐火等级建筑构件的燃烧性能的相应要求概括地说是，一级耐火等级建筑的主要建筑构件，全部为不燃性；二级耐火等级建筑的主要建筑构件，除吊顶为难燃性外，其余为不燃性；三级耐火等级建筑除屋顶承重构件为可燃性外，其余构件为难燃性和不燃性；四级耐火等级建筑除防火墙为不燃性外，其余构件为难燃性和可燃性。

对各耐火等级建筑构件耐火极限规定的特点是，一级耐火等级建筑构件的耐火极限最长，二级的建筑构件耐火极限较长，三级的建筑构件耐火极限较短，四级的建筑构件耐火极限最短。

2. 构件的耐火极限值选定

在建筑结构中，楼板直接承受着人和物品等重量，并将其传给梁、墙、柱等构件，是一个最基本的承重构件。因此，在划分建筑物耐火等级时是选择楼板的耐火极限作基准的。将各耐火等级建筑物中楼板的耐火极限确定以后，其他建筑构件的耐火极限则根据其在建筑结构中的地位，与楼板相比较而确定。在建筑结构中所占的地位比楼板重要者，如梁、柱、承重墙等，其耐火极限高于楼板；比楼板次要者，如隔墙、吊顶等，其耐火极限低于楼板。

根据各级耐火等级中建筑构件的燃烧性能和耐火极限特点，可大致判定不同结构类型建筑的耐火等级。一般来说，钢筋混凝土结构、钢筋混凝土砖石结构建筑可基本确定为一、二级耐火等级；以木柱、木屋架承重及以砖石等不燃或难燃材料为墙的建筑可确定为四级耐火等级。

四、民用建筑的耐火等级选定

确定建筑耐火等级的目的是使不同用途的建筑物具有与之相适应的耐火安全储备，以做到既有利于建筑消防安全，又有利于节约建筑造价。

（一）选定建筑耐火等级应考虑的因素

1. 建筑的重要性

建筑的重要程度是确定其耐火等级的重要因素。对于性质重要，功能、设备复杂，规模大、建筑标准高，人员大量集中的建筑，如国家机关重要的办公楼、中心通信枢纽大楼、中心广播电视大楼、大型影剧院、礼堂、大型商场、重要的科研楼、藏书楼、档案楼、高级旅馆等建筑，其耐火等级应选定一、二级。由于这些建筑一旦发生火灾，往往经济损失大、人员伤亡大、政治影响大，因此要求其有较高的耐火能力。

2. 火灾危险性

建筑的火灾危险性大小直接决定其耐火等级的选定，特别是对工业建筑。显然，火灾危险性大的建筑应该相应具有较高的耐火等级。

一般住宅的火灾危险性小，而使用人数多的大型公共建筑火灾危险性大，在耐火标准上就要区别对待。

厂房和仓库耐火等级的选定，主要是根据其生产和储存物品的火灾危险性选定的。厂房内生产的火灾危险性和仓库内储存物品的火灾危险性均划分为甲类、乙类、丙类、丁类、戊类共五个类别。

3. 建筑的高度

建筑高度越高，功能越复杂，火灾时人员的疏散和火灾扑救越困难，损失也越大。由于高层建筑的特殊性，有必要对其采取一些特别严格的措施。对高度较大的建筑选定较高的耐火等级，提高其耐火能力，可以确保其在火灾条件下不发生倒塌破坏，给人员安全疏散和消防扑救创造有利条件。

4. 火灾荷载

火灾荷载大的建筑发生火灾后，火灾持续燃烧时间长，燃烧猛烈，火场温度高，对建筑构件的破坏作用大。为了保证火灾荷载较大的建筑在发生火灾时建筑结构构件的安全，应相应地提高这类建筑的耐火等级，使建筑构件具有较高的耐火极限。

上述关于建筑耐火等级选定应考虑的因素适用于各类建筑。

（二）民用建筑耐火等级选定

民用建筑的耐火等级应根据其建筑高度、使用功能、重要性和火灾扑救难度等确定。《建筑设计防火规范》GB 50016 对民用建筑所选用的耐火等级作了如下规定：

（1）地下或半地下建筑（室）和一类高层民用建筑的耐火等级不应低于一级。

半地下室系指房间地面低于室外设计地面的平均高度大于该房间平均净高1/3，且不大于1/2者。地下室系指房间地面低于室外设计地面的平均高度大于该房间平均净高1/2者。

地下、半地下建筑包括附建在建筑中的地下室、半地下室和单独建造的地下、半地下建筑。地下、半地下建筑（室）发生火灾后，扑救难度大，火灾延续时间长，因此对其耐火等级应有较高的要求。

（2）单、多层重要公共建筑和二类高层民用建筑的耐火等级不应低于二级。

高层民用建筑耐火等级的选定是在高层民用建筑分类的基础上进行的。

重要公共建筑系指发生火灾可能造成重大人员伤亡、财产损失和严重社会影响的公共建筑。由于重要公共建筑是某一地区的政治、经济和生活保障的重要建筑，或者文化、体育建筑或人员高度集中的大型建筑，这些建筑发生火灾后若不能尽快恢复或为火灾扑救提供足够的安全时间，则可能造成严重后果，所以规定重要的公共建筑应采用一、二级耐火等级的建筑。

重要公共建筑一般包括：重要的办公楼，大、中型体育馆、影剧院、百货楼、展览楼、综合楼、电子计算机中心、藏书楼、通信中心、广播电视建筑、邮政楼等。

高层民用建筑的高度大、层数多、功能复杂，其发生火灾的特点表现在：

1. 火势蔓延途径多、速度快

高层建筑由于功能的需要，内部设有楼梯间、电梯井、管道井、电缆井、排气道、垃圾道等竖向管井。这些井道一般贯穿若干或整个楼层，如果在设计时没有考虑防火分隔措施或对防火分隔措施处理不好，发生火灾时则好像一座座高耸的烟囱，由于抽拔烟火而成为火势迅速蔓延的途径。据测定，在火灾初起阶段，因空气对流而产生的烟气，在水平方向扩散速度为 0.3m/s；在火灾燃烧猛烈阶段，由于高温的作用，热对流而造成的水平方向烟气扩散速度为 0.5～0.8m/s，烟气沿楼梯间等竖向管井的垂直扩散速度为 3～4m/s。对于一座高度为 100m 的高层建筑而言，若不采取阻隔烟火的措施，则会在 25～33s 左右，烟气就能沿着竖向井道从底层扩散到顶层。与此同时，火势也将很快蔓延扩大，使整个大楼形成大"火柱"。许多高层建筑火灾都证明了这一点。

助长高层建筑火灾迅速蔓延的还有风力因素，俗话说"风助火势"。建筑越高，风速越大。风能使通常不具威胁的火源变得非常危险，或使蔓延可能很小的火势急剧扩大成灾，风越大其严重程度也相应增大。

2. 安全疏散困难

这一点是由高层建筑的特点决定的。高层建筑一是层数多，垂直疏散距离长，因而人员要疏散到地面和其他安全场所需要较长的时间；二是人员比较集中，疏散时容易出现拥挤情况；三是发生火灾时的烟气和火势竖向蔓延快，给安全疏散带来困难，而平时使用的电梯由于不防烟火和停电等原因停止使用。所以，火灾时，高层建筑的安全疏散主要靠疏散楼梯，如果楼梯间不能有效地防止烟火侵入，则烟气就会很快灌满楼梯间，从而严重影响人们的安全疏散。

3. 扑救难度大

高层建筑高达几十米，甚至超过二三百米，发生火灾时从室外进行扑救相当困难，因此，一般要立足于自救，即主要依靠室内消防设施。但由于受到各种条件的限制，高层建筑内部的消防设施还不可能很完善，因此，扑救高层建筑火灾往往遇到较大困难。例如，烟雾浓，火势向上蔓延的速度快、途径多，增大了消防人员堵截火势的难度；遇有大面积火灾，室内消防水量就不一定够用，不能及时有效地控制火势蔓延；一旦消防水泵等室内消防给水设施发生故障，就得靠消防车抽吸室外消防用水进行扑救，对消防水带耐压要求很高，若其耐压力不够发生胀破，则会延误灭火战机，带来严重后果。

另外，有的高层建筑没有考虑消防电梯，扑救火灾时，消防人员只得"全副武装"冲向高楼，不仅消耗大量体力，还会与自上向下疏散的人员发生"对撞"，延误灭火战机；如遇到楼梯被烟火封住，消防人员冲不上去，消防扑救工作则更为困难。

4. 功能复杂，起火因素多

高层建筑一般来说其内部功能复杂，设备繁多，装修标准高，因此火灾危险性大，容易引起火灾事故。例如，有的高层建筑有商业营业厅、可燃物仓库，人员密集的礼堂、餐厅等；有的办公建筑，出租给多家单位使用，安全管理难以统一，潜在火灾隐患多。

因此，为了确保高层民用建筑的消防安全，在高层民用建筑防火设计中，必须遵循"预防为主，防消结合"的消防工作方针，针对高层民用建筑的发生火灾的特点，立足自防自救，采用可靠的防火措施，做到安全适用、技术先进、经济合理。

《建筑设计防火规范》GB 50016 规定，建筑高度大于 250m 的建筑，除应符合本规范的要求外，尚应结合实际情况采取更加严格的防火措施，其防火设计应提交国家消防主管部门组织专题研究、论证。

在确定了建筑的耐火等级后，必须保证建筑的所有构件均满足该耐火等级相应建筑构件耐火极限和燃烧性能的规定。

第四节 厂房和仓库的耐火等级

一、厂房和仓库的分类

从消防方面考虑，将厂房和仓库根据其建筑高度和层数、生产和储存物品的火灾危险性类别进行分类。

（一）根据建筑高度和层数分

1. 单、多层厂房

（1）建筑高度≤24m 的厂房；

（2）建筑高度＞24m 且为单层的厂房。

2. 高层厂房

建筑高度＞24m 的非单层厂房。

3. 单、多层仓库

（1）建筑高度≤24m 的仓库；

（2）建筑高度＞24m 且为单层的仓库。

4. 高层仓库

建筑高度＞24m 的非单层仓库。

5. 高架仓库

货架高度＞7m 且采用机械化操作或自动化控制的货架仓库。

（二）根据生产和储存物品的火灾危险性分

1. 厂房

甲、乙、丙、丁、戊类厂房。

2. 仓库

甲、乙、丙、丁、戊类仓库。

二、生产和储存物品的火灾危险性分类

《建筑设计防火规范》GB 50016 根据物质的火灾危险性特性，定性或定量地规定了生

产和储存物品建筑的火灾危险性分类原则，石油化工、石油天然气、医药等有关行业还可根据实际情况进一步细化。

（一）生产的火灾危险性分类

生产的火灾危险性应根据生产中使用或产生的物质性质及其数量等因素划分，可分为甲、乙、丙、丁、戊类，并应符合表 4-3 的规定。该表列出了部分生产的火灾危险性分类，供设计时确定生产的火灾危险性参考。

生产的火灾危险性分类和举例　　　　　　　　　　　表 4-3

生产的火灾危险性类别	使用或产生下列物质生产的火灾危险性特征	生产的火灾危险性分类举例
甲	1. 闪点小于 28℃ 的液体	闪点小于 28℃ 的油品和有机溶剂的提炼、回收或洗涤部位及其泵房，橡胶制品的涂胶和胶浆部位，二硫化碳的粗馏、精馏工段及其应用部位，青霉素提炼部位，原料药厂的非纳西汀车间烃化、回收及电感精馏部位，皂素车间的抽提、结晶及过滤部位，冰片精制部位，农药厂乐果厂房，敌敌畏的合成厂房、磺化法糖精厂房，氯乙醇厂房，环氧乙烷、环氧丙烷工段，苯酚厂房的磺化、蒸馏部位，焦化厂吡啶工段，胶片厂片基厂房，汽油加铅室，甲醇、乙醇、丙酮、丁酮异丙醇、醋酸乙酯、苯等的合成或精制厂房，集成电路工厂的化学清洗间（使用闪点小于 28℃ 的液体），植物油加工厂的浸出厂房；白酒液态法酿酒车间、酒精蒸馏塔，酒精度为 38 度及以上的勾兑车间、灌装车间、酒泵房
	2. 爆炸下限小于 10% 的气体，受到水或空气中水蒸气的作用能产生爆炸下限小于 10% 气体的固态物质	乙炔站，氢气站，石油气体分馏（或分离）厂房，氯乙烯厂房，乙烯聚合厂房，天然气、石油伴生气、矿井气、水煤气或焦炉煤气的净化（如脱硫）厂房压缩机室及鼓风机室，液化石油气灌瓶间，丁二烯及其聚合厂房，醋酸乙烯厂房，电解水或电解食盐厂房，环己酮厂房，乙基苯和苯乙烯厂房，化肥厂的氢氮气压缩厂房，半导体材料厂使用氢气的拉晶间，硅烷热分解室
	3. 常温下能自行分解或在空气中氧化能导致迅速自燃或爆炸的物质	硝化棉厂房及其应用部位，赛璐珞厂房，黄磷制备厂房及其应用部位，三乙基铝厂房，染化厂某些能自行分解的重氮化合物生产，甲胺厂房，丙烯腈厂房
	4. 常温下受到水或空气中水蒸气的作用，能产生可燃气体并引起燃烧或爆炸的物质	金属钠、钾加工厂房及其应用部位，聚乙烯厂房的一氧二乙基铝部位，三氯化磷厂房，多晶硅车间三氯氢硅部位，五氧化二磷厂房
	5. 遇酸、受热、撞击、摩擦、催化以及遇有机物或硫黄等易燃的无机物，极易引起燃烧或爆炸的强氧化剂	氯酸钠、氯酸钾厂房及其应用部位，过氧化氢厂房，过氧化钠、过氧化钾厂房，次氯酸钙厂房
	6. 受撞击、摩擦或与氧化剂、有机物接触时能引起燃烧或爆炸的物质	赤磷制备厂房及其应用部位，五硫化二磷厂房及其应用部位
	7. 在密闭设备内操作温度不小于物质本身自燃点的生产	洗涤剂厂房石蜡裂解部位，冰醋酸裂解厂房

生产的火灾危险性类别	使用或产生下列物质生产的火灾危险性特征	生产的火灾危险性分类举例
乙	1. 闪点不小于 28℃，但小于 60℃ 的液体	闪点不小于 28℃ 至小于 60℃ 的油品和有机溶剂的提炼、回收、洗涤部位及其泵房，松节油或松香蒸馏厂房及其应用部位，醋酸酐精馏厂房，己内酰胺厂房，甲酚厂房，氯丙醇厂房，樟脑油提取部位，环氧氯丙烷厂房，松针油精制部位，煤油灌油间
	2. 爆炸下限不小于 10% 的气体	一氧化碳压缩机室及净化部位，发生炉煤气或鼓风炉煤气净化部位，氨压缩机房
	3. 不属于甲类的氧化剂	发烟硫酸或发烟硝酸浓缩部位，高锰酸钾厂房，重铬酸钠（红矾钠）厂房
	4. 不属于甲类的易燃固体	樟脑或松香提炼厂房，硫黄回收厂房，焦化厂精萘厂房
	5. 助燃气体	氧气站，空分厂房
	6. 能与空气形成爆炸性混合物的浮游状态的粉尘、纤维、闪点不小于 60℃ 的液体雾滴	铝粉或镁粉厂房，金属制品抛光部位，煤粉厂房，面粉厂的碾磨部位，活性炭制造及再生厂房，谷物筒仓工作塔，亚麻厂的除尘器和过滤器室
丙	1. 闪点不小于 60℃ 的液体	闪点不小于 60℃ 的油品和有机液体的提炼、回收工段及其抽送泵房，香料厂的松油醇部位和乙酸松油脂部位，苯甲酸厂房，苯乙酮厂房，焦化厂焦油厂房，甘油、桐油的制备厂房，油浸变压器室，机器油或变压器油灌油间，润滑油再生部位，配电室（每台装油量大于 60kg 的设备），沥青加工厂房，植物油加工厂的精炼部位
	2. 可燃固体	煤、焦炭、油母页岩的筛分、转运工段和栈桥或储仓，木工厂房，竹、藤加工厂房，橡胶制品的压延、成型和硫化厂房，针织品厂房，纺织、印染、化纤生产的干燥部位，服装加工厂房，棉花加工和打包厂房，造纸厂备料、干燥车间，印染厂成品厂房，麻纺厂粗加工车间，谷物加工厂房，卷烟厂的切丝、卷制、包装车间，印刷厂的印刷车间，毛涤厂选毛车间，电视机、收音机装配厂房，显像管厂装配工段烧枪间，集成电路工厂的氧化扩散间，光刻间，泡沫塑料厂的发泡、成型、印片压花部位，饲料加工厂房，畜（禽）屠宰、分割及加工车间、鱼加工车间
丁	1. 对不燃烧物质进行加工，并在高温或熔化状态下经常产生强辐射热、火花或火焰的生产	金属冶炼、锻造、铆焊、热轧、铸造、热处理厂房
	2. 利用气体、液体、固体作为燃料或将气体、液体进行燃烧作其他用的各种生产	锅炉房，玻璃原料熔化厂房，灯丝烧拉部位，保温瓶胆厂房，陶瓷制品的烘干、烧成厂房，蒸汽机车库，石灰焙烧厂房，电石炉部位，耐火材料烧成部位，转炉厂房，硫酸车间焙烧部位，电极煅烧工段，配电室（每台装油量不大于 60kg 的设备）
	3. 常温下使用或加工难燃烧物质的生产	难燃铝塑料材料的加工厂房，酚醛泡沫塑料的加工厂房，印染厂的漂炼部位，化纤厂后加工润湿部位
戊	常温下使用或加工不燃烧物质的生产	制砖车间，石棉加工车间，卷扬机室，不燃液体的泵房和阀门室，不燃液体的净化处理工段，除镁合金外的金属冷加工车间，电动车库，钙镁磷肥车间（焙烧炉除外），造纸厂或化学纤维厂的浆粕蒸煮工段，仪表、器械或车辆装配车间，氟利昂厂房，水泥厂的轮窑厂房，加气混凝土厂的材料准备、构件制作厂房

注：此表中"生产中使用的物质"主要指所用物质为生产的主要组成部分或原材料，用量相对较多或对其需要进行加工等。

在划分生产的火灾危险性时应注意:

同一座厂房或厂房的任一防火分区内有不同火灾危险性生产时,厂房或防火分区内的生产火灾危险性类别应按火灾危险性较大的部分确定;当生产过程中使用或产生易燃、可燃物的量较少,不足以构成爆炸或火灾危险时,可按实际情况确定;当符合下述条件之一时,可按火灾危险性较小的部分确定:

(1)火灾危险性较大的生产部分占本层或本防火分区建筑面积的比例小于5%或丁、戊类厂房内的油漆工段小于10%,且发生火灾事故时不足以蔓延到其他部位或火灾危险性较大的生产部分采取了有效的防火措施;

(2)丁、戊类厂房内的油漆工段,当采用封闭喷漆工艺,封闭喷漆空间内保持负压、油漆工段设置可燃气体探测报警系统或自动抑爆系统,且油漆工段占其所在防火分区建筑面积的比例不大于20%。

值得说明的是,有的生产过程中虽然使用或产生易燃、可燃物质,但是数量少,当气体全部逸出或可燃液体全部气化也不会在同一时间内使厂房内任何部位的混合气体处于爆炸极限范围内,或即使局部存在爆炸危险、可燃物全部燃烧也不可能使建筑物着火而造成灾害。例如,机械修配厂或修理车间,虽然使用少量的汽油等甲类溶剂清洗零件,但不会因此而发生爆炸。所以,该厂房的火灾危险性仍可划分为戊类。又如,某场所内同时具有甲、乙类和丙、丁类火灾危险性的生产或物质,当其中产生或使用的甲、乙类物质的量很小,不足以导致爆炸时,该场所的火灾危险性类别可以按照其他占主要部分的丙类或丁类火灾危险性确定。

表4-4列出了一般情况下可不按物质危险特性确定生产火灾危险性类别的最大允许量,供在特殊情况下确定生产火灾危险性类别时参考。

可不按物质危险特性确定生产火灾危险性类别的最大允许量 表4-4

火灾危险性类别		火灾危险性的特性	物质名称举例	最大允许量	
				与房间容积的比值	总量
甲类	1	闪点小于28℃的液体	汽油、丙酮、乙醚	0.004L/m³	100L
	2	爆炸下限小于10%的气体	乙炔、氢、甲烷、乙烯、硫化氢	1L/m³(标准状态)	25m³(标准状态)
	3	常温下能自行分解导致迅速自燃爆炸的物质	硝化棉、硝化纤维胶片、喷漆棉、火胶棉、赛璐珞棉	0.003kg/m³	10kg
		在空气中氧化即导致迅速自燃的物质	黄磷	0.006kg/m³	20kg
	4	常温下受到水和空气中水蒸气的作用能产生可燃气体并能燃烧或爆炸的物质	金属钾、钠、锂	0.002kg/m³	5kg
	5	遇酸、受热、撞击、摩擦、催化以及遇有机物或硫黄等易燃的无机物能引起爆炸的强氧化剂	硝酸胍、高氯酸铵	0.006kg/m³	20kg
		遇酸、受热、撞击、摩擦、催化以及遇有机物或硫黄等极易分解引起燃烧的强氧化剂	氯酸钾、氯酸钠、过氧化钠	0.015kg/m³	50kg

续表

火灾危险性类别		火灾危险性的特性	物质名称举例	最大允许量	
				与房间容积的比值	总量
甲类	6	与氧化剂、有机物接触时能引起燃烧或爆炸的物质	赤磷、五硫化磷	$0.015kg/m^3$	50kg
	7	受到水或空气中水蒸气的作用能产生爆炸下限小于10%的气体的固体物质	电石	$0.075kg/m^3$	100kg
乙类	1	闪点大于等于28℃至60℃的液体	煤油、松节油	$0.02L/m^3$	200L
	2	爆炸下限大于等于10%的气体	氨	$5L/m^3$（标准状态）	$50m^3$（标准状态）
	3	助燃气体	氧、氟	$5L/m^3$（标准状态）	$50m^3$（标准状态）
	4	不属于甲类的氧化剂	硝酸、硝酸铜、铬酸、发烟硫酸、铬酸钾	$0.025kg/m^3$	80kg
		不属于甲类的化学易燃危险固体	赛璐珞板、硝化纤维色片、镁粉、铝粉	$0.015kg/m^3$	50kg
			硫黄、生松香	$0.075kg/m^3$	100kg

（二）储存物品的火灾危险性分类

储存物品的火灾危险性应根据储存物品的性质和储存物品中的可燃物数量等因素划分，可分为甲、乙、丙、丁、戊类，并应符合表4-5的规定。该表列出了部分储存物品的火灾危险性分类，供设计时确定储存物品的火灾危险性参考。

储存物品的火灾危险性分类　　　　表 4-5

储存物品的火灾危险性类别	储存物品的火灾危险性特征	储存物品的火灾危险性分类举例
甲	1. 闪点小于28℃的液体	己烷、戊烷、环戊烷、石脑油、二硫化碳、苯、甲苯、甲醇、乙醇、乙醚、蚁酸甲脂、醋酸甲酯、硝酸乙酯、汽油、丙酮、丙烯、酒精度38度及以上的白酒
	2. 爆炸下限小于10%的气体，受到水或空气中水蒸气的作用能产生爆炸下限小于10%气体的固体物质	乙炔、氢、甲烷、环氧乙烷、水煤气、液化石油气、乙烯、丙烯、丁二烯、硫化氢、氯乙烯、电石、碳化铝
	3. 常温下能自行分解或在空气中氧化能导致迅速自燃或爆炸的物质	硝化棉、硝化纤维胶片、喷漆棉、火胶棉、赛璐珞棉、黄磷

储存物品的火灾危险性类别	储存物品的火灾危险性特征	储存物品的火灾危险性分类举例
甲	4. 常温下受到水或空气中水蒸气的作用，能产生可燃气体并引起燃烧或爆炸的物质	金属钾、钠、锂、钙、锶，氢化锂、氢化钠、四氢化钾铝
	5. 遇酸、受热、撞击、摩擦以及遇有机物或硫黄等易燃的无机物，极易引起燃烧或爆炸的强氧化剂	氯酸钾、氯酸钠，过氧化钾、过氧化钠，硝酸铵
	6. 受撞击、摩擦或与氧化剂、有机物接触时能引起燃烧或爆炸的物质	赤磷，五硫化二磷，三硫化二磷
乙	1. 闪点不小于28℃，但小于60℃的液体	煤油，松节油，丁烯醇，异戊醇，丁醚，醋酸丁酯，硝酸戊脂，乙酰丙酮，环己胺，溶剂油，冰醋酸，樟脑油，蚁酸
	2. 爆炸下限不小于10%的气体	氨气、氧化碳
	3. 不属于甲类的氧化剂	硝酸铜，铬酸，亚硝酸钾，重铬酸钠，铬酸钾，硝酸，硝酸汞，硝酸钴，发烟硫酸，漂白粉
	4. 不属于甲类的易燃固体	硫黄，镁粉，铝粉，赛璐珞板（片），樟脑，萘，生松香，硝化纤维漆布，硝化纤维色片
	5. 助燃气体	氧气，氟气，液氯
	6. 常温下与空气接触能缓慢氧化，积热不散引起自燃的物品	漆布及其制品，油布及其制品，油纸及其制品，油绸及其制品
丙	1. 闪点不小于60℃的液体	动物油，植物油，沥青，蜡，润滑油，机油，重油，闪点大于等于60℃的柴油，糖醛，白兰地成品库
	2. 可燃固体	化学、人造纤维及其织物，纸张，棉、毛、丝、麻及其织物，谷物，面粉，粒径大于等于2mm的工业成型硫黄，天然橡胶及其制品，竹、木及其制品，中药材，电视机、收录机等电子产品，计算机房已录数据的磁盘储存间，冷库中的鱼、肉间
丁	难燃烧物品	自熄性塑料及其制品，酚醛泡沫塑料及其制品，水泥刨花板
戊	不燃烧物品	钢材，铝材，玻璃及其制品，搪瓷制品，陶瓷制品，不燃气体，玻璃棉，岩棉，陶瓷棉，硅酸铝纤维，矿棉，石膏及其无纸制品，水泥，石，膨胀珍珠岩

在划分储存物品的火灾危险性时应注意：

（1）同一座仓库或仓库的任一防火分区内储存不同火灾危险性物品时，仓库或防火分区的火灾危险性应按火灾危险性最大的物品确定。

（2）丁、戊类储存物品仓库的火灾危险性，当可燃包装重量大于物品本身重量 1/4 或可燃包装体积大于物品本身体积的 1/2 时，应按丙类确定。

（三）生产和储存物品的火灾危险性分类特点

1. 固体分类标准

将固体中在常温下能自行分解或在空气中氧化能导致迅速自燃或爆炸的物质，如硝化棉、赛璐珞、黄磷等划分为甲类。

将固体中在常温下受到水或空气中水蒸气的作用，能产生可燃气体并引起燃烧或爆炸的物质，如金属钠、钾、锂、钙、锶，氢化锂、氢化钠等划分为甲类。

将固体中遇酸、受热、撞击、摩擦、催化以及遇有机物或硫黄等易燃的无机物，极易引起燃烧或爆炸的强氧化剂，如氯酸钠、氯酸钾、过氧化钠、过氧化钾等划分为甲类。

凡不属于甲类的易燃固体，如硫黄、镁粉、铝粉、萘、硝化纤维漆布等，不属于甲类的氧化剂，如硝酸铜、亚硝酸钾、漂白粉等，以及常温下与空气接触能缓慢氧化、积热不散引起自燃的物质，如漆布及其制品，油布及其制品，油纸及其制品，油绸及其制品等，都属于乙类。

可燃烧固体，如竹、木、纸张、橡胶、粮食等属于丙类。

难燃烧固体，如酚醛塑料、水泥刨花板等属于丁类。

钢材、玻璃、混凝土制品等不燃烧固体，属于戊类。

2. 液体分类标准

液体的分类标准，是根据其闪点来划分的。

将闪点小于 28℃ 的液体，如二硫化碳、苯、甲苯、甲醇、乙醚、汽油、丙酮等划分为甲类；

闪点等于或大于 28℃ 到 60℃ 的液体，如煤油、松节油、丁烯醇、冰醋酸、溶剂油等划分为乙类；

闪点大于或等于 60℃ 的液体，如动物油、植物油、润滑油、机油、重油等划分为丙类。

3. 气体分类标准

气体的分类标准是根据其爆炸下限划分的。

大多数可燃气体（或可燃蒸气）在空气中混合数量很少时遇点火源便会爆炸。把爆炸下限小于 10% 的气体，如乙炔、甲烷、乙烯、丙烯、氢气、液化石油气等划为甲类；有少数可燃气体与空气混合数量很多时遇到点火源才能爆炸。把在空气中爆炸下限大于或等于 10% 的气体，以及助燃气体，如氨气、一氧化碳、氧气等划分为乙类。

由于生产和储存的条件不同，生产和储存物品的火灾危险性类别在划分上还有一些不同的特点。例如，在化工生产过程中，有一些可燃液体在生产的过程中其本身的温度超过了自燃点，具有较大的火灾危险性，因而属于甲类生产。而这种液体在储存中则属于丙类。生产中有一些浮游在空气中的可燃粉尘达到爆炸浓度，遇到点火源即能发生爆炸，火灾危险性较大，这类生产的火灾危险性类别划分为乙类，例如生产面粉的碾磨车间。但面粉在储存中火灾危险性则属于丙类。又如储存中属于戊类火灾危险性的钢材,在高温或熔融状态下进行加工时火灾危险性较大,这样的生产就不再属于戊类,而属于丁类。

三、厂房和仓库的耐火等级和构件的耐火性能

厂房和仓库耐火等级,主要根据其火灾危险性类别而定。根据不同的火灾危险性类别,正确选定厂房和仓库的耐火等级,是防止火灾发生和蔓延扩大、减少火灾损失的有效措施之一。

（一）厂房和仓库的耐火等级和构件的耐火性能规定

厂房和仓库的耐火等级可分为一、二、三、四级,相应建筑构件的燃烧性能和耐火极限不应低于表 4-6 的规定。

不同耐火等级厂房和仓库建筑构件的燃烧性能和耐火极限（h） 表 4-6

构件名称		耐火等级			
		一级	二级	三级	四级
墙	防火墙	不燃性 3.00	不燃性 3.00	不燃性 3.00	不燃性 3.00
	承重墙	不燃性 3.00	不燃性 2.50	不燃性 2.00	难燃性 0.50
	楼梯间和前室的墙 电梯井的墙	不燃性 2.00	不燃性 2.00	不燃性 1.50	难燃性 0.50
	疏散走道两侧的隔墙	不燃性 1.00	不燃性 1.00	不燃性 0.50	难燃性 0.25
	非承重外墙 房间隔墙	不燃性 0.75	不燃性 0.50	难燃性 0.50	难燃性 0.25
柱		不燃性 3.00	不燃性 2.50	不燃性 2.00	难燃性 0.50
梁		不燃性 2.00	不燃性 1.50	不燃性 1.00	难燃性 0.50
楼板		不燃性 1.50	不燃性 1.00	不燃性 0.75	难燃性 0.50
屋顶承重构件		不燃性 1.50	不燃性 1.00	难燃性 0.50	可燃性
疏散楼梯		不燃性 1.50	不燃性 1.00	不燃性 0.75	可燃性
吊顶（包括吊顶搁栅）		不燃性 0.25	难燃性 0.25	难燃性 0.15	可燃性

注：二级耐火等级建筑内采用不燃材料吊顶,其耐火极限不限。

（二）各级耐火等级建筑构件耐火性能特点

厂房和仓库各级耐火等级建筑构件耐火性能（即燃烧性能和耐火极限）特点与民用建筑相应内容基本相同。

四、厂房和仓库的耐火等级选定

厂房和仓库的耐火等级应根据其火灾危险性、建筑高度、建筑面积、使用功能、重要性和火灾扑救难度等确定。《建筑设计防火规范》GB 50016 对厂房和仓库所选用的耐火等级作了如下规定：

（1）高层厂房，甲、乙类厂房的耐火等级不应低于二级，建筑面积不大于 $300m^2$ 的独立甲、乙类单层厂房可采用三级耐火等级的建筑。

（2）单、多层丙类厂房和多层丁、戊类厂房的耐火等级不应低于三级。

使用或产生丙类液体的厂房和有火花、赤热表面、明火的丁类厂房，其耐火等级均不应低于二级；当为建筑面积不大于 $500m^2$ 的单层丙类厂房或建筑面积不大于 $1000m^2$ 的单层丁类厂房时，可采用三级耐火等级的建筑。

（3）使用或储存特殊贵重的机器、仪表、仪器等设备或物品的建筑，其耐火等级不应低于二级。

特殊贵重的机器、仪表、仪器等设备或物品主要有：

1）价格昂贵、发生火灾时损失大的设备。

2）影响工厂或地区生产全局或影响城市生命线供给的关键设施，如热电厂、燃气供给站、水厂、发电厂、化工厂等的主控室，失火后影响大、损失大、修复时间长，也应认为是"特殊贵重"的设备。

3）特殊贵重物品，如货币、金银、邮票、重要文物、资料、档案库以及价值较高的其他物品。

（4）锅炉房的耐火等级不应低于二级，当为燃煤锅炉房且锅炉的总蒸发量不大于 4t/h 时，可采用三级耐火等级的建筑。

（5）油浸变压器室、高压配电装置室的耐火等级不应低于二级，其他防火设计应符合现行国家标准《火力发电厂与变电站设计防火规范》GB 50229 等标准的规定。

（6）高架仓库、高层仓库、甲类仓库、多层乙类仓库和储存可燃液体的多层丙类仓库，其耐火等级不应低于二级。

单层乙类仓库，单层丙类仓库，储存可燃固体的多层丙类仓库和多层丁、戊类仓库，其耐火等级不应低于三级。

（7）粮食筒仓的耐火等级不应低于二级；二级耐火等级的粮食筒仓可采用钢板仓。

粮食平房仓的耐火等级不应低于三级；二级耐火等级的散装粮食平房仓可采用无防火保护的金属承重构件。

（8）甲、乙类厂房和甲、乙、丙类仓库内的防火墙，其耐火极限不应低于 4.00h。

（9）一、二级耐火等级的单层厂房（仓库）的柱，其耐火极限分别不应低于 2.50h 和 2.00h。

（10）采用自动喷水灭火系统全保护的一级耐火等级单、多层厂房（仓库）的屋顶承重构件，其耐火极限不应低于 1.00h。

(11) 除甲、乙类仓库和高层仓库外，一、二级耐火等级建筑的非承重外墙，当采用不燃性墙体时，其耐火极限不应低于0.25h；当采用难燃性墙体时，不应低于0.50h。

4层及4层以下的一、二级耐火等级丁、戊类地上厂房（仓库）的非承重外墙，当采用不燃性墙体时，其耐火极限不限；当采用难燃性轻质复合墙体时，其表面材料应为不燃材料、内填充材料的燃烧性能不应低于 B_2 级。材料的燃烧性能分级应符合国家标准《建筑材料及制品燃烧性能分级》GB 8624 的规定。

(12) 二级耐火等级厂房（仓库）中的房间隔墙，当采用难燃性墙体时，其耐火极限应提高0.25h。

(13) 二级耐火等级多层厂房和多层仓库内采用预应力钢筋混凝土的楼板，其耐火极限不应低于0.75h。

(14) 一、二级耐火等级厂房（仓库）的上人平屋顶，其屋面板的耐火极限分别不应低于1.50h 和1.00h。

(15) 一、二级耐火等级厂房（仓库）的屋面板应采用不燃材料，但其屋面防水层可采用可燃材料；当为4层及4层以下的丁、戊类厂房（仓库）时，其屋面板可采用难燃性轻质复合板，但板材的表面材料应为不燃材料，内填充材料的燃烧性能不应低于 B_2 级。

(16) 除建筑设计防火规范另有规定外，以木柱承重且墙体采用不燃材料的厂房（仓库），其耐火等级可按四级确定。

(17) 预制钢筋混凝土构件的节点外露部位，应采取防火保护措施，且节点的耐火极限不应低于相应构件的耐火极限。

表4-7 归纳列出了厂房和仓库的耐火等级选定情况，以方便使用。

厂房和仓库的耐火等级选定　　　　　　　　　　　　　　表4-7

名　称	最低耐火等级	备　注
高层厂房	二级	
甲、乙类厂房	二级	建筑面积不大于300m²的独立甲、乙类单层厂房可采用三级耐火等级的建筑
使用或产生丙类液体的厂房和有火花、赤热表面、明火的丁类厂房	二级	当为建筑面积不大于500m²的单层丙类厂房或建筑面积不大于1000m²的单层丁类厂房时，可采用三级耐火等级的建筑
使用或储存特殊贵重的机器、仪表、仪器等设备或物品的建筑	二级	
锅炉房	二级	当为燃煤锅炉房且锅炉的总蒸发量不大于4t/h时，可采用三级耐火等级的建筑
油浸变压器室、高压配电装置室	二级	其他防火设计应符合现行国家标准《火力发电厂与变电站设计防火规范》GB 50229 等标准的规定

名　称	最低耐火等级	备　注
高架仓库、高层仓库、甲类仓库、多层乙类仓库和储存可燃液体的多层丙类仓库	二级	
粮食筒仓	二级	二级耐火等级时可采用钢板仓
散装粮食平房仓	二级	二级耐火等级时可采用无防火保护的金属承重构件
单、多层丙类厂房和多层丁、戊类厂房	三级	
单层乙类仓库，单层丙类仓库，储存可燃固体的多层丙类仓库和多层丁、戊类仓库	三级	
粮食平房仓	三级	

第五节　木结构建筑的燃烧性能和耐火极限

（1）《建筑设计防火规范》GB 50016 规定，丁、戊类厂房（库房）和民用建筑可采用木结构建筑或木结构组合建筑。

（2）木结构建筑构件的燃烧性能和耐火极限应符合《建筑设计防火规范》GB 50016的规定，见表 4-8。

木结构建筑构件的燃烧性能和耐火极限　　　　　表 4-8

构件名称	燃烧性能和耐火极限（h）
防火墙	不燃性 3.00
承重墙，住宅建筑单元之间的墙和分户墙，楼梯间的墙	难燃性 1.00
电梯井的墙体	不燃性 1.00
非承重外墙，疏散走道两侧的隔墙	难燃性 0.75
房间隔墙	难燃性 0.50
承重柱	可燃性 1.00
梁	可燃性 1.00
楼板	难燃性 0.75
屋顶承重构件	可燃性 0.50
疏散楼梯	难燃性 0.50
吊顶	难燃性 0.15

在执行表 4-8 时应注意：

1）除《建筑设计防火规范》GB 50016 另有规定外，当同一座木结构建筑存在不同高度的屋顶时，较低部分的屋顶承重构件和屋面不应采用可燃性构件，采用难燃性屋顶承重构件时，其耐火极限不应低于 0.75h。

2）轻型木结构建筑的屋顶，除防水层、保温层及屋面板外，其他部分均应视为屋顶承重构件，且不应采用可燃性构件，其耐火极限不应低于 0.50h。

　　3）当建筑的层数不超过 2 层、防火墙间的建筑面积小于 600m² 且防火墙间的建筑长度小于 60m 时，建筑构件的燃烧性能和耐火极限可按《建筑设计防火规范》GB 50016 有关四级耐火等级建筑的要求确定。

　　（3）建筑采用木骨架组合墙体时，应符合下列规定：

　　1）建筑高度不大于 18m 的住宅建筑、建筑高度不大于 24m 的办公建筑和丁、戊类厂房（库房）的房间隔墙和非承重外墙可采用木骨架组合墙体，其他建筑的非承重外墙不得采用木骨架组合墙体；

　　2）墙体填充材料的燃烧性能应为 A 级；

　　3）木骨架组合墙体的燃烧性能和耐火极限应符合表 4-9 的规定，其他要求应符合现行国家标准《木骨架组合墙体技术规范》GB/T 50361 的规定。

<table>
<tr><td colspan="6" align="center">木骨架组合墙体的燃烧性能和耐火极限（h）　　　　　　表 4-9</td></tr>
<tr><td rowspan="2">构件名称</td><td colspan="5">建筑物的耐火等级或类型</td></tr>
<tr><td>一级</td><td>二级</td><td>三级</td><td>木结构建筑</td><td>四级</td></tr>
<tr><td>非承重外墙</td><td>不允许</td><td>难燃性 1.25</td><td>难燃性 0.75</td><td>难燃性 0.75</td><td>无要求</td></tr>
<tr><td>房间隔墙</td><td>难燃性 1.00</td><td>难燃性 0.75</td><td>难燃性 0.50</td><td>难燃性 0.50</td><td>难燃性 0.25</td></tr>
</table>

第五章 建筑装修和外墙保温防火设计

第一节 建筑内部装修防火

建筑内部装修除包括建筑内部顶棚、墙面、地面、隔断的装修外，还包括固定家具、窗帘、帷幕等装饰织物和装饰材料的装修。

一、建筑内部装修的火灾危险性

国内外大量的火灾实例表明，建筑内部装修材料采用可燃、易燃材料是引起火灾以及造成大火的重要原因，建筑火灾所造成的人员重大伤亡和财产损失也大多是由于建筑装修材料采用了大量的可燃、易燃材料所导致的。建筑内部装修采用可燃、易燃性材料的火灾危险性表现在以下五个方面：

（一）使建筑失火的几率增大

建筑内部装修采用可燃、易燃材料多、范围大，则火源接触到它的机会就多，因而引发火灾的可能性增大，大量的火灾实例都充分说明了这一点。

（二）传播火焰，使火势迅速蔓延扩大

建筑一旦发生火灾时，可燃、易燃性装修材料在被引燃、发生燃烧的同时，会把火焰传播开来，造成火势迅速蔓延。火势在建筑内部的蔓延可以通过顶棚、墙面和地面的可燃装修从房间蔓延到走道，再由走道蔓延到竖向的孔洞、竖井等向上层蔓延。在建筑物外部，火势可以通过外墙窗口等引燃上一层的窗帘、窗纱、窗帘盒等可燃装修材料而使火灾蔓延扩大，造成大面积火灾。

（三）造成室内轰燃提前发生

所谓轰燃，是指室内火灾中，火灾从室内局部燃烧迅速过渡到室内空间内所有可燃物都卷入燃烧的现象。在起火后一定时间内随着室内火势增大，温度可燃物热分解生成的可燃气体逐渐增多，当可燃气体在室内聚集达到一定浓度，而且室内温度已达到超过一定值时，就会"轰"的一下，使整个室内空间全面燃烧起来。一般来说，轰燃发生时的温度（房间上部室温）约在 $400\sim600℃$；轰燃后温度立即会上升到 $800℃$ 左右，轰燃之前，火灾处于初起阶段，火灾范围小，室内温度较低，是扑灭火灾和人员疏散的有利时机。而一旦发生了轰燃，则火灾进入全面的猛烈燃烧阶段，室内人员已无法疏散，火灾已很难扑救。

建筑发生轰燃的时间长短除与建筑内可燃物品的性质、数量有关外，还与建筑内是否进行装修及装修的材料的关系极大。装修后建筑内更加封闭，热量不易散发，加之可燃性装修材料导热性能差，热容小、易积蓄热量，因此会促使建筑内温度上升，缩短轰燃前的酝酿时间。根据试验可知，一般建筑物轰燃发生的时间是：用可燃材料装修时，为 $3min$ 之内；当用难燃烧材料装修时，为 $4\sim5min$；用不燃烧材料装修时，为 $6\sim8min$。室内火灾一旦达到轰燃进入全面猛烈燃烧阶段，则可燃材料装修就成为火灾蔓延的重要途径，而使火灾蔓延扩大。

建筑防火设计的一个重要的方面，就是要保证在建筑发生火灾时，设法延长初期火灾的时间，以便有充分的时间疏散人员和物资，等待消防队到达迅速组织灭火力量扑灭火灾。一旦火灾房间内出现了"轰燃"现象，火灾立即就进入了旺盛期，这时人员、物资的疏散就无法进行。同时，火灾也不易扑救。所以，推迟轰燃的出现时间是防火设计的重要目标之一。内部装修对火灾状况的影响主要表现在火灾初期，即在轰燃之前，它对初期火灾的发展速度影响很大。

（四）增大了建筑内的火灾荷载

建筑物内的火灾荷载越大，则火灾持续时间越长，燃烧更加猛烈，且会出现持续性高温，因而造成的危害更大。

（五）严重影响人员安全疏散和扑救

可燃性装修材料燃烧时会产生大量烟雾和有毒气体，不仅降低了火场的能见度，而且还会使人中毒，严重影响人员疏散和扑救。据统计，火灾中伤亡的人员，多数不是被火烧死，而是因烟雾中毒和缺氧窒息致死。

二、建筑内部装修材料的分类与分级

建筑物的用途及部位不同，对装修材料燃烧性能的要求也应不相同。为了便于对材料的燃烧性能进行测试和分级，安全合理地根据建筑的规模、用途、场所、部位等选用内部装修材料。

（一）建筑内部装修材料的分类

1. 按实际应用分类

按装修材料的实际应用，可将其分为四类：

（1）饰面材料。饰面材料包括墙壁、柱面的贴面材料，吊顶材料，地面上、楼梯上的饰面材料以及作为绝缘物的饰面材料。

（2）装饰件。装饰件包括固定或悬挂在墙上、顶棚等处的装饰物，如画、手工艺品等。

（3）隔断。隔断是指可伸缩滑动和自由拆装、不到顶的隔断。

（4）大型家具。主要是指固定的或轻易不再搬动的家具，如酒吧、货架、展台、兼有空间分隔功能的到顶柜橱等。

2. 按使用部位和功能分类

按装修材料在内部装修中的使用部位和功能，可将其划分为七类：

（1）顶棚装修材料。是指使用在建筑物的上部空间内，具有装饰功能的材料。

（2）墙面装修材料。主要是指采用各种方式覆盖在墙体表面、起装饰作用的材料。按结构上可分为涂料和板材两大类。通常在建筑物中使用的墙面装饰材料有各种类型的涂料和油漆、墙纸、墙布、墙裙装饰板、墙包材料等。

（3）地面装修材料。主要是指用于室内空间地板结构表面并对地板进行装修的材料。地面装修材料分为地面涂料和铺地材料。硬质的铺地材料有地砖、木质地板等，软质的铺地材料有各类纺织地毯、柔性塑胶地板等。

（4）隔断装修材料。隔断系指不到顶的隔断。

（5）固定家具。如兼有分隔功能的到顶橱柜等。

（6）装饰织物。主要是指窗帘、帷幕、床罩、家具包布等。

（7）其他装饰材料。主要是指楼梯扶手、挂镜线、踢脚板、窗帘盒（架）、暖气罩等。

应注意：到顶的固定隔断装修应与墙面的规定相同；柱面的装修应与墙面的规定相同。

（二）建筑内部装修材料的分级

为了有利于《建筑内部装修设计防火规范》GB 50222 的实施和材料的检测，按照《建筑材料及制品燃烧性能分级》GB 8624 的要求，根据装修材料的不同燃烧性能，将内部装修材料分为四级，见表 5-1。

建筑内部装修材料燃烧性能等级　　　　　　　　　　表 5-1

等级	材料燃烧性能	等级	材料燃烧性能
A	不燃性	B_2	可燃性
B_1	难燃性	B_3	易燃性

（三）建筑内部装修材料燃烧性能等级判定和试验方法

1. 等级判定

装修材料的燃烧性能等级应按以下规定由专业检测机构检测确定。B_3 级装修材料可不进行检测。

（1）A 级装修材料的试验方法，应符合《建筑材料不燃性试验方法》GB/T 5464 的规定。即不论材料属于哪一类，只要符合不燃性试验方法规定的条件，均定为 A 级材料。

（2）B_1 级顶棚、墙面、隔断装修材料的试验方法，应符合现行国家标准《建筑材料难燃性试验方法》的规定；B_2 级顶棚、墙面、隔断装修材料的试验方法，应符合现行国家标准《建筑材料可燃性试验方法》GB 8626 的规定。

（3）B_1 级和 B_2 级地面装修材料的试验方法，应符合现行国家标准《铺地材料临界辐射通量的测定　辐射热源法》GB/T 11785—2005 的规定。地面装修材料，经辐射热源法试验，当最小辐射通量大于或等于 $4.5kW/m^2$ 时，应定为 B_1 级；当最小辐射通量大于或等于 $2.2kW/m^2$ 时，应定为 B_2 级。

（4）装饰织物的试验方法，应符合现行国家标准《纺织品　燃烧性能　垂直方向损毁长度、阴燃和续燃时间的测定》GB/T 5455—2014 的规定。装饰织物，经垂直法试验，并符合表 5-2 中的条件，应分别定为 B_1 和 B_2 级。

装饰织物燃烧性能判定　　　　　　　　　　表 5-2

级别	损毁长度（mm）	持续时间（s）	阴燃时间（s）
B_1	≤150	≤5	≤5
B_2	≤200	≤15	≤10

（5）塑料装修材料的试验方法，应符合现行国家标准《塑料　用氧指数法测定燃烧行为　第 1 部分：导则》GB/T 2406.1—2008 和《塑料　燃烧性能的测定　水平法和垂直法》GB/T 2408—2008 的规定。塑料装饰材料，经氧指数、水平和垂直法试验，并符合表 5-3 中的条件，应分别定为 B_1 和 B_2 级。

塑料燃烧性能判定　　　　　　　　　　　　　表 5-3

级别	氧指数法	水平燃烧法	垂直燃烧法
B₁	≥32	移开点火源后，火焰即灭或燃烧前沿未达到 25mm 标线	V-0 级
B₂	≥27	移开点火源后，火焰即灭或燃烧前沿未达到 25mm 标线	V-1 级

（6）固定家具及其他装饰材料的燃烧性能等级根据其材质分别进行测试判定，详见第三章的有关内容。

2. 装修材料等级划分应注意的问题

（1）纸面石膏板

纸面石膏板以熟石膏为主要原料，掺入适量的添加剂与纤维做成板芯，以特制的纸板做护面加工而成。纸面石膏板安装在钢龙骨上，可将其作为 A 级材料使用。

（2）胶合板

当胶合板表面涂覆一级饰面型防火涂料时，可作为 B₁ 级装修材料使用。

根据国家防火建筑材料质量监督中心提供的数据，涂刷一级饰面型防火涂料的胶合板能达到 B₁ 级。当胶合板用于墙面装修时，原则上只在朝向室内的侧面涂刷防火涂料。而当胶合板用于吊顶装修时，应在两面均涂刷防火涂料。

（3）壁纸

单位重量小于 300g/m² 的纸质、布质壁纸，当直接粘贴在 A 级基材上时，可作为 B₁ 级材料使用。

墙布、壁纸实际上属于同一类型的装饰材料。墙布也称墙纸或壁纸，其种类繁多。所谓纸质壁纸是在纸基、纸面上印成各种图案的一种墙纸。这两类壁纸的材质主要是纸和布，热分解时产生的可燃气体少，发烟量小，直接贴在 A 级基材上且质量≤300g/m² 时，在试验过程中，几乎不出现火焰蔓延的现象。

（4）涂料

施涂于 A 级基材上的无机装饰涂料，可作为 A 级装修材料使用；施涂于 A 级基材上、湿涂覆比小于 1.5kg/m² 的有机装饰涂料，可作为 B₁ 级装修材料使用。涂料施涂于 B₁、B₂ 级基材上时，应将涂料连同基材一起通过试验确定其燃烧性能等级。

（5）多层及复合装修材料

当采用不同装修材料进行分层装修时，各层装修材料的燃烧性能等级均应符合《建筑内部装修设计防火规范》的规定。复合型装修材料应由专业检测机构进行整体测试并确定其燃烧性能等级。

分层装修是指，采用几层不同的装修材料装修同一个部位。在这种情况下，各层装修材料只有贴在等于或高于其耐火等级的材料之上时，这些装修材料燃烧性能等级的确认才是有效的。但有时会出现一些特殊的情况，例如一些隔音、保温材料与其他不燃、难燃材料复合形成一个整体的复合材料，这时其燃烧性能应通过整体的试验来确定。

3. 材料燃烧性能试验方法

燃烧性能为不燃性材料（即 A 级材料）的试验方法执行《建筑材料不燃性试验方法》，B₁、B₂ 级顶棚、墙面、隔断装修材料的燃烧性能试验方法执行"建筑材料难燃性试验方法"和"建筑材料可燃性试验方法"。除此之外，地面装修材料、塑料装修材料、装饰织物等还有其特有的试验方法。

（1）地面装修材料的试验方法

地面装修材料的试验方法采用《铺地材料的燃烧性能测定　辐射热源法》GB/T 11785。

这是一种用于测定 B_1 级和 B_2 级地面装修材料的试验方法。其原理是，以空气-燃气为燃料的热辐射板与水平放置的试样倾斜成 30°角，并面向试样。使辐射板产生的规定的辐射通量，沿试样分布。引火器点燃试样开始后，测定燃烧至火焰熄灭处的距离和计算临界辐射通量。

辐射通量的含义是指单位面积入射辐射热强度（kW/m^2）。临界辐射通量（CRF）是指铺地材料系统在火焰最远熄灭点所受到的单位面积入射辐射热强度（kW/m^2）。

主要试验仪器为辐射试验仪箱。辐射热源为一块装于铸铁框内的多孔耐火材料板。选择的样品应具有代表性，并尽量模拟实际安装应用情况。

经辐射热源法试验，当最小辐射通量大于或等于 $0.45W/cm^2$ 时，应定为 B_1 级；当最小辐射通量大于或等于 $0.22W/cm^2$ 时，应定为 B_2 级。

（2）塑料燃烧性能试验方法

1)《塑料　用氧指数法测定燃烧行为》GB/T 2406

本标准规定了在规定的试验条件下，在氧、氮混合气流中，测定刚好维持试样燃烧所需的最低氧浓度（亦称氧指数）的试验方法。适用于评定均质固体材料、层压材料、泡沫材料、软片和薄膜材料等在规定的试验条件下的燃烧性能。

试验设备主要有，氧指数仪、气源、点火源、排烟系统、计时装置等。氧指数仪由燃烧筒、试样夹、流量测量和控制系统、组成。

试验方法的原理是，将试样垂直固定在燃烧筒中，使氧、氮混合气流由下向上流过，点燃试样顶端，同时计时和观察试样燃烧长度，与所规定的判据相比较。在不同的氧浓度中试验一组试样，测定塑料刚好维持平稳燃烧时的最低氧浓度，用混合气中氧含量的体积百分数表示。

以体积百分比表示的氧指数（OI），可按下式计算：

$$OI = V_0/(V_0 + V_N) \times 100 \tag{5-1}$$

式中，OI 为氧指数，%；V_0 为维持平稳燃烧时单位体积混合气内的氧气体积；V_N 为维持平稳燃烧时单位体积混合气内的氧气体积。材料的氧指数值越大，则该材料越不容易燃烧。

2)《塑料　燃烧性能的测定　水平法和垂直法》GB/T 2408—2008

本标准规定了塑料和非金属材料试样处于 50W 火焰条件下，水平或者垂直方向燃烧性能的实验室测定方法。本标准规定了线性燃烧速率和余焰/余辉时间以及试样的燃烧长度的测定。

3)装饰织物的燃烧性能试验方法

装饰织物的燃烧性能检测执行《纺织品　燃烧性能　垂直方向损毁长度、阴燃和续燃时间的测定》GB/T 5455—2014 规定。

本标准规定了垂直方向纺织品底边点火时燃烧性能的试验方法，适用于各类织物及其制品。

本燃烧试验的原理是，将一定尺寸的试样置于规定的燃烧器下点燃，测量规定点燃时间后，试样的续燃、阴燃时间及损毁长度。

试验方法常用的几个术语含义如下：

续燃时间：在规定的试验条件下，移开点火源后材料持续有焰燃烧的时间，以秒表示。

阴燃时间：在规定的试验条件下，当有焰燃烧终止后，或者本为无焰燃烧者，移开点火源后，材料持续无焰燃烧的时间，以秒表示。

损毁长度：在规定的试验条件下，在规定方向上材料损毁部分的最大长度，以厘米表示。

三、民用建筑内部装修防火设计一般规定

为了保障建筑的消防安全，防止和减少火灾的发生，减少火灾损失，建筑内部装修防火设计应妥善处理装修效果和使用安全的矛盾，积极采用不燃性材料和难燃性材料，尽量避免采用在燃烧时能产生大量浓烟和有毒气体的材料，做到安全适用，技术先进，经济合理。

在进行建筑内部装修设计时，应严格遵守《建筑内部装修设计防火规范》的要求，选用合适的内部装修防火材料及妥善的构造做法，以防患于未然。民用建筑内部装修防火应符合下列一般规定：

1. 多孔和泡沫塑料

当顶棚或墙面表面局部采用多孔泡沫塑料时，其厚度不应大于 15mm，面积不得超过该房间顶棚或墙面积的 10%。

多孔和泡沫塑料容易燃烧，而且燃烧时产生的烟气对人体危害很大。但在实际工程中，有些时候因功能需要和美观点缀，必须在顶棚和墙的表面，局部采用一些多孔或泡沫塑料。为此在允许采用这些材料的同时，必须在使用面积和厚度两个方面对此加以限制：

（1）多孔或泡沫状塑料用于顶棚表面时，不得超过该房间顶棚面积的 10%；用于墙表面时，不得超过该房间墙面积的 10%，不应把顶棚和墙面合在一起计算。

（2）这里所说的面积系指展开面积，墙面面积包括门窗面积。

（3）这里所说的多孔和泡沫状塑料是指完全裸露的状态，它与所谓的"软包装修"是不同的。

（4）当采用非多孔和泡沫塑料材料做局部装修时，原则上可比照实施。

2. 共享空间部位

建筑物设有上下层相连通的中庭、走廊、开敞楼梯、自动扶梯时，其连通部位的顶棚、墙面应采用 A 级装修材料，其他部位应采用不低于 B_1 级的装修材料。

3. 无窗房间

除地下建筑外，无窗房间的内部装修材料的燃烧性能等级，除 A 级外，应在原规定基础上提高一级。

4. 图书、资料类房间

图书室、资料室、档案室和存放文物的房间，其顶棚、墙面应采用 A 级装修材料，地面应采用不低于 B_1 级的装修材料。

5. 各类机房

大中型电子计算机房、中央控制室、电话总机房等设置特殊贵重设备的房间，其顶棚和墙面应采用 A 级装修材料，地面及其他装修应采用不低于 B₁ 级的装修材料。

6. 消防设备用房等

消防水泵房、排烟机房、固定灭火系统钢瓶间、配电室、变压器室、通风和空调机房等，其内部所有装修均应采用 A 级装修材料。

7. 配电箱

建筑内部的配电箱，不应直接安装在低于 B₁ 级的装修材料上。

8. 灯具和灯饰

照明灯具的高温部位，当靠近非 A 级装修材料时，应采取隔热、散热等防火保护措施。灯饰所用材料的燃烧性能等级不应低于 B₁ 级。

9. 建筑内的厨房

厨房属明火工作空间，一般特点是火源多且作用时间长，因此对其内部装修材料的燃烧性能应严格要求。鉴于此，建筑内部装修设计防火规范规定，建筑物内的厨房顶棚、墙面、地面等部位均应采用 A 级装修材料。

10. 经常使用明火的餐厅和科研试验室

经常使用明火的餐厅、科研试验室内所使用的装修材料的燃烧性能等级，除 A 级外，应比同类建筑物的要求高一级。

11. 楼梯间

无自然采光的楼梯间、封闭楼梯间、防烟楼梯间的顶棚、墙面和地面均应采用 A 级装修材料。

12. 水平通道

地上建筑的水平疏散走道和安全出口的门厅，其顶棚装饰材料应采用 A 级装修材料，其他部位应采用不低于 B₁ 级的装修材料。

13. 消火栓门

建筑内部消火栓的门不应被装饰物遮掩，消火栓门四周的装修材料颜色应与消火栓门的颜色有明显区别。

14. 消防设施和疏散指标标志

建筑内部装修不应遮挡消防设施和疏散指示标志及出口，并且不应妨碍消防设施和疏散走道的正常使用。

15. 挡烟垂壁

挡烟垂壁的作用是在室内顶部阻挡烟气，提高防烟分区排烟口的排烟效果。为了确保挡烟垂壁在火灾时发挥作用，其应采用 A 级装修材料。

16. 变形缝部位

建筑内部的变形缝（包括沉降缝、伸缩缝、防震缝等）两侧的基层应采用 A 级材料，表面装修应采用不低于 B₁ 级的装修材料。

17. 饰物

公共建筑内部不宜设置采用 B₃ 级装饰材料制成的壁挂、雕塑、模型、标本，当需要设置时，不应靠近火源或热源。

18. 歌舞娱乐放映游艺场所

歌舞娱乐放映游艺场所在这里是指，歌舞厅、卡拉 OK 厅（含具有卡拉 OK 功能的餐厅）、夜总会、录像厅、放映厅、桑拿浴室（除洗浴部分外）、游艺厅（含电子游艺厅）、网吧等。这些场所人员集中，装修标准高，火灾危险性很大。歌舞娱乐放映游艺场所设置在一、二级耐火等级建筑的四层及四层以上时，室内装修的顶棚材料应采用 A 级装修材料，其他部位应采用不低于 B₁ 级的装修材料；当设置在地下一层时，室内装修的顶棚、墙面材料应采用 A 级装修材料，其他部位应采用不低于 B₁ 级的装修材料。

19. 安全出口

为了确保在建筑物发生火灾的情况下，其内部人员顺利疏散，迅速逃离火场到达安全区域，要求建筑物必须设置足够的安全出口，并保证其有足够的宽度。建筑内部装修设计防火规范规定，建筑内部装修不应减少安全出口、疏散出口和疏散走道的设计所需的净宽度和数量。

四、单、多层民用建筑内部装修防火设计

（1）单层、多层民用建筑内部装修防火设计应符合本节"三、民用建筑内部装修防火设计一般规定"的有关要求。

（2）单层、多层民用建筑各部位装修材料的燃烧性能等级，不应低于表 5-4 的规定。

（3）单层、多层民用建筑内面积小于 100m² 的房间，当采用防火墙和耐火极限不低于 1.2h 的防火门窗与其他部位分隔时，其装修材料的燃烧性等级可在表 5-4 的基础上降低一级。

（4）当单层、多层民用建筑（不含歌舞娱乐放映游艺场所）内装有自动灭火系统时，除顶棚外，其内部装修材料的燃烧性能等级可在表 5-4 的基础上降低一级；当同时装有火灾自动报警装置和自动灭火系统时，其顶棚装修材料的燃烧性能等级可在表 5-4 规定的基础上降低一级，其他装修材料的燃烧性能等级可以不加限制。

单层、多层建筑内部各部位装修材料的燃烧性能等级　　　　　　表 5-4

建筑物及场所	建筑规模、性质	装修材料燃烧性能等级							
		顶棚	墙面	地面	隔断	固定家具	装饰织物		其他装饰材料
							窗帘	帷幕	
候机楼的候机大厅、商店、餐厅、贵宾候机室、售票厅等	建筑面积＞10000m² 的候机楼	A	A	B₁	B₁	B₁	B₁		B₁
	建筑面积≤10000m² 的候机楼	A	B₁	B₁	B₁	B₂	B₂		B₁
汽车站、火车站、轮船客运站的候车（船）室、餐厅、商场等	建筑面积＞10000m² 的车站、码头	A	A	B₁	B₁	B₂	B₂		B₁
	建筑面积≤10000m² 的车站、码头	B₁	B₁	B₁	B₂	B₂	B₂		B₂
影院、会堂、礼堂、剧院、音乐厅	＞800 座位	A	A	B₁	B₁	B₁	B₁	B₁	B₁
	≤800 座位	A	B₁	B₁	B₁	B₂	B₁	B₁	B₂

续表

建筑物及场所	建筑规模、性质	装修材料燃烧性能等级							
		顶棚	墙面	地面	隔断	固定家具	装饰织物		其他装饰材料
							窗帘	帷幕	
体育馆	＞3000座位	A	A	B₁	B₁	B₁	B₁	B₁	B₂
	≤3000座位	A	B₁	B₁	B₁	B₂	B₁	B₁	B₂
饭店、旅馆的客房及公共活动用房	设有中央空调系统的饭店、旅馆	A	B₁	B₁	B₁	B₂	B₂		B₂
	其他饭店、旅馆	B₁	B₁	B₂	B₂	B₂	B₂		
歌舞厅、餐馆等娱乐、餐饮建筑	营业面积＞100m²	B₁	B₁	B₁	B₁	B₂	B₁		B₂
	营业面积≤100m²	B₁	B₁	B₂	B₂	B₂	B₂		B₂
商场营业厅	每层建筑面积＞3000m²或总建筑面积＞9000m²的营业厅	A	B₁	A	A	B₁	B₁		B₂
	每层建筑面积1000～3000m²或总建筑面积3000～9000m²的营业厅	A	B₁	B₁	B₁	B₂	B₁		
	每层建筑面积＜1000m²或总建筑面积＜3000m²的营业厅	B₁	B₁	B₁	B₂	B₂	B₂		
幼儿园、托儿所、医院病房楼、疗养院、养老院、中小学		A	B₁	B₁	B₁	B₂	B₁		B₂
纪念馆、展览馆、博物馆、图书馆、档案馆、资料馆等	国家级、省级	A	B₁	B₁	B₁	B₂	B₁		B₂
	省级以下	B₁	B₁	B₂	B₂	B₂	B₂		B₂
办公楼、综合楼	设有中央空调系统的办公楼、综合楼	A	B₁	B₁	B₁	B₂	B₂		B₂
	其他办公楼、综合楼	B₁	B₁	B₂	B₂	B₂			
住宅	高级住宅	B₁	B₁	B₁	B₁	B₂	B₂		B₂
	普通住宅	B₁	B₂	B₂	B₂	B₂			

五、高层民用建筑内部装修防火设计

（1）高层民用建筑内部装修防火设计应符合《建筑内部装修设计防火规范》的有关要求。

（2）高层民用建筑内部各部位装修材料的燃烧性能等级，不应低于表 5-5 的规定。

（3）除歌舞娱乐、放映游艺场所和 100m 以上的高层民用建筑及大于 800 座位的观众厅、会议厅、顶层餐厅外，当设有火灾自动报警装置和自动灭火系统时，除顶棚外，其内部装修材料的燃烧性能等级可在表 5-5 规定的基础上降低一级。

（4）电视塔等特殊高层建筑的内部装修，均应采用 A 级装修材料。

高层建筑内部各部位装修材料的燃烧性能等级 　　　　表 5-5

建筑物	建筑类别、规模、性质	装修材料燃烧性能等级									
		顶棚	墙面	地面	隔断	固定家具	装饰织物				其他装饰材料
							窗帘	帷幕	床罩	家具包布	
高级旅馆	>800 座位的观众厅、会议厅、顶层餐厅	A	B₁	B₁	B₁	B₁	B₁	B₁		B₁	B₁
	≤800 座位的观众厅、会议厅	A	B₁	B₁	B₁	B₁	B₁	B₁		B₂	B₁
	其他部位	A	B₁	B₁	B₂	B₂	B₁	B₂	B₁	B₂	B₁
商业楼、展览楼、综合楼、商住楼、医院病房楼	一类建筑	A	B₁	B₁	B₁	B₂	B₁	B₁		B₂	B₁
	二类建筑	B₁	B₁	B₂	B₂	B₂	B₁	B₂		B₂	B₂
电信楼、财贸金融楼、邮政楼、广播电视楼、电力调度楼、防灾指挥调度楼	一类建筑	A	A	B₁	B₁	B₁	B₁	B₁		B₂	B₁
	二类建筑	B₁	B₁	B₂	B₂	B₂	B₁	B₂		B₂	B₂
教学楼、办公楼、科研楼、档案楼、图书馆	一类建筑	A	B₁	B₁	B₂	B₁	B₁	B₁		B₁	B₁
	二类建筑	B₁	B₁	B₂	B₂	B₂	B₁	B₂		B₂	B₂
住宅、普通旅馆	一类普通旅馆，高级住宅	B₁	B₁	B₁	B₁	B₁	B₁	B₁	B₁		B₁
	二类普通旅馆，普通住宅	B₁	B₁	B₂	B₂	B₂	B₁	B₂	B₂		B₂

注：1.“顶层餐厅”包括设在高空的餐厅、观光厅等。

　　2. 建筑物的类别、规模、性质应符合国家《建筑设计防火规范》的有关规定。

六、其他建筑内部装修防火设计

（一）地下民用建筑

（1）地下民用建筑内部装修防火设计应符合《建筑内部装修设计防火规范》的有关要求。

（2）地下民用建筑内部各部位装修材料的燃烧性能等级，不应低于表 5-6 的规定。

地下民用建筑内部各部位装修材料的燃烧性能等级　　　　表 5-6

建筑物及场所	装修材料燃烧性能等级						
	顶棚	墙面	地面	隔断	固定家具	装饰织物	其他装饰材料
休息室和办公室等、旅馆的客房及公共活动用房等	A	B_1	B_1	B_1	B_1	B_1	B_2
娱乐场所、旱冰场等舞台、展览厅等医院的病房、医疗用房等	A	A	B_1	B_1	B_1	B_1	B_2
电影院的观众厅、商场的营业厅	A	A	A	B_1	B_1	B_1	B_2
停车库、人行通道、图书资料库、档案库	A	A	A	A	A	A	

（3）地下民用建筑的疏散走道和安全出口的门厅，其顶棚、墙面和地面的装修材料应采用 A 级装修材料。

（4）单独建造的地下民用建筑的地上部分，其门厅、休息厅、办公室等内部装修材料的燃烧性能等级可在表 5-6 的基础上降低一级要求。

（5）地下商场、地下展览厅的售货柜台、固定货架、展览台等，应采用 A 级装修材料。

（二）工业厂房

（1）厂房内部各部位装修材料的燃烧性能等级，不应低于表 5-7 的规定。

工业厂房内部各部位装修材料的燃烧性能等级　　　　表 5-7

工业厂房分类	建筑规模	装修材料燃烧性能等级			
		顶棚	墙面	地面	隔断
甲、乙类厂房和有明火的丁类厂房		A	A	A	A
丙类厂房	地下厂房	A	A	A	B_1
	高层厂房	A	B_1	B_1	B_2
	高度＞24m 的单层厂房、高度≤24m 的单层、多层厂房	B_1	B_1	B_2	B_2
无明火的丁类厂房、戊类厂房	地下厂房	A	A	A	B_1
	高层厂房	B_1	B_1	B_2	B_2
	高度＞24m 的单层厂房、高度≤24m 的单层、多层厂房	B_1	B_2	B_2	B_2

（2）厂房的地面为架空地板时，其地面装修材料的燃烧性能等级，除 A 级外，应在表 5-7 规定的基础上提高一级。

（3）计算机房、中央控制室等装有贵重机器、仪表、仪器的厂房，其顶棚和墙面应使用 A 级装修材料；地面和其他部位应采用不低于 B_1 级的装修材料。

（4）厂房附设的办公室、休息室等的内部装修材料的燃烧性能等级，应符合表 5-7 的规定。

第二节　建筑外墙保温和外墙装饰防火

建筑保温，主要从建筑外围护结构上采取措施，减少建筑室内热量向室外散发，对创造适宜的室内热环境和节约能源有重要作用。此外，建筑保温还要从房间朝向、单体建筑的平面和体型设计，以及建筑群的总体布置等方面加以综合考虑。建筑墙体保温，是指将保温、装饰材料等按一定方式复合在一起，对墙体起到隔热保温作用的措施。建筑保温材料一般是指导热系数小于或等于 0.2W/（m·K）的材料。

一、建筑保温和外墙装饰的火灾危险性

建筑外墙保温材料如果采用聚苯乙烯泡沫塑料等有机保温材料，可能添加卤系阻燃剂，它们在火灾中由于不完全燃烧和热解会产生很多的烟尘和 CO、HCN 等有毒气体。外墙保温材料质量不达标或未按照国家有关规定施工，造成的火灾危害将不堪设想。

近年来，建筑中易燃可燃外墙保温材料引发的火灾呈多发势头，全国相继发生了多起建筑外墙保温材料火灾事故，造成严重人员伤亡和财产损失。在建筑防火方面，建筑易燃可燃外墙保温材料已成为一类新的火灾隐患，这一情况必须引起重视，并加强防范。

从不少损失重大、教训惨痛的典型火灾案例的分析中都可以发现，外墙保温可燃材料的立体燃烧是引起火灾迅速蔓延和造成重大火灾损失的主要原因。在火灾发生时，保温材料是火灾现场的燃烧物，是燃烧过程中大量烟雾和有毒气体的来源，其形成立体燃烧的结果是造成生命和财产的重大损失，如果建筑为高层建筑，则会给逃生和救援带来极大的困难。

二、建筑保温和外墙装饰材料燃烧性能分级和试验方法

建筑保温和外墙装饰材料的燃烧性能分级和试验方法见第三章的有关内容。

根据材料的燃烧性能，可将建筑外墙保温材料分为三大类：

（1）以矿棉和岩棉为代表的无机保温材料，通常认定为不燃材料。

（2）以胶粉聚苯颗粒保温浆料为代表的有机－无机复合型保温材料，通常认定为难燃性材料。

（3）以聚苯乙烯泡沫塑料（包括 EPS 板和 XPS 板）、硬泡聚氨酯和改性酚醛树脂为代表的有机保温材料，通常认定为可燃材料。

三、建筑外墙保温和外墙装饰防火规定

《建筑设计防火规范》GB 50016 对建筑外墙保温和外墙装饰防火作了明确规定，在建筑防火设计中应严格遵守，以确保建筑消防安全。

（1）建筑的内、外保温系统，宜采用燃烧性能为 A 级的保温材料，不宜采用 B_2 级保温材料，严禁采用 B_3 级保温材料；设置保温系统的基层墙体或屋面板的耐火极限应符合《建筑设计防火规范》GB 50016 的有关规定，见第四章表 4-6 和表 4-2。

　　A 级材料属于不燃材料，火灾危险性很低，不会导致火焰蔓延。因此，在建筑的内、外保温系统中，要尽量选用 A 级保温材料。

　　B_2 级保温材料属于普通可燃材料，在点火源能量较大或有较强热辐射时，容易燃烧且火焰传播速度较快，有较大的火灾危险。如果必须要采用 B_2 级保温材料，需采取严格的构造措施进行保护。同时，在施工过程中也要注意采取相应的防火措施，如分别堆放、远离焊接区域、上墙后立即做构造保护等。

　　B_3 级保温材料属于易燃材料，很容易被低能量的火源或电焊渣等点燃，而且火焰传播速度极为迅速，无论是在施工，还是在使用过程中，其火灾危险性都非常高。因此，在建筑的内、外保温系统中严禁采用 B_3 级保温材料。

　　上述关于基层墙体或屋面板的耐火极限，即为表 4-6 和表 4-2 对建筑外墙和屋面板的耐火极限要求，不考虑外保温系统的影响。

　　（2）建筑外墙采用内保温系统时，保温层应符合下列规定：

　　1）对于人员密集场所，用火、燃油、燃气等具有火灾危险性的场所以及各类建筑内的疏散楼梯间、避难走道、避难间、避难层等场所或部位，应采用燃烧性能为 A 级的保温材料；

　　2）对于其他场所，应采用低烟、低毒且燃烧性能不低于 B_1 级的保温材料；

图 5-1　采用不燃材料做保护层的建筑外墙保温系统

　　3）保温系统应采用不燃材料做防护层（图 5-1）。采用燃烧性能为 B_1 级的保温材料时，防护层的厚度不应小于 10mm。

　　（3）建筑外墙采用保温材料与两侧墙体构成无空腔复合保温结构体时，该结构体的耐火极限应符合《建筑设计防火规范》GB 50016 的有关规定；当保温材料的燃烧性能为 B_1、B_2 级时，保温材料两侧的墙体应采用不燃材料且厚度均不应小于 50mm。

　　值得说明：①建筑外墙采用保温材料与两侧墙体无空腔的复合保温结构体系时，由两侧保护层和中间层共同组成的墙体的耐火极限应符合表 4-6 和表 4-2 对建筑外墙的耐火极限要求。②这里的保温复合墙体体系主要指夹芯保温等墙体系统，保温层处于结构构件内部，与保温层两侧的墙体和结构受力体系共同作为建筑外墙使用，但要求保温层与两侧的墙体及结构受力体系之间不存在空隙或空腔。该类保温体系的墙体同时兼有墙体保温和建筑外墙的功能。

　　（4）设置人员密集场所的建筑，其外墙外保温材料的燃烧性能应为 A 级。

　　（5）与基层墙体、装饰层之间无空腔的建筑外墙外保温系统，其保温材料应符合下列规定（见表 5-8）：

　　1）住宅建筑：

　　① 建筑高度大于 100m 时，保温材料的燃烧性能应为 A 级；

　　② 建筑高度大于 27m 时，但不大于 100m 时，保温材料的燃烧性能不应低于 B_1 级；

　　③ 建筑高度不大于 27m 时，保温材料的燃烧性能不应低于 B_2 级。

　　2）除住宅建筑和设置人员密集场所的建筑外，其他建筑：

　　① 建筑高度大于 50m 时，保温材料的燃烧性能应为 A 级；

② 建筑高度大于 24m 时，但不大于 50m 时，保温材料的燃烧性能不应低于 B_1 级；

③ 建筑高度不大于 24m 时，保温材料的燃烧性能不应低于 B_2 级。

基层墙体、装饰层之间无空腔的建筑外墙保温系统的技术要求　　　　表 5-8

建筑及场所	建筑高度（h）	A 级保温材料	B_1 级保温材料	B_2 级保温材料
住宅建筑	h>100m	应采用	不允许	不允许
	100m≥h>27m	宜采用	可采用：1. 每层设置防火隔离带；2. 建筑外墙上门、窗的耐火完整性不应低于 0.50h	不允许
	h≤27m	宜采用	可采用，每层设置防火隔离带	可采用：1. 每层设置防火隔离带；2. 建筑外墙上门、窗的耐火完整性不应低于 0.50h
除住宅建筑和设置人员密集场所的建筑外的其他建筑	h>50m	应采用	不允许	不允许
	50m≥h>24m	宜采用	可采用：1. 每层设置防火隔离带；2. 建筑外墙上门、窗的耐火完整性不应低于 0.50h	不允许
	h≤24m	宜采用	可采用，每层设置防火隔离带	可采用：1. 每层设置防火隔离带；2. 建筑外墙上门、窗的耐火完整性不应低于 0.50h

注：1. 防火隔离带应采用燃烧性能为 A 级的材料，防火隔离带的高度不应小于 300mm。

2. 有耐火完整性要求的窗，其耐火完整性按照现行国家标准《镶玻璃构件耐火试验方法》GB/T 12513 中对非隔热性镶玻璃构件的试验方法和判定标准进行测定。有耐火完整性要求的门，其耐火完整性按照国家标准《门和卷帘耐火试验方法》GB/T 7633 的有关规定进行测定。

（6）除设置人员密集场所的建筑外，与基层墙体、装饰层之间有空腔的建筑外墙外保温系统，其保温材料应符合下列规定，见表 5-9：

1）建筑高度大于 24m 时，保温材料的燃烧性能应为 A 级；

2）建筑高度不大于 24m 时，保温材料的燃烧性能不应低于 B_1 级。

建筑高度与基层墙体、装饰层之间有空腔的建筑外墙外保温系统的技术要求　　　　表 5-9

场所	建筑高度（h）	A 级保温材料	B_1 保温材料
人员密集场所	—	应采用	不允许
非人员密集场所	h>24m	应采用	不允许
	h≤24m	宜采用	可采用，每层设置防火隔离带

（7）除上述第"3"项的情况外，当建筑的外墙外保温系统按本节内容采用燃烧性能为 B_1、B_2 级的保温材料时，应符合下列规定：

1）除采用 B_1 级保温材料且建筑高度不大于 24mm 的公共建筑或采用 B1 级保温材料且建筑高度不大于 27m 的住宅建筑外，建筑外墙上的门、窗的耐火完整性不应低于 0.50h；

2）应在保温系统中每层设置水平防火隔离带。防火隔离带应采用燃烧性能为 A 级的材料，防火隔离带的高度不应小于 300mm。

（8）建筑的外墙外保温系统应采用不燃材料在其表面设置防护层，防护层应将保温材料完全包覆。除上述第"3"项的情况外，当采用 B_1、B_2 保温材料时，防护层厚度首层不应小于 15mm，其他层不应小于 5mm。

（9）建筑外墙外保温系统与基层墙体、装饰层之间的空腔，应在每层楼板处采用防火封堵材料封堵。

（10）建筑的屋面外保温系统，当屋面板的耐火极限不低于 1.00h 时，保温材料的燃烧性能不应低于 B_2 级；当屋面板的耐火极限低于 1.00h 时，不应低于 B_1 级；采用 B_1、B_2 级保温材料的外保温系统应采用不燃材料作防护层，防护层的厚度不应小于 10mm，见表5-10。

屋面外保温材料设置要求　　　　　　　　　　　　　　表 5-10

屋面板耐火极限	保温材料	防护层要求
≥1.00h	不应低于 B_2 级	不燃材料厚度≥10mm
<1.00h	不应低于 B_1 级	

当建筑的屋面和外墙外保温系统均采用 B_1、B_2 级保温材料时，屋面与外墙之间应采用宽度不小于 500mm 的不燃材料设置防火隔离带进行分隔。

（11）电气线路不应穿越或敷设在燃烧性能为 B_1、B_2 级的保温材料中；确需穿越或敷设时，应采取穿金属管并在金属管周围采用不燃隔热材料进行防火隔离等防火保护措施。设置开关、插座等电器配件的部位周围应采取不燃隔热材料进行防火隔离等防火保护措施。

（12）建筑外墙的装饰层应采用燃烧性能为 A 级的材料，但建筑高度不大于 50m 时，可采用 B_1 级材料。

第六章 建筑防火分区、分隔和平面布置防火设计

第一节 概 述

一、防火分区、分隔的定义和作用

建筑某一空间发生火灾后，火焰及高温烟气便会以火焰直接接触、烟气对流、高温辐射和热传导等方式，从楼板和墙壁的烧损处、门窗洞口、楼梯间等敞开贯通部位向其他空间蔓延扩大，最后使整座建筑卷入火灾。因此，对规模、面积大，或多层、高层的建筑而言，采取防火分区、分隔措施，在一定时间内把火势控制在着火的一定区域内，是十分重要的。

防火分区，系指在建筑内部采用防火墙、楼板及其他防火分隔设施分隔而成，能在一定时间内防止火灾向同一建筑的其余部分蔓延的局部空间。在建筑内采取划分防火分区这一措施，可以在建筑一旦发生火灾时，有效地把火势控制在一定的范围内，减少火灾损失，同时可以为人员安全疏散、消防扑救提供有利条件。

防火分区的有效性已被许许多多的建筑火灾实例所证明：

（1）某学校教学大楼，每层建筑面积 3200m²，划分为 3 个相同面积的防火分区。中间防火分区发生了火灾，大火虽然燃烧了近 5h，但该防火分区的分隔构件防火墙发挥了良好的防火作用，确保了火灾未突破起火的分区范围，保住了其他两个防火分区。

（2）美国芝加哥的一座高 300m 的塔式建筑，其上部楼层的套房内，曾先后发生过多起火灾，但由于其防火分隔设计完善，并配有较完善的消防设备，保证了没有一次火灾蔓延到套房之外。

建筑没有划分防火分区或划分防火分区不符合要求，在发生火灾时造成了重大火灾损失和人员伤亡的教训也是十分深刻的，这里仅举几例：

（1）1980 年 11 月 21 日，美国 26 层的米高梅饭店发生火灾，造成 84 人死亡、697 人受伤，大批家具、陈设和室内装修烧毁，损失惨重。究其原因，一个很重要的方面是该饭店防火安全设计不符合要求，大楼缺少必要的防火分隔，4600m² 的赌场未采取任何防火分隔和防烟措施，而且防火墙上留有孔洞，穿越楼板的各种管道缝隙没有封堵。当一楼餐厅发生火灾时，由于隔墙未设防火门，火势很快蔓延到相邻的大赌场。

（2）1971 年 12 月 24 日，韩国汉城大然阁旅馆发生火灾，从起火层烧到顶层，建筑内装修、家具、陈设等全部烧光，死亡 163 人、伤 60 人，经济损失严重。此次火灾造成如此重大损失主要原因是防火分区存在问题：相邻的两个门厅分界处采用玻璃门，未起到阻火作用，成了火灾蔓延的主要途径；大楼内的空调竖井及其他管道竖井都是开敞式的，并未在每层采取分隔措施，以致烟火通过这些管井迅速蔓延到顶层；楼梯间不具备防火分隔功能，加速了火灾的传播。

划分防火分区除了可有效防止火灾蔓延外，对消防扑救和人员安全疏散也是十分有利的。消防队员为了迅速而有效地扑灭火灾，常常采取堵截包围、穿插分割、最后扑灭火灾的战术和方法。就此而言，防火分区之间的防火分隔物体本身就起着堵截包围的作用，它能将火灾控制在一定范围内，从而避免扑救大面积火灾带来的困难，十分有利于消防队员尽快扑灭火灾。由于火灾情况下，起火防火分区以外的分区是较为安全的区域，因此，对于安全疏散而言，人员只要从未着火防火分区逃出，其人身安全就能得到保障，可见防火分区具有确保安全疏散顺利进行的重要作用。

防火分隔，系指在建筑内部采用一定的防火分隔设施对某些特殊部位和重要房间等空间进行分隔。其作用与防火分区基本相同，主要作用是防止火灾蔓延。

二、防火分区、分隔的类型

根据防火分隔设施（分隔物）在空间方向和部位上防止火灾扩大蔓延的功能，可将防火分区、分隔分为三类：

（一）水平防火分区

水平防火分区，系指在建筑内部采用防火墙、防火门、防火卷帘等水平防火分隔设施，按照防火分区建筑面积的规定，将建筑各层在水平方向上分隔为若干个防火区域。水平防火分区的作用是防止火灾在水平方向蔓延扩大。

（二）竖向防火分区

竖向防火分区，系指为了把火灾控制在一定的楼层范围内，防止火灾从起火层向其他楼层垂直蔓延，而沿建筑高度方向划分的防火区域。竖向防火分区由于是以每个楼层为基本防火区域，所以也称为层间防火分区。竖向防火分区主要是用具有一定耐火性能的钢筋混凝土楼板、上下楼层之间的窗间墙、防烟楼梯间和封闭楼梯间等作为分隔设施。竖向防火分区的作用是防止火灾在水平垂直方向蔓延扩大。

（三）特殊部位和重要房间的防火分隔

用具有一定耐火性能的防火分隔设施将建筑内某些特殊部位和重要房间等加以分隔，可以使其不构成蔓延火灾的途径，防止火势迅速蔓延扩大，或者保证其在火灾时不受威胁，为火灾扑救、人员安全疏散创造可靠条件，保护贵重设备、物品，减少损失。特殊部位和重要房间主要包括各种竖向井道，附设在建筑物内的消防控制室、固定灭火装置的设备室（如钢瓶间、泡沫间）、通风空调机房，设置贵重设备和贮存贵重物品的房间，火灾危险性大的房间，避难间等。

值得注意的是，防火分隔划分的范围大小、分隔的对象和分隔设施的耐火性能要求与防火分区存在许多不同。

第二节　防火分区、分隔的分隔物

防火分区的分隔物是防火分区的边缘构件，一般有防火墙、耐火楼板、甲级防火门、具有特定耐火性能的防火卷帘、防火水幕带、上下楼层之间的窗间墙、封闭和防烟楼梯间等。其中，防火墙、甲级防火门、具有特定耐火性能的防火卷帘和防火水幕带是水平方向划分防火分区的分隔物，而耐火楼板、上下楼层之间的窗间墙、封闭和防烟楼梯间是垂直方向划分防火分区的防火分隔物。防火墙系指防止火灾蔓延至相邻建筑或相邻水平防火分区且耐火极限不低于3.00h的不燃性墙体。

防火分隔的分隔物有防火隔墙、防火门等。防火隔墙系指建筑内防止火灾蔓延至相邻区域且耐火极限不低于规定要求的不燃性墙体。

一、防火墙

根据防火墙在建筑中所处的位置和构造形式,防火墙分为横向防火墙(与建筑平面纵轴垂直)、纵向防火墙(与平面纵轴平行)、室内防火墙、室外防火墙和独立防火墙等。

《建筑设计防火规范》GB 50016对防火墙的耐火极限、燃烧性能、设置部位和构造要求作了明确规定,归纳起来具体是:

(1) 防火墙的燃烧性能应为不燃性,耐火极限不应低于3.0h。

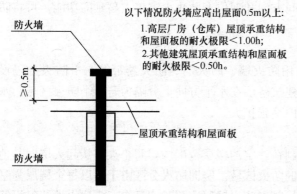

图6-1　防火墙高出屋顶的情况

(2) 防火墙应直接设置在建筑的基础或框架、梁等承重结构上,框架、梁等承重结构的耐火极限不应低于防火墙的耐火极限。

防火墙应从楼地面基层隔断至梁、楼板或屋面板的底面基层。当高层厂房(仓库)屋顶承重结构和屋面板的耐火极限低于1.00h,其他建筑屋面承重结构和屋面板的耐火极限低于0.50h时,防火墙应高出屋面0.5m以上(图6-1)。

(3) 防火墙横截面中心线水平距离天窗端面小于4.0m,且天窗端面为可燃性墙体时,应采取防止火势蔓延的措施。

(4) 建筑外墙为难燃性或可燃性墙体时,防火墙应凸出墙的外表面0.4m以上,且防火墙两侧的外墙均应为宽度均不小于2.0m的不燃性墙体,其耐火极限不应低于外墙的耐火极限(图6-2)。

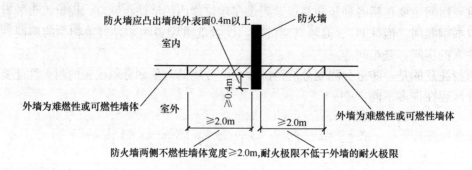

图6-2　外墙为难燃性或可燃性墙体时,防火墙凸出外墙平面示意图

建筑外墙为不燃性墙体时,防火墙可不凸出墙的外表面。紧靠防火墙两侧的门、窗、洞口之间最近边缘的水平距离不应小于2.0m(图6-3);采取设置乙级防火窗等防止火灾

水平蔓延的措施时，该距离不限。

（5）建筑内的防火墙不宜设置在转角处。确需设置时，内转角两侧墙上的门、窗、洞口之间最近边缘的水平距离不应小于 4.0m（图 6-4）；采取设置乙级防火窗等防止火灾水平蔓延的措施时，该距离不限。

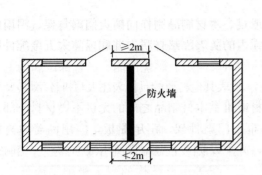

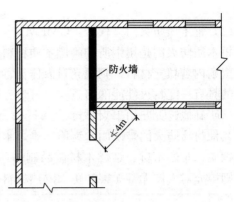

图 6-3　外墙为不燃性墙体时紧靠　　　　图 6-4　防火墙设置在转角处时门、窗、
防火墙两侧的门、窗、洞口的水平距离　　　　　洞口之间最近边缘的水平距离

（6）防火墙上不应开设门、窗、洞口，确需开设时，应设置不可开启的或火灾时能自动关闭的甲级防火门、窗。

可燃气体和甲、乙、丙类液体的管道严禁穿过防火墙。防火墙内不应设置排气道。

（7）除上述第"6"项规定外的其他管道不宜穿过防火墙，确需穿过时，应采用防火封堵材料将墙与管道之间的空隙紧密填实，穿过防火墙处的管道保温材料，应采用不燃材料；当管道为难燃及可燃材料时，应在防火墙两侧的管道上采取防火措施。

（8）防火墙的构造应能在防火墙任意一侧的屋架、梁、楼板等受到火灾的影响而破坏时，不会导致防火墙倒塌。

二、防火门

防火门除具备普通门的作用外，还具有防火、隔烟的特殊功能。建筑一旦发生火灾时，防火门能在一定时间内起到阻止或延缓火灾蔓延的作用，并确保人员安全疏散和利于消防扑救。

《防火门》GB 12955—2008 于 2009 年 1 月 1 日实施，它代替了《钢质防火门通用技术条件》GB 12955—1991 和《木质防火门通用技术条件》GB 14101—1993。本标准适用于平开式木质、钢质、钢木质防火门和其他材质防火门（对其他开启方式的防火门，可参照本标准执行）。

（一）分类、代号与标记

1. 按材质分类及代号

（1）木质防火门（代号：MFM）

木质防火门是用难燃木材或难燃木材制品作门框、门扇骨架、门扇面板，门扇内若填充材料，则填充对人体无毒无害的防火隔热材料，并配以防火五金配件所组成的具有一定耐火性能的门。

（2）钢质防火门（代号：GFM）

钢质防火门是用钢质材料制作门框、门扇骨架和门扇面板，门扇内若填充材料，则填充对人体无毒无害的防火隔热材料，并配以防火五金配件所组成的具有一定耐火性能的门。

（3）钢木质防火门（代号：GMFM）

钢木质防火门是用钢质和难燃木质材料或难燃木材制品制作门框、门扇骨架、门扇面板，门扇内若填充材料，则填充对人体无毒无害的防火隔热材料，并配以防火五金配件所组成的具有一定耐火性能的门。

（4）其他材质防火门（代号：＊＊FM。＊＊代表其他材质的具体表述大写拼音字母）

其他材质防火门是采用除钢质、难燃木材或难燃木材制品之外的无机不燃材料或部分采用钢质、难燃木材、难燃木材制品制作门框、门扇骨架、门扇面板，门扇内若填充材料，则填充对人体无毒无害的防火隔热材料，并配以防火五金配件所组成的具有一定耐火性能的门。

2. 按门扇数量分类及代号

（1）单扇防火门，代号为1。

（2）双扇防火门，代号为2。

（3）多扇防火门（含有两个以上门扇的防火门），代号为门扇数量用数字表示。

3. 按结构型式分类及代号

（1）门扇上带防火玻璃的防火门，代号为b。

（2）防火门门框：门框双槽口代号为s，单槽口代号为d。

（3）带亮窗防火门，代号为l。

（4）带玻璃带亮窗防火门，代号为bl。

（5）无玻璃防火门，代号略。

4. 按耐火性能分类及代号

按耐火性能防火门可分为隔热防火门、部分隔热防火门和非隔热防火门三类。

（1）隔热防火门（A类）：在规定时间内，能同时满足耐火完整性和隔热性要求的防火门。

（2）部分隔热防火门（B类）：在规定大于等于0.50h内，满足耐火完整性和隔热性要求，在大于0.50h后所规定的时间内，能满足耐火完整性要求的防火门。

（3）非隔热防火门（C类）：在规定时间内，能满足耐火完整性要求的防火门。

防火门按耐火性能的分类及代号见表6-1。

按耐火性能分类　　　　　　　　　　　　　　　　　　　　　表 6-1

名　称	耐火性能	代　号
隔热防火门 （A类）	耐火隔热性≥0.50h 耐火完整性≥0.50h	A0.50（丙级）
	耐火隔热性≥1.00h 耐火完整性≥1.00h	A1.00（乙级）

续表

名　　称	耐火性能		代　　号
隔热防火门 （A类）	耐火隔热性≥1.50h 耐火完整性≥1.50h		A1.50（甲级）
	耐火隔热性≥2.00h 耐火完整性≥2.00h		A2.00
	耐火隔热性≥3.00h 耐火完整性≥3.00h		A3.00
部分隔热防火门 （B类）	耐火隔热性≥0.50h	耐火完整性≥1.00h	B1.00
		耐火完整性≥1.50h	B1.50
		耐火完整性≥2.00h	B2.00
		耐火完整性≥3.00h	B3.00
非隔热防火门 （C类）	耐火完整性≥1.00h		C1.00
	耐火完整性≥1.50h		C1.50
	耐火完整性≥2.00h		C2.00
	耐火完整性≥3.00h		C3.00

5. 其他代号、标记

（1）下框代号

有下框的防火门代号为 k。

（2）平开式防火门门扇关闭方向代号

平开式防火门，是由门框、门扇和防火铰链、防火锁等防火五金配件构成的，以铰链为轴垂直于地面，该轴可以沿顺时针或逆时针单一方向旋转以开启或关闭门扇的防火门。平开门门扇关闭方向代号见表6-2。

注：双扇防火门关闭方向代号，以安装锁的门扇关闭方向表示。

平开门门扇关闭方向代号　　　　　　表 6-2

代号	说　　明	图　　示
5	门扇顺时针方向关闭	
6	门扇逆时针方向关闭	

6. 防火门标记方法

防火门标记如图 6-5。

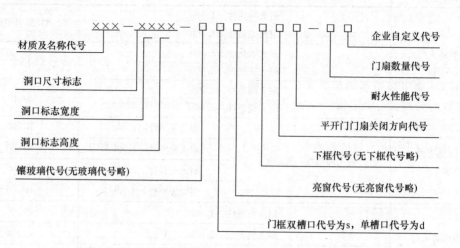

图 6-5　防火门标记

示例 1：GFM-0924-bslk5A1.50（甲级）-1。表示隔热（A 类）钢质防火门，其洞口宽度为 900mm，洞口高度为 2400mm，门扇镶玻璃、门框双槽口、带亮窗、有下框，门扇顺时针方向关闭，耐火完整性和耐火隔热性的时间均不小于 1.50h 的甲级单扇防火门。

示例 2：MFM-1221-d6B1.00-2。表示半隔热（B 类）木质防火门，其洞口宽度为 1200mm，洞口高度为 2100mm，门扇无玻璃、门框单槽口、无亮窗、无下框门扇逆时针方向关闭，其耐火完整性的时间不小于 1.00h、耐火隔热性的时间不小于 0.50h 的双扇防火门。

（二）防火门规格

防火门规格用洞口尺寸表示，洞口尺寸应符合《建筑门窗洞口尺寸系列》GB/T 5824 的相关规定，特殊洞口尺寸可由生产厂方和使用方按需要协商确定。

（三）防火门要求

1. 设置要求

（1）设置在建筑内经常有人通行处的防火门宜采用常开防火门。常开防火门应能在火灾时自行关闭，并应具有信号反馈的功能；

（2）除允许设置常开防火门位置外，其他位置的防火门均应采用常闭防火门。常闭防火门应在其明显位置设置"保持防火门关闭"等提示标识；

（3）除管井检修门和住宅的户门外，防火门应具有自行关闭功能。双扇防火门应具有按顺序自行关闭的功能；

（4）防火门应能在其内外两侧手动开启，但人员密集的场所内平时需要控制人员随意出入的疏散门和设置门禁系统的建筑的外门，应保证火灾时不需使用钥匙等任何工具即能从内部易于打开，并应在显著位置设置具有使用提示的标识；

（5）设置在建筑变形缝附近时，防火门应设置在楼层较多的一侧，并保证防火门开启时门扇不跨越变形缝；

（6）防火门关闭后应具有防烟性能；

（7）甲、乙、丙级防火门应符合现行国家标准《防火门》GB 12955 的有关规定。

2. 材料

（1）填充材料

1）防火门的门扇内若填充材料，则应填充对人体无毒无害的防火隔热材料。

2）防火门门扇填充的对人体无毒无害的防火隔热材料，应经国家认可授权检测机构检验达到《建筑材料及制品燃烧性能分级》GB 8624 规定燃烧性能 A_1 级要求和《材料产烟毒性危险分级》GB/T 20285 规定产烟毒性危险分级 ZA2 级要求。

（2）木材

1）防火门所用木材应符合《建筑木门、木窗》JG/T 122 中对 Ⅱ（中）级木材的有关材质要求。

2）防火门所用木材应为阻燃木材或采用防火板包裹的复合材，并经国家认可授权检测机构按照《建筑材料难燃性试验方法》GB/T 8625—2005 检验达到该标准第 7 章难燃性要求。

3）防火门所用木材进行阻燃处理再进行干燥处理后的含水率不应大于 12％；木材在制成防火门后的含水率不应大于当地的平衡含水率。

（3）人造板

1）防火门所用人造板应符合《建筑木门、木窗》JG/T 122 中对 Ⅱ（中）级人造板的有关材质要求。

2）防火门所用人造板应经国家认可授权检测机构按照《建筑材料难燃性试验方法》GB/T 8625 检验达到该标准第 7 章难燃性要求。

3）防火门所用人造板进行阻燃处理再进行干燥处理后的含水率不应大于 12％；人造板在制成防火门后的含水率不应大于当地的平衡含水率。

（4）钢材

1）材质

① 防火门框、门扇面板应采用性能不低于冷轧薄钢板的钢质材料，冷轧薄钢板应符合《冷轧钢板和钢带的尺寸、外形、重量及允许偏差》GB/T 708 的规定。

② 防火门所用加固件可采用性能不低于热轧钢材的钢质材料，热轧钢材应符合《热轧钢板和钢带的尺寸、外形、重量及允许偏差》GB/T 709 的规定。

2）材料厚度

防火门所用钢质材料厚度应符合表 6-3 的规定。

钢质材料厚度（mm） 表 6-3

部件名称	材料厚度
门扇面板	≥0.8
门框板	≥1.2
铰链板	≥3.0
不带螺孔的加固件	≥1.2
带螺孔的加固件	≥3.0

（5）其他材质材料

1）防火门所用其他材质材料应对人体无毒无害，应经国家认可授权检测机构检验达到《材料产烟毒性危险分级》GB/T 20285 规定产烟毒性危险分级 ZA2 级要求。

2）防火门所用其他材质材料应经国家认可授权检测机构检验达到《建筑材料难燃性试验方法》GB/T 8625 第 7 章规定难燃性要求或《建筑材料及制品燃烧性能分级》GB 8624 规定燃烧性能 A1 级要求，其力学性能应达到有关标准的相关规定并满足制作防火门的有关要求。

（6）粘结剂

1）防火门所用粘结剂应是对人体无毒无害的产品。

2）防火门所用粘结剂应经国家认可授权检测机构检验达到《材料产烟毒性危险分级》GB/T 20285 规定产烟毒性危险分级 ZA2 级要求。

3. 配件

（1）防火锁

1）防火门安装的门锁应是防火锁。防火锁的牢固度、灵活度和外观质量应符合《弹子插芯门锁》QB/T 2474 的规定。

2）在门扇的有锁芯机构处，防火锁均应有执手或推杠机构，不允许以圆形或球形旋钮代替执手（特殊部位使用除外，如管道井门等）。

3）防火锁应经国家认可授权检测机构检验合格，耐火时间应不小于其安装使用的防火门耐火时间。在耐火试验过程中，防火锁应无明显变形和熔融现象，防火锁处应无窜火现象，防火锁应能保证防火门门扇处于关闭状态。

（2）防火合页（铰链）

防火门用合页（铰链）板厚应不少于 3mm，耐火时间应不小于其安装使用的防火门耐火时间。在耐火试验过程中，防火铰链（合页）应无明显变形，无窜火现象，应能保证防火门门扇与铰链（合页）安装处无位移，并处于良好关闭状态。

（3）防火闭门装置

1）防火门应安装防火门闭门器，或设置让常开防火门在火灾发生时能自动关闭门扇的闭门装置（特殊部位使用除外，如管道井门等）。

2）防火门闭门器应经国家认可授权检测机构检验合格，其性能应符合《防火门闭门器》GA93 的规定。

3）自动关闭门扇的闭门装置，应经国家认可授权检测机构检验合格。

（4）防火顺序器

双扇、多扇防火门设置盖缝板或止口的应安装顺序器（特殊部位使用除外）。防火顺序器的耐火时间应不小于其安装使用的防火门耐火时间。耐火试验过程中，防火顺序器应无明显变形和熔融现象。

（5）防火插销

采用钢质防火插销，应安装在双扇防火门或多扇防火门的相对固定一侧的门扇上（若有要求时）。防火插销的耐火时间应不小于其安装使用的防火门耐火时间。耐火试验过程中，防火插销应无明显变形和熔融现象，安装处应无窜火现象，应能保证防火门门扇与插销安装处无位移，并处于良好关闭状态。

（6）盖缝板

1）平口或止口结构的双扇防火门宜设盖缝板。

2）盖缝板与门扇连接应牢固。

3）盖缝板不应妨碍门扇的正常启闭。

（7）防火密封件

1）防火门门框与门扇、门扇与门扇的缝隙处应嵌装防火密封件。

2）防火密封件应经国家认可授权检测机构检验合格，其性能应符合《防火膨胀密封件》GB 16807 的规定。

（8）防火玻璃

1）防火门上镶嵌防火玻璃的类型

A 类防火门若镶嵌防火玻璃，其耐火性能应符合 A 类防火门的条件。

B 类防火门若镶嵌防火玻璃，其耐火性能应符合 B 类防火门的条件。

C 类防火门若镶嵌防火玻璃，其耐火性能应符合 C 类防火门的条件。

2）防火玻璃应经国家认可授权检测机构检验合格，其性能应符合《建筑用安全玻璃　防火玻璃》GB 15763 的规定。

4. 加工工艺和外观质量

（1）加工工艺质量

使用钢质材料或难燃木材，或难燃人造板材料，或其他材质材料制作防火门的门框、门扇骨架和门扇面板，门扇内若填充材料，则应填充对人体无毒无害的防火隔热材料，与防火五金配件等共同装配成防火门，其加工工艺质量应符合有关要求。

（2）外观质量

采用不同材质材料制造的防火门，其外观质量应分别符合以下相应规定：

1）木质防火门：割角、拼缝应严实平整；胶合板不允许刨透表层单板和戗槎；表面应净光或砂磨，并不得有刨痕、毛刺和锤印；涂层应均匀、平整、光滑，不应有堆漆、气泡、漏涂以及流淌等现象；

2）钢质防火门：外观应平整、光洁、无明显凹痕或机械损伤；涂层、镀层应均匀、平整、光滑，不应有堆漆、麻点、气泡、漏涂以及流淌等现象；焊接应牢固、焊点分布均匀，不允许有假焊、烧穿、漏焊、夹渣或疏松等现象，外表面焊接应打磨平整；

3）钢木质防火门：外观质量应满足上述木质防火门、钢质防火门项的相关要求；

4）其他材质防火门：外观应平整、光洁，无明显凹痕、裂痕等现象，带有木质或钢质部件的部分应分别满足 1）、2）项的相关要求。

5. 门扇质量

门扇质量不应小于门扇的设计质量（注：指门扇的重量）。

6. 尺寸极限偏差

防火门门扇、门框的尺寸极限偏差应符合《防火门》GB 12955 的有关规定。

7. 形位公差

门扇、门框形位公差应符合《防火门》GB 12955 的有关规定。

8. 配合公差

1）门扇与门框的搭接尺寸（见图 6-6）

门扇与门框的搭接尺寸不应小于 12mm。

2）门扇与门框的配合活动间隙

门扇与门框有合页一侧的配合活动间隙不应大于设计图纸规定的尺寸公差。

门扇与门框有锁一侧的配合活动间隙不应大于设计图纸规定的尺寸公差。

门扇与上框的配合活动间隙不应大于 3mm。

双扇、多扇门的门扇之间缝隙不应大于 3mm。

门扇与下框或地面的活动间隙不应大于 9mm。

门扇与门框贴合面间隙（图 6-6），门扇与门框有合页一侧、有锁一侧及上框的贴合面间隙均不应大于 3mm。

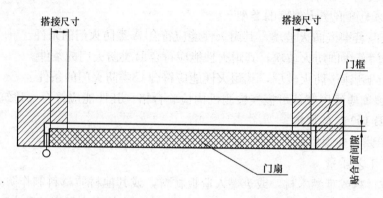

图 6-6　门扇与门框的搭接尺寸和贴合面间隙示意图

3）门扇与门框的平面高低差

防火门开面上门框与门扇的平面高低差不应大于 1mm。

9. 灵活性

（1）启闭灵活性

防火门应启闭灵活、无卡阻现象。

（2）门扇开启力

防火门门扇开启力不应大于 80N。注意：在特殊场合使用的防火门除外。

10. 可靠性

在进行 500 次启闭试验后，防火门不应有松动、脱落、严重变形和启闭卡阻现象。

11. 耐火性能

防火门的耐火性能应符合表 6-1 的规定。

12. 其他

（1）防火门门框、门扇和加固件使用钢质材料的性能应有生产厂商提供的合格材质检验报告。

（2）防火门标志。每樘防火门都应在明显位置固有永久性标牌，标牌应包括以下内容：产品名称、型号规格及商标（若有）；制造厂名称或制造厂标记和厂址；出厂日期及产品生产批号；执行标准。

三、防火卷帘

防火卷帘是一种活动的防火分隔物，一般用钢板等金属板材，以扣环或铰接的方法组成可以卷绕的链状平面，平时卷起放在门窗上口的转轴箱中，起火时将其放下展开，用以阻止火势从门窗等洞口部位蔓延。防火卷帘平时可卷收在隐蔽处，使采用防火分隔的空间通透宽敞，因而常用作防火分隔物，具有特定耐火性能的防火卷帘用于防火墙上，作为活动的防火分隔物阻止火灾的蔓延。防火卷帘与一般卷帘在性能上的主要区别是，其具有建筑防火设计规范所规定的燃烧性能和耐火极限，以及必要的隔烟性能等。

《防火卷帘》GB 14102—2005 于 2005 年 4 月 22 日发布，2005 年 12 月 1 日实施。本标准规定了防火卷帘的定义、分类、要求、试验方法、检验规则、标准、包装、运输和贮存，适用于工业与民用建筑中具有防火、防烟功能的防火卷帘。本标准规定的无机纤维复合防火卷帘仅适用于室内干燥通风的场所。

（一）防火卷帘的构造和工作原理

防火卷帘由帘板、卷筒、导轨、传动装置、卷门机和控制系统等部分组成。防火卷帘的帘板平时卷在卷筒轴上，火灾发生时，可通过手动、电动、自动三种传动方式使卷筒轴转动，帘板沿导轨运动将门洞等部位关闭，从而阻止火势的蔓延。

1. 上卷式金属防火卷帘

金属上卷式防火卷帘构造如图 6-7 所示。该防火卷帘主要由帘面、座板、导轨、支座、卷轴、箱体、卷门机、控制箱（按钮盒）、感温、感烟探测器等组成。

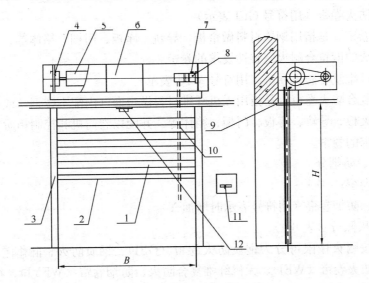

图 6-7　防火卷帘构造

1—帘面；2—座板；3—导轨；4—支座；5—卷轴；6—箱体；7—限位器；8—卷门机；9—门楣；
10—手动拉链；11—控制箱（按钮盒）；12—感温、感烟探测器

操作功能如下：摇动手柄或拉动链条使卷帘启闭；拉动钢丝线绳，卷帘靠自重下降，并可在任何位置；火灾时易熔片熔断，卷帘靠自重下降；按动按钮，卷帘门由电动机带动启闭；通过手持遥控器控制使卷帘门开闭。

火灾发生时，烟感探测器感知，发出信号并报警与启动电机，使卷帘门降至距地面1.5～1.8m 时停止，以便人员疏散。当温度探测器感知时，卷帘门电机启动，卷帘继续下降，直至全部把门关闭。如需卷帘门再次打开，可手动按钮开关，卷帘上升，手离开按

钮时，门又自动关闭，即与自动报警系统联动时，可实现自动控制。

2. 侧卷式金属防火卷帘

金属侧卷式防火卷帘由帘板、帘板卷筒、绳卷筒、上下导轨、传动装置、手动机构、电器控制系统等部分组成。这是一种侧向移动形式的金属防火卷帘，其跨度大，适用于建筑物内部有较大尺寸的洞口或是大厅防火分区的防火分隔（如设有中庭的建筑和大跨度建筑的防火分隔）。

侧卷式防火卷帘的传动原理是：帘板卷筒及绳卷筒由电动机经减速器带动旋转，帘板沿上下导轨移动卷绕于卷筒轴上。由上下钢丝绳牵引，并分别绕径向转轮返回后，卷绕于绳卷筒，形成封闭的传动链，达到关闭的目的。

3. 无机复合防火卷帘

无机复合防火卷帘由卷帘、卷帘轴、导轴、支座、开闭机等组成。卷轴两端由特殊设计的机构支承，能补偿墙面的平面误差，使卷轴在任何情况下均能转动自如。这种防火卷帘的帘面采用无机纤维织物经过特殊处理后制成，具有相对体积小，重量轻，占用空间小，能降低建筑物的承载负荷，满足安装空间要求，背火面温度较低的特点。

（二）防火卷帘分类、符号和代号

1. 按帘面材质分

（1）钢质防火卷帘（用符号 GFJ 表示）

钢质防火卷帘，是指用钢质材料做帘板、导轨、座板、门楣、箱体等，并配以卷门机和控制箱所组成的能符合耐火完整性要求的卷帘。

（2）无机纤维复合防火卷帘（用符号 WFJ 表示）

无机纤维复合防火卷帘，是指用无机纤维材料做帘面（内配不锈钢丝或不锈钢丝绳），用钢质材料做夹板、导轨、座板、门楣、箱体等，并配以卷门机和控制箱所组成的能符合耐火完整性要求的卷帘。

2. 按防火、防烟分

（1）防火卷帘；

（2）防火、防烟卷帘（用符号表示时增加 Y）。

3. 按耐火极限分（表 6-4）

防火卷帘按耐火极限可分为钢质防火卷帘（GFJ）、钢质防火、防烟卷帘（GFYJ）、无机纤维复合防火卷帘（WFJ）、无机纤维复合防火、防烟卷帘（WFYJ）、特级防火卷帘（TFJ）共五大类。

特级防火卷帘，是指用钢质材料或无机纤维材料做帘面，用钢质材料做导轨、座板、夹板、门楣、箱体等，并配以卷门机和控制箱所组成的能符合耐火完整性、隔热性和防烟性能要求的卷帘。

按耐火极限分类　　　　　　　　　　　　　　　　表 6-4

名称	名称符号	代号	耐火极限 （h）	帘面漏烟量 （m³/（m²·min））
钢质防火卷帘	GFJ	F2	≥2.00	
		F3	≥3.00	

续有

名称	名称符号	代号	耐火极限 (h)	帘面漏烟量 (m³/ (m² · min))
钢质防火、防烟卷帘	GFYJ	FY2	≥2.00	≤0.2
		FY3	≥3.00	
无机纤维复合防火卷帘	WFJ	F2	≥2.00	
		F3	≥3.00	
无机纤维复合防火、 防烟卷帘	WFYJ	FY2	≥2.00	≤0.2
		FY3	≥3.00	
特级防火卷帘	TFJ	TF3	≥3.00	≤0.2

4. 按启闭方式分（表6-5）

按启闭方式分类　　　　　　　　　　　　　　　表6-5

代号	启闭方式
Cz	垂直卷
Cx	侧身卷
Sp	水平卷

5. 按帘面数量分（表6-6）

按帘面数量分类　　　　　　　　　　　　　　　表6-6

代号	帘面数量
D	1个
S	2个

6. 按耐风压强度分（表6-7）

按耐风压强度分　　　　　　　　　　　　　　　表6-7

代号	耐风压强度（Pa）
50	490
80	784
120	1177

（三）防火卷帘的规格和型号编制方法

1. 防火卷帘的规格

防火卷帘规格用洞口尺寸（洞口宽度×洞口高度；单位 cm）表示。

2. 防火卷帘的型号编制方法（图6-8）。

值得注意的是：

（1）防火卷帘的帘面数量为一个时，代号中帘面间距无要求。

（2）防火卷帘为无纤维复合防火卷帘时，代号中耐风压强度无要求。

（3）钢质防火卷帘在室内使用，无抗风压要求时，代号中耐风压强度无要求。

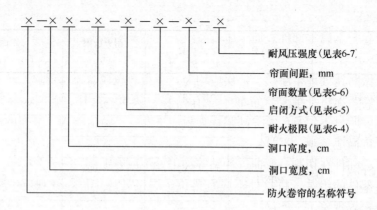

图 6-8　防火卷帘表示方法

（4）特级防火卷帘在名称符号后加字母 G、W、S、和 Q，表示特级防火卷帘的结构特征。

其中，G 表示帘面由钢质材料制作；W 表示帘面由无机纤维材料制作；S 表示帘面两侧带有独立的闭式自动喷水保护；Q 表示帘面为其他结构型式。

示例 1：CFJ-300300-F2-CZ-D-80 表示洞口宽度为 300cm，高度为 300cm，耐火极限不小于 2.00h，启闭方式为垂直卷，帘面数量为一个，耐风压强度为 80 型的钢质防火卷帘。

示例 2：TFJ（W）-300300-TF3-CZ-S-240 表示帘面由无机纤维制造，洞口宽度为 300cm，高度为 300cm，耐火极限不小于 3.00h，启闭方式为垂直卷，帘面数量为两个，帘面间距为 240mm 的特级防火卷帘。

（四）防火卷帘的要求

1. 设置要求

（1）除中庭外，当防火分隔部位的宽度不大于 30m 时，防火卷帘的宽度不应大于 10m；当防火分隔部位的宽度大于 30m 时，防火卷帘的宽度不应大于该部位宽度的 1/3，且不应大于 20m。

（2）不宜采用侧式防火卷帘。

（3）除《建筑设计防火规范》GB 50016 另有规定外，防火卷帘的耐火极限不应低于该规范对所设置部位的耐火极限要求。

当防火卷帘的耐火极限符合现行国家标准《门和卷帘耐火试验方法》GB/T 7633 的有关耐火完整性和耐火隔热性的判定条件时，可不设置自动喷水灭火系统保护。

当防火卷帘的耐火极限仅符合现行国家标准《门和卷帘耐火试验方法》GB/T 7633 的有关耐火完整性的判定条件时，应设置自动喷水灭火系统保护。自动喷水灭火系统的设计应符合现行国家标准《自动喷水灭火系统设计规范》GB 50084 的规定，但火灾延续时间不应小于该防火卷帘的耐火极限。

（4）防火卷帘应具有防烟性能，与楼板、梁、墙、柱之间的空隙应采用防火封堵材料封堵。

（5）需在火灾时自动降落的防火卷帘，应具有信号反馈的功能。

（6）其他要求，应符合现行国家标准《防火卷帘》GB 14102 的规定。

2. 外观质量

（1）防火卷帘金属零部件表面不应有裂纹、压坑及明显的凹凸、锤痕、毛刺、孔洞等缺陷。

其表面应做防锈处理，涂层、镀层应均匀，不得有斑驳、流淌现象。

（2）防火卷帘无机纤维复合帘面不应有撕裂、缺角、挖补、破洞、倾斜、跳线、断线、经纬纱密度明显不匀及色差等缺陷；夹板应平直，夹持应牢固，基布的经向应是帘面的受力方向，帘面应美观、平直、整洁。

（3）相对运动件在切割、弯曲、冲钻等加工处不应有毛刺。

（4）各零部件的组装、拼接处不应有错位。焊接处应牢固，外观应平整，不应有夹渣、漏焊、疏松等现象。

（5）所有紧固件应紧牢，不应有松动现象。

3. 材料

（1）无机纤维复合防火卷帘使用的原材料应符合健康、环保的有关规定，不应使用国家明令禁止使用的材料。

（2）防火卷帘主要零部件使用的各种原材料应符合相应或行业标准的规定。

（3）防火卷帘主要零部件使用的原材料厚度符合一定的规定。

（4）无机纤维复合防火卷帘帘面的装饰布或基布应能在－20℃的条件下不发生脆裂并应保持一定的弹性；在＋50℃条件下不应粘连。

（5）无机纤维复合防火卷帘帘面装饰布的燃烧性能不应低于《建筑材料燃烧性能分级方法》GB 8624 中 B_1 级的要求；基布的燃烧性能不应低于《建筑材料燃烧性能分级方法》GB 8624 中 A 级的要求。

（6）无机纤维复合防火卷帘帘面所用各类纺织物常温下的断裂强度径向不应低于600N/5cm，纬向不应低于 300N/5cm。

4. 零部件

（1）零部件尺寸公差

防火卷帘主要零部件尺寸公差应符合《防火卷帘》GB 14102—2005 的有关规定。

（2）帘板

1）钢质防火卷帘相邻帘板串接后应转动灵活，摆动 90°不允许脱落。

2）钢质防火卷帘帘板两端挡板或防窜机构应装配牢固，卷帘运行时相邻帘板窜动量不应大于 2mm。

3）钢质防火卷帘的帘板应平直，装配成卷帘后，不允许有孔洞或缝隙存在。

4）钢质防火卷帘复合型帘板的两帘片连接应牢固，填充料添加应充实。

（3）无机纤维复合帘面

1）无机纤维复合帘面拼接缝的个数每米内各层累计不应超过 3 条，且接缝应避免重叠。

帘面上的受力缝应采用双线缝制，拼接缝的搭接量不应小于 20mm。非受力缝可采用单纯缝制，拼接缝处的搭接量不应小于 10mm。

2）无机纤维复合帘面应沿帘布纬向每隔一定的间距设置耐高温不锈钢丝（绳），以承载帘面的自重；沿帘布经向设置夹板，以保证帘面的整体强度，夹板间距应为

300～500mm。

3）无机纤维复合帘面上除应装夹板外，两端还应设防风钩。

4）无机纤维复合帘面上应直接连接于卷轴上，应通过固定件与卷轴相连。

（4）导轨

1）帘面嵌入导轨的深度应符合表6-8的规定。导轨间距距离超过表6-8规定，导轨间距离每增加1000mm时，每端嵌入深度应增加10mm。

嵌入深度（单位：mm）

表 6-8

导轨间距离 B	每端嵌入深度
$B<3000$	>45
$3000 \leqslant B<5000$	>50
$5000 \leqslant B<9000$	>60

2）导轨顶部应成圆弧形，以便于卷帘运行。

3）导轨的滑动面、侧向卷帘供滚轮滚动的导轨表面应光滑、平直。帘面、滚轮在导轨内运行时应平稳顺畅，不应有碰撞和冲击现象。

4）单帘面卷帘的两根导轨应互相平行，其平行度误差不应大于5mm；双帘面卷帘不同帘面的导轨也应相互平行，其平行度误差不应大于5mm。

5）防火防烟卷帘的导轨内应设置防烟装置，防烟装置所用材料应为不燃或难燃材料，如图6-9所示，防烟装置与帘面应均匀紧密贴合，其贴合面长度不应小于导轨长度的80%。

6）导轨现场安装应牢固，预埋钢件的间距为600～1000mm。垂直卷帘的导轨安装后相对于基础面的垂直度误差不应大于1.5mm/m，全长不应大于20mm。

（5）门楣

1）防火防烟卷帘的门楣内应设置防烟装置，防烟装置所用的材料应为不燃或难燃材料，如图6-10所示。防烟装置与帘面应均匀紧密粘合，其贴合面长度不应小于门楣长度80%，非贴合部位的缝隙不应大于2mm。

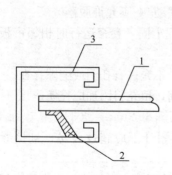

图 6-9 导轨防烟装置示意图
1—帘面；2—防烟装置；3—导轨

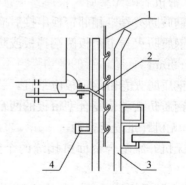

图 6-10 门楣防烟装置示意图
1—帘面；2—防烟装置；3—导轨；4—门楣

2）门楣现场安装应牢固，预埋钢件的间距为600～1000mm。

（6）座板

1）座板与地面应平行、接触应均匀。

2）座板的刚度应大于卷帘帘面的刚度。座板与帘面之间的连接应牢固。

（7）传动装置

1）传动用滚子链和链轮的尺寸、公差及基本参数应符合有关规定，链条静强度、选用的许可安全系数应大于4。

2）传动机构、轴承、链条表面应无锈蚀，并应按要求加适量润滑剂。

3）垂直卷帘的卷轴在正常使用时的挠度应小于卷轴长度1/400。

4）侧向卷帘的卷轴安装时应与基础面垂直。垂直度误差应小于1.5mm/m。全长应小于5mm。

（8）卷门机

防火卷帘用卷门机应是经国家消防检测机构检测合格的定型配套产品，其性能应符合有关规定。

（9）控制箱

防火卷帘用控制箱应是经国家消防检测机构检测合格的定型配套产品，其性能应符合有关规定。

5. 性能要求

（1）耐风压性能

1）钢质防火卷帘的帘板应具有一定的耐风压强度。在规定的荷载下，帘板不允许从导轨中脱出，其帘板的挠度应符合《防火卷帘》GB 14102—2005 的有关规定。

2）为防止帘板脱轨，可以在帘面和导轨之间设置防脱轨装置。

（2）防烟性能

1）防火防烟卷帘导轨和门楣的防烟装置应符合上述有关规定。

2）防火防烟卷帘帘面两侧差压为20Pa时，其在标准状态下（20℃，101325Pa）的漏烟量不应大于 $0.2m^3/(m^2 \cdot min)$。

（3）运行平稳性能

防火卷帘装配完毕后，帘面在导轨内运行应平稳，不应有脱轨和明显的倾斜现象；双帘面卷帘的两个帘面应同时升降，两个帘面之间的高度差不应大于50mm。

（4）噪声

防火卷帘启、闭运行的平均噪声不应大于85dB。

（5）电动启闭和自重下降运行速度

垂直卷帘电动启、闭的运行速度应为2~7.5m/min。其自重下降速度不应大于9.5m/min。侧向卷帘电动启、闭的运行速度不应小于7.5m/min。水平卷帘电动启、闭的运行速度应为2~7.5m/min。

（6）两步关闭性能

安装在疏散通道处的防火卷帘应具有两步关闭性能。即控制箱收到报警信号后，控制防火卷帘自动关闭至中位处停止，延时5~60s后继续关闭至全闭；或控制箱接第一次报警信号后，控制防火卷帘自动关闭至中位处停止，接第二次报警信号后继续关闭至全闭。

（7）温控释放性能

防火卷帘应装配温控释放装置,当释放装置的感温元件周围温度达到 73±0.5℃时,释放装置运作,卷帘应依自重下降关闭。

(8) 耐火性能

防火卷帘的耐火极限应符合表 6-4 的规定。

6. 标志要求

每樘防火卷帘都应在明显位置上安装永久性铭牌,铭牌上应含有以下内容:产品名称、型号、规格及商标;制造厂名称;出厂日期及产品编号或生产批号;电机功率;执行标准。

(五) 防火卷帘用卷门机要求

1. 外观及零部件

(1) 卷门机的外壳应完整,无缺角和明显裂纹、变形。

(2) 涂覆部位表面应光滑,无明显气泡、皱纹、斑点、流挂等缺陷。

(3) 卷门机的零部件不应使用易燃和可燃材料制作。

(4) 卷门机的操纵装置应便于使用人员操纵。

2. 基本性能

(1) 卷门机的额定输出扭矩应符合设计要求。生产方应提供检验合格证明。

(2) 卷门机刹车抱闸应可靠,刹车力不应低于额定输出扭矩下配重后的 1.5 倍,滑行位移不应大于 20mm。

(3) 卷门机应具有手动操作装置,手动操作装置应灵活、可靠,安装位置应便于操作。

使用手动操作装置操纵防火卷帘启、闭运行时,不得出现滑行撞击现象。

(4) 卷门机应具有电动启闭和依靠防火卷帘自重恒速下降的功能,电动启闭和自重下降速度应符合上述有关要求,启动防火卷帘自重下降的臂力不应大于 70N。

(5) 卷门机应设有自动限位装置,当防火卷帘启、闭至上、下限位时,能自动停止,其重复定位误差应小于 20mm。

3. 机械寿命

在额定输出扭矩下配重后,卷门机启闭运行循环次数不应低于 2000 次。注:卷帘由关闭状态到完全开启,再到完全关闭为一个循环。

4. 噪声

卷门机空载运行的噪声不应大于 65dB。

5. 电源性能

当交流电网供电电压波动幅度不超过额定电压的+10%,不低于额定电压的-15%时,卷门机应能正常操作。

6. 安全性能

(1) 绝缘电阻

卷门机的电气绝缘电阻,在正常大气条件下应大于 20MΩ。

(2) 耐压性能

卷门机带电部件与机壳之间应能承受 1760V、50Hz 的试验电压,历时 1min 而不发生击穿、表面飞弧、扫掠现象。试验后其性能应符合《防火卷帘》GB 14102 的有关规定。

7. 气候环境下的承载能力

卷门机应能经受住规定的气候环境下的各项试验。试验后其性能应符合有关规定。

（六）防火卷帘用控制箱要求

1. 外观

（1）控制箱各种元器件安装应牢固，控制机构应灵活、可靠。

（2）控制箱内部应清洁、无杂物。箱内走线应整齐、无误。

2. 主要零部件

（1）指示灯

1）控制箱上的指示灯应以颜色标识。红色表示火灾报警信号；黄色或淡黄色表示故障信号；绿色表示电源工作正常。上述 3 种颜色以外的颜色可用作其他功能。

2）所有指示灯应被清楚地标注出功能。

3）在一般环境工作条件下，指示灯在距其 3m 远处应清晰可见。

（2）接线端子

所有接线端子上都清晰、牢固地标注编号和符号，其含义应在产品说明中给出。

（3）开关和按键

控制箱的开关和按键应坚固、耐用，并应在其上或附近位置上清晰地标注出功能。控制箱开关和按钮（盒）的安装应便于操作人员操纵。

3. 基本性能

（1）一般要求

控制箱应设有操作按钮或按钮盒，在正常使用时，通过操纵操作按钮控制防火卷帘的电动启、闭和停止。

（2）火灾报警性能

控制箱能直接或间接地接收来自火灾探测器或消防控制中心的火灾报警信号。当接到火灾报警信号后，控制箱应自动完成以下动作：

1）发出声、光报警信号。

2）控制防火卷帘完成二步关闭。即控制箱接收到报警信号后，自动关闭至防火卷帘中位处停止，延时 5~60s 后继续关闭至全闭；或控制箱接第一次报警信号后，自动关闭至防火卷帘中位处停止，接第二次报警信号后继续关闭至全闭。

3）输出反馈信号，将防火卷帘所处位置的状态信号反馈至消防控制中心，实现消防中心联机控制。

（3）逃生性能

当火灾发生时，若防火卷帘处在中位下，手动操作控制箱上任意一个按钮，防火卷帘应能自动开启至中位，延时 5~60s 后继续关闭至全闭。

（4）故障报警性能

1）控制箱应设电源相序保护装置，当电源缺相或相序有无误时，能保护卷帘不发生反转。

2）当火灾探测器未接或发生故障时，控制箱能发出声、光报警信号。

4. 电源性能

当交流电网供电，电压波动幅度不超过额定电压＋10％和－15％时，控制箱应能正常操作。

5. 安全性能

（1）绝缘电阻

控制箱有绝缘要求的外部带电端子与箱壳之间、电源接线端子与箱壳之间的绝缘电阻，在正常大气条件下应分别大于 20MΩ 和 50MΩ。

（2）耐压性能

控制箱有绝缘要求的外部带电端子与箱壳之间、电源接线端子与箱壳之间应根据额定电压耐受《防火卷帘》GB 14102 规定的交流电压，历时 1min 不应发生击穿、表面飞弧、扫掠现象。试验后控制箱的性能应符合上述有关规定。

（3）接地

控制箱的金属件必须有接地点，且接地点应有明显的接地标志，连接地线的螺钉不应作其他紧固用。

6. 气候环境下的承载能力

控制箱应能经受住《防火卷帘》GB 14102 规定的气候环境下的各项试验。试验后其性能应符合上述有关规定。

7. 抗机械冲击性能

控制箱应能经受住《防火卷帘》GB 14102 规定的抗机械冲击试验，试验后其性能应符合上述有关规定。

四、防火窗

防火窗是采用钢窗框、钢窗扇及防火玻璃（防火夹丝玻璃或防火复合玻璃）制成的，能起隔离和阻止火势蔓延的防火分隔物。防火窗按照安装方法可分固定窗扇与活动窗扇两种。固定窗扇防火窗，不能开启，平时可以采光，并起围护作用，发生火灾时可以阻止火势蔓延；活动窗扇防火窗，能够开启和关闭，平时起围护作用，起火时可以自动关闭，阻止火势蔓延，开启后可以排除烟气。为了使防火窗的窗扇能够开启和关闭，需要安装自动和手动开关装置。

防火窗一般设置在防火间距达不到规定要求的建筑外墙上的开口或天窗、建筑内的防火墙或防火隔墙上需要观察等部位以及防止火灾竖向蔓延的外墙开口部位。

《防火窗》GB 16809—2008 于 2009 年 1 月 1 日实施。本标准适用于建筑中具有采光功能的钢质防火窗、木质防火窗和钢木复合防火窗（建筑用其他防火窗可参照执行）。

（一）分类与代号

1. 按采用材料分类

防火窗按其窗框和窗扇框架采用的主要材料可为分以下类别：

（1）钢质防火窗（代号：GFC）

钢质防火窗，是指窗框和窗扇框架采用钢材制造的防火窗。

（2）木质防火窗（代号：MFC）

木质防火窗，是指窗框和窗扇框架采用木材制造的防火窗。

（3）钢木复合防火窗（代号：GMFC）

钢木复合防火窗，是指窗框采用钢材、窗扇框架采用木材制造或窗框采用木材、窗扇框架采用钢材制造的防火窗。

其他材质防火窗的命名和代号表示方法，按照具体材质名称，参照执行。

2. 按其使用功能的分类

（1）固定式防火窗（代号：D）

固定式防火窗，是指没有无可开启窗扇的防火窗。

（2）活动式防火窗（代号：H）

活动式防火窗，是指有可开启窗扇，且装配有窗扇启闭控制装置的防火窗。

窗扇启闭控制装置，是活动式防火窗中，控制活动窗扇开启、关闭的装置，该装置具有手动控制启闭窗扇功能，且至少具有易熔合金件或玻璃球等热敏感元件自动控制关闭窗扇的功能。

注：窗扇的启闭控制方式可以附加有电动控制方式，如：电信号控制电磁铁关闭或开启、电信号控制电机关闭或开启、电信号气动机构关闭或开启等。

3. 按其耐火性能的分类（表6-9）

（1）隔热防火窗（代号：A）

隔热防火窗，是指在规定时间内，能同时满足耐火隔热性和耐火完整性要求的防火窗。

（2）非隔热防火窗（代号：C）

非隔热防火窗，是指在规定时间内，能满足耐火完整性要求的防火窗。

防火窗的耐火性能分类与代号　　　　　　　　　　表 6-9

耐火性能分类	耐火等级代号	耐火性能
隔热防火窗（A 类）	A0.50（丙级）	耐火隔热性≥0.50h，且耐火完整性≥0.50h
	A1.00（乙级）	耐火隔热性≥1.00h，且耐火完整性≥1.00h
	A1.50（甲级）	耐火隔热性≥1.50h，且耐火完整性≥1.50h
	A2.00	耐火隔热性≥2.00h，且耐火完整性≥2.00h
	A3.00	耐火隔热性≥3.00h，且耐火完整性≥3.00h
非隔热防火窗（C 类）	C0.50	耐火完整性≥0.50h
	C1.00	耐火完整性≥1.00h
	C1.50	耐火完整性≥1.50h
	C2.00	耐火完整性≥2.00h
	C3.00	耐火完整性≥3.00h

（二）防火窗的规格和型号编制方法

1. 防火窗的规格

防火窗的规格型号表示方法和一般洞口尺寸系列应符合《建筑门窗洞口尺寸系列》GB/T 5824 的规定，特殊洞口尺寸由生产单位和顾客按需要协商确定。

2. 防火窗的型号编制方法（图6-11）

示例1：防火窗的型号为 MFC 0909-D-A1.00（乙级），表示木质防火窗，规格型号为0909（即洞口标志宽度 900mm，标志高度 900mm），使用功能为固定式，耐火等级为A1.00（乙级）（即耐火隔热性≥1.00h，且耐火完整性≥1.00h）。

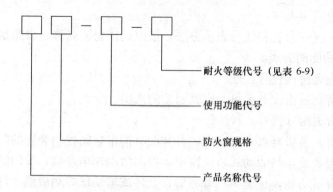

图 6-11 防火窗的型号编制方法

示例 2：防火窗的型号为 GFC 1521-H-C2.00，表示钢质防火窗，规格型号为 1521（即洞口标志宽度 1500mm，标志高度 2100mm），使用功能为活动式，耐火等级为 C2.00（即耐火完整性时间不小于 2.00h）。

（三）材料及配件

对防火窗的材料及配件要求是：

（1）防火窗用材料性能应符合有关标准的规定。

（2）密封材料应根据具体防火窗产品的使用功能、框架材料与结构、耐火等级等特性来选用。

（3）五金件、附件、紧固件应满足功能要求，其安装应正确、齐全、牢固，具有足够的强度，启闭灵活，承受反复运动的五金件、附件应便于更换。

（四）防火窗要求

1. 设置要求

设置在防火墙、防火隔墙上的防火窗，应采用不可开启的窗扇或具有火灾时能自行关闭的功能。防火窗应符合现行国家标准《防火窗》GB 16809 的有关规定。

2. 外观质量

防火窗各连接处的连接及零部件安装应牢固、可靠，不得有松动现象；表面应平整、光滑，不应有毛刺、裂纹、压坑及明显的凹凸、孔洞等缺陷；表面涂刷的漆层应厚度均匀，不应有明显的堆漆、漏漆等缺陷。

3. 防火玻璃

防火窗上使用的复合及单片防火玻璃的外观质量、厚度允许偏差，应符合《建筑用安全玻璃 防火玻璃》GB 15763 的规定。

4. 尺寸偏差

防火窗的尺寸允许偏差符合《防火窗》GB 16809 的有关规定。

5. 抗风压性能

采用定级检测压力差为抗风压性能分级指标。防火窗的抗风压性能不应低于《建筑外窗抗风压性能分级及检测方法》GB/T 7106 规定的 4 级。

6. 气密性能

采用单位面积空气渗透量作为气密性能分级指标。防火窗的气密性能不应低于《建筑外窗气密性能分级及检测方法》GB/T 7107 规定的 3 级。

7. 耐火性能

防火窗的耐火性能应符合表 6-9 的规定。

8. 活动式防火窗的附加要求

（1）热敏感元件的静态动作温度

活动式防火窗中窗扇启闭控制装置采用的热敏感元件，在（64±0.5）℃的温度下 5.0min 内不应动作，在（74±0.5）℃的温度下 1.0min 内应能动作。

（2）活动窗扇尺寸允许偏差

活动窗扇的尺寸允许偏差符合《防火窗》GB 16809 的有关规定。

（3）窗扇关闭可靠性

手动控制窗扇启闭控制装置，在进行 100 次的开启/关闭运行试验中，活动窗扇应能灵活开启、并完全关闭，无启闭卡阻现象，各零部件无脱落和损坏现象。

（4）窗扇自动关闭时间

窗扇自动关闭时间，是指从活动式防火窗进行耐火性能试验开始计时，至窗扇自动可靠关闭的时间。活动式防火窗的窗扇自动关闭时间不应大于 60s。

（五）防火水幕带

水幕系统是由水幕喷头、雨淋报警阀组或感温雨淋阀、供水与配水管道、控制阀及水流报警装置等组成的主要起阻火、冷却、隔离作用的自动喷水灭火系统。水幕系统喷出的水为水帘状，其作用是冷却简易防火分隔物（如防火卷帘、防火幕），提高其耐火性能，或者形成防火水帘阻止火焰穿过开口部位，防止火势蔓延。

水幕系统主要用于需要进行水幕保护或防火隔断的部位，它除了可以阻止火势蔓延扩大，阻隔火灾事故产生的辐射热外，还可以对泄漏的易燃、易爆、有害气体和液体起疏导和稀释作用。

防火水幕带利用密集喷洒形成的水墙或多层水帘，封堵防火分区处的孔洞，阻挡火灾和烟气的蔓延。防护冷却水幕系统则利用喷水在物体表面形成的水膜，控制防火分区处分隔物的温度，使分隔物的完整性和隔热性免遭火灾破坏。

防火水幕带可以起防火墙的作用，在某些需要设置防火墙或其他防火分隔物而无法设置的情况下，可采用防火水幕带进行分隔。

（六）上、下层窗间墙（窗槛墙）

为了防止火灾从建筑外墙窗口向上层蔓延，一个最有效的办法就是增高上下楼层间窗间墙（窗槛墙）的高度，或在窗口上方设置挑檐。

（七）耐火楼板和防烟楼梯间、封闭楼梯间

耐火楼板和防烟楼梯间、封闭楼梯间均属于垂直方向划分防火分区的分隔物（防烟楼梯间和封闭楼梯间是可以保证人员在火灾条件下安全疏散的楼梯间）。

作为耐火楼板，一级耐火等级建筑的楼板其燃烧性能应为不燃性，耐火极限应在 1.5h 以上；二级耐火等级建筑的楼板其燃烧性能应为不燃性，耐火极限应在 1.0h 以上；三级耐火等级建筑物的楼板其燃烧性能应为不燃性，耐火极限应在 0.5h（民用建筑）、0.75h（工业建筑）以上。

防烟楼梯间（包括前室）、封闭楼梯间的墙体和门都有一定的耐火性能要求，具有一定的防烟火作用, 所以这两种楼梯间具有防止火灾通过楼梯间向上层或向下层蔓延的作用。

第三节 建筑防火分区、层数和面积

仅从防火的角度看, 防火分区划分的越小, 越有利于保证建筑的防火安全。但如果划分得过小, 则势必会影响建筑的使用功能, 显然是行不通的。防火分区面积大小的确定应考虑建筑的使用性质、重要性、火灾危险性、建筑高度、建筑耐火等级、消防扑救能力以及火灾蔓延的速度等因素。

现行国家标准《建筑设计防火规范》GB 50016 对建筑防火分区的划分等作了明确规定, 在建筑防火设计时必须结合工程实际, 严格执行。

一、民用建筑防火分区、层数和面积

(一) 防火规范规定

不同耐火等级民用建筑的允许建筑高度或层数、防火分区最大允许建筑面积应符合表6-10 的规定。

不同耐火等级民用建筑的允许建筑高度或层数、防火分区最大允许建筑面积　表 6-10

名称	耐火等级	允许建筑高度或层数	防火分区的最大允许建筑面积 (m²)	备注
高层民用建筑	一、二级	按《建筑设计防火规范》第5.1.1 条确定 (见本书第五章第三节有关内容)	1500	对于体育馆、剧场的观众厅, 防火分区的最大允许建筑面积可适当增加
单、多层民用建筑	一、二级	按《建筑设计防火规范》第5.1.1 条确定 (见本书第五章第三节有关内容)	2500	
	三级	5 层	1200	—
	四级	2 层	600	—
地下或半地下建筑 (室)	一级	—	500	设备用房的防火分区最大允许建筑面积不应大于 1000m²

注: 1. 表中规定的防火分区最大允许建筑面积, 当建筑内设置自动灭火系统时, 可按本表的规定增加 1.0 倍; 局部设置时, 防火分区的增加面积可按该局部面积的 1.0 倍计算。
　　2. 裙房与高层建筑主体之间设置防火墙时, 裙房的防火分区可按单、多层建筑的要求确定。

根据表 6-10 划分防火分区时, 应注意以下几点:

(1) 防火分区之间应采用防火墙分隔, 确有困难时, 可采用防火卷帘等防火分隔设施分隔。

采用防火卷帘分隔时, 应符合下列规定:

1) 除中庭外, 当防火分隔部位的宽度不大于 30m 时, 防火卷帘的宽度不应大于10m; 当防火分隔部位的宽度大于 30m 时, 防火卷帘的宽度不应大于该部位宽度的 1/3,

且不应大于 20m。

2）不宜采用侧式防火卷帘。

3）防火卷帘的耐火极限不应低于 3.00h。

当防火卷帘的耐火极限符合现行国家标准《门和卷帘耐火试验方法》GB/T 7633 的有关耐火完整性和耐火隔热性的判定条件时，可不设置自动喷水灭火系统保护。

当防火卷帘的耐火极限仅符合现行国家标准《门和卷帘耐火试验方法》GB/T 7633 的有关耐火完整性的判定条件时，应设置自动喷水灭火系统保护。自动喷水灭火系统的设计应符合现行国家标准《自动喷水灭火系统设计规范》GB 50084 的规定，但火灾延续时间不应小于该防火卷帘的耐火极限。

4）防火卷帘应具有防烟性能，与楼板、梁、墙、柱之间的空隙应采用防火封堵材料封堵。

5）需在火灾时自动降落的防火卷帘，应具有信号反馈的功能。

6）其他要求，应符合现行国家标准《防火卷帘》GB 14102 的规定。

（2）建筑内设置自动扶梯、敞开楼梯等上、下层相连通的开口时，其防火分区的建筑面积应按上、下层相连通的建筑面积叠加计算；当叠加计算后的建筑面积大于表 6-10 的规定时，应划分防火分区。

建筑内设置中庭时，其防火分区的建筑面积应按上、下层相连通的建筑面积叠加计算；当叠加计算后的建筑面积大于表 6-10 的规定时，应采取特殊的防火分隔措施，详见本章第四节。

（3）一、二级耐火等级建筑内的商店营业厅、展览厅，当设置自动灭火系统和火灾自动报警系统并采用不燃或难燃装修材料时，其每个防火分区的最大允许建筑面积应符合下列规定：

1）设置在高层建筑内时，不应大于 4000m²；

2）设置在单层建筑或仅设置在多层建筑的首层内时，不应大于 10000m²；

3）设置在地下或半地下时，不应大于 2000m²。

（4）总建筑面积大于 20000m² 的地下或半地下商店，应采用无门、窗、洞口的防火墙、耐火极限不低于 2.00h 的楼板分隔为多个建筑面积不大于 20000m² 的区域。相邻区域确需局部连通时，应采用下沉式广场等室外开敞空间、防火隔间、避难走道、防烟楼梯间等方式进行连通，并应符合下列规定：

1）下沉式广场等室外开敞空间应能防止相邻区域的火灾蔓延和便于安全疏散，并应符合下沉式广场等室外开敞空间设置的有关防火规定。

2）防火隔间的墙应为耐火极限不低于 3.00h 的防火隔墙，并应符合防火隔间设置的有关防火规定。

3）避难走道应符合避难走道设置的有关防火规定。

避难走道，系指采取防烟措施且两侧设置耐火极限不低于 3.00h 的防火隔墙，用于人员安全通行至室外的走道。

4）防烟楼梯间的门应采用甲级防火门。

（5）餐饮、商店等商业设施通过有顶棚的步行街连接，且步行街两侧的建筑需利用步行街进行安全疏散时，应符合下列规定：

1）步行街两侧建筑的耐火等级不应低于二级；

2）步行街两侧建筑相对面的最近距离均不应小于《建筑设计防火规范》GB 50016 对相应高度建筑的防火间距要求且不应小于 9m。步行街的端部在各层均不宜封闭，确需封闭时，应在外墙上设置可开启的门窗，且可开启门窗的面积不应小于该部位外墙面积的一半。步行街的长度不宜大于 300m；

3）步行街两侧建筑的商铺之间应设置耐火极限不低于 2.00h 的防火隔墙，每间商铺的建筑面积不宜大于 300m²；

4）步行街两侧建筑的商铺，其面向步行街一侧的围护构件的耐火极限不应低于 1.00h，并宜采用实体墙，其门、窗应采用乙级防火门、窗；当采用防火玻璃墙（包括门、窗）时，其耐火隔热性和完整性不应低于 1.00h；采用耐火完整性不低于 1.00h 的非隔热性防火玻璃墙（包括门、窗）时，应设置闭式自动喷水灭火系统进行保护。相邻商铺之间面向步行街一侧应设置宽度不小于 1.0m，耐火极限不低于 1.00h 的实体墙；

当步行街两侧的建筑为多个楼层时，每层面向步行街一侧的商铺均应设置防止火灾竖向蔓延的措施，并应符合《建筑设计防火规范》GB 50016 第 6.2.5 条的规定（见本章有关内容）；设置回廊或挑檐时，其出挑宽度不应小于 1.2m；步行街两侧的商铺在上部各层需设置回廊和连接天桥时，应保证步行街上部各层楼板的开口面积不应小于步行街地面面积的 37％，且开口宜均匀布置；

5）步行街两侧建筑内的疏散楼梯应靠外墙设置并宜直通室外，确有困难时，可在首层直接通至步行街；首层商铺的疏散门可直接通至步行街，步行街内任一点到达最近室外安全地点的步行距离不应大于 60m；步行街两侧建筑二层及以上各层商铺的疏散门至该层最近疏散楼梯口或其他安全出口的直线距离不应大于 37.5m；

6）步行街的顶棚材料应采用不燃或难燃材料，其承重结构的耐火极限不应低于 1.00h。步行街内不应布置可燃物；

7）步行街的顶棚下檐距地面的高度不应小于 6.0m，顶棚应设置自然排烟设施并宜采用常开式的排烟口，且自然排烟口的有效面积不应小于步行街地面面积的 25％。常闭式自然排烟设施应能在火灾时手动和自动开启；

8）步行街两侧建筑的商铺外应每隔 30m 设置 DN65 的消火栓，并应配备消防软管卷盘或消防水龙，商铺内应设置自动喷水灭火系统和火灾自动报警系统；每层回廊均应设置自动喷水灭火系统。步行街内宜设置自动跟踪定位射流灭火系统；

9）步行街两侧建筑的商铺内外均应设置疏散照明、灯光疏散指示标志和消防应急广播系统。

（二）防火分区划分举例

划分防火分区时，要根据规定的防火分区面积，结合建筑的平面形状、使用功能、便于平时管理、人员交通和疏散要求、层间联系情况等，综合确定其分隔的具体部位。

1. 某饭店防火分区划分

该饭店标准层如图 6-12 所示，结合防震缝和平面形状，用防火墙划分为三个面积不等的防火分区。

2. 某饭店防火分区划分

该饭店中心塔楼为 22 层，平面为三叉形，体形上形成三翼围绕中心筒体，按体形交接部位划分为 4 个防火分区，如图 6-13 所示。

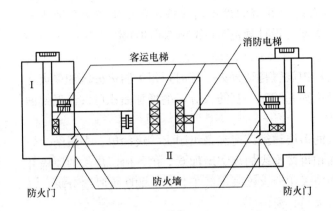

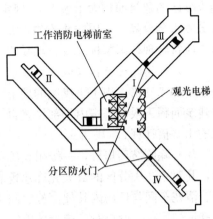

图 6-12　某饭店防火分区划分示意图　　　图 6-13　某饭店防火分区划分示意图

二、厂房和仓库的防火分区、层数和面积

（一）厂房的防火分区层数和面积

厂房的层数和每个防火分区的最大允许建筑面积应符合表 6-11 的规定。

厂房的层数和每个防火分区的最大允许建筑面积　　　　　　　　　　表 6-11

生产的火灾危险性类别	厂房的耐火等级	最多允许层数	每个防火分区的最大允许建筑面积（m²）			
			单层厂房	多层厂房	高层厂房	地下或半地下厂房（包括地下或半地下室）
甲	一级	宜采用单层	4000	3000	—	
	二级		3000	2000	—	
乙	一级	不限	5000	4000	2000	
	二级	6	4000	3000	1500	
丙	一级	不限	不限	6000	3000	500
	二级	不限	8000	4000	2000	500
	三级	2	3000	2000	—	
丁	一、二级	不限	不限	不限	4000	1000
	三级	3	4000	2000	—	
	四级	1	1000	—	—	
戊	一、二级	不限	不限	不限	6000	1000
	三级	3	5000	3000	—	
	四级	1	1500	—	—	

注："—"表示不允许。

根据表 6-11 进行厂房防火分区设计时应注意以下几点：

（1）防火分区之间应采用防火墙分隔。除甲类厂房外的一、二级耐火等级厂房，当其防火分区的建筑面积大于表 6-11 规定，且设置防火墙确有困难时，可采用防火卷帘或防火分隔水幕分隔。采用防火卷帘时应符合防火卷帘的设置防火规定；采用防火分隔水幕时，应符合现行国家标准《自动喷水灭火系统设计规范》GB 50084 的规定。

（2）厂房内设置自动灭火系统时，每个防火分区的最大允许建筑面积可按表 6-11 的规定增加 1.0 倍。当丁、戊类的地上厂房内设置自动灭火系统时，每个防火分区的最大允许建筑面积不限。厂房内局部设置自动灭火系统时，其防火分区的增加面积可按该局部面积的 1.0 倍计算。

（3）除麻纺厂房外，一级耐火等级的多层纺织厂房和二级耐火等级的单、多层纺织厂房，其每个防火分区的最大允许建筑面积可按本表的规定增加 0.5 倍，但厂房内的原棉开包、清花车间与厂房内其他部位之间均应采用耐火极限不低于 2.50h 的防火隔墙分隔，需要开设门、窗、洞口时，应设置甲级防火门、窗。

（4）一、二级耐火等级的单、多层造纸生产联合厂房，其每个防火分区的最大允许建筑面积可按本表的规定增加 1.5 倍。一、二级耐火等级的湿式造纸联合厂房，当纸机烘缸罩内设置自动灭火系统，完成工段设置有效灭火设施保护时，其每个防火分区的最大允许建筑面积可按工艺要求确定。

（5）一、二级耐火等级的谷物筒仓工作塔，当每层工作人数不超过 2 人时，其层数不限。

（6）一、二级耐火等级卷烟生产联合厂房内的原料、备料及成组配方、制丝、储丝和卷接包、辅料周转、成品暂存、二氧化碳膨胀烟丝等生产用房应划分独立的防火分隔单元，当工艺条件许可时，应采用防火墙进行分隔。其中制丝、储丝和卷接包车间可划分为一个防火分区，且每个防火分区的最大允许建筑面积可按工艺要求确定。但制丝、储丝及卷接包车间之间应采用耐火极限不低于 2.00h 的防火隔墙和 1.00h 的楼板进行分隔。厂房内各水平和竖向分隔之间的开口应采取防止火灾蔓延的措施。

（7）厂房内的操作平台、检修平台，当使用人数少于 10 人时，平台的面积可不计入所在防火分区的建筑面积内。

（二）仓库的防火分区、层数和面积
仓库的层数和面积应符合表 6-12 的规定。

仓库的层数和面积 表 6-12

储存物品的火灾危险性类别		仓库的耐火等级	最多允许层数	每座仓库的最大允许占地面积和每个防火分区的最大允许建筑面积（m²）						
				单层仓库		多层仓库		高层仓库		地下或半地下仓库（包括地下或半地下室）
				每座仓库	防火分区	每座仓库	防火分区	每座仓库	防火分区	防火分区
甲	3、4 项	一级	1	180	60	—	—	—	—	—
	1、2、5、6 项	一、二级	1	750	250	—	—	—	—	—

续表

储存物品的火灾危险性类别		仓库的耐火等级	最多允许层数	每座仓库的最大允许占地面积和每个防火分区的最大允许建筑面积（m²）						地下或半地下仓库（包括地下或半地下室）
				单层仓库		多层仓库		高层仓库		
				每座仓库	防火分区	每座仓库	防火分区	每座仓库	防火分区	防火分区
乙	1、3、4项	一、二级	3	2000	500	900	300	—	—	
		三级	1	500	250	—	—	—	—	
	2、5、6项	一、二级	5	2800	700	1500	500	—	—	
		三级	1	900	300	—	—	—	—	
丙	1项	一、二级	5	4000	1000	2800	700	—	—	150
		三级	1	1200	400	—	—	—	—	
	2项	一、二级	不限	6000	1500	4800	1200	4000	1000	300
		三级	3	2100	700	1200	400	—	—	
丁		一、二级	不限	不限	3000	不限	1500	4800	1200	500
		三级	3	3000	1000	1500	500	—	—	
		四级	1	2100	700	—	—	—	—	
戊		一、二级	不限	不限	不限	不限	2000	6000	1500	1000
		三级	3	3000	1000	2100	700	—	—	
		四级	1	2100	700	—	—	—	—	

注："—"表示不允许。

根据表 6-12 进行仓库防火分区设计时应注意以下几点：

（1）仓库内的防火分区之间必须采用防火墙分隔，甲、乙类仓库内防火分区之间的防火墙不应开设门、窗、洞口；地下或半地下仓库或仓库（包括地下或半地下室）的最大允许占地面积，不应大于相应类别地上仓库的最大允许占地面积。

（2）仓库内设置自动灭火系统时，除冷库的防火分区外，每座仓库的最大允许占地面积和每个防火分区的最大允许建筑面积可按表 6-12 的规定增加 1.0 倍。

（3）石油库区内桶装油品仓库应符合现行国家标准《石油库设计规范》GB 50074 的规定。

（4）一、二级耐火等级的煤均化库，每个防火分区的最大允许建筑面积不应大于 12000m²。

（5）独立建造的硝酸铵仓库、电石仓库、聚乙烯等高分子制品仓库、尿素仓库、配煤仓库、造纸厂的独立成品仓库，当建筑的耐火等级不低于二级时，每座仓库的最大允许占地面积和每个防火分区的最大允许建筑面积可按表 6-12 的规定增加 1.0 倍。

（6）一、二级耐火等级粮食平房仓的最大允许占地面积不应大于 12000m²，每个防火分区的最大允许建筑面积不应大于 3000m²；三级耐火等级粮食平房仓的最大允许占地面积不应大于 3000m²，每个防火分区的最大允许建筑面积不应大于 1000m²。

（7）一、二级耐火等级且占地面积不大于 2000m² 的单层棉花库房，其防火分区的最大允许建筑面积不应大于 2000m²。

（8）一、二级耐火等级冷库的最大允许占地面积和防火分区的最大允许建筑面积，应符合现行国家标准《冷库设计规范》GB 50072 的规定。

三、木结构建筑的层数、高度、长度和建筑面积

丁、戊类厂房（库房）和民用建筑可采用木结构建筑或木结构组合建筑，其允许层数和建筑高度应符合表 6-13 的规定，木结构建筑中防火墙间的允许建筑长度和每层最大允许建筑面积应符合表 6-14 的规定。

木结构建筑或木结构组合建筑的允许层数和允许建筑高度　　　　表 6-13

木结构建筑的形式	普通木结构建筑	轻型木结构建筑	胶合木结构建筑		木结构组合建筑
允许层数（层）	2	3	1	3	7
允许建筑高度（m）	10	10	不限	15	24

表 6-13 中，普通木结构建筑，系指承重构件采用方木或圆木制作的单层或多层木结构建筑。轻型木结构建筑，系指用规格材及木基结构板或石膏板制作的木架墙体、楼板和屋盖系统构成的单层或多层建筑。胶合木结构建筑，系指以厚度为 20～45mm 的板材，沿顺纹方向叠层胶合而成的胶合木构件制作的单层或多层建筑。木结构组合建筑，系指木结构建筑与其他结构形式建筑组合建造的单层或多层建筑，有竖向组合建造及水平组合建造形式。

木结构建筑中防火墙间的允许建筑长度和每层最大允许建筑面积　　　　表 6-14

层数（层）	防火墙间的允许建筑长度（m）	防火墙间的每层最大允许建筑面积（m²）
1	100	1800
2	80	900
3	60	600

根据表 6-14 确定木结构层数、高度、长度和建筑面积时应注意以下两点：

（1）当设置自动喷水灭火系统时，防火墙间的允许建筑长度和每层最大允许建筑面积可按表 6-14 规定增加 1.0 倍，对于丁、戊类地上厂房，防火墙间的每层最大允许建筑面积不限。

（2）体育场馆等高大空间建筑，其建筑高度和建筑面积可适当增加。

第四节　防火分隔和平面布置

对特殊部位和房间进行防火分隔的目的与防火分区划分的目的相同。这是一种用防火分隔物将建筑物内某些特殊部位、房间等加以分隔，阻止火势蔓延扩大的防火措施。但其

分隔范围的大小、分隔的对象、分隔的要求等方面与防火分区有所不同。防火分隔物主要有耐火隔墙、耐火楼板、防火门、防火卷帘、防火阀等。合理的平面布置可以有效预防火灾发生，并且在发生火灾时防止火灾蔓延扩大。

一、民用建筑的防火分隔和平面布置

民用建筑的防火分隔部位、房间及其分隔和平面布置要求是：

（1）民用建筑的平面布置应结合建筑的耐火等级、火灾危险性、使用功能和安全疏散等因素合理布置。

（2）除为满足民用建筑使用功能所设置的附属库房外，民用建筑内不应设置生产车间和其他库房。

经营、存放和使用甲、乙类火灾危险物品的商店、作坊和储藏间，严禁附设在民用建筑内。

（3）商店建筑、展览建筑采用三级耐火等级建筑时，不应超过2层；采用四级耐火等级建筑时，应为单层；营业厅、展览厅设置在三级耐火等级的建筑内时，应布置在首层或二层；设置在四级耐火等级的建筑内时，应布置在首层。

营业厅、展览厅不应设置在地下三层及以下楼层。地下或半地下营业厅、展览厅不应经营、储存和展示甲、乙类火灾危险性物品。

（4）托儿所、幼儿园的儿童用房，老年人活动场所和儿童游乐厅等儿童活动场所宜设置在独立的建筑内，且不应设置在地下或半地下；当采用一、二级耐火等级的建筑时，不应超过3层；采用三级耐火等级的建筑时，不应超过2层；采用四级耐火等级的建筑时，应为单层；确需设置在其他民用建筑内时，应符合下列规定：

1）设置在一、二级耐火等级的建筑内时，应布置在首层、二层或三层；

2）设置在三级耐火等级的建筑内时，应布置在首层和二层；

3）设置在四级耐火等级的建筑内时，应布置在首层；

4）设置在高层建筑内时，托儿所、幼儿园和老年人活动场所应设置独立的安全出口和疏散楼梯；

5）设置在单、多层建筑内或其他儿童活动场所设置在高层建筑内时，应靠近安全出口或疏散楼梯设置并宜设置独立的安全出口和疏散楼梯。

（5）医院和疗养院的住院部分不应设置在地下或半地下。

医院和疗养院的住院部分采用三级耐火等级建筑时，不应超过2层；采用四级耐火等级建筑时，应为单层；设置在三级耐火等级的建筑内时，应布置在首层或二层；设置在四级耐火等级的建筑内时，应布置在首层。

医院和疗养院的病房楼内相邻护理单元之间应采用耐火极限不低于2.00h的防火隔墙分隔，隔墙上的门应采用乙级防火门，设置在走道上的防火门应采用常开防火门。

（6）教学建筑、食堂、菜市场采用三级耐火等级建筑时，不应超过2层；采用四级耐火等级建筑时，应为单层；设置在三级耐火等级的建筑内时，应布置在首层或二层；设置在四级耐火等级的建筑内时，应布置在首层。

（7）剧院、电影院、礼堂宜设置在独立的建筑内；采用三级耐火等级建筑时，不应超过2层；确需设置在其他民用建筑内时，至少应设置1个独立的安全出口和疏散楼梯，并应符合下列规定：

1）应采用耐火极限不低于 2.00h 的防火隔墙和甲级防火门与其他区域分隔；

2）设置在高层建筑内时，尚应符合有关规定《建筑设计防火规范》第 5.4.8 条（见以下第"8"项）；

3）设置在一、二级耐火等级的多层建筑内时，观众厅宜布置在首层、二层或三层；确需布置在四层及以上楼层时，一个厅、室的疏散门不应少于 2 个，且每个观众厅或多功能厅的建筑面积不宜大于 400m²；

4）设置在三级耐火等级的建筑内时，不应布置在三层及以上楼层；

5）设置在地下或半地下时，宜设置在地下一层，不应设置在地下三层及以下楼层，防火分区的最大允许建筑面积不应大于 1000m²；当设置自动喷水灭火系统和火灾自动报警系统时，该面积不得增加。

（8）高层建筑内的观众厅、会议厅、多功能厅等人员密集的场所，应布置在首层、二层或三层。确需布置在其他楼层时，除本规范另有规定外，尚应符合下列规定：

1）一个厅、室的疏散门不应少于 2 个，且建筑面积不宜大于 400m²；

2）应设置火灾自动报警系统和自动喷水灭火系统等自动灭火系统；

3）幕布的燃烧性能不应低于 B_1 级。

（9）歌舞厅、录像厅、夜总会、卡拉 OK 厅（含具有卡拉 OK 功能的餐厅）、游艺厅（含电子游艺厅）、桑拿浴室（不包括洗浴部分）、网吧等歌舞娱乐放映游艺场所（不含电影院、剧场）的布置应符合下列规定：

1）不应布置在地下二层及以下楼层；

2）宜布置在一、二级耐火等级建筑物内的首层、二层或三层的靠外墙部位；

3）不宜布置在袋形走道的两侧或尽端；

4）确需布置在地下一层时，地下一层的地面与室外出入口地坪的高差不应大于 10m；

5）确需布置在地下或四层及以上楼层时，一个厅、室的建筑面积不应大于 200m²；

6）厅、室之间及与建筑的其他部位之间，应采用耐火极限不低于 2.00h 的防火隔墙和 1.00h 的不燃性楼板分隔，设置在厅、室墙上的门和该场所与建筑内其他部位相通的门均应采用乙级防火门。

（10）除商业服务网点外，住宅建筑与其他使用功能的建筑合建时，应符合下列规定：

1）住宅部分与非住宅部分之间应采用耐火极限不低于 2.00h 且无门、窗、洞口的防火隔墙和 1.50h 的不燃性楼板和完全分隔；当为高层建筑时，应采用无门、窗、洞口的防火墙和耐火极限不低于 2.00h 的不燃性楼板完全分隔。建筑外墙上、下层开口之间的防火措施应符合《建筑设计防火规范》第 6.2.5 条有关规定（见以下第"22"项）；

2）住宅部分与非住宅部分的安全出口和疏散楼梯应分别独立设置；为住宅部分服务的地上车库应设置独立的疏散楼梯或安全出口，地下车库的疏散楼梯应按有关规定《建筑设计防火规范》第 6.4.4 条进行分隔；

3）住宅部分和非住宅部分的安全疏散、防火分区和室内消防设施配置，可根据各自的建筑高度分别按照《建筑设计防火规范》GB 50016—2014 有关住宅建筑和公共建筑的规定执行；该建筑的其他防火设计应根据建筑的总高度和建筑规模按 GB 50016—2014《建筑设计防火规范》的有关公共建筑的规定执行。

（11）设置商业服务网点的住宅建筑，其居住部分与商业服务网点之间应采用耐火极限不低于 2.00h 的无门、窗、洞口的防火隔墙和 1.50h 的不燃性楼板完全分隔，住宅部分和商业服务网点的安全出口和疏散楼梯应分别独立设置。

商业服务网点中每个分隔单元之间应采用耐火极限不低于 2.00h 且无门、窗、洞口的防火隔墙相互分隔，当每个分隔单元每层的建筑面积大于 200m² 时，该分隔单元每层均应设置 2 个安全出口或疏散门。每个分隔单元内的任一点至最近直通室外的出口的直线距离不应大于《建筑设计防火规范》中有关多层其他公共建筑位于袋形走道两侧或尽端的疏散门至最近安全出口的最大直线距离。

注：室内楼梯的距离可按其水平投影长度的 1.50 倍计算。

（12）燃油或燃气锅炉、油浸变压器、充有可燃油的高压电容器和多油开关等，宜设置在建筑外的专用房间内；确需贴邻民用建筑布置时，应采用防火墙与所贴邻的建筑分隔，且不应贴邻人员密集的场所，该专用房间的耐火等级不低于二级；确需布置在民用建筑内时，不应布置在人员密集场所的上一层、下一层或贴邻，并应符合下列规定：

1）燃油和燃气锅炉房、变压器室应设置在首层或地下一层靠外墙部位，但常（负）压燃油或燃气锅炉可设置在地下二层或屋顶上。设置在屋顶上的常（负）压燃气锅炉，距离通向屋面的安全出口不应小于 6m。

采用相对密度（与空气密度的比值）不小于 0.75 的可燃气体为燃料的锅炉，不得设置在地下或半地下；

2）锅炉房、变压器室的疏散门均应直通室外或安全出口；

3）锅炉房、变压器室等与其他部位之间应采用耐火极限不低于 2.00h 的防火隔墙和 1.50h 的不燃性楼板分隔。在隔墙和楼板上不应开设洞口，确需在隔墙上设置门、窗时，应采用甲级防火门、窗；

4）锅炉房内设置储油间时，其总储存量不应大于 1m³，且储油间应采用耐火极限不低于 3.00h 的防火隔墙与锅炉间分隔；确需在防火隔墙上设置门时，应设置甲级防火门；

5）变压器室之间、变压器室与配电室之间，应设置耐火极限不低于 2.00h 的防火隔墙；

6）油浸变压器、多油开关室、高压电容器室，应设置防止油品流散的设施。油浸变压器下面应设置能储存变压器全部油量的事故储油设施；

7）应设置火灾报警装置；

8）应设置与锅炉、变压器、电容器和多油开关等的容量和建筑规模相适应的灭火设施。当建筑内其他部位设置自动喷水灭火系统时，应设置自动喷水灭火系统；

9）锅炉的容量应符合现行国家标准《锅炉房设计规范》GB 50041 的规定。油浸变压器的总容量不应大于 1260kV·A，单台容量不应大于 630kV·A；

10）燃气锅炉房应设置爆炸泄压设施。燃油或燃气锅炉房应设置独立的通风系统。

（13）布置在民用建筑内的柴油发电机房应符合下列规定：

1）宜布置在首层及地下一、二层；

2）不应布置在人员密集场所的上一层、下一层或贴邻；

3）应采用耐火极限不低于 2.00h 的防火隔墙和 1.50h 的不燃性楼板与其他部位分隔，门应采用甲级防火门；

4）机房内设置储油间时，其总储存量不应大于 $1m^3$，储油间应采用耐火极限不低于 3.00h 的防火隔墙与发电机间分隔；确需在防火隔墙上开门时，应设置甲级防火门；

5）应设置火灾报警装置；

6）应设置与柴油发电机容量和建筑规模相适应的灭火设施，当建筑内其他部位设置自动喷水灭火系统时，机房内应设置自动喷水灭火系统。

（14）供建筑内使用的丙类液体燃料，其储罐应布置在建筑外，并应符合下列规定：

1）当总容量不大于 $15m^3$，且直埋于建筑附近、面向油罐一面 4.0m 范围内的建筑外墙为防火墙时，储罐与建筑的防火间距不限；

2）当总容量大于 $15m^3$，储罐的布置应符合丙类液体储罐防火间距的规定；

3）当设置中间罐时，中间罐的容量不应大于 $1m^3$，并应设置在耐火等级一、二级耐火等级的单独房间内，房间门应采用甲级防火门。

（15）设置在建筑内的锅炉、柴油发电机，其他燃料供给管道应符合下列规定：

1）在进入建筑物前和设备间内的管道上均应设置自动和手动切断阀；

2）储油间的油箱应密闭且应设置通向室外的通气管，通气管应设置带阻火器的呼吸阀，油箱的下部应设置防止油品流散的设施；

3）燃气供给管道的敷设应符合现行国家标准《城镇燃气设计规范》GB 50028 的规定。

（16）高层民用建筑内使用可燃气体燃料时，应采用管道供气。使用可燃气体的房间或部位宜靠外墙设置，并应符合现行国家标准《城镇燃气设计规范》GB 50028 的规定。

（17）建筑采用瓶装液化石油气瓶供气时，应符合下列规定：

1）应设置独立的瓶组间；

2）瓶组间不应与住宅建筑、重要公共建筑和其他高层公共建筑贴邻，液化石油气气瓶的总容积不大于 $1m^3$ 的瓶组间与所服务的其他建筑贴邻时，应采用自然气化方式供气；

3）液化石油气气瓶的总容积大于 $1m^3$，不大于 $4m^3$ 的独立瓶组间，与所服务建筑的防火间距应符合表 6-15 的规定；

液化石油气气瓶的独立瓶组间与所服务建筑的防火间距（m）　　　表 6-15

名　　　称		液化石油气气瓶的独立瓶组间的总容积（m^3）	
		$V \leqslant 2$	$2 < V \leqslant 4$
明火或散发火花地点		25	30
重要公共建筑、一类高层民用建筑		15	20
裙房和其他民用建筑		8	10
道路（路边）	主要	10	
	次要	5	

注：气瓶总容积按配置气瓶个数与单瓶几何容积的乘积计算。

4）在瓶组间的总出气管道上设置紧急事故自动切断阀；

5）瓶组间应设置可燃气体浓度报警装置；

6）其他防火要求应符合现行国家标准《城镇燃气设计规范》GB 50028 的规定。

（18）剧场等建筑的舞台与观众厅之间的隔墙应采用耐火极限不低于 3.00h 的防火

隔墙。

舞台上部与观众厅闷顶之间的隔墙可采用耐火极限不低于1.50h的防火隔墙，隔墙上的门应采用乙级防火门。

舞台下部的灯光操作室和可燃物储藏室应采用耐火极限不低于2.00h的防火隔墙与其他部位分隔。

电影放映室、卷片室应采用耐火极限不低于1.50h的防火隔墙与其他部位分隔，观察孔和放映孔应采取防火分隔措施。

（19）医疗建筑内的手术室或手术部、产房、重症监护室、贵重精密医疗装备用房、储藏间、实验室、胶片室等，附设在建筑内的托儿所、幼儿园的儿童用房和儿童游乐厅等儿童活动场所、老年人活动场所，应采用耐火极限不低于2.00h的防火隔墙和1.00h的楼板与其他场所或部位分隔，墙上必须设置的门、窗应设置乙级防火门、窗。

（20）建筑内的下列部位应采用耐火极限不低于2.00h的防火隔墙与其他部位分隔，墙上的门、窗应采用乙级防火门、窗，确有困难时，可采用防火卷帘，但应符合《建筑设计防火规范》的有关规定：

1）建筑内使用丙类液体的部位；

2）民用建筑内的附属库房，剧场后台的辅助用房；

3）除居住建筑中套内的厨房外，宿舍、公寓建筑中的公共厨房和其他建筑内的厨房；

4）附设在住宅建筑内的机动车库。

（21）建筑内的防火隔墙应从楼地面基层隔断至梁、楼板或屋面板的底面基层。住宅分户墙和单元之间的墙应隔断至梁、楼板或屋面板的底面基层，屋面板的耐火极限不应低于0.50h。

（22）除《建筑设计防火规范》另有规定外，建筑外墙上、下层开口之间应设置高度不小于1.2m的实体墙或挑出宽度不小于1.0m、长度不小于开口宽度的防火挑檐。当室内设置自动喷水灭火系统时，上、下层开口之间的实体墙不应小于0.8m。当上、下层开口之间设置实体墙确有困难时，可设置防火玻璃墙，但高层建筑的防火玻璃墙的耐火完整性不应低于1.00h，单、多层建筑的防火玻璃墙的耐火完整性不应低于0.50h。外窗的耐火完整性不应低于防火玻璃墙的耐火完整性要求。

住宅建筑外墙上相邻户开口之间的墙体宽度不应小于1.0m；小于1.0m时，应在开口之间设置突出外墙不小于0.6m的隔板。

实体墙、防火挑檐和隔板的耐火极限和燃烧性能，均不应低于相应耐火等级建筑外墙的要求。

（23）建筑幕墙应在每层楼板外沿处采取符合上述第"22"项（即《建筑设计防火规范》第6.2.5条）的防火措施，幕墙与每层楼板、隔墙处的缝隙应采用防火封堵材料封堵。

（24）附设在建筑内的消防控制室、灭火设备室、消防水泵房和通风空气调节机房、变配电室等，应采用耐火极限不低于2.00h的防火隔墙和1.50h的楼板与其他部位分隔。

通风空气调节机房和变配电室开向建筑内的门应采用甲级防火门，消防控制室和其他设备房间开向建筑内的门应采用乙级防火门。

（25）设置火灾自动报警系统和自动灭火系统、机械防（排）烟设施的建筑（群）应设置消防控制室。消防控制室的布置应符合下列规定：

1) 单独建造的消防控制室，其耐火等级不应低于二级；

2) 附设在建筑内的消防控制室，宜设置在建筑内首层或地下一层，并宜布置在靠外墙部位；

3) 不应设置在电磁场干扰较强及其他可能影响消防控制设备正常工作的房间附近；

4) 疏散门应直通室外或安全出口；

5) 应采取防水淹的技术措施。

(26) 消防水泵房的布置应符合下列规定：

1) 单独建造的消防水泵房，其耐火等级不应低于二级；

2) 附设在建筑内的消防水泵房，不应设置在地下三层及以下或室内地面与室外出入口地坪高差大于10m的地下楼层；

3) 疏散门应直通室外或安全出口；

4) 应采取防水淹的技术措施。

(27) 建筑内的电梯井等竖井应符合下列规定：

1) 电梯井应独立设置，井内严禁敷设可燃气体和甲、乙、丙类液体管道，不应敷设与电梯无关的电缆、电线等。电梯井的井壁除设置电梯门、安全逃生门和通气孔洞外，不应设置其他开口；

2) 电缆井、管道井、排烟道、排气道、垃圾道等竖向井道，应分别独立设置。井壁的耐火极限不应低于1.00h，井壁上的检查门应采用丙级防火门；

3) 建筑内的电缆井、管道井应在每层楼板处采用不低于楼板耐火极限的不燃材料或防火封堵材料封堵。

建筑内的电缆井、管道井与房间、走道等相连通的孔隙应采用防火封堵材料封堵；

4) 建筑内的垃圾道宜靠外墙设置，垃圾道的排气口应直接开向室外，垃圾斗应采用不燃材料制作，并应能自行关闭。

5) 电梯层门的耐火极限不应低于1.00h，并应符合现行国家标准《电梯层门耐火试验　完整性、隔热性和热通量测定法》GB/T 27903规定的完整性和隔热性要求。

(28) 户外广告牌的设置不应遮挡建筑的外窗，不应影响外部灭火救援行动。

(29) 在三、四级耐火等级建筑的闷顶内采用可燃材料作绝热层时，屋顶不应采用冷摊瓦。

闷顶内的非金属烟囱周围0.5m、金属烟囱0.7m范围内，应采用不燃材料作绝热层。

(30) 层数超过2层的三级耐火等级建筑内的闷顶，应在每个防火隔断范围内设置老虎窗，且老虎窗的间距不宜大于50m。

(31) 内有可燃物的闷顶，应在每个防火隔断范围内设置净宽度和净高度均不小于0.7m×0.7m的闷顶入口；对于公共建筑，每个防火隔断范围内的闷顶入口不宜少于2个。闷顶入口宜布置在走廊中靠近楼梯间的部位。

(32) 变形缝内的填充材料和变形缝的构造基层应采用不燃材料。

电线、电缆、可燃气体和甲、乙、丙类液体的管道不宜穿过建筑内的变形缝，确需穿过时，应在穿过处加设不燃材料制作的套管或采取其他防变形措施，并应采用防火封堵材料封堵。

（33）防烟、排烟、供暖、通风和空气调节系统中的管道及建筑内的其他管道，在穿越防火隔墙、楼板和防火墙处的孔隙应采用防火封堵材料封堵。

风管穿过防火隔墙、楼板和防火墙时，穿越处风管上的防火阀、排烟防火阀两侧各2.0m范围内的风管应采用耐火风管或风管外壁应采取防火保护措施，且耐火极限不应低于该防火分隔体的耐火极限。

（34）建筑内受高温或火焰作用易变形的管道，在其贯穿楼板部位和穿越防火隔墙的两侧宜采取阻火措施。

（35）建筑屋顶上的开口与邻近建筑或设施之间，应采取防止火灾蔓延的措施。

（36）建筑的疏散楼梯间，包括防烟楼梯间及其前室、封闭楼梯间、防火隔间、疏散走道和避难走道等均有一定的防火分隔要求，见第七章的有关内容。

（37）天桥、跨越房屋的栈桥，均应采用不燃材料。

（38）封闭天桥、栈桥与建筑物连接处的门洞，均宜采取防止火势蔓延的措施。

（39）连接两座建筑物的天桥、连廊，应采取防止火灾在两座建筑间蔓延的措施。当仅供通行的天桥、连廊采用不燃材料，且建筑物通向天桥、连廊的出口符合安全出口的要求时，该出口可作为安全出口。

（40）建筑高度大于54m的住宅建筑，每户应有一间房间符合下列规定：

1）应靠外墙设置，并应设置可开启外窗；

2）内、外墙体的耐火极限不应低于1.00h，该房间门应具有防烟性能，其耐火完整性不宜低于1.00h，外窗的耐火完整性不宜低于1.00h。

（41）下列部位宜设置水幕系统：

1）特等、甲等剧场，超过1500个座位的其他等级的剧场，超过2000个座位的会堂或礼堂，高层民用建筑内超过800个座位的剧场或礼堂的舞台口及上述场所内与舞台相连的侧台、后台的洞口；

2）应设置防火墙等防火分隔物而无法设置的局部开口部位；

3）需要防护冷却的防火卷帘或防火幕的上部。

注：舞台口也可采用防火幕进行分隔，侧台、后台的较小洞口宜设置乙级防火门、窗。

（42）可燃气体管道和甲、乙、丙类液体管道不应穿过通风机房和通风管道，且不应紧贴通风管道的外壁敷设。

（43）供暖管道不应穿过存在与供暖管道接触能引起燃烧或爆炸的气体、蒸气或粉尘的房间，确需穿过时，应采用不燃材料隔热。

（44）建筑内供暖管道和设备的绝热材料宜采用不燃材料，不得采用可燃材料。

（45）通风空气调节系统，横向宜按防火分区设置，竖向不宜超过5层。当管道设置防止回流设施或防火阀时，管道布置可不受此限制。竖向风管应设置在管井内。

（46）通风、空气调节系统的风管在下列部位应设置公称动作温度为70℃的防火阀：

1）穿越防火分区处；

2）穿越通风、空气调节机房的房间隔墙和楼板处；

3）穿越重要或火灾危险性大的场所的房间隔墙和楼板处；

4）穿越防火分隔处的变形缝两侧；

5）竖向风管与每层水平风管交接处的水平管段上。

注：当建筑内每个防火分区的通风、空气调节系统均独立设置时，水平风管与竖向总管的交接处可不设置防火阀。

二、厂房和仓库的防火分隔和平面布置

（1）甲、乙类生产场所（仓库）不应设置在地下或半地下。

（2）员工宿舍严禁设置在厂房内。

办公室、休息室等不应设置在甲、乙类厂房内，确需贴邻本厂房时，其耐火等级不应低于二级，并应采用耐火极限不低于 3.00h 的防爆墙与厂房分隔，且应设置独立的安全出口。

办公室、休息室设置在丙类厂房内时，应采用耐火极限不低于 2.50h 的防火隔墙和 1.00h 的楼板与其他部位分隔，并应至少设置 1 个独立的安全出口。如隔墙上需开设相互连通的门时，应采用乙级防火门。

防爆墙应根据生产部位可能产生的爆炸超压值、泄压面积大小、爆炸的概率与建筑成本等综合考虑进行设计，可选用钢筋混凝土墙、配筋砖墙等，参见国标图集 14J938《抗爆、泄爆门窗及屋盖、墙体建筑构造》。

（3）厂房内设置中间仓库时，应符合下列规定：

1）甲、乙类中间仓库应靠外墙布置，其储量不宜超过 1 昼夜的需要量；

2）甲、乙、丙类中间仓库应采用防火墙和耐火极限不低于 1.50h 的不燃性楼板与其他部位分隔；

3）设置丁、戊类仓库时，应采用耐火极限不低于 2.00h 的防火隔墙和 1.00h 的楼板与其他部位分隔；

4）仓库的耐火等级和面积应符合表 6-12 的规定。

（4）厂房中的丙类液体中间储罐应设置在单独房间内，其容量不应大于 5m³。设置中间储罐的房间，应采用耐火极限不低于 3.00h 的防火隔墙和 1.50h 的楼板与其他部位分隔，房间门应采用甲级防火门。

（5）变、配电站不应设置在甲、乙类厂房内或贴邻，且不应设置在爆炸性气体、粉尘环境的危险区域内。供甲、乙类厂房专用的 10kV 及以下的变、配电站，当采用无门、窗、洞口的防火墙分隔时，可一面贴邻，并应符合现行国家标准《爆炸危险环境电力装置设计规范》GB 50058 等标准的规定。

乙类厂房的配电站确需在防火墙上开窗时，应采用甲级防火窗。

（6）员工宿舍严禁设置在仓库内。

办公室、休息室等严禁设置在甲、乙类仓库内，也不应贴邻。

办公室、休息室设置在丙、丁类仓库内时，应采用耐火极限不低于 2.50h 的防火隔墙和 1.00h 的楼板与其他部位分隔，并应设置独立的安全出口。隔墙上需开设相互连通的门时，应采用乙级防火门。

（7）物流建筑的防火设计应符合下列规定：

1）当建筑功能以分拣、加工等作业为主时，应按有关厂房的规定确定，其中仓储部分应按中间仓库确定；

2）当建筑功能以仓储为主或建筑难以区分主要功能时，应按有关仓库的规定确定，

但当分拣等作业区采用防火墙与储存区完全分隔时，作业区和储存区的防火要求可分别按有关厂房和仓库的规定确定。其中，当分拣等作业区采用防火墙与储存区完全分隔且符合下列条件时，除自动化控制的丙类高架仓库外，储存区的防火分区最大允许建筑面积和储存区部分建筑的最大允许占地面积，可按表6-12（不含注）的规定增加3.0倍：

　　① 储存除可燃液体、棉、麻、丝、毛及其他纺织品、泡沫塑料等物品外的丙类物品且建筑的耐火等级不低于一级；

　　② 储存丁、戊类物品且建筑的耐火等级不低于二级；

　　③ 建筑内全部设置自动喷水灭火系统和火灾自动报警系统。

　　（8）甲、乙类厂房（仓库）内不应设置铁路线。

　　需要出入蒸汽机车和内燃机车的丙、丁、戊类厂房（仓库），其屋顶应采用不燃材料或采取其他防火措施。

　　（9）冷库采用泡沫塑料、稻壳等可燃材料作墙体内的绝热层时，宜采用不燃绝热材料在每层楼板处做水平防火分隔。防火分隔部位的耐火极限不应低于楼板的耐火极限。

　　冷库阁楼层和墙体的可燃绝热层宜采用不燃性墙体分隔。

　　（10）建筑内的下列部位应采用耐火极限不低于2.00h的防火隔墙与其他部位分隔，墙上的门、窗应采用乙级防火门、窗，确有困难时，可采用防火卷帘，但应符合防火分隔的有关规定：

　　1）甲、乙类生产部位和建筑内使用丙类液体的部位；

　　2）厂房内有明火和高温的部位；

　　3）甲、乙、丙类厂房（仓库）内布置有不同火灾危险性类别的房间。

　　（11）建筑内的防火隔墙应从楼地面基层隔断至梁、楼板或屋面板的底面基层。

　　（12）除《建筑设计防火规范》另有规定外，建筑外墙上、下层开口之间应设置高度不小于1.2m的实体墙或挑出宽度不小于1.0m、长度不小于开口宽度的防火挑檐。当室内设置自动喷水灭火系统时，上、下层开口之间的实体墙不应小于0.8m。当上、下层开口之间设置实体墙确有困难时，可设置防火玻璃墙，但高层建筑的防火玻璃墙的耐火完整性不应低于1.00h，单、多层建筑的防火玻璃墙的耐火完整性不应低于0.50h。外窗的耐火完整性不应低于防火玻璃墙的耐火完整性要求。

　　实体墙、防火挑檐和隔板的耐火极限和燃烧性能，均不应低于相应耐火等级建筑外墙的要求。

　　（13）建筑幕墙应在每层楼板外沿处采取符合以上第"12"项中的防火措施，幕墙与每层楼板、隔墙处的缝隙应采用防火封堵材料封堵。

　　（14）附设在建筑内的消防控制室、灭火设备室、消防水泵房和通风空气调节机房、变配电室等，应采用耐火极限不低于2.00h的防火隔墙和1.50h的楼板与其他部位分隔。

　　设置在丁、戊类厂房内的通风机房，应采用耐火极限不低于1.00h的防火隔墙和0.50h的楼板与其他部位分隔。

　　通风空气调节机房和变配电室开向建筑内的门应采用甲级防火门，消防控制室和其他设备房间开向建筑内的门应采用乙级防火门。

　　（15）设置火灾自动报警系统和需要联动控制的消防设备建筑（群）应设置消防控制室。消防控制室的布置应符合下列规定：

1）单独建造的消防控制室，其耐火等级不应低于二级；

2）附设在建筑内的消防控制室，宜设置在建筑内首层或地下一层，并宜布置在靠外墙部位；

3）不应设置在电磁场干扰较强及其他可能影响消防控制设备正常工作的房间附近；

4）疏散门应直通室外或安全出口；

5）应采取防水淹的技术措施。

（16）消防水泵房的布置应符合下列规定：

1）单独建造的消防水泵房，其耐火等级不应低于二级；

2）附设在建筑内的消防水泵房，不应设置在地下三层及以下或室内地面与室外出入口地坪高差大于 10m 的地下楼层；

3）疏散门应直通室外或安全出口；

4）应采取防水淹的技术措施。

（17）建筑内的电梯井等竖井应符合下列规定：

1）电梯井应独立设置，井内严禁敷设可燃气体和甲、乙、丙类液体管道，不应敷设与电梯无关的电缆、电线等。电梯井的井壁除设置电梯门、安全逃生门和通气孔洞外，不应设置其他开口；

2）电缆井、管道井、排烟道、排气道、垃圾道等竖向井道，应分别独立设置。井壁的耐火极限不应低于 1.00h，井壁上的检查门应采用丙级防火门；

3）建筑内的电缆井、管道井应在每层楼板处采用不低于楼板耐火极限的不燃材料或防火封堵材料封堵。

建筑内的电缆井、管道井与房间、走道等相连通的孔隙应采用防火封堵材料封堵；

4）建筑内的垃圾道宜靠外墙设置，垃圾道的排气口应直接开向室外，垃圾斗应采用不燃材料制作，并应能自行关闭。

5）电梯层门的耐火极限不应低于 1.00h，并应符合现行国家标准《电梯层门耐火试验　完整性、隔热性和热通量测定法》GB/T 27903 规定的完整性和隔热性要求。

（18）户外广告牌的设置不应遮挡建筑的外窗，不应影响外部灭火救援行动。

（19）在三、四级耐火等级建筑的闷顶内采用可燃材料作绝热层时，屋顶不应采用冷摊瓦。闷顶内的非金属烟囱周围 0.5m、金属烟囱 0.7m 范围内，应采用不燃材料作绝热层。

（20）层数超过 2 层的三级耐火等级建筑内的闷顶，应在每个防火隔断范围内设置老虎窗，且老虎窗的间距不宜大于 50m。

（21）内有可燃物的闷顶，应在每个防火隔断范围内设置净宽度和净高度均不小于 0.7m×0.7m 的闷顶入口。闷顶入口宜布置在走廊中靠近楼梯间的部位。

（22）变形缝内的填充材料和变形缝的构造基层应采用不燃材料。

电线、电缆、可燃气体和甲、乙、丙类液体的管道不宜穿过建筑内的变形缝，确需穿过时，应在穿过处加设不燃材料制作的套管或采取其他防变形措施，并应采用防火封堵材料封堵。

（23）防烟、排烟、供暖、通风和空气调节系统中的管道及建筑内的其他管道，在穿越防火隔墙、楼板和防火墙处的孔隙应采用防火封堵材料封堵。

风管穿过防火隔墙、楼板和防火墙时，穿越处风管上的防火阀、排烟防火阀两侧各

2.0m范围内的风管应采用耐火风管或风管外壁应采取防火保护措施，且耐火极限不应低于该防火分隔体的耐火极限。

（24）建筑内受高温或火焰作用易变形的管道，在其贯穿楼板部位和穿越防火隔墙的两侧宜采取阻火措施。

（25）建筑屋顶上的开口与邻近建筑或设施之间，应采取防止火灾蔓延的措施。

（26）建筑的疏散楼梯间，包括防烟楼梯间及其前室、封闭楼梯间、防火隔间、疏散走道和避难走道等均应有一定的防火分隔要求，见第七章的有关内容。

（27）天桥、跨越房屋的栈桥以及供输送可燃材料、可燃气体和甲、乙、丙类液体的栈桥，均应采用不燃材料。

（28）输送有火灾、爆炸危险物质的栈桥不应兼作疏散通道。

（29）封闭天桥、栈桥与建筑物连接处的门洞以及敷设甲、乙、丙类液体管道的封闭管沟（廊），均宜采取防止火势蔓延的措施。

（30）连接两座建筑物的天桥、连廊，应采取防止火灾在两座建筑间蔓延的措施。当仅供通行的天桥、连廊采用不燃材料，且建筑物通向天桥、连廊的出口符合安全出口的要求时，该出口可作为安全出口。

（31）下列部位宜设置水幕系统：

1）应设置防火墙等防火分隔物而无法设置的局部开口部位；

2）需要防护冷却的防火卷帘或防火幕的上部。

（32）可燃气体管道和甲、乙、丙类管道不应穿过通风机房和通风管道，且不应紧贴通风管道的外壁敷设。

（33）供暖管道不应穿过存在与供暖管道接触能引起燃烧或爆炸的气体、蒸气或粉尘的房间，确需穿过时，应采用不燃材料隔热。

（34）建筑内供暖管道和设备的绝热材料应符合下列规定：

1）对于甲、乙类厂房（仓库），应采用不燃材料；

2）对于其他建筑，宜采用不燃材料，不得采用可燃材料。

（35）通风空气调节系统，横向宜按防火分区设置，竖向不宜超过5层。当管道设置防止回流设施或防火阀时，管道布置可不受此限制。竖向风管应设置在管井内。

（36）厂房内有爆炸危险场所的排风管道，严禁穿过防火墙和有爆炸危险的房间隔墙。

（37）通风、空气调节系统的风管在下列部位应设置公称动作温度为70℃的防火阀：

1）穿越防火分区处；

2）穿越通风、空气调节机房的房间隔墙和楼板处；

3）穿越重要或火灾危险性大的场所的房间隔墙和楼板处；

4）穿越防火分隔处的变形缝两侧；

5）竖向风管与每层水平风管交接处的水平管段上。

注：当建筑内每个防火分区的通风、空气调节系统均独立设置时，水平风管与竖向总管的交接处可不设置防火阀。

（38）关于厂房和仓库的防爆分隔和布置见第九章相关内容。

三、木结构建筑的防火分隔和平面布置

（1）老年人建筑的住宿部分，托儿所、幼儿园的儿童用房和活动场所设置在木结构建

筑内时，应布置在首层或二层。

商店、体育馆和丁、戊类厂房（库房）应采用单层木结构建筑，并宜采用胶合木结构。

（2）除住宅建筑外，建筑内发电机间、配电间、锅炉间的设置及防火要求应符合平面布置和建筑构造的有关要求。

（3）设置在木结构住宅建筑内的机动车库、发电机间、配电间、锅炉间，应采用耐火极限不低于 2.00h 的防火隔墙和 1.00h 的不燃性楼板与其他部位分隔，不宜开设与室内相通的门、窗、洞口，确需开设时，可开设一樘不直通卧室的单扇乙级防火门。机动车库的建筑面积不宜大于 60m²。

（4）管道、电气线路敷设在墙体内或穿过楼板、墙体时，应采取防火保护措施，与墙体、楼板之间的缝隙应采用防火封堵材料填塞密实。

住宅建筑内厨房的明火或高温部位及排油烟管道等，应采用防火隔热措施。

（5）木结构墙体、楼板及封闭吊顶或屋顶下的密闭空间内应采取防火分隔措施，且水平分隔长度或宽度不应大于 20m，建筑面积不应大于 300m²，墙体的竖向分隔高度不应大于 3m。

轻型木结构建筑的每层楼梯梁处应采取防火分隔措施。

（6）木结构建筑组合建造时，防火分隔和布置应符合下列规定：

1）竖向组合建造时，木结构部分的层数不应超过 3 层并应设置在建筑的上部，木结构部分与其他结构部分宜采用耐火极限不低于 1.00h 的不燃性楼板分隔。

水平组合建造时，木结构部分与其他结构部分宜采用防火墙分隔。

2）当木结构部分与其他结构部分之间按本条第 1 款的规定进行了防火分隔时，木结构部分和其他部分的防火设计，可分别执行《建筑设计防火规范》对木结构建筑和其他结构建筑的规定；其他情况，建筑的防火设计应执行《建筑设计防火规范》有关木结构建筑的规定。

（7）木结构建筑的其他防火设计应执行《建筑设计防火规范》GB 50016 有关四级耐火等级建筑的规定，防火构造要求除应符合《建筑设计防火规范》GB 50016 的规定外，尚应符合现行国家标准《木结构设计规范》GB 50005 等标准的规定。

四、玻璃幕墙等特殊情况的防火分隔

（一）玻璃幕墙的防火分隔

玻璃幕墙作为一种新型建筑构件，以其自重轻、装饰艺术效果好及便于施工等优点，越来越多地被应用在高层建筑及大型公共建筑之中。但是，玻璃幕墙用大片的玻璃作建筑物的围护墙，而且多采用全封闭式，因此，一旦建筑发生火灾，火势蔓延的危险性很大。玻璃幕墙的火灾危险性主要表现在：一是建筑一旦发生火灾时，室内温度急剧上升，用作幕墙的玻璃在火灾初期由于温度应力的作用即会炸裂破碎，导致火灾由建筑外部向上蔓延。一般幕墙玻璃在 250℃ 左右即会炸裂，使大面积的玻璃幕墙成为火势向上蔓延的重要途径；二是垂直的玻璃幕墙与水平楼板之间的缝隙是火灾发生时烟火扩散的路径。由于建筑构造的要求，在幕墙和楼板之间留有较大的缝隙，若对其没有进行密封或密封不好，烟火就会由此向上层扩散，造成蔓延。

为了防止建筑发生火灾时通过玻璃幕墙造成大面积蔓延，在设置玻璃幕墙时应符合下列防火要求：

（1）在每层楼板外沿处建筑外墙上、下层开口之间设置高度不小于 1.2m 的实体墙或挑出宽度不小于 1.0m、长度不小于开口宽度的防火挑檐。当室内设置自动喷水灭火系统时，上、下层开口之间的实体墙不应小于 0.8m。

（2）高层建筑的防火玻璃墙的耐火完整性不应低于 1.00h，单、多层建筑的防火玻璃墙的耐火完整性不应低于 0.50h。外窗的耐火完整性不应低于防火玻璃墙的耐火完整性要求。

（3）实体墙、防火挑檐和隔板的耐火极限和燃烧性能，均不应低于相应耐火等级建筑外墙的要求。注意建筑幕墙在防火墙处的防火分隔要求应符合防火墙设置的有关要求。

（4）建筑幕墙与每层楼板、隔墙处的缝隙应采用防火封堵材料封堵。

防火封堵材料可以是不燃材料，如玻璃棉、硅酸铝棉等，也可以是难燃材料。如采用难燃材料，应保证其在火焰或高温作用下除能发生膨胀变形外，并具有一定的耐火性能。防火封堵材料均要符合国家有关标准《防火膨胀密封件》GB 16807 和《防火封堵材料的性能要求和试验方法》GA 161 等的要求。

（二）中庭的防火分隔

中庭是一种具有室外自然环境美的室内共享空间，它是以大型建筑内部上下楼层贯通的大空间为核心而建造的一种特殊建筑型式。从防火角度看，中庭贯通数个楼层，甚至从首层直通到顶层，四周与建筑物楼层的廊道或窗口相连接，其开口大，与周围空间相互连通，是火灾竖向蔓延的主要通道。火灾发生时，烟和热气流会很快从开口部位侵入到上层建筑内，对上层人员的疏散和火灾扑救带来许多困难。

根据中庭的特点，《建筑设计防火规范》GB 50016 规定的防火技术措施是：建筑内设置中庭时，其防火分区的建筑面积应按上、下层相连通的建筑面积叠加计算；当叠加计算后的建筑面积大于表 6-10 的规定值时，应符合下列规定：

（1）与周围连通空间应进行防火分隔：

采用防火隔墙时，其耐火极限不应低于 1.00h；

采用防火玻璃墙时，其耐火隔热性和耐火完整性不应低于 1.00h，采用耐火完整性不低于 1.00h 的非隔热性防火玻璃墙时，应设置自动喷水灭火系统进行保护；

采用防火卷帘时，其耐火极限不应低于 3.00h，并应符合防火卷帘的设置要求；

与中庭相通的门、窗，应采用火灾时能自行关闭的甲级防火门、窗；

（2）高层民用建筑内的中庭回廊应设置自动喷水灭火系统和火灾自动报警系统；

（3）中庭应设置排烟设施；

（4）中庭内不应布置可燃物。

图 6-14 为《建筑设计防火规范》GB 50016 规定的中庭防火示意图。对中庭采取上述防火措施后，中庭的防火分区面积则不按上、下层连通的面积叠加计算，这样就很容易满足防火分区的划分要求。

（三）自动扶梯的防火分隔

大型公共建筑内，常设有自动扶梯。自动扶梯不但体积庞大，而且往往成组设置，占地宽阔、开口大，发生火灾时容易通过之造成火势向上蔓延扩大，因此，建筑内设置自动

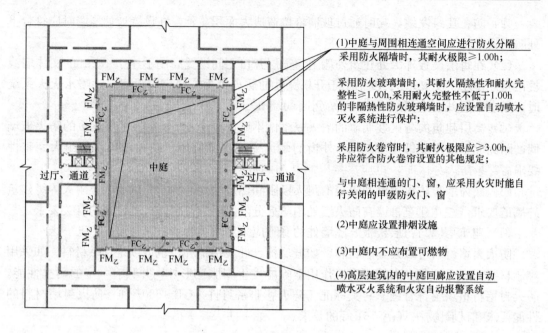

(1)中庭与周围相连通空间应进行防火分隔
采用防火隔墙时,其耐火极限≥1.00h;

采用防火玻璃墙时,其耐火隔热性和耐火完整性≥1.00h,采用耐火完整性不低于1.00h的非隔热性防火玻璃墙时,应设置自动喷水灭火系统进行保护;

采用防火卷帘时,其耐火极限应≥3.00h,并应符合防火卷帘设置的其他规定;

与中庭相连通的门、窗,应采用火灾时能自行关闭的甲级防火门、窗

(2)中庭应设置排烟设施

(3)中庭内不应布置可燃物

(4)高层建筑内的中庭回廊应设置自动喷水灭火系统和火灾自动报警系统

图 6-14　中庭防火平面示意图

扶梯时,其防火分区的建筑面积应按上、下层相连通的建筑面积叠加计算。当叠加计算后的建筑面积大于规定值时,应在自动扶梯的部位进行防火分隔。对自动扶梯进行防火分隔的方法有:

(1)在自动扶梯四周设置防火卷帘或在人流出入的两对面设防火卷帘,另外两对面设置固定防火墙(图 6-15、图 6-16)。

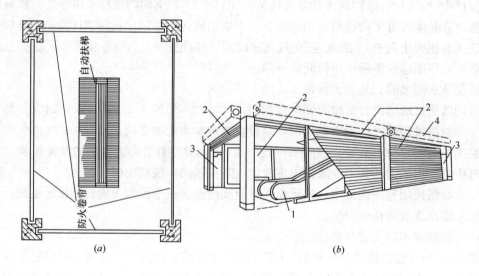

(a)   (b)

图 6-15　在自动扶梯四周设置防火卷帘示意图

1—自动扶梯;2—卷帘;3—自动关闭的防火门;4—吊顶内的转轴箱

(2)在自动扶梯四周设置防火水幕系统。自动扶梯是一个特殊的局部开口部位,当需要设置防火墙等防火分隔物而无法设置时,宜设置防火水幕系统进行防火分隔。

（四）风道、管线、电缆贯通部位的防火分隔

现代建筑中设置了大量的竖井和管道，有些管道相互连通、交叉，火灾时则会成为蔓延的通道。风道、管线、电缆等贯通防火分区的墙体、楼板时，会引起防火分区在贯通部位耐火性能降低，因此应尽量避免管道穿越防火分区。有些管线确需穿越防火分区时，也应尽量限制开洞的数量和面积。为了防止火灾从贯通部位蔓延，所用的风道、管线、电缆等要具有一定的耐火能力，并用不燃材料填塞管道与楼板、墙体之间的空隙，使烟火不得窜过防火分区。

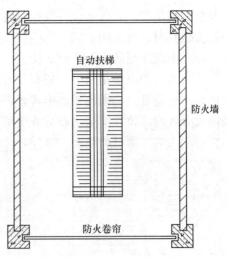

图 6-16　在自动扶梯四周设置防火卷帘和防火墙示意图

1. 规范规定的防火技术措施

为了防止风道、管线、电缆贯通等部位蔓延火灾，《建筑设计防火规范》GB 50016 规定了如下防火技术措施：

（1）建筑内的电缆井、管道井应在每层楼板处采用不低于楼板耐火极限的不燃材料或防火封堵材料封堵。

建筑内的电缆井、管道井与房间、走道等相连通的孔隙应采用防火封堵材料封堵。

（2）防烟、排烟、供暖、通风和空气调节系统中的管道及建筑内的其他管道，在穿越防火隔墙、楼板和防火墙处的孔隙应采用防火封堵材料封堵。

风管穿过防火隔墙、楼板和防火墙时，穿越处风管上的防火阀、排烟防火阀两侧各2.0m 范围内的风管应采用耐火风管或风管外壁应采取防火保护措施，且耐火极限不应低于该防火分隔体的耐火极限。

（3）木结构建筑中，管道、电气线路敷设在墙体内或穿过楼板、墙体时，应采取防火保护措施，与墙体、楼板之间的缝隙应采用防火封堵材料填塞密实。

2. 防火分隔构造

（1）风道贯通防火分区时防火构造

空调、通风管道一旦窜入烟火，就会导致火灾在大范围蔓延。因此，在风道贯通防火分区的部位（例如防火墙处），必须设置防火阀门。防火阀在火灾时由高温熔断装置或自动关闭装置关闭。为了有效地防止火灾蔓延，防火阀门应该有较高的气密性。此外，防火阀门应该可靠地固定在墙体上，防止火灾时因阀门受热、变形面脱落。同时，还要用水泥砂浆紧密堵塞贯通的孔洞空隙。

（2）管道穿越防火墙、楼板时的构造

防火阀门在防火墙和楼板处应用水泥砂浆严密封堵，为安装结实可靠，阀门外壳可焊接短钢筋，以便与墙体、楼板可靠结合。

对于贯通防火分区的给水排水、通风、电缆等管道，也要与楼板或防火墙等可靠固定，并用水泥砂浆或石棉等紧密堵塞管道与楼板、防火墙之间空隙，防止烟、热气流窜过防火分区。

当管道穿越防火墙、楼板时，若管道不允许有位移，则管道周围缝隙应采用不燃烧胶

结材料勾缝填实；若管道允许有少量位移时，宜采用膨胀性不燃烧材料堵塞；若管道允许有较大位移时，宜采用矿棉、岩棉或硅酸铝棉等松散不燃烧的纤维物堵塞。

（3）电缆穿越防火分区时的构造

当建筑内的电缆是用电缆架布线时，因电缆保护层的燃烧，可能导致火灾从贯通防火分区的部位蔓延。电缆比较集中或者用电缆架布线时，危险性则特别大。因此，在电缆贯通防火分区的部位，应采用石棉或玻璃纤维等堵塞空隙，两侧再用石棉硅酸钙板覆盖，然后再用耐火的封面材料覆面。这样，可以截断电缆保护层的燃烧和蔓延。

第七章 建筑安全疏散和避难设计

第一节 概 述

安全疏散和避难设计是建筑防火设计的一项重要内容。在进行安全疏散和避难设计时，应考虑建筑的规模、使用性质、重要性、耐火等级、生产和储存物品的火灾危险性、容纳人数及火灾时人的心理状态和行为等因素，合理设置安全疏散和避难设施，确保建筑一旦发生火灾时人员的生命安全和财产安全。

一、火灾时人的心理与行为

在布置安全疏散路线时，必须充分考虑火灾时人们在异常心理状态下的行动特点，在此基础上作出相应的设计，达到确保疏散安全可靠的目的。发生火灾时，疏散人员的心理状态与行动特点见表 7-1。

疏散人员的心理与行动　　　　　　　　　　　　　　表 7-1

(1) 向经常使用的出入口、楼梯避难	在旅馆、剧场内一般总是朝进来的出入口或走过的楼梯避难，而很少使用不熟悉的出入口或楼梯；就连在自己的住处也是要从常用的楼梯去避难。只有当这一退路被火焰、烟气封闭了时，才不得不另寻其他退路
(2) 习惯于向明亮的方向避难	人具有朝着光明处行动的习性，以明亮的方向为行动的目标。例如，在旅馆、饭店等建筑内，假设从房间内出来后走廊里充满了烟雾，这时如果一个方向黑暗，相反方向明亮，就要向明亮的方向避难
(3) 以开阔空间为行动目标	这一点，与上述趋向明亮处的心理属于同一性质。在饭店火灾及其他火灾中，常常可以遇到这方面的实例
(4) 对烟火怀有恐惧心理	对于红色火焰怀有恐惧心理是动物的一般习性。人一旦被烟火包围则不知所措，因此，即使在安全之处，亦要逃向相反的方向
(5) 因危险迫近而陷入极度慌乱中时可能会逃向狭小角落	在出现死亡事故的火灾中，常常可看到缩在房角、厕所或者把头插进橱柜而死亡的例子
(6) 越慌乱越容易随从他人	人在极度慌乱之中，往往会失去正常判断能力，于是一旦他人有行动，便马上追随
(7) 紧急情况下能发挥出预想不到的力量	遇到紧急情况时，失去了正常的理智行动，把全部精力集中在应付紧急情况上，有时面临紧急情况，会做出平时预想不到的举动。例如，遭遇火灾时往往从高处跳下，这方面的例子很多

二、疏散设施的布置和疏散路线要求

(1) 疏散路线要简捷明了，便于寻找、辨别。考虑到紧急疏散时人们缺乏思考疏散方

法的能力和时间紧迫,所以疏散路线要简捷,易于辨认,并须设置简明易懂、醒目易见的疏散指示标志。

(2) 疏散路线要做到步步安全。疏散路线一般可分为四个阶段:第一阶段是从着火房间内到房间门口;第二阶段是公共走道中的疏散;第三阶段是在楼梯间内的疏散;第四阶段为出楼梯间到室外等安全区域的疏散。这四个阶段必须是步步走向安全,以保证不出现"逆流"。疏散路线的尽端必须是安全区域。

(3) 疏散路线设计要符合人们的习惯要求。人们在紧急情况下,习惯走平常熟悉的路线,因此在布置疏楼梯的位置时,将其靠近经常使用的电梯间布置,使经常使用的路线与火灾时紧急使用的路线有机地结合起来,则很有利于迅速而安全地疏散人员。此外,要利用明显的标志引导人们走向安全的疏散路线。

(4) 尽量不使疏散路线和扑救路线相交叉,避免相互干扰。疏散楼梯不宜与消防电梯共用一个前室,因为两者共用前室时,会造成疏散人员和扑救人员相撞,妨碍安全疏散和消防扑救。

(5) 疏散走道不要布置成不甚畅通的"S"形或"U"形,也不要有变化宽度的平面,走道上方不能有妨碍安全疏散的突出物,下面不能有突然改变地面标高的踏步。

(6) 在建筑物内任何部位最好同时有两个或两个以上的疏散方向可供疏散。袋形走道只有一个疏散方向,火灾时一旦出口被烟火堵住,其走道内的人员就很难安全脱险,因此,应避免把疏散走道布置成袋形。

(7) 合理设置各种安全疏散设施,做好其构造等设计。例如,设计疏散楼梯时要确定好其数量、布置位置、形式等,其防火分隔、楼梯宽度以及其他构造都要满足规范的有关要求,确保其在建筑发生火灾时充分发挥作用,保证人员疏散安全。

第二节　疏散楼梯间和疏散楼梯等设施

一、疏散楼梯构造和型式

疏散楼梯是供人员在火灾紧急情况下安全疏散所用的楼梯。其按型式和防烟火作用可分为防烟楼梯、封闭楼梯、室外疏散楼梯、敞开楼梯,其中防烟楼梯防烟火作用、安全疏散程度最高,而敞开楼梯最差。

(一) 防烟楼梯间

1. 定义和设置要求

防烟楼梯间,系指在楼梯间入口处设置防烟的前室、开敞式阳台或凹廊(统称前室)等设施,且通向前室和楼梯间的门均为乙级防火门,以防止火灾的烟和热气进入的楼梯间。

防烟楼梯间应符合以下要求:

(1) 楼梯间和前室应设置防烟设施。

(2) 前室可与消防电梯间前室合用。

(3) 前室的使用面积:公共建筑、高层厂房(仓库),不应小于 $6.0m^2$;住宅建筑,不应小于 $4.5m^2$。

　　与消防电梯间合用前室时，合用前室的使用面积：公共建筑、高层厂房（仓库），不应小于 10.0m²；住宅建筑，不应小于 6.0m²。

　　（4）疏散走道通向前室以及前室通向楼梯间的门应采用乙级防火门。

　　（5）除住宅建筑的楼梯间前室外，防烟楼梯间和前室内的墙上不应开设除疏散门和送风口外的其他门、窗、洞口。

　　（6）楼梯间的首层可将走道和门厅等包括在楼梯间前室内形成扩大的前室，但应采用乙级防火门等与其他走道和房间分隔，如图 7-1 所示。

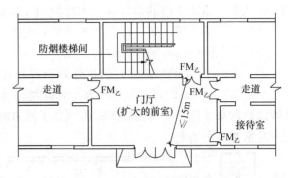

图 7-1　防烟楼梯间首层可形成的扩大的前室

　　（7）楼梯间宜靠外墙设置。靠外墙设置时，楼梯间、前室及合用前室外墙上的窗口与两侧的门、窗、洞口最近边缘的水平距离不应小于 1.0m。

　　（8）楼梯间内不应设置烧水间、可燃材料储藏室、垃圾道。

　　（9）楼梯间内不应有影响疏散的凸出物或其他障碍物。

　　（10）封闭楼梯间、防烟楼梯间及前室，不应设置卷帘。

　　（11）楼梯间内不应设置甲、乙、丙类液体管道。

　　（12）封闭楼梯间、防烟楼梯间及前室内禁止穿过或设置可燃气体管道。

　　所谓前室，是设置在建筑疏散走道与楼梯间或消防电梯间之间的具有防火、防烟、缓解疏散压力和方便实施灭火战斗展开的空间。前室是进入楼梯前的空间，可以理解为具有防火功能的楼梯厅，疏散时必须经过前室再到达楼梯间。前室有三类，防烟楼梯间的前室、消防电梯间的前室和两者的合用前室。

　　防烟楼梯间前室不仅起防烟火作用，还可以使不能同时进入楼梯间的人，在前室内做短暂的等待，以减缓楼梯间的拥挤程度。

　　2. 防烟楼梯间构造和型式

　　（1）带开敞前室的疏散楼梯间

　　这种楼梯间的特点是以阳台或凹廊作前室，疏散人员必须通过开敞的前室和两道乙级防火门，才能进入封闭的楼梯间内。其优点是自然风力能将随人流进入阳台或凹廊的烟气迅速排走，同时转折的路线也使烟火很难窜入楼梯间中，无须再设其他的排烟装置。因此，这是安全性很好、最为经济的一种防烟楼梯间类型。但是，它只有当楼梯间靠外墙时才有可能采用，故有一定的局限性。防烟楼梯间的设计型式如下：

　　1）用阳台作开敞前室（图 7-2）

　　图 7-2 的两种型式看来大致相同，但实际效果并不完全一样。第一种型

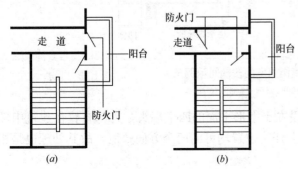

图 7-2　用阳台作开敞前室
(a) 第一种型式；(b) 第二种型式

式，人员疏散时必须通过阳台才能进入楼梯间，风可将窜入阳台的烟气立即吹走，且不受风向的影响，所以防烟、排烟的效果很好。第二种型式，人员疏散不通过阳台便进入楼梯间，窜入第一道防火门的烟气靠风力排除的效果较差。当风垂直吹向走道时，还有可能把烟压入楼梯间内，因而防、排烟的效果并不理想。

　　2）用凹廊作开敞前室（图7-3、图7-4）

　　图7-3、图7-4的型式除自然排烟效果都较好之外，在平面的布置上也各有特点。在图7-3及图7-4中，均将疏散楼梯和电梯厅结合布置，使经常使用的流线和火灾时的疏散路线结合起来。图7-4的疏散楼梯还配合了消防电梯，且两者之间有一定的分隔措施，对安全疏散都十分有利。

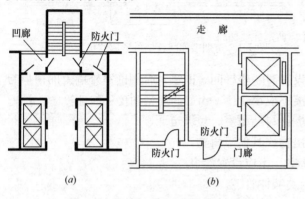

图 7-3　凹廊作前室的楼梯间示例一

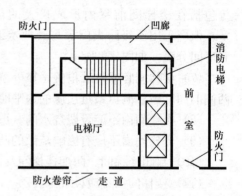

图 7-4　凹廊作前室的楼梯间示例二
（与消防电梯结合布置）

　　图7-5是某建筑的疏散楼梯间型式，它位于口字形平面的两对角，另两角一为结合消防电梯的疏散楼梯间，一为垂直疏散口，四者的搭配充分保证了疏散的安全可靠性。

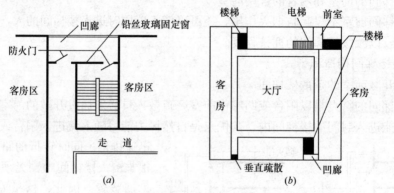

图 7-5　凹廊作前室的楼梯间示例三
（a）楼梯间；（b）楼梯间位置

　　图7-6是某旅馆的疏散楼梯间，它设在十字形平面的四个端头，且与布置在建筑中部并靠近电梯的疏散楼梯间相呼应，平面上任一位置均可向两个方向疏散，故其处理也是相当完善的。

　　（2）带封闭前室的疏散楼梯间

　　这种楼梯间的特点是，前室是采用具有一定防火性能的墙和乙级防火门封闭起来的。

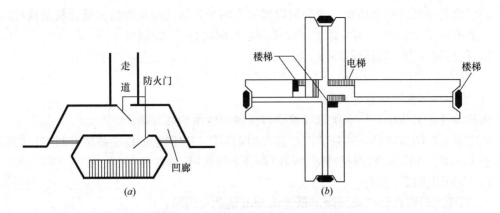

图 7-6　凹廊作前室的楼梯间示例四

(a) 楼梯间；(b) 楼梯间位置

与开敞前室的疏散楼梯间相比，其主要优点是既可靠外墙设置，亦可设在建筑内部，平面布置十分灵活且型式多样；缺点是排烟比较困难，位于内部的前室和楼梯间须设防、排烟装置，以此来排除侵入的烟气，不但设备复杂、经济性差，而且效果不易完全保证。当靠外墙时虽可利用窗口自然排烟，但受室外风向的影响较大，可靠性仍较差。

筒体结构的建筑常将电梯、楼梯、服务设施及管道系统布置在中央部分，周围则是人面积的主要用房，即采取核心式布置方式。由于其楼梯位于建筑内部，因而带封闭前室的型式对它特别适合。

带封闭前室的疏散楼梯间的一般型式如图 7-7 所示，它们均可布置在建筑内部。如果靠外墙时，应有向外开启的窗户，如图 7-8 所示。

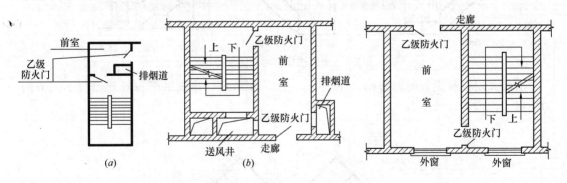

图 7-7　带封闭前室的楼梯间　　　　　图 7-8　带封闭前室的楼梯间

（靠外墙设排烟窗）

（3）剪刀楼梯间

剪刀楼梯也称之为叠合楼梯、交叉楼梯或套梯。它在同一楼梯间设置一对相互重叠，又互不相通的两个楼梯。在其楼梯间的梯段一般为单跑直梯段。剪刀楼梯最重要的特点是，在同一楼梯间里设置了两个楼梯，具有两条垂直方向疏散通道的功能。剪刀楼梯在平面设计中可利用较狭窄的空间，设置两部楼梯，这两部楼梯分属两个不同的防火分区，因而提高了建筑面积使用率。

建筑设计防火规范对高层公共建筑设置剪刀楼梯间所做的规定是：

　　高层公共建筑的疏散楼梯，当分散设置确有困难且从任一疏散门至最近疏散楼梯间入口的距离不大于 10m 时，可采用剪刀楼梯间，但应符合下列规定：

　　1）楼梯间应为防烟楼梯间；

　　2）梯段之间应设置耐火极限不低于 1.00h 的防火隔墙；

　　3）楼梯间的前室应分别设置。

　　建筑设计防火规范对住宅建筑设置剪刀楼梯间所做的规定是：

　　住宅单元的疏散楼梯，当分散设置确有困难且任一户门至最近疏散楼梯间入口的距离不大于 10m 时，可采用剪刀楼梯间，但应符合下列规定：

　　1）应采用防烟楼梯间；

　　2）梯段之间应设置耐火极限不低于 1.00h 的防火隔墙；

　　3）楼梯间的前室不宜共用；共用时，前室的使用面积不应小于 $6.0m^2$；

　　4）楼梯间的前室或共用前室不宜与消防电梯的前室合用；楼梯间的共用前室与消防电梯的前室合用时，合用前室的使用面积不应小于 $12.0m^2$，且短边不应小于 2.4m。

　　用剪刀楼梯作两部防烟楼梯的型式如图 7-9 所示。可利用剪刀式楼梯作两部疏散楼梯双向疏散，当作为防烟楼梯时，防烟楼梯间应彼此分开。每层楼的前室及防火门上应设置明显的楼层标志。

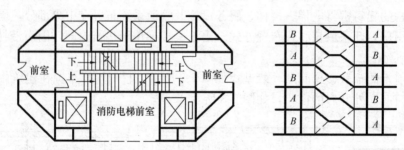

图 7-9　剪刀楼梯作两部防烟楼梯

　　塔式高层建筑设置剪刀楼梯如图 7-10、图 7-11 所示。建筑平面布置均设有不同方向的前室，走道为环形走道。

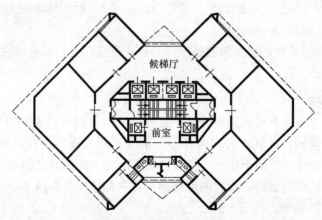

图 7-10　各自设前室的剪刀式防烟楼梯间示例一

（二）封闭楼梯间

1. 定义和设置要求

封闭楼梯间，系指在楼梯间入口处设置门，以防止火灾的烟和热气进入的楼梯间。

封闭楼梯间应符合以下要求：

（1）不能自然通风或自然通风不能满足要求时，应设置机械加压送风系统或采用防烟楼梯间；

（2）除楼梯间的出入口和外窗外，楼梯间的墙上不应开设其他门、窗、洞口。

（3）高层建筑、人员密集的公共建筑、人员密集的多层丙类厂房、甲、乙类厂房，其封闭楼梯间的门应采用乙级防火门，并应向疏散方向开启；其他建筑，可采用双向弹簧门；

（4）楼梯间的首层可将走道和门厅等包括在楼梯间内形成扩大的封闭楼梯间，但应采用乙级防火门等与其他走道和房间分隔，如图 7-12 所示。

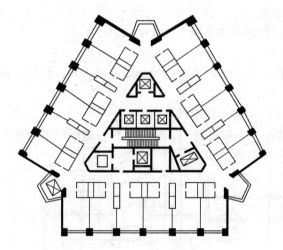

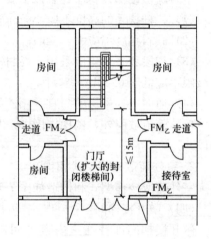

图 7-11　各自设前室的剪刀式防烟楼梯间示例二　　图 7-12　封闭楼梯间首层可形成的扩大的前室

在建筑设计时，为了丰富门厅的空间艺术处理，并使交通流线清晰流畅，常把首层的封闭楼梯间敞开在大厅中。此时须对整个门厅作扩大的封闭处理，以乙级防火门等将门厅与其他走道和房间等分隔开，门厅内应采用不燃化内装修。

对应设置封闭楼梯间的建筑，其底层楼梯间可以适当扩大封闭范围。所谓扩大封闭楼梯间，就是将楼梯间的封闭范围扩大。

（5）楼梯间应能天然采光和自然通风，并宜靠外墙设置。靠外墙设置时，楼梯间外墙上的窗口与两侧的门、窗、洞口最近边缘的水平距离不应小于 1.0m。

（6）楼梯间内不应设置烧水间、可燃材料储藏室、垃圾道。

（7）楼梯间内不应有影响疏散的凸出物或其他障碍物。

（8）楼梯间不应设置卷帘。

（9）楼梯间内不应设置甲、乙、丙类液体管道。

（10）楼梯间禁止穿过或设置可燃气体管道。

2. 封闭楼梯间的型式和构造

封闭楼梯间的型式如图 7-13 所示。

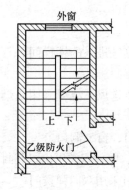

图 7-13　封闭楼梯间

（三）室外疏散楼梯

1. 定义和设置要求

室外疏散楼梯，系指设置在建筑外墙上、全部开敞于室外的楼梯，常布置在建筑端部。这类楼梯不易受到烟火的威胁，既可供人员疏散使用，又可供消防人员登上高楼扑救火灾使用。在结构上，它利于采取简单的悬挑方式，不占据室内有效的建筑面积。此外，侵入楼梯处的烟气能迅速被风吹走，亦不受风向的影响。因此，它的防烟效果和经济性都很好。但是，它也存在一些问题：由于只设一道防火门，防护能力较差，且易给紧急疏散人员造成心理上的高空恐怖感，人员拥挤时还可能发生意外事故，宜与前两种楼梯配合使用。

室外疏散楼梯设置应符合以下要求：

（1）栏杆扶手的高度不应小于 1.10m，楼梯的净宽度不应小于 0.90m；

（2）倾斜角度不应大于 45°；

（3）梯段和平台均应采用不燃材料制作。平台的耐火极限不应低于 1.00h，梯段的耐火极限不应低于 0.25h；

（4）通向室外楼梯的门宜采用乙级防火门，并应向室外开启；

（5）除疏散门外，楼梯周围 2m 内的墙面上不应设置门、窗、洞口。疏散门不应正对梯段。

2. 室外疏散楼梯型式和构造

室外疏散楼梯型式和构造如图 7-14 所示。

（四）敞开楼梯间

敞开楼梯间即普通室内楼梯间，是一面敞开、三面为实体围护结构的疏散楼梯间。敞开楼梯间，隔烟阻火作用最差，在建筑中作疏散楼梯要严格限制其使用范围。

敞开楼梯间设置应符合下列要求：

（1）楼梯间应能天然采光和自然通风，并宜靠外墙设置。靠外墙设置时，楼梯间外墙上的窗口与两侧的门、窗、洞口最近边缘的水平距离不应小于 1.0m；

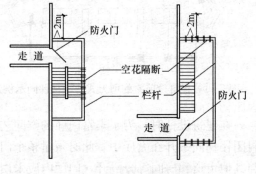

图 7-14　室外疏散楼梯

（2）楼梯间内不应设置烧水间、可燃材料储藏室、垃圾道；

（3）楼梯间内不应有影响疏散的凸出物或其他障碍物；

（4）楼梯间内不应设置甲、乙、丙类液体管道；

（5）楼梯间内不应设置可燃气体管道，当住宅建筑的敞开楼梯间内确需设置可燃气体管道和可燃气体计量表时，应采用金属管和设置切断气源的阀门。

二、疏散楼梯设计要求

（一）平面布置

为了保证疏散的安全性，疏散楼梯间平面布置应注意做到以下几点：

（1）靠近标准层（或防火分区）的两端设置。这种布置方式便于进行双向疏散，提高疏散的安全可靠性。

（2）靠近电梯间设置。发生火灾时，人们习惯于利用经常使用的疏散路线进行疏散。靠近电梯间设置疏散楼梯，可将经常用疏散路线和紧急疏散路线结合起来，有利于引导人们快速而安全地疏散。

（3）靠近外墙设置。这种布置方式有利于采用安全性高、经济性好，带开敞前室的疏散楼梯间型式。同时，也便于自然采光、通风和进行火灾扑救。

（4）除通向避难层错位的疏散楼梯外，建筑内的疏散楼梯间在各层的平面位置不应改变。

（二）竖向布置

（1）疏散楼梯应保持上、下畅通。

（2）应避免不同的疏散人流相互交叉。

（三）其他

（1）在进行疏散楼梯设计时，应根据建筑物的性质、规模、高度、容纳人数以及火灾危险性等因素合理确定疏散楼的型式、数量，按照建筑设计防火规范规定做好疏散楼梯间的构造设计。

疏散楼梯的数量，可按宽度指标计算结果、结合疏散路线的距离、安全出口的数目等确定。

疏散楼梯是安全疏散路线中一个十分重要的疏散设施，应设明显指示标志并宜布置在易于寻找的位置。

（2）除住宅建筑套内的自用楼梯外，地下或半地下建筑（室）的疏散楼梯间，应符合以下要求：

1）室内地面与室外出入口地坪高差大于 10m 或 3 层及以上的地下、半地下建筑（室），其疏散楼梯应采用防烟楼梯间；其他地下或半地下建筑（室），其疏散楼梯应采用封闭楼梯间；

2）应在首层应采用耐火极限不低于 2.00h 的防火隔墙与其他部位分隔并应直通室外，确需在隔墙上开门时，应采用乙级防火门；

3）建筑的地下或半地下部分与地上部分不应共用楼梯间，确需共用楼梯间时，应在首层采用耐火极限不低于 2.00h 的防火隔墙和乙级防火门将地下或半地下部分与地上部分的连通部位完全分隔，并应设置明显的标志。

（3）用作丁、戊类厂房内第二安全出口的楼梯可采用金属梯，但其净宽度不应小于 0.90m，倾斜角度不应大于 45°。

丁、戊类高层厂房，当每层工作平台上的人数不超过 2 人且各层工作平台上同时工作的人数总和不超过 10 人时，其疏散楼梯可采用敞开楼梯或利用净宽度不小于 0.90m、倾斜角度不大于 60°的金属梯。

（4）疏散用楼梯和疏散通道上的阶梯不宜采用螺旋楼梯和扇形踏步。确需采用时，踏步上、下两级所形成的平面角度不应大于 10°，且每级离扶手 250mm 处的踏步深度不应小于 220mm。

（5）建筑内的公共疏散楼梯，其两梯段及扶手间的水平净距不宜小于 150mm。

(6) 高度大于 10m 的三级耐火等级建筑应设置通至屋顶的室外消防梯。室外消防梯不应面对老虎窗，宽度不应小于 0.6m，且宜从离地面 3.0m 高处设置。

老虎窗是一种开在屋顶上的天窗，也就是在斜屋面上凸出的窗，用作房屋顶部的采光和通风。

(7) 疏散走道在防火分区处应设置常开甲级防火门。

(8) 建筑内的疏散门应符合下列要求：

1) 民用建筑和厂房的疏散门，应采用向疏散方向开启的平开门，不应采用推拉门、卷帘门、吊门、转门和折叠门；除甲、乙类生产车间外，人数不超过 60 人且每樘门的平均疏散人数不超过 30 人的房间，其疏散门的开启方向不限；

2) 仓库的疏散门应采用向疏散方向开启的平开门，但丙、丁、戊类仓库首层靠墙的外侧可采用推拉门或卷帘门；

3) 开向疏散楼梯或疏散楼梯间的门，当其完全开启时，不应减少楼梯平台的有效宽度；

4) 人员密集的场所内平时需要控制人员随意出入的疏散门和设置门禁系统的住宅、宿舍、公寓建筑的外门，应保证火灾时不需使用钥匙等任何工具即能从内部易于打开，并应在显著位置设置具有使用提示的标识。

(9) 用于防火分隔的下沉式广场等室外开敞空间，应符合下列规定：

1) 分隔后的不同区域通向下沉式广场等室外开敞空间的开口最近边缘之间的水平距离不应小于 13m。室外开敞空间除用于人员疏散外，不得用于其他商业或可能导致火灾蔓延的用途，其中用于疏散的净面积不应小于 169m²；

2) 下沉式广场等室外开敞空间内应设置不少于 1 个直通地面的疏散楼梯。当连接下沉广场的防火分区需利用下沉广场进行疏散时，疏散楼梯的总净宽度不应小于任一防火分区通向室外开敞空间的设计疏散总净宽度；

3) 确需设置防风雨篷时，防风雨篷不应完全封闭，四周开口部位应均匀布置，开口的面积不应小于该空间地面面积的 25%，开口高度不应小于 1.0m；开口设置百叶时，百叶的有效排烟面积可按百叶通风口面积的 60% 计算。

(10) 防火隔间的设置应符合下列规定：

1) 防火隔间的建筑面积不应小于 6.0m²；

2) 防火隔间的门应采用甲级防火门；

3) 不同防火分区通向防火隔间的门不应计入安全出口，门的最小间距不应小于 4m；

4) 防火隔间内部装修材料的燃烧性能应为 A 级；

5) 不应用于除人员通行外的其他用途。

(11) 避难走道的设置应符合下列规定：

1) 避难走道楼板的耐火极限不应低于 1.50h；避难走道防火隔墙的耐火极限不应低于 3.00h；

2) 避难走道直通地面的出口不应少于 2 个，并应设置在不同方向；当避难走道仅与一个防火分区相通且该防火分区至少有 1 个直通室外的安全出口时，可设置 1 个直通地面的出口。任一防火分区通向避难走道的门至该避难走道最近直通地面的出口的距离不应大于 60m；

3) 避难走道的净宽度不应小于任一防火分区通向该避难走道的设计疏散总净宽度；

4) 避难走道内部装修材料的燃烧性能应为 A 级；

5) 防火分区至避难走道入口处应设置防烟前室，前室的使用面积不应小于 6m²，开向前室的门应采用甲级防火门，前室开向避难走道的门应采用乙级防火门；

6) 避难走道内应设置消火栓、消防应急照明、应急广播和消防专线电话。

避难走道，系指采取防烟措施且两侧设置耐火极限不低于 3.00h 的防火隔墙，用于人员安全通行至室外的走道。

第三节　民用建筑的安全疏散和避难

一、民用建筑的安全疏散和避难一般要求

(1) 民用建筑应根据其建筑高度、规模、使用功能和耐火等级等因素合理设置安全疏散和避难设施。安全出口和疏散门的位置、数量、宽度及疏散楼梯间的形式，应满足人员安全疏散的要求。

安全出口，系指供人员安全疏散用的楼梯间和室外楼梯的出入口或直通室内外安全区域的出口。

(2) 建筑内的安全出口和疏散门应分散布置，且建筑内每个防火分区或一个防火分区的每个楼层、每个住宅单元每层相邻两个安全出口以及每个房间相邻两个疏散门最近边缘之间的水平距离不应小于 5m。

(3) 建筑的楼梯间宜通至屋面，通向屋面的门或窗应向外开启。

(4) 自动扶梯和电梯不应计作安全疏散设施。

(5) 除人员密集场所外，建筑面积不大于 500m²、使用人数不超过 30 人且埋深不大于 10m 的地下或半地下建筑（室），当需要设置 2 个安全出口时，其中一个安全出口可利用直通室外的金属竖向梯。

除歌舞娱乐放映游艺场所外，防火分区建筑面积不大于 200m² 的地下或半地下设备间、防火分区建筑面积不大于 50m² 且经常停留人数不超过 15 人的其他地下或半地下建筑（室），可设置 1 个安全出口或 1 部疏散楼梯。

除建筑设计防火规范另有规定外，建筑面积不大于 200m² 的地下或半地下设备间、防火分区建筑面积不大于 50m² 且经常停留人数不超过 15 人的其他地下或半地下房间，可设置 1 个疏散门。

(6) 直通建筑内附设汽车库的电梯，应在汽车库部分设置电梯候梯厅，并应采用耐火极限不低于 2.00h 的防火隔墙和乙级防火门与汽车库分隔。

(7) 高层建筑直通室外的安全出口上方，应设置挑出宽度不小于 1.0m 的防护挑檐。

二、公共建筑的安全疏散和避难

(一) 公共建筑的安全出口和疏散门的数目和布置

为保证人员在火灾紧急情况下安全疏散，公共建筑内应设置足够数量的安全出口，且其应分散布置；公共建筑内的房间、厅和室应设置足够数量的疏散门。安全出口和疏散门的数目应符合以下要求：

（1）公共建筑内每个防火分区或一个防火分区的每个楼层，其安全出口的数量应经计算确定，且不应少于 2 个。符合下列条件之一的公共建筑，可设置 1 个安全出口或 1 部疏散楼梯：

1）除托儿所、幼儿园外，建筑面积不大于 200m² 且人数不超过 50 人的单层公共建筑或多层公共建筑的首层；

2）除医疗建筑，老年人建筑，托儿所、幼儿园的儿童用房，儿童游乐厅等儿童活动场所和歌舞娱乐放映游艺场所等外，符合表 7-2 规定的公共建筑。

可设置 1 部疏散楼梯的公共建筑　　　　　　　　　　　　表 7-2

耐火等级	最多层数	每层最大建筑面积（m²）	人　　数
一、二级	3 层	200	第二、三层的人数之和不超过 50 人
三级	3 层	200	第二、三层的人数之和不超过 25 人
四级	2 层	200	第二层人数不超过 15 人

（2）一、二级耐火等级建筑内的安全出口全部直通室外确有困难的防火分区，可利用通向相邻防火分区的甲级防火门作为安全出口，但应符合下列要求：

1）利用通向相邻防火分区的甲级防火门作为安全出口时，应采用防火墙与相邻防火分区分隔；

2）建筑面积大于 1000m² 的防火分区，直通室外的安全出口不应少于 2 个；建筑面积不大于 1000m² 的防火分区，直通室外的安全出口不应少于 1 个；

3）该防火分区通向相邻防火分区的疏散净宽度不应大于其按规定计算所需疏散总净宽度的 30%，建筑各层直通室外的安全出口总净宽度不应小于按规定计算所需疏散总净宽度。

（3）高层公共建筑的疏散楼梯，当分散设置确有困难且从任一疏散门至最近疏散楼梯间入口的距离不大于 10m 时，可采用剪刀楼梯间，但应符合下列规定：

1）楼梯间应为防烟楼梯间；

2）梯段之间应设置耐火极限不低于 1.00h 的防火隔墙；

3）楼梯间的前室应分别设置。

（4）设置不少于 2 部疏散楼梯的一、二级耐火等级多层公共建筑，如顶层局部升高，当高出部分的层数不超过 2 层、人数之和不超过 50 人且每层建筑面积不大于 200m² 时，高出部分可设置 1 部疏散楼梯，但至少应另外设置 1 个直通建筑主体上人平屋面的安全出口，且上人屋面应符合人员安全疏散要求。

（5）公共建筑内房间的疏散门数量应经计算确定且不应少于 2 个。除托儿所、幼儿园、老年人建筑、医疗建筑、教学建筑内位于走道尽端的房间外，符合下列条件之一的房间可设置 1 个疏散门：

1）位于两个安全出口之间或袋形走道两侧的房间，对于托儿所、幼儿园、老年人建筑，建筑面积不大于 50m²，对于医疗建筑、教学建筑，建筑面积不大于 75m²；对于其他建筑或场所，建筑面积不大于 120m²；

2）位于走道尽端的房间，建筑面积小于 50m² 且疏散门的净宽度不小于 0.90m，或由房间内任一点至疏散门的直线距离不大于 15m、建筑面积不大于 200m² 且疏散门的净宽度不小于 1.40m；

3）歌舞娱乐放映游艺场所内建筑面积不大于 50m² 且经常停留人数不超过 15 人的厅、室。

（6）剧场、电影院、礼堂和体育馆的观众厅或多功能厅，其疏散门的数量应经计算确定且不应少于 2 个。并应符合下列规定：

1）对于剧场、电影院、礼堂的观众厅或多功能厅，每个疏散门的平均疏散人数不应超过 250 人；当容纳人数超过 2000 人时，其超过 2000 人的部分，每个疏散门的平均疏散人数不应超过 400 人；

2）对于体育馆的观众厅，每个疏散门的平均疏散人数不宜超过 400～700 人。

（二）公共建筑的安全疏散距离

公共建筑的安全疏散距离应符合下列要求：

（1）直通疏散走道的房间疏散门至最近安全出口的直线距离不应大于表 7-3 的规定；

直通疏散走道的房间疏散门至最近安全出口的直线距离（m）　　　　　表 7-3

名　　称		位于两个安全出口之间的疏散门			位于袋形走道两侧或尽端的疏散门		
		一、二级	三级	四级	一、二级	三级	四级
托儿所、幼儿园 老年人建筑		25	20	15	20	15	10
歌舞娱乐放映游艺场所		25	20	15	9	—	—
医疗 建筑	单、多层	35	30	25	20	15	10
	高层　病房部分	24	—	—	12	—	—
	高层　其他部分	30	—	—	15	—	—
教学 建筑	单、多层	35	30	25	22	20	10
	高层	30	—	—	15	—	—
高层旅馆、展览建筑		30	—	—	15	—	—
其他 建筑	单、多层	40	35	25	22	20	15
	高层	40	—	—	20	—	—

注：1. 建筑内开向敞开式外廊的房间疏散门至最近安全出口的直线距离可按本表的规定增加 5m。

　　2. 直通疏散走道的房间疏散门至最近敞开楼梯间的直线距离，当房间位于两个楼梯间之间时，应按本表的规定减少 5m；当房间位于袋形走道两侧或尽端时，应按本表的规定减少 2m。

　　3. 建筑物内全部设置自动喷水灭火系统时，其安全疏散距离可按本表的规定增加 25%。

（2）楼梯间应在首层直通室外，确有困难时，可在首层采用扩大的封闭楼梯间或防烟楼梯间前室。当层数不超过 4 层且未采用扩大的封闭楼梯间或防烟楼梯间前室时，可将直通室外的门设置在离楼梯间不大于 15m 处；

（3）房间内任一点至房间直通疏散走道的疏散门的直线距离，不应大于表 7-3 规定的袋形走道两侧或尽端的疏散门至最近安全出口的最大直线距离；

（4）一、二级耐火等级建筑内疏散门或安全出口不少于 2 个的观众厅、展览厅、多功能厅、餐厅、营业厅等，其室内任一点至最近疏散门或安全出口的直线距离不应大于 30m；当疏散门不能直通室外地面或疏散楼梯间时，应采用长度不大于 10m 的疏散走道通至最近的安全出口。当该场所设置自动喷水灭火系统时，室内任一点至最近安全出口的安全疏散距离可分别增加 25%。

（三）公共建筑疏散门、安全出口、疏散走道、疏散楼梯的宽度

（1）除建筑设计防火规范另有规定外，公共建筑内疏散门和安全出口的净宽度不应小于 0.90m，疏散走道和疏散楼梯的净宽度不应小于 1.10m。

高层公共建筑内疏散楼梯间的首层疏散门、首层疏散外门、疏散走道和疏散楼梯的最小净宽度应符合表 7-4 的规定。

高层公共建筑内疏散楼梯间的首层疏散门、首层疏散外门、

疏散走道和疏散楼梯的最小净宽度（m）　　　　　　　　　　　　　　表 7-4

建筑类别	楼梯间的首层疏散门、首层疏散外门	走　道		疏散楼梯
		单面布房	双面布房	
高层医疗建筑	1.30	1.40	1.50	1.30
其他高层公共建筑	1.20	1.30	1.40	1.20

（2）人员密集的公共场所、观众厅的疏散门不应设置门槛，其净宽度不应小于 1.40m，且紧靠门口内外各 1.40m 范围内不应设置踏步。

人员密集的公共场所的室外疏散通道的净宽度不应小于 3.00m，并应直接通向宽敞地带。

（3）剧场、电影院、礼堂、体育馆等场所的疏散走道、疏散楼梯、疏散门、安全出口的各自总净宽度，应符合下列规定：

1）观众厅内疏散走道的净宽度应按每 100 人不小于 0.60m 计算，且不应小于 1.00m；边走道的净宽度不宜小于 0.80m。

布置疏散走道时，横走道之间的座位排数不宜超过 20 排；纵走道之间的座位数：剧场、电影院、礼堂等，每排不宜超过 22 个；体育馆，每排不宜超过 26 个；前后排座椅的排距不小于 0.90m 时，可增加 1.0 倍，但不得超过 50 个；仅一侧有纵走道时，座位数应减少一半；

2）剧场、电影院、礼堂等场所供观众疏散的所有内门、外门、楼梯和走道的各自总净宽度，应根据疏散人数按每 100 人的最小疏散净宽度不小于表 7-5 的规定计算确定；

剧场、电影院、礼堂等场所每 100 人所需最小疏散净宽度（m/百人）　　　表 7-5

观众厅座位数（座）			≤2500	≤1200
耐火等级			一、二级	三级
疏散部位	门和走道	平坡地面	0.65	0.85
		阶梯地面	0.75	1.00
	楼　梯		0.75	1.00

3）体育馆供观众疏散的所有内门、外门、楼梯和走道的各自总净宽度，应根据疏散人数按每 100 人的最小疏散净宽度不小于按表 7-6 的规定计算确定；

4）有等场需要的入场门不应作为观众厅的疏散门。

（4）除剧场、电影院、礼堂、体育馆外的其他公共建筑，其房间疏散门、安全出口、疏散走道和疏散楼梯的各自总净宽度，应符合下列规定：

体育馆每 100 人所需最小疏散净宽度（m/百人）　　表 7-6

观众厅座位数范围（座）			3000~5000	5001~10000	10001~20000
疏散部位	门和走道	平坡地面	0.43	0.37	0.32
		阶梯地面	0.50	0.43	0.37
	楼　梯		0.50	0.43	0.37

注：本表中对应较大座位数范围按规定计算的疏散总净宽度，不应小于对应相邻较小座位数范围按其最多座位数计算的疏散总净宽度。对于观众厅座位数少于 3000 个的体育馆，计算供观众疏散的所有内门、外门、楼梯和走道和各自总净宽度时，每 100 人的最小疏散净宽度不应小于表 7-5 的规定。

1）每层的房间疏散门、安全出口、疏散走道和疏散楼梯的各自总净宽度，应根据疏散人数按每 100 人的最小疏散净宽度不小于表 7-7 的规定计算确定。当每层疏散人数不等时，疏散楼梯的总净宽度可分层计算，地上建筑内下层楼梯的总净宽度应按该层及以上疏散人数最多一层的人数计算；地下建筑内上层楼梯的总净宽度应按该层及以下疏散人数最多一层的人数计算；

每层的房间疏散门、安全出口、疏散走道和

疏散楼梯的每 100 人最小疏散净宽度（m/百人）　　表 7-7

建筑层数		建筑的耐火等级		
		一、二级	三级	四级
地上楼层	1~2 层	0.65	0.75	1.00
	3 层	0.75	1.00	—
	≥4 层	1.00	1.25	—
地下楼层	与地面出入口地面的高差 $\Delta H \leqslant 10\text{m}$	0.75	—	—
	与地面出入口地面的高差 >10m	1.00	—	—

2）地下或半地下人员密集的厅、室和歌舞娱乐放映游艺场所，其房间疏散门、安全出口、疏散走道和疏散楼梯的各自总净宽度，应根据疏散人数按每 100 人不小于 1.00m 计算确定；

3）首层外门的总净宽度应按该建筑疏散人数最多一层的人数计算确定，不供其他楼层人员疏散的外门，可按本层的疏散人数计算确定；

4）歌舞娱乐放映游艺场所中录像厅、放映厅的疏散人数，应根据厅、室的建筑面积按不小于 1.0 人/m² 计算；其他歌舞娱乐放映游艺场所的疏散人数，应根据厅、室的建筑面积按不小于 0.5 人/m² 计算；

5）有固定座位的场所，其疏散人数可按实际座位数的 1.1 倍计算；

6）展览厅的疏散人数应根据展览厅的建筑面积和人员密度计算，展览厅内的人员密度不宜小于 0.75 人/m²；

7）商店的疏散人数应按每层营业厅的建筑面积乘以表 7-8 规定的人员密度计算。对于建材商店、家具和灯饰展示建筑，其人员密度可按表 7-8 规定值的 30％确定。

（四）公共建筑的疏散楼梯设置

（1）下列公共建筑其疏散楼梯应采用防烟楼梯间：

1）一类高层公共建筑；

2）建筑高度大于 32m 的二类高层公共建筑。

（2）下列公共建筑其疏散楼梯应采用封闭楼梯间：

1）高层公共建筑的裙房和建筑高度不大于 32m 的二类高层公共建筑。

注：当裙房与高层建筑主体之间设置防火墙时，裙房的疏散楼梯可按有关单、多层建筑的要求确定。

商店营业厅内的人员密度（人/m²）　　　　　　　　　　表 7-8

楼层位置	地下第二层	地下第一层	地上第一、二层	地上第三层	地上第四层及以上各层
人员密度	0.56	0.60	0.43～0.60	0.39～0.54	0.30～0.42

2）下列多层公共建筑（除与敞开式外廊直接相连的楼梯间外）：

① 医疗建筑、旅馆、老年人建筑及类似使用功能的建筑；

② 设置歌舞娱乐放映游艺场所的建筑；

③ 商店、图书馆、展览建筑、会议中心及类似使用功能的建筑；

④ 6 层及以上的其他建筑。

（五）其他

（1）公共建筑内的客、货电梯宜设置电梯候梯厅，不宜直接设置在营业厅、展览厅、多功能厅等场所内。

（2）人员密集的公共建筑不宜在窗口、阳台等部位设置封闭的金属栅栏，确需设置时，应能从内部易于开启；窗口、阳台等部位宜根据其高度设置适用的辅助疏散逃生设施。

（3）建筑高度大于 100m 的公共建筑，应设置避难层（间）。

避难层（间），系指建筑内用于人员暂时躲避火灾及其烟气危害的楼层（房间）。建筑高度超过 100m 的旅馆、办公楼和综合楼等公共建筑，称为超高层公共建筑，由于其楼层很高，人员很多，尽管已设有防烟楼梯间等安全疏散设施，但火灾时其内部人员仍很难迅速疏散到地面。如果人员大量地拥挤堵塞在楼梯间内，以及楼梯间出现意想不到的情况，其后果很难设想。因此，对超高层公共建筑在其适当楼层设置供疏散人员暂时躲避火灾和喘息的一块安全地区——避难层或避难间，是很有必要的。

避难层（间）应符合下列规定：

1）第一个避难层（间）的楼地面至灭火救援场地地面的高度不应大于 50m 且不应小于 24m，两个避难层（间）之间的高度不宜大于 50m。

这样要求可以使疏散时间不会超过允许疏散时间，且避难面积容易得到保证，同时又能使避难层与建筑物的设备层相结合，少占用建筑物的使用空间。

2）通向避难层（间）的疏散楼梯应在避难层分隔、同层错位或上下层断开。

这样做可以保证疏散人员均必须经避难层方能上下。在火灾情况下，由于人们的紧张心理状态，往往容易错过进入避难层的机会。因此，为了保证人们疏散安全，使其迅速地到达避难层，要求在楼梯间的处理上能够起到引导人们自然进入避难层的作用。通常做法有两种：一是在楼梯间避难层处采用砌实墙方法中断，使人员继续向上或向下楼层，须通过避难层。楼梯间经这样处理后，人们在紧急情况下疏散时，就不会错过进入避难层的机会。二是通向避难层的防烟楼梯间上下层错位布置，可以保证人员穿越避难层都要经过避难层，且水平行走一段路程后才能上楼或下楼，从而提高了利用避难层临时避难的可靠程度。同时，使上、下层楼梯间不能相互贯通，减弱了楼梯间的"烟囱"效应。

3）避难层（间）的净面积应能满足设计避难人员避难的要求，并宜按 5.0 人/m² 计算。

4）避难层可兼作设备层。设备管道宜集中布置，其中的易燃、可燃液体或气体管道应集中布置，设备管道区应采用耐火极限不低于 3.00h 的防火隔墙与避难区分隔。管道井和设备间应采用耐火极限不低于 2.00h 的防火隔墙与避难区分隔，管道井和设备间的门不应直接开向避难区；确需直接开向避难区时，与避难层区出入口的距离不应小于 5m，且应采用甲级防火门。

避难间内不应设置易燃、可燃液体或气体管道，不应开设除外窗、疏散门之外的其他开口。

5）避难层应设置消防电梯出口。

6）应设置消火栓和消防软管卷盘。

7）应设置消防专线电话和应急广播。

8）在避难层（间）进入楼梯间的入口处和疏散楼梯通向避难层（间）的出口处应设置明显的指示标志。

9）应设置直接对外的可开启窗口或独立的机械防烟设施，外窗应采用乙级防火窗。

（4）高层病房楼应在二层及以上的病房楼层和洁净手术部设置避难间。避难间应符合下列规定：

1）避难间服务的护理单元不应超过 2 个，其净面积应按每个护理单元不小于 25.0m² 确定；

2）避难间兼作其他用途时，应保证人员的避难安全，且不得减少可供避难的净面积；

3）应靠近楼梯间，并应采用耐火极限不低于 2.00h 的防火隔墙和甲级防火门与其他部位分隔；

4）应设置消防专线电话和消防应急广播；

5）避难间的入口处应设置明显的指示标志；

6）应设置直接对外的可开启窗口或独立的机械防烟设施，外窗应采用乙级防火窗。

（5）建筑高度大于 100m 且标准层建筑面积大于 2000m² 的公共建筑，宜在屋顶设置直升机停机坪或供直升机救助的设施。

建筑高度大于 100m 的超高层建筑发生火灾时，除了应确保建筑内人员安全撤离外，争取外部的救援也很重要。在屋顶设置直升机停机坪或可供直升机救助的设施，对于营救爬上屋顶的避难人员将是十分有利的。此外，它可以在特殊情况下，为空运消防人员和必要的消防器材提供条件，以便尽快扑灭火灾。

直升机停机坪的设置要求见第八章有关内容。

三、住宅建筑的安全疏散和避难

（一）住宅建筑的安全出口数目和布置

为保证人员在火灾紧急情况下安全疏散，住宅建筑内应设置足够数量的安全出口，并对其进行合理布置。

(1) 住宅建筑的安全出口设置应符合下列要求:

1) 建筑高度不大于27m的建筑,当每个单元任一层的建筑面积大于650m²,或任一户门至最近安全出口的距离大于15m时,每个单元每层的安全出口不应少于2个;

2) 建筑高度大于27m、不大于54m的建筑,当每个单元任一层的建筑面积大于650m²,或任一户门至最近安全出口的距离大于10m时,每个单元每层的安全出口不应少于2个;

3) 建筑高度大于54m的建筑,每个单元每层的安全出口不应少于2个。

(2) 建筑高度大于27m,但不大于54m的住宅建筑,每个单元设置一座疏散楼梯时,疏散楼梯应能通至屋面,且单元之间的疏散楼梯应能通过屋面连通,户门应具有防烟性能,且其耐火完整性不应低于1.00h乙级防火门。当不能通至屋面或不能通过屋面连通时,应设置2个安全出口。

(3) 住宅单元的疏散楼梯,当分散设置确有困难且任一户门至最近疏散楼梯间入口的距离不大于10m时,可采用剪刀楼梯间,但应符合下列要求:

1) 应采用防烟楼梯间;

2) 梯段之间应设置耐火极限不低于1.00h的防火隔墙;

3) 楼梯间的前室不宜共用;共用时,前室的使用面积不应小于6.0m²;

4) 楼梯间的前室或共用前室不宜与消防电梯的前室合用;楼梯间的共用前室与消防电梯的前室合用时,合用前室的使用面积不应小于12.0m²,且短边不应小于2.4m。

(二) 住宅建筑的安全疏散距离

住宅建筑的安全疏散距离应符合以下要求:

(1) 直通疏散走道的户门至最近安全出口的直线距离不应大于表7-9的规定:

住宅建筑直通疏散走道的户门至最近安全出口的直线距离 (m)　　　　表 7-9

住宅建筑类别	位于两个安全出口之间的户门			位于袋形走道两侧或尽端的户门		
	耐火等级			耐火等级		
	一、二级	三级	四级	一、二级	三级	四级
单、多层	40	35	25	22	20	15
高层	40	—	—	20	—	—

注: 1. 开向敞开式外廊的户门至最近安全出口的最大直线距离可按本表的规定增加5m。

　　2. 直通疏散走道的户门至最近敞开楼梯间的直线距离,当户门位于两个楼梯间之间时,应按本表的规定减少5m;当户门位于袋形走道两侧或尽端时,应按本表的规定减少2m。

　　3. 住宅建筑内全部设置自动喷水灭火系统时,其安全疏散距离可按本表及其注1的规定增加25%。

　　4. 跃廊式住宅户门至最近安全出口的距离,应从户门算起,小楼梯的一段距离可按其水平投影长度的1.50倍计算。

(2) 楼梯间应在首层直通室外,或在首层采用扩大的封闭楼梯间或防烟楼梯间前室。层数不超过4层时,可将直通室外的门设置在离楼梯间不大于15m处。

(3) 户内任一点至直通疏散走道的户门的直线距离不应大于表7-9规定的袋形走道两侧或尽端的疏散门至最近安全出口的最大直线距离。

注: 跃层式住宅,户内楼梯的距离可按其梯段水平投影长度的1.50倍计算。

（三）住宅建筑的疏散门、安全出口、疏散走道、疏散楼梯的宽度

住宅建筑的户门、安全出口、疏散走道和疏散楼梯的各自总净宽度应经计算确定，且户门和安全出口的净宽度不应小于0.90m，疏散走道、疏散楼梯和首层疏散外门的净宽度不应小于1.10m。建筑高度不大于18m的住宅中一边设置栏杆的疏散楼梯，其净宽度不应小于1.00m。

（四）住宅建筑的疏散楼梯设置

住宅建筑的疏散楼梯设置应符合以下要求：

（1）建筑高度不大于21m的住宅建筑可采用敞开楼梯间；与电梯井相邻布置的疏散楼梯应采用封闭楼梯间，当户门具有防烟性能且耐火完整性不低于1.00h乙级防火门时，仍可采用敞开楼梯间；

（2）建筑高度大于21m、不大于33m的住宅建筑应采用封闭楼梯间；当户门具有防烟性能且耐火完整性不低于1.00h乙级防火门时，可采用敞开楼梯间；

（3）建筑高度大于33m的住宅建筑应采用防烟楼梯间。户门不宜直接开向前室，确有困难时，每层开向同一前室的户门不应大于3樘且门应采用乙级防火门具有防烟性能，其耐火完整性不低于1.00h。

（五）其他

（1）建筑高度大于100m的住宅建筑应设置避难层，避难层的设置要求同公共建筑的相应要求。

（2）建筑高度大于54m的住宅建筑，每户应有一间房间符合下列规定：

1）应靠外墙设置，并应设置可开启外窗；

2）内、外墙体的耐火极限不应低于1.00h，该房间门应采用乙级防火门具有防烟性能，其耐火完整性不宜低于1.00h，外窗的耐火完整性不宜低于1.00h。

第四节　厂房的安全疏散

一、厂房的安全出口数目和布置

为了在发生火灾时，能够迅速、安全地疏散人员和抢救出贵重物资设备，减少火灾损失，厂房应设置足够数目的安全出口。厂房的安全出口的数目和布置规定是：

（1）厂房的安全出口应分散布置。每个防火分区或一个防火分区的每个楼层，其相邻2个安全出口最近边缘之间的水平距离不应小于5m。

（2）厂房内每个防火分区或一个防火分区内的每个楼层，其安全出口的数量应经计算确定，且不应少于2个；当符合下列条件时，可设置1个安全出口：

1）甲类厂房，每层建筑面积不大于100m²，且同一时间的作业人数不超过5人；

2）乙类厂房，每层建筑面积不大于150m²，且同一时间的作业人数不超过10人；

3）丙类厂房，每层建筑面积不大于250m²，且同一时间的作业人数不超过20人；

4）丁、戊类厂房，每层建筑面积不大于400m²，且同一时间的作业人数不超过30人；

5）地下、半地下厂房（包括地下或半地下室），每层建筑面积不大于50m²，且同一

时间的作业人数不超过 15 人。

（3）地下、半地下厂房（包括地下或半地下室），当有多个防火分区相邻布置，并采用防火墙分隔时，每个防火分区可利用防火墙上通向相邻防火分区的甲级防火门作为第二安全出口，但每个防火分区必须至少有 1 个独立直通室外的安全出口。

二、厂房的安全疏散距离

厂房内任一点至最近安全出口的直线距离不应大于表 7-10 的规定。

厂房内任一点至最近安全出口的直线距离（m）　　表 7-10

生产的火灾危险性类别	耐火等级	单层厂房	多层厂房	高层厂房	地下、半地下厂房（包括地下或半地下室）
甲	一、二级	30	25	—	—
乙	一、二级	75	50	30	—
丙	一、二级	80	60	40	30
	三级	60	40	—	—
丁	一、二级	不限	不限	50	45
	三级	60	50	—	—
	四级	50	—	—	—
戊	一、二级	不限	不限	75	60
	三级	100	75	—	—
	四级	60	—	—	—

三、厂房的疏散门、安全出口、疏散走道、疏散楼梯的宽度

厂房内疏散楼梯、走道、门的各自总净宽度，应根据疏散人数按每 100 人的最小疏散净宽度不小于表 7-11 的规定计算确定。但疏散楼梯的最小净宽度不宜小于 1.10m，疏散走道的最小净宽度不宜小于 1.40m，门的最小净宽度不宜小于 0.90m。当每层疏散人数不相等时，疏散楼梯的总净宽度应分层计算，下层楼梯总净宽度应按该层及以上疏散人数最多一层的疏散人数计算。

厂房内疏散楼梯、走道和门的每 100 人最小疏散净宽度（m/百人）　　表 7-11

厂房层数（层）	1～2 层	3 层	≥4 层
最小疏散净宽度（m/百人）	0.60	0.80	1.00

首层外门的总净宽度应按该层及以上疏散人数最多一层的疏散人数计算，且该门的最小净宽度不应小于 1.20m。

四、厂房的疏散楼梯设置

（1）高层厂房和甲、乙、丙类多层厂房的疏散楼梯应采用封闭楼梯间或室外楼梯。

（2）建筑高度大于 32m 且任一层人数超过 10 人的高层厂房，应采用防烟楼梯间或室外楼梯。

五、其他

（1）疏散楼梯和疏散门等其他疏散设施的设置要求见本章第二节。

（2）消防电梯的设置要求见第八章有关内容。

第五节 仓库的安全疏散

一、仓库的安全出口数目和布置

（1）仓库的安全出口应分散布置。每个防火分区或一个防火分区的每个楼层，其相邻2个安全出口最近边缘之间的水平距离不应小于5m。

（2）每座仓库的安全出口不应少于2个，当一座仓库的占地面积不大于300m²时，可设置1个安全出口。仓库内每个防火分区通向疏散走道、楼梯或室外的出口不宜少于2个，当防火分区的建筑面积不大于100 m²时，可设置1个出口。通向疏散走道或楼梯的门应为乙级防火门。

（3）地下或半地下仓库（包括地下或半地下室）的安全出口不应少于2个；当建筑面积不大于100m²时，可设置1个安全出口。

地下或半地下仓库（包括地下或半地下室），当有多个防火分区相邻布置并采用防火墙分隔时，每个防火分区可利用防火墙上通向相邻防火分区的甲级防火门作为第二安全出口，但每个防火分区必须至少有1个直通室外的安全出口。

（4）冷库、粮食筒仓、金库的安全疏散设计应分别符合现行国家标准《冷库设计规范》GB 50072 和《粮食钢板筒仓设计规范》GB 50322 等标准的规定。

（5）粮食筒仓上层面积小于1000m²，且作业人数不超过2人时，可设置1个安全出口。

二、仓库的疏散楼梯设置

（1）仓库、筒仓中符合室外疏散楼梯设置要求的室外金属梯，可作为疏散楼梯，但筒仓室外楼梯平台的耐火极限不应低于0.25h。

（2）高层仓库的疏散楼梯应采用封闭楼梯间。

三、其他

（1）除一、二级耐火等级的多层戊类仓库外，其他仓库内供垂直运输物品的提升设施宜设置在仓库外，确需设置在仓库内时，应设置在井壁的耐火极限不低于2.00h的井筒内。室内外提升设施通向仓库的入口应设置乙级防火门或符合防火卷帘设置规定的防火卷帘。

（2）疏散楼梯和疏散门等其他疏散设施的设置要求见本章第二节。

（3）消防电梯的设置要求见第八章有关内容。

第六节　木结构建筑的安全疏散

民用木结构建筑的安全疏散设计应符合下列规定:

(1) 建筑的安全出口和房间疏散门的设置,应符合本章第三节的相应要求。当木结构建筑的每层建筑面积小于 200m² 且第二层和第三层的人数之和不超过 25 人时,可设置 1 部疏散楼梯;

(2) 房间直通疏散走道的疏散门至最近安全出口的直线距离不应大于表 7-12 的规定;

房间直通疏散走道的疏散门至最近安全出口的直线距离 (m)　　　　表 7-12

名称	位于两个安全出口之间的疏散门	位于袋形走道两侧或尽端的疏散门
托儿所、幼儿园、老年人建筑	15	10
歌舞娱乐反映游艺场所	15	6
医院和疗养院建筑、教学学校	25	12
其他民用建筑	30	15

(3) 房间内任一点至该房间直通疏散走道的疏散门的直线距离,不应大于表 7-12 中有关袋形走道两侧或尽端的疏散门至最近安全出口的直线距离;

(4) 建筑内疏散走道、安全出口、疏散楼梯和房间疏散门的净宽度,应根据疏散人数按每 100 人的最小疏散净宽度不应小于表 7-13 的规定计算确定。

疏散走道、安全出口、疏散楼梯和房间疏散门每 100 人的最小疏散净宽度 (m/百人)　　　　表 7-13

层　数	地上 1~2 层	地上 3 层
每 100 人的疏散净宽度 (m/百人)	0.75	1.00

(5) 丁、戊类木结构厂房内任意一点至最近安全出口的疏散距离分别不应大于 50m 和 60m,其他安全疏散要求见本章第四节。

第八章　建筑总平面布局和灭火救援设施设计

第一节　总平面布局一般要求

一、城市总体布局防火

为了保障城市的消防安全，城市总体布局应符合以下要求：

（1）在规划新建、扩建和改建城市时，必须同时规划和建设消防站、消防供水、消防通信和消防车通道等公共消防设施，要与其他市政基础设施统一规划、统一设计、统一建设；原有市区的公共消防设施不足或不适合实际需要的，应当进行技术改造或者改建、增建。编制城市规划应当符合城市防火、防爆等要求；各项建设工程的选址定点，不得妨碍城市的发展，危害城市的安全；要加强基础设施和公共设施的建设，提高城市综合防灾能力。

（2）从城市的消防安全考虑，可以将城市按使用性质分为生活居住、文化科研、公共事业、工业生产、仓库、对外交通运输等区域，对不同火灾危险性的区域采取不同的消防安全措施，以确保城市的消防安全。

（3）在城市总体布局中，必须将易燃易爆物品工厂、仓库和装卸专用站台、码头布置在城市的边缘或者相对独立的安全地带，并应与影剧院、会堂、体育馆、大商场、游乐场等人员密集的公共建筑或场所，保持规定的防火安全距离。

（4）在城市规划和消防安全布局中应当根据工业企业的生产性质、火灾危险性、环保要求及当地常年主导风向，合理布局，防止工业企业对城市安全构成威胁。

散发可燃气体、可燃蒸气和可燃粉尘的工厂和大型液化石油气储存基地应布置在城市全年最小频率风向的上风侧，并与居住区、商业区或其他人员集中地区保持规定的防火距离。

大中型石油化工企业、石油库、液化石油气储罐站等沿城市河流布置时，宜布置在城市河流的下游，并应采取防止液体流入河流的可靠措施。

（5）选择好大型公共建筑的位置，确保其周围通道和消防车道畅通无阻。

（6）在城市总体布局中，应合理确定液化石油气供应站瓶库、汽车加油加气站和煤气、天然气调压站的位置，使之符合防火规范要求，并采取有效的措施，确保其安全。

合理确定城市输送甲、乙、丙类液体、可燃气体管道的位置，严禁在输油、输送可燃气体干管上修建任何建筑物，构筑物或堆放物资。

（7）装运液化石油气和其他易燃易爆化学物品的专用车站、码头、必须布置在城市或港区的独立安全地段。

（8）城区内新建的各种建筑物，应建造一、二级耐火等级的建筑物，控制三级耐火等级建筑，严格限制修建四级耐火等级建筑。

（9）地下铁道、地下隧道、地下街、地下停车场的布置与城市其他建设应有机地结合起来，严格按照规定合理设置防火分隔、疏散通道、安全出口和报警、灭火、防排烟等设施。

（10）消防站是城市的重要公共设施之一，是保护城市安全的重要组成部分，因此要合理确定消防站的位置和分布。

（11）城市汽车加油、加气站必须远离人员集中的场所、重要的公共建筑，以及有明火和散发火花的地点。

（12）街区内的道路应考虑消防车的通行。根据建筑物、构筑物的火灾危险性、用途、重要性、规模和布局等，按照建筑设计防火规范的规定合理设置消防车道。

（13）各类建筑之间应按照建筑设计防火规范的规定保持一定的防火间距或采取防火分隔措施。

（14）根据各种管线的性质，合理布置和敷设，确保安全。

二、建筑总平面布局防火

1. 工业建筑

（1）规模较大的工厂、仓库，应根据实际情况，合理划分生产区、储存区、生产辅助设施区和行政办公等。

（2）同一生产企业内，若有火灾危险性大和火灾危险小的生产建筑，则宜尽量将火灾危险性相同或相近的建筑集中布置，以便分别采取防火防爆措施，便于安全管理。

（3）注意周围环境。在选择工厂、仓库地点时，既要考虑本单位的安全，又要考虑建厂地区的企业和居民的安全。

（4）地势条件。甲、乙、丙类液体仓库，宜布置在地势较低的地方，以免对周围环境造成火灾威胁；若必须布置在地势较高处，则应采取一定的防火措施（例如，设置截挡全部流散液体的防火堤）。乙炔站等遇水产生可燃气体会发生火灾爆炸的工业企业，严禁布置在易被水淹没的地方。

（5）注意风向。散发可燃气体，可燃蒸气和可燃粉尘的车间、装置等，应布置在厂区的全年主导风向的下风向。

（6）物质接触能引起燃烧、爆炸的两座建筑物或露天生产装置应分开布置，并应保持足够的安全距离。

（7）各类建筑之间应保持一定的防火间距。

（8）根据建筑火灾危险性、用途、重要性、规模和布局等合理设置消防车道。

2. 民用建筑

在总平面布局中，应合理确定建筑的位置、防火间距、消防车道和消防水源等，不宜将民用建筑布置在甲、乙类厂（库）房，甲、乙、丙类液体储罐，可燃气体储罐和可燃材料堆场附近。

第二节　防　火　间　距

一、防火间距及计算方法

（一）防火间距的定义

防火间距，系指防止着火建筑在一定时间内引燃相邻建筑，便于消防扑救，在相邻两座建筑之间所留出的间隔距离。

建筑发生火灾时，火灾除了在建筑内部蔓延扩大外，有时还会通过一定的途径蔓延到邻近的建筑。为了防止火灾在建筑之间蔓延，十分有效的措施就是在相邻建筑之间留出一定的防火安全距离，即防火间距。防火间距具有为灭火救援、建筑内人员和物资的紧急疏散提供场地的作用。在建筑总平面布局防火中，确定好建筑之间的防火间距是一项十分重要的技术措施。

火灾在建筑之间发生蔓延，究其原因不外乎是由于热辐射、热对流、飞火、火焰直接接触延烧造成的。影响防火间距的因素很多，如辐射热、风向、风速、外墙上材料的燃烧性能及开口面积大小、室内的可燃物种类及数量、相邻建筑的高度、室内消防设施情况、着火时的气温和湿度、消防车到达的时间及扑救情况等。

为了防止火灾在建筑物、构筑物等相互之间造成蔓延，《建筑设计防火规范》GB 50016 规定了各种建、构筑物的防火间距数值，在进行总平面布局时应严格执行。

（二）防火间距的计算方法

《建筑设计防火规范》GB 50016 在附录中对防火间距的计算作出了如下规定：

（1）建筑物之间的防火间距应按相邻建筑外墙的最近水平距离计算，当外墙有凸出的可燃或难燃构件时，应从其凸出部分外缘算起。

建筑物与储罐、堆场的防火间距，应为建筑外墙至储罐外壁或堆场中相邻堆垛外缘的最近水平距离。

（2）储罐之间的防火间距应为相邻两储罐外壁的最近水平距离。

储罐与堆场的防火间距应为储罐外壁至堆场中相邻堆垛外缘的最近水平距离。

（3）堆场之间的防火间距应为两堆场中相邻堆垛外缘的最近水平距离。

（4）变压器之间的防火间距应为相邻变压器外壁的最近水平距离。

变压器与建筑物、储罐或堆场的防火间距，应为变压器外壁至建筑外墙、储罐外壁或相邻堆垛外缘的最近水平距离。

（5）建筑物、储罐或堆场与道路、铁路的防火间距，应为建筑外墙、储罐外壁或相邻堆垛外缘距道路最近一侧路边或铁路中心线的最小水平距离。

二、民用建筑的防火间距

民用建筑之间的防火间距不应小于表 8-1 的规定，与其他建筑的防火间距详见本节有关内容。

在确定民用建筑的防火间距时，应注意以下情况：

（1）民用建筑与单独建造的变电站的防火间距应符合表 8-2 有关室外变、配电站的规定，但与单独建造的终端变电站的防火间距，可根据变电站的耐火等级按上述有关民用建筑的规定确定。

民用建筑与10kV及以下的预装式变电站的防火间距不应小于3m。

民用建筑之间的防火间距（m）   表 8-1

建筑类别		高层民用建筑	裙房和其他民用建筑		
		一、二级	一、二级	三级	四级
高层民用建筑	一、二级	13	9	11	14
裙房和其他民用建筑	一、二级	9	6	7	9
	三级	11	7	8	10
	四级	14	9	10	12

注：1. 相邻两座单、多层建筑，当相邻外墙为不燃性墙体且无外露的可燃性屋檐，每面外墙上无防火保护的门、窗、洞口不正对开设且该门、窗、洞口的面积之和不大于该外墙面积的5％时，其防火间距可按本表的规定减少25％。

2. 两座建筑相邻较高一面外墙为防火墙，或高出相邻较低一座一、二级耐火等级建筑的屋面15m及以下范围内的外墙为防火墙时，其防火间距不限。

3. 相邻两座高度相同的一、二级耐火等级建筑中相邻任一侧外墙为防火墙，屋顶的耐火极限不低于1.00h时，其防火间距不限。

4. 相邻两座建筑中较低一座建筑的耐火等级不低于二级，相邻较低一面外墙为防火墙且屋顶无天窗，屋顶的耐火极限不低于1.00h时，其防火间距不应小于3.5m；对于高层建筑，不应小于4m。

5. 相邻两座建筑中较低一座建筑的耐火等级不低于二级且屋顶无天窗，相邻较高一面外墙高出较低一座建筑的屋面15m及以下范围内的开口部位设置甲级防火门、窗，或设置符合现行国家标准《自动喷水灭火系统设计规范》GB 50084规定的防火分隔水幕或建筑设计防火规范规定的防火卷帘时，其防火间距不应小于3.5m；对于高层建筑，不应小于4m。

6. 相邻建筑通过连廊、天桥或底部的建筑物等连接时，其间距不应小于本表的规定。

7. 耐火等级低于四级的既有建筑，其耐火等级可按四级确定。

民用建筑与燃油、燃气或燃煤锅炉房的防火间距应符合厂房的防火间距表8-2有关丁类厂房的规定，但与单台蒸汽锅炉的蒸发量不大于4t/h或单台热水锅炉的额定热功率不大于2.8MW的燃煤锅炉房的防火间距，可根据锅炉房的耐火等级按上述有关民用建筑的规定确定。

（2）除高层民用建筑外，数座一、二级耐火等级的住宅建筑或办公建筑，当建筑物的占地面积总和不大于2500m²时，可成组布置，但组内建筑物之间的间距不宜小于4m。组与组或组与相邻建筑物的防火间距不应小于上述有关民用建筑的规定。

（3）民用建筑与燃气调压站、液化石油气气化站或混气站、城市液化石油气供应站瓶库等的防火间距，应符合现行国家标准《城镇燃气设计规范》GB 50028的规定。

（4）建筑高度大于100m的民用建筑与相邻建筑的防火间距，在任何情况下都不应因满足一定的条件而减小。

三、厂房的防火间距

（1）厂房之间及其与乙、丙、丁、戊类仓库、民用建筑等的防火间距不应小于表8-2的规定，与甲类仓库的防火间距应符合表8-4的规定。

厂房之间及与乙、丙、丁、戊类仓库、民用建筑等的防火间距（m）　　　　表8-2

名称		甲类厂房 单、多层 一、二级	乙类厂房（仓库） 单、多层 一、二级	乙类厂房 单、多层 三级	乙类厂房 高层 一、二级	丙、丁、戊类厂房（仓库） 单、多层 一、二级	丙丁戊 单、多层 三级	丙丁戊 单、多层 四级	丙丁戊 高层 一、二级	民用建筑 裙房、单、多层 一、二级	民用 单、多层 三级	民用 单、多层 四级	民用 高层 一类	民用 高层 二类
甲类厂房	单、多层 一、二级	12	12	14	13	12	14	16	13	25	25	25	50	50
乙类厂房	单、多层 一、二级	12	10	12	13	10	12	14	13	25	25	25	50	50
	单、多层 三级	14	12	14	15	12	14	16	15	25	25	25	50	50
	高层 一、二级	13	13	15	13	13	15	17	13	25	25	25	50	50
丙类厂房	单、多层 一、二级	12	10	12	13	10	12	14	13	10	12	14	20	15
	单、多层 三级	14	12	14	15	12	14	16	15	12	14	16	25	20
	单、多层 四级	16	14	16	17	14	16	18	17	14	16	18	25	20
	高层 一、二级	13	13	15	13	13	15	17	13	13	15	17	20	15
丁、戊类厂房	单、多层 一、二级	12	10	12	13	10	12	14	13	10	12	14	15	13
	单、多层 三级	14	12	14	15	12	14	16	15	12	14	16	18	15
	单、多层 四级	16	14	16	17	14	16	18	17	14	16	18	18	15
	高层 一、二级	13	13	15	13	13	15	17	13	13	15	17	15	13
室外变、配电站 变压器总油量（t）	≥5,≤10	25	25	25	25	12	15	20	12	15	20	25	20	20
	>10,≤50	25	25	25	25	15	20	25	15	20	25	30	25	25
	>50	25	25	25	25	20	25	30	20	25	30	35	30	30

注：1. 乙类厂房与重要公共建筑的防火间距不宜小于50m；与明火或散发火花地点不宜小于30m。单、多层戊类厂房之间及与戊类仓库的防火间距可按本表的规定减少2m，与民用建筑等的防火间距可将戊类厂房等同民用建筑按表8-1的规定执行。为丙、丁、戊类厂房服务而单独设置的生活用房应按民用建筑确定，与所属厂房的防火间距不应小于6m。确需相邻布置时，应符合本表注2、3的规定。

2. 两座厂房相邻较高一面外墙为防火墙时，或相邻两座一、二级耐火等级建筑中相邻任一侧外墙为防火墙且屋顶的耐火极限不低于1.00h时，其防火间距不限，但甲类厂房之间不应小于4m。两座丙、丁、戊类厂房相邻两面外墙均为不燃性墙体，当无外露的可燃性屋檐，每面外墙上的门、窗、洞口面积之和各不大于该外墙面积的5%，且门、窗、洞口不正对开设时，其防火间距可按本表的规定减少25%。甲、乙类厂房（仓库）不应与其他建筑贴邻。

3. 两座一、二级耐火等级的厂房，当相邻较低一面外墙为防火墙，当相邻较低一座厂房的屋顶无天窗，屋顶的耐火极限不低于1.00h，或相邻较高一面外墙的门、窗等开口部位设置甲级防火门、窗或防火分隔水幕或符合本规范第3.3.5条规定的防火卷帘时，甲、乙类厂房（仓库）之间的防火间距不应小于6m；丙、丁、戊类厂房（仓库）之间的防火间距不应小于4m。

4. 发电厂内的主变压器，其油量可按单台确定。

5. 耐火等级低于四级的既有厂房，其耐火等级可按四级确定。

6. 当丙、丁、戊类厂房与丙、丁、戊类仓库相邻时，应符合本表注2、3的规定。

（2）甲类厂房与重要公共建筑的防火间距不应小于50m，与明火或散发火花地点的防火间距不应小于30m。

（3）散发可燃气体、可燃蒸气的甲类厂房与铁路、道路等的防火间距不应小于表8-3的规定，但甲类厂房所属厂内铁路装卸线当有安全措施时，防火间距可不受表8-3规定的限制。

散发可燃气体、可燃蒸气的甲类厂房与铁路、道路等的防火间距（m）　　　表8-3

名称	厂外铁路线中心线	厂内铁路线中心线	厂外道路路边	厂内道路路边	
				主要	次要
甲类厂房	30	20	15	10	5

（4）高层厂房与甲、乙、丙类液体储罐，可燃、助燃气体储罐，液化石油气储罐，可燃材料堆场（除煤和焦炭场外）的防火间距，应符合本书第4章的规定，且不应小于13m。

（5）丙、丁、戊类厂房与民用建筑的耐火等级均为一、二级时，丙、丁、戊类厂房与民用建筑的防火间距可适当减小，但应符合下列规定：

1）当较高一面外墙为无门、窗、洞口的防火墙，或比相邻较低一座建筑屋面高15m及以下范围内的外墙为无门、窗、洞口的防火墙时，其防火间距可不限；

2）相邻较低一面外墙为防火墙，且屋顶无天窗、屋顶的耐火极限不低于1.00h，或相邻较高一面外墙为防火墙，且墙上开口部位采取了防火措施，其防火间距可适当减小，但不应小于4m。

（6）厂房外附设化学易燃物品的设备，其外壁与相邻厂房室外附设设备的外壁或相邻厂房外墙的防火间距，不应小于表8-2的规定。用不燃材料制作的室外设备，可按一、二级耐火等级建筑确定。

总容量不大于15m³的丙类液体储罐，当直埋于厂房外墙外，且面向储罐一面4.0m范围内的外墙为防火墙时，其防火间距可不限。

（7）同一座U形或山形厂房中相邻两翼之间的防火间距，不宜小于表8-2的规定，但当厂房的占地面积小于建筑设计防火规范规定的每个防火分区的最大允许建筑面积时，其防火间距可为6m。

（8）除高层厂房和甲类厂房外，其他类别的数座厂房占地面积之和小于建筑设计防火规范规定的防火分区最大允许建筑面积（按其中较小者确定，但防火分区的最大允许建筑面积不限者，不应大于10000 m²）时，可成组布置。当厂房建筑高度不大于7m时，组内厂房之间的防火间距不应小于4m；当厂房建筑高度大于7m时，组内厂房之间的防火间距不应小于6m。

组与组或组与相邻建筑之间的防火间距，应根据相邻两座耐火等级较低的建筑，按表8-2的规定确定。

（9）一级汽车加油站、一级汽车加气站和一级汽车加油加气合建站不应布置在城市建成区内。

（10）汽车加油、加气站和加油加气合建站的分级，汽车加油、加气站和加油加气合建站及其加油（气）机、储油（气）罐等与站外明火或散发火花地点、建筑、铁路、道路的防火间距，以及站内各建筑或设施之间的防火间距，应符合现行国家标准《汽车加油加气站设计与施工规范》GB 50156 的规定。

（11）电力系统电压为 35～500kV 且每台变压器容量不小于 10MV·A 的室外变、配电站以及工业企业的变压器总油量大于 5t 的室外降压变电站，与其他建筑的防火间距不应小于表 8-2 和表 8-3 的规定。

（12）厂区围墙与厂区内建筑之间的间距不宜小于 5m，且围墙两侧建筑的间距应满足相应建筑的防火间距要求。

四、仓库的防火间距

（1）甲类仓库之间及与其他建筑、明火或散发火花地点、铁路、道路等的防火间距不应小于表 8-4 的规定。

甲类仓库之间及与其他建筑、明火或散发火花地点、铁路、道路等的防火间距（m）

表 8-4

名　　　称		甲类仓库（储量，t）			
		甲类储存物品第 3、4 项		甲类储存物品第 1、2、5、6 项	
		≤5	>5	≤10	>10
高层民用建筑、重要公共建筑		50			
裙房、其他民用建筑、明火或散发火花地点		30	40	25	30
甲类仓库		20	20	20	20
厂房和乙、丙、丁、戊类仓库	一、二级耐火等级	15	20	12	15
	三级耐火等级	20	25	15	20
	四级耐火等级	25	30	20	25
电力系统电压为 35～500kV 且每台变压器容量不小于 10MVA 的室外变、配电站，工业企业的变压器总油量大于 5t 的室外降压变电站		30	40	25	30
厂外铁路线中心线		40			
厂内铁路线中心线		30			
厂外道路路边		20			
厂内道路路边	主要	10			
	次要	5			

注：甲类仓库之间的防火间距，当第 3、4 项物品储量不大于 2t，第 1、2、5、6 项物品储量不大于 5t 时，不应小于 12m，甲类仓库与高层仓库的防火间距不应小于 13m。

（2）建筑设计防火规范另有规定外，乙、丙、丁、戊类仓库之间及与民用建筑的防火间距，不应小于表 8-5 的规定。

（3）丁、戊类仓库与民用建筑的耐火等级均为一、二级时，仓库与民用建筑的防火间距可适当减小，但应符合下列规定：

1）当较高一面外墙为无门、窗、洞口的防火墙，或比相邻较低一座建筑屋面高 15m 及以下范围内的外墙无门、窗、洞口的防火墙时，其防火间距可不限；

乙、丙、丁、戊类仓库之间及与民用建筑的防火间距（m）　　　　　表 8-5

名称			乙类仓库			丙类仓库				丁、戊类仓库			
			单、多层		高层	单、多层			高层	单、多层			高层
			一、二级	三级	一、二级	一、二级	三级	四级	一、二级	一、二级	三级	四级	一、二级
乙、丙、丁、戊类仓库	单、多层	一、二级	10	12	13	10	12	14	13	10	12	14	13
		三级	12	14	15	12	14	16	15	12	14	16	15
		四级	14	16	17	14	16	18	17	14	16	18	17
	高层	一、二级	13	15	13	13	15	17	13	13	15	17	13
民用建筑	裙房，单、多层	一、二级	25			10	12	14	13	10	12	14	13
		三级	25			12	14	16	15	12	14	16	15
		四级	25			14	16	18	17	14	16	18	17
	高层	一类	50			20	25	25	20	15	18	18	15
		二类	50			15	20	20	15	13	15	15	13

注：1. 单、多层戊类仓库之间的防火间距，可按本表减少 2m。

2. 两座仓库的相邻外墙均为防火墙时，防火间距可以减小，但丙类仓库不应小于 6m；丁、戊类仓库，不应小于 4m。两座仓库相邻较高一面外墙为防火墙，或相邻两座高度相同的一、二级耐火等级建筑中相邻任一侧外墙为防火墙且屋顶的耐火极限不低于 1.00h，且总占地面积不大于建筑设计防火规范规定的一座仓库的最大允许占地面积规定时，其防火间距不限。

3. 除乙类第 6 项物品外的乙类仓库，与民用建筑之间的防火间距不宜小于 25m，与重要公共建筑的防火间距不应小于 50m，与铁路、道路等的防火间距不宜小于表 8-4 中甲类仓库与铁路、道路等的防火间距。

2）相邻较低一面外墙为防火墙，且屋顶无天窗或洞口、屋顶耐火极限不低于 1.00h，或相邻较高一面外墙为防火墙，且墙上开口部位采取了防火措施，其防火间距可适当减小，但不应小于 4m。

（4）粮食筒仓与其他建筑、粮食筒仓组之间的防火间距，不应小于表 8-6 的规定。

粮食筒仓与其他建筑、粮食筒仓组之间的防火间距（m）　　　　　表 8-6

名称	粮食总储量 W（t）	粮食立筒仓			粮食浅圆仓		其他建筑		
		W≤40000	40000<W≤50000	W>50000	W≤50000	W>50000	一、二级	三级	四级
粮食立筒仓	500<W≤10000	15	20	25	20	25	10	15	20
	10000<W≤40000	15	20	25	20	25	15	20	25
	40000<W≤50000	20	20	25	20	25	20	25	30
	W>50000	25	25	25	25	25	25	30	—
粮食浅圆仓	W≤50000	20	20	25	20	25	20	25	—
	W>50000	25	25	25	25	25	25	30	—

注：1. 当粮食立筒仓、粮食浅圆仓与工作塔、接收塔、发放站为一个完整工艺单元的组群时，组内各建筑之间的防火间距不受本表限制。

2. 粮食浅圆仓组内每个独立仓的储量不应大于 10000t。

（5）库区围墙与库区内建筑的间距不宜小于 5m，围墙两侧建筑的间距应满足相应建筑的防火间距要求。

五、甲、乙、丙类液体、气体储罐（区）和可燃材料堆场的防火间距

（一）一般规定

（1）甲、乙、丙类液体储罐区，液化石油气储罐区，可燃、助燃气体储罐区和可燃材料堆场等，应设置在城市（区域）的边缘或相对独立的安全地带，并宜布置在城市（区域）全年最小频率风向的上风侧。

甲、乙、丙类液体储罐（区）宜布置在地势较低的地带。当布置在地势较高的地带时，应采取安全防护设施。

液化石油气储罐（区）宜布置在地势平坦、开阔等不易积存液化石油气的地带。

（2）桶装、瓶装甲类液体不应露天存放。

（3）液化石油气储罐组或储罐区四周应设置高度不小于 1.0m 的不燃性实体防护墙。

（4）甲、乙、丙类液体储罐区，液化石油气储罐区，可燃、助燃气体储罐区和可燃材料堆场，应与装卸区、辅助生产区及办公区分开布置。

（5）甲、乙、丙类液体储罐，液化石油气储罐，可燃、助燃气体储罐和可燃材料堆垛，与架空电力线的最近水平距离应符合建筑设计防火规范的有关规定。

（二）甲、乙、丙类液体储罐（区）的防火间距

（1）甲、乙、丙类液体储罐（区）和乙、丙类液体桶装堆场与其他建筑的防火间距，不应小于表 8-7 的规定。

甲、乙、丙类液体储罐（区），乙、丙类液体桶装堆场与其他建筑的防火间距（m）　　　表 8-7

类别	一个罐区或堆场的总容量 V（m³）	建筑物				室外变、配电站
		一、二级		三级	四级	
		高层民用建筑	裙房，其他建筑			
甲、乙类液体储罐（区）	1≤V<50	40	12	15	20	30
	50≤V<200	50	15	20	25	35
	200≤V<1000	60	20	25	30	40
	1000≤V<5000	70	25	30	40	50
丙类液体储罐（区）	5≤V<250	40	12	15	20	24
	250≤V<1000	50	15	20	25	28
	1000≤V<5000	60	20	25	30	32
	5000≤V<25000	70	25	30	40	40

注：1. 当甲、乙类液体和丙类液体储罐布置在同一储罐区时，其总容量可按 1m³ 甲、乙类液体相当于 5m³ 丙类液体折算。

2. 储罐防火堤外侧基脚线至相邻建筑的距离不应小于 10m。

3. 甲、乙、丙类液体的固定顶储罐区或半露天堆场，乙、丙类液体桶装堆场与甲类厂房（仓库）、民用建筑的防火间距，应按本表的规定增加 25%，且甲、乙类液体的固定顶储罐区或半露天堆场，乙、丙类液体桶装堆场与甲类厂房（仓库）、裙房、单、多层民用建筑的防火间距不应小于 25m，与明火或散发火花地点的防火间距，应按本表有关四级耐火等级建筑物的规定增加 25%。

4. 浮顶储罐区或闪点大于 120℃ 的液体储罐区与其他建筑的防火间距，可按本表的规定减少 25%。

5. 当数个储罐区布置在同一库区内时，储罐区之间的防火间距不应小于本表相应容量的储罐区与四级耐火等级建筑物防火间距的较大值。

6. 直埋地下的甲、乙、丙类液体卧式罐，当单罐容量不大于 50m³，总容量不大于 200m³ 时，与建筑物的防火间距可按本表规定减少 50%。

7. 室外变、配电站指电力系统电压为 35～500kV 且每台变压器容量不小于 10MV·A 的室外变、配电站和工业企业的变压器总油量大于 5t 的室外降压变电站。

（2）甲、乙、丙类液体储罐之间的防火间距不应小于表 8-8 的规定。

甲、乙、丙类液体储罐之间的防火间距（m）

表 8-8

类别			固定顶储罐			浮顶储罐或设置充氮保护设备的储罐	卧式储罐
			地上式	半地下式	地下式		
甲、乙类液体储罐	单罐容量 V（m³）	V≤1000	0.75D	0.5D	0.4D	0.4D	≥0.8m
		V>1000	0.6D				
丙类液体储罐		不限	0.4D	不限	不限	—	

注：1. D 为相邻较大立式储罐的直径（m），矩形储罐的直径为长边与短边之和的一半。

2. 不同液体、不同形式储罐之间的防火间距不应小于本表规定的较大值。

3. 两排卧式储罐之间的防火间距不应小于 3m。

4. 当单罐容量不大于 1000m³ 且采用固定冷却系统时，甲、乙类液体的地上式固定顶储罐之间的防火间距不应小于 0.6D。

5. 地上式储罐同时设置液下喷射泡沫灭火系统、固定冷却水系统和扑救防火堤内液体火灾的泡沫灭火设施时，储罐之间的防火间距可适当减小，但不宜小于 0.4D。

6. 闪点大于 120℃ 的液体，当单罐容量大于 1000m³ 时，储罐之间的防火间距不应小于 5m；当单罐容量不大于 1000m³ 时，储罐之间的防火间距不应小于 2m。

（3）甲、乙、丙类液体储罐成组布置时，应符合下列规定：

1）组内储罐的单罐容量和总容量不应大于表 8-9 的规定；

甲、乙、丙类液体储罐分组布置的最大容量

表 8-9

类别	单罐最大容量（m³）	一组罐最大容量（m³）
甲、乙类液体	200	1000
丙类液体	500	3000

2）组内储罐的布置不应超过两排。甲、乙类液体立式储罐之间的防火间距不应小于 2m，卧式储罐之间的防火间距不应小于 0.8m；丙类液体储罐之间的防火间距不限；

3）储罐组之间的防火间距应根据组内储罐的形式和总容量折算为相同类别的标准单罐，按表 8-8 的规定确定。

（4）甲、乙、丙类液体的地上式、半地下式储罐区，其每个防火堤内宜布置火灾危险性类别相同或相近的储罐。沸溢性油品储罐不应与非沸溢性油品储罐布置在同一防火堤内。地上式、半地下式储罐不应与地下式储罐布置在同一防火堤内。

（5）甲、乙、丙类液体的地上式、半地下式储罐或储罐组，其四周应设置不燃性防火堤。防火堤的设置应符合下列规定：

1）防火堤内的储罐布置不宜超过 2 排，单罐容量不大于 1000m³ 且闪点大于 120℃ 的液体储罐不宜超过 4 排；

2）防火堤的有效容量不应小于其中最大储罐的容量。对于浮顶罐，防火堤的有效容量可为其中最大储罐容量的一半；

3）防火堤内侧基脚线至立式储罐外壁的水平距离不应小于罐壁高度的一半。防火堤内侧基脚线至卧式储罐的水平距离不应小于 3.0m；

　　4）防火堤的设计高度应比计算高度高出 0.2m，且应为 1.0～2.2m，在防火堤的适当位置应设置便于灭火救援人员进出防火堤的踏步；

　　5）沸溢性油品的地上式、半地下式储罐，每个储罐均应设置一个防火堤或防火隔堤；

　　6）含油污水排水管应在防火堤的出口处设置水封设施，雨水排水管应设置阀门等封闭、隔离装置。

　　（6）甲类液体半露天堆场，乙、丙类液体桶装堆场和闪点大于 120℃ 的液体储罐（区），当采取了防止液体流散的设施时，可不设置防火堤。

　　（7）甲、乙、丙类液体储罐与其泵房、装卸鹤管的防火间距不应小于表 8-10 的规定。

甲、乙、丙类液体储罐与其泵房、装卸鹤管的防火间距（m）　表 8-10

液体类别和储罐形式		泵　房	铁路或汽车装卸鹤管
甲、乙类液体储罐	拱顶罐	15	20
	浮顶罐	12	15
丙 类 液 体 储 罐		10	12

　　注：1. 总容量不大于 1000m³ 的甲、乙类液体储罐和总容量不大于 5000m³ 的丙类液体储罐，其防火间距可按本表的规定减少 25%。

　　　　2. 泵房、装卸鹤管与储罐防火堤外侧基脚线的距离不应小于 5m。

　　（8）甲、乙、丙类液体装卸鹤管与建筑物、厂内铁路线的防火间距不应小于表 8-11 的规定。

甲、乙、丙类液体装卸鹤管与建筑物、厂内铁路线的防火间距（m）　表 8-11

名　称	建筑物			厂内铁路线	泵房
	一、二级	三级	四级		
甲、乙类液体装卸鹤管	14	16	18	20	8
丙类液体装卸鹤管	10	12	14	10	

　　注：装卸鹤管与其直接装卸用的甲、乙、丙类液体装卸铁路线的防火间距不限。

　　（9）甲、乙、丙类液体储罐与铁路、道路的防火间距不应小于表 8-12 的规定。

甲、乙、丙类液体储罐与铁路、道路的防火间距（m）　表 8-12

名　称	厂外铁路线中心线	厂内铁路线中心线	厂外道路路边	厂内道路路边	
				主要	次要
甲、乙类液体储罐	35	25	20	15	10
丙类液体储罐	30	20	15	10	5

　　（10）零位罐与所属铁路装卸线的距离不应小于 6m。

　　（11）石油库的储罐（区）与建筑的防火间距，石油库内的储罐布置和防火间距以及储罐与泵房、装卸鹤管等库内建筑的防火间距，应符合现行国家标准《石油库设计规范》GB 50074 的规定。

　　（三）可燃、助燃气体储罐（区）的防火间距

　　（1）可燃气体储罐与建筑物、储罐、堆场等的防火间距应符合下列规定：

　　1）湿式可燃气体储罐与建筑物、储罐、堆场等的防火间距不应小于表 8-13 的规定；

湿式可燃气体储罐与建筑物、储罐、堆场等的防火间距（m）　　　　　　　　表 8-13

名　　称		湿式可燃气体储罐（总容积V，m³）				
		$V<1000$	$1000\leqslant$ $V<10000$	$10000\leqslant$ $V<50000$	$50000\leqslant$ $V<100000$	$100000\leqslant$ $V<300000$
甲类仓库 甲、乙、丙类液体储罐 可燃材料堆场 室外变、配电站 明火或散发火花的地点		20	25	30	35	40
高层民用建筑		25	30	35	40	45
裙房，单、多层民用建筑		18	20	25	30	35
其他建筑	一、二级	12	15	20	25	30
	三　　级	15	20	25	30	35
	四　　级	20	25	30	35	40

注：固定容积可燃气体储罐的总容积按储罐几何容积（m³）和设计储存压力（绝对压力，10^5Pa）的乘积计算。

　　2）固定容积可燃气体储罐与建筑物、储罐、堆场等的防火间距不应小于表 8-13 的规定；

　　3）干式可燃气体储罐与建筑物、储罐、堆场等的防火间距：当可燃气体的密度比空气大时，应按表 8-13 的规定增加 25％；当可燃气体的密度比空气小时，可按表 8-13 的规定确定；

　　4）湿式或干式可燃气体储罐的水封井、油泵房和电梯间等附属设施与该储罐的防火间距，可按工艺要求布置；

　　5）容积不大于 20m³ 的可燃气体储罐与其使用厂房的防火间距不限。

　　（2）可燃气体储罐（区）之间的防火间距应符合下列规定：

　　1）湿式可燃气体储罐或干式可燃气体储罐之间及湿式与干式可燃气体储罐的防火间距，不应小于相邻较大罐直径的 1/2；

　　2）固定容积的可燃气体储罐之间的防火间距不应小于相邻较大罐直径的 2/3；

　　3）固定容积的可燃气体储罐与湿式或干式可燃气体储罐之间的防火间距，不应小于相邻较大罐直径的 1/2；

　　4）数个固定容积的可燃气体储罐的总容积大于 200000m³ 时，应分组布置。卧式储罐组之间的防火间距不应小于相邻较大罐长度的一半；球形储罐组之间的防火间距不应小于相邻较大罐直径，且不应小于 20m。

　　（3）氧气储罐与建筑物、储罐、堆场的防火间距应符合下列规定：

　　1）湿式氧气储罐与建筑物、储罐、堆场等的防火间距不应小于表 8-14 的规定；

　　2）氧气储罐之间的防火间距不应小于相邻较大罐直径的 1/2；

　　3）氧气储罐与可燃气体储罐的防火间距不应小于相邻较大罐的直径；

　　4）固定容积的氧气储罐与建筑物、储罐、堆场等的防火间距不应小于表 8-14 的规定；

　　5）氧气储罐与其制氧厂房的防火间距可按工艺布置要求确定；

　　6）容积不大于 50m³ 的氧气储罐与其使用厂房的防火间距不限。

湿式氧气储罐与建筑物、储罐、堆场等的防火间距（m）　　　　表 8-14

名　称	湿式氧气储罐（总容积 V, m³）		
	$V \leqslant 1000$	$1000 < V \leqslant 50000$	$V > 50000$
明火或散发火花地点	25	30	35
甲、乙、丙类液体储罐，可燃材料堆场，甲类仓库，室外变、配电站	20	25	30
民用建筑	18	20	25
其他建筑 一、二级	10	12	14
其他建筑 三级	12	14	16
其他建筑 四级	14	16	18

注：固定容积氧气储罐的总容积按储罐几何容积（m³）和设计储存压力（绝对压力，10^5Pa）的乘积计算。

注：1m³ 液氧折合标准状态下 800m³ 气态氧。

（4）液氧储罐与建筑物、储罐、堆场等的防火间距应符合表 8-14 相应容积湿式氧气储罐防火间距的规定。液氧储罐与其泵房的间距不宜小于 3m。总容积小于等于 3m³ 的液氧储罐与其使用建筑的防火间距应符合下列规定：

1）当设置在独立的一、二级耐火等级的专用建筑物内时，其防火间距不应小于 10m；

2）当设置在独立的一、二级耐火等级的专用建筑物内，且面向使用建筑物一侧采用无门窗洞口的防火墙隔开时，其防火间距不限；

3）当低温储存的液氧储罐采取了防火措施时，其防火间距不应小于 5m。

医疗卫生机构中的医用液氧贮罐气源站的液氧储罐应符合下列规定：

1）单罐容积不应大于 5m³，总容积不宜大于 20m³；

2）相邻贮罐之间的距离不应小于最大罐直径的 0.75 倍；

3）医用液氧储罐与医疗卫生机构外的建筑的防火间距应符合表 8-14 的规定，与医疗卫生机构内的建筑的防火间距应符合现行国家标准《医用气体工程技术规范》GB 50751 的规定。

（5）液氧储罐周围 5.0m 范围内不应有可燃物和设置沥青路面。

（6）可燃、助燃气体储罐与铁路、道路的防火间距不应小于表 8-15 的规定。

可燃、助燃气体储罐与铁路、道路的防火间距（m）　　　　表 8-15

名　称	厂外铁路线中心线	厂内铁路线中心线	厂外道路路边	厂内道路路边	
				主要	次要
可燃、助燃气体储罐	25	20	15	10	5

（7）液氢、液氨储罐与建筑物、储罐、堆场等的防火间距可按相应容积液化石油气储罐防火间距的规定减少 25% 确定。

（8）液化天然气气化站的液化天然气储罐（区）与站外建筑等的防火间距不应小于表 8-16 的规定，与表 8-16 未规定的其他建筑的防火间距，应符合现行国家标准《城镇燃气设计规范》GB 50028 的规定。

液化天然气气化站的液化天然气储罐（区）与站外建筑等的防火间距（m）　　表 8-16

名称	液化天然气储罐（区）（总容积 V, m^3）							集中放散装置的天然气放散总管
	$V \leqslant 10$	$10 < V \leqslant 30$	$30 < V \leqslant 50$	$50 < V \leqslant 200$	$200 < V \leqslant 500$	$500 < V \leqslant 1000$	$1000 < V \leqslant 2000$	
单罐容积 V（m^3）	$V \leqslant 10$	$V \leqslant 30$	$V \leqslant 50$	$V \leqslant 200$	$V \leqslant 500$	$V \leqslant 1000$	$V \leqslant 2000$	
居住区、村镇和重要公共建筑（最外侧建筑物的外墙）	30	35	45	50	70	90	110	45
工业企业（最外侧建筑物的外墙）	22	25	27	30	35	40	50	20
明火或散发火花地点，室外变、配电站	30	35	45	50	55	60	70	30
其他民用建筑，甲、乙类液体储罐，甲、乙类仓库，甲、乙类厂房，秸秆、芦苇、打包废纸等材料堆场	27	32	40	45	50	55	65	25
丙类液体储罐，可燃气体储罐，丙、丁类厂房，丙、丁类仓库	25	27	32	35	40	45	55	20
公路（路边）高速，Ⅰ、Ⅱ级，城市快速	20				25			15
公路（路边）其他	15				20			10
架空电力线（中心线）	1.5 倍杆高					1.5 倍杆高，但 3.5kV 以上架空电力线不应小于 40m		2.0 倍杆高
架空通信线（中心线）Ⅰ、Ⅱ级	1.5 倍杆高		30			40		1.5 倍杆高
架空通信线（中心线）其他	1.5 倍杆高							
铁路（中心线）国家线	40	50	60	70		80		40
铁路（中心线）企业专用线	25			30		35		30

注：居住区、村镇指 1000 人或 300 户及以上者；当少于 1000 人或 300 户时，相应防火间距应按本表有关其他民用建筑的要求确定。

（四）液化石油气储罐（区）的防火间距

（1）液化石油气供应基地的全压式和半冷冻式储罐（区），与明火或散发火花地点和基地外建筑等的防火间距不应小于表 8-17 的规定，与表 8-17 未规定的其他建筑的防火间距应符合现行国家标准《城镇燃气设计规范》GB 50028 的规定。

（2）液化石油气储罐之间的防火间距不应小于相邻较大罐的直径。

数个储罐的总容积大于 3000m^3 时，应分组布置，组内储罐宜采用单排布置。组与组相邻储罐之间的防火间距不应小于 20m。

液化石油气供应基地的全压式和半冷冻式储罐（区）与
明火或散发火花地点和基地外建筑等的防火间距（m）　　表 8-17

名称		液化石油气储罐（区）（总容积 V，m^3）						
		$30<$ $V\leqslant50$	$50<$ $V\leqslant200$	$200<$ $V\leqslant500$	$500<$ $V\leqslant1000$	$1000<$ $V\leqslant2500$	$2500<$ $V\leqslant5000$	$5000<$ $V\leqslant10000$
单罐容积 V（m^3）		$V\leqslant20$	$V\leqslant50$	$V\leqslant100$	$V\leqslant200$	$V\leqslant400$	$V\leqslant1000$	$V>1000$
居住区、村镇和重要公共建筑（最外侧建筑物的外墙）		45	50	70	90	110	130	150
工业企业（最外侧建筑物的外墙）		27	30	35	40	50	60	75
明火或散发火花地点，室外变、配电站		45	50	55	60	70	80	120
其他民用建筑，甲、乙类液体储罐，甲、乙类仓库，甲、乙类厂房，秸秆、芦苇、打包废纸等材料堆场		40	45	50	55	65	75	100
丙类液体储罐，可燃气体储罐，丙、丁类厂房，丙、丁类仓库		32	35	40	45	55	65	80
助燃气体储罐、木材等材料堆场		27	30	35	40	50	60	75
其他建筑	一、二级	18	20	22	25	30	40	50
	三级	22	25	27	30	40	50	60
	四级	27	30	35	40	50	60	75
公路（路边）	高速，Ⅰ、Ⅱ级	20	25					30
	Ⅲ、Ⅳ级	15	20					25
架空电力线（中心线）		应符合《建筑设计防火规范》第 10.2.1 条的规定						
架空通信线（中心线）	Ⅰ、Ⅱ级	30	40					
	Ⅲ、Ⅳ级	1.5 倍杆高						
铁路（中心线）	国家线	60	70		80		100	
	企业专用线	25	30		35		40	

注：1. 防火间距应按本表储罐总容积或单罐容积较大者确定。

　　2. 当地下液化石油气储罐的单罐容积不大于 50m^3，总容积不大于 400m^3 时，其防火间距可按本表减少 50%。

　　3. 居住区、村镇指 1000 人或 300 户以上者；当少于 1000 人或 300 户时，相应防火间距应按本表有关其他民用建筑的要求确定。

（3）液化石油气储罐与所属泵房的防火间距不应小于 15m。当泵房面向储罐一侧的外墙采用无门、窗、洞口的防火墙时，防火间距可减少至 6m。液化石油气泵露天设置在储罐区内时，储罐与泵防火间距不限。

（4）全冷冻式液化石油气储罐、液化石油气气化站、混气站的储罐与周围建筑的防火间距，应符合现行国家标准《城镇燃气设计规范》GB 50028 的规定。

工业企业内总容积不大于 10m³ 的液化石油气气化站、混气站的储罐，当设置在专用的独立建筑内时，建筑外墙与相邻厂房及其附属设备的防火间距可按甲类厂房有关防火间距的规定确定。当露天设置时，与建筑物、储罐、堆场等的防火间距应符合现行国家标准《城镇燃气设计规范》GB 50028 的有关规定。

（5）Ⅰ、Ⅱ级瓶装液化石油气供应站瓶库与站外建筑等的防火间距不应小于表 8-18 的规定。瓶装液化石油气供应站的分级及总存瓶容积不大于 1m³ 的瓶装供应站瓶库的设置，应符合现行国家标准《城镇燃气设计规范》GB 50028 的规定。

Ⅰ、Ⅱ级瓶装液化石油气供应站瓶库与站外建筑等的防火间距（m）　　　表 8-18

名称	Ⅰ级		Ⅱ级	
瓶库的总存瓶容积 V（m³）	6<V≤10	10<V≤20	1<V≤3	3<V≤6
明火或散发火花地点	30	35	20	25
重要公共建筑	20	25	12	15
其他民用建筑	10	15	6	8
主要道路路边	10	10	8	8
次要道路路边	5	5	5	5

注：总存瓶容积应按实瓶个数与单瓶几何容积的乘积计算。

（6）Ⅰ级瓶装液化石油气供应站的四周宜设置不燃性实体围墙，但面向出入口一侧可设置不燃性非实体围墙。

Ⅱ级瓶装液化石油气供应站的四周宜设置不燃性实体围墙，或下部实体部分高度不应低于 0.6m 的围墙。

（五）可燃材料堆场的防火间距

（1）露天、半露天可燃材料堆场与建筑物的防火间距不应小于表 8-19 的规定。

露天、半露天可燃材料堆场与建筑物的防火间距（m）　　　表 8-19

名　称	一个堆场的总储量	建筑物		
		一、二级	三级	四级
粮食席穴囤 W（t）	10≤W<5000	15	20	25
	5000≤W<20000	20	25	30
粮食土圆仓 W（t）	500≤W<10000	10	15	20
	10000≤W<20000	15	20	25
棉、麻、毛、化纤、百货 W（t）	10≤W<500	10	15	20
	500≤W<1000	15	20	25
	1000≤W<5000	20	25	30

续表

名　称	一个堆场的总储量	建筑物		
		一、二级	三级	四级
秸秆、芦苇、打包废纸等 W（t）	$10 \leqslant W < 5000$	15	20	25
	$5000 \leqslant W < 10000$	20	25	30
	$W \geqslant 10000$	25	30	40
木材等 V（m³）	$50 \leqslant V < 1000$	10	15	20
	$1000 \leqslant V < 10000$	15	20	25
	$V \geqslant 10000$	20	25	30
煤和焦炭 W（t）	$100 \leqslant W < 5000$	6	8	10
	$W \geqslant 5000$	8	10	12

注：露天、半露天秸秆、芦苇、打包废纸等材料堆场，与甲类厂房（仓库）、民用建筑的防火间距应根据建筑物的耐火等级分别按本表的规定增加25％且不应小于25m，与室外变、配电站的防火间距不应小于50m，与明火或散发火花地点的防火间距应按本表四级耐火等级建筑物的相应规定增加25％。

当一个木材堆场的总储量大于25000m³或一个秸秆、芦苇、打包废纸等材料堆场的总储量大于20000t时，宜分设堆场。各堆场之间的防火间距不应小于相邻较大堆场与四级耐火等级建筑物的防火间距。

不同性质物品堆场之间的防火间距，不应小于本表相应储量堆场与四级耐火等级建筑物防火间距的较大值。

（2）露天、半露天可燃材料堆场与甲、乙、丙类液体储罐的防火间距，不应小于本规范表8-7和表8-19中相应储量的堆场与四级耐火等级建筑物防火间距的较大值。

（3）露天、半露天秸秆、芦苇、打包废纸等材料堆场与铁路、道路的防火间距不应小于表8-20的规定，其他可燃材料堆场与铁路、道路的防火间距可根据材料的火灾危险性按类比原则确定。

露天、半露天可燃材料堆场与铁路、道路的防火间距（m）　　表8-20

名　称	厂外铁路线中心线	厂内铁路线中心线	厂外道路路边	厂内道路路边	
				主要	次要
秸秆、芦苇、打包废纸等材料堆场	30	20	15	10	5

六、木结构建筑的防火间距

民用木结构建筑之间及其与其他民用建筑的防火间距不应小于表8-21的规定。

民用木结构建筑与厂房（仓库）等建筑的防火间距、木结构厂房（仓库）之间及其与其他民用建筑的防火间距，应符合有关四级耐火等级建筑的规定。

民用木结构建筑之间及其与其他民用建筑的防火间距（m）　　表8-21

建筑耐火等级或类别	一、二级	三级	木结构建筑	四级
木结构建筑	8	9	10	11

注：1. 两座木结构建筑之间或木结构建筑与其他民用建筑之间，外墙均无任何门、窗、洞口时，防火间距可为4m；外墙上的门、窗、洞口不正对且开口面积之和不大于外墙面积的10％时，防火间距可按本表的规定减少25％。

2. 当相邻建筑外墙有一面为防火墙，或建筑物之间设置防火墙且墙体截断不燃性屋面或高出难燃性、可燃性屋面不低于0.5m时，防火间距不限。

七、防火间距不足时的一般解决方法

建筑物、构筑物之间的防火间距达不到建筑设计防火规范规定时，通常可采取以下几种方法解决：

（1）改。改变建筑物的生产和使用性质，尽量减小建筑物的火灾危险性；改变房屋部分结构的耐火性能，提高建筑物的耐火等级。

（2）调。调整生产厂房的部分工艺流程，限制库房内储存物品的数量，提高部分构件的耐火极限，改变其燃烧性能。

（3）堵。堵塞部分无关紧要的门窗，把普通墙改造为防火墙；减少相邻建筑墙面上的开口面积。

（4）拆。拆除部分耐火等级低、占地面积小、使用价值低且与新建筑物相邻的原有陈旧建筑物。

（5）防。设置独立的室外防火墙或加高围墙作为防火墙，以缩小防火间距。

（6）保。依靠先进的防火分隔等技术，达到减小防火间距数值的目的。如采用相邻外墙用防火卷帘及水幕保护等措施。

第三节　灭火救援设施

一、消防车道

设置消防车道的目的在于，一旦发生火灾时确保消防车畅通无阻，迅速到达火场，及时扑灭火灾。消防车道的设置要求是：

（1）街区内的道路应考虑消防车的通行，道路中心线间的距离不宜大于160m。

当建筑物沿街道部分的长度大于150m或总长度大于220m时，应设置穿过建筑物的消防车道。确有困难时，应设置环形消防车道。

（2）高层民用建筑，超过3000个座位的体育馆，超过2000个座位的会堂，占地面积大于3000m²的商店建筑、展览建筑等单、多层公共建筑应设置环形消防车道，确有困难时，可沿建筑的两个长边设置消防车道；对于高层住宅建筑和山坡地或河道边临空建造的高层民用建筑，可沿建筑的一个长边设置消防车道，但该长边所在的建筑立面应为消防车登高操作面。

（3）工厂、仓库区内应设置消防车道。

高层厂房，占地面积大于3000m²的甲、乙、丙类厂房或和占地面积大于1500m²的乙、丙类仓库，应设置环形消防车道，确有困难时，应沿建筑物的两个长边设置消防车道。

（4）有封闭内院或天井的建筑物，当内院或天井的短边长度大于24m时，宜设置进入内院或天井的消防车道；当该建筑物沿街时，应设置连通街道和内院的人行通道（可利用楼梯间），其间距不宜大于80m。

（5）在穿过建筑物或进入建筑物内院的消防车道两侧，不应设置影响消防车通行或人员安全疏散的设施。

（6）可燃材料露天堆场区，液化石油气储罐区，甲、乙、丙类液体储罐区和可燃气体储罐区，应设置消防车道。消防车道的设置应符合下列规定：

1）储量大于表 8-22 规定的堆场、储罐区，宜设置环形消防车道；

堆场或储罐区的储量　　　　表 8-22

名称	棉、麻、毛、化纤（t）	秸秆、芦苇（t）	木材（m³）	甲、乙、丙类液体储罐（m³）	液化石油气储罐（m³）	可燃气体储罐（m³）
储量	1000	5000	5000	1500	500	30000

2）占地面积大于 30000m² 的可燃材料堆场，应设置与环形消防车道相通的中间消防车道，消防车道的间距不宜大于 150m。液化石油气储罐区，甲、乙、丙类液体储罐区和可燃气体储罐区内的环形消防车道之间宜设置连通的消防车道；

3）消防车道的边缘距离可燃材料堆垛不应小于 5m。

（7）供消防车取水的天然水源和消防水池应设置消防车道。消防车道的边缘距离取水点不宜大于 2m。

（8）消防车道应符合下列要求：

1）车道的净宽度和净空高度均不应小于 4.0m；

2）转弯半径应满足消防车转弯的要求；

3）消防车道与建筑之间不应设置妨碍消防车操作的树木、架空管线障碍物；

4）消防车道靠建筑外墙一侧的边缘距离建筑外墙不宜小于 5m；

5）消防车道的坡度不宜大于 8%。

（9）环形消防车道至少应有两处与其他车道连通。尽头式消防车道应设置回车道或回车场，回车场的面积不应小于 12m×12m；对于高层建筑，不宜小于 15m×15m；供重型消防车使用时，不宜小于 18m×18m。

消防车道的路面、救援操作场地、消防车道和救援操作场地下面的管道和暗沟等，应能承受重型消防车的压力。

消防车道可利用城乡、厂区道路等，但该道路应满足消防车通行、转弯和停靠的要求。

（10）消防车道不宜与铁路正线平交，确需平交时，应设置备用车道，且两车道之间的间距不应小于一列火车的长度。

二、救援场地和入口

（1）高层建筑应至少沿一个长边或周边长度的 1/4 且不小于一个长边长度的底边连续布置消防车登高操作场地，该范围内的裙房进深不应大于 4m。

建筑高度不大于 50m 的建筑，连续布置消防车登高操作场地确有困难时，可间隔布置，但间隔距离不宜大于 30m，且消防车登高操作场地的总长度仍应符合上述规定。

（2）消防车登高操作场地应符合下列规定：

1）场地与厂房、仓库、民用建筑之间不应设置妨碍消防车操作的树木、架空管线等障碍物和车库出入口；

2）场地的长度和宽度分别不应小于 15m 和 10m。对于建筑高度大于 50m 的建筑，场地的长度和宽度均不应小于 20m 和 10m；

3）场地及其下面的建筑结构、管道和暗沟等，应能承受重型消防车的压力；

4）场地应与消防车道连通，场地靠建筑外墙一侧的边缘距离建筑外墙不宜小于 5m，且不应大于 10m，场地的坡度不宜大于 3%。

（3）建筑物与消防车登高操作场地相对应的范围内，应设置直通室外的楼梯或直通楼梯间的入口。

（4）厂房、仓库、公共建筑的外墙应在每层的适当位置设置可供消防救援人员进入的窗口。

（5）窗口的净高度和净宽度分别不应小于 1.0m，下沿距室内地面不宜大于 1.2m，间距不宜大于 20m 且每个防火分区不应少于 2 个，设置位置应与消防车登高操作场地相对应。窗口的玻璃应易于破碎，并应设置可在室外易于识别的明显标志。

三、消防电梯

消防电梯是高层建筑中特有的消防设施。高层建筑发生火灾时，消防队员必须迅速到达高层起火部位，扑救火灾和救援遇难人员。但普通电梯在火灾时往往失去作用，而消防队员若从疏散楼梯登楼，体力消耗很大，难以有效地进行灭火战斗，而且还要受到疏散人员的阻挡。为了给消防队员扑救高层建筑火灾创造条件，对高层建筑必须结合其具体情况，合理设置消防电梯。消防电梯的设置要求是：

（1）下列建筑应设置消防电梯：

1）建筑高度大于 33m 的住宅建筑；

2）一类高层公共建筑和建筑高度大于 32m 的二类高层公共建筑；

3）设置消防电梯的建筑的地下或半地下室，埋深大于 10m 且总建筑面积大于 3000m² 的其他地下或半地下建筑（室）。

（2）消防电梯应分别设置在不同防火分区内，且每个防火分区不应少于 1 台。

（3）建筑高度大于 32m 且设置电梯的高层厂房（仓库），每个防火分区内宜设置 1 台消防电梯，但符合下列条件的建筑可不设置消防电梯：

1）建筑高度大于 32m 且设置电梯，任一层工作平台上的人数不超过 2 人的高层塔架；

2）局部建筑高度大于 32m，且局部高出部分的每层建筑面积不大于 50m² 的丁、戊类厂房。

（4）符合消防电梯要求的客梯或货梯可兼作消防电梯。

（5）除设置在仓库连廊、冷库穿堂或谷物筒仓工作塔内的消防电梯外，消防电梯应设置前室，并应符合下列规定：

1）前室宜靠外墙设置，并应在首层直通室外或经过长度不大于 30m 的通道通向室外；

2）前室的使用面积不应小于 6m²；与防烟楼梯间合用的前室，应符合有关合用前室的规定（见表 8-23）；

消防电梯前室面积的要求　　　　表 8-23

前室类型	建筑类别	面积要求
单独前室	—	≥6m²
合用前室	公共建筑、高层厂房（仓库）	≥10m²
	住宅建筑	≥6m² ≥12m²（与剪刀防烟楼梯间共用前室合用），且短边不应小于 2.4m

3）除前室的出入口、前室内设置的正压送风口和住宅建筑疏散楼梯设置户门的有关规定外，前室内不应开设其他门、窗、洞口；

4）前室或合用前室的门应采用乙级防火门，不应设置卷帘。

（6）消防电梯井、机房与相邻电梯井、机房之间应设置耐火极限不低于 2.00h 的防火隔墙，隔墙上的门应采用甲级防火门。

（7）消防电梯的井底应设置排水设施，排水井的容量不应小于 2m³，排水泵的排水量不应小于 10L/s。

消防电梯间前室的门口宜设置挡水设施。

（8）消防电梯应符合下列规定：

1）应能每层停靠；

2）电梯的载重量不应小于 800kg；

3）电梯从首层至顶层的运行时间不宜大于 60s；

4）电梯的动力与控制电缆、电线、控制面板应采取防水措施；

5）在首层的消防电梯入口处应设置供消防队员专用的操作按钮；

6）电梯轿厢的内部装修应采用不燃材料；

7）电梯轿厢内部应设置专用消防对讲电话。

四、直升机停机坪

直升机停机坪是超高层建筑的重要辅助疏散设施。建筑高度超过 100m 的大楼发生火灾，除了应保障楼内人员安全撤离外，争取外部的救援也很重要。在屋顶设置直升机停机坪或可供直升机救助的设施，对于营救爬上屋顶的避难人员是十分有利的。此外，它可以在特殊情况下，为空运消防人员和必要的消防器材提供条件，以便尽快扑灭火灾。屋顶直升机停机坪的设计要求是：

（1）建筑高度大于 100m 且标准层建筑面积大于 2000m² 的公共建筑，宜在屋顶设置直升机停机坪或供直升机救助的设施。

（2）直升机停机坪应符合下列规定：

1）设在屋顶平台上时，距离设备机房、电梯机房、水箱间、共用天线等突出物不应小于 5m；

2）建筑通向停机坪的出口不应少于 2 个，每个出口的宽度不宜小于 0.90m；

3）四周应设置航空障碍灯，并应设置应急照明；

4）在停机坪的适当位置应设置消火栓；

5）其他要求应符合国家现行航空管理有关标准的规定。

第九章 厂房和仓库防爆设计

第一节 概　述

了解和掌握爆炸基础知识，有助于在厂房和仓库防爆设计时，采取有针对性的措施。

一、爆炸的特征和分类

（一）爆炸的特征

爆炸是物质的一种急剧的物理、化学变化，是大量能量（物理能量或化学能量）在瞬间迅速释放或急剧转化为功和机械能、光、热等能量形态的现象。

（二）爆炸的分类

1. 按照发生爆炸的原因和性质分类

（1）物理爆炸：爆炸前后只发生物态变化，不发生化学反应。这类爆炸是容器内的气体压力升高，超过容器所能承受的压力造成容器破裂所致。

（2）化学爆炸：由于物质发生高速放热化学反应，产生大量气体和高温，急剧膨胀作功而形成的爆炸。爆炸前后物质的组分、性质发生根本变化。化学爆炸按其发生爆炸物质的性质可分为火、炸药的爆炸，可燃气体、可燃蒸气、可燃粉尘与空气形成的爆炸性混合物的爆炸。爆炸性混合物的爆炸多发生在石油、化工、医药企业，在许多加工企业中也存在，对人民生命和财产危害很大。本节介绍这类爆炸现象及其防爆技术措施。

（3）原子爆炸（核爆炸）：它是某些物质的原子核发生裂变反应或聚变反应，瞬间放出巨大能量而形成的爆炸现象。

2. 按照爆炸传播速度分类

（1）爆燃：爆炸传播速度为每秒数十厘米至数米的过程。爆炸时压力不激增，没有震耳欲聋的声响，破坏力不大。如气体爆炸混合物在接近爆炸浓度上限或下限时的爆炸。

（2）爆炸：爆炸传播速度为每秒 10m 至数百米的过程。爆炸时仅在爆炸地点能引起压力激增，有震耳欲聋的声响，有破坏作用。如气体爆炸混合物在多数情况下的爆炸。

（3）爆轰：爆炸传播速度为每秒 1000m 至数千米的过程。这种爆炸具有突然升起的极高压力，爆炸的破坏力很大。例如，各种处于封闭状态的炸药的爆炸或气体爆炸混合物在特定浓度范围内的爆炸。

二、可与空气混合形成爆炸的可燃性物质

可燃气体、可燃蒸气、可燃粉尘或纤维等物质，如石油气、天然气、煤气、乙炔气、石油、汽油、酒精、丙酮、苯、二甲苯、赛璐珞、电影胶片、硝化棉、铝粉、谷物淀粉等，在一定条件下能够与空气混合在一起，形成浓度达到爆炸极限的混合物，接触到火源能够立刻引起化学性爆炸。按照可燃物质与空气混合的形式，这类物质可以分为两种：

（一）直接与空气混合形成爆炸的物质

1. 可燃气体与空气混合形成的爆炸

煤气、乙炔气、氢气等可燃气体，在空气中接触到火源时，会立即引起燃烧，当此类物质与空气混合在一起，形成浓度达到爆炸极限的混合物时，接触到火源就会立刻引起化学性爆炸。

可燃气体是一种流动状态的物质，非常容易扩散流窜，有些可燃气体又是无色、无味、无形迹可察觉的，在建筑物室内自然通风不良的条件下，非常容易与空气混合形成爆炸混合物，这往往成为爆炸事故的根源。

2. 可燃蒸气与空气混合形成的爆炸

可燃蒸气是由易燃液体或可燃液体蒸发而成的。闪点低的易燃液体，在室温的条件下就能够蒸发可燃蒸气，闪点越低蒸发越快。

可燃蒸气在空气中接触到火源会立即引起燃烧；当可燃蒸气与空气混合在一起，形成浓度达到爆炸极限的混合物时，接触到火源则立刻引起爆炸。

可燃蒸气也是一种流动状态的物质，比空气重，容易聚沉在地面上扩散流窜，在建筑物室内自然通风不良的条件下，非常容易与空气混合形成爆炸混合物，这也往往成为爆炸事故的根源。

3. 可燃粉尘与空气混合形成的爆炸

可燃粉尘是一种粒径很小能够悬浮混合在空气中的可燃物质，一般粒径$<10^{-3}$cm 的可燃物质，就能悬浮混合在空气中。当空气中的可燃粉尘浓度很高时就形成云雾状态，浓度达到爆炸下限时接触到火源就会引起爆炸。细短的可燃纤维与可燃粉尘一样，也能够悬浮混合在空气中，形成爆炸混合物。

可燃粉尘的种类很多，有铝粉、镁粉、锌粉、有机玻璃粉、聚乙烯塑粉、合成橡胶粉、面粉、谷物淀粉、糖粉、煤粉、木粉等。可燃纤维的种类也很多，有棉纤维、麻纤维、醋酸纤维、腈纶纤维、涤纶纤维、维纶纤维等。

成包成堆的可燃粉尘或纤维，接触到火源只会引起燃烧不会引起爆炸；可是当加工过程中大量排出可燃粉尘，飞扬悬浮混合在空气中就会形成爆炸物。各种可燃粉尘与空气混合形成爆炸的条件，主要取决于颗粒细度、纯度、含水量、爆炸下限、化学性质等。

悬浮在空气中的粉尘之所以能发生爆炸，一是因为它具有较大的表面积和化学活性。有许多固体物质，当它处于块状时是不燃的，但呈尘粒状时就很容易燃烧，甚至爆炸。这是由于物质被破碎后，其粉尘与空气中的氧接触面积增大了，粉尘吸附氧分子的数量也增多了，从而加速了粉尘的氧化过程。二是因为粉尘氧化表面增加，强化了粉尘的热过程，加速了气体产物的释放。三是因为粉尘受热后能放出大量的可燃气体。

可燃粉尘浓度达到爆炸下限时，已经呈云雾状态，有形迹可察觉，可及时采取排除措施。因此，厂房内可燃粉尘形成爆炸混合物是比较困难的。可燃粉尘发生爆炸事故，大多数是在生产设备、皮带输送机罩壳、通风吸尘管道等隐蔽的内部空间形成。

（二）间接与空气混合形成爆炸的物质

有些固体物质虽然不能够直接与空气混合形成爆炸混合物，但在常温下受水、热、氧化剂作用，能迅速反应分解产生可燃气体或可燃蒸气，然后再与空气混合形成爆炸混合物，遇到火源发生爆炸。

电石、五硫化磷、碳化铝等块、片形状的可燃固体物质，在常温下受水或空气中水蒸气的作用，能迅速反应分解产生可燃气体。如电石受水或空气中水蒸气的作用，能迅速反应分解产生乙炔，乙炔是一种可燃气体。

樟脑、萘、蒽等也是块、片形状的可燃固体物质，在受热升温作用下，能迅速反应分解产生可燃蒸气。如萘受热升温超过80℃，能迅速反应分解产生可燃蒸气。

电影胶片、赛璐珞、录音磁带等也是块、片形状的可燃固体物质，在受热升温作用下，能自燃并释放一氧化碳、氮氧化物、氢氰酸，释放的物质大多数是可燃气体。

铝、锌、镁等块、片形状金属物质，在氧化剂接触作用下，能引起自燃并释放可燃气体。如铝片与发烟硫酸接触作用，能引起自燃并释放氢气。

间接与空气混合形成爆炸的物质很多。它们与空气混合形成爆炸混合物，都要经过转变生成可燃气体或可燃蒸气的过程，如果对此没有充分地认识，往往容易粗心大意，以致发生爆炸事故。

三、爆炸的破坏作用

当爆炸发生在等介质的自由空间时，从爆炸的中心点起，在一定的范围内，破坏力能均匀地传播出去，并使在这个范围内的物质粉碎、飞散。爆炸的破坏作用大体包括以下几个方面：

（一）震荡（地震）作用

在遍及破坏作用的区域内，有一个能使物体震荡，使之松散的力量。

（二）冲击波作用

爆炸能够在瞬间释放出巨大的能量，产生高温高压气体，使周围空气发生强烈震荡，通常称之为"冲击波"。在离爆炸中心一定范围内，建筑物受到冲击波的作用，将会受到破坏或造成伤害。爆炸冲击波的强度以标准大气压（101.325kPa）表示。

当爆炸冲击波作用到人或物体上时，会产生巨大的杀伤力和破坏力，冲击波超压值愈大，其杀伤力和破坏力愈大。爆炸冲击波对人的伤害和对建筑物的破坏情况见表9-1和表9-2。

爆炸冲击波对人的伤害　　　　　　　　　　　　表9-1

超压值 ΔP（kPa）	伤害情况	超压值 ΔP（kPa）	伤害情况
<10	无伤害	45～75	人受重伤
10～25	人受轻伤	>75	伤势严重，无法挽救，死亡
25～40	人受中等伤		

爆炸冲击波对砖混结构建筑的破坏　　　　　　　　表9-2

超压值 ΔP（kPa）	建筑物损坏情况	超压值 ΔP（kPa）	建筑物损坏情况
<2	基本上没有破坏	30～50	门窗大部分破坏，砖墙出现严重裂缝
2～12	玻璃窗部分或全部破坏	50～76	门窗全部破坏，砖墙部分倒塌
12～30	门窗部分破坏，砖墙出现小裂缝	>76	墙倒屋塌

（三）碎片的冲击作用

机械设备等在爆炸发生时，变成碎片飞出去，会在相当大的范围内造成危害。碎片飞散范围，通常在 100～150m 左右。碎片的厚度越小，飞散的速度越大，危害越严重。

（四）热作用（火灾）

爆炸温度约在 2000～3000℃左右。通常爆炸气体扩散只发生在极其短促的瞬间，对一般可燃物质来说，不足以造成起火燃烧，而且有时冲击波还能起到灭火作用。但建筑物内留存的大量热量，会把从破坏设备内部不断流出的可燃气体或可燃蒸气点燃，使建筑内的可燃物全部起火，加重爆炸的破坏。

四、厂房和仓库发生爆炸的几种情况

（一）厂房内发生爆炸

有些厂房由于生产设备、储存容器、管道接头、阀门等制造安装不严密，存在"跑、冒、滴、漏"现象；或者由于平时生产管理和保护维修不完善，存在"跑、冒、滴、漏"现象。在厂房内自然通风不良的条件下，跑、冒、滴、漏出来的可燃气体、可燃蒸气、可燃粉尘一类物质，非常容易与空气混合在一起，逐渐形成浓度达到爆炸极限的混合物，遇到火源立刻就会引起爆炸。

（二）仓库内发生爆炸

有些仓库内储存玻璃瓶盛装的化学药品、钢瓶灌装的可燃气体、铁桶盛装的易燃液体等危险物品，由于储运过程中玻璃瓶、钢瓶、铁桶发生破裂或加料口没有盖紧，以致造成"跑、冒、滴、漏"的现象。有些仓库内储存块、片形状的可燃物质，由于贮运过程中没有做好必要的防水、防潮、防止受热升温、分类分库分间储存，使块、片形状的可燃物质反应分解释放可燃气体或可燃蒸气。

在仓库内自然通风和隔热降温不良的条件下，跑、冒、滴、漏或者反应分解释放出来的可燃气体、可燃蒸气、可燃粉尘一类的物质，非常容易与空气混合一起，形成浓度达到爆炸极限的混合物，当遇到火源立刻就会引起爆炸。

（三）生产设备内部发生的爆炸

1. 反应塔、反应锅内部发生的爆炸

反应塔、反应锅是火炸药、炼油、化工等工厂生产中不可缺少的设备。反应塔和反应锅内部发生的爆炸，往往是由于工艺操作错误引起的，如投料错误、投料量过多、温度或压力超值、管道阀门堵塞等，致使塔和锅内化学反应变化加剧，因而产生过大压力或过高温度，最后导致反应塔、反应锅爆破，瞬时释放大量物料、气体和热量。

工艺操作若采取减压（负压）时，如果反应塔和反应锅的焊缝、管道连接、阀门等部位存在"跑、冒、滴、漏"现象，外部空气就会吸入反应器内，吸入的空气与内部可燃气体、可燃蒸气、可燃粉尘一类物质混合在一起，当浓度达到爆炸极限时遇到火源（常常是静电产生的火源）会立刻引起爆炸。

反应塔和反应锅使用到一定的时间，须要停产进行检修，检修之前如果未采取动火安全措施而贸然动火，往往也会引起爆炸事故。反应塔或反应锅停产放料后，外部空气立即吸入反应器内，致使残存在内部的物料与外部吸入的空气混合一起，形成浓度达到爆炸极限的混合物，动火焊接时引起爆炸。

2.储罐内部发生的爆炸

储罐一般用来储存易燃液体和可燃液体,如石油、汽油、柴油、苯、二甲苯、酒精、丙酮、松节油等,有时也用来储存液化可燃气体,如液化石油气、液化氨气、液化氢气等。

储罐内部发生爆炸的原因也是多方面的。如检修储罐之前未采取动火安全措施,内部空间残存物料未吹扫除净,仍然会蒸发可燃蒸气,放料时外界空气吸入,使可燃蒸气与空气混合形成爆炸混合物,当动火焊接检修时,立刻会引起爆炸。对于设置易燃、可燃液体和可燃气体储罐的厂房,必须采取有效的防爆措施,严禁一切火种,加强安全管理。

第二节　厂房和仓库防爆设计要点

对于有爆炸危险的厂房和仓库,在建筑设计中采取合理的防爆措施,可以防止和减少爆炸事故的发生,并且在一旦发生爆炸事故时,最大限度地降低爆炸所造成的危害。厂房和仓库防爆设计要点是:

一、总体要求

严格执行《建筑设计防火规范》GB 50016 等有关规范的规定,做好有爆炸危险厂房和仓库的总平面布局、平面布置、承重结构选型、泄压设施设置等方面的防火、防爆设计。

二、有爆炸危险厂房的布置及防爆要求

(1) 有爆炸危险的甲、乙类厂房宜独立设置,并宜采用敞开或半敞开式。

敞开或半敞开式建筑的厂房,自然通风良好,能使生产过程中"跑、冒、滴、漏"出来的可燃气体、可燃蒸气、可燃粉尘一类的物质很快稀释扩散,不容易形成爆炸混合物,因而能有效地排除形成爆炸的条件。至于生产设备内部发生爆炸时,开敞或半开敞式建筑则可很快释放大量气体和热量,使厂房破坏损失大大减轻。因此,有爆炸危险的厂房,宜设在敞开或半敞开的建筑内,以利于通风和防爆泄压,减少事故损失。

(2) 有爆炸危险的甲、乙类生产部位,宜布置在单层厂房靠外墙的泄压设施或多层厂房顶层靠外墙的泄压设施附近。

有爆炸危险的设备宜避开厂房的梁、柱等主要承重构件布置。

对防爆厂房的设计和布置,主要可以归纳为:"敞、侧、单、顶、通"五个字。每个字的有关含义是:

敞——宜采用敞开或半敞开的建筑;

侧——应将防爆部位布置在外墙侧;

单——要求在建造时,尽量采用单独建筑或单层建筑;

顶——应将有爆炸危险的部位布置在建筑的最高顶层;

通——应有良好的通风条件。

(3) 有爆炸危险的甲、乙类厂房的总控制室应独立设置。

(4) 有爆炸危险的甲、乙类厂房的分控制室宜独立设置,当贴邻外墙设置时,应采用

耐火极限不低于 3.00h 的防火隔墙与其他部位分隔。

（5）有爆炸危险区域内的楼梯间、室外楼梯或与相邻区域连通处，应设置门斗等防护措施。门斗的隔墙应为耐火极限不应低于 2.00h 的防火隔墙，门应采用甲级防火门并应与楼梯间的门错位设置。

（6）使用和生产甲、乙、丙类液体的厂房，其管、沟不应与相邻厂房的管、沟相通，下水道应设置隔油设施。

（7）甲、乙、丙类液体仓库应设置防止液体流散的设施。遇湿会发生燃烧爆炸的物品仓库应采取防止水浸渍的措施。

金属钾、钠、锂、钙、锶、氢化锂等遇水会发生燃烧爆炸的物品仓库，要求设置防止水浸渍的设施，例如，使室内地面高出室外地面、仓库屋面严密遮盖，防止渗漏雨水，装卸这类物品的仓库栈台有防雨水的遮挡等措施。

（8）散发较空气重的可燃气体、可燃蒸气的甲类厂房和有粉尘、纤维爆炸危险的乙类厂房，应符合下列规定：

1）应采用不发火花的地面。采用绝缘材料作整体面层时，应采取防静电措施；

2）散发可燃粉尘、纤维的厂房，其内表面应平整、光滑，并易于清扫；

3）厂房内不宜设置地沟，确需设置时，其盖板应严密，地沟应采取防止可燃气体、可燃蒸气和粉尘、纤维在地沟积聚的有效措施，且应在与相邻厂房连通处采用防火材料密封。

三、有爆炸危险厂房承重结构选型

对于有爆炸危险的厂房和仓库，选择好其承重结构型式，可以在其一旦发生火灾爆炸事故时，有效地防止建筑结构发生倒塌破坏，减轻造成的危害和损失。

《建筑设计防火规范》GB 50016 规定，有爆炸危险的甲、乙类厂房其承重结构宜采用钢筋混凝土或钢框架、排架结构。

许多火灾爆炸事故实例表明，适合于用作有爆炸危险厂房和仓库的承重结构应满足三个条件：一是整体性好、抗爆能力强，能很好地抵御巨大爆炸压力的作用；二是具有较好的耐火能力，能在一定时间内经受火灾爆炸时高温的作用；三是便于设置较大的泄压设施面积，在发生爆炸事故时能够最大限度地降低建筑内的爆炸压力，使主体结构免遭破坏。由此可见，钢筋混凝土或钢框架、排架结构是理想的适用于有爆炸危险厂房和仓库的承重结构型式。

钢结构抗爆强度虽然很高，但是耐火极限很低，在发生火灾、爆炸的情况下，受到高温作用时会很快变形倒塌。因此，有爆炸危险的厂房和仓库的钢结构承重构件应采取防火保护措施，例如，采用外包耐火被覆，其厚度应满足耐火极限的要求。

四、有爆炸危险厂房泄压设施设置

设置泄压设施是减轻厂房爆炸事故危害的一项主要技术措施。《建筑设计防火规范》GB 50016 对此作了明确规定：有爆炸危险的厂房或厂房内有爆炸危险的部位应设置泄压设施。

建筑内发生爆炸时能够在瞬间释放出大量气体和热量，使室内形成很高的压力。为了防止建筑的承重结构因强大的爆炸压力遭到破坏,将一定围护结构面积的建筑构、配件做成薄弱泄压设施。该面积称为泄压面积。当发生爆炸时,作为泄压设施的建筑构、配件首先遭到破坏,将爆炸气体及时泄出,使室内的爆炸压力骤然下降,从而保护建筑的承重结构,并减轻人员伤亡和设备破坏。

(一)泄压设施材料

泄压设施宜采用轻质屋面板、轻质墙体和易于泄压的门、窗等,应采用安全玻璃等在爆炸时不会产生尖锐碎片的材料。

轻质屋面板的泄压效果较好,故宜优先采用。作为泄压设施的轻质屋面板和墙体的质量不宜大于 $60\mathrm{kg/m^2}$。

用作泄压设施的门、窗,要求门、窗的单位质量轻,玻璃较薄、受压易破碎,选用的小五金断面较小、构造节点的处理上要求易断裂、脱落,门、窗的开启方向选择向外开等。

选择泄压设施材料应注意其应具有在爆炸时容易被冲开或碎裂的特点,以便于泄压和减小危害。泄压用建筑材料有石棉瓦、加气混凝土、石膏板和厚度较小的玻璃等,最好选用既能很好泄压,又能防寒、隔热和便于在建筑上固定的材料。

(二)泄压比和泄压面积确定

有爆炸危险生产厂房和仓库所设泄压设施面积与其体积的比值($\mathrm{m^2/m^3}$)称为泄压比。泄压比是确定泄压面积常用的技术参数,它的大小主要决定于爆炸混合物的类别和浓度。

厂房的泄压面积宜按下式计算,但当厂房的长径比大于3时,宜将建筑划分为长径比不大于3的多个计算段,各计算段中的公共截面不得作为泄压面积:

$$A = 10CV^{\frac{2}{3}} \tag{9-1}$$

式中　A——泄压面积,$\mathrm{m^2}$;

　　　V——厂房的容积,$\mathrm{m^3}$;

　　　C——泄压比,可按表 9-3 选取,$\mathrm{m^2/m^3}$。

所谓长径比,系指为建筑平面几何外形尺寸中的最长尺寸与其横截面周长的积和 4.0 倍的建筑横截面积之比。

厂房内爆炸性危险物质的类别与泄压比规定值($\mathrm{m^2/m^3}$)　　　　表 9-3

厂房内爆炸性危险物质的类别	C 值
氨、粮食、纸、皮革、铅、铬、铜等 $K_尘 < 10\mathrm{MPa \cdot m \cdot s^{-1}}$ 的粉尘	≥0.030
木屑、炭屑、煤粉、锑、锡等 $10\mathrm{MPa \cdot m \cdot s^{-1}} \leqslant K_尘 \leqslant 30\mathrm{MPa \cdot m \cdot s^{-1}}$ 的粉尘	≥0.055
丙酮、汽油、甲醇、液化石油气、甲烷、喷漆间或干燥室,苯酚树脂、铝、镁、锆等 $K_尘 > 30\mathrm{MPa \cdot m \cdot s^{-1}}$ 的粉尘	≥0.110
乙烯	≥0.160
乙炔	≥0.200
氢	≥0.250

长径比过大的空间,在泄压过程中会产生较高的压力。以粉尘为例,如果空间过长,则在爆炸后期,未燃烧的粉尘和空气的混合物受到压缩,初始压力上升,燃气泄放流动会

产生紊流，使燃速增大，产生较高的爆炸压力。因此，有可燃气体或可燃粉尘爆炸危险性的建筑物不应长径比过大，以防止爆炸时产生较大的超压，保证所设计的泄压面积能有效发挥作用。

计算得出厂房的容积和确定了泄压比数值后，即可按公式（9-1）很容易地计算出该厂房应设置泄压设施的最小面积。

（三）泄压设施设置要求

泄压设施的设置应避开人员密集场所和主要交通道路，并宜靠近有爆炸危险的部位。

在严寒和寒冷地区有爆炸危险的厂房，其屋顶上的泄压设施应采取防冰雪积聚措施。

散发较空气轻的可燃气体、可燃蒸气的甲类厂房，宜采用轻质屋面板作为泄压面积。顶棚应尽量平整、无死角，厂房上部空间应通风良好。

五、有爆炸危险厂房的其他防爆措施

（一）设置不发火花地面

不发火花地面是指在生产和使用过程中，地面受到外界物体的撞击、摩擦而不发生火花的地面。在有些场所，为了防止由于重物坠落、搬动机器等时撞击、摩擦地面产生火花引发火灾爆炸事故，必须设置不发生火花地面。

《建筑设计防火规范》GB 50016 规定，散发较空气重的可燃气体、可燃蒸气的甲类厂房和有粉尘、纤维爆炸危险的乙类厂房，应采用不发火花的地面。采用绝缘材料作整体面层时，应采取防静电措施。

不发火地面构造按照材料的性质可分两种类型，一种是不发火金属地面，另一种是不发火非金属地面。

（1）不发火金属地面构造

不发火金属地面一般常用铜板、铝板、铅板等有色金属材料，其构造比较简单，根据使用要求采取局部铺设在水泥砂浆地面上。

（2）不发火非金属地面构造

不发火非金属地面按照材料性质可分为两种类型，一种是不发火有机材料地面，另一种是不发火无机材料地面。

1）不发火有机材料地面构造

不发火有机材料地面，一般常用沥青、木材、塑料、橡胶等有机材料，此类材料大部分具有绝缘性能，工作人员在地面行走或生产设备在地面拖运，由于接触摩擦、撞击能够产生静电火花，为了排除产生火花而引起发生爆炸事故，则必须设置导除静电接地装置。

不发火有机材料地面构造，一般都是采取在钢筋混凝土楼板或混凝土垫层上铺筑不发火有机材料面层。

2）不发火无机材料地面构造

不发火无机材料地面，一般采用不发火水泥石砂、细石混凝土、水磨石等无机材料，其构造与同类一般地面构造相同，面层严格要求选择采用不发火无机材料铺筑建造。

石灰石、白云石、大理石、沥青、塑料、橡胶、木材、铜、铝、铅等都是不发火材料，可用来建造不发火地面。

（二）通风措施

为了防止厂房在生产过程中使用或产生的可燃气体、可燃蒸气、可燃粉尘等物质,与室内空气混合形成爆炸性混合物,可以采取自然通风措施,排除形成爆炸的条件。要使厂房始终保持良好的自然通风,在工艺操作许可的条件下,最好是采用开敞建筑或半开敞建筑。必要时可采用机械通风,但必须有备用风机和第二电源,以防万一。

仓库储存能产生可燃气体、可燃蒸气、可燃粉尘的物质时,采取自然通风措施,同样也能有效地排除形成爆炸的条件。仓库外墙设置墙角通风洞是配合仓库通风的一项有效的自然通风措施。

散发比空气轻的可燃气体、可燃蒸气的甲类生产厂房,应在屋顶最高处设排放气孔,并不得使屋顶结构形成死角或做天棚闷顶,以防止可燃气体、可燃蒸气在顶部积聚不散引发事故。

(三)隔热降温措施

生产或储存在受热升温作用下能起化学变化引起爆炸的化学物品时,采取隔热降温措施可以排除形成爆炸的条件。在气温高的夏天,隔热降温更加重要,必要时可以采取送冷风降温的措施。厂房和仓库的围护结构应能满足热工要求,如果冬季无供暖要求,宜采用通风式屋顶或喷淋水屋顶。

厂房内有热源时,要做好隔热措施,可以采取将其集中设置在单独房间内;有热源的生产设备、储槽、管道,可以采取外包保温材料隔热层。

有爆炸危险的厂房和仓库设置遮阳板、百叶窗等设施,可以排除阳光直射使易燃化学物质受热升温自燃引起爆炸的危险。在北方寒冷地区,如果设置遮阳板与日照取暖发生矛盾时,外墙门窗可选用磨砂玻璃。经过磨砂加工的平板玻璃能够扩散阳光的作用,避免阳光聚焦。

(四)采取设置导除静电的措施

散发较空气重的可燃气体、可燃蒸气的甲类厂房以及有粉尘、纤维爆炸危险的乙类厂房,应采用不发火花的地面。采用绝缘材料作整体面层时,应采取防静电措施。

有爆炸危险的厂房和仓库设导除静电接地装置,可以排除生产和储存过程中各部位产生静电火花引起爆炸。

(五)采取有组织排水措施

生产或储存遇水作用能起化学变化引起爆炸的化学物品时,采取有组织排水措施可以排除形成爆炸的条件。此类厂房、仓库宜设在地势较高的地方,当受用地限制必须设在地势较低的地方时,应将室内地坪填高,严防雨水侵入。

生产和储存易燃和可燃液体的厂房和仓库地面的排水,应设置排水设施,下水道应单独设置,不应穿过非防爆房间。排入厂区或市政下水道前,必须经过水封井。对于含有不溶解于水的易燃、可燃液体和油一类物质的排水,还应增设油水分离处理设施,例如采用隔油池除油。含有此类物质的排水,应全部汇流到油水分离池,经过分离处理后,才可排入排水主管道,废油应定期从池中取出处理。对于含有可溶解于水的易燃、可燃液体排水,则应设稀释处理设施。含有此类物质的排水应流入稀释池稀释到排放标准要求,才可排入排水主管道。

(六)采取避雷措施

有爆炸危险的厂房和仓库设避雷装置,可以防止雷电火花引起爆炸。避雷装置的位置、选型、材质等应符合有关电力设计技术规范，埋设应坚固可靠，防止断线失效。

（七）电气设备防火

在有爆炸危险的厂房和仓库内需要设置电动机、照明灯具、开关等电气设备时，应按照爆炸危险场所类别和等级，选用防爆型、防爆通风型、防爆充气型、防爆充油型、安全火花型等类型防爆电气设备，以防止其产生电火花引起爆炸事故。防爆电气设备是指按设计制造，不会引起周围爆炸性混合物爆炸的电气设备。各种类型的防爆电气设备，因防爆类型不同，规定也各不相同，但必须遵循爆炸性环境用防爆电气设备通用要求中关于选择防爆电气设备的有关规定。

六、有爆炸危险仓库的防爆设计

《建筑设计防火规范》GB 50016 规定：有爆炸危险的仓库或仓库内有爆炸危险的部位，宜按厂房防爆的规定采取防爆措施、设置泄压设施。

有粉尘爆炸危险的筒仓，其顶部盖板应设置必要的泄压设施。

粮食筒仓的工作塔和上通廊的泄压面积应按厂房防爆的规定计算确定。有粉尘爆炸危险的其他粮食储存设施应采取防爆措施。

第十章　建筑室外消防给水系统设计

建筑室外消防给水系统是指设置在建筑物外墙中心线以外的消防给水工程设施。既是室内消火栓给水系统、自动喷水灭火系统等水灭火系统的基本保证，又是为消防队灭火提供消防用水的供水设施。该系统可以大到担负整个城市（镇）的消防给水，小到可能仅担负居住区、厂区、库区、宾馆区、学校区等建筑小区或单体建筑的室外消防给水。它是城市及建筑小区公共消防基础设施的重要组成部分，其完善与否直接关系着灭火的成败。

第一节　概　　述

一、系统设置

根据火灾统计，在扑救成功的火灾案例中，93%的火场消防给水条件较好，水量、水压有保障。而在扑救失利的火灾案例中，80%以上是由于火场供水不足造成的。许多大火失去控制，造成严重后果，大多与消防给水系统不完善、火场缺水有密切关系。因此，为提高城市及建筑小区抵御火灾的整体能力，防止和减少火灾的危害，避免留下消防用水不足的隐患，《建筑设计防火规范》GB 50016—2014 规定：消防给水和消防设施的设置应根据建筑的用途及其重要性、火灾危险性、火灾特性和环境条件等因素综合确定；城镇（包括居住区、商业区、开发区、工业区等）应沿可通行消防车的街道设置市政消火栓系统；民用建筑、厂房、仓库、储罐（区）和堆场周围应设置室外消火栓系统；用于消防救援和消防车停靠的屋面上，应设置室外消火栓系统。

对于耐火等级不低于二级且建筑体积不大于 $3000m^3$ 的戊类厂房，居住区人数不超过500 人且建筑层数不超过两层的居住区，可不设置室外消火栓系统。因为上述两种情况的消防用水量不大，一般消防队第一出动力量就能控制和扑灭火灾。当设置消防给水系统有困难时，为了减少投资，可不设消防给水系统，其火场的消防用水由参战消防部队解决。

二、系统基本组成

根据室外消防给水系统的类型、水源水质以及用水对象等情况不同，系统的组成不尽相同。图 10-1 是室外消防给水系统基本组成示意图。

1. 消防水源

消防水源是指可供火场供水使用的天然水源、人工水源以及机关、团体、企事业单位内部建设的水源设施。作为消防水源一定要保证在任何时候、任何情况下，都能提供足够的消防用水。

2. 取水设施

取水设施的主要任务就是从天然或人工水源中取水，并将水送至水厂或用户。能否取到足够且符合水质要求的水，对确保消防给水系统的正常运行非常重要。地表水特别是河流的取水设施较复杂，地下水取水设施相对较为简单。

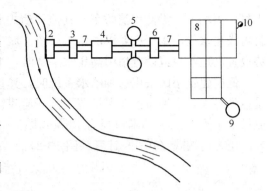

图 10-1　建筑室外消防给
水系统组成示意图
1—消防水源；2—取水设施；
3——级泵站；4—净化水处理
设施；5—清水池；6—二级泵站；
7—输水管；8—给水管网；
9—水塔；10—室外消火栓

3. 净化水处理设施

净化水处理设施是将取到的原水进行净化处理，使之满足用水对象对水质的要求。由于用水对象不同，对水质的要求也不尽相同，城镇给水系统的水质应符合生活饮用水标准，而消防用水一般无特殊要求。因此，可根据水源地水质的污染情况，选取不同的净化水处理工艺，以生产出符合用水对象所要求水质的水。

4. 储水设施

储水设施包括水池和水塔两部分，用以调节供水与用水之间的矛盾。为满足消防时的要求，储水设施在调节生活、生产用水的同时，还应储存足够量的消防用水。

5. 输配水设施

输配水设施包括加压水泵和输配水管网，其任务是负责将水厂生产的水输送至各用水点。对消防用水有直接影响的主要是输配水设施。首先，水泵的扬程应满足消防时的水压要求；其次，管网输送的水量应满足火场所需的消防用水量。

6. 消防用水设备

消防用水设备是指设置在室外消防给水管网上的室外消火栓或消防水鹤等设备，其任务是供消防车用水或直接接出水带、水枪进行灭火。

三、系统类型

（一）按消防水压分类

1. 系统型式

（1）低压消防给水系统

室外低压消防给水系统是指系统管网内平时水压较低，一般只负担提供消防用水量，火场上水枪所需的压力，由消防车或其他移动式消防水泵加压产生。城市、居住区、企业事业单位的室外消防给水，一般宜采用低压消防给水系统。

采用这种给水系统时，消防用水可与生产、生活给水管道合并，且其管网内的供水压力应保证生产、生活和消防用水量达到最大时，最不利点室外消火栓栓口处的水压从室外设计地面算起不应小于 0.1MPa，以满足消防车从室外消火栓取水的最低要求和消防时管网内卫生保护的需要。最不利点消火栓采用 0.1MPa 的水压，对火场供水是不充裕的，在条件允许时宜适当提高。

（2）高压消防给水系统

室外高压消防给水系统是指无论有无火警，系统管网内经常保持足够的水压和消防用水量，火场上不需使用消防车或其他移动式水泵等消防设备加压，直接从消火栓接出水带就可满足水枪出水灭火要求的给水系统。城市、居住区、企业事业单位，在有可能利用地势设置高地水池或设置集中高压水泵房时，可采用室外高压消防给水系统。

低层建筑小区采用这种给水系统时，其管网内的压力，应保证生产、生活和消防用水量达到最大且水枪布置在保护范围内任何建筑物的最高处时，满足充实水柱不小于 10m、流量不小于 5L/s、喷嘴口径为 19mm 水枪所需的压力要求。该系统最不利点消火栓栓口处的压力可按式（10-1）计算（图 10-2）：

$$H_{xh} = H_\Delta + H_q + H_d \tag{10-1}$$

式中　H_{xh}——高压消防给水系统最不利点消火栓栓口处的压力，MPa；

　　　H_Δ——水枪手站在建筑物最高处时，最不利点消火栓与水枪手站立地之间的静水压，MPa；

　　　H_q——水枪喷嘴处所需的压力，MPa；

　　　H_d——水带系统的水头损失，按 6 条直径 65mm 的水带计，MPa。

高层建筑小区采用区域集中高压消防给水系统时，其管网内的压力，应保证当高层建筑小区的生产、生活和消防用水量达到最大时，满足高层建筑内最不利点灭火设备的水压要求。

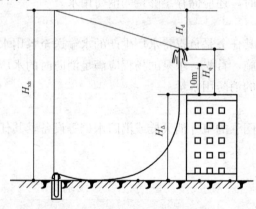

图 10-2　高压消防给水系统最不利
点消火栓栓口压力计算图

（3）临时高压消防给水系统

临时高压消防给水系统是指系统管网内平时水压不高，其水压不能满足最不利点消火栓的灭火需要，发生火灾时，临时启动泵站内的高压消防水泵，使管网内的供水压力达到高压消防给水管网的供水压力要求。一般在石油化工厂或甲、乙、丙类液体、可燃气体储罐区内多采用这种系统。

2. 系统型式的选择及要求

（1）建筑物室外宜采用低压消防给水系统。当采用市政给水管网供水时，应采用两路消防供水，除建筑高度超过 54m 的住宅外，室外消火栓设计流量小于等于 20L/s 时可采用一路消防供水；室外消火栓应由市政给水管网直接供水。

（2）工艺装置区、储罐区、堆场等构筑物室外消防给水，工艺装置区、储罐区等场所应采用高压或临时高压消防给水系统，但当无泡沫灭火系统、固定冷却水系统和消防炮，室外消防给水设计流量不大于 30L/s，且在城镇消防站保护范围内时，可采用低压消防给水系统；堆场等场所宜采用低压消防给水系统，但当可燃物堆场规模大、堆垛高、易起火、扑救难度大，应采用高压或临时高压消防给水系统。

（3）当室外采用高压或临时高压消防给水系统时，宜与室内消防给水系统合用。

（4）独立的室外临时高压消防给水系统宜采用稳压泵维持系统的充水和压力。

（二）按用途分类

1. 生产、生活与消防合用给水系统

城市（镇）给水系统多为生产、生活与消防合用的给水系统形式。采用这种系统可以节省投资，且系统利用率高，特别是生活、生产用水量较大而消防用水量相对较小时，这种系统更为适宜。但也应该指出，目前我国许多城市缺水现象严重，消防用水量难以满足，存在着消火栓数量不够、水压不足的问题，针对这种情况，应采取相应的补救措施，例如可视具体情况考虑设置一些必要的储存消防用水设施。

这种给水系统设计时，应满足当生产、生活用水量达到最大小时流量时（淋浴用水量可按 15％计算，浇洒及洗刷用水量可不计算在内），仍应保证消防用水量，其消防用水量按最大秒流量计算。

2. 生产与消防合用给水系统

在某些工业企业单位内，可设置生产与消防共用一个给水系统，但要保证当生产用水量达到最大小时流量时，仍能保证全部的消防用水量，并且还应确保消防用水时不致引起生产事故、生产设备检修时不致引起消防用水的中断。

由于生产用水与消防用水的水压要求往往相差很大，在使用消防用水时可能影响生产用水，或由于水压提高，生产用水量增大而影响消防用水量，或生产用水和消防用水的水质要求不同影响制水成本，因此在工业企业单位很少采用生产与消防合用给水系统，而较多采用生活与消防合用给水系统，并辅以独立的生产给水系统。当生产用水采用独立给水系统时，在不引起生产事故的前提下，可在生产管网上设置必要的消火栓，作为消防备用水源；或将生产给水管网与消防给水管网相连接，作为消防的第二水源；但生产用水转换成消防用水的阀门不应超过 2 个，且该阀门应设置在易于操作的场所，并应有明显的标志，阀门开启时间不应超过 5min，以利及时供应火场消防用水。如果不能符合上述条件时，生产用水不得作为消防用水。

该给水系统设计时应满足当生产用水量达到最大小时流量时，仍应保证全部的消防用水量。

3. 生活与消防合用给水系统

生活与消防合用给水系统是将生活用水与消防用水统一由一个给水系统来提供。这种系统形式可以保持管网内的水经常处于流动状态，水质不易变坏，而且在投资上也比较经济，并便于日常检查和保养，消防给水较安全可靠。因此，在城镇、居住区和企事业单位内广泛采用生活、消防合用给水系统。

在系统设计时，应满足当生活用水达到最大小时用水量时，仍应保证供给全部消防用水量。

4. 独立的消防给水系统

当工业企业内生产和生活用水量较小而消防用水量较大合并在一起不经济时，或者生产用水可能被易燃、可燃液体污染时，或者三种用水合并在一起技术上不可能时，常采用独立的消防给水系统。由于独立的消防给水系统只在灭火时才使用，投资较大，因此往往建成临时高压消防给水系统。

第二节 消 防 设 计 流 量

一、城镇市政消防给水设计流量

城镇市政消防给水设计流量，应按同一时间内的火灾起数和一起火灾灭火设计流量按下式计算确定：

$$Q = \sum_{i=1}^{n} Q_i \tag{10-2}$$

式中 Q——城镇消防给水设计流量，L/s；

n——城镇同一时间内火灾起数；

Q_i——城镇一起火灾灭火设计流量，L/s。

（一）城镇同一时间内火灾起数

1. 同一时间内火灾起数的定义

同一时间内的火灾起数指火灾延续时间内同时发生的火灾次数。同一时间内火灾起数几次表明几起火灾的灭火过程重叠于某一时段，即几个着火点同时由消防给水系统供水灭火。

2. 城镇同一时间内火灾起数的确定

城镇同一时间内的火灾起数受许多因素的影响，除与城镇的规模、建筑密度、建筑耐火等级、建筑高度、建筑规模等有关外，还与气候、季节、电气设备的使用程度、人们的消防意识等有关。所有这些因素对同一时间内火灾起数的综合影响是较复杂的。目前，我国仅根据城镇的人口数量来确定同一时间内的火灾起数。人口越多，城镇的规模也就越大，同一时间内的火灾起数也相对越多。表10-1是根据多年火灾统计分析总结出的同一时间内的火灾起数与人口数量的关系。

（二）城镇一起火灾灭火设计流量

1. 确定依据

城镇一起火灾灭火设计流量，应为同时使用水枪数量和每支水枪的平均用水量的乘积。一般城市消防队第一出动力量到达火场时，常出两支口径19mm的水枪扑救初期火灾，每支水枪的平均用水量在5L/s以上，因此室外消防用水量的最小流量不应小于10L/s。

2. 确定方法

根据实际用水量统计，城镇一起火灾灭火设计流量随着城市人口的增加而增大。为保证扑救初、中期火灾用水量的需要，一次灭火用水量不应小于表10-1的规定。

（三）确定城镇市政消防给水设计流量的说明

（1）城镇的市政消防给水设计流量包括居住区、工厂、仓库、堆场、储罐区和民用建筑的室外消防用水量，当在城镇内建有较大的工厂、仓库、堆场、储罐区或民用建筑物时，可能出现其工厂、仓库、堆场、储罐区或民用建筑物的室外消防用水量超过表10-1规定的用水量，则该给水系统的消防用水量，应按工厂、仓库、堆场、储罐区或较大民用建筑物的室外消防用水量计算。

城镇同一时间内的火灾起数和一次灭火用水量　　表 10-1

人数 N（万人）	同一时间内的火灾起数（起）	一起火灾灭火设计流量（L/s）
N≤1.0	1	15
1.0＜N≤2.5		20
2.5＜N≤5.0	2	30
5.0＜N≤10.0		35
10.0＜N≤20.0		45
20.0＜N≤30.0		60
30.0＜N≤40.0		75
40.0＜N≤50.0	3	75
50.0＜N≤70.0		90
N＞70.0		100

（2）工业园区、商务区、居住区等市政消防给水设计流量，宜根据其规划区域的规模和同一时间的火灾起数，以及规划中的各类建筑室内外同时作用的水灭火系统设计流量之和经计算分析确定。

二、工厂、堆场和储罐区消防用水设计流量

工厂、堆场和储罐区等的消防用水设计流量，依据同一时间内的火灾起数和一起火灾灭火所需消防用水量按式（10-3）确定：

$$Q = \sum_{j=1}^{m} Q_j \qquad (10-3)$$

式中　Q——工厂、堆场和储罐区的消防用水设计流量，L/s；

　　m——工厂、堆场和储罐区的同一时间内的火灾起数；

　　Q_j——工厂、堆场和储罐区一起火灾灭火所需消防用水设计流量，L/s。

（一）同一时间内火灾起数的确定

（1）工厂、堆场和储罐区等，当占地面积小于等于 100hm²，且附有居住区人数小于或等于 1.5 万人时，同一时间内的火灾起数应按 1 起确定；当占地面积小于等于 100 hm²，且附有居住区人数大于 1.5 万人时，同一时间内的火灾起数应按 2 起确定，其中居住区计 1 起。

（2）工厂、堆场和储罐区等，当占地面积大于 100hm²，同一时间内的火灾起数应按 2 起确定，工厂、堆场和储罐区应按需水量最大的两座建筑（或堆场、储罐）各计 1 起。

（3）仓库和民用建筑同一时间内的火灾起数应按 1 起确定。

（二）一起火灾灭火所需消防用水设计流量的确定

一起火灾灭火所需消防用水的设计流量应由建筑的室外消火栓系统、室内消火栓系统、自动喷水灭火系统、泡沫灭火系统、水喷雾灭火系统、固定消防炮灭火系统、固定冷却水系统等需要同时作用的各种水灭火系统的设计流量组成，并应符合下列规定：

（1）应按需要同时作用的各种水灭火系统最大设计流量之和确定；

（2）两座及以上建筑合用消防给水系统时，应按其中一座设计流量最大者确定；

（3）当消防给水与生活、生产给水合用时，合用系统的给水设计流量应为消防给水设计流量与生活、生产用水最大小时流量之和。计算生活用水最大小时流量时，淋浴用水量宜按 15% 计，浇洒及洗刷等火灾时能停用的用水量可不计。

（三）各水灭火系统的设计流量

室内消火栓系统、自动喷水灭火系统、泡沫灭火系统、水喷雾灭火系统、固定消防炮灭火系统等水灭火系统的消防给水设计流量的确定，在后续有关章节中介绍。

三、建筑物室外消火栓设计流量

（一）建筑物室外消火栓设计流量的确定

建筑物室外消火栓设计流量，应根据建筑物的用途功能、体积、耐火等级、火灾危险性等因素综合分析确定，不应小于表 10-2 的规定。

建筑物室外消火栓设计流量（L/s）　　　　　　　　表 10-2

耐火等级	建筑物名称及类别			建筑体积（m³）					
				$V \leqslant 1500$	$1500 < V \leqslant 3000$	$3000 < V \leqslant 5000$	$5000 < V \leqslant 20000$	$20000 < V \leqslant 50000$	$V > 50000$
一、二级	工业建筑	厂房	甲、乙	15	20	25	30	35	
			丙	15	20	25	30	40	
			丁、戊	15					20
		仓库	甲、乙	15		25			
			丙	15		25		35	45
			丁、戊	15					20
	民用建筑	住宅		15					
		公共建筑	单层及多层	15		25		30	40
			高层	—		25		30	40
	地下建筑（包括地铁）、平战结合的人防工程			15		20		25	30
三级	工业建筑	乙、丙		15	20	30	40	45	—
		丁、戊		15			20	25	35
	单层及多层民用建筑			15	20	25	30		
四级	丁、戊类工业建筑			15	20	25			
	单层及多层民用建筑			15	20	25		—	

（二）确定建筑物室外消火栓设计流量的说明

在确定建筑物室外消火栓用水量时，应注意以下几点：

（1）建筑物成组布置时，为了保证消防基本安全和节约投资，不按成组建筑物同时起火确定消防用水量，而应按消防用水量较大的相邻两座建筑物的体积之和确定。

（2）火车站、码头和机场的中转库房，因堆放货物品种变化较大，因此其室外消火栓设计流量应按相应耐火等级的丙类物品库房确定。

（3）国家级文物保护单位的重点砖木或木结构的建筑物，其室外消火栓设计流量应按三级耐火等级民用建筑的消火栓设计流量确定。

（4）当单座建筑的总建筑面积大于 500000m² 时，建筑物室外消火栓设计流量应按表 10-2 规定的最大值增加一倍。

（5）宿舍、公寓等非住宅类居住建筑的室外消火栓设计流量，应按表 10-2 中的公共建筑确定。

四、构筑物消防给水设计流量

（一）工艺生产装置的消防给水设计流量

以煤、天然气、石油及其产品等为原料的工艺生产装置的消防给水设计流量，应根据其规模、火灾危险性等因素综合确定，且应为室外消火栓设计流量、泡沫灭火系统和固定冷却水系统等水灭火系统的设计流量之和。

（二）甲、乙、丙类可燃液体储罐的消防给水设计流量

甲、乙、丙类可燃液体储罐的消防给水设计流量应按最大罐组确定，并应按泡沫灭火系统设计流量、固定冷却水系统设计流量与室外消火栓设计流量之和确定。

1. 固定冷却水系统设计流量

固定冷却水系统设计流量应按着火罐与邻近罐最大设计流量经计算确定。

（1）甲、乙、丙类可燃液体地上立式储罐冷却水系统保护范围和喷水强度不应小于表 10-3 的规定。

地上立式储罐冷却水系统的保护范围和喷水强度　　　　　　表 10-3

项目	储罐型式		保护范围	喷水强度
移动式冷却	着火罐	固定顶罐	罐周全长	0.8L/（s·m）
		浮顶罐、内浮顶罐	罐周全长	0.6L/（s·m）
	邻近罐		罐周半长	0.7L/（s·m）
固定式冷却	着火罐	固定顶罐	罐壁表面积	2.5L/（min·m²）
		浮顶罐、内浮顶罐	罐壁表面积	2.0L/（min·m²）
	邻近罐		罐壁表面积的1/2	与着火罐相同

注：1. 当浮顶、内浮顶罐的浮盘采用易熔材料制作时，内浮顶罐的喷水强度应按固定顶罐计算；

　　2. 当浮顶、内浮顶罐的浮盘为浅盘式时，内浮顶罐的喷水强度应按固定顶罐计算；

　　3. 固定冷却水系统邻近罐应按实际冷却面积计算，但不应小于罐壁表面积的1/2；

　　4. 距着火固定罐罐壁 1.5 倍着火罐直径范围内的邻近罐应设置冷却水系统，当邻近罐超过 3 个时，冷却水系统可按 3 个罐的设计流量计算；

　　5. 除浮盘采用易熔材料制作的储罐外，当着火罐为浮顶、内浮顶罐时，距着火罐壁的净距离大于或等于 0.4D 的邻近罐可不设冷却水系统，D 为着火油罐与相邻油罐两者中较大油罐的直径；距着火罐壁的净距离小于 0.4D 范围内的相邻油罐受火焰辐射热影响比较大的局部应设置冷却水系统，且所有相邻油罐的冷却水系统设计流量之和不应小于 45L/s；

　　6. 移动式冷却宜为室外消火栓或消防炮。

（2）卧式储罐、无覆土地下及半地下立式储罐冷却水系统保护范围和喷水强度不应小于本规范表 10-4 的规定。

卧式储罐、无覆土地下及半地下立式储罐冷却水系统的保护范围和喷水强度　表 10-4

项目	储罐	保护范围	喷水强度
移动式冷却	着火罐	罐壁表面积	$0.10L/（s \cdot m^2）$
	邻近罐	罐壁表面积的一半	$0.10 L/（s \cdot m^2）$
固定式冷却	着火罐	罐壁表面积	$6.0 L/（min \cdot m^2）$
	邻近罐	罐壁表面积的一半	$6.0 L/（min \cdot m^2）$

注：1. 当计算出的着火罐冷却水系统设计流量小于 15L/s 时，应采用 15L/s；

　　2. 着火罐直径与长度之和的一半范围内的邻近卧式罐应进行冷却；着火罐直径 1.5 倍范围内的邻近地下、半地下立式罐应冷却；

　　3. 当邻近储罐超过 4 个时，冷却水系统可按 4 个罐的设计流量计算；

　　4. 当邻近罐采用不燃材料作绝热层时，其冷却水系统喷水强度可按本表减少 50%，但设计流量不应小于 7.5L/s；

　　5. 无覆土半地下、地下卧式罐冷却水系统的保护范围和喷水强度应按本表地上卧式罐确定。

2. 室外消火栓设计流量

当储罐采用固定式冷却水系统时室外消火栓设计流量不应小于表 10-5 的规定，当采用移动式冷却水系统时室外消火栓设计流量应按表 10-3 或表 10-4 规定的设计参数经计算确定，且不应小于 15L/s。

甲、乙、丙类可燃液体地上立式储罐区的室外消火栓设计流量　表 10-5

单罐储存容积（m^3）	室外消火栓设计流量（L/s）
$W \leqslant 5000$	15
$5000 < W \leqslant 30000$	30
$30000 < W \leqslant 100000$	45
$W > 100000$	60

覆土油罐的室外消火栓设计流量应按最大单罐周长和喷水强度计算确定，喷水强度不应小于 0.30L/（s.m）；当计算设计流量小于 15 L/s 时，仍应采用 15 L/s。

（三）液化烃罐区的消防给水设计流量

液化烃罐区的消防给水设计流量应按最大罐组确定，并应按固定冷却水系统设计流量与室外消火栓设计流量之和确定。

1. 确定方法

固定冷却水系统设计流量应按表 10-6 经计算确定；室外消火栓设计流量不应小于表 10-7 的规定。

2. 说明

（1）当企业设有独立消防站，且单罐容积小于或等于 100 m^3 时，可采用室外消火栓等移动式冷却水系统，其罐区消防给水设计流量应按表 10-6 的规定经计算确定，但不应低于 100L/s。

（2）沸点低于 45℃甲类液体压力球罐的消防给水设计流量应按表 10-6 中全压力式储罐的要求经计算确定。

（3）全压力式、半冷冻式和全冷冻式液氨储罐的消防给水设计流量，应按表 10-6 中全压力式及半冷冻式储罐的要求经计算确定，但喷水强度应按不小于 6.0L/（min·m²）计算，全冷冻式液氨储罐的冷却水系统设计流量应按全冷冻式液化烃储罐外壁为钢制单防罐的要求计算。

液化烃储罐固定冷却水系统设计流量 　　　　　表 10-6

项目	储罐型式		保护范围	喷水强度 [L/（min·m²）]
全冷冻式	着火罐	单防罐外壁为钢制	罐壁表面积	2.5
			罐顶表面积	4.0
		双防罐、全防罐外壁为钢筋混凝土结构	—	—
	邻近罐		罐壁表面积的1/2	2.5
全压力式 及半冷冻式	着火罐		罐体表面积	9.0
	邻近罐		罐体表面积的1/2	9.0

注：1. 固定冷却水系统当采用水喷雾系统冷却时喷水强度应符合本规范要求，且系统设置应符合现行国家标准《水喷雾灭火系统设计规范》GB 50219 的有关规定；

　　2. 全冷冻式液化烃储罐，当双防罐、全防罐外壁为钢筋混凝土结构时，罐顶和罐壁的冷却水量可不计，管道进出口等局部危险处设置水喷雾系统冷却，供水强度不小于20L/（min·m²）；

　　3. 距着火罐罐壁1.5倍着火罐直径范围内的邻近罐应计算冷却水系统，当邻近罐超过 3 个时，冷却水系统可按 3 个罐的设计流量计算；

　　4. 当储罐采用固定消防水炮作为固定冷却设施时，其设计流量不宜小于水喷雾系统计算流量的 1.3 倍。

液化烃罐区的室外消火栓设计流量 　　　　　表 10-7

单罐储存容积（m³）	室外消火栓设计流量（L/s）
$W \leqslant 100$	15
$100 < W \leqslant 400$	30
$400 < W \leqslant 650$	45
$650 < W \leqslant 1000$	60
$W > 1000$	80

注：1. 罐区的室外消火栓设计流量应按罐组内最大单罐计；

　　2. 当储罐区四周设固定消防水炮作为辅助冷却设施时，辅助冷却水设计流量不应小于室外消火栓设计流量。

（四）空分站、装卸栈台、变电站室外消火栓设计流量

空分站，可燃液体、液化烃的火车和汽车装卸栈台，变电站等室外消火栓设计流量不应小于表 10-8 的规定。当室外变压器采用水喷雾灭火系统全保护时，其室外消火栓给水设计流量可按表 10-8 规定值的 50% 计算，但不应小于 15L/s。

空分站，可燃液体、液化烃的火车和汽车装卸栈台，变电站室外消火栓设计流量 　表 10-8

名　称		室外消火栓设计流量（L/s）
空分站产氧气能力 （Nm³/h）	$3000 < Q \leqslant 10000$	15
	$10000 < Q \leqslant 30000$	30
	$30000 < Q \leqslant 50000$	45
	$Q > 50000$	60

名　称		室外消火栓设计流量（L/s）
专用可燃液体、液化烃的火车和汽车装卸栈台		60
变电站单台油浸 变压器含油量（t）	5＜W≤10	15
	10＜W≤50	20
	W＞50	30

注：当室外油浸变压器单台功率小于 300MV・A，且周围无其他建筑物和生产生活给水时，可不设置室外消火栓。

（五）装卸油品码头消防给水设计流量

装卸油品码头的消防给水设计流量，应按着火油船泡沫灭火设计流量、冷却水系统设计流量、隔离水幕系统设计流量和码头室外消火栓设计流量之和确定。

1. 油船冷却水系统设计流量

油船冷却水系统设计流量应按火灾时着火油舱冷却水保护范围内的油舱甲板面冷却用水量计算确定，冷却水系统保护范围、喷水强度和火灾延续时间不应小于表 10-9 的规定。

油船冷却水系统的保护范围、喷水强度和火灾延续时间　　　　　表 10-9

项目	船型	保护范围	喷水强度 [L/（min・m²）]	火灾延续时间（h）
甲、乙类可燃液体 油品一级码头	着火油船	着火油舱冷却范围 内的油舱甲板面	2.5	6.0注b
甲、乙类可燃液体油品二、三级 码头丙类可燃液体油品码头				4.0

注：1. 当油船发生火灾时，陆上消防设备所提供的冷却油舱甲板面的冷却设计流量不应小于全部冷却水用量的 50%。

　　2. 当配备水上消防设施进行监护时，陆上消防设备冷却水供给时间可缩短至 4h。

2. 着火油船冷却范围

着火油船冷却范围按式（10-4）计算：

$$F = 3L_{max}B_{max} - f_{max} \tag{10-4}$$

式中　F——着火油船冷却面积（m²）；

　　B_{max}——最大船宽（m）；

　　L_{max}——最大船的最大舱纵向长度（m）；

　　f_{max}——最大船的最大舱面积（m²）。

3. 隔离水幕系统设计流量

隔离水幕系统的设计流量应符合下列规定：

（1）喷水强度宜为 1.0～2.0L/（s・m）；

（2）保护范围宜为装卸设备的两端各延伸 5m，水幕喷射高度宜高于被保护对象 1.5m；

（3）火灾延续时间不应小于 1h。

4. 油品码头室外消火栓设计流量

油品码头的室外消火栓设计流量不应小于表 10-10 的规定。

油品码头的室外消火栓设计流量　　　　　　　　　　表 10-10

名　称	室外消火栓设计流量（L/s）	火灾延续时间（h）
海港油品码头	45	6
河港油品码头	30	4
码头装卸区	20	2

（六）液化石油气船消防给水设计流量

液化石油气船的消防给水设计流量应按着火罐与距着火罐 1.5 倍着火罐直径范围内罐组的冷却水系统设计流量与室外消火栓设计流量之和确定；着火罐和邻近罐的冷却面积均应取设计船型最大储罐甲板以上部分的表面积，并不应小于储罐总表面积的 1/2，着火罐冷却水喷水强度应为 10.0L/（min. m²），邻近罐冷却水喷水强度应为 5.0L/（min·m²）；室外消火栓设计流量不应小于表 10-10 的规定。

（七）液化石油气加气站消防给水设计流量

液化石油气加气站的消防给水设计流量应按固定冷却水系统设计流量与室外消火栓设计流量之和确定，固定冷却水系统设计流量应按表 10-11 规定的设计参数经计算确定，室外消火栓设计流量不应小于表 10-12 的规定；当仅采用移动式冷却系统时，室外消火栓的设计流量应按表 10-11 规定的设计参数计算，且不应小于 15L/s。

液化石油气加气站地上储罐冷却系统保护范围和喷水强度　　　表 10-11

项目	储罐	保护范围	喷水强度
移动式冷却	着火罐	罐壁表面积	0.15L/（s·m²）
	邻近罐	罐壁表面积的一半	0.15L/（s·m²）
固定式冷却	着火罐	罐壁表面积	9.0L/（min·m²）
	邻近罐	罐壁表面积的一半	9.0L/（min·m²）

注：着火罐的直径与长度之和 0.75 倍范围内的邻近地上罐应进行冷却。

液化石油气加气站室外消火栓设计流量　　　　　　　表 10-12

名称	室外消火栓设计流量（L/s）
地上储罐加气站	20
埋地储罐加气站	15
加油和液化石油气加气合建站	

（八）易燃、可燃材料露天、半露天堆场，可燃气体罐区室外消火栓设计流量

易燃、可燃材料露天、半露天堆场，可燃气体罐区的室外消火栓设计流量，不应小于表 10-13 的规定。

易燃、可燃材料露天、半露天堆场，可燃气体罐区的室外消火栓设计流量　　表 10-13

名　称		总储量或总容量	室外消火栓设计流量（L/s）
粮食（t）	土圆囤	30<W≤500	15
		500<W≤5000	25
		5000<W≤20000	40
		W＞20000	45
	席穴囤	30<W≤500	20
		500<W≤5000	35
		5000<W≤20000	50

续表

名　称	总储量或总容量	室外消火栓设计流量（L/s）
棉、麻、毛、化纤百货（t）	$10 < W \leqslant 500$ $500 < W \leqslant 1000$ $1000 < W \leqslant 5000$	20 35 50
稻草、麦秸、芦苇等易燃材料（t）	$50 < W \leqslant 500$ $500 < W \leqslant 5000$ $5000 < W \leqslant 10000$ $W > 10000$	20 35 50 60
木材等可燃材料（m³）	$50 < V \leqslant 1000$ $1000 < V \leqslant 5000$ $5000 < V \leqslant 10000$ $V > 10000$	20 30 45 55
煤和焦炭（t）　露天或半露天堆放	$100 < W \leqslant 5000$ $W > 5000$	15 20
可燃气体储罐或储罐区（m³）	$500 < V \leqslant 10000$ $10000 < V \leqslant 50000$ $50000 < V \leqslant 100000$ $100000 < V \leqslant 200000$ $V > 200000$	15 20 25 30 35

注：1. 固定容积的可燃气体储罐的总容积按其几何容积（m³）和设计工作压力（绝对压力，10^5 Pa）的乘积计算；

2. 当稻草、麦秸、芦苇等易燃材料堆垛单垛重量大于5000t或总重量大于50000t，木材等可燃材料堆垛单垛容量大于5000m³或总容量大于50000m³时，室外消火栓设计流量应按本表规定的最大值增加一倍。

（九）城市交通隧道洞口外室外消火栓设计流量

城市交通隧道洞口外室外消火栓设计流量不应小于表10-14的规定。

城市交通隧道洞口外室外消火栓设计流量

表 10-14

名称	类别	长度（m）	室外消火栓设计流量（L/s）
可通行危险化学品等机动车	一、二	$L > 500$	30
	三	$L \leqslant 500$	20
仅限通行非危险化学品等机动车	一、二、三	$L \geqslant 1000$	30
	三	$L < 1000$	20

第三节　消　防　水　源

　　火场上所需的消防用水由消防水源供给，消防水源有天然水源、市政给水和消防水池三种型式。《消防给水及消火栓系统技术规范》GB 50947—2014 规定：在城乡规划区域范围内，市政消防给水应与市政给水管网同步规划、设计与实施；消防水源水质应满足水灭火设施的功能要求，消防给水管道内平时所充水的 pH 值应为 6.0～9.0。

一、天然水源

1. 应用形式

确定消防水源时，应优先考虑就近利用天然水源，以节省投资。不仅江、河、湖、泊等地面水体可作为消防水源，有条件的话，也可利用地下水作为消防水源，如井水。但有可能被易燃、可燃液体污染的天然水源，不能作为消防水源。

2. 设置要求

采用天然水源作为消防给水水源时，应符合下列要求：

（1）井水作为消防水源向消防给水系统直接供水时，其最不利水位应满足水泵吸水要求，其最小出流量和水泵扬程应满足消防要求，且当需要两路消防供水时，水井不应少于两眼，每眼井的深井泵的供电均应采用一级供电负荷。

（2）江、河、湖、海、水库等天然水源的设计枯水流量保证率应根据城乡规模和工业项目的重要性、火灾危险性和经济合理性等综合因素确定，宜为 90%～97%。但村镇的室外消防给水水源的设计枯水流量保证率可根据当地水源情况适当降低。

（3）当室外消防水源采用天然水源时，应采取防止冰凌、漂浮物、悬浮物等物质堵塞消防水泵的技术措施，并应采取确保安全取水的措施。

（4）当地表水作为室外消防水源时，应采取确保消防车、固定和移动消防水泵在枯水位取水的技术措施；当消防车取水时，最大吸水高度不应超过 6.0m。

（5）当井水作为消防水源时，还应设置探测水井水位的水位测试装置。

（6）供消防车取水的天然水源，应在天然水源地建立可靠的、任何季节、任何水位都能确保消防车取水的设施，如设置取水口、修建消防码头、自流井等，并应建设消防车道和消防车回车场或回车道。

（7）消防车取水口的设置位置和设施，应符合《室外给水设计规范》GB 50013 中有关地表水取水的规定，且取水头部宜设置格栅，其栅条间距不宜小于 50mm，也可采用过滤管，以阻止河、塘水中杂物等吸入管道，影响水流，堵塞消防用水设备。

（8）在建筑小区改建、扩建过程中，若提供消防用水的天然水源及其取水设施被填埋时，应在遭毁坏的同时采取相应的措施，如铺设管道、修建消防水池，以确保消防用水。

二、市政给水

1. 应用形式

当市政给水管网连续供水时，消防给水系统可采用市政给水管网直接供水。是建筑小区的主要消防水源，它通过两种方式提供消防用水：一是通过其上设置的消火栓（市政消火栓）为消防车等消防设备提供消防用水；二是通过建筑物的进水管，为该建筑物提供室内外消防用水量。

2. 设置要求

市政给水管网应符合下列要求：

（1）市政给水厂应至少有两条输水干管向市政给水管网输水。

（2）市政给水管网应为环状管网。

（3）应至少有两条不同的市政给水干管上不少于两条引入管向消防给水系统供水。

三、消防水池

消防水池是人工建造的储存消防用水的构筑物，是天然水源、市政给水管网等消防水源的一种重要补充手段。消防水池宜为生产、生活和消防用水合用，亦可单独储存消防用水。

（一）消防水池有效容积

1. 计算公式

当市政给水管网能保证室外消防给水设计流量时，消防水池的有效容积应满足在火灾延续时间内室内消防用水量的要求。当市政给水管网不能保证室外消防给水设计流量时，消防水池的有效容积应满足火灾延续时间内室内消防用水量和室外消防用水量不足部分之和的要求。在发生火灾时能保证连续补水的条件下，消防水池的容积可减去火灾延续时间内连续补充的水量。即可按式（10-5）计算：

$$V_X = 3.6(Q_f - Q_C)T_X \tag{10-5}$$

式中　V_X——消防水池容积，m^3；

　　　Q_f——室内、外消防用水总量，L/s；

　　　Q_C——火灾时消防水池的补水流量，L/s；

　　　T_X——火灾延续时间，h。

不同场所的火灾延续时间见表 10-15。自动喷水灭火系统、泡沫灭火系统、水喷雾灭火系统、固定消防炮灭火系统、自动跟踪定位射流灭火系统等水灭火系统的火灾延续时间，应分别按相应国家标准规定确定；建筑内用于防火分隔的防火分隔水幕和防护冷却水幕的火灾延续时间，不应小于防火分隔水幕或防护冷却水幕设置部位墙体的耐火极限；城市交通隧道的火灾延续时间不应小于表 10-16 的规定，一类城市交通隧道的火灾延续时间应根据火灾危险性分析确定，确有困难时，可按不小于 3.0h 计。

不同场所的灭火延续时间 　　　　　　　　表 10-15

建　筑			场所与火灾危险性	火灾延续时间(h)
建筑物	工业建筑	仓库	甲、乙、丙类仓库	3.0
			丁、戊类仓库	2.0
		厂房	甲、乙、丙类厂房	3.0
			丁、戊类厂房	2.0
	民用建筑	公共建筑	高层建筑中的商业楼、展览楼、综合楼，建筑高度大于 50m 的财贸金融楼、图书馆、书库、重要的档案楼、科研楼和高级宾馆等	3.0
			其他公共建筑	2.0
			住宅	
	人防工程		建筑面积小于 3000m²	1.0
			建筑面积大于等于 3000m²	2.0
			地铁车站	

续表

建　筑		场所与火灾危险性	火灾延续时间（h）
构筑物	甲、乙、丙类可燃液体储罐	煤、天然气、石油及其产品的工艺装置	3.0
		直径大于20m的固定顶罐和直径大于20m浮盘用易熔材料制作的内浮顶罐	6.0
		其他储罐	4.0
		覆土油罐	
		液化烃储罐、沸点低于45℃甲类液体、液氨储罐	6.0
		空分站，可燃液体、液化烃的火车和汽车装卸栈台	3.0
		变电站	2.0
	装卸油品码头	甲、乙类可燃液体，油品一级码头	6.0
		甲、乙类可燃液体，油品二、三级码头，丙类可燃液体油品码头	4.0
		海港油品码头	6.0
		河港油品码头	4.0
		码头装卸区	2.0
		装卸液化石油气船码头	6.0
	液化石油气加气站	地上储气罐加气站	3.0
		埋地储气罐加气站	1.0
		加油和液化石油气加合建站	
	易燃、可燃材料露天、半露天堆场，可燃气体罐区	粮食土圆囤、席穴囤	6.0
		棉、麻、毛、化纤百货	
		稻草、麦秸、芦苇等	
		木材等	
		露天或半露天堆放煤和焦炭	3.0
		可燃气体储罐	

城乡市政交通隧道火灾延续时间　　　　　　　　　　**表 10-16**

用途	类别	长度（m）	火灾延续时间（h）
可通行危险化学品等机动车	二	500<L≤1500	3.0
	三	L≤500	2.0
仅限通行非危险化学品等机动车	二	1500<L≤3000	3.0
	三	500<L≤1500	2.0

2. 火灾时消防水池连续补水

消防水池应采用两路消防给水。火灾延续时间内的连续补水流量应按消防水池最不利进水管供水量考虑，可按式（10-6）计算：

$$Q_c = 3.6 \times 10^3 Av \qquad (10-6)$$

式中　Q_c——火灾时消防水池的补水流量（m³/h）；

　　　A——消防水池进水管断面面积（m²）；

　　　v——管道内水的平均流速（m/s）。

当消防水池采用两路消防供水且在火灾情况下连续补水能满足消防要求时，消防水池的有效容积应根据计算确定，但为保证火场供水的可靠性，不应小于100m³，当仅设有消火栓系统时不应小于50m³。

3. 消防水池进水管

消防水池进水管应根据其有效容积和补水时间经计算确定，补水时间不宜大于48h，但当消防水池有效总容积大于2000m³时，不应大于96h。消防水池进水管管径不应小于DN100。

当考虑补水流量时，消防水池进水管管径和流量应根据市政给水管网或其他给水管网的压力、入户引入管管径以及火灾时其他用水量等经水力计算确定，当计算条件不具备时，给水管的平均流速不宜大于 1.5m/s。

（二）消防水池的设置

1. 设置原则

符合下列规定之一的，应设置消防水池：

（1）当生产、生活用水量达到最大时，市政给水管网或入户引入管不能满足室内、室外消防给水设计流量；

（2）当采用一路消防供水或只有一条入户引入管，且室外消火栓设计流量大于 20L/s 或建筑高度大于 50m；

（3）市政消防给水设计流量小于建筑室内外消防给水设计流量。

2. 消防水池设计要求

（1）消防用水与生产、生活用水合并的水池，应有确保消防用水不作他用的技术措施。

（2）为了确保清池、检修、换水时的消防应急用水，消防水池的总蓄水有效容积大于 500m³ 时，宜设两格能独立使用的消防水池；当大于 1000m³ 时，应设置能独立使用的两座消防水池。每格（或座）消防水池应设置独立的出水管，并应设置满足最低有效水位的连通管，且其管径应能满足消防给水设计流量的要求。

（3）城市避难场所宜设置独立的城市消防水池，且每座容量不宜小于 200m³。

（4）消防水池的出水管应保证消防水池的有效容积能被全部利用。

（5）消防水池应设置就地水位显示装置，并应在消防控制中心或值班室等地点设置显示水池水位的装置，同时应有最高和最低报警水位。

（6）消防水池应设置溢流水管和排水设施，并应采用间接排水。

（7）消防水池应设置通气管。

（8）消防水池通气管、呼吸管和溢流水管等应采取防止虫鼠等进入消防水池的技术措施。

（9）消防水池设计应保证池内水经常流动，以防腐化变质。

（10）寒冷地区的消防水池应有防冻设施。在储罐区应有保证易燃、可燃液体不流入消防水池的设施。

（三）供消防车取水的消防水池

储存室外消防用水的消防水池或供消防车取水的消防水池，应符合下列要求：

（1）应设置取水口或取水井，且吸水高度不应大于 6.0m。

（2）取水口或取水井与建筑物（水泵房除外）的距离不宜小于 15m。

（3）取水口或取水井与甲、乙、丙类液体储罐等构筑物的距离不宜小于 40m。

（4）取水口或取水井与液化石油气储罐的距离不宜小于 60m，如采取防止辐射热保护措施时，可为 40m。

（5）保护半径不应大于 150m。

（6）应设消防车道。

（四）高位消防水池

高位消防水池指设置在高处直接向水灭火设施重力供水的储水设施，应符合下列要求：

（1）高位消防水池的最低有效水位应能满足其所服务的水灭火设施所需的工作压力和流量，且其有效容积应满足火灾延续时间内所需消防用水量。

（2）除可一路消防供水的建筑物外，向高位消防水池供水的给水管不应小于两条。

（3）当高层民用建筑采用高位消防水池供水的高压消防给水系统时，高位消防水池储存室内消防用水量确有困难，但火灾时补水可靠，其总有效容积不应小于室内消防用水量的 50%。

（4）高层民用建筑高压消防给水系统的高位消防水池总有效容积大于 200m³ 时，宜设置蓄水有效容积相等且可独立使用的两格；当建筑高度大于 100m 时应设置独立的两座。每格或座应有一条独立的出水管向消防给水系统供水。

（5）高位消防水池设置在建筑物内时，应采用耐火极限不低于 2.00h 的隔墙和 1.50h 的楼板与其他部位隔开，并应设甲级防火门；且消防水池及其支承框架与建筑构件应连接牢固。

第四节 室外消防给水管网设施

一、室外消火栓

室外消火栓是指设置在建筑物外消防给水管网的一种供水设备。它的作用是为消防车提供消防用水或直接接出水带、水枪进行灭火。从服务功能看，室外消火栓有市政消火栓和建筑室外消火栓，前者根据城市总体规划，按市政建设要求设置；后者是为满足建筑物室外消防给水要求设置。

（一）类型

室外消火栓有地上式消火栓、地下式消火栓和消防水鹤等类型。市政消火栓宜采用地上式室外消火栓；在严寒、寒冷等冬季结冰地区宜采用干式地上式室外消火栓，严寒地区宜增设消防水鹤。

1. 地上式消火栓

地上式消火栓如图 10-3 所示。其大部分露出地面，具有明显、易于寻找、出水操作方便等优点，适用于我国冬季气温较高的地区。但地上消火栓容易冻结、易损坏，在有些场合还妨碍交通。室外地上式消火栓应有一个直径为 150mm 或 100mm 和两个直径为 65mm 的栓口。一般由本体、进水弯管、阀塞、出水口和排水口组成。

2. 地下式消火栓

地下式消火栓应有直径 100mm 和 65mm 的栓口各一个，如图 10-4 所示，一般由弯头、排水口、阀塞、丝杆、丝杆螺母、出水口等组成。地下式消火栓井的尺寸大小应符合图 10-5 的要求，井口直径不宜小于 1.5m，且当地

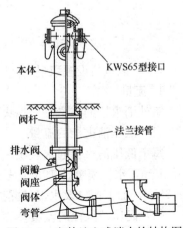

图 10-3 室外地上式消火栓结构图

下式消火栓的取水口在冰冻线以上时，应采取保温措施。地下式消火栓具有不易冻结、不易损坏、便利交通等优点，适用于北方寒冷地区使用。但地下消火栓操作不便，目标不明显，特别是在下雨天、下雪天和夜间，因此，要求使用单位在地下式消火栓周围应设置明显的标志。

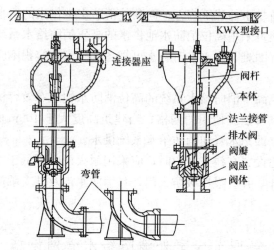

图 10-4　室外地下式消火栓结构图

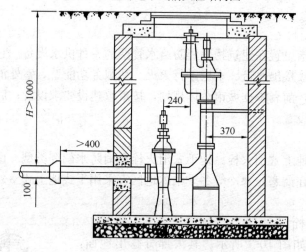

图 10-5　地下消火栓井

（二）流量与设置数量

1. 流量

室外消火栓的流量是根据火场的供水要求确定的。

（1）低压消火栓的流量

每个低压消火栓通常只供一辆消防车用水，常出两支水枪，火场要求充实水柱长度为10～15m，水枪喷嘴按 19mm 考虑，则每支水枪的流量为 5～6.5L/s，两支水枪流量为 10～13L/s，加上接口及水带的漏损，所以每个低压消火栓的流量按 10～15L/s 计。

（2）高压消火栓的流量

每个高压消火栓一般按出一支水枪考虑，充实水柱长度为 10～15m，水枪喷嘴为

19mm，则每个高压消火栓的流量为 5～6.5L/s。

2. 设置数量

工业企业和民用建筑单位内部需要设置室外消火栓的数量，应根据建筑物的室外消防用水量和每个消火栓的流量经计算确定。

对于低层建筑，当市政消火栓距被保护建筑物不大于 150m，且其消防用水量不超过 15L/s 时，该市政消火栓可计入建筑物室外需要设置的消火栓总数之内；对于高层建筑，当市政消火栓距被保护建筑物不大于 40m 时，该市政消火栓可计入建筑物室外需要设置的消火栓总数之内。

（三）保护半径与布置间距

1. 保护半径

低压消火栓与高压消火栓的保护半径不同，前者由消防车供水性能确定，后者由消火栓本身的压力确定。

（1）低压消火栓的保护半径

由于每个低压消火栓只供一辆消防车使用，一般消防车从消火栓取水灭火，当水枪保持充实水柱不小于 15m 时，消防车最大供水距离为 180m。在灭火战斗中水枪手留有 10m 机动水带，水带铺设系数按 0.9 计，则消防车往火场供水的距离为 153m，因此，低压消火栓的保护半径采用 150m。

（2）高压消火栓的保护半径

高压消火栓按串接 6 条水带（65mm）干线计，同样道理，其保护半径为 100m。

2. 布置间距

室外消火栓的布置间距，对于市政消火栓，应保证城市或居住区的任何部位都在两个消火栓的保护半径之内，低压消火栓的布置间距不应超过 120m，高压消火栓的布置间距不应超过 60m；对于建筑物设置的室外消火栓，应满足室外消防用水量和扑救该建筑物火灾的需要。

（四）布置要求

1. 市政消火栓布置要求

（1）市政消火栓宜采用直径 $DN150$ 的室外消火栓。

（2）市政消火栓宜在道路的一侧设置，并宜靠近十字路口，但当市政道路宽度超过 60m 时，应在道路的两侧交叉错落设置市政消火栓。

（3）市政桥桥头和城市交通隧道出入口等市政公用设施处，应设置市政消火栓。

（4）市政消火栓的保护半径不应超过 150m，间距不应大于 120m。

（5）市政消火栓应布置在消防车易于接近的人行道和绿地等地点，且不应妨碍交通。具体要求：距路边不宜小于 0.5m，并不应大于 2.0m；距建筑外墙或外墙边缘不宜小于 5.0m；应避免设置在机械易撞击的地点，确有困难时，应采取防撞措施。

（6）市政给水管网的阀门设置应便于市政消火栓的使用和维护。

（7）当市政给水管网设有市政消火栓时，其平时运行工作压力不应小于 0.14MPa，火灾时水力最不利市政消火栓的出流量不应小于 15L/s，且供水压力从地面算起不应小于 0.10MPa。

（8）严寒地区在城市主要干道上设置消防水鹤的布置间距宜为 1000m，连接消防水鹤的市政给水管的管径不宜小于 DN200。

（9）火灾时消防水鹤的出流量不宜低于 30L/s，且供水压力从地面算起不应小于 0.10MPa。

（10）地下式市政消火栓应有明显的永久性标志。

2. 室外消火栓布置要求

（1）建筑室外消火栓的数量应根据室外消火栓设计流量和保护半径经计算确定，保护半径不应大于 150.0m，每个室外消火栓的出流量宜按 10～15L/s 计算。

（2）室外消火栓宜沿建筑周围均匀布置，且不宜集中布置在建筑一侧；建筑消防扑救面一侧的室外消火栓数量不宜少于 2 个。

（3）人防工程、地下工程等建筑应在出入口附近设置室外消火栓，且距出入口的距离不宜小于 5m，并不宜大于 40m。

（4）停车场的室外消火栓宜沿停车场周边设置，且与最近一排汽车的距离不宜小于 7m，距加油站或油库不宜小于 15m。

（5）甲、乙、丙类液体储罐区和液化烃罐罐区等构筑物的室外消火栓，应设在防火堤或防护墙外，数量应根据每个罐的设计流量经计算确定，但距罐壁 15m 范围内的消火栓，不应计算在该罐可使用的数量内。

（6）工艺装置区等采用高压或临时高压消防给水系统的场所，其周围应设置室外消火栓，数量应根据设计流量经计算确定，且间距不宜大于 60.0m。当工艺装置区宽度大于 120.0m 时，宜在该装置区内的路边设置室外消火栓。

（7）当工艺装置区、罐区、堆场、可燃气体和液体码头等构筑物的面积较大或高度较高，室外消火栓的充实水柱无法完全覆盖时，宜在适当部位设置室外固定消防炮。

（8）当工艺装置区、储罐区、堆场等构筑物采用高压或临时高压消防给水系统时，室外消火栓处宜配置消防水带和消防水枪；工艺装置休息平台等处需要设置的消火栓的场所应采用室内消火栓，并应符合相关规定。

（9）室外消防给水引入管当设有倒流防止器，且火灾时因其水头损失导致室外消火栓不能满足要求时，应在该倒流防止器前设置一个室外消火栓。

二、阀门及其他设施

（一）阀门

1. 阀门的选择

消防给水系统的阀门选择应符合下列规定：

（1）埋地管道的阀门宜采用带启闭刻度的暗杆闸阀，当设置在阀门井内时可采用耐腐蚀的明杆闸阀。

（2）室内架空管道的阀门宜采用蝶阀、明杆闸阀或带启闭刻度的暗杆闸阀等。

（3）室外架空管道宜采用带启闭刻度的暗杆闸阀或耐腐蚀的明杆闸阀。

（4）埋地管道的阀门应采用球墨铸铁阀门，室内架空管道的阀门应采用球墨铸铁或不锈钢阀门，室外架空管道的阀门应采用球墨铸铁阀门或不锈钢阀门。

2. 阀门的设置

（1）消防给水系统管道的最高点处宜设置自动排气阀。

（2）消防水泵出水管上的止回阀宜采用水锤消除止回阀，当消防水泵供水高度超过24m时，应采用水锤消除器。当消防水泵出水管上设有囊式气压水罐时，可不设水锤消除设施。

（3）减压阀应设置在报警阀组入口前，当连接两个及以上报警阀组时，应设置备用减压阀；减压阀的进口处应设置过滤器，过滤器的孔网直径不宜小于 4 ～5 目/cm²，过流面积不应小于管道横截面积的 4 倍；过滤器和减压阀前后应设压力表，压力表的表盘直径不应小于 100mm，最大量程宜为设计压力的 2 倍；过滤器前和减压阀后应设置控制阀门；减压阀后应设置压力试验排水阀；减压阀应设置流量检测测试接口或流量计；垂直安装的减压阀，水流方向宜向下；比例式减压阀宜垂直安装，可调式减压阀宜水平安装；减压阀和控制阀门宜有保护或锁定调节配件的装置；接减压阀的管段不应有气堵、气阻。

（二）其他设施设置要求

1. 自动排气阀

消防给水系统管道的最高点处宜设置自动排气阀。

2. 倒流防止器

室内消防给水系统由生活、生产给水系统管网直接供水时，应在引入管处设置倒流防止器。当消防给水系统采用有空气隔断的倒流防止器时，该倒流防止器应设置在清洁卫生的场所，其排水口应采取防止被水淹没的技术措施。

3. 防冻及标识

（1）在寒冷、严寒地区，室外阀门井应采取防冻措施。

（2）消防给水系统的室内外消火栓、阀门等设置位置，应设置永久性固定标识。

三、室外消防给水管道

（一）管网类型

1. 按消防水压要求分类

（1）高压消防给水管网。指管网内经常保持足够的水压和消防用水量，火场上不需使用消防车或其他移动式消防水泵加压，直接从消火栓接出水带、水枪即可实施灭火。

（2）临时高压消防给水管网。指在给水管道内平时水压不高，其水压和流量不能满足最不利点的灭火需要，需要在水泵站（房）内设有消防水泵，当接到火警时，启动消防水泵使管网内的压力达到高压给水系统水压要求的给水系统。

（3）低压消防给水管网。指管网内平时水压较低，一般只负担提供消防用水量，火场上灭火设备所需的压力，由消防车或其他移动式消防水泵加压产生。一般城镇和居住区多为这种管网。

室外消防给水当采用高压或临时高压给水管网时，管道的供水压力应能保证用水总量达到最大且水枪在任何建筑物的最高处时，水枪的充实水柱仍不小于10.0m；当采用低压消防给水管网，其管道内的供水压力应保证灭火时最不利点消火栓处的水压不小于0.1MPa（从室外地面算起）。

2. 按管网平面布置形式分类

（1）环状消防给水管网。管网在平面布置上，干线形成若干闭合环。由于环状管网的干线彼此相通，水流四通八达，供水安全可靠。在管径和供水压力相同的条件下，环状管网的供水能力比枝状管网供水能力大 1.5~2.0 倍。

（2）枝状消防给水管网。管网在平面布置上，干线呈分散状，分枝后干线彼此无连接。由于枝状管网内，水流从水源地向用水对象单一方向流动，当某段管网检修或损坏时，其后方无水，就会造成火场供水中断。因此，室外消防给水管网应限制枝状管网的使用范围。

3. 按用途分类

（1）合用消防给水管网。指生活、生产、消防合用或生产、消防合用或生活、消防合用的管网系统。一般城镇、居住区和工厂的室外管网常采用该形式。这种管网设计大大简化了管网布置形式，具有较高的经济性，且水经常处于流动，有利于水质的保持。

（2）独立的消防给水管网。当工业企业内生活、生产用水量较小而消防用水量较大合并在一起不经济，或者三种用水合并在一起技术上不可能，或者生产用水可被易燃、可燃液体污染时，常采用独立消防给水管网，以保证消防用水。独立的消防给水管网常采用临时高压给水管网。

（二）管道公称直径与公称压力

1. 公称直径

为了实行管道和管路附件的标准化，对管道和管路附件规定一种标准直径。这种标准直径或公称通径称为公称直径。公称直径用 DN 表示。

2. 公称压力

管道的公称压力是指与管道元件的机械强度有关的设计给定压力，是仅针对金属管道元件而言的。我国金属管道元件压力分级标准确定的公称压力分级从 0.05~335MPa，共30 个压力分级。公称压力用 PN 表示，在其后附加压力分级的数值，并用 MPa 表示。

（三）管道材料及其连接

1. 管道材料

消防给水系统中常用的管材有铸铁管、焊接钢管、无缝钢管、不锈钢管等。随着技术的发展，涂覆钢管和氯化聚氯乙烯消防管道也逐渐应用到消防给水系统中。

（1）埋地管道宜采用球墨铸铁管、钢丝网骨架塑料复合管和加强防腐的钢管等管材，室内外架空管道应采用热浸锌镀锌钢管等金属管材。在选择管材和设计管道时，应充分考虑系统工作压力、覆土深度、土壤的性质、管道的耐腐蚀能力、可能受到的附加荷载（土壤、建筑基础、机动车和铁路等）、管道穿越伸缩缝和沉降缝等的影响。

（2）埋地管道当系统工作压力不大于 1.20MPa 时，宜采用球墨铸铁管或钢丝网骨架塑料复合管给水管道；当系统工作压力大于 1.20MPa 小于 1.60MPa 时，宜采用钢丝网骨架塑料复合管、加厚钢管和无缝钢管；当系统工作压力大于 1.60MPa 时，宜采用无缝钢管。

（3）架空管道当系统工作压力小于等于 1.20MPa 时，可采用热浸锌镀锌钢管；当系统工作压力大于 1.20MPa 时，应采用热浸镀锌加厚钢管或热浸镀锌无缝钢管；当系统工作压力大于 1.60MPa 时，应采用热浸镀锌无缝钢管。

2. 管道连接

管道与管道之间常采用螺纹、沟槽式管接头或法兰连接，球墨铸铁管采用承插连接，塑料管多采用粘接，钢管也可焊接（焊接后作防腐处理）。

管道的连接宜采用沟槽连接件（卡箍）、螺纹、法兰、卡压等方式，不宜采用焊接连接。当管径小于或等于 $DN50$ 时，应采用螺纹和卡压连接，当管径大于 $DN50$ 时，应采用沟槽连接件连接、法兰连接，当安装空间较小时应采用沟槽连接件连接。

埋地钢管当采用沟槽连接件连接时，公称直径小于等于 $DN250$ 的沟槽式管接头系统工作压力不应大于 2.50MPa，公称直径大于或等于 $DN300$ 的沟槽式管接头系统工作压力不应大于 1.60MPa。

（四）埋地管道与架空管道要求

1. 埋地金属管道管顶覆土

埋地金属管道的管顶覆土应符合下列要求：

（1）管道最小管顶覆土应按地面荷载、埋深荷载和冰冻线对管道的影响确定。

（2）管道最小管顶覆土不应小于 0.70m，但当在机动车道下时管道最小管顶覆土应经计算确定，并不宜小于 0.90m。

（3）管道最小管顶覆土应至少在冰冻线以下 0.30m。

2. 埋地钢丝网骨架塑料复合管

埋地管道采用钢丝网骨架塑料复合管时应符合下列要求：

（1）埋地管道采用钢丝网骨架塑料复合管的聚乙烯（PE）原材料不应低于 PE80。

（2）钢丝网骨架塑料复合管的内环向应力不应低于 8.0MPa。

（3）钢丝网骨架塑料复合管的复合层应满足静压稳定性和剥离强度的要求。

（4）钢丝网骨架塑料复合管及配套管件的熔体质量流动速率（MFR），应按现行国家标准《热塑性塑料熔体质量流动速率和熔体体积流动速率的测定》GB/T 3682 规定的试验方法进行试验时，加工前后 MFR 变化不应超过 ±20%。

（5）管材及连接管件应采用同一品牌产品，连接方式应采用可靠的电熔连接或机械连接。

（6）管材耐静压强度应符合现行行业标准《埋地聚乙烯给水管道工程技术规程》CJJ 101 的有关规定和设计要求。

（7）钢丝网骨架塑料复合管道最小管顶覆土深度，在人行道下不宜小于 0.80m，在轻型车行道下不应小于 1.0m，且应在冰冻线下 0.3m；在重型汽车道路或铁路、高速公路下应设置保护套管，套管与钢丝网骨架塑料复合管的净距不应小于 100mm。

（8）钢丝网骨架塑料复合管道与热力管道间的距离，应在保证聚乙烯管道表面温度不超过 40℃的条件下计算确定，但最小净距不应小于 1.50m。

3. 架空充水管道

架空充水管道应设置在环境温度不低于 5℃的区域，当环境温度低于 5℃时，应采取防冻措施；室外架空管道当温差变化较大时应校核管道系统的膨胀和收缩，并应采取相应的技术措施。

（五）管网布置

1. 环状管网的选择

（1）下列消防给水应采用环状：给水管网向两栋或两座及以上建筑供水时；向两种及以上水灭火系统供水时；采用设有高位消防水箱的临时高压消防给水系统时；向两个及以上报警阀控制的自动水灭火系统供水时。

（2）设有市政消火栓的市政给水管网宜为环状管网，但当城镇人口小于 2.5 万人时，可为枝状管网；

2. 管道供水能力

（1）接市政消火栓的环状给水管网的管径不应小于 DN150，枝状管网的管径不宜小于 DN200。当城镇人口小于 2.5 万人时，接市政消火栓的给水管网的管径可适当减少，环状管网时不应小于 DN100，枝状管网时不宜小于 DN150；

（2）工业园区、商务区和居住区等区域采用两路消防供水，当其中一条引入管发生故障时，其余引入管在保证满足 70％生产生活给水的最大小时设计流量条件下，应仍能满足消防给水设计流量；

（3）向室外、室内环状消防给水管网供水的输水干管不应少于两条，当其中一条发生故障时，其余的输水干管应仍能满足消防给水设计流量。

3. 管网布置要求

室外消防给水管网应符合下列规定：

（1）室外消防给水采用两路消防供水时应采用环状管网，但当采用一路消防供水时可采用枝状管网；

（2）管道的直径应根据流量、流速和压力要求经计算确定，但不应小于 DN100；

（3）消防给水管道（环状管网）应采用阀门分成若干独立段，每段内室外消火栓的数量不宜超过 5 个。阀门应设在管道的三通、四通分水处，阀门的数量按"n−1"原则确定（三通 n 为 3，四通 n 为 4）；

（4）消防给水管道不宜穿越建筑基础，当必须穿越时，应采取防护套管等保护措施；

（5）管道设计的其他要求应符合现行国家标准《室外给水设计规范》GB 50013 的有关规定。

4. 管道防腐

埋地钢管和铸铁管，应根据土壤和地下水腐蚀性等因素确定管外壁防腐措施；海边、空气潮湿等空气中含有腐蚀性介质的场所的架空管道外壁，应采取相应的防腐措施。

第五节　系统水力计算

一、管道水头损失计算

（一）管道沿程水头损失

1. 单位长度管道沿程水头损失

（1）室外给水管道或室外塑料管可采用下列公式计算：

$$i = 10^{-6} \frac{\lambda}{d_i} \frac{\rho v^2}{2} \tag{10-7}$$

$$\frac{1}{\sqrt{\lambda}} = -2.0 \log\left(\frac{2.51}{R_e \sqrt{\lambda}} + \frac{\varepsilon}{3.71 d_i}\right) \tag{10-8}$$

$$R_e = \frac{v d_i \rho}{\mu} \tag{10-9}$$

$$\mu = \rho \nu \tag{10-10}$$

$$\nu = \frac{1.775 \times 10^{-6}}{1 + 0.0337t + 0.000221t^2} \tag{10-11}$$

式中　i——单位长度管道沿程水头损失，MPa/m；

　　　d_i——管道的内径，m；

　　　υ——管道内水的平均流速，m/s；

　　　ρ——水的密度，kg/m³；

　　　λ——沿程损失阻力系数；

　　　ε——当量粗糙度，可按表 10-17 取值，m；

　　　R_e——雷诺数，无量纲；

　　　μ——水的动力粘滞系数，Pa/s；

　　　ν——水的运动粘滞系数，m²/s；

　　　t——水的温度，宜取 10℃。

（2）内衬水泥砂浆球墨铸铁管可按下列公式计算：

$$i = 10^{-2} \frac{\upsilon^2}{C_\mathrm{v}^2 R} \tag{10-12}$$

$$C_\mathrm{v} = \frac{1}{n_\varepsilon} R^y \tag{10-13}$$

$0.1 \leqslant R \leqslant 3.0$ 且 $0.011 \leqslant n_\varepsilon \leqslant 0.040$ 时：

$$y = 2.5\sqrt{n_\varepsilon} - 0.13 - 0.75\sqrt{R}(\sqrt{n_\varepsilon} - 0.1) \tag{10-14}$$

式中　R——水力半径，m；

　　　C_v——流速系数；

　　　n_ε——管道粗糙系数，可按表 10-17 取值；

　　　y——系数，管道计算时可取 1/6。

（3）室内外输配水管道可按下式计算：

$$i = 2.9660 \times 10^{-7} \left[\frac{q^{1.852}}{C^{1.852} d_i^{4.87}} \right] \tag{10-15}$$

式中　C——海澄—威廉系数，可按表 10-17 取值；

　　　q——管段消防给水设计流量，L/s。

各种管道水头损失计算参数 ε、n_ε、C　　　　表 10-17

管材名称		当量粗糙度，ε（m）	管道粗糙系数，n_ε	海澄—威廉系数，C
球墨铸铁管（内衬水泥）		0.0001	0.011~0.012	130
钢管（旧）		0.0005~0.001	0.014~0.018	100
镀锌钢管		0.00015	0.014	120
铜管/不锈钢管		0.00001	—	140
钢丝网骨架 PE 塑料管		0.000010~0.00003	—	140

2. 管道沿程水头损失

管道沿程水头损失宜按下式计算：

$$P_\mathrm{f} = iL \tag{10-16}$$

式中　P_f——管道沿程水头损失，MPa；

　　　　i——单位长度管道沿程水头损失，MPa/m。可查表确定；

　　　　L——管道直线段的长度，m。

（二）管道局部水头损失

管道局部水头损失宜按下式计算。当资料不全时，局部水头损失可按根据管道沿程水头损失的 10%～30% 估算，消防给水干管和室内消火栓可按 10%～20% 计，自动喷水等支管较多时按 30% 计。

$$P_p = iL_p \tag{10-17}$$

式中　P_p——管件和阀门等局部水头损失，MPa；

　　　　L_p——管件和阀门等当量长度，可按表 10-18 取值，m。

管件和阀门当量长度（m）　　　　　　表 10-18

管件名称	管件直径 DN（mm）											
	25	32	40	50	70	80	100	125	150	200	250	300
45°弯头	0.3	0.3	0.6	0.6	0.9	0.9	1.2	1.5	2.1	2.7	3.3	4.0
90°弯头	0.6	0.9	1.2	1.5	1.8	2.1	3.1	3.7	4.3	5.5	5.5	8.2
三通四通	1.5	1.8	2.4	3.1	3.7	4.6	6.1	7.6	9.2	10.7	15.3	18.3
蝶阀	—	—	—	1.8	2.1	3.1	3.7	2.1	3.1	3.7	5.8	6.4
闸阀	—	—	—	0.3	0.3	0.3	0.6	0.6	0.9	1.2	1.5	1.8
止回阀	1.5	2.1	2.7	3.4	4.3	4.9	6.7	8.3	9.8	13.7	16.8	19.8
异径弯头	32	40	50	70	80	100	125	150	200	—	—	—
	25	32	40	50	70	80	100	125	150	—	—	—
	0.2	0.3	0.3	0.5	0.6	0.8	1.1	1.3	1.6	—	—	—
U 形过滤器	12.3	15.4	18.5	24.5	30.8	36.8	49	61.2	73.5	98	122.5	—
Y 形过滤器	11.2	14	16.8	22.4	28	33.6	46.2	57.4	68.6	91	113.4	—

注：1. 当异径接头的出口直径不变而入口直径提高 1 级时，其当量长度应增大 0.5 倍；提高 2 级或 2 级以上时，其当量长度应增加 1.0 倍；

　　2. 表中当量长度是在海澄威廉系数 C=120 的条件下测得，当选择的管材不同时，当量长度应根据系数作调整：C=100，L_p 乘以 0.713；C=130，L_p 乘以 1.16；C=140，L_p 乘以 1.33；C=150，L_p 乘以 1.51。

二、系统压力确定

（一）消防给水系统工作压力

1. 低压消防给水系统

低压消防给水系统的系统工作压力应根据市政给水管网和其他给水管网等的系统工作压力确定，且不应小于 0.60MPa。

2. 高压和临时高压消防给水系统

高压和临时高压消防给水系统的系统工作压力应根据系统在供水时，可能的最大运行压力确定，并应符合下列规定：

（1）高位消防水池、水塔供水的高压消防给水系统的系统工作压力，应为高位消防水池、水塔最大静压；

（2）市政给水管网直接供水的高压消防给水系统的系统工作压力，应根据市政给水管网的工作压力确定；

（3）采用高位消防水箱稳压的临时高压消防给水系统的系统工作压力，应为消防水泵零流量时的压力与水泵吸水口最大静水压力之和；

（4）采用稳压泵稳压的临时高压消防给水系统的系统工作压力，应取消防水泵零流量时的压力、消防水泵吸水口最大静压二者之和与稳压泵维持系统压力时两者其中的较大值。

（二）压力计算

1. 管道速度压力

管道速度压力可按下式计算：

$$P_v = 8.2711 \times 10^{-10} \frac{q^2}{d_i^4} \tag{10-18}$$

式中　P_v——管道速度压力，MPa。

2. 管道压力

管道压力可按下式计算：

$$P_n = P_t - P_v \tag{10-19}$$

式中：P_n——管道某一点处压力，MPa；

P_t——管道某一点处总压力，MPa。

3. 消防水泵设计扬程或消防给水系统设计压力

消防水泵或消防给水所需要的设计扬程或设计压力宜按下式计算：

$$P = k_2(\Sigma P_f + \Sigma P_p) + 0.01H + P_0 \tag{10-20}$$

式中　P——消防水泵或消防给水系统所需要的设计扬程或设计压力，MPa；

k_2——安全系数，可取 1.20～1.40；宜根据管道的复杂程度和不可预见发生的管道变更所带来的不确定性；

H——当消防水泵从消防水池吸水时，H 为最低有效水位至最不利水灭火设施的几何高差；当消防水泵从市政给水管网直接吸水时，H 为消防时市政给水管网在消防水泵入口处的设计压力值的高程至最不利水灭火设施的几何高差，m；

P_0——最不利点水灭火设施所需的设计压力，MPa。

三、室外消防给水管网管径的确定

室外消防给水管网各管段的直径，应根据设计流量和设计流速按下式计算：

$$D = \sqrt{\frac{4Q}{\pi v}} \tag{10-21}$$

式中　D——管段直径，m；

Q——管段的设计流量，m^3/s；

v——流速，m/s。

通过管段的流速，按管网实际情况选定。若为生活、生产、消防合用管网，流速按经济流速（按此流速确定的系统运行最经济）确定，各地的经济流速不尽相同，可参看有关资料；如果是独立的消防给水管网，流速按最大流速确定，为了防止水击发生，最大流速一般限制在 2.5～3m/s 之内。

四、水力计算

（一）水力计算目的

室外消防给水管网水力计算的主要目的就是确定水泵扬程或水塔高度，以满足消防时的水压、水量要求。

（二）水力计算方法

合用的室外消防给水管网水力计算方法有两种：

第一种计算方法：按最高日最大小时生活和生产用水量，在管网最不利点，加上最大消防秒流量（火灾次数在二次及二次以上时，一次加在最不利点，其他加在较不利点）进行计算。即按最大生产、生活和消防用水量之和进行计算。这种管网水力计算方法计算出来的管径和水泵扬程均较大，对消防用水较安全，对今后管网的发展也较为有利。一般情况下，宜采用此种计算方法。

第二种计算方法：按最高日最大小时生活和生产用水量进行计算，然后根据同一时间内的火灾次数在管网最不利点加消防流量进行校核，如不能满足消防要求时，须分析管网实际工作情况，采取局部加大管径或提高水泵扬程来解决。采用此种方法计算出来的管径较小，较经济。但在灭火时使用生产用水，会引起生产事故的工业企业不宜采用此种计算方法。

（三）枝状管网水力计算

枝状管网为各管段彼此串联，水力计算比较简单。当各管段的流量确定之后，然后根据经济流速选定管径，由流量、管径和管长计算管段的水头损失。再由控制点（最不利点）要求的自由水压和地形标高，推求各节点的水压，进而求得水泵扬程（或水塔高度）。当采用生产、生活用水量，确定各管段的直径、水头损失和总压力损失时，应在管网最不利点加上消防流量，进行校核，然后选择水泵或确定水塔高度。

（四）环状管网水力计算

环状管网与枝状管网不同，因为管网是闭合的，所以管道中的水流不仅仅以一个方向流动。在进行管网水力计算之前，由于管网中流量分配和水流方向是未知的，则导致了环状管网水力计算的复杂性。

环状管网水力计算必须满足两个基本方程：

（1）任一节点的节点流量平衡方程

$$\sum_{i=1}^{n} Q_i = 0 \tag{10-22}$$

式中　Q_i——流进（为正）或流出（为负）该节点的流量，L/s；

　　　n——节点的管段数。

式（10-22）说明，流进节点的流量与流出节点的流量数值相同。

（2）任一环的水头损失能量方程

$$\sum_{i=1}^{n} h_i = 0 \tag{10-23}$$

式中　h_i——环内某管段的水头损失，MPa；

　　　　n——环内的管段数。

式（10-23）说明，在管网内的任一环，绕环一周，各管段的水头损失之和为零。这里把顺时针方向水流的水头损失定为正，逆时针方向水流的水头损失定为负（反过来亦可）。

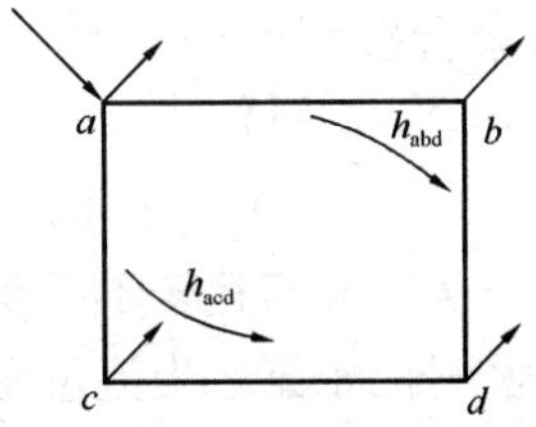

环方程还可从图 10-6 中明显地看出来。从节点 a 到节点 d 的水头损失不论是 abd 管线，还是 acd 管线，都是相同的。因为 a 与 d 两点的水压高程只有一个定值，即：

$$h_{abd} - h_{acd} = 0$$

或

$$h_{abd} = h_{acd}$$

图 10-6　环状管网水
头损失示意图

在室外给水工程设计计算中，为了满足环方程的要求，需要经过管网平差，计算出各管段的设计流量。管网平差即为消除闭合差而进行的重复运算。消除闭合差可通过调整管径或调整管段流量的方法实现，一般多采用调整流量的方法。实际中，要使 $\sum_{i=1}^{n} h_i = 0$ 较困难，也没必要，工程上只要小环闭合差小于 5kPa，大环闭合差小于 $10\sim15$kPa，就可以选定水泵或确定水塔高度了。这里所说的小环与大环不是指环的大小而言，小环指一个单环，大环指沿整个管网边缘组成的环。

第六节　消防水泵给水设施

在灭火过程中，从水源取水至水的输送，都要依靠水泵来完成。它是消防给水系统的心脏，其一旦发生故障，将直接影响火场供水。因此，其在设备选型、管道与机组布置以及泵房建筑设计等方面均应满足一定的技术要求。

一、消防水泵工程要求

（一）消防水泵工程要求

1. 消防水泵的选择和应用

消防水泵宜根据可靠性、安装场所、消防水源、消防给水设计流量和扬程等综合因素确定泵的型式。

（1）消防水泵的性能应满足消防给水系统所需流量和压力的要求。

（2）消防水泵所配驱动器的功率应满足所选水泵流量扬程性能曲线上任何一点运行所需功率的要求。

（3）当采用电动机驱动的消防水泵时，应选择电动机干式安装的消防水泵。

（4）流量扬程性能曲线应无驼峰、无拐点的光滑曲线，零流量时的压力不应大于设计工作压力的 140%，且宜大于设计工作压力的 120%。

（5）当出流量为设计流量的 150% 时，其出口压力不应低于设计工作压力的 65%。

（6）泵轴的密封方式和材料应满足消防水泵在低流量时运转的要求。

（7）消防给水同一泵组的消防水泵型号宜一致，且工作泵不宜超过 3 台。

（8）多台消防水泵并联时，应校核流量叠加对消防水泵出口压力的影响。

（9）在确定水泵台数时，要全面了解和分析实际情况，对各种设想和方案进行多方面比较，并且一定要经过反复考虑而后才做出决定。一般情况下，流量变化小的，水泵台数可以少一些（一般采用2～3台）；流量变化大的，可适当多一些（一般可采用3～4台）。

（10）为了满足用户的要求，在水泵的选型上，有时可以有多种组合方式。当流量变化不大，泵房运转不需要经常调度时（这种情况在独立的消防水泵房较普遍），可选用同一型号的水泵。当流量变化大时（合用制泵房常遇到这种情况），可选用不同型号的水泵搭配使用，以适应外界变化的需要和减少动力浪费，但也不宜过多。

2. 消防水泵的启动及动力装置

（1）消防水泵的启动装置

消防水泵的启动有自动启动和手动启动两种方式。但采用自动启动方式时，应同时设有手动启动装置。

（2）消防水泵的动力装置

消防水泵驱动宜采用电动机或柴油机直接传动，不应采用双电动机或基于柴油机等组成的双动力驱动水泵。采用电动机作为消防水泵动力，要求专线供电，并应有两个独立的电源提供电力；当采用柴油机消防水泵时，应采用压缩式点火型柴油机，柴油机的额定功率应校核海拔高度和环境温度对柴油机功率的影响，应具备连续工作的性能，试验运行时间不应小于24h，蓄电池应保证消防水泵随时自动启泵的要求。消防水泵要保证在火警后30s内启动工作，并在火场断电时仍能正常运转。

3. 消防水泵吸水

消防水泵吸水应符合下列规定：

（1）消防水泵应采取自灌式吸水。

（2）消防水泵从市政管网直接抽水时，应在消防水泵出水管上设置有空气隔断的倒流防止器。

（3）当吸水口处无吸水井时，吸水口处应设置旋流防止器。

4. 柴油机消防水泵的要求

当采用柴油机消防水泵时应符合下列规定：

（1）柴油机消防水泵应采用压缩式点火型柴油机。

（2）柴油机的额定功率应校核海拔高度和环境温度对柴油机功率的影响。

（3）柴油机消防水泵应具备连续工作的性能，试验运行时间不应小于24h。

（4）柴油机消防水泵的蓄电池应保证消防水泵随时自动启泵的要求。

（5）柴油机消防水泵的供油箱应根据火灾延续时间确定，且油箱最小有效容积应按1.5L/kW配置，柴油机消防水泵油箱内储存的燃料不应小于50%的储量。

5. 轴流深井泵的要求

轴流深井泵宜安装于水井、消防水池和其他消防水源上，并应符合下列规定：

（1）轴流深井泵安装于水井时，其淹没深度应满足其可靠运行的要求，在水泵出流量为150%设计流量时，其最低淹没深度应是第一个水泵叶轮底部水位线以上不少于3.2m，且海拔高度每增加300m，深井泵的最低淹没深度应至少增加0.3m。

（2）轴流深井泵安装在消防水池等消防水源上时，其第一个水泵叶轮底部应低于消防水池的最低有效水位线，其淹没深度应根据水力条件经计算确定，并应满足消防水池等消防水源有效储水量或有效水位能全部被利用的要求；当水泵设计流量大于125L/s时，应根据水泵性能确定淹没深度，并应满足水泵气蚀余量的要求。

（3）当消防水池最低水位低于离心水泵出水管中心线或水源水位不能保证离心水泵吸水时，可采用轴流深井泵，并应采用湿式深坑的安装方式安装于消防水池等消防水源上。

（4）当轴流深井泵的电动机露天设置时，应有防雨功能。

6. 流量和压力测试装置的设置

一组消防水泵应在消防水泵房内设置流量和压力测试装置，并应符合下列规定：

（1）单台消防水泵的流量不大于20L/s、设计工作压力不大于0.50MPa时，泵组应预留测量用流量计和压力计接口，其他泵组宜设置泵组流量和压力测试装置。

（2）消防水泵流量检测装置的计量精度应为0.4级，最大量程的75%应大于最大一台消防水泵设计流量值的175%。

（3）消防水泵压力检测装置的计量精度应为0.5级，最大量程的75%应大于最大一台消防水泵设计压力值的165%。

（4）每台消防水泵出水管上应设置DN65的试水管，并应采取排水设施。

7. 备用泵的设置

消防备用泵是指消防工作泵发生故障或停泵检修时可立即替代其投入运行的泵。消防备用泵的工作能力不应小于其中工作能力最大的一台消防工作泵。但具备下列条件之一者可不设备用泵：

（1）建筑高度小于54m的住宅和室外消防给水设计流量小于等于25L/s的建筑。

（2）室内消防给水设计流量小于等于10L/s的建筑。

8. 消防水泵管路

离心式消防水泵吸水管、出水管和阀门等，应符合下列规定：

（1）一组消防水泵，吸水管不应少于两条，当其中一条损坏或检修时，其余吸水管应仍能通过全部消防给水设计流量。

（2）消防水泵吸水管布置应避免形成气囊。

（3）一组消防水泵应设不少于两条的输水干管与消防给水环状管网连接，当其中一条输水管检修时，其余输水管应仍能供应全部消防给水设计流量。

（4）消防水泵吸水口的淹没深度应满足消防水泵在最低水位运行安全的要求，吸水管喇叭口在消防水池最低有效水位下的淹没深度应根据吸水管喇叭口的水流速度和水力条件确定，但不应小于600mm，当采用旋流防止器时，淹没深度不应小于200mm。

（5）消防水泵的吸水管上应设置明杆闸阀或带自锁装置的蝶阀，但当设置暗杆阀门时应设有开启刻度和标志；当管径超过DN300时，宜设置电动阀门。

（6）消防水泵的出水管上应设止回阀、明杆闸阀；当采用蝶阀时，应带有自锁装置；当管径大于DN300时，宜设置电动阀门。

（7）消防水泵吸水管的直径小于DN250时，其流速宜为1.0～1.2m/s；直径大于DN250时，宜为1.2～1.6m/s。

（8）消防水泵出水管的直径小于DN250时，其流速宜为1.5～2.0m/s；直径大于DN250时，宜为2.0～2.5m/s。

（9）吸水井的布置应满足井内水流顺畅、流速均匀、不产生涡漩的要求，并应便于施工安装。

（10）消防水泵的吸水管、出水管道穿越墙体和楼板时，应采用防水套管。

（11）消防水泵的吸水管穿越消防水池时，应采用柔性套管；采用刚性防水套管时应在水泵吸水管上设置柔性接头，且管径不应大于 $DN150$。

（12）消防水泵吸水管可设置管道过滤器，管道过滤器的过水面积应大于管道过水面积的 4 倍，且孔径不宜小于 3mm。

9. 压力表的设置

消防水泵吸水管和出水管上应设置压力表，并应符合下列规定：

（1）消防水泵出水管压力表的最大量程不应低于水泵设计工作压力的 2 倍，且不应低于 1.60MPa。

（2）消防水泵吸水管宜设置真空表、压力表或者真空压力表，压力表的最大量程应根据工程具体情况确定，但不应低于 0.70MPa，真空表的最大量程宜为 −0.10MPa。

（3）压力表的直径不应小于 100mm，应采用直径不小于 6mm 的管道与消防水泵进出口管相接，并应设置关断阀门。

（二）消防水泵设计流量确定

在合用给水系统中，生产、生活用水量是随着季节、气候、工作制度、生产工艺、产品种类或者人们活动规律而发生变化。即使在一天之中每一小时的用水量也不尽相同。因此，对合并的给水系统来说，在确定水泵设计流量时，为了适应外部用户用水量的变化，一般采取变水量供水，水泵房的最大供水能力必须满足最高日最大时生产、生活用水流量和消防用水的最大秒流量要求，同时还应考虑使水泵的调节尽可能适应用水量的变化，所以往往是采用几台不同供水量的水泵联合供水。

对于独立的消防水泵房，一般情况下，水泵的设计流量是按消防用水的最大秒流量进行确定。

（三）水泵扬程的确定

消防给水系统水泵扬程可按式（10-24）进行计算（如图 10-7 所示）：

$$H_B = 100(H_1 + H_2 + h_1 + h_2 + H_C)$$

$$(10-24)$$

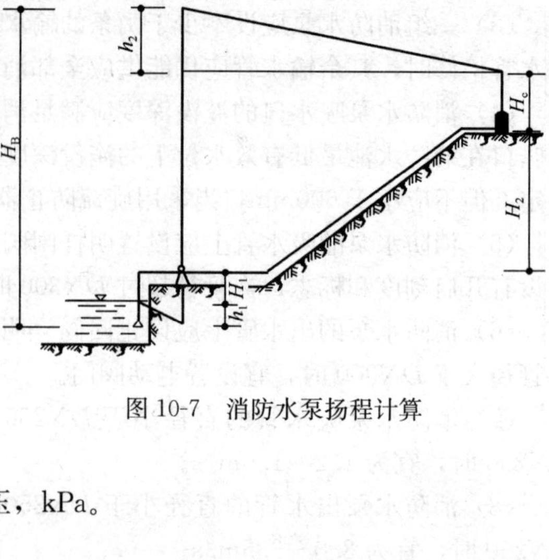

式中　H_B——消防水泵的扬程，m；

H_1——水池最低水位至泵轴的静水压，kPa；

H_2——泵轴至最不利点灭火设备处的静水压，kPa；

h_1——消防水泵吸水管路的沿程和局部水头损失，kPa；

h_2——消防水泵输水管路的沿程和局部水头损失，kPa；

H_C——最不利点灭火设备所需的水压，kPa。

图 10-7　消防水泵扬程计算

二、消防水泵房

（一）消防水泵房建筑要求

1. 消防水泵房防火要求

（1）独立建造的消防水泵房耐火等级不应低于二级。

（2）附设在建筑物内的消防水泵房，不应设置在地下三层及以下，或室内地面与室外出入口地坪高差大于 10m 的地下楼层。

（3）附设在建筑物内的消防水泵房，应采用耐火极限不低于 2.0h 的隔墙和 1.50h 的楼板与其他部位隔开，其疏散门应直通安全出口，且开向疏散走道的门应采用甲级防火门。

2. 消防水泵房安全要求

（1）当采用柴油机消防水泵时，宜设置独立消防水泵房，并应设置满足柴油机运行的通风、排烟和阻火设施。

（2）消防水泵房应采取防水淹没的技术措施。

（3）独立消防水泵房的抗震应满足当地地震要求，且宜按本地区抗震设防烈度提高 1 度采取抗震措施。

（4）消防水泵和控制柜应采取安全保护措施。

（5）消防水泵房应至少有一个可以搬运最大设备的门。

（二）消防水泵机组的布置

1. 平面净距

（1）相邻两个机组及机组至墙壁间的净距，当电机容量小于 22kW 时，不宜小于 0.60m；当电动机容量不小于 22kW，且不大于 55kW 时，不宜小于 0.8m；当电动机容量大于 55kW 且小于 255kW 时，不宜小于 1.2m；当电动机容量大于 255kW 时，不宜小于 1.5m。

当采用柴油机消防水泵时，机组间的净距宜在前述基础上再增加 0.2m。

（2）当消防水泵就地检修时，应至少在每个机组一侧设消防水泵机组宽度加 0.5m 的通道，并应保证消防水泵轴和电动机转子在检修时能拆卸。

（3）消防水泵房的主要通道宽度不应小于 1.2m。

（4）当消防水泵房内设有集中检修场地时，其面积应根据水泵或电动机外形尺寸确定，并应在周围留有宽度不小于 0.7m 的通道。地下式泵房宜利用空间设集中检修场地。对于装有深井水泵的湿式竖井泵房，还应设堆放泵管的场地。

2. 竖向净距

独立的消防水泵房地面层的地坪至屋盖或天花板等的突出构件底部间的净高，当采用固定吊钩或移动吊架时，其值不应小于 3.0m；当采用单轨起重机时，应保持吊起物底部与吊运所越过物体顶部之间有 0.50m 以上的净距；当采用桁架式起重机时，还应另外增加起重机安装和检修的高度。

当采用轴流深井水泵时，水泵房净高应按消防水泵吊装和维修的要求确定，当高度过高时，应根据水泵传动轴长度产品规格选择较短规格的产品。

消防水泵房内的架空水管道，不应阻碍通道和跨越电气设备，当必须跨越时，应采取保证通道畅通和保护电气设备的措施。

（三）消防水泵房的其他要求

1. 起重设施的设置

（1）消防水泵的重量小于 0.5t 时，宜设置固定吊钩或移动吊架。

（2）消防水泵的重量为 0.5～3t 时，宜设置手动起重设备。

（3）消防水泵的重量大于 3t 时，应设置电动起重设备。

2. 供暖、通风和排水设施的设置

（1）严寒、寒冷等冬季结冰地区供暖温度不应低于 10℃，但当无人值守时不应低于 5℃。

（2）消防水泵房的通风宜按 6 次/h 设计。

（3）消防水泵房应设置排水设施。

3. 消防水泵的防振

消防水泵不宜设在有防振或有安静要求房间的上一层、下一层和毗邻位置，当必须时，应采取下列降噪减振措施：

（1）消防水泵应采用低噪声水泵。

（2）消防水泵机组应设隔振装置。

（3）消防水泵吸水管和出水管上应设隔振装置。

（4）消防水泵房内管道支架和管道穿墙和穿楼板处，应采取防止固体传声的措施。

（5）在消防水泵房内墙应采取隔声吸音的技术措施。

4. 水锤预防

消防水泵出水管应进行停泵水锤压力计算，当计算所得的水锤压力值超过管道试验压力值时，应采取消除停泵水锤的技术措施。停泵水锤消除装置应装设在消防水泵出水总管上，以及消防给水系统管网其他适当的位置。

三、消防水泵的控制

（一）消防控制室

消防控制室或值班室，应具有下列控制和显示功能：

（1）消防控制柜或控制盘应设置专用线路连接的手动直接启泵按钮。

（2）消防控制柜或控制盘应能显示消防水泵和稳压泵的运行状态。

（3）消防控制柜或控制盘应能显示消防水池、高位消防水箱等水源的高水位、低水位报警信号，以及正常水位。

（二）消防水泵控制柜

1. 消防水泵控制柜的设置要求

消防水泵控制柜应设置在消防水泵房或专用消防水泵控制室内。设置在消防水泵房时，其防护等级不应低于 IP55，设置在专用消防水泵控制室时，其防护等级不应低于 IP30。

2. 消防水泵控制柜的功能要求

（1）消防水泵控制柜在平时应使消防水泵处于自动启泵状态，不应设置自动停泵的控制功能，停泵应由具有管理权限的工作人员根据火灾扑救情况确定。

（2）消防水泵控制柜应设置机械应急启泵功能，并应保证在控制柜内的控制线路发生故障时由有管理权限的人员在紧急时启动消防水泵。机械应急启动时，应确保消防水泵在报警后 5min 内正常工作。

（3）消防水泵控制柜应有显示消防水泵工作状态和故障状态的输出端子及远程控制消防水泵启动的输入端子。控制柜应具有自动巡检可调、显示巡检状态和信号等功能，且对话界面应有汉语语言，图标应便于识别和操作。

3. 消防水泵控制柜的安全要求

（1）消防水泵控制柜前面板的明显部位应设置紧急时打开柜门的装置。

（2）消防水泵控制柜应采取防止被水淹没的措施。在高温潮湿环境下，消防水泵控制柜内应设置自动防潮除湿的装置。

（三）消防水泵的启动与巡检

1. 消防水泵的启泵

（1）消防水泵应能手动启停和自动启动。

（2）消防水泵、稳压泵应设置就地强制启停泵按钮，并应有保护装置。

（3）消防水泵应确保从接到启泵信号到水泵正常运转的自动启动时应不应大于 2min。

（4）消防水泵应由消防水泵出水干管上设置的压力开关、高位消防水箱出水管上的流量开关，或报警阀压力开关等开关信号应能直接自动启动消防水泵。消防水泵房内的压力开关宜引入消防水泵控制柜内。

（5）当消防给水分区供水采用转输消防水泵时，转输泵宜在消防水泵启动后再启动；当消防给水分区供水采用串联消防水泵时，上区消防水泵宜在下区消防水泵启动后再启动。

（6）火灾时消防水泵应工频运行，消防水泵应工频直接启泵，当功率较大时，宜采用星三角和自耦降压变压器启动，不应采用有源器件启动。当工频启动消防水泵时，从接通电路到水泵达到额定转速的时间不宜大于表 10-19 的规定值。

工频泵启动时间　　　　　　　　　　　表 10-19

配用电机功率（kW）	≤132	>132
消防水泵直接启动时间（s）	<30	<55

（7）消火栓按钮不宜作为直接启动消防水泵的开关，但可作为发出报警信号的开关或启动干式消火栓系统的快速启闭装置等。

2. 消防水泵的巡检

消防水泵准工作状态的自动巡检应采用变频运行，定期人工巡检应工频满负荷运行并出流。电动驱动消防水泵自动巡检时，巡检功能应符合下列规定：

（1）巡检周期不宜大于 7d，且应能按需要任意设定。

（2）以低频交流电源逐台驱动消防水泵，使每台消防水泵低速转动的时间不应少于 2min。

（3）对消防水泵控制柜一次回路中的主要低压器件宜有巡检功能，并应检查器件的动作状态。

（4）当有启泵信号时，应立即退出巡检，进入工作状态。

（5）发现故障时，应有声光报警，并应有记录和储存功能。

（6）自动巡检时，应设置电源自动切换功能的检查。

3. 消防水泵的电源切换

消防水泵的双电源切换应符合下列规定：

（1）双路电源自动切换时间不应大于 2s。

（2）当一路电源与内燃机动力的切换时间不应大于 15s。

第十一章 室内消火栓系统设计

室内消火栓系统是扑救建筑火灾应用最广泛的灭火设施，供火灾现场人员使用消火栓箱内的水枪、消防软管卷盘扑救建筑物初起火灾，消防队到达火场后，也需利用消火栓系统扑救建筑物火灾。

第一节 概　述

一、系统的组成和工作原理

消火栓给水系统组成如图 11-1 所示，保证系统在火灾延续时间内，连续不断提供灭火用水。

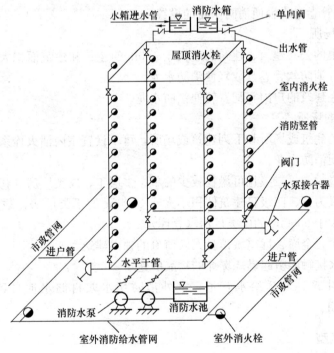

图 11-1　消火栓系统组成示意图

当发生火灾时，首先连接好消火栓箱内设备，然后开启消火栓。在火灾初期由消防水箱提供消防用水，待消防水泵启动后，由消防水泵提供灭火所需的水压和水量；需要时，利用消防车亦可由水泵接合器补充消防水量。

二、系统的设置

（一）室内消火栓系统设置场所

1. 应设置场所

（1）建筑占地面积大于 300m² 的厂房和仓库。

（2）高层公共建筑和建筑高度大于 21m 的住宅建筑（注：建筑高度不大于 27m 的住宅建筑，设置室内消火栓系统确有困难时，可只设置干式消防竖管和不带消火栓箱的 DN65 的室内消火栓）。

（3）体积大于 5000m³ 的车站、码头、机场的候车（船、机）建筑、展览建筑、商店建筑、旅馆建筑、医疗建筑和图书馆建筑等单、多层建筑。

（4）特等、甲等剧场，超过 800 个座位的其他等级的剧场和电影院等以及超过 1200 个座位的礼堂、体育馆等单、多层建筑。

（5）建筑高度大于 15m 或体积大于 10000m³ 的办公建筑、教学建筑和其他单、多层民用建筑。

2. 宜设置场所

国家级文物保护单位的重点砖木或木结构的古建筑。

（二）消防软管卷盘或轻便消防水龙的设置

1. 应增设的场所

（1）人员密集的公共建筑、建筑高度大于 100m 的建筑和建筑面积大于 200m² 的商业服务网点内应设置消防软管卷盘或轻便消防水龙。

（2）高层住宅建筑的户内宜配置轻便消防水龙。

2. 单独设置的场所

前面未规定的建筑或场所和下列建筑或场所，可不设置室内消火栓系统，但宜设置消防软管卷盘或轻便消防水龙：

（1）耐火等级为一、二级且可燃物较少的单、多层丁、戊类厂房（仓库）。

（2）耐火等级为三、四级且建筑体积不大于 3000m³ 的丁类厂房；耐火等级为三、四级且建筑体积不大于 5000m³ 的戊类厂房（仓库）。

（3）粮食仓库、金库、远离城镇且无人值班的独立建筑。

（4）存有与水接触能引起燃烧爆炸的物品的建筑。

（5）室内无生产、生活给水管道，室外消防用水取自储水池且建筑体积不大于 5000m³ 的其他建筑。

三、系统的类型

（一）按管网布置形式分类

1. 环状管网消火栓给水系统

室内消火栓给水系统的水平干管或竖管互相连接，在水平面或立面上形成环状管网。这种系统供水安全可靠，高层建筑和室内消火栓数量超过 10 个且室外消防用水量大于 15L/s 的低层建筑应设置环状消防给水管网。

2. 枝状管网消火栓给水系统

室内消火栓给水系统管网在平面或立面上布置成树枝状。其特点是后方用水受前方供水的制约，当某段管网检修或损坏时，会导致后方无水，影响火场供水。因此应限制枝状管网在消防给水系统中使用。

（二）按消防水压分类

1. 高压消火栓给水系统

能保证室内最不利点消火栓设备经常有足够的消防水压和水量。一般当室外有可能利用地势设置高位水池或设置区域集中高压消防给水系统时，才适宜采用高压消火栓给水系统。

2. 临时高压消火栓给水系统

平时利用高位消防水箱、消防增压稳压设备保证系统压力，一旦发生火灾，启动消防水泵来进行加压供水，以满足灭火要求。一般独立的高层建筑常采用该给水系统。

（三）按系统给水服务范围分类

1. 独立的消火栓给水系统

每幢建筑物独立设置水池、水泵和水箱等给水设施的消火栓给水系统。这种系统供水安全性较高，但设备比较分散，管理难度较大，投资也较高。

2. 区域集中的消火栓给水系统

两栋及两栋以上的建筑物共用消防给水系统的设置形式称为区域集中的消火栓给水系统。它具有便于集中管理的优点，在某些情况下，可省投资。对于规划合理的建筑群可采用区域集中的消火栓给水系统。

（四）按管网是否充水分类

1. 湿管系统

消防给水管网中始终充满着压力水，目前设置的消火栓给水系统大多数属于湿管给水系统。

2. 干管系统

消防给水管网中不充水，发生火灾时，依靠消防车等移动消防装备进行加压供水。超过7层的住宅应设置室内消火栓系统，当确有困难时，可只设置干式消防竖管和不带消火栓箱的 $DN65$ 的室内消火栓，消防竖管的直径不应小于 65mm。

四、系统的给水方式

给水方式是指建筑物消火栓给水系统的供水方案。系统设计时，应综合考虑建筑物性质、高度、外网所能提供的水压及系统所需水压等因素，选择适宜的给水方式。

（一）低层建筑消火栓给水系统的给水方式

1. 直接给水方式

室内消火栓给水系统管网直接与室外给水管网相连，利用室外给水管网水压直接供水的给水方式，如图 11-2 所示。这种给水方式无需设置加压水泵和水箱，系统构造简单、投资省，安装维护方便。适用于建筑物高度不高、室外给水管网所供水量和水压在全天内任何时候均能满足系统最不利点消火栓设备所需水量和水压的情况。

2. 设有消防水箱的给水方式

室内消防给水管网与外网直接相连，利用外网压力供水，同时设消防水箱调节流量和压力，如图 11-3 所示。当生活、生产用水量达到最大时，室外管网不能保证室内最不利点消火栓的压力和流量，而当生活、生产用水量较小时，室外管网的压力又较大，能向高位水箱补水。当全天内大部分时间室外管网压力能够满足要求，但在用水高峰期满足不了室内消火栓的压力要求时，可采用这种给水方式。

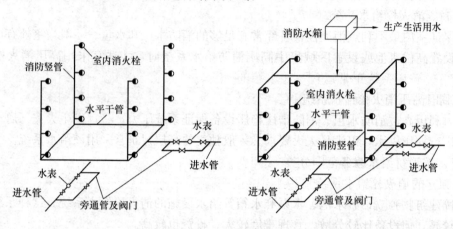

图 11-2　直接给水方式　　　　图 11-3　设有水箱的室内消火栓给水系统

3. 设有水箱-水泵的给水方式

该系统平时消防水量和水压由水箱提供，火灾时启动水泵向系统供水，如图 11-4 所示。当室外给水管网的水压经常不能满足室内消火栓给水系统所需水压时，宜采用这种给水方式。

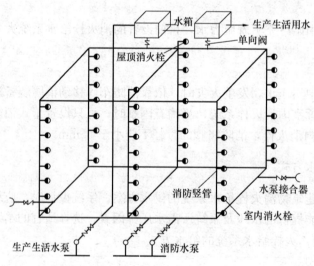

图 11-4　设有消防泵和水箱的消火栓给水系统

（二）高层建筑消火栓给水系统的给水方式

1. 不分区给水方式

整幢建筑物采用一个区供水，如图 11-5 所示。其最大优点是系统简单、设备少，但对管材及灭火设备的耐压要求较高。当高层建筑最低消火栓设备处的静水压力不超过 1.0MPa 时，可采用这种给水方式。

2. 分区给水方式

高层建筑层数多、高度大，加上我国管材质量以及材料设备性能等，如果整幢建筑物从上到下只采用一个区供水，则建筑物低层部分灭火设备处的水压将过大，因而会产生以下不良现象：给使用带来不便，如水枪反作用力过大，水枪手难以操作使用等；破坏系统正常运行，如水箱的消防储水量在很短时间内就被用完；容易产生水击及水流噪声；使管材和器材等磨损加速，寿命缩短，因而检修频繁；必须采用耐高压管材及配水器材；维修管理费用和水泵运转电费增高。为克服以上现象，高层建筑达到一定高度时，其消防给水系统要进行竖向分区给水。常见的分区给水方式有多种，下面介绍三种。

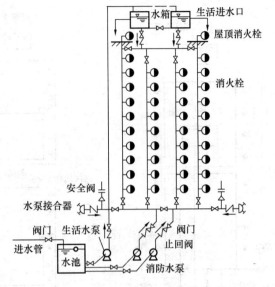

图 11-5　不分区消火栓给水系统

（1）分区并联给水方式，如图 11-6（a）所示。该给水方式是高层建筑消防给水系统中广泛采用的一种给水方式。在这种给水方式中各分区独立设水箱、水泵和水泵接合器，分别向各分区供水。其优点是：各区相互独立，互不影响，供水可靠；水泵集中设置，管理维护方便；能源消耗较小。缺点是管材耗用较多，水泵台数及型号较多，设备费用增加，投资大。

（2）水泵直接串联分区给水方式，如图 11-6（b）所示。消防给水管网竖向各区由串联消防水泵分级向上供水，水泵设置在设备层。这种给水方式是上区水泵的吸水管直接接在下区的给水管网上，这样可充分利用下区管网的压力，节约能源，且占地面积小，节省投资。但上区给水受下区给水的限制，一旦下区水泵出现故障，将导致上区停水，故安全性不高。

（3）减压阀分区给水方式，如图 11-6（c）所示。在给水干管中设置减压阀，使给水管网中的压力适合本区灭火设施所需的压力。这种给水方式，大大简化了给水系统的设计，结构简单，占地面积小，节省投资。但减压阀减压范围会受到一定的限制，可调式减压阀阀前与阀后的最大压差不应大于 0.4MPa，比例式减压阀的减压比不宜大于 3：1，且该给水方式过度依赖减压阀，一旦减压阀失效将导致灭火设备超压而损坏。

五、系统的选型

（一）湿式系统
室内环境温度不低于 4℃，且不高于 70℃ 的场所，应采用湿式室内消火栓系统。
（二）干式系统
1. 干式系统的选用
室内环境温度低于 4℃ 或高于 70℃ 的场所，宜采用干式消火栓系统。

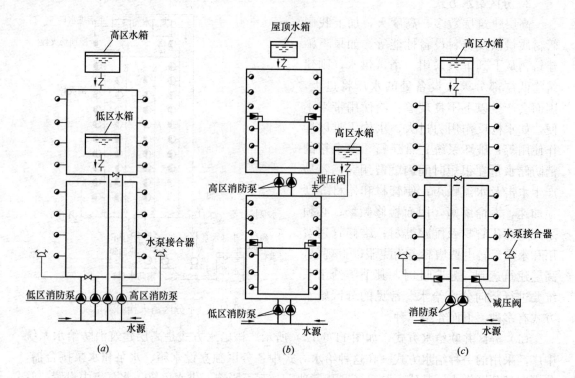

图 11-6　分区给水方式

　　建筑高度不大于 27m 的多层住宅建筑设置室内湿式消火栓系统确有困难时，可设置干式消防竖管。

　　严寒、寒冷等冬季结冰地区城市隧道及其他构筑物的消火栓系统，应采取防冻措施，并宜采用干式消火栓系统和干式室外消火栓。

　　2. 干式系统的要求

　　干式消火栓系统的充水时间不应大于 5min，并应符合下列规定：

　　(1) 在供水干管上宜设干式报警阀、雨淋阀或电磁阀、电动阀等快速启闭装置；当采用电动阀时开启时间不应超过 30s。

　　(2) 当采用雨淋阀、电磁阀和电动阀时，在消火栓箱处应设置直接开启快速启闭装置的手动按钮。

　　(3) 在系统管道的最高处应设置快速排气阀。

　　(三) 干式消防竖管

　　建筑高度不大于 27m 的住宅，当设置消火栓时，可采用干式消防竖管，并应符合下列规定：

　　(1) 干式消防竖管宜设置在楼梯间休息平台，且仅应配置消火栓栓口。

　　(2) 干式消防竖管应设置消防车供水接口。

　　(3) 消防车供水接口应设置在首层便于消防车接近和安全的地点。

　　(4) 竖管顶端应设置自动排气阀。

第二节　系统主要组件及要求

一、室内消火栓设备

（一）组成

由箱体、室内消火栓、消防接口、水带、水枪、消防软管卷盘及电器设备等消防器材组成的具有给水、灭火、控制、报警等功能的箱状固定式消防装置，如图11-7所示。

箱体有明装式、暗装式和半暗装式三种。通常消火栓安装在箱体下部，出水口面向前方。水带可采用挂置、卷盘式、卷置式和托架式安装。水枪安装于水带转盘旁边弹簧卡上。消火栓箱门可采用钢质、铝合金和钢框镶玻璃等材质，应便于打开。

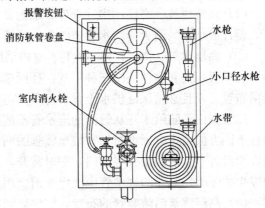

图 11-7　室内消火栓箱

1. 室内消火栓

消防给水管网上用于连接水带的专用阀门。消火栓的栓口直径有 50mm 和 65mm 两种，水枪出流量小于 5L/s 时，可选用直径为 50mm 的栓口；当水枪出流量大于等于 5L/s 时，宜选用直径为 65mm 的栓口。

2. 水带

室内消火栓目前多配套使用直径 65mm 或 50mm 的胶里水带，水带两头为内扣式标准接头，每条水带的长度多为 20m。水带一头与消火栓出口连接，另一头与水枪连接。

3. 水枪

室内消火栓一般配备直流水枪。水枪喷嘴口径有 13mm、16mm、19mm 三种，通常喷嘴口径 13mm 的水枪与 50mm 的水带配套，喷嘴口径 16mm 的水枪与 50mm 或 65mm 的水带配套，喷嘴口径 19mm 的水枪与 65mm 的水带配套。

4. 消防软管卷盘和轻便消防水龙

消防软管卷盘或轻便消防水龙，由小口径消火栓、输水软管或公称直径 25mm 有内衬里的消防水带、小口径水枪等组成。与室内消火栓设备相比，它具有操作简便、机动灵活等优点，主要供非专业人员扑救室内初起火灾使用。

（二）配置要求

（1）应采用 DN65 室内消火栓，并可与消防软管卷盘或轻便水龙设置在同一箱体内。

（2）应配置公称直径 65mm 有内衬里的消防水带，长度不宜超过 25.0m；消防软管卷盘应配置内径不小于 φ19 的消防软管，其长度宜为 30.0m；轻便水龙应配置公称直径 25mm 有内衬里的消防水带，长度宜为 30.0m。

（3）宜配置当量喷嘴直径 16mm 或 19mm 的消防水枪，但当消火栓设计流量为 2.5L/s 时宜配置当量喷嘴直径 11mm 或 13mm 的消防水枪；消防软管卷盘和轻便水龙应配置当量喷嘴直径 6mm 的消防水枪。

（4）同一建筑物内应采用统一规格的消火栓、水枪和水带。每条水带的长度不应大于 25.0m。

二、室内消防给水管网

（一）组成设施

室内消防给水管网由进户管、水平干管、消防竖管、短（支）管及阀门等设施组成。

（二）布置要求

1. 高层建筑室内消火栓给水管道的布置要求

（1）高层建筑、高层厂房（仓库）室内消火栓给水管道应与生产、生活给水管道分开，设计成独立的消火栓给水管道。

（2）高层建筑、高层厂房（仓库）室内消防给水管道应布置成环状。室内环网有水平环网、垂直环网和立体环网三种形式。环网选取应适合建筑体型以及消防给水管道和消火栓的布置，而且必须保证供水干管和每条消防竖管都能做到双向供水。

（3）室内消防给水环状管网的进水管不应少于两根，并宜从建筑物的不同方向引入。若在不同方向引入有困难时，宜接至竖管的两侧。若在两根竖管之间引入两根进水管时，应在两根进水管之间设分隔阀门，平时常开，只在发生事故或检修时暂时关闭。当其中一根发生故障时，其余的进水管应能保证消防用水量和水压的要求。

（4）高层建筑消防竖管的布置，应保证同层相邻两条竖管上的消火栓水枪的充实水柱能同时到达被保护范围内的任何部位。每根消防竖管的直径应按通过的流量经计算确定，但不应小于 100mm。

（5）18 层及 18 层以下单元式住宅或 18 层及 18 层以下、每层不超过 8 户、建筑面积不超过 650m² 的塔式住宅，当设两根消防竖管有困难时，可设一根竖管（连接消防电梯前室消火栓的消防竖管除外），但必须采用双阀双出口型消火栓。

（6）室内消防给水管道应采用阀门分成若干独立段。阀门的布置，应保证检修管道时关闭停用的竖管不超过一根。当竖管超过 4 根时，可关闭不相邻的两根。消防阀门应处于常开状态，并应有明显的启闭标志。一般常采用明杆闸阀、蝶阀、带关闭指示的信号阀等。

（7）室内消火栓给水系统与自动喷水灭火系统的给水管道分开独立设置，有困难时，可合用消防水泵，但在自动喷水灭火系统的报警阀前分开设置，以免两种系统灭火时相互影响，并防止平时消火栓设备漏水时，自动喷水灭火系统发生误报警。

2. 低层建筑室内消火栓给水管道的布置要求

（1）室内消火栓超过 10 个且室内消防用水量大于 15L/s 时，室内消防给水管道至少应有两条进水管与室外环状管网连接，并应将室内管道连成环状或进水管与室外管道连成环状。当环状管网的一条进水管发生事故时，其余的进水管应仍能供应全部用水量。

（2）进水管上设置水表等计量设备时，不应降低进水管的过水能力。当生产、生活用水量较大而消防流量较小时，水表应考虑消防流量；当消防用水量较大时，应采用与生产、生活管网分开的独立消防管网，消防给水管网的进水管可不设水表（若要设置水表，应按消防流量进行选表）。

（3）室内消防竖管直径不应小于 DN100。

（4）七至九层的单元式住宅和每层不超过 8 户的通廊式住宅，其室内消防给水管道成环状布置有困难时，允许成枝状布置。

（5）消防用水与其他用水合并的室内管道，当其他用水达到最大小时流量时，仍应保证全部消防用水量。

（6）室内消防给水管道应采用阀门分成若干独立段。对于单层厂房（仓库）和公共建筑，检修停止使用的消火栓不应超过 5 个；对于多层民用建筑和其他厂房（仓库），室内消防给水管道上阀门的布置应保证检修管道时关闭的竖管不超过 1 根，但设置的竖管超过 3 根时，可关闭 2 根。

（7）室内消火栓给水管网宜与自动喷水灭火系统的管网分开设置；当合用消防泵时，供水管路应在报警阀前分开设置，这与高层建筑室内消火栓给水管道的布置要求相同。

（8）严寒和寒冷地区非供暖的厂房（仓库）及其他建筑的室内消火栓系统，可采用干式系统，但在进水管上应设置快速启闭装置，管道最高处应设置自动排气阀。

三、高位消防水箱

1. 高位消防水箱的设置及有效容积

临时高压消防给水系统应设置高位消防水箱，其有效容积应满足初期火灾消防用水量的要求。一类高层公共建筑不应小于 $36m^3$，但当建筑高度大于 $100m$ 时不应小于 $50m^3$、大于 $150m$ 时不应小于 $100m^3$；多层公共建筑、二类高层公共建筑和一类高层居住建筑不应小于 $18m^3$，当一类住宅建筑高度超过 $100m$ 时不应小于 $36m^3$；二类高层住宅不应小于 $12m^3$；建筑高度大于 $21m$ 的多层住宅建筑不应小于 $6m^3$；工业建筑室内消防给水设计流量当小于等于 $25L/s$ 时不应小于 $12m^3$，大于 $25L/s$ 时不应小于 $18m^3$；总建筑面积大于 $10000m^2$ 且小于 $30000m^2$ 的商店建筑不应小于 $36m^3$，总建筑面积大于 $30000m^2$ 的商店不应小于 $50m^3$。

2. 高位消防水箱设置高度

高位消防水箱的设置位置应高于其所服务的水灭火设施，且最低有效水位应满足水灭火设施最不利点处的静水压力。一类高层民用公共建筑不应低于 $0.10MPa$，但当建筑高度超过 $100m$ 时不应低于 $0.15MPa$；高层住宅、二类高层公共建筑、多层民用建筑不应低于 $0.07MPa$，多层住宅确有困难时可适当降低；工业建筑不应低于 $0.10MPa$；自动水灭火系统应根据喷头灭火需求压力确定，但最小不应小于 $0.10MPa$；当高位消防水箱设置高度不能满足静压要求时，应设稳压泵。

3. 高位消防水箱设置要求

（1）消防用水与其他用水合用的水箱应采取消防用水不作他用的技术措施；

（2）应设置水位显示装置，并在最高和最低水位能够报警；

（3）出水管管径应满足消防给水设计流量的出水要求，且不应小于 $DN100$；

（4）出水管应位于最低水位以下，并应设防止消防用水进入高位消防水箱的止回阀；

（5）进、出水管应设置带有指示启闭装置的阀门。

四、稳压泵

1. 稳压泵的选用

稳压泵宜采用单吸单级或单吸多级离心泵，泵外壳和叶轮等主要部件的材质宜采用不锈钢。

2. 稳压泵的设计流量

稳压泵的设计流量不应小于消防给水系统管网的正常泄漏量和系统自动启动流量。系统管网的正常泄漏量应根据管道材质、接口形式等确定，当没有管网泄漏量数据时，稳压泵的设计流量宜按消防给水设计流量的 1‰～3‰计，且不宜小于 1L/s；消防给水系统自动启动流量应根据压力开关等产品确定。

3. 稳压泵的设计压力

稳压泵的设计压力应满足系统自动启动和管网充满水的要求。应保持系统自动启泵压力设置点处的压力在准工作状态时大于系统自动启泵压力值，且增加值宜为 0.07～0.10MPa；稳压泵的设计压力应保持系统最不利点处水灭火设施在准工作状态时的压力大于该处的静水压，且增加值不应小于 0.15MPa。

4. 设置要求

设置稳压泵的临时高压消防给水系统应设置防止稳压泵频繁启停的技术措施，当采用气压水罐时，其调节容积应根据稳压泵启泵次数不大于 15 次/h 计算确定，但有效储水容积不宜小于 150L。

稳压泵吸水管应设置明杆闸阀，稳压泵出水管应设置消声止回阀和明杆闸阀。

稳压泵应由消防给水管网或气压水罐上设置的稳压泵自动启停泵压力开关或压力变送器控制。

五、屋顶消火栓

1. 作用及设置

屋顶消火栓用于消防人员定期检查室内消火栓给水系统的供水压力以及建筑物内消防给水设备的性能。同时，当建筑物发生火灾时也可用其进行灭火和冷却。

室内消火栓系统应设置带有压力表的试验消火栓。

2. 设置位置

多层和高层建筑应在其屋顶设置，严寒、寒冷等冬季结冰地区可设置在顶层出口处或水箱间内等便于操作和防冻的位置；单层建筑宜设置在水力最不利处，且应靠近出入口。

六、水泵接合器

（一）水泵接合器的设置及类型

1. 水泵接合器的作用

水泵接合器是满足一定功能的预留接口，设置在建筑物外，供消防车往建筑物室内管网输送消防用水的一种消防器材。其作用是：在室内消防水泵因检修、停电或出现其他故障停止运转期间，建筑物发生火灾时，将消防车从室外消防水源抽的水，输送到室内消防给水管网；或在建筑物发生火灾，而室内消防用水量不足时，将消防车从室外消防水源抽的水，补充到室内消防给水管网。

2. 水泵接合器的设置

高层民用建筑，设有消防给水的住宅、超过五层的其他多层民用建筑，超过 2 层或建筑面积大于 $10000m^2$ 的地下或半地下建筑（室）、室内消火栓设计流量大于 10L/s 平战结合的人防工程，高层工业建筑和超过四层的多层工业建筑，城市交通隧道等室内消火栓给水系统应设置消防水泵接合器。

自动喷水灭火系统、水喷雾灭火系统、泡沫灭火系统和固定消防炮灭火系统等水灭火系统，均应设置消防水泵接合器。

3. 水泵接合器的类型

根据设置条件的不同，水泵接合器有三种类型，即地上式水泵接合器、地下式水泵接合器、墙壁式水泵接合器。

（二）水泵接合器的设计要求

（1）为了充分发挥水泵接合器向室内消防给水管网输水的能力，水泵接合器与室内管网的连接点，应尽量远离固定消防水泵出水管与室内消防管网的连接点。

（2）在使用水泵接合器时为了保证室内消防给水管网正常工作，在水泵接合器与室内消防给水管网的连接管上应设止回阀、闸阀、安全阀和泄水阀。安全阀的定压一般应比室内最不利点灭火设备要求的压力高 0.2～0.4MPa。

（3）消防水泵接合器的给水流量宜按每个 10～15L/s 计算。每种水灭火系统的消防水泵接合器设置的数量应按系统设计流量经计算确定，但当计算数量超过 3 个时，可根据供水可靠性适当减少。

（4）临时高压消防给水系统向多栋建筑供水时，消防水泵接合器应在每座建筑附近就近设置。

（5）消防水泵接合器的供水范围，应根据当地消防车的供水流量和压力确定。

（6）消防给水为竖向分区供水时，在消防车供水压力范围内的分区，应分别设置水泵接合器；当建筑高度超过消防车供水高度时，消防给水应在设备层等方便操作的地点设置手抬泵或移动泵接力供水的吸水和加压接口。

（7）水泵接合器应设在室外便于消防车使用的地点，且距室外消火栓或消防水池的距离不宜小于 15m，并不宜大于 40m。

（8）墙壁消防水泵接合器的安装高度距地面宜为 0.70m；与墙面上的门、窗、孔、洞的净距离不应小于 2.0m，且不应安装在玻璃幕墙下方；地下消防水泵接合器的安装，应使进水口与井盖底面的距离不大于 0.4m，且不应小于井盖的半径。

（9）水泵接合器处应设置永久性标志铭牌，并应标明供水系统、供水范围和额定压力。

第三节　室内消火栓的布置

一、充实水柱的确定

充实水柱是指由水枪喷嘴到射流 90％水柱水量穿过直径 38cm 圆孔处的一段射流长度。充实水柱的作用：一是使射流有一定水量和水压，能有效扑灭火焰，以达到一定灭火效果；二是使消防人员在扑灭火灾时，减少辐射热、烤灼对其的影响，以保证其安全。

为有效扑灭建筑物火灾，要求水枪射流时的充实水柱应能到达建筑物每层的任何高度，如图 11-8 所示。水枪的充实水柱按公式（11-1）确定：

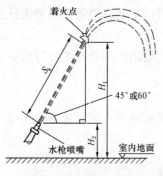

图 11-8　水枪倾斜射流
的充实水柱

$$S_k = \frac{H_1 - H_2}{\sin\alpha} \qquad (11\text{-}1)$$

式中　S_k——水枪充实水柱，m；

　　　　H_1——建筑物层高，m；

　　　　H_2——水枪喷嘴离地面高度（一般取 1m），m；

　　　　α——水枪上倾角，一般不宜超过 45°，在最不利情况下，也不能超过 60°。

当 α 为 45°时，水枪充实水柱为：

$$S_k = \frac{H_1 - H_2}{\sin 45} = 1.414(H_1 - H_2)$$

当 α 为 60°时，水枪充实水柱为：

$$S_k = \frac{H_1 - H_2}{\sin 60} = 1.16(H_1 - H_2)$$

《建筑设计防火规范》规定：高层建筑、厂房、库房和室内净空高度超过 8m 的民用建筑等场所，消火栓栓口动压不应小于 0.35MPa，且消防水枪充实水柱应按 13m 计算；其他场所，消火栓栓口动压不应小于 0.25MPa，且消防水枪充实水柱应按 10m 计算。

最终确定的充实水柱要同时满足层高的要求、规范的具体要求和保证每支水枪最小流量的要求，取其中最大者进行设计计算。

二、室内消火栓保护半径

室内消火栓的保护半径可按下式计算：

$$R = L_d + L_s \qquad (11\text{-}2)$$

式中　R——室内消火栓的保护半径，m；

　　　　L_d——水带铺设长度，m；

　　　　L_s——水枪充实水柱在平面上的投影长度，m。

考虑到水带在使用中的曲折弯转，水带铺设长度一般取水带实际长度的 80%～90%。水枪充实水柱在平面上的投影长度可按下式计算：

$$L_s = S_k \cos\alpha \qquad (11\text{-}3)$$

式中　S_k——水枪充实水柱，m；

　　　　α——水枪射流上倾角，一般不超过 45°，最大不能超过 60°。

三、室内消火栓布置间距

室内消火栓的布置应保证每一个防火分区同层有两支水枪的充实水柱同时到达任何部位。建筑高度小于等于 24.0m 且体积小于等于 5000m³ 的多层仓库，可采用 1 支水枪充实水柱到达室内任何部位。室内消火栓的间距应通过计算确定，但不得超过规定的消火栓最大间距。

1. 单排布置且要求一股水柱

如图 11-9 所示，当室内消火栓单排布置

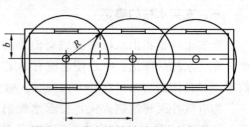

图 11-9　消火栓单排单水柱布置图

且室内任何部位要求有一股水柱到达时：

$$L_1 \leqslant 2\sqrt{R^2 - b^2} \tag{11-4}$$

式中　L_1——室内消火栓布置间距，m；

　　　R——室内消火栓保护半径，m；

　　　b——室内消火栓最大保护宽度，m。

2. 单排布置且要求两股水柱

如图 11-10 所示，室内消火栓单排布置且室内任何部位要求有两股水柱到达时：

$$L_2 \leqslant \sqrt{R^2 - b^2} \tag{11-5}$$

式中　L_2——室内消火栓布置间距，m；

　　　R——室内消火栓保护半径，m；

　　　b——室内消火栓最大保护宽度，m。

3. 双排布置且要求一股水柱

如图 11-11 所示，消火栓多排布置，且室内任何部位要求有一股水柱到达时：

$$L_n \leqslant \sqrt{2}R \tag{11-6}$$

式中　L_n——室内消火栓布置间距，m；

　　　R——室内消火栓保护半径，m。

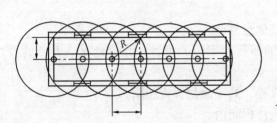

图 11-10　消火栓单排双水柱布置图

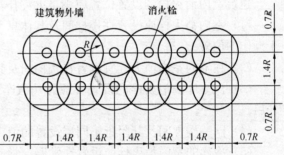

图 11-11　多排消火栓单水柱时的消火栓布置间距

4. 双排布置且要求两股水柱

消火栓多排布置，且室内任何部位要求有两股水柱到达时，按图 11-12 布置。

5. 室内消火栓的最大布置间距

室内消火栓宜按直线距离计算其布置间距，且应符合下列规定：

（1）消火栓按 2 支消防水枪的 2 股充实水柱布置的建筑物，消火栓的布置间距不应大于 30.0m。

（2）消火栓按 1 支消防水枪的 1 股充实水柱布置的建筑物，消火栓的布置间距不应大于 50.0m。

（3）隧道消火栓的间距不应大于 50m。

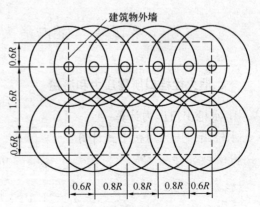

图 11-12　多排消火栓单水柱时的消火栓布置间距

四、室内消火栓的布置

（一）设置要求

（1）设置室内消火栓的建筑，包括设备层在内的各层均应设置消火栓。

（2）屋顶设有直升机停机坪的建筑，应在停机坪出入口处或非电器设备机房处设置消火栓，且距停机坪机位边缘的距离不应小于 5.0m。

（3）消防电梯前室应设置室内消火栓（计入消火栓使用数量）。

（二）布置要求

1. 布置原则

室内消火栓的布置应满足同一平面有 2 支消防水枪的 2 股充实水柱同时达到任何部位的要求，但建筑高度小于或等于 24.0m 且体积小于或等于 5000m³ 的多层仓库、建筑高度小于或等于 54m 且每单元设置一部疏散楼梯的住宅，以及按规定可采用 1 支消防水枪的场所，可采用 1 支消防水枪的 1 股充实水柱到达室内任何部位。

跃层住宅和商业网点的室内消火栓应至少满足一股充实水柱到达室内任何部位，并宜设置在户门附近。

2. 布置位置

建筑室内消火栓的设置位置应满足火灾扑救要求，并应符合下列规定：

（1）室内消火栓应设置在楼梯间及其休息平台和前室、走道等明显易于取用，以及便于操作的位置。

（2）住宅的室内消火栓宜设置在楼梯间及其休息平台。

（3）汽车库内消火栓的设置不应影响汽车的通行和车位的设置，并应确保消火栓的开启。

（4）同一楼梯间及其附近不同层设置的消火栓，其平面位置宜相同。

（5）冷库的室内消火栓应设置在常温穿堂或楼梯间内。

3. 安装高度

建筑室内消火栓栓口的安装高度应便于消防水龙带的连接和使用，其距地面高度宜为 1.1m；其出水方向应便于消防水带的敷设，并宜与设置消火栓的墙面成 90°角或向下。

第四节 室内消火栓系统的设计计算

一、消火栓栓口所需压力和流量

1. 水枪出口压力计算

水枪出口压力可按下式计算：

$$H_q = \frac{0.01\alpha_f S_k}{1 - \alpha_f \varphi S_k} \tag{11-7}$$

$$\alpha_f = 1.19 + 80(0.01 S_k)^4 \tag{11-8}$$

$$\varphi = \frac{0.25}{d_f + (0.1 d_f)^3} \tag{11-9}$$

式中　H_q——水枪喷嘴压力，MPa；

　　　α_f——系数，表示射流总长度与充实水柱长度的比值，参见表11-1；

　　　φ——阻力系数，与水枪喷嘴口径有关，参见表11-2；

　　　d_f——水枪喷嘴口径（mm）；

　　　S_k——水枪充实水柱（m）。

不同充实水柱下对应的 α_f 值　　　　　　　　　表 11-1

S_k (m)	7	8	9	10	11	12	13	14	15	16
α_f	1.192	1.193	1.195	1.198	1.202	1.207	1.213	1.221	1.231	1.242

不同水枪直径下对应的 φ 值　　　　　　　　　表 11-2

水枪直径 d_f （mm）	13	16	19
φ	0.0165	0.0124	0.0097

2. 水枪出口流量计算

水枪流量可按下式计算：

$$q_q = \sqrt{BH_q} \tag{11-10}$$

式中　q_q——水枪流量，L/s；

　　　H_q——水枪出口处的压力，MPa；

　　　B——水流特性系数，见表11-3。

水流特性系数表　　　　　　　　　表 11-3

水枪喷口直径（mm）	6	7	8	9	13	16	19	22	25
B	1.6	2.9	5.0	7.9	34.6	79.3	157.7	283.4	472.7

3. 水带水头损失

水带水头损失可按下式计算。

$$H_d = 0.01 A_z L_d q_{xh}^2 \tag{11-11}$$

式中　H_d——水带的水头损失，MPa；

　　　A_z——水带的比阻，见表11-4；

　　　L_d——水带长度，m，一般采用20m或25m；

　　　q_{xh}——消火栓流量，L/s。

衬胶水带比阻 A_z 值表　　　　　　　　　表 11-4

水带口径（mm）	50	65	80
比阻 A_z 值	0.00677	0.00172	0.00075

为了计算方便，可将式（11-11）简化为：

$$H_d = 0.01 S q_{xh}^2 \tag{11-12}$$

式中　H_d——水带的水头损失，MPa；

　　　q_{xh}——消火栓流量（每条水带的实际流量），L/s；

　　　S——每条水带（长20m）的阻抗系数，其值见表11-5。

水带（长 20m）阻抗系数值　　　　　　　　　表 11-5

水带直径（mm）	50	65	75	80
阻抗系数	0.15	0.035	0.015	0.008

4. 消火栓出口压力

消火栓栓口压力可按下式计算：

$$H_{xh} = H_d + H_q \tag{11-13}$$

式中　H_{xh}——消火栓出口压力，MPa；

　　　H_d——水带的水头损失，MPa；

　　　H_q——水枪出口压力，MPa。

二、水泵扬程的确定

消防水泵扬程应满足最不利点消防水枪所需水压的要求，可按下式计算。

$$H_b = \Delta H + \sum H_d + H_{xh} \tag{11-14}$$

式中　H_b——消防水泵的扬程，MPa；

　　　H_{xh}——最不利点消火栓栓口处所需的水压，MPa；

　　　$\sum H_d$——消防水泵吸水口至最不利点消火栓之间管道的水头损失，MPa；

　　　ΔH——消防水池水面与最不利消火栓的高程差，MPa。

三、室内消火栓设计流量

1. 建筑物室内消火栓设计流量

建筑物室内消火栓设计流量，应根据建筑物的用途功能、体积、高度、耐火极限、火灾危险性等因素综合确定，不应小于表 11-6 的规定。

建筑物室内消火栓设计流量　　　　　　　　　表 11-6

建筑物名称		高度 h（m）、层数、体积 V（m³）、座位数 n（个）、火灾危险性		消火栓设计流量（L/s）	同时使用消防水枪数（支）	每根竖管最小流量（L/s）
工业建筑	厂房	$h \leqslant 24$	甲、乙、丁、戊	10	2	10
			丙　$V \leqslant 5000$	10	2	10
			丙　$V > 5000$	20	4	15
		$24 < h \leqslant 50$	乙、丁、戊	25	5	15
			丙	30	6	15
		$h > 50$	乙、丁、戊	30	6	15
			丙	40	8	15
	仓库	$h \leqslant 24$	甲、乙、丁、戊	10	2	10
			丙　$V \leqslant 5000$	15	3	15
			丙　$V > 5000$	25	5	15
		$h > 24$	丁、戊	30	6	15
			丙	40	8	15

续表

建筑物名称		高度 h（m）、层数、体积 V（m³）、座位数 n（个）、火灾危险性	消火栓设计流量（L/s）	同时使用消防水枪数（支）	每根竖管最小流量（L/s）
民用建筑	单层及多层	科研楼、试验楼			
		$V \leqslant 10000$	10	2	10
		$V > 10000$	15	3	10
		车站、码头、机场的候车（船、机）楼和展览建筑（包括博物馆）等			
		$5000 < V \leqslant 25000$	10	2	10
		$25000 < V \leqslant 50000$	15	3	10
		$V > 50000$	20	4	15
		剧院、电影院、会堂、礼堂、体育馆等			
		$800 < n \leqslant 1200$	10	2	10
		$1200 < n \leqslant 5000$	15	3	10
		$5000 < n \leqslant 10000$	20	4	15
		$n > 10000$	30	6	15
		旅馆			
		$5000 < V \leqslant 10000$	10	2	10
		$10000 < V \leqslant 25000$	15	3	10
		$V > 25000$	20	4	15
		商店、图书馆、档案馆等			
		$5000 < V \leqslant 10000$	15	3	10
		$10000 < V \leqslant 25000$	25	5	15
		$V > 25000$	40	8	15
		病房楼、门诊楼等			
		$5000 < V \leqslant 25000$	10	2	10
		$V > 25000$	15	3	10
		办公楼、教学楼、公寓、宿舍等其他建筑	高度超过 15m 或 $V > 10000$	15	3	10
		住宅	$21 < h \leqslant 27$	5	2	5
	高层	住宅	$27 < h \leqslant 54$	10	2	10
			$h > 54$	20	4	10
		二类公共建筑	$h \leqslant 50$	20	4	10
		一类公共建筑	$h \leqslant 50$	30	6	15
			$h > 50$	40	8	15
国家级文物保护单位的重点砖木或木结构的古建筑		$V \leqslant 10000$	20	4	15
		$V > 10000$	25	5	15
地下建筑		$V \leqslant 5000$	10	2	10
		$5000 < V \leqslant 10000$	20	4	15
		$10000 < V \leqslant 25000$	30	6	15
		$V > 25000$	40	8	20
人防工程	展览厅、影院、剧场、礼堂、健身体育场所等	$V \leqslant 1000$	5	1	5
		$1000 < V \leqslant 2500$	10	2	10
		$V > 2500$	15	3	10

建筑物名称		高度 h（m）、层数、体积 V（m³）、座位数 n（个）、火灾危险性	消火栓设计流量（L/s）	同时使用消防水枪数（支）	每根竖管最小流量（L/s）
人防工程	商场、餐厅、旅馆、医院等	$V \leqslant 5000$	5	1	5
		$5000 < V \leqslant 10000$	10	2	10
		$10000 < V \leqslant 25000$	15	3	10
		$V > 25000$	20	4	10
	丙、丁、戊类生产车间、自行车库	$V \leqslant 2500$	5	1	5
		$V > 2500$	10	2	10
	丙、丁、戊类物品库房、图书资料档案库	$V \leqslant 3000$	5	1	5
		$V > 3000$	10	2	10

注：1. 丁、戊类高层厂房（仓库）室内消火栓的设计流量可减少 10L/s，同时使用消防水枪数量可减少 2 支；

    2. 消防软管卷盘、轻便消防水龙及多层住宅楼梯间中的干式消防竖管，其消防给水设计流量可不计入室内消防给水设计流量；

    3. 当一座多层建筑有多种使用功能时，室内消火栓设计流量应分别按本表中不同功能计算，且应取最大值。

当建筑物设有自动喷水灭火系统、水喷雾灭火系统、泡沫灭火系统或固定消防炮灭火系统等一种或两种以上自动水灭火系统全保护，高层建筑当高度不超过 50m 且室内消火栓设计流量超过 20L/s 时，其室内消火栓设计流量可减少 5L/s；多层建筑室内消火栓系统设计流量可减少 50%，但不应小于 10L/s。

宿舍、公寓等非住宅类居住建筑为高层建筑时，室内消火栓设计流量按表 11-6 中的公共建筑确定。

2. 城市交通隧道与地铁地下车站室内消火栓设计流量

（1）城市交通隧道内室内消火栓设计流量不应小于表 11-7 的规定。

城市交通隧道内室内消火栓设计流量　　　　　　　　　　表 11-7

用　途	类　别	长　度（m）	设计流量（L/s）
可通行危险化学品等机动车	一、二、三	$L > 500$	20
仅限通行非危险化学品等机动车	一、二、三	$L > 1000$	
	三、四	$L \leqslant 1000$	10

（2）地铁地下车站室内消火栓设计流量不应小于 20L/s，区间隧道不应小于 10L/s。

四、系统压力调节

消防压力调节设施在建筑消防给水工程中起调节平衡系统管路水压的作用。在高层建筑消防给水工程中，为均衡系统管路中的水压，保证灭火设备处的压力在设计范围之内或使供水均匀，管路中常需设置压力调节设施。常用的压力调节设施有减压孔板、节流管和比例减压阀三种。

（一）减压孔板

1. 设置要求

（1）减压孔板应设置在直径不小于 50mm 的水平管段上，前后管段的长度均不宜小于该管段直径的 5 倍。

（2）孔板直径不应小于设置管段直径的 30％，且不应小于 20mm。

（3）应采用不锈钢板材制作。

2. 设计计算

减压孔板的设计需先确定灭火设备处的设计剩余水压，可按下式计算：

$$H = H_B - (Z + \sum h_w + H_0) \tag{11-15}$$

式中　H ——计算层灭火设备处的设计剩余水压，MPa；

$\quad\quad H_B$ ——消防水泵的出口压力，MPa；

$\quad\quad Z$ ——计算层灭火设备与消防水池最低水位间的静水压，MPa；

$\quad\sum h_w$ ——自消防水泵吸水管至该计算层管路的沿程和局部水头损失，MPa；

$\quad\quad H_0$ ——计算层灭火设备处所需的设计水压，MPa。对于室内消火栓给水系统，其值 H_0 为 0.5MPa。

从式（11-15）计算出的剩余水压由减压孔板所形成的局部水头损失所消耗，即

$$H_k = 0.01 \xi_1 \frac{V_k^2}{2g} \tag{11-16}$$

$$\xi_1 = \left(1.75 \frac{d_i^2}{d_k^2} \cdot \frac{1.1 - \frac{d_k^2}{d_i^2}}{1.175 - \frac{d_k^2}{d_i^2}} - 1 \right)^2 \tag{11-17}$$

式中　H_k——减压孔板的水头损失（MPa）；

$\quad\quad V_k$——减压孔板后管道内水的平均流速（m/s）；

$\quad\quad g$ ——重力加速度，m/s²；

$\quad\quad \xi_1$ ——减压孔板的局部阻力系数，也可按表 11-8 取值；

$\quad\quad d_k$——减压孔板孔口的计算内径，取值应按减压孔板孔口直径减 1mm 确定，m；

$\quad\quad d_i$ ——管道的内径，m。

减压孔板局部阻力系数 ξ 表　　　　　　　　　　表 11-8

d_k/d_j	0.3	0.4	0.5	0.6	0.7	0.8
ξ_1	292	83.3	29.5	11.7	4.75	1.83

3. 安装

孔板孔口表面应光滑。孔板厚度：当管道直径为 50～80mm 时，厚度为 3mm；管道直径为 100～150mm 时，厚度为 6mm；管道直径为 200mm 时，厚度为 9mm。

除管道直径 50mm 的孔板可以丝扣方式在管道内安装外，孔板一般都靠法兰与管道连接。

（二）节流管

1. 设置要求

（1）直径宜按上游管段直径的 1/2 确定；

（2）节流管长度 L_j 不宜小于 1m；

（3）节流管内水的平均流速不应大于 20m/s。

2. 设计计算

节流管的水头损失包括其沿程水头损失和节流管缩小及扩大部分的局部水头损失，应按下式计算：

$$H_g = 0.01\zeta_2 \frac{V_g^2}{2g} + 0.0000107 \frac{V_g^2}{d_g^{1.3}}L_j \qquad (11\text{-}18)$$

式中 H_g——节流管的水头损失，MPa；

     ζ_2——节流管中渐缩管与渐扩管的局部阻力系数之和，取值 0.7；

     V_g——节流管内水的平均流速，m/s；

     d_g——节流管的计算内径，取值应按节流管内径减 1mm 确定，m；

     L_j——节流管的长度 m。

（三）比例减压阀

比例减压阀可以自动按比例调节进出口压力，实现减压的目的。比例减压阀只有活塞一个活动零件，活塞两端的受压面积构成一定比例，利用其面积比控制活塞移动，达到按比例减压的要求。

减压阀的水头损失计算应符合下列规定：

（1）应根据产品技术参数确定，当无资料时，减压阀前后静压与动压差应按不小于 0.10MPa 计算。

（2）减压阀串联减压时，应计算第一级减压阀的水头损失对第二级减压阀出水动压的影响。

第十二章　自动喷水灭火系统

自动喷水灭火系统是扑救室内初期火灾最为有效的消防设施。该系统平时始终处于准工作状态，当设置场所发生火灾，依靠热力作用，立即自动感应启动喷水灭火，使火灾在初期就及时得以控制，从而最大限度地减少了火灾损失。

第一节　概　　述

一、系统的设置原则

（一）应设置自动喷水灭火系统的建筑及部位

1. 厂房或生产部位

（1）不小于 50000 纱锭的棉纺厂的开包、清花车间，不小于 5000 锭的麻纺厂的分级、梳麻车间，火柴厂的烤梗、筛选部位。

（2）占地面积大于 1500m² 或总建筑面积大于 3000m² 的单、多层制鞋、制衣、玩具及电子等类似生产的厂房。

（3）占地面积大于 1500m² 的木器厂房。

（4）泡沫塑料厂的预发、成型、切片、压花部位。

（5）高层乙、丙类厂房。

（6）建筑面积大于 500m² 的地下或半地下丙类厂房。

2. 仓库

（1）每座占地面积大于 1000m² 的棉、毛、丝、麻、化纤、毛皮及其制品的仓库（单层占地面积不大于 2000m² 的棉花库房除外）。

（2）每座占地面积大于 600m² 的火柴仓库。

（3）邮政建筑内建筑面积大于 500m² 的空邮袋库。

（4）可燃、难燃物品的高架仓库和高层仓库。

（5）设计温度高于 0℃ 的高架冷库，设计温度高于 0℃ 且每个防火分区建筑面积大于 1500m² 的非高架冷库。

（6）总建筑面积大于 500m² 的可燃物品地下仓库。

（7）每座占地面积大于 1500m² 或总建筑面积大于 3000m² 的其他单层或多层丙类物品仓库。

3. 高层民用建筑

（1）一类高层公共建筑（除游泳池、溜冰场外）及其地下、半地下室。

（2）二类高层公共建筑及其地下、半地下室的公共活动用房、走道、办公室和旅馆的客房、可燃物品库房、自动扶梯底部。

（3）高层民用建筑内的歌舞娱乐放映游艺场所。

（4）建筑高度大于100m的住宅建筑。

4. 单、多层民用建筑

（1）特等、甲等剧场，超过1500个座位的其他等级的剧场，超过2000个座位的会堂或礼堂，超过3000个座位的体育馆，超过5000人的体育场的室内人员休息室与器材间等。

（2）任一层建筑面积大于1500m²或总建筑面积大于3000m²的展览、商店、餐饮和旅馆建筑以及医院中同样建筑规模的病房楼、门诊楼和手术部。

（3）设置送回风道（管）的集中空气调节系统且总建筑面积大于3000m²的办公建筑等。

（4）藏书量超过50万册的图书馆。

（5）大、中型幼儿园，总建筑面积大于500m²的老年人建筑。

（6）总建筑面积大于500m²的地下或半地下商店。

（7）设置在地下或半地下或地上四层及以上楼层的歌舞娱乐放映游艺场所（除游泳场所外），设置在首层、二层和三层且任一层建筑面积大于300m²的地上歌舞娱乐放映游艺场所（除游泳场所外）。

5. 人防工程

（1）建筑面积大于1000m²的人防工程。

（2）大于800个座位的电影院、礼堂的观众厅且吊顶下表面至观众席地坪高度不超过8m时，舞台使用面积超过200m²时。

（3）采用防火卷帘代替防火墙或防火门，当防火卷帘不符合防火墙耐火极限的判定条件时。

（4）歌舞娱乐放映游艺场所。

（5）建筑面积大于500m²的地下商场。

6. 汽车库

Ⅰ、Ⅱ、Ⅲ类地上汽车库、停车数超过10辆的地下汽车库、机械式立体汽车库或复式汽车库以及采用垂直升降梯作汽车库疏散出口的汽车库、Ⅰ类修车库均应设置闭式自动喷水灭火系统。

（二）应设置雨淋自动喷水灭火系统的建筑或部位

（1）火柴厂的氯酸钾压碾厂房，建筑面积大于100m²且生产或使用硝化棉、喷漆棉、火胶棉、赛璐珞胶片、硝化纤维的厂房。

（2）乒乓球厂的轧坯、切片、磨球、分球检验部位。

（3）建筑面积大于60m²或储存量大于2t的硝化棉、喷漆棉、火胶棉、赛璐珞胶片、硝化纤维的仓库。

（4）日装瓶数量大于3000瓶的液化石油气储配站的灌瓶间、实瓶库。

（5）特等、甲等剧场、超过1500个座位的其他等级剧场和超过2000个座位的会堂或礼堂的舞台葡萄架下部。

（6）建筑面积不小于400m²的演播室，建筑面积不小于500m²的电影摄影棚。

二、设置场所火灾危险等级的划分

需设置自动喷水灭火系统的场所，由于具体条件不同，其火灾危险性大小不尽相同。因此，首先需对设置场所进行危险等级划分，然后据此选择合适的自动喷水灭火系统类型、设计基本数据等，以便使设计的自动喷水灭火系统，既安全可靠，又经济合理。

自动喷水灭火系统设置场所的火灾危险等级，应根据其用途、容纳物品的火灾荷载（由可燃物的性质、数量及分布状况决定）、室内空间条件（面积、高度）、人员密集程度等因素，在分析火灾特点和热气流驱动喷头开放及喷水到位的难易程度后确定。

1. 轻危险级

轻危险级，一般是指场所可燃物品较少、可燃性低和火灾发热量较低、外部增援和疏散人员较容易。

2. 中危险级

中危险级，一般是指内部可燃物数量为中等，可燃性也为中等，火灾初期不会引起剧烈燃烧的场所。大部分民用建筑和工业厂房划归中危险级。根据此类场所种类多、范围广的特点，划分为中Ⅰ级和中Ⅱ级。由于商场内物品密集、人员集中，发生火灾的频率较高，容易酿成大火造成群死群伤和高额财产损失的严重后果，因此将大型商场列入中Ⅱ级。

3. 严重危险级

严重危险级，一般是指可燃物品数量多，火灾时容易引起猛烈燃烧并可能迅速蔓延的场所。除摄影棚、舞台"葡萄架"下部外，包括存在较多数量易燃固体、液体物品工厂的备料和生产车间等。严重危险级也分为严重Ⅰ级和严重Ⅱ级。

4. 仓库危险级

仓库危险级专门针对仓库类建筑而划分的。由于仓库自动喷水灭火系统涉及面广，较为复杂，针对不同情况，又将其划分为Ⅰ级、Ⅱ级和Ⅲ级。

三、系统的控制

1. 控制基本要求

（1）湿式系统、干式系统的喷头动作后，应由压力开关直接连锁自动启动供水泵。

（2）预作用系统、雨淋系统及自动控制的水幕系统，应在火灾报警系统报警后，立即自动向配水管道供水。

（3）预作用系统、雨淋系统及自动控制的水幕系统，应同时具备自动控制、消防控制盘手动远控、水泵房现场应急操作以上三种启动供水泵和开启雨淋阀的控制方式。

（4）雨淋阀的自动控制，可采用电动、液（水）动或气动三种控制方式的任何一种。但应该指出，在同一保护区域内应采用相同类型的控制方式。

（5）为保证干式、预作用系统有压充气管道迅速排气，要求系统的快速排气阀入口前的电动阀，应在启动供水泵的同时开启。

2. 运行状态监视与控制

（1）消防控制室应能显示水流指示器、压力开关、信号阀、水泵、消防水池及水箱水位、有压气体管道气压以及电源和备用动力等是否处于正常状态的反馈信号；

（2）消防控制室应能控制水泵、电磁阀、电动阀等的操作。

第二节 系 统 类 型

自动喷水灭火系统有闭式和开式系统两大类。闭式系统装有闭式喷头,平时处于密闭状态,设置场所发生火灾后,由于热力作用,闭式喷头打开喷水灭火。由于保护场所环境条件限定,要求闭式系统灭火管网内平时充有水或压缩空气,因此又有湿式系统、干式系统、预作用系统、重复启闭预作用系统等。

开式系统装有开式喷头,因此,灭火管网平时不会存水。当设置场所发生火灾时,由火灾探测控制装置启动系统,所有开式喷头同时喷水灭火或阻止火势蔓延。目前应用的开式系统只有雨淋系统一种形式。

一、湿式系统

湿式系统是自动喷水灭火系统中最基本的系统形式,为绝大多数工程所采用。

（一）组成及工作原理

湿式系统由闭式喷头、湿式报警阀组、管道系统、报警控制装置和给水设备等组成,如图 12-1。准工作状态时在报警阀的上下管道中始终充满压力水,故称为湿式系统或湿

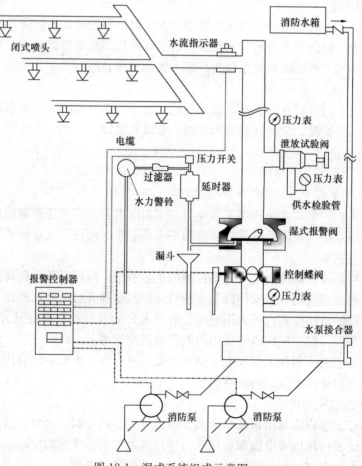

图 12-1 湿式系统组成示意图

管系统。其工作原理为：火灾发生时，火焰或高温气流使闭式喷头的热敏感元件动作，喷头被打开喷水灭火。此时，由于管网中的水由静止变为流动，水源压力水使原来处于关闭状态的湿式报警阀开启，压力水流向灭火管网。随着报警阀的开启，报警信号管路开通，压力水冲击水力警铃发出声响报警信号，同时，安装在管路上的压力开关接通发出相应的电信号，直接或通过消防控制中心自动启动消防水泵向系统加压供水，达到持续自动喷水灭火的目的。另外，串联在管路上的水流指示器动作送出相应的电信号，在报警控制器上指示某一区域已在喷水。

（二）主要特点

（1）因为管网内始终有水，因此系统灭火速度快，控火效率高。

（2）由于系统结构简单，因此，施工、管理方便，建设投资和经常管理费较省。

（3）适用于各类保护对象，因此，应用范围最广。

（三）适用范围

环境温度不低于4℃且不高于70℃的场所，应采用湿式系统。

二、干式系统

（一）组成及工作原理

为满足在低于4℃或高于70℃的场所安装使用自动喷水灭火系统，在湿式系统的基础上，将报警阀后灭火管网内的有压水改为充满用于启动系统的有压气体，以适应低温或高温场所需要。而在报警阀前的管道内仍充以压力水，并将其设置在适宜的环境温度中。由于报警阀后灭火管网内平时没有水，故称为干式系统。该系统的组成与湿式系统基本相同，如图12-2所示。

干式系统的工作原理：平时，干式报警阀后灭火管网及喷头内充满有压气体，干式报警阀处于关闭状态。发生火灾时，喷头动作后首先喷出气体，报警阀后的压力下降，水源压力水将干式报警阀打开，并进入灭火管网，将剩余压力气体从动作的喷头处推赶出去，进而喷水灭火。在干式报警阀被打开的同时，通向水力警铃和压力开关的报警信号管路也被打开，水流推动水力警铃和压力开关发出声响报警信号，并启动消防水泵加压供水。干式系统的主要工作过程与湿式系统无本质区别，只是在喷头动作后有一个排气过程，这将影响灭火的速度和效果。因此，为使压力水迅速进入充气管网，缩短排气时间，及早喷水灭火，干式系统的配水管道应设快速排气阀，并在快速排气阀入口前设电磁阀。

（二）主要特点

（1）干式报警阀后的配水管道内平时无水，不怕冻结，且可适应环境温度高的场所。

（2）建设投资和经常管理费用较高。

（3）在灭火速度上不如湿式系统快。

（三）适用范围

环境温度低于4℃或高于70℃的场所，应采用干式系统。

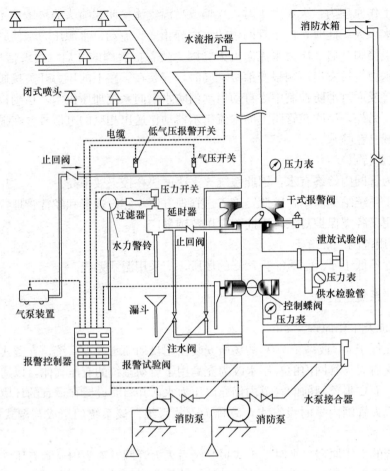

水流指示器

消防水箱

闭式喷头

电缆　低气压报警开关

止回阀　　　　气压开关

压力表

压力开关

过滤器　延时器

干式报警阀

水力警铃　止回阀

泄放试验阀

压力表

气泵装置

供水检验管

漏斗

控制蝶阀

压力表

报警控制器　报警试验阀　注水阀

水泵接合器

消防泵　消防泵

图 12-2　干式系统组成示意图

三、预作用系统

（一）组成及工作原理

预作用系统由火灾自动探测控制系统和在配水管道内充以有压或无压气体的闭式喷水灭火系统所组成。它兼容了湿式系统和干式系统的优点，系统平时呈干式，火灾时由火灾探测系统自动开启报警阀使管道充水呈临时湿式系统。系统的转变过程包含着预备动作功能，故称预作用系统，如图 12-3 所示。

工作原理：该系统在报警阀后的管道内平时无水，充以有压或无压气体。发生火灾时，保护区内的火灾探测器，首先发出火警报警信号，报警控制器在接到报警信号后作声光显示的同时即启动电磁阀排气，报警阀随即打开，使压力水迅速充满管道，这样原来呈干式的系统迅速自动转变成湿式系统，完成了预作用过程。待闭式喷头开启后，便即刻喷水灭火。预作用系统的火灾探测器动作应先于喷头的动作，确保当喷头受热开放前管道内已充满水。并应设有手动操作装置，以保证系统在火灾自动探测系统发生故障时仍能正常工作。

预作用系统在配水管路中充气的作用是为了监视管路的工作状态，即监视管路是否损坏和泄漏。在正常状况其气压可以由压力开关、控制器和微型空压机组成的自动充气装置

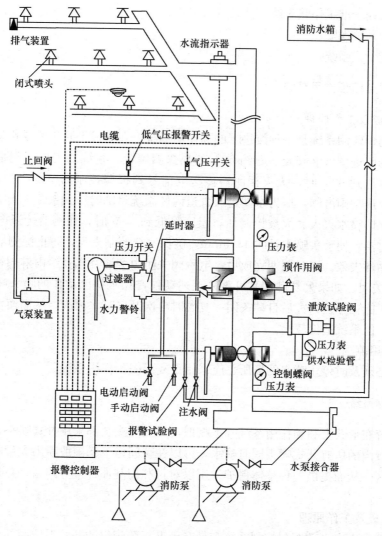

图 12-3　预作用系统组成示意图

来维持。当管路有破损时，微型空压机的充气能力已维持不了原定空气压力值，管网气压的不断下降最终会使压力开关送出故障报警信号，实现故障自动监控目的。

（二）主要特点

（1）具有干式系统的优点——失火前管网是干的，因而不怕环境温度高，也不怕环境温度低。

（2）具有湿式系统的优点——水可立即从动作的喷头中喷出，不延迟灭火时间。

（3）可有效避免因系统喷头破损而造成的水渍损失。

（4）能在喷头动作之前进行早期报警，以便及早组织扑救。

（5）可实现故障自动监测，从而提高了系统的安全可靠性。

（6）系统构造复杂，维护管理要求高，造价也高。

（三）适用范围

具有下列要求之一的场所应采用预作用系统：

（1）系统处于准工作状态时，严禁管道漏水；

（2）严禁系统误喷；

（3）替代干式系统。

四、重复启闭预作用系统

（一）组成及工作原理

重复启闭预作用系统是一种改进了的预作用系统。在组成上其主要变化是采用了一个能自动复位的改进型雨淋阀及一套约 60℃ 的热探测装置。系统的工作原理是：火灾发生后当火场温度达到 60℃ 时，火灾探测器传送电信号到报警控制器，发出电动火警信号，并自动开启改进型雨淋阀，压力水便进入管道内使系统呈临时湿式系统。当喷头达到其动作温度时则立即喷水灭火。火被控制住，温度降低到 60℃ 时，探测器传送电信号启动控制器中的定时器，使喷头喷水延时 1～5min，确保完全控制火灾，防止探测器因被喷头喷水冷却而使循环失效。定时周期完成后，电磁阀关闭由旁通补水孔给雨淋阀补水，使其在 1min 内自动关闭。如果火复燃，又可重复上述动作，让水从已动作的喷头喷水灭火。这种系统实现了能在扑灭火灾后自动关闭，复燃时再次开启喷水灭火。从而使水渍损失限制到最低程度，但系统造价较高。

（二）适用范围

灭火后必须及时停止喷水的场所，应采用重复启闭预作用系统。

五、雨淋系统

雨淋系统在形式上和预作用系统基本相似，但其喷头全部采用开式喷头，系统工作时设计喷水区域内的所有开式喷头同时喷水，可以在瞬间像下暴雨般喷出大量的水，覆盖或阻隔整个火区，从而提供一种整体保护，用以对付和控制那种来势凶猛、蔓延迅速场所的火灾。

（一）组成及工作原理

雨淋系统由火灾自动探测控制系统和带有雨淋报警阀组的开式系统两部分组成，如图 12-4 所示。

雨淋系统的启动控制通过雨淋阀实现，雨淋阀入口侧与进水管相通，出口侧接喷水灭火管路。由于传动管与进水管相连，平时充有压力水，在其作用下将雨淋阀关闭。喷水灭火管网一般为空管，但在易燃易爆特殊危险场所，为缩短喷头开始喷水的时间，提高喷水灭火效率，该管路可采用充水式，其充水的水面高度应低于开式喷头喷口所在的水平面，通常可以在主管路上设置管径小于 15mm 的溢流管来维持要求的水平面高度。发生火灾时，火灾探测器或感温探测控制元件（闭式喷头、易熔锁封）探测到火灾信号后，通过传动阀门（电磁阀、闭式喷头等）自动释放传动管网中的有压水，使传动管网中的水压骤然降低，由于传动管与进水管相连通的 $d=3mm$ 的小孔阀来不及向传动管补水，于是雨淋阀在进水管的水压推动下瞬间自动开启，压力水便立即充满灭火管网，系统的所有开式喷头同时喷水，实现对保护区的整体灭火或控火。

（二）适用范围

具有下列条件之一的场所，应采用雨淋系统：

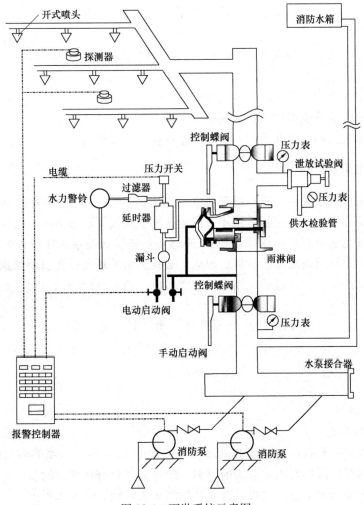

图 12-4　雨淋系统示意图

（1）火灾的水平蔓延速度快、闭式喷头的开放不能及时使喷水有效覆盖着火区域的场所。

（2）室内净空高度超过规定值（见表 12-10），且必须迅速扑救初期火灾的保护场所。

（3）火灾危险等级为严重危险级Ⅱ级的场所。

六、自动喷水－泡沫联用系统

自动喷水－泡沫联用系统是一种新型自动喷水灭火系统。对于某些水溶性液体火灾，单纯喷水时，虽然控火效果好，但灭火时间长，火灾损失较大。单纯喷泡沫时，系统的运行维护费用较高；而对于某些金属设备和构件周围发生的火灾，采用泡沫灭火后，仍需进一步防护冷却，防止泡沫消泡后因金属件的温度高而使火灾复燃。水和泡沫结合，可起到优势互补的作用。因此，为强化自动喷水灭火系统的灭火能力，减少系统的运行费用，于是产生了自动喷水－泡沫联用系统。

（一）系统应用形式

自动喷水－泡沫联用系统，根据所采用的喷头类型和工作原理，又分为闭式自动喷水

－泡沫联用系统和雨淋自动喷水－泡沫联用系统两种类型。

（二）适用范围

存在较多甲、乙、丙类液体的场所，宜按下列方式之一采用自动喷水－泡沫联用系统：

（1）采用泡沫灭火剂强化闭式系统性能。

（2）雨淋系统前期喷水控火，后期喷泡沫强化灭火效能。

（3）雨淋系统前期喷泡沫灭火，后期喷水冷却防止复燃。

七、局部应用系统

严格讲，自动喷水灭火系统本身都属于局部应用系统。在《自动喷水灭火系统设计规范》中提及的局部应用系统是指适用于室内最大净空高度不超过 8m 的民用建筑中，局部设置且保护区域总建筑面积不超过 $1000m^2$ 的湿式系统。该类系统在设计要求上有别于前述的各类系统，是针对要求某些歌舞、娱乐、放映、游艺场所设置自动喷水灭火系统而又难以完全实现而产生的一种系统应用形式，曾被称为简易自动喷水灭火系统。

第三节　系统主要组件

一、喷头

（一）喷头类型

1. 根据结构形式分类

（1）闭式喷头。具有释放机构的洒水喷头，如图 12-5 所示。该类喷头的喷水口由热敏感元件组成的释放机构封闭，喷头的感温、闭锁装置只有在预定的温度环境下，才会脱落。在火灾时主要有两个作用过程，首先是探测火灾，然后是布水灭火。

（2）开式喷头。无释放机构的洒水喷头，如图 12-6 所示。该类喷头的喷水口处于常开状态，承担布水灭火的任务。

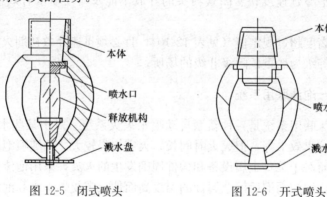

图 12-5　闭式喷头　　　　　图 12-6　开式喷头

2. 根据热敏感元件分类

（1）玻璃球喷头。如图 12-5 所示。通过玻璃球内充装的液体受热膨胀使玻璃球爆破而开启的喷头。该喷头由喷水口、玻璃球、框架、溅水盘、密封垫等组成。玻璃球支撑喷水口的密封垫，其内充装一种彩色高膨胀液体。火灾时，玻璃球内的液体受热膨胀，当达到其公称动作温度范围时，玻璃球炸裂成碎片，喷水口的密封垫失去支撑，阀盖脱落，压力水便喷出灭火。玻璃球喷头一般用于美观要求较高的公共建筑和具有腐蚀性的场所。

（2）易熔元件喷头。通过易熔元件受热熔化而开启的喷头，如图12-7所示。该喷头热敏元件由易熔合金焊片与支撑构件焊在一起。火灾时在火焰或高温烟气的作用下，易熔合金片在预定温度下熔化，感温元件失去支撑，于是喷头开启灭火。易熔元件喷头用于外观要求不高，腐蚀性不大的工厂、仓库等。

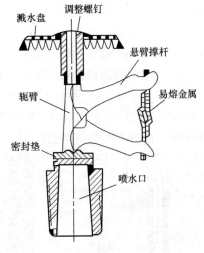

图 12-7　易熔元件喷头结构图

3. 根据安装位置分类

（1）直立型喷头。直立安装，水流向上冲向溅水盘的喷头，如图12-8。这种喷头的溅水盘呈平板或略有弧状，其80％以上的水量通过溅水盘的反溅后直接洒向下方，其余的水量向上喷洒保护顶棚。适用于安装在管路下面经常有货物装卸或物体移动等作业的场所。

（2）下垂型喷头。下垂安装，水流向下冲向溅水盘的喷头，如图12-9。该种喷头适用于安装在各种保护场所，应用较为普遍。

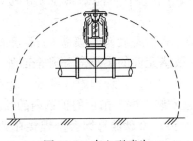

图 12-8　直立型喷头

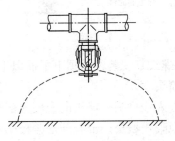

图 12-9　下垂型喷头

（3）边墙型喷头。靠墙安装，在一定的保护面积内，将水向一边（半个抛物线）喷洒分布的喷头，有立式和水平式两种，如图12-10所示。这种喷头带有定向的溅水盘，安装在墙上，将85％的水量从保护区的侧上方向保护区洒水，其余的水喷向喷头后面的墙上。适合安装在受空间限制、布置管路困难的场所和通道状的建筑部位。

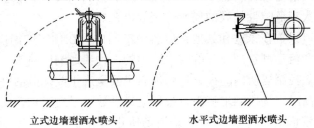

立式边墙型洒水喷头　　　　　水平式边墙型洒水喷头

图 12-10　边墙型喷头

4. 根据喷头灵敏度分类

(1) 快速响应喷头。响应时间系数 RTI$\leqslant$50 (m·s)$^{0.5}$的喷头。

(2) 特殊响应喷头。平均响应时间系数 RTI 大于 50 (m·s)$^{0.5}$且小于 80 (m·s)$^{0.5}$的喷头。

(3) 标准响应喷头。响应时间系数 RTI 大于 80 (m·s)$^{0.5}$且小于 350 (m·s)$^{0.5}$的喷头，简称 ESSR 喷头，用于保护高堆垛与高货架仓库。

(4) 早期抑制快速响应喷头。在热的作用下，在预定的温度范围内自行启动，使水以一定的形状和密度在设计的保护面积上分布，以达到早期抑制效果的一种喷水装置，简称 ESFR 喷头。该喷头的响应时间系数 RTI$\leqslant$28$\pm$8 (m·s)$^{0.5}$，属于大流量特种洒水喷头，用于保护高堆垛与高货架仓库。

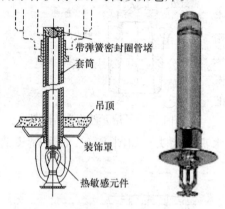

带弹簧密封圈管堵

套筒

吊顶

装饰罩

热敏感元件

图 12-11　干式喷头

5. 根据性能特点和特殊结构分类

(1) 干式喷头。由一个特殊短管和安装于短管出口处的喷头组成，在短管入口处设有密封机构，在喷头动作之前，此密封机构可阻止水进入短管，如图 12-11。当喷头动作时，封堵脱落，水进入喷头喷水。这样可以避免干式系统喷水后，未动作喷头接管内积水排不出去而造成冻结。适用于干式系统需要使用下垂型喷头的场所及湿式系统中喷头和接管可能暴露在无供暖措施的低温场所。

(2) 齐平式喷头。喷头的部分或全部本体（包括根部螺纹）安装在吊顶下平面以上，但热敏感元件的集热部分或全部处于吊顶下平面以下的喷头。

(3) 嵌入式喷头。喷头的全部或部分本体被安装在嵌入吊顶的护罩内的喷头。

(4) 隐蔽式喷头。带有装饰盖板的嵌入式喷头，盖盘被易熔合金焊接在调节护架上，当火灾发生后，盖盘受热，易熔元件熔化，盖盘先行脱落，喷头的溅水盘和玻璃球露出。

(5) 带涂层喷头。喷头出厂时即带有防腐作用或装饰作用的涂层或镀层的喷头。

(6) 带防水罩的喷头。带有固定于热敏感元件上方的防水罩，防止上方的水喷洒在热敏感元件上的喷头。货架或开放网架，可选用此喷头。

(7) 大水滴喷头。通过溅水盘使喷出的水形成具有一定比例的大、小水滴，均匀喷向保护区，其中大水滴能有效地穿透火焰，直接接触着火物，降低着火物的表面温度。因此，在高架库房等火灾危险性较高的场所应用效果良好。

(8) 家用喷头。设置在家庭和其他类似居住空间内，在预定的温度范围内自行启动，按设计的洒水形状和流量洒水到设计的防火区内的一种快速响应喷头。该喷头能在着火初期启动灭火，可有效控制居所内的火灾，增加居民安全逃生或疏散的可能性。

(9) 非仓库类高净空场所洒水喷头。公称流量系数 K 大于 115，安装在非仓库类高大净空场所内，能在较低的工作压力下对此类场所进行保护的一种专用喷头，简称 ZSTJ 喷头。

(10) 雨淋喷头。用于大空间场所或露天场所，能够将水喷洒成雨滴状，均匀分布在保护区域内的大流量喷头。

6. 根据保护面积分类

（1）标准覆盖面积洒水喷头。单只喷头保护面积不超过 20m² 的下垂型或直立型喷头及单只喷头保护面积不超过 18m² 的边墙型喷头。

（2）扩展覆盖面洒水喷头。具有比常规喷头更大的保护面积的洒水喷头，简称 EC 喷头。

（二）喷头的选定

根据系统类型与保护场所的实际选用喷头。设置场所内选用的闭式喷头，其公称动作温度宜高于环境最高温度 30℃。同一隔间内应采用相同热敏性能的喷头。

1. 湿式系统的喷头选型

（1）吊顶下布置的喷头，应采用下垂型喷头或吊顶型喷头。

（2）不作吊顶的场所，当配水支管布置在梁下时，应采用直立型喷头。

（3）顶板为水平面的轻危险级、中危险级Ⅰ级居室和办公室，可采用边墙型喷头。

（4）易受碰撞的部位，应采用带保护罩的喷头或吊顶型喷头。

2. 其他系统的喷头选型

（1）干式系统、预作用系统应采用直立型喷头或干式下垂型喷头。

（2）自动喷水-泡沫联用系统应采用洒水喷头。

（3）雨淋系统的防护区内应采用相同的喷头。

3. 宜采用快速响应喷头的场所

（1）公共娱乐场所、中庭环廊。

（2）医院、疗养院的病房及治疗区域，老年、少儿、残疾人的集体活动场所。

（3）超出水泵接合器供水高度的楼层。

（4）地下的商业及仓储用房。

二、报警阀组

报警阀组是自动喷水灭火系统的专用阀门，平时处于闭合状态，发生火灾时自动开启，担负着接通或切断水源、启动水流报警装置等任务。

（一）报警阀组的构成

报警阀组（以湿式报警阀为例）通常由报警阀、报警信号管路、延迟器、压力开关、水力警铃、泄水及试验装置、压力表等构成，如图 12-12 所示。

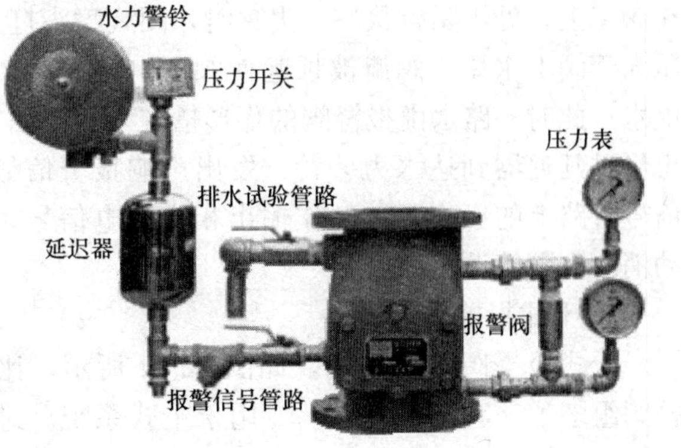

1. 报警阀

报警阀是报警阀组的主体，通过其实现报警阀组的特定功能。该部件的外形和内部结构随报警阀的类型不同有所差异，是一种只允许水流入的单向阀。

2. 报警信号管路

图 12-12　湿式报警阀组

在报警阀组中报警信号管路起着桥梁纽带的作用，其上安装有延迟器、压力开关和水力警铃,当报警阀开启,报警信号管路将压力水输送至水力警铃及压力开关。

3. 延迟器

延迟器安装在报警信号管路的前端,通过缓冲延时,消除自动喷水灭火系统因水源压力波动和水流冲击造成的误报警。延迟器的容量一般为6～10L,延迟时间为20～30s。

4. 水力警铃

水力警铃是利用水流的冲击力发出声响的报警装置,由警铃、铃锤、转动轴、输水管等组成,位于报警信号管路末端,安装在延迟器的上部。水力警铃应设在有人值班的地点附近,其工作压力不应小于0.05MPa,与报警阀连接的管道,其管径应为20mm、总长不宜大于20m。

5. 压力开关

压力开关垂直安装在延迟器与水力警铃之间的信号管道上,平时由于报警阀闭合,报警信号管路呈现无压,压力开关处于待命状态。当报警阀动作后,报警信号管路充满报警水流,使压力开关动作部件受压,产生位移触动信号输出部件,将水压信号转化为电信号发送到报警控制器,进而发出指令自动控制连锁开启消防水泵,还可用于监控报警阀的工作状态及管道内的压力变化情况。

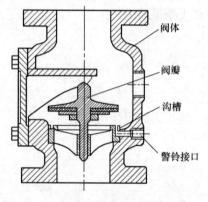

图12-13 湿式报警阀的结构图

阀体
阀瓣
沟槽
警铃接口

6. 排水试验管路

排水试验管路指连接在供水侧和报警口之间的管道,设有控制阀,用于系统试验和检查时的泄水与排气。

7. 压力表

压力表分别设置在报警阀组前的供水侧和报警阀组后的系统侧,用于显示系统各种状态下的压力。

(二)报警阀组的类型

1. 湿式报警阀组

湿式报警阀组如图12-13所示,用于湿式系统。其中的报警阀有座圈型、导阀型和碟阀型三种类型,图示为座圈型,由阀体和阀瓣两部分组成。平时阀瓣前后水压相等,由于阀瓣的自重降落在阀座上,处于闭合状态。火灾时,闭式喷头打开喷水,报警阀上面的水压下降,阀下水压大于阀上水压,阀瓣被顶起使阀门自动开启,向管网供水。此时一路水由报警阀的环形槽进入报警信号管路,再经过延迟器到达水力警铃,发出声响报警信号,报警信号管路上的压力开关动作输出相应的电信号,连锁启动消防水泵等设施。

2. 干式报警阀组

干式报警阀组的构成,如图12-14所示,比湿式报警阀组多了一套充气装置,专用于干式系统。进口与供水管网相连,出口接灭火管网充以压缩气体。其工作原理是:平时密封组件出口侧所受的力大于进口侧水源施加的力,因此,阀门处于闭合状态。火灾时闭式喷头打

水力警铃
压力表
报警信号管路
阀体
充气与气压维护组件
试验管路

图12-14 干式报警阀组构成图

开，出口侧气压下降，当降到一定程度时，进口侧水的压力大于阀瓣出口侧施加的力，密封组件打开，水流入配水管道，供给已动作喷头喷水灭火。干式阀启动后防复位的目的是防止出口侧静水压等压力使阀门重新复位而影响供水灭火。

由于干式报警阀两侧受压面面积不等，使得灭火管网中所充气压要小于水压。

3. 雨淋报警阀组

雨淋报警阀可通过电动、机械或其他方式开启，适用于雨淋系统、水幕系统、水喷雾系统等各类开式系统和预作用系统，其构成如图 12-15 所示。

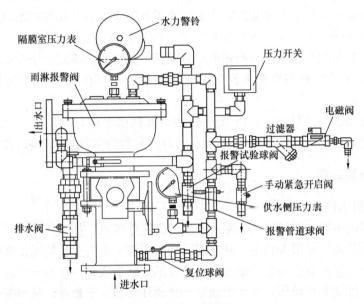

图 12-15 雨淋报警阀组

阀组中普遍使用的隔膜式雨淋阀，如图 12-16 所示。该阀分为 A、B、C 三室，A 室与供水管相通，B 室与灭火管网相连，C 室通过传动管网与供水管相连。平时 A、B、C 三个室内均充满了水，其中 B 室内仅充满具有静水压力的水。因 C 室受压面大于 A 室受压面，在相同水压的作用下，平时雨淋阀处于关闭状态。当发生火灾时，通过传动设备自动将传动管网中的水压释放，即 C 室内水被放出，由于直径为 3mm 的小孔阀来不及补水，使 C 室中大圆盘上的水压骤然降低，于是雨淋阀在供水管的水压推动下自动开启，迅速流向整个管网供喷头喷水灭火。同时部分压力水流向报警信号管路，使水力警铃发出铃声报警，压力开关动作，直接启动消防水泵供水。此时由于电磁阀具有自锁功能，所以雨淋报警阀被锁定为开启状态，灭火后，手动将电磁阀复位，稍后雨淋报警阀将自行复位关闭。

（三）报警阀组的设置要求

（1）自动喷水灭火系统应设报警阀组。保护室内

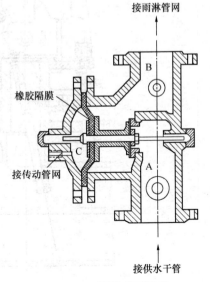

图 12-16 隔膜型雨淋阀

钢屋架等建筑构件的闭式系统，应设独立的报警阀组。

（2）湿式和预作用系统，每个报警阀组控制的喷头数不宜超过 800 只；干式喷水灭火系统，每个报警阀组控制的喷头数不宜超过 500 只。当配水支管同时安装保护吊顶下方和上方空间的喷头时，应只将数量较多一侧的喷头计入报警阀组控制的喷头总数。

（3）串联接入湿式系统配水干管的其他自动喷水灭火系统，应设置独立的报警阀组。另外，考虑到湿式系统检修时可能影响串入的其他系统，规定其控制的喷头数计入湿式报警阀组控制的喷头总数。

（4）报警阀组不宜设置在消防控制中心，宜设在安全、易于操作的地点，距地面高度 1.2m，房间温度应在 4℃以上，无腐蚀和振动，应设有相应的排水设施。

（5）每个报警阀组供水的最高与最低位置喷头，其高程差不宜大于 50m。

（6）当高层建筑中有多个报警阀时，宜分层设置，且在每个报警阀上应注明相应编号。

（7）当雨淋系统的流量超过直径 150mm 雨淋阀的供水能力时，可采用几个雨淋阀并联安装来满足要求。雨淋阀组的电磁阀，其入口应设过滤器，以防其流道被堵塞。

三、水流探测装置

（一）水流指示器

水流指示器由本体、微行开关、浆片及法兰底座等组成，如图 12-17 所示。是将水流信号转换成电信号的一种报警装置，其作用就是监测管网内的水流情况，准确、及时报告发生火灾的部位。竖直安装在系统配水管网的水平管路上或各分区的分支管上，当有水流过时，流动的水推动浆片动作，浆片带动整个联动杆摆动一定角度，从而带动信号输出组件的触点闭合，使电接点接通，将水流信号转换为电信号，输出到消防控制中心，报知建筑物某部位的喷头已开始喷水，消防控制中心由此信号确认火灾的发生。

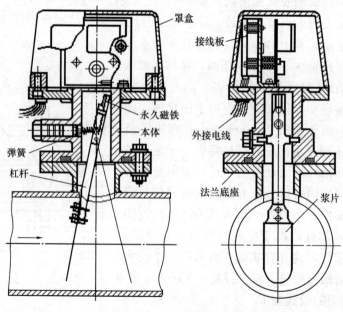

图 12-17　水流指示器

设有自动喷水灭火系统的防火分区及楼层均应设置水流指示器。当一个报警阀组仅控制一个防火分区或一个层面的喷头时，由于报警阀组的水力警铃和压力开关已能发挥报告火灾部位的作用，故此种情况允许不设水流指示器。仓库内顶板下喷头与货架内喷头应分别设置水流指示器，以便于判断喷头的动作状况。当水流指示器入口前设置控制阀时，应设置信号阀。水流指示器宜安装在管道井中，以便于维护管理。

（二）压力开关

压力开关一般设在报警阀组的报警信号管路上，用以直接连锁自动启动消防水泵。此外，有些情况也应选用压力开关作为水流报警装置：雨淋系统和防火分隔水幕，其水流报警装置宜采用压力开关。因该系统采用开式喷头，平时报警阀出口后的管道内没有水，系统启动后的管道充水阶段，管内水的流速较快，容易损伤水流指示器，因此采用压力开关较好；稳压泵的启停，应采用压力开关控制。

四、管道系统

（一）管道命名

以报警阀组为界，如图 12-18 所示，自动喷水灭火系统的管道按以下规则进行命名：

供水管道——报警阀组前的管道。

配水管道 ——报警阀组后的管道，细分有：

配水干管：报警阀后向配水管供水的管道。

配水管：向配水支管供水的管道。

配水支管：直接或通过短立管向喷头供水的管道。

短立管：连接喷头与配水支管的立管。

（二）管道排水

（1）系统应在其负责区段管道的最低点设置泄水阀或泄水口，以便于系统的检修和维护。

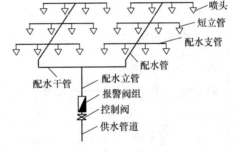

图 12-18　管道命名

（2）水平安装配水管道宜有坡度，并应坡向泄水阀。充水管道的坡度不宜小于 2‰，准工作状态不充水管道的坡度不宜小于 4‰。

（3）充水管道有局部下弯，且下弯管段内喷头数量少于 5 只时，可在管道上设置丝堵泄水口。喷头数量为 5～20 只时，宜设置带有泄水阀的泄水口。喷头数量多于 20 只时，宜设置带有泄水阀的泄水管，并接至建筑物的排水系统管道。

（4）仓库内设有自动喷水灭火系统时，宜设消防排水设施。

（三）管路充气和排气

干式系统和预作用系统的配水管道，可用空气压缩机充气，在空气压缩站能保证不间断供气时，也可由空气压缩站供应。其供气管道，采用钢管时，管径不宜小于 15mm；采用铜管时，管径不宜小于 10mm。

利用有压气体作为系统启动介质的干式系统、预作用系统，其配水管道内的气压值，应根据报警阀的技术性能确定；利用有压气体检测管道是否严密的预作用系统，配水管道内的气压值不宜小于 0.03MPa，且不宜大于 0.05MPa。

干式系统和预作用系统的配水管道应设快速排气阀，以便系统启动后管道尽快排气充水。有压充气管道的快速排气阀入口前应设电动阀，该阀平时常闭，系统充水时打开；其他系统应在其负责区管道的最高点设置排气阀或排气口。

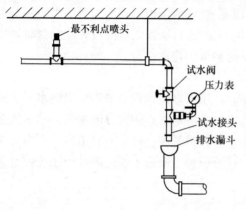

图 12-19　末端试水装置组成示意图

五、末端试水装置

末端试水装置由试水阀、压力表、试水喷嘴及保护罩等组成，如图 12-19 所示。用于监测自动喷水灭火系统末端压力，测试系统能否在开放一只喷头的最不利条件下可靠报警并正常启动，并对水流指示器、报警阀、压力开关、水力警铃的动作是否正常，配水管道是否畅通，系统联动功能是否正常等进行综合检验。在每个报警阀组控制的最不利点喷头处，应设置末端试水装置。其他防火分区、楼层的最不利点喷头处，均应设直径为 25mm 的试水阀。

第四节　喷头与管网的布置

一、喷头布置

（一）喷头的流量
每只喷头的流量可按下式计算：

$$q = K\sqrt{10P} \tag{12-1}$$

式中　q——每只喷头的流量，L/min；

K——喷头的公称流量系数，有 57、80、115、161、202 等多种；

P——喷头处的工作压力，MPa。

（二）每只喷头的保护面积
每只喷头的保护面积，即由四只喷头围成的图形的正投影面积，如图 12-20 所示。图中喷头 A、B、C、D 成正方形布置，四只喷头同时喷水时，假设最不利点相邻四只喷头的流量相等，则每只喷头恰好有四分之一的水量喷洒在 ABCD 面积内，此四只喷头的平均保护面积等于一只喷头的有效保护面积，即：

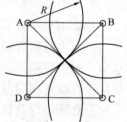

$$A_1 = \frac{4q_0}{4q_\mu} \tag{12-2}$$

图 12-20　每只喷头的保护面积示意图

式中　A_1——每只喷头的保护面积，m^2；

q_0——最不利点喷头流量，L/min；

q_μ——设计喷水强度，L/min·m^2。

（三）喷头布置间距
喷头布置间距与系统设计喷水强度、喷头类型、喷头工作压力和喷头的布置形式等有关，其间距确定合理与否，将决定着喷头能否及时动作和按规定强度喷水。

1. 正方形布置喷头间距

正方形布置为同一配水支管上喷头的间距与相邻配水支管间的间距相同，如图 12-21 所示。采用正方形布置时喷头的布置间距可按下式计算确定。但直立型、下垂型标准喷头间距不应大于表 12-1 的给定值，且不宜小于 2.4m。

$$S=\sqrt{A_1} \tag{12-3a}$$

或　　　　　　　　　　$$S=2R\cos45° \tag{12-3b}$$

式中　S——喷头呈正方形布置时的间距，m；

A_1——每只喷头的保护面积，m^2；

R——喷头设计喷水保护半径，m。

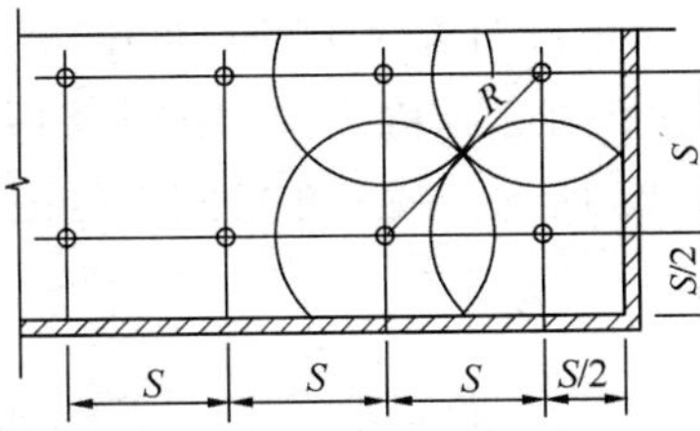

图 12-21　正方形布置示意图

正方形布置时不同危险等级的喷头间距　　　　　表 12-1

喷水强度 [(L/(min·m²)]	一只喷头的最大保护面积 (m²)	正方形布置的边长 (m)	喷头与端墙的最大距离 (m)
4	20.0	4.4	2.2
6	12.5	3.6	1.8
8	11.5	3.4	1.7
≥12	9.0	3.0	1.5

注：1. 喷水强度大于 8L/（min·m²）时，宜采用公称流量系数 $K>80$ 的喷头。

　　2. 货架内置喷头的间距均不应小于 2m，并不应大于 3m。

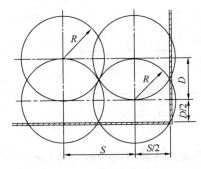

图 12-22　长方形布置示意图

2. 矩形或平行四边形布置喷头间距

矩形或平行四边形布置为同一根配水支管上喷头的间距大于或小于相邻配水支管的间距，如图 12-22。喷头采用矩形或平行四边形布置时，其长边可按下式计算。但直立型、下垂型标准喷头间距不应大于表 12-2 的给定值，且不宜小于 2.4m。

$$S\leqslant(1.05\sim1.2)\sqrt{A_1} \tag{12-4}$$

式中　S——喷头呈矩形或平行四边形布置时的长边长度，m；

A_1——每只喷头的保护面积，m^2。

矩形布置时不同危险等级的喷头间距　　　　　表 12-2

喷水强度 [(L/(min·m²)]	一只喷头的最大保护面积 (m²)	矩形或平行四边形布置的边长 (m)		喷头与端墙的最大距离 (m)	
		长边 S	短边 D	$S/2$	$D/2$
4	20.0	4.5	4.4	2.25	2.20
6	12.5	4.0	3.0	2.00	1.50
8	11.5	3.6	3.1	1.80	1.55
≥12	9.0	3.6	2.5	1.80	1.25

注：1. 喷水强度大于 8L/（min·m²）时，宜采用公称流量系数 $K>80$ 的喷头。

　　2. 货架内置喷头的间距均不应小于 2m，并不应大于 3m。

3. 单排布置喷头时的布置间距

对仅在走道内设置单排喷头保护时，其喷头布置应确保走道地面不留漏喷空白点，如图 12-23 所示。喷头布置间距可按下式计算：

$$S = 2\sqrt{R^2 - \left(\frac{b}{2}\right)^2} \tag{12-5}$$

式中　S——单排布置喷头时的布置间距，m；

　　　R——喷水保护半径，m；

　　　b——走道的宽度，m。

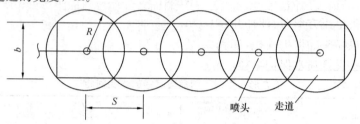

图 12-23　仅在走廊布置喷头的示意图

（四）喷头设置的最大净空高度

为确保闭式喷头及时受热开放，并使开放喷头的洒水能有效地覆盖起火部位，充分发挥其灭火作用，要求采用闭式系统设置场所的最大净空高度不应大于表 12-3 的规定。仅用于保护室内钢屋架等建筑构件和设置货架喷头的闭式系统，不受表 12-3 的限制。

闭式系统场所的最大净空高度　　　　　　　　　　　　　　　**表 12-3**

设置场所	最大净空高度（m）	设置场所	最大净空高度（m）
民用建筑和工业厂房	8	采用早期抑制快速响应喷头的仓库	13.5
仓库	9	非仓库类高大净空场所	12

（五）喷头布置要求

1. 喷头布置的一般规定

（1）喷头应布置在顶板或吊顶下易于接触到火灾热气流并有利用均匀布水的位置。

（2）溅水盘距顶板太近不便安装维护，且洒水易受影响。太远喷头感温元件升温较慢，喷头不能及时开启；除吊顶型喷头及吊顶下安装的喷头外，直立型、下垂型标准喷头，其溅水盘与顶板的距离，不应小于 75mm，且不应大于 150mm。

（3）快速响应早期抑制喷头的溅水盘与顶板的距离，应符合表 12-4 的规定。

早期抑制快速响应喷头的溅水盘与顶板的距离（mm）　　　　**表 12-4**

喷头安装方式	直立型		下垂型	
	不应小于	不应大于	不应小于	不应大于
溅水盘与顶板的距离（mm）	100	150	150	360

（4）图书馆、档案馆、商场、仓库中的通道上方宜设有喷头。喷头与被保护对象的水平距离，不应小于 0.3m（如图 12-24 所示）；喷头溅水盘与保护对象的最小垂直距离不应小于表 12-5 的规定。

喷头类型	最小垂直距离（m）	喷头类型	最小垂直距离（m）
标准喷头	0.45	其他喷头	0.90

喷头溅水盘与保护对象的最小垂直距离　　　　　表 12-5

（5）净空高度大于 800mm 的闷顶和技术夹层内有可燃物时，应设置喷头。

（6）当局部场所设置自动喷水灭火系统时，与相邻不设自动喷水灭火系统场所连通的走道或连通开口的外侧，应设喷头。

（7）装设通透性吊顶的场所，喷头应布置在顶板下。

（8）顶板或吊顶为斜面时，喷头应垂直于斜面，并应按斜面距离确定喷头间距。尖屋顶的屋脊处应设一排喷头。喷头溅水盘至屋脊的垂直距离，屋顶坡度＞1/3 时，不应大于 0.8m；屋顶坡度＜1/3 时，不应大于 0.6m，如图 12-25 所示。

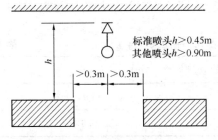
图 12-24　堆物较高场所通道上方喷头的设置

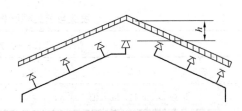
图 12-25　屋脊处设置喷头示意图

2. 喷头与障碍物的距离

设置直立型、下垂型喷头的场所，如有障碍物时，为保证障碍物对喷头喷水不形成阻挡，要求喷头与障碍物之间的距离应符合要求。当因遮挡而形成空白点的部位，应增设补偿喷水强度的喷头。

（1）当喷头布置在梁、通风管或类似障碍物附近时，如图 12-26 所示，为避免梁、通风管道等障碍物影响喷头的布水，喷头与障碍物的水平距离宜满足表 12-6 的规定。

喷头与梁、通风管道的距离（m）　　　　　　表 12-6

喷头溅水盘与梁或通风管道的底面的最大垂直距离 b（m）		喷头与梁、通风管道的水平距离 a（m）
标准喷头	其他喷头	
0	0	$a<0.3$
0.06	0.04	$0.3\leqslant a<0.6$
0.14	0.14	$0.6\leqslant a<0.9$
0.24	0.25	$0.9\leqslant a<1.2$
0.35	0.38	$1.2\leqslant a<1.5$
0.45	0.55	$1.5\leqslant a<1.8$
＞0.45	＞0.55	$a=1.8$

（2）直立型、下垂型标准喷头的溅水盘以下 0.45m、其他直立型、下垂型喷头的溅水盘以下 0.9m 范围内，如有屋架等间断障碍物或管道时，为使障碍物对喷头的洒水影响降至最小，要求喷头与邻近障碍物之间应保持一个最小的水平距离，如图 12-27 所示，这个

距离是由障碍物的最大截面尺寸或管道直径所决定的，具体宜符合表 12-7 的规定。

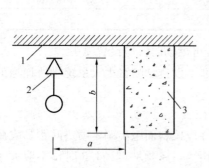

图 12-26　喷头与梁、通风管道的距离

1—顶板；2—直立型喷头；3—梁或通风管道

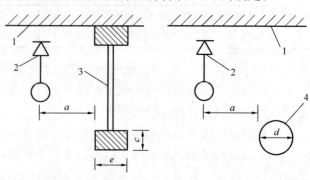

图 12-27　喷头与邻近障碍物的最小水平距离

1—顶板；2—直立型喷头；3—屋架等间断障碍物；4—管道

喷头与邻近障碍物的最小水平距离（m）　　　　　　　　表 12-7

喷头与邻近障碍物的最小水平距离 a（m）	
c、e 或 d≤0.2	c、e 或 d>0.2
$3c$ 或 $3e$（c 与 e 取大值）或 $3d$	0.6

（3）当梁、通风管道、排管、桥架等障碍物的宽度大于 1.2m 时，如图 12-28 所示，为避免障碍物对喷头洒水的遮挡，在其下方应增设喷头，以补偿受阻部位的喷水强度。

（4）为了保证喷头洒水能到达隔墙的另一侧，喷头与不到顶隔墙的水平距离，直立型、下垂型喷头与不到顶隔墙的水平距离，不得大于喷头溅水盘与不到顶隔墙顶面垂直距离的 2 倍，如图 12-29 所示。

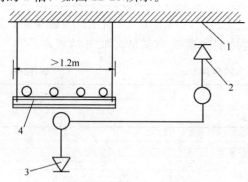

图 12-28　障碍物下方增设喷头

1—顶板；2—直立型喷头；3—下垂型喷头；
4—排管或梁、通风管道、桥梁

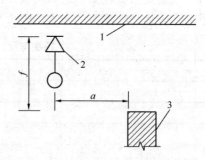

图 12-29　喷头与不到顶隔墙的水平距离

1—顶板；2—直立型喷头；3—不到顶隔墙

（5）如图 12-30 所示，喷头与靠墙障碍物的距离应符合：当障碍物横截面边长小于 750mm 时，喷头与障碍物的距离，应按下式确定；当障碍物横截面边长等于或大于 750mm，或喷头与障碍物的水平距离的计算值大于表 12-1、表 12-2 中喷头与端墙距离的规定时，应在靠墙障碍物下增设喷头。

$$a = (e - 200) + b \qquad (12\text{-}6)$$

式中　a——喷头与障碍物的水平距离，mm；

　　　b——喷头溅水盘与障碍物底面的垂直距离，mm；

　　　e——障碍物横截面的边长，mm，$e < 750$mm。

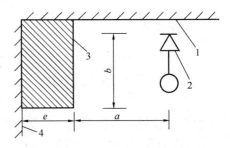

图 12-30　喷头与靠墙障碍物的距离

1—顶板；2—直立型喷头；

3—靠墙障碍物；4—墙面

3. 货架内喷头布置要求

（1）货架内喷头宜与顶板下喷头交错布置，其溅水盘与上方屋板的距离，不应小于 75mm，且不应大于 150mm；与其下方货品顶面的垂直距离不应小于 150mm；

（2）货架内喷头上方的货架层板，应为封闭层板。货架内喷头上方如有孔洞、缝隙，应在喷头的上方设置集热挡水板。集热挡水板应为正方形或圆形金属板，其平面面积不宜小于 0.12m²，周围弯边的下沿，宜与喷头的溅水盘平齐。

4. 边墙型喷头的布置要求

（1）边墙型标准喷头的最大保护跨度与间距，应符合表 12-8 的规定；

边墙型标准喷头的最大保护跨度与间距（m）　　　　表 12-8

设置场所火灾危险等级	轻危险级	中危险级 I 级
配水支管上喷头的最大间距（m）	3.6	3.0
单排喷头的最大保护跨度（m）	3.6	3.0
两排相对喷头的最大保护跨度（m）	7.2	6.0

注：1. 两排相对喷头应交错布置；

　　2. 室内跨度大于两排相对喷头的最大保护跨度时，应在两排相对喷头中间增设一排喷头。

（2）边墙型扩展覆盖喷头的最大保护跨度、配水支管上的喷头间距、喷头与两侧端墙的距离，应按喷头工作压力下能够喷湿对面墙和邻近端墙距溅水盘 1.2m 高度以下的墙面确定，且保护面积内的喷水强度应符合规定；

（3）直立式边墙型喷头，其溅水盘与顶板的距离不应小于 100mm，且不宜大于 150mm，与背墙的距离不应小于 50mm，并不应大于 100mm；

（4）水平式边墙型喷头溅水盘与顶板的距离不应小于 150mm，且不应大于 300mm；

（5）边墙型喷头的两侧 1m 及正前方 2m 范围内，顶板或吊顶下不应有阻挡喷水的障碍物。

5. 开式喷头的布置要求

（1）开式喷头的竖向布置，必须充分考虑屋盖或楼板的结构特点。喷头一般安装在楼盖凸出部分（如梁）的下面。充水式喷水管网的喷头都安装在同一标高上，且均应向上安装，以保证管网中平时充满水。对空管式喷水管网的喷头可向上或向下安装；

（2）在同一层内有两个或两个以上喷水防火区时，相邻喷水区域的喷头布置应能有效地扑灭分界区的火灾。

二、管网布置

(一) 管道布置方式

1. 报警阀前供水管道的布置

当自动喷水灭火系统中设有 2 个及 2 个以上报警阀组时，为保证系统的供水可靠性，其报警阀组前的供水管道宜布置成环状，如图 12-31 所示。

2. 报警阀后配水管道的布置

自动喷水灭火系统的配水管道，根据喷头布置情况，配水支管与配水管的连接、配水管与配水干管的连接等，可采用侧边中心型给水、侧边末端型给水、中央中心型给水、中央末端型给水等布置方式（如图 12-32 所示）。中心型给水方式，力求两边配水支管安装的喷头数量相等，其优点是压力均衡、水力条件好。喷头数为奇数时，两边配水支管的喷头数量不相等，这时只要配水支管的管径不过大，宜采用末端型供水。一般情况下，在布置配水支管时，应尽可能使用中心型给水方式，尽量避免采用末端型给水方式。在布置配水干管时，尽量采用中央给水方式。总之，配水管道的布置，应使配水管入口的压力均衡。

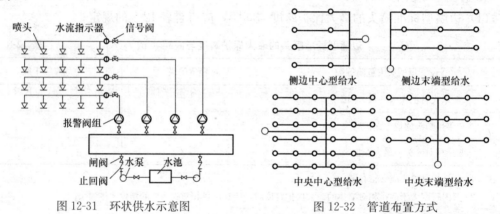

图 12-31　环状供水示意图　　　　　图 12-32　管道布置方式

(二) 管道设置要求

(1) 为保证系统的用水量，报警阀出口后的配水管道上不应设置其他用水设备；

(2) 每根短立管及末端试水装置的连接管，其管径不应小于 25mm；

(3) 为防止配水支管过长，水头损失增加，要求配水管两侧每根配水支管控制的标准喷头数应符合下列要求：

1) 轻危险级、中危险级场所不应多于 8 只，同时在吊顶上、下安装喷头的配水支管，上下侧的喷头数均不应超过 8 只；

2) 严重危险级及仓库危险级场所均不应超过 6 只。

(4) 为保证系统的可靠性和尽量均衡系统管道的水力性能，对于轻危险级、中危险级场所不同直径的配水支管、配水管所控制的标准喷头，不应超过表 12-9 的规定；

(5) 配水管道的工作压力不应大于 1.2MPa；

(6) 配水管道应采用内外壁热镀锌钢管。当报警阀入口前管道采用内壁不防腐的钢管时，应在该段管道的末端设过滤器；

配水支管、配水管控制的标准喷头数 表 12-9

公称直径（mm）	控制的标准喷头数（只）	
	轻级	中级
25	1	1
32	3	3
40	5	4
50	10	8
65	18	12
80	48	32
100	—	64

（7）镀锌钢管应采用沟槽式连接件或丝扣、法兰连接。报警阀前采用内壁不防腐钢管时，可焊接连接；

（8）为便于检修，系统中直径≥100mm 的管道，应分段采用法兰或沟槽式连接件（卡箍）连接。水平管道上法兰间的管道长度不宜大于 20m；立管上法兰间的距离，不应跨越 3 个及以上楼层。净空高度大于 8m 的场所内，立管上应有法兰；

（9）为了达到系统启动后立即喷水的要求，干式系统的配水管道充水时间，不宜大于 1min；预作用系统与雨淋系统的配水管道充水时间，不宜大于 2min。

（三）管道的水流速度和管径确定

系统管道内的水流速度宜采用经济流速，必要时可超过 5m/s，但利用减压设施减压的特殊情况下不应大于 10m/s。

系统的管道管径应根据管道允许流速和所通过的流量来确定。为简化计算，亦可根据经验按照不同管径配水管上最多允许安装的喷头数（表 12-9），对管道管径进行估算。

第五节 系统设计流量与水压

一、系统基本参数

自动喷水灭火系统设计计算基本参数根据保护场所性质确定。

（一）民用建筑和工业厂房设置场所

民用建筑和工业厂房设置场所，其系统设计基本参数见表 12-10。

民用建筑和工业厂房的系统设计基本参数 表 12-10

火灾危险等级		净空高度（m）	喷水强度 [L/(min·m²)]	作用面积（m²）
轻危险级			4	
中危险级	Ⅰ级	≤8	6	160
	Ⅱ级		8	
严重危险级	Ⅰ级		12	260
	Ⅱ级		16	

注：1. 系统最不利点处喷头的工作压力不应低于 0.1MPa；

2. 系统的持续喷水时间，应按火灾延续时间不小于 1h 确定。

系统设计基本参数的修正：

（1）仅在走道设置单排喷头的闭式系统，其作用面积应按最大疏散距离所对应的走道面积确定。

（2）装设网格、栅板类通透性吊顶的场所，系统的喷水强度应按表12-10规定值的1.3倍确定。

（3）干式系统的作用面积应按表12-10规定值的1.3倍确定。

（4）雨淋系统中每个雨淋阀控制的喷水面积不宜大于表12-10中的作用面积。

（二）非仓库类高大净空场所

非仓库类高大净空场所设置湿式系统时，设计基本参数见表12-11。

非仓库类高大净空场所的系统设计基本参数　　　　表 12-11

适用场所	净空高度 （m）	喷水强度 $[L/(min \cdot m^2)]$	作用面积 （m²）	喷头选型	喷头最大间距 （m）
中庭、影剧院、音乐厅、单一功能体育馆等	8～12	6	260	$K=80$	3
会展中心、多功能体育馆、自选商场等	8～12	12	300	$K=115$	

注：1. 最大储物高度超过3.5m的自选商场应按$16L/(min \cdot m^2)$确定喷水强度；

　　2. 表中"～"两侧的数据，左侧为"大于"、右侧为"不大于"；

　　3. 系统的持续喷水时间，应按火灾延续时间不小于1h确定。

（三）仓库类设置场所

（1）堆垛储物仓库系统设计基本参数见表12-12、表12-13。

堆垛储物仓库的系统设计基本参数　　　　表 12-12

火灾危险等级	室内最大净空高度 （m）	储物高度 （m）	喷水强度 $[L/(min \cdot m^2)]$	作用面积 （m²）	持续喷水时间 （h）
仓库危险级 Ⅰ级	≤9	3.0～3.5	8	160	1.0
		3.5～4.5	8	200	1.5
		4.5～6.0	10		
		6.0～7.5	14		
仓库危险级 Ⅱ级		3.0～3.5	10	200	2.0
		3.5～4.5	12		
		4.5～6.0	16		
		6.0～7.5	22		

分类堆垛储物的Ⅲ级仓库的系统设计基本参数　　　　表 12-13

最大储物高度 （m）	最大净空高度 （m）	喷水强度$[L/(min \cdot m^2)]$			
		A	B	C	D
1.5	7.5	8.0			
3.5	4.5	16.0	16.0	12.0	12.0
	6.0	24.5	22.0	20.5	16.5
	9.5	32.5	28.5	24.5	18.5

续表

最大储物高度 （m）	最大净空高度 （m）	喷水强度[L/(min・m²)]			
		A	B	C	D
4.5	6.0	20.5	18.5	16.5	12.0
	7.5	32.5	28.5	24.5	18.5
6.0	7.5	24.5	22.5	18.5	14.5
	9.0	36.5	34.5	28.5	22.5
7.5	9.0	30.5	28.5	22.5	18.5

注：1. A— 袋装与无包装的发泡塑料橡胶；B— 箱装的发泡塑料橡胶；

C— 箱装与袋装的不发泡塑料橡胶；D— 无包装的不发泡塑料橡胶。

2. 作用面积不应小于240m²。

（2）货架储物仓库系统设计基本参数见表12-14～表12-16。表中单排货架是指货架宽度不超过1.8m，间隔不小于1.1m（间隔1.2～2.4m）；双排货架是指两个单排货架背靠背组成（间隔不超过0.1m），宽度不超过3.7m，各边均有至少1.1m间隔；多排货架是指货架宽度大于3.7m或间隔小于1.1m的单、双排架，通道的宽度大于3.7m。

单、双排货架储物仓库的系统设计基本参数　　　　　表 12-14

火灾危险等级	室内最大净空高度 （m）	储物高度 （m）	喷水强度 [L/(min・m²)]	作用面积 （m²）	持续喷水时间 （h）
仓库危险级 Ⅰ级	≤9	3.0～3.5	8	200	1.5
		3.5～4.5	12		
		4.5～6.0	18		
仓库危险级 Ⅱ级		3.0～3.5	12	240	1.5
		3.5～4.5	15	280	2.0

多排货架储物仓库的系统设计基本参数　　　　　表 12-15

火灾危险等级	室内最大净空高度 （m）	储物高度 （m）	喷水强度 [L/(min・m²)]	作用面积 （m²）	持续喷水时间 （h）
仓库危险级 Ⅰ级	≤9	3.5～4.5	12	200	1.5
		4.5～6.0	18		
		6.0～7.5	12+1J		
仓库危险级 Ⅱ级		3.0～3.5	12		2.0
		3.5～4.5	18		
		4.5～6.0	12+1J		
		6.0～7.5	12+2J		

注：表中字母"J"表示货架内喷头，"J"前的数字表示货架内喷头的层数。

货架储物Ⅲ级仓库的系统设计基本参数　　　表 12-16

序号	室内最大净高（m）	货架类型	储物高度（m）	货顶上方净空（m）	顶板下喷头喷水强度[L/(min·m²)]	货架内置喷头		
						层数	高度（m）	流量系数
1	—	单、双排	3.0~6.0	<1.5	24.5	—	—	—
2	≤6.5	单、双排	3.0~4.5	—	18.0	—	—	—
3	—	单、双、多排	3.0	<1.5	12.0	—	—	—
4	—	单、双、多排	3.0	1.5~3.0	18.0	—	—	—
5	—	单、双、多排	3.0~4.5	1.5~3.0	12.0	1	3.0	80
6	—	单、双、多排	4.5~6.0	<1.5	24.5	—	—	—
7	≤8.0	单、双、多排	4.5~6.0	—	24.5	—	—	—
8	—	单、双、多排	4.5~6.0	1.5~3.0	18.0	1	3.0	80
9	—	单、双、多排	6.0~7.5	<1.5	18.5	1	4.5	115
10	≤9.0	单、双、多排	6.0~7.5		32.5	—	—	—

注：1. 持续喷水时间不应低于 2h，作用面积不应小于 200 m²。

　　2. 序号 5 与序号 8：货架内设置一排货架内置喷头时，喷头的间距不应大于 3.0m；设置两排或多排货架内置喷头时，喷头的间距不应大于 3.0m×2.4m。

　　3. 序号 9：货架内设置一排货架内置喷头时，喷头的间距不应大于 2.4m，设置两排或多排货架内置喷头时，喷头的间距不应大于 2.4m×2.4m。

　　4. 设置两排和多排货架内置喷头时，喷头应交错布置。

　　5. 货架内置喷头的最低工作压力不应低于 0.1MPa。

（3）当Ⅰ级、Ⅱ级仓库中混杂储存Ⅲ级仓库的货品时，系统设计基本参数见表 12-17。

混杂储物仓库的系统设计基本参数　　　表 12-17

货品类别	储存方式	储物高度（m）	最大净空高度（m）	喷水强度[L/(min·m²)]	作用面积（m²）	持续喷水时间（h）
储物中包括沥青制品或箱装 A 组塑料橡胶	堆垛与货架	≤1.5	9.0	8	160	1.5
		1.5~3.0	4.5	12	240	2.0
		1.5~3.0	6.0	16	240	2.0
		3.0~3.5	5.0			
	堆垛	3.0~3.5	8.0	16	240	2.0
	货架	1.5~3.5	9.0	8+1J	160	2.0
储物中包括袋装 A 组塑料橡胶	堆垛与货架	≤1.5	9.0	16	160	1.5
		1.5~3.0	4.5		240	2.0
		3.0~3.5	5.0			
	堆垛	1.5~2.5	9.0	16	240	2.0

续表

货品类别	储存方式	储物高度 (m)	最大净空高度 (m)	喷水强度 [L/(min·m²)]	作用面积 (m²)	持续喷水时间 (h)
储物中包括袋装不发泡 A 组塑料橡胶	堆垛与货架	1.5~3.0	6.0	16	240	2.0
储物中包括袋装发泡 A 组塑料橡胶	货架	1.5~3.0	6.0	8+1J	160	2.0
储物中包括轮胎或纸卷	堆垛与货架	1.5~3.5	9.0	12	240	2.0

注：1 无包装的塑料橡胶视同纸袋、塑料袋包装。
  2 货架内置喷头应采用与顶板下喷头相同的喷水强度，用水量应按开放 6 只喷头确定。
  3 表中字母"J"表示货架内喷头，"J"前的数字表示货架内喷头的层数。

(4) 货架储物仓库应采用钢制货架，并应采用通透层板，层板中通透部分的面积不应小于层板总面积的 50%。

(5) 采用木制货架及采用封闭层板货架的仓库，应按堆垛储物仓库设计。

(6) 采用早期抑制快速响应喷头的仓库，系统设计基本参数见表 12-18。

仓库采用快速响应早期抑制快速响应喷头的系统设计基本参数　　表 12-18

储物类别	最大净空高度 (m)	最大储物高度 (m)	喷头流量系数 K	喷头最大间距 (m)	作用面积内开放的喷头数 (只)	喷头最低工作压力 (MPa)
Ⅰ级、Ⅱ级、沥青制品、箱装不发泡塑料	9.0	7.5	200	3.7	12	0.35
			360			0.10
	10.5	9.0	200		12	0.50
			360			0.15
	12.0	10.5	200			0.50
			360			0.20
	13.5	12.0	360		12	0.30
袋装不发泡塑料	9.0	7.5	200	3.7	12	0.35
			240			0.25
	9.5	7.5	200		12	0.40
			240			0.30
	12.0	10.5	200	3.0	12	0.50
			240			0.35
箱装发泡塑料	9.0	7.5	200	3.7	12	0.35
	9.5	7.5	200		12	0.40
			240			0.30

注：早期抑制快速响应喷头在保护最大高度范围内，如有货架应为通透性层板。

（7）设置自动喷水灭火系统的仓库，其系统的持续喷水时间，应按火灾延续时间不小于 1h 确定。

（8）货架储物仓库的最大净空高度或最大储物高度超过表 12-14～表 12-17 的规定时，应设货架内置喷头。宜在自地面起每 4m 高度处设置一层货架内置喷头，$K=80$ 时，工作压力不小于 0.20MPa，$K=115$ 时，工作压力不小于 0.10MPa，喷头间距不应大于 3m，也不宜小于 2m。计算喷头数量不应小于表 12-19 的规定。货架内置喷头上方的层间隔板应为实层板。

货架内开放喷头数

表 12-19

仓库危险级	货架内置喷头的层数		
	1	2	>2
Ⅰ	6	12	14
Ⅱ	8	14	
Ⅲ	10		

二、系统设计流量

自动喷水灭火系统设计流量，应按最不利点处作用面积内喷头同时喷水的总流量确定：

$$Q_s = \frac{1}{60}\sum_{i=1}^{n} q_i \qquad (12\text{-}7)$$

式中　Q_s——系统设计流量，L/s；

　　　n——最不利点处作用面积内所有动作喷头数；

　　　q_i——最不利点处作用面积内每个喷头的实际流量，L/min。按喷头的实际工作压力 P_i（MPa）计算确定。

确定系统设计流量时，还应符合下列要求：

（1）建筑内设有不同类型的系统或有不同危险等级的场所时，系统的设计流量，应按其设计流量的最大值确定。

（2）当建筑物内同时设有自动喷水灭火系统和水幕系统时，系统的设计流量，应按同时启用的自动喷水灭火系统和水幕系统的用水量计算，并取二者之和中的最大值确定。

（3）雨淋系统的设计流量，应按雨淋阀控制的喷头的流量之和确定。多个雨淋阀并联的雨淋系统，其系统设计流量应按同时启用雨淋阀的流量之和的最大值确定。

（4）设置货架内喷头的仓库，顶板下喷头与货架内喷头应分别计算设计流量，并应按其设计流量之和确定系统的设计流量。

三、最不利点处作用面积内动作喷头数确定和平均喷水强度校核

（一）最不利点处作用面积在管网中的位置和形状

由于火灾发展一般是由火源点呈辐射状向四周扩散蔓延，而且只有处在失火区上方的喷头才会自动喷水灭火。因此，水力计算选定的最不利点处作用面积的形状宜为矩形，但当在配水支管的间距和喷头的间距不相等，矩形不能包含作用面积内的规定动作喷头数量

时，其作用面积的形状可选用凸块的矩形。其矩形的长边应平行于配水支管，长度可按下式计算：

$$L_C = 1.2\sqrt{A} \tag{12-8}$$

式中　L_C——最不利点处作用面积的长边长度，m；

　　　A——最不利点处作用面积，m^2。

（二）最不利点处作用面积内的动作喷头数

最不利点处作用面积内的动作喷头数，可按式（12-9）计算：

$$n = \frac{A}{A_1} \text{ 或 } n = \frac{A}{A_j} = \frac{A}{S \times D} \tag{12-9}$$

式中　n——最不利点处作用面积内的动作喷头数，取整数；

　　　A_j——每只喷头实际保护面积，m^2；

其余符号意义同前。

（三）最不利点处作用面积内的长边所包含的动作喷头数

最不利点处作用面积内的长边所包含的动作喷头数，可按下式计算：

$$n_L = \frac{L_C}{S} \tag{12-10}$$

式中　n_L——最不利点处作用面积的长边所包含的动作喷头，个；

其余符号意义同前。

最不利点处作用面积在管网中的具体形状，可根据上述已知的 n 和 n_L，并按照长边与配水支管平行的要求，就可在管网平面布置图中的最不利点部位画出作用面积的具体形状，如图 12-33 的虚线部分分别为枝状管网和环状管网最不利点处作用面积的位置及具体形状。

（四）作用面积内平均喷水强度的校核

系统设计流量的计算，应保证任意作用面积内的平均喷水强度不低于表 12-10 和表 12-12～表 12-17 的规定值。最不利点处作用面积内任意 4 只喷头围合范围内的平均喷水强度可按下式进行计算：

$$q_{zp} = \frac{Q_4}{F} \tag{12-11}$$

式中　q_{zp}——最不利点处作用面积内任意 4 只喷头围合范围内的平均喷水强度，L/min·m^2；

　　　Q_4——最不利点处作用面积内任意 4 只喷头的喷水量之和，L/min；

　　　F——最不利点处作用面积内任意 4 只喷头所组成的保护面积，m^2。

对于轻、中危险级的设置场所，其系统进行水力计算时，应保证最不利点处作用面积内任意 4 只喷头围合范围内的平均喷水强度不应小于表 12-10 规定值的 85%。严重危险级和仓库危险级不应低于表 12-10 和表 12-12～表 12-17 的规定值。

四、消防水泵扬程或系统入口的供水压力计算

（一）消防水泵扬程或系统入口的供水压力

消防水泵扬程或系统入口的供水压力可按下式计算：

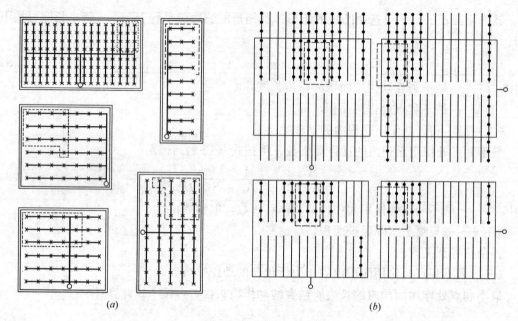

图 12-33　最不利点处作用面积的位置与形状

(a) 枝状管网；(b) 环状管网

$$H_b = H_\Delta + P_0 + \Sigma h_\omega \tag{12-12}$$

式中　H_b——消防水泵扬程或系统入口的供水压力，MP_a；

$\quad\quad H_\Delta$——最不利点处喷头与消防水池最低水位或系统入口管水平中心线间的静水压，MPa；

$\quad\quad P_0$——最不利点处喷头的工作压力，MPa；

$\quad\quad \Sigma h_\omega$——计算管道的总水头损失，MPa。

（二）管道总水头损失计算

管道总水头损失包括沿程水头损失和局部水头损失两部分。

（1）管道沿程水头损失，可按下式计算：

$$h_f = 0.0000107 \frac{V^2}{d_j^{1.3}} L \tag{12-13}$$

式中　h_f——沿程水头损失，MPa；

$\quad\quad L$——计算管段长度，m；

$\quad\quad V$——管道内水的平均流速，m/s；

$\quad\quad d_j$——管道的计算内径，m，取值应按管道的内径减 1mm 确定。

（2）管道局部水头损失计算有两种方法，一种方法是按沿程水头损失的 20% 计算；另一种方法是采用当量长度法按下式计算：

$$h_j = 0.0000107 \frac{V^2}{d_j^{1.3}} L_d \tag{12-14}$$

式中　h_j——管道局部水头损失，MPa；

$\quad\quad L_d$——管件和阀门局部水头损失当量长度，m，当量长度见表 12-20。

不同管径的管件局部水头损失当量长度（m）　　　　　表 12-20

管件名称	管件直径（mm）								
	25	32	40	50	70	80	100	125	150
45°弯头	0.3	0.3	0.6	0.6	0.9	0.9	1.2	1.5	2.1
90°弯头	0.6	0.9	1.2	1.5	1.8	2.1	3.1	3.7	4.3
三通或四通	1.5	1.8	2.4	3.1	3.7	4.6	6.1	7.6	9.2
蝶阀	—	—	—	1.8	2.1	3.1	3.7	2.1	3.1
闸阀	—	—	0.3	0.3	0.3	0.3	0.6	0.6	0.9
止回阀	1.5	2.1	2.7	3.4	4.3	4.9	6.7	8.3	9.8
异径接头	32/25	40/32	50/40	70/50	80/70	100/80	125/100	150/125	200/125
	0.2	0.3	0.3	0.5	0.6	0.8	1.1	1.3	1.6

注：1. 过滤器当量长度的取值，由生产厂提供；

　　2. 当异径接头的出口直径不变而入口直径提高 1 级时，其当量长度应增大 0.5 倍；提高 2 级或 2 级以上时，其当量长度应增大 1.0 倍。

（3）报警阀和水流指示器的局部水头损失可直接取值：湿式报警阀按 0.04MPa 计或按检测数据确定；水流指示器按 0.02MPa 计；雨淋阀按 0.07MPa 计；蝶阀型报警阀及马鞍型水流指示器的取值由生产厂提供。

五、系统水力计算方法

自动喷水灭火系统的水力计算宜采用沿途计算法。沿途计算法是指从系统管网最不利点处喷头开始，到作用面积所包括的最后一个喷头为止，采用特性系数法，依次沿途计算各喷头处的压力、流量、管段累计流量、管段水头损失等，最终求得系统设计流量和压力。

现以图 12-34 为例，介绍沿途计算法的方法和步骤。

（一）确定最不利点喷头的工作压力

最不利点喷头的工作压力可计算确定，或直接确定其为喷头最小工作压力 0.1MPa。

（二）求支管上各喷头流量

喷头工作压力确定后，根据喷头的流量系数 K，按式（12-1）计算支管上各喷头流量。

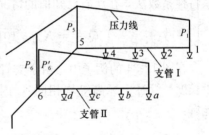

图 12-34　计算原理图

（1）支管 Ⅰ 末端喷头 1 为最不利点，现以规定的喷头最小工作压力作为该喷头的设计压力 P_1，则喷头 1 的流量为：$q_1 = K\sqrt{10P_1}$

（2）喷头 2、3、4 的流量相应为：$q_2 = K\sqrt{10P_2} = K\sqrt{10(P_1 + h_{1-2})}$

$$q_3 = K\sqrt{10P_3} = K\sqrt{10(P_2 + h_{2-3})} = K\sqrt{10(P_1 + h_{1-2} + h_{2-3})}$$

$$q_4 = K\sqrt{10P_4} = K\sqrt{10(P_3 + h_{3-4})} = K\sqrt{10(P_1 + h_{1-2} + h_{2-3} + h_{3-4})}$$

（3）节点 5 处的流量和水压为：$q_5 = Q_{4-5} = q_1 + q_2 + q_3 + q_4$

$$P_5 = P_4 + h_{4-5} = P_1 + h_{1-2} + h_{2-3} + h_{3-4} + h_{4-5}$$

（4）节点 6 处的压力和流量为：$P_6 = P_5 + h_{5-6} = P_1 + h_{1-2} + h_{2-3} + h_{3-4} + h_{4-5} + h_{5-6}$

$$q_6 = Q_{5-6} + Q_{d-6}$$

其中 h_{1-2}、h_{2-3}、h_{3-4}、h_{4-5}、h_{5-6} 分别为管段 1—2、2—3、3—4、4—5、5—6 的水头损失。

由于 $Q_{5-6} = q_5$ 已知，求节点 6 处的流量，问题的关键是如何计算 Q_{d-6} 值。为此，引入管系特性系数法求解。

（三）求定管系特性系数

把支管作为一个喷头考虑，其流量与压力应符合公式（12-1）。因此，求定管系特性系数可根据总输出的节点流量和该节点的压力，按下式计算：

$$K_g = \frac{Q_{(n-1)-n}}{\sqrt{10P_n}}$$

式中　K_g——管系特性系数，它反映了管系的输水性能；

　$Q_{(n-1)-n}$——管系总输出节点的流量，L/s；

　P_n——管系总输出节点处的水压，MPa。

（1）支管 I 的管系特性系数为：$K_{gI} = \dfrac{Q_{4-5}}{\sqrt{10P_5}}$。

（2）采用相同的方法，以支管 II 尽端喷头 a 作为计算起点，P_a 为 a 点的压力值，可以对支管 II 各喷头逐项进行计算，进而得出 P_6' 和 Q_{d-6}' 值。

支管 II 的管系特性系数为：$K_{gII} = \dfrac{Q_{d-6}'}{\sqrt{10P_6'}}$

（四）计算各支管流量

支管 II 的流量计算。当支管 II 在另一水压 P_6 的作用下，其管系流量为 Q_{d-6}，应用管系特性系数法，在所有已知值的情况下，支管 II 的流量为：

$$Q_{d-6} = K_{gII}\sqrt{10P_6} = \frac{Q_{d-6}'}{\sqrt{10P_6'}}\sqrt{10P_6} = Q_{d-6}'\sqrt{\frac{P_6}{P_6'}}$$

在图 12-34 的例子中，由于支管 I、II 的水力条件完全相同（即喷头构造、数量、管段长度、管径、标高等均相同），因此，其管系特性系数值也相同，即 $K_{gI} = K_{gII}$。因此有：

$$Q_{d-6} = K_{gII}\sqrt{10P_6} = \frac{Q_{4-5}}{\sqrt{10P_5}}\sqrt{10P_6} = Q_{4-5}\sqrt{\frac{P_6}{P_5}}$$

计算节点 6 的流量：

$$q_6 = Q_{5-6} + Q_{d-6} = Q_{4-5} + Q_{4-5}\sqrt{\frac{P_6}{P_5}} = Q_{4-5}\left(1 + \sqrt{\frac{P_6}{P_5}}\right)$$

以此类推，求其他支管流量，直到计算到作用面积所包括的最后一个喷头为止。

第十三章 消防水幕系统

消防水幕系统是一种应用于特定场合或条件下的防火分隔设施，是对防火墙、防火门或防火卷帘的补充，在不影响建筑使用功能的前提下，可有效起到阻止火势蔓延的作用，广泛应用于建筑消防安全保护。

第一节 概　述

一、消防水幕阻火机理

消防水幕系统是利用喷头密集喷洒所形成的水墙或水帘，阻止火焰穿过建筑开口部位蔓延，直接用作防火分隔；或通过对其他防火分隔物喷水冷却，以提高其耐火性能，有效地起到防火分隔作用。

（一）隔热原理

消防水幕阻止热量传播的作用主要有以下几种：

（1）水滴对辐射热吸收作用。水滴喷出后，照射在水滴表面的辐射热被水滴吸收。但由于水滴之间存在着间隙，辐射热不能被水滴全部吸收。水滴吸收辐射热后，使得自身温度升高和蒸发；

（2）水滴对辐射热散射作用。辐射热通过水滴后发生反射、折射和漫反射等多种物理现象，使得辐射热偏离原来的传播方向，在传播过程中逐渐衰减。因此，辐射热穿过水幕系统时已衰减变得很弱；

（3）水幕系统可有效切断其周围的空气对流途径，限制热烟雾的蔓延，进而阻止了火焰的传播；

（4）通过冷却防火卷帘或防火门，直接吸收热量，延长这些防火分隔物的耐火时间。

（二）影响水幕隔热效果的因素

（1）喷头的类型对隔热效果的影响。喷头的自身结构决定了喷头的布水方式，不同类型的喷头形成的水滴粒径和水滴尺寸分布不同，衰减辐射热的能力不同；

（2）喷头的布置方式对隔热效果的影响。不同的喷头布置方式，喷头布水之间交互作用不同，从而形成具有不同性能的水幕系统；

（3）系统压力对隔热效果的影响。随着系统压力的增大，水滴粒径变小，水滴浓度增加，对辐射热的吸收和散射作用增强，有利于系统的阻火隔热；

（4）喷头出口流速对隔热效果的影响。随着喷头出口流速的增加，水滴的冲击力增大，使得"水幕墙"更加结实，不利于空气穿过水幕带对流，阻挡热烟雾的效率增大。

二、消防水幕系统的应用

(一) 系统应用范围

某些建筑物由于受条件限制，不能设置防火墙等实体防火分隔物；或设置的防火卷帘、防火门等防火分隔物的耐火时间不够。为保证建筑物防火分区的有效性，可考虑设置消防水幕系统。因此，消防水幕系统常应用在下列场所或部位：设置防火卷帘或防火幕等简易防火分隔物的上部；应设防火墙但由于工艺需要而无法设置的开口部位；相邻建筑物之间的防火间距不能满足要求时，建筑物外墙上的门、窗、洞口处；大型剧院、会堂、礼堂的舞台口以及与舞台相连的侧台、后台的门窗洞口；石油化工企业中的防火分区或生产装置设备之间。

近年各地新建的大型会展中心、商品市场等大空间建筑，有一些采用防火分隔水幕代替防火墙，作为防火分区的分隔设施，以解决单层或连通层面积超出防火分区规定的问题。为了达到上述目的，防火分隔水幕长度将达几十米，甚至上百米，造成防火分隔水幕系统的用水量很大，室内消防用水量猛增。此外，储存的大量消防用水，不用于主动灭火，而用于被动防火的做法，不符合火灾中应积极主动灭火的原则，也是一种浪费。因此，不提倡采用防火分隔水幕，作民用建筑防火分区的分隔设施。故限制防火分隔水幕不宜用于尺寸超过 15m（宽）×8m（高）的开口（舞台口除外）。

(二) 系统设置原则

下列部位宜设置水幕系统：

（1）特等、甲等剧场、超过 1500 个座位的其他等级的剧场、超过 2000 个座位的会堂或礼堂和高层民用建筑内超过 800 个座位的剧场或礼堂的舞台口及上述场所内与舞台相连的侧台、后台的洞口；

（2）应设置防火墙等防火分隔物而无法设置的局部开口部位；

（3）需要防护冷却的防火卷帘或防火幕的上部。

注：舞台口也可采用防火幕进行分隔，侧台、后台的较小洞口宜设置乙级防火门、窗。

三、系统工作原理

(一) 系统基本组成

消防水幕系统由水幕喷头、雨淋阀组或感温雨淋阀、管道及火灾探测控制装置等组成，如图 13-1 所示。通过其特殊的喷头布置方式，起到挡烟阻火和冷却简易防火分隔物的作用。

(二) 系统工作原理

当水幕系统一侧的防火分区发生火灾，水幕系统自动或手动启动，水从预设好的喷头喷出，形成消防水幕带，以阻止火势蔓延到水幕系统另一侧的防火分区。由于水幕喷头是敞口型，因此，水幕系统是一种开式系统，若采用自动启动，其

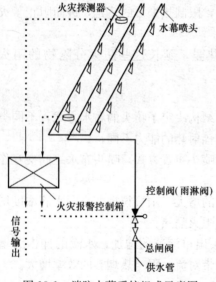

图 13-1　消防水幕系统组成示意图

控制方式同雨淋系统。

四、系统类型

消防水幕系统在工程中有冷却型和防火型等应用形式。

（一）防护冷却水幕系统

防护冷却水幕系统主要起冷却保护作用，一般是通过喷水冷却简易防火分隔物（如防火门和防火卷帘），延长这些防火分隔物的耐火极限。

（二）防火分隔水幕系统

应设而无法设置防火分隔物的部位（例如剧院的舞台口、超过防火分区的百货楼营业厅、展览楼展览厅、设有吊车行车道的车间等敞开或开口部位），可在该部位设置防火分隔水幕系统，用来对较大空间进行防火分隔，以阻止火势蔓延扩大，起着防火墙的作用。当作为防火分隔水幕系统时，在该防火分区内发生火灾，该防火分区周围的防火分隔水幕都应动作。

第二节　系统主要组件及设置要求

一、消防水幕喷头

消防水幕喷头是一种开式喷头。由于消防水幕系统的作用是阻火而不是灭火，因此，其喷头结构与自动喷水灭火系统喷头不同，要求其将水喷洒成水帘状，成组布置时可形成一道水幕。

（一）喷头构造及类型

1. 喷头构造

水幕喷头为开式，水从喷头上的豁口喷出，其喷射角度范围从100°～200°不等。有下向喷布水型和直立侧向喷布水型两种，如图13-2所示。

2. 喷头布水特性

水幕喷头喷水时形成带形水幕或水帘，其形状如图13-3所示。从图可以看出，水帘的长度在水的下落过程中增加很大，到地面时可达6～8m，而厚度则变化很小，到

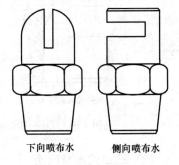

下向喷布水　　　侧向喷布水

图13-2　水幕喷头构造

地面处约1m左右。水帘的长度主要受喷射角度、喷头口径和供水压力的影响。喷射角大、口径大、供水压力大，则水帘的长度就大，反之就小。从布水形状图还可看出，水幕喷头若单排布置，则在竖向空间上水帘不能完全搭接封闭，会留下漏洞，因此，当水幕喷

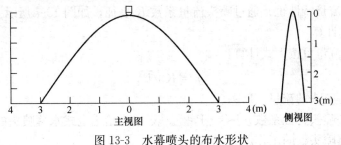

图13-3　水幕喷头的布水形状

头用于形成防火"墙"时，必须双排或三排布置。

3. 喷头类型

水幕喷头按构造和用途分为幕帘式水幕喷头、窗口式水幕喷头和檐口式水幕喷头。口径有 6、8、10、12.7、16 和 19mm 等多种规格，其中 6、8、10mm 口径的水幕喷头称为小口径水幕喷头，12.7、16、19mm 口径的水幕喷头称为大口径水幕喷头。

（1）幕帘式水幕喷头

幕帘式水幕喷头有三种类型。单隙式水幕喷头，这种喷头有一条出水缝隙，喷洒角度为190°；双隙式水幕喷头，这种喷头有两条平行的出水缝隙，水喷出后由于两层水流间的互相引射作用很快汇合成 150° 的板状水幕，两层水幕汇合时碰撞形成良好的水雾，加强了冷却和遮断辐射热的效果；雨淋式水幕喷头，即开式喷头。单、双隙式水幕喷头如图 13-4 所示。

单隙式和双隙式水幕喷头适用于设在舞台口分隔舞台和观众厅，或设在露天生产装置区，将露天生产装置分隔成数个小区，或保护局部个别建筑物或设备等。

雨淋式水幕喷头用于保护开口部位较大，采用防火水幕带的部位，例如商场等公共场所的自动扶梯、螺旋楼梯穿过楼板的开口部位，或由于工艺要求而开设的较大开口部位（这些部位用一般的水幕喷头难以阻止火势的蔓延和扩大）。

（2）窗口式水幕喷头

窗口式水幕喷头如图 13-5 所示，其作用是防止火灾通过窗口蔓延扩大或增强窗扇、防火卷帘、防火幕的耐火性能。

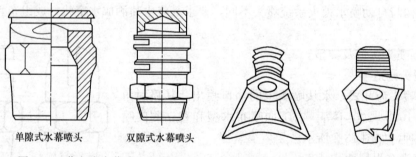

　　单隙式水幕喷头　　　双隙式水幕喷头

图 13-4　幕帘式水幕喷头示意图　　　　　　图 13-5　窗口式水幕喷头

（3）檐口式水幕喷头

檐口式水幕喷头如图 13-6 所示，其作用是防止邻近建筑物发生火灾时，对屋檐的威胁或增加屋檐的耐火能力。

（二）喷头流量

1. 水幕喷头的流量特性

水幕喷头的流量特性也是通过喷头流量系数 K 表征，如图 13-7 所示。

2. 喷头流量计算

水幕喷头的流量可按下式计算：

$$q = K\sqrt{P} \tag{13-1}$$

式中　q——水幕喷头的流量，L/s；

　　　K——水幕喷头特性系数，$L/s \cdot Pa^{1/2}$。表 13-1 给出老式水幕喷头的流量特性系数；

　　　P——水幕喷头处的工作压力，MPa。

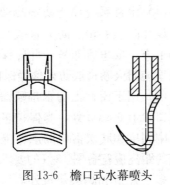

图 13-6 檐口式水幕喷头

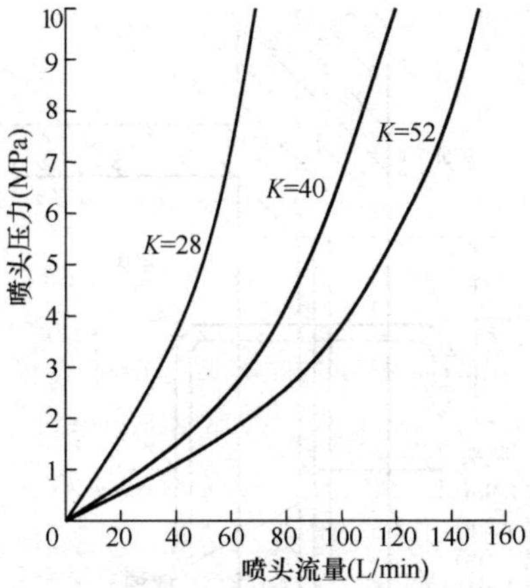

图 13-7 水幕喷头的流量特性

<table>
<tr><td colspan="3" align="center">水幕喷头的特性系数 表 13-1</td></tr>
<tr><td align="center">水幕喷头口径 d（mm）</td><td align="center">流量特性系数 μ</td><td align="center">喷头特性系数 K[L/（s·Pa^{1/2}）]</td></tr>
<tr><td align="center">6</td><td></td><td align="center">0.119</td></tr>
<tr><td align="center">8</td><td></td><td align="center">0.210</td></tr>
<tr><td align="center">10</td><td></td><td align="center">0.329</td></tr>
<tr><td align="center">12.7</td><td align="center">0.95</td><td align="center">0.535</td></tr>
<tr><td align="center">16</td><td></td><td align="center">0.847</td></tr>
<tr><td align="center">19</td><td></td><td align="center">1.190</td></tr>
</table>

（三）喷头选型

1. 防火分隔水幕喷头的选择

在两个相通（无法用墙隔开）的空间交界处，设置水幕可隔断火灾的蔓延。防火分隔水幕应采用开式洒水喷头或下喷水幕喷头。多排布置的下向喷水幕喷头形成的水帘类似于一道防火墙，可以阻挡住火灾的蔓延通路，使火灾限定在该防火分区范围之内。

下向喷水幕喷头下垂安装。

当防止火灾通过窗口蔓延扩大或增强防火卷帘、防火幕的耐火能力时应采用窗口水幕喷头。

为了防止邻近建筑火灾对屋檐的威胁和增加屋檐的耐火能力而设置的水幕应采用檐口水幕喷头。

2. 防护冷却水幕喷头的选择

防护冷却水幕应采用侧向喷水幕喷头。当作为防火墙使用的防火卷帘耐火时间达不到设计规范要求时，使用水幕喷头向防火卷帘喷水进行冷却便能延长其耐火时间。

侧向喷水幕喷头用于冷却时应直立安装，开口面向冷却对象。

（四）喷头布置

1. 基本要求

水幕喷头应根据设计喷水强度的要求均匀设置，不出现空白点，以防火焰穿过被保护部位。

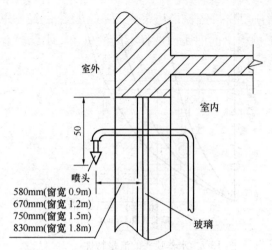

室外

室内

50

喷头
580mm(窗宽 0.9m)
670mm(窗宽 1.2m)
750mm(窗宽 1.5m)
830mm(窗宽 1.8m)

玻璃

图 13-8 窗口水幕喷头距离玻璃面的距离

2. 具体要求

水幕喷头的布置应满足以下具体要求：

（1）水幕系统作为防护冷却时，其喷头应设在防火卷帘、防火幕或其他保护对象的上方，成单排布置，并应保证水流均匀地喷向防火卷帘或防火幕等保护对象。

（2）用于窗口上的水幕喷头，其应设在窗口顶上 50mm 处，当保护多层建筑物时，中间层和底层窗口的水幕喷头与窗口玻璃的距离应符合图 13-8 的要求。

多层建筑和高层建筑外墙窗口上其他层的水幕布置，原则上每层窗口都宜布置水幕喷头进行保护，在无火焰窜入危险，仅防辐射的，可按表 13-2 布置喷头。

各层窗口水幕喷头口径的选择 表 13-2

楼层序列 \ 楼层数	小口径喷头（mm）									
	1	2	3	4	5	6	7	8	9	10
最高一层	10	10	10	10	10	10	10	10	10	10
次一层		8	8	10	10	10	10	10	10	10
次一层			6	8	8	8	10	10	10	10
次一层				8	8	8	8	8	8	10
次一层					6	6	8	8	8	8
次一层						6	6	8	8	8
次一层							6	6	8	8
次一层								6	6	6
次一层									6	6
次一层										6

楼层序列 \ 楼层数	大口径喷头（mm）									
	1	2	3	4	5	6	7	8	9	10
最高一层	12.7	12.7	16	12.7	16	12.7	16	12.7	16	12.7
次一层		—								—
次一层			12.7	12.7	12.7	12.7	12.7	12.7	12.7	
次一层				—						—
次一层					12.7	12.7	12.7	12.7	12.7	
次一层						—				—
次一层							12.7	12,7	12.7	
次一层										—
次一层										12.7
次一层										

注：1. 本表是按照窗宽 1m，水幕喷头压力为 0.05MPa，并在窗口的正中只设置一个水幕喷头而定制的。

2. 当窗口宽度大于 1m 或者窗中间有竖框形成障碍时，可按照窗口每 1m 宽度的平均水幕流量不少于0.5L/s，装两个或多于两个水幕喷头。

3. 使用小口径窗口水幕喷头，每层窗口都应设置；而采用大口径时，可以隔层设置；对于层数为奇数的建筑，其最下两层可不设置。

4. 水幕喷头口径一般是自最高一行逐渐减少。采用大口径水幕喷头布置时，其最小口径不应小于 12.7mm。采用小口径水幕喷头时，当只有一行水幕喷头时，其最小口径不小于 10mm。

5. 当窗口上方有遮阳板或窗框深缩在墙内时，最好不采用大口径水幕喷头布置，否则应在不能淋湿部分增设小口径水幕喷头。

（3）用于檐口上的水幕喷头，应设置在顶层窗口或檐口板下约 20mm 处，设置要求如图 13-9 所示。檐口水幕喷头应根据檐口下挑檐梁的间距，选择不同的口径，水幕喷头的口径和数量应符合表 13-3。

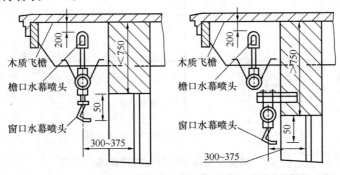

图 13-9　檐口水幕喷头的布置

檐口下挑梁间水幕喷头的布置　　表 13-3

檐口下挑檐梁间距（m）	2.5	2.5～3.5	>3.5	
檐口水幕喷头口径（mm）	12.7	16	12.7	16
水幕喷头数（个）	1	1	每 2.5m 一个	每 3.5m 一个

注：檐口下挑梁间宜采用大口径水幕喷头。如有困难，采用小口径水幕头时，应保证檐口挑梁间每米宽度的水幕流量不小于 0.5L/s。

（4）建筑物转角处两边的檐口或最近转角处相邻的窗户，无论哪一面受到火灾威胁时，均能得到檐口式水幕喷头或窗口式水幕喷头的保护。

（5）舞台口上方和孔洞面积大于 3m² 的开口部位设置水幕喷头时，应双排布置，两排喷头之间的距离宜为 0.6～0.8m，每排喷头之间的距离应根据水幕喷头的流量和设计喷水强度由计算确定，如图 13-10 所示。

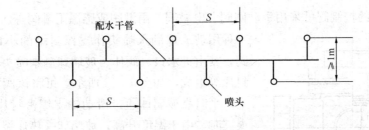

图 13-10　双排水幕喷头布置示意图

（6）由于工艺要求无法设置防火分隔物（例如地下铁道、地下隧道、设有吊车的车间等）的部位，需设置防火分隔水幕系统时，防火分隔水幕的喷头布置，应保证水幕的宽度不小于 6m。采用水幕喷头时，喷头不应少于 3 排，如图 13-11 所示；采用开式洒水喷头时，喷头不应少于 2 排。喷头布置间距见表 13-4。

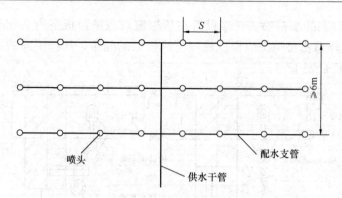

图 13-11　防火水幕带的布置示意图

防火分隔水幕的喷头布置间距　　　　　　　　　　　　　　表 13-4

防火分隔水幕种类	水幕喷头（三排）	开式洒水喷头（二排）
喷头的流量系数（K）	61	80
喷头最小工作压力（MPa）	0.10	0.10
喷头的出水流量（L/min）	61	80
线型喷水强度（L/min·m）	2	2
喷头喷水半径（m）	2.5	3.0
喷头间距（m）	1.05	1.40

注：防火分隔水幕采用水幕喷头时，由于水幕喷头喷出的水流为带状水帘，各排水幕喷头之间存在空白；水幕喷头的流量系数比洒水喷头小，水幕喷头的布置数量要多；国外相关规范没有防火分隔水幕的做法；基于以上原因，防火分隔水幕不宜采用水幕喷头，宜采用标准开式喷头。

（7）每组水幕系统的安装喷头数不宜超过 72 个。

（8）在同一配水支管上应布置相同口径的水幕喷头，以便于施工维护管理和保证系统喷水均匀。

二、控制阀及开启装置

水幕系统的控制阀可采用手动闸阀、电磁阀、雨淋阀或感温雨淋阀等。感温雨淋阀是一种用玻璃球洒水喷头作支撑封堵的小口径自动雨淋阀，其由进水口、阀体、玻璃球洒水喷头、滑动轴及密封片等组成，如图 13-12 所示。可将该阀安装在配水管上，平时靠玻璃球通过滑动轴支撑密封片封闭进水口，火灾时，由于温度升高，玻璃球受热炸裂，滑动轴及密封片失去支撑而脱落，进水管中的压力水进入配水管，从水幕喷头喷出。

水幕系统控制阀的开启可采用自动或手动开启装置。在无人看管和易燃易爆的场所，应采用自动开启装置，但必须同时设手动开启装置，以保证自动开启失灵时，用手动开启装置使其工作，如图 13-13 所示。

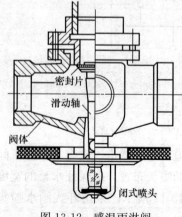

图 13-12　感温雨淋阀

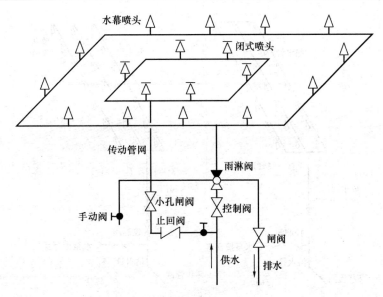

图 13-13　水幕系统自动开启装置

采用雨淋阀时，其自动开启装置的设计要求与雨淋喷水灭火系统的自动开启装置设计要求相同。当水幕系统规模较小，且设在经常有人停留的场所时，可采用手动开启装置。手动控制阀应采用快开阀门，阀门应设在火灾时人员便于接近且不受火灾威胁的地方。

当建筑物内设有其他自动喷水灭火系统，或者水幕系统与防火卷帘和防火幕配合使用时，水幕系统的控制阀一般应与该区域或者同一保护对象的上述设施联动，必要时亦可单独设置。

每个控制阀应控制同一建筑面的水幕喷头。同一建筑面上有数个控制阀时，可成组布置，并按竖向划分控制区。

控制阀应设在不发生冰冻、管理方便、火灾时能够接近、安全的场所。控制阀应有防止误启动装置。

三、管网系统

水幕系统控制阀后的管网内平时不充水，当发生火灾时打开控制阀，水才进入管网，从水幕喷头喷出。

同一给水系统内消防水幕超过三组时，控制阀前的供水管网应布置成环状，且应用阀门分成若干独立段。阀门的布置应保证管道检修或发生故障时关闭的控制阀不超过 2 个。阀门应设在便于管理、维护方便且易于接近的地方。

水幕系统控制阀后的管网可布置成枝状，亦可布置成环状，见图 13-14。

为缩短水幕系统配水管道长度，使系统具有较好的供水条件，每组水幕系统的喷头数不宜超过 72 个。

设在舞台口上方的防火分隔水幕系统，根据消防水源设置情况，其控制阀后管网供水方式可采用单管单侧供水、单管双侧供水和双管单侧供水，如图 13-15 所示。

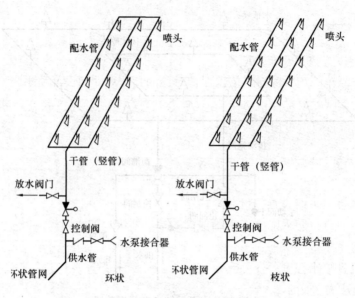

图 13-14　水幕系统控制阀后管网的布置

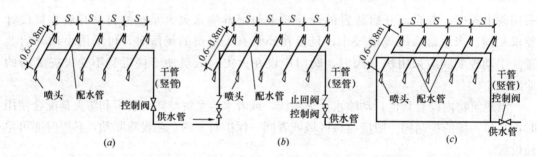

图 13-15　舞台口上方防火分隔水幕系统供水方式图

第三节　系统设计

一、设计技术数据

设计技术数据包括设计喷水强度、喷头工作压力、喷水点高度、水幕带长度等，设计时应根据水幕系统的类型及水幕带的具体尺寸按表 13-5 确定。

水幕系统的设计基本参数　　　　　　　　　表 13-5

水幕类别	喷水点高度（m）	喷水强度[L/(s·m)]	喷头工作压力（MPa）
防火分隔水幕	≤12	2	0.1
防护冷却水幕	≤4	0.5	0.1

注：防护冷却水幕的喷水点高度每增加 1m，喷水强度应增加 0.1L/(s·m)，但超过 9m 时喷水强度仍采用 1.0L/(s·m)。

二、设计计算要求

1. 水幕喷头设置数量及布置间距

水幕喷头设置数量及布置间距依据保护对象的具体尺寸和设计喷水强度确定。

（1）水幕喷头设置数量

水幕喷头的设置数量可由下式求得：

$$N = \frac{q_\mu L}{q} \tag{13-2}$$

式中 N——水幕喷头的设置数量，个；

L——需要进行防火隔断或水幕保护的开口部位长度或周长，m；

q——每个水幕喷头的流量，L/s；

q_μ——设计喷水强度，L/(s·m)。

（2）水幕喷头布置间距

水幕喷头的布置间距可按下式计算：

$$S = \frac{M \cdot q}{q_\mu} \tag{13-3}$$

式中 S——每排水幕喷头的布置间距，m；

M——水幕喷头排数，排；

q_μ——设计喷水强度，L/(s·m)；

q——每个水幕喷头的流量，L/s。

2. 水幕系统设计喷水区域

当建筑物内设有数组水幕系统时，应根据具体情况，确定需要同时开启的水幕组数。水幕系统的设计喷水区域即为需要同时开启的水幕组数。

3. 系统设计秒流量

水幕系统的设计秒流量，应按设计喷水区域内的全部水幕喷头同时开启喷水计算。即：

$$Q_s = \sum_{i=1}^{n} q_i \tag{13-4}$$

式中 Q_s——水幕系统设计秒流量，L/s；

n——设计喷水区域内所有水幕喷头数量；

q_i——水幕喷头的实际流量，L/s。应按水幕喷头的实际工作压力 P_i（MPa）计算。

4. 管网水流速度

为防止管网中水流速度太大产生水锤和管网晃动，水幕系统控制阀前供水管网中的水流速度不应大于 2.5m/s，控制阀后管网中的水流速度不宜大于 5m/s。

5. 管网管径估算

水幕系统管网的管径，可按管道所安装水幕喷头最大数进行估算，见表 13-6。

管道最大水幕喷头负荷数　　　　　　　　　　表 13-6

水幕喷头口径 （mm）	最　大　负　荷　数　（个）									
	管　道　公　称　直　径　（mm）									
	20	25	32	40	50	70	80	100	125	150
6	1	3	5	6						
8	1	2	4	5						
10	1	2	3	4						
12.7	1	2	2	3	8(10)	14(20)	21(36)	36(72)		
16			1	2	4	7	12	22(26)	34(45)	50(72)
19				1	3	6	9	16(18)	24(32)	35(52)

注：1. 本表是按喷头压力为 0.05MPa 时，流速不大于 5m/s 的条件下计算的。

　　2. 括弧中的数字系管道流速不大于 10m/s 计算的。

6. 系统入口供水压力

消防水泵或系统入口的供水压力可按下式计算：

$$H = H_\Delta + P_0 + \sum h_w \tag{13-5}$$

式中　H ——消防水泵或系统入口所需的压力，MPa；

　　　H_Δ——最不利点处喷头与消防水池最低水位或系统入口管水平中心线之间的静水压，MPa；

　　　P_0——最不利点处喷头的工作压力，MPa；

　　　$\sum h_w$——计算管路的总水头损失，MPa。

第十四章　水喷雾灭火系统

水喷雾灭火系统是利用水雾喷头在较高的水压力作用下，将水流分离成 0.2～2mm 甚至更小的细小水雾滴，喷向保护对象，达到灭火或防护冷却的目的。水喷雾灭火系统的应用发展，实现了用水扑救油类、电气设备火灾，弥补了气体灭火系统不适合在露天环境和大空间场所使用的缺点，从而使水这种灭火剂得到了充分的应用。

第一节　概　　述

一、水喷雾灭火系统的适用范围

水喷雾灭火系统的防护目的有灭火和防护冷却两种。其适用范围随不同的防护目的而设定。

（一）适用范围

1. 灭火的适用范围

可用于扑救固体物质火灾、丙类液体火灾、饮料酒火灾和电气火灾。

2. 冷却的适用范围

可用于可燃气体和甲、乙、丙类液体的生产、储存装置或装卸设施的防护冷却。

（二）不适用范围

水喷雾灭火系统不得用于扑救遇水能发生化学反应造成燃烧、爆炸的火灾，以及水雾会对保护对象造成明显损害的火灾。水喷雾灭火系统设置场所不应有下列物质和设备：

（1）没有溢流设备和没有排水设施的无盖容器；

（2）装有操作温度在 120℃ 以上的可燃液态无盖容器；

（3）高温物质及易蒸发的物质；

（4）表面温度在 260℃ 以上的设备。

二、水喷雾灭火系统设置原则

符合下列条件的建筑物及部位应设置水喷雾灭火系统：

（1）单台容量在 40MV·A 及以上的厂矿企业油浸变压器，单台容量在 90MV·A 及以上的电厂油浸变压器，单台容量在 125MV·A 及以上的独立变电站油浸变压器；

（2）飞机发动机试验台的试车部位；

（3）充可燃油并设置在高层民用建筑内的高压电容器和多油开关室。

注：设置在室内的油浸变压器、充可燃油的高压电容器和多油开关室，可采用细水雾灭火系统。

三、系统的组成及工作原理

水喷雾灭火系统是由水源、供水设备、管道、雨淋阀组、过滤器、水雾喷头和火灾自动探测控制设备等组成，如图 14-1 所示。通过向保护对象喷射水雾灭火或防护冷却的灭火系统。水喷雾灭火系统与雨淋系统、水幕系统的区别主要在于喷头的结构和性能不同。它是利用水雾喷头在较高的水压力作用下，将水流分离成细小水雾滴，喷向保护对象实现灭火和防护冷却作用的。该系统的自动开启雨淋阀装置，可采用带火灾探测器的电动控制装置和带闭式喷头的传动管装置。水喷雾灭火系统工作原理与雨淋灭火系统基本相同。

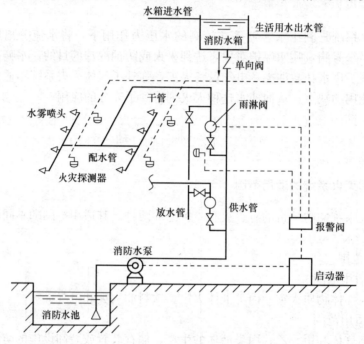

图 14-1　水喷雾灭火系统组成示意图

四、水喷雾灭火系统的灭火机理

水喷雾灭火系统的灭火机理主要是表面冷却、窒息、乳化和稀释作用，这四种作用在水雾滴喷射到燃烧物质表面时通常是以几种作用同时发生并实现灭火控火目的。

1. 表面冷却

水喷雾灭火系统以水雾滴形态喷出水雾时比直射流形态喷出时的表面积要大几百倍，当水雾滴喷射到燃烧表面时，因换热面积大而会吸收大量的热能并迅速汽化，使燃烧物质表面温度迅速降到物质热分解所需要的温度以下，热分解中断，燃烧即终止。

2. 窒息

水雾滴受热后汽化形成体积为原体积 1680 倍的水蒸气，可使燃烧物质周围空气中的氧含量降低，燃烧将会因缺氧而受抑制或中断。实现窒息灭火的效果取决于能否在瞬间生成足够的水蒸气并完全覆盖整个着火面。

3. 乳化

乳化只适用于不溶于水的可燃液体，当水雾滴喷射到正在燃烧的液体表面时，由于水雾滴的冲击，在液体表层造成搅拌作用，从而造成液体表层的乳化，由于乳化层的不燃性而使燃烧中断。对于某些轻质油类，乳化层只在连续喷射水雾的条件下存在，但对于黏度大的重质油类，乳化层在喷射停止后仍能保持相当长的时间，有利于防止复燃。

4. 稀释

对于水溶性液体火灾，可利用水来稀释液体，使液体的燃烧速度降低，从而使火灾扑灭。

五、水喷雾灭火系统应用形式

1. 局部应用系统

局部应用系统是指利用水喷雾灭火系统保护房间内的局部区域或设备的系统形式，如图14-2所示。

2. 面积应用系统

用于保护平面的系统形式，保护对象可以是一台设备或房间的一个区域，如图14-3所示。将水雾直接喷射到一个特别的地板和楼板面或特定物体的表面，通过在整个危险面的空间设置高架喷头来实现。

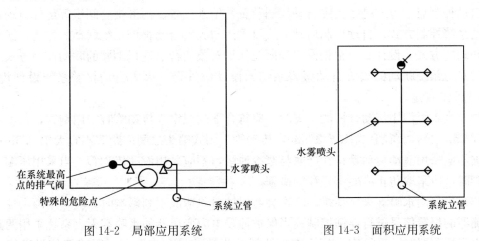

图 14-2　局部应用系统　　　　　　图 14-3　面积应用系统

3. 双应用系统

是一个系统同时采用局部应用系统和面积应用系统，如图14-4所示。

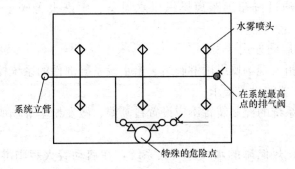

图 14-4　双应用系统

4. 整体保护系统

是指水喷雾覆盖危险面积和直接的外延面积。

5. 超高速水喷雾灭火系统

超高速水喷雾灭火系统是一种充水系统，喷头前的管道上有性能可靠的电磁阀，响应时间为 0.15s。这种系统被应用于敞开、无界限场所和其内的工艺设备的爆燃灭火和控火。

六、火灾探测传动控制装置

水喷雾灭火系统的火灾探测传动控制装置与雨淋系统基本相同，但由于水喷雾灭火系统常用于易燃易爆和露天场所，因此，对其操作与控制有特殊的要求。

（一）水喷雾灭火系统的控制启动方式

水喷雾灭火系统应具有自动控制、手动控制和应急机械启动三种控制方式。但当响应时间大于 120s 时，可采用手动控制和应急机械启动两种控制方式。在设计时，采用何种控制启动方式，要视具体情况而定。但采用自动控制时，必须同时设置应急操作装置。

1. 自动控制启动方式

自动控制启动方式是指火灾自动探测装置与给水设备、雨淋报警阀组等部件自动连锁操作的系统控制方式。自动控制启动方式可采用与火灾自动报警系统联动的方式，或与传动管联动的方式。设计时应根据设置场所及保护对象的特点选择不同的联动控制方式。

（1）与系统联动的火灾自动报警系统的设计应符合《火灾自动报警系统设计规范》GB 50116 的规定。

（2）当系统使用传动管探测火灾时.应符合下列规定：传动管宜采用钢管，长度不宜大于 300m，公称直径宜为 15～25mm，传动管上闭式喷头之间的距离不宜大于 2.5m；电气火灾不应采用液动传动管；在严寒与寒冷地区，不应采用液动传动管；当采用压缩空气传动管时，应采取防止冷凝水积存的措施。

（3）当自动水喷雾灭火系统误动作会对保护对象造成不利影响时，应采用两个独立火灾探测器的报警信号进行连锁控制；当保护油浸电力变压器的水喷雾灭火系统采用两路相同的火灾探测器时，系统宜采用火灾探测器的报警信号和变压器的断路器信号进行连锁控制。

2. 手动控制启动方式

手动控制是指人通过按钮远距离操纵供水设备、雨淋报警阀组等部件的系统控制方式。

3. 应急机械操作启动方式

应急机械操作是指人现场操纵雨淋阀组、给水设备等部件的系统控制方式。

（二）传动控制装置的设置要求

（1）水喷雾灭火系统的控制装置不应设置在潮湿、散发粉尘等场所，且应集中设置在控制室或消防值班室。

（2）用于保护液化烃储罐的水喷雾灭火系统，在启动着火罐雨淋报警阀或电动控制阀、气动控制阀的同时，应能启动需要冷却的相邻储罐的雨淋报警阀或电动控制阀、气动控制阀。

（3）用于保护甲B、乙、丙类液体储罐的水喷雾灭火系统，在启动着火罐雨淋报警阀或电动控制阀、气动控制阀的同时，应能启动需要冷却的相邻储罐的雨淋报警阀或电动控制阀、气动控制阀。

（4）分段保护皮带输送机的水喷雾灭火系统，除在启动起火区段的雨淋报警阀的同时，应能启动起火区段下游相邻区段的雨淋报警阀，并应能同时切断皮带输送机的电源。

（5）水喷雾灭火系统的控制设备应具有以下功能：监控消防水泵启、停状态；监控雨淋报警阀的开启状态，监视雨淋报警阀的关闭状态；监控电动或气动控制阀的开、闭状态；监控主、备用电源的自动切换等。

第二节　系统主要组件及设置要求

一、水雾喷头

水雾喷头是将具有一定压力的水，通过离心作用、机械撞击作用或机械强化作用，使其形成雾状喷向保护对象的一种开式喷头。

（一）水雾喷头的类型

水雾喷头按结构可分为以下两种：

1. 离心雾化型水雾喷头

离心雾化型水雾喷头由喷头体、涡流器组成，在较高的水压下通过喷头内部的离心旋转形成水雾喷射出来，它形成的水雾同时具有良好的电绝缘性，适合扑救电气火灾。这种类型喷头的通道较小，时间长了容易堵塞。

离心雾化型水雾喷头分为 A 型、B 型，如图 14-5 所示。A 型喷头是进水口与出水口成一定角度的离心雾化喷头。离心雾化是当水流进入喷头后，被分解成沿内壁运动而具有离心速度的旋转水流和具有轴向速度的直水流，两股水流在喷头内汇合，然后以其合成速度由喷口喷出而形成雾化。B 型喷头是进水口与出水口在一条直线上的离心雾化喷头。水雾喷头的喷雾方向可随使用要求调整。有垂直下喷、水平喷雾、按一定角度下斜喷雾或上斜喷雾、直立上喷。

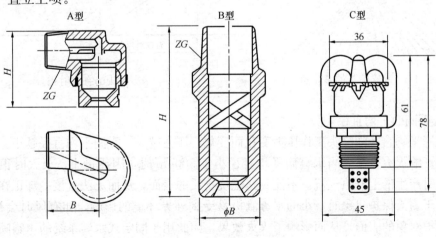

图 14-5　各类水雾喷头

2. 撞击型水雾喷头

撞击型水雾喷头的压力水流通过撞击外置的溅水盘，在设定区域分散为均匀的锥形水雾。该喷头外形如图 14-5C 型所示，其绝大部分喷头内部装有雾化芯，由溅水盘、分流锥、框架本体和滤网组成。

（二）水雾喷头的主要性能参数

1. 工作压力

水雾喷头的雾化效果不仅受喷头类型影响，而且还与喷头的工作压力有直接关系。一般来说，同一种喷头，喷头工作压力愈高，其水雾粒径愈小，雾化效果愈好，且在相同的喷雾强度下其灭火和冷却效率亦愈高。国产水雾喷头，多数在压力大于或等于 0.2MPa 时，能获得良好的分布形状和雾化效果，满足防护冷却的要求；在压力大于或等于 0.35MPa 时，能获得良好的雾化效果，满足灭火的要求。

综合诸多因素，一般要求用于灭火的水雾喷头，其工作压力应为 0.35～0.8MPa；用于防护冷却的水雾喷头，其工作压力应为 0.2～0.6 MPa。

2. 水雾锥和雾化角

水雾喷头喷出的水雾形成围绕喷头轴心线扩展的圆锥体，称为水雾锥。其锥顶角称为雾化角，如图 14-6 所示。雾化角有如下多种规格：30°、45°、60°、90°、120°、150°、180°。这些角度是喷头在工作压力 0.35MPa 条件下喷洒时所对应的角度。

3. 有效射程

水雾喷头有效射程是指喷头水平喷射时，水雾达到的最高点与喷口之间的水平距离，如图 14-7 所示。同一水雾喷头，雾化角小，射程则远，反之则近。有效射程是水雾喷头的重要性能参数。在有效射程范围内的水雾比较密集、雾滴细，可保证灭火和防护冷却效果，因此，水雾喷头与保护对象的距离不应大于水雾喷头的有效射程。

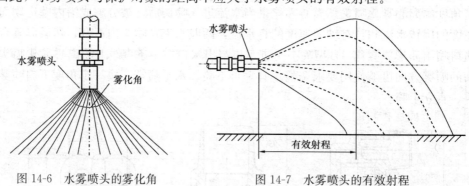

图 14-6　水雾喷头的雾化角　　　　　图 14-7　水雾喷头的有效射程

4. 水雾滴的平均直径

水雾滴平均直径随喷头工作压力变化而变化，压力越大，雾滴平均直径越小。水雾滴大小直接影响灭火效果，当水雾滴平均直径小于 $300\mu m$ 时，因质量小，灭火时很难穿透火焰燃烧时产生的上升热气流，不能到达燃烧物质的表面，从而无法直接冷却正在燃烧的物质。用于露天保护对象时，小的水雾滴极易受到外界环境的影响，如有风时会被吹散，达不到保护对象的表面，从而影响了灭火效果。因此用于固定式水雾系统的水雾喷头的水雾滴平均直径不宜太小，一般应在 0.3～2mm 的范围内。

5. 水雾喷头的流量特性

水雾喷头的流量特性公式与水喷淋喷头相同，部分喷头的流量特性曲线见图 14-8。

6. 水雾喷头的规格型号

水雾喷头的规格表示的是喷头在0.35MPa工作压力下的流量（L/min）。水雾喷头的规格有（L/min）：40、50、63、80、125、160、200，其接管螺纹尺寸为ZG1/2英寸、ZG3/4英寸。

（三）喷头的选用

1. 喷头的适用性

水雾喷头在应用时，应同时满足：在防护面上水雾锥相交；到达防护面的喷雾强度足够灭火或冷却。

离心雾化型水雾喷头喷射出的雾状水滴是不连续的间断水滴，具有良好的电绝缘性能。

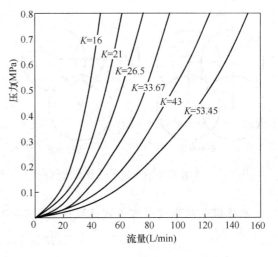

图14-8　部分水雾喷头流量曲线

它可以有效扑救电气火灾，而且不导电，适合在保护电气设施的水喷雾灭火系统中使用。在工作压力相同的条件下，流量规格小的水雾喷头的泄漏电流小。

撞击型水雾喷头水的雾化程度较差，不能保证雾状水的电绝缘性能，故不适用于扑救电气火灾。

设置在散发粉尘场所的水雾喷头应带不影响喷射效果的防尘帽。这是由于水雾喷头与一般洒水喷头不同，其内部有雾化芯，有效的水流通道较小，如长期暴露于散发粉尘的场所，很容易堵塞。对防尘帽的要求是：平时罩在喷头喷口上，发生火灾时在水压作用下打开，防尘帽的材料应符合防腐要求。

2. 喷头的选择

保护对象为电气设备和可燃液体时，应选用离心雾化型水雾喷头；当防护目的为冷却保护时，对喷头类型无严格限制。外形规则的保护对象，应尽量选用大流量大雾化角的喷头；外形复杂的保护对象，则宜选用多种口径的喷头，搭配使用，组成一个完整的保护系统，以达到全面保护目的。

设置在腐蚀性环境中的水雾喷头，应选用防腐型水雾喷头。

（四）水雾喷头的流量

水雾喷头的流量应按下式计算：

$$q = K\sqrt{10P} \tag{14-1}$$

式中　q——水雾喷头的流量，L/min；

　　　K——水雾喷头的流量系数，其值可由生产厂提供；

　　　P——水雾喷头的工作压力，MPa。

（五）水雾喷头的布置

水雾喷头的布置，应根据保护对象的类别、保护面积、喷雾强度和喷头的水力特性确定，水雾应均匀喷射到保护对象的表面，并能完全覆盖保护对象，不应出现空白点。

1. 平面保护水雾喷头的布置

保护液化石油气罐装间、实瓶库和危险品仓库、汽车库等场所的喷头布置保护液化石油气罐装间、实瓶库和危险品仓库、汽车库等场所的喷头宜按平面布置。平面布置方式可

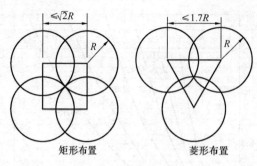

图 14-9　水雾喷头的布置形式及布置间距

为矩形或菱形，如图 14-9 所示。

当按矩形布置时，水雾喷头的布置间距可按下式计算：

$$S = \sqrt{2}R \qquad (14-2)$$

当按菱形布置时，水雾喷头的布置间距可按下式计算：

$$S = \sqrt{3}R \qquad (14-3)$$

上两式中　S ——水雾喷头的布置间距，m；

　　　　　R ——水雾锥底圆半径，m。

水雾锥底圆半径可按下式计算（见图 14-10）：

$$R = L \cdot \mathrm{tg}\frac{\theta}{2} \qquad (14-4)$$

式中　R ——水雾锥底圆半径，m；

　　　L ——水雾喷头的喷水口与保护对象之间的距离，m；

　　　θ——水雾喷头雾化角，θ 取值为 30°、45°、60°、90°、120°。

2. 保护油浸式电力变压器的喷头布置

保护油浸式电力变压器的水雾喷头之间的水平间距与垂直间距应满足水雾锥相交的要求。由于变压器外形不规则，一些突出部位会阻挡水雾的分布，所以喷头往往采用分层组合布置方式，如图 14-11 所示。喷头可直接安装在环管上，也可安装在由环管引出的支管上。喷头与变压器表面的距离应满足表 14-1 中最小安全距离要求。喷头在环管上应均匀布置，对阻挡形成的死角，应增设喷头，以加大局部喷水密度。变压器顶部由顶层环管的喷头从四周侧上方喷水雾覆盖，但应注意不要使水雾直接喷射到高压套管上面。对于垂直表面，喷头宜垂直于表面喷射。最底层环管上安装的喷头必须向变压器外喷洒，以便将泄漏出来的可燃绝缘油冲离变压器地台。另外，变压器的油枕、冷却器、集油坑也均应设置水雾喷头保护。

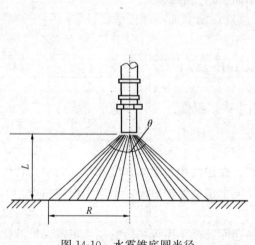

图 14-10　水雾锥底圆半径

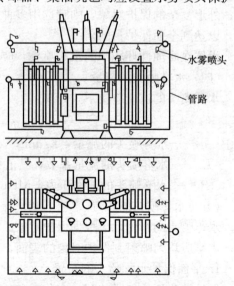

图 14-11　保护变压器时喷头布置示意图

水雾喷头与高压电气设备带电（裸露）部分最小安全距离　　　表 14-1

额定电压（kV）	最高电压（kV）	设计基本绝缘水平（kV）	最小安全距离（m）
<13.8	14.5	110	0.178
23	24.3	150	0.254
34.5	36.5	200	0.330
46	48.3	250	0.432
69	72.5	350	0.635
115	121	550	1.067
138	145	650	1.270
161	169	750	1.473
230	242	900	1.930
		1050	2.134
345	362	1050	2.134
		1300	2.642
500	550	1500	3.150
		1800	3.658
765	800	2050	4.242

3. 保护甲、乙、丙类液体和液化气储罐的喷头布置

其喷头布置应符合以下要求：

（1）喷头与储罐外壁之间的距离不应大于 0.7m，以减少火焰的热气流和风对水雾的影响，减少水雾穿越被火焰加热空间时的汽化损失。

（2）当储罐为球形储罐时：水雾喷头的喷口应朝向球心；水雾锥应沿纬线方向相交，沿经线方向相接。管路可分几层环绕罐体，喷头均匀布置在每层水平环管上，如图 14-12 所示；水雾喷头的喷口应面向球心；对容积等于或大于 1000m³ 的储罐，喷头喷射的水雾锥应沿纬线方向相交，宜沿经线方向相接。球形储罐赤道以上环管之间的距离不应大于 3.6m；无防护层的球罐钢支柱和罐体液位计、阀门等处应设水雾喷头保护。

（3）当储罐为卧式储罐时，管路可沿储罐轴线布置，喷头均匀布置在管路上，如图 14-13 所示。且水雾喷头的布置应使水雾完全覆盖裸露表面，罐体液位计、阀门等处也应设水雾喷头保护。

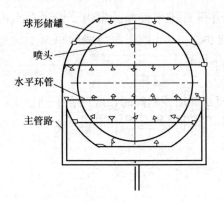

图 14-12　球形储罐喷头的布置

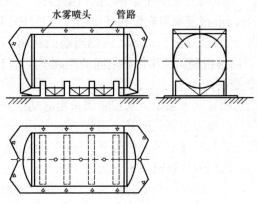

图 14-13　卧式储罐喷头的布置

4. 保护电缆的喷头布置

电缆水平敷设或垂直敷设时，都按平面保护对象考虑。水平敷设的电缆，喷头宜布置在其上方；垂直敷设的电缆，喷头可沿其侧面布置。

多层水平或垂直敷设的电缆，其层间没有装设耐火隔板时，设置的喷头要采用包围式，使中间层的电缆处于水雾的包围中，以便迅速窒息灭火。当电缆支架阻挡水雾时，在该部位应增设喷头。

5. 保护输送机皮带的喷头布置

保护对象为输送机皮带时，喷雾应完全包围输送机的机头、机尾和上、下行皮带。由于输送机皮带是一种平面的往返运动的保护对象，在没有停机前皮带的着火部位可能随之往返运动，极易造成火灾蔓延，故其喷头的布置应采用包围式，使水雾覆盖上行皮带、输送物、下行返回皮带以及支架构件等全部表面。

6. 保护室内燃油锅炉、电液装置等的喷头布置

当保护对象为室内燃油锅炉、电液装置、氢密封油装置、发电机、油断路器、汽轮机油箱、磨煤机润滑油箱时，水雾喷头宜布置在保护对象的顶部周围，并应使水雾直接喷向并完全覆盖保护对象。

二、供水控制阀

（一）供水控制阀的类型

1. 雨淋报警阀组

（1）设置原则

当保护对象设置水喷雾灭火系统的响应时间不大于 120s 的系统，应设雨淋报警阀组。

（2）设置要求

1）接收电控信号的雨淋报警阀组应能也动开后，接收传动管信号的雨淋报警阀组应能液动或气动开启；

2）应具有远程手动控制和现场应急机械启动功能；

3）在控制盘上应能显示雨淋报警阀开、闭状态；

4）宜驱动水力警铃报警；

5）雨淋报警阀进出口应设置压力表；

6）电磁阀前应设置可冲洗的过滤器；

7）雨淋报警阀组宜设在环境温度不低于 4℃并设有排水设施的室内。设置在室内的雨淋报警阀宜距地面 1.2m，两侧与墙的距离不应小于 0.5m，正面与墙的距离不应小于1.2m，雨淋报警阀凸出部位之间的距离不应小于 0.5m。

2. 控制阀

当水喷雾灭火系统供水控制阀采用电动控制阀或气动控制阀时，应符合下列规定：

（1）应能显示阀门的开、闭状态；

（2）应具备接收控制信号开、闭阀门的功能；

（3）阀门的开启时间不宜大于 45s；

（4）应能在阀门故隐时报警，并显示故障原因。

（二）供水控制阀的布置要求

（1）雨淋报警阀、电动控制阀、气动控制阀宜布置在靠近保护对象并便于人员安全操作的位置；

（2）在严寒与寒冷地区室外设置的雨淋报警阀、电动控制阀、气功控制阀及其管道.应采取伴热保温措施；

（3）不能进行喷水试验的场所，雨淋报警阀之后的供水干管上应设置排放试验检测装置，且其过水能力应与系统过水能力一致；

（4）水力警铃应设置在公共通道或值班室附近的外墙上，且应设置检修、测试用的阀门。雨淋报警阀和水力警铃应采用热镀锌钢管进行连接，其公称直径不宜小于 20mm，当公称直径为 20mm，其长度不宜大于 20m。

三、管路系统

1. 管路系统的组成

水喷雾灭火系统的管路由配水干管、主管道和供水管所组成。

配水干管：直接安装水雾喷头的管道。根据保护对象的特点，配水干管可采用枝状管或环状管。

主管道：从雨淋阀后到配水干管间的管道。对于在火灾或爆炸时容易受到损坏的地方，应将主管道敷设在地下或接近地面处。

供水管道：从消防供水水源或消防水泵出口到雨淋阀前的管道。

2. 管路系统的设置要求

（1）雨淋报警阀后的管道不应设置其他用水设施。

（2）过滤器与雨淋报警阀之间及雨淋报警阀后的管道，应采用内外热浸镀锌钢管、不锈钢管或铜管；需要进行弯管加工的管道应采用无缝钢管。

（3）管道工作压力不应大于 1.6MPa。

（4）系统管道采用镀锌钢管时，公称直径不应小于 25mm；采用不锈钢管或铜管时，公称直径不应小于 20mm。

（5）系统管道应采用沟槽式管接件（卡箍）、法兰或丝扣连接，普通钢管可采用焊接。

（6）沟槽式管接件（卡箍），其外壳的材料应采用牌号不低于 QT450-12 的球墨铸铁。

（7）防护区内的沟槽式管接件（卡箍）密封圈、非金属法兰垫片应通过干烧试验。

（8）应在管道的低处设置放水阀或排污口。

（9）用于保护甲B、乙、丙液体储罐时，其系统管道设置应符合下列要求：固定顶储罐和按固定顶储罐对待的内浮顶储罐的冷却水环管宜沿罐壁顶部单环布置；储罐抗风圈或加强圈无导流设施时，其下面应设置冷却水环管；当储罐上的冷却水环管分割成两个或两个以上弧形管段时，各弧形管段间不应连通，并应分别从防火堤外连接水管，且应分别在防火堤外的进水管道上设置能识别启闭状态的控制阀；冷却水立罐应用管卡固定在罐壁上，其间距不应大于 3m。立管下端应设置锈渣洗清扫口，锈渣清扫口距罐基础顶面应大于 300mm，且集锈渣的管段长度不宜小于 300mm。

（10）用于保护液化经或类似液体储罐和甲B、乙、丙类液体储罐时，其立管与罐组内的水平管道之间的连接应能消除储罐沉降引起的应力。

（11）液化烃储罐上环管支架之间的距离宜为 3～3.5m。

四、过滤器

雨淋阀的控制腔和电磁阀的流道通径都较小，极易堵塞。为防止杂物堵塞造成雨淋阀控制失效，应在雨淋阀前的水平管段设置可冲洗的过滤器。当水雾喷头无滤网时，为防止水中杂物堵塞喷头，亦应在雨淋阀后的水平管道设置过滤器。

选择过滤器时，既要求通水性能好，能长时间连续使用，还要求水头损失不能过大。过滤器滤网应为耐腐蚀金属材料，应根据系统设备和水质情况，选择合适的滤网孔径。通常，其网孔径基本尺寸应为 0.60～0.71mm。

五、排水设施

水喷雾灭火系统防护区内应设排水设施，以便迅速排出系统喷出来的水。排水设施的排水能力，当防护区内还有其他用水设施时，应按全部用水量确定。

排水设施应将含有可燃气体、可燃液体的水排至安全地点。含有可燃物的水不得排入市政下水道，也不得循环使用。应将其排至干枯坑、沟或低洼处等安全地点。不能满足上述要求时，应有防止可燃物外排的技术措施，如在排出口设置水封井、隔油井等。

第三节　系统的设计

一、设计技术参数

1. 设计喷雾强度和持续喷雾时间

设计喷雾强度和持续喷雾时间，应根据系统防护目的和保护对象类别确定，其不应小于表 14-2 的规定。

2. 最不利点处水雾喷头工作压力

最不利点处水雾喷头的工作压力，应根据系统所选用的喷头性能以及喷头工作压力范围进行确定。用于灭火时，其不应小于 0.35MPa；用于防护冷却时，其不应小于 0.2MPa；但对于甲$_B$、乙、丙类液体储罐不应小于 0.15MPa。

3. 保护面积

水喷雾灭火系统保护面积是指保护对象的全部暴露外表面面积。水喷雾灭火系统不仅用于保护建筑物和建筑物内的设施，而且还用于保护露天的设备或装置。因此，其保护面积应根据具体保护对象确定。

（1）确定原则

保护对象为平面时，其保护面积为保护对象的平面面积；保护对象为立体时，其保护面积为保护对象的全部外表面积。当保护对象外形不规则时，可按包容保护对象的规则形状确定，并应保证包容形状的表面积不小于实际表面积。

（2）不同保护对象保护面积的确定

1）变压器的保护面积除应包括扣除底面面积以外的变压器油箱外表面面积外，还应包括散热器的外表面面积和油枕及集油坑的投影面积；

2）分层敷设的电缆的保护面积应按整体包容电缆的最小规则形体的外表面面积确定；

设计喷雾强度与持续喷雾时间　　　　　　表 14-2

防护目的	保 护 对 象			设计喷雾强度 [L/(min·m²)]	持续喷雾时间 (h)	响应时间 (h)
灭火	固体物质火灾			15	1	60
	输送机皮带			10		
	液体火灾	闪点 60~120℃的液体		20	0.5	60
		闪点高于 120℃的液体		13		
		饮料酒		20		
	电气火灾	油浸式电力变压器、油断路器		20	0.4	60
		油浸式电力变压器的集油坑		6		
		电缆		13		
防护冷却	甲B、乙、丙类液体储罐	固定顶罐		2.5	直径大于20m的固定罐为6h，其他为4h	300
		浮顶罐		2.0		
		相邻罐		2.0		
	液化烃或类似液体储罐	全压力、半冷冻式储罐		9	6	120
		全冷冻式储罐	单、双容罐	罐壁	2.5	
				罐顶	4	
			全容罐	罐顶泵平台、管道进出口等局部危险部位	20	
				管带	10	
		液氮储罐		6		
	甲、乙类液体及可燃气体生产、输送、装卸设施			9	6	120
	液化石油气灌瓶间、瓶库			9	6	60

3）输送机皮带的保护面积应按上行皮带的上表面面积确定，距离的皮带宜实施分段保护，但每段长度不宜小于 100m；

4）开口容器的保护面积应按液面面积确定；

5）甲、乙类液体泵，可燃气体压缩机及其他相关设备，其保护面积按相应设备的投影面积确定，且水雾应包络密封面和其他关键部位；

6）液化石油气灌瓶间的保护面积应按其使用面积确定，液化石油气瓶库、陶坛或桶装酒库的保护面积应按防火分区的建筑面积确定；

7）系统用于冷却甲B、乙、丙类液体储罐时，其保护面积及冷却范围应符合下列规定：着火的地上固定顶储罐及距着火储罐罐壁1.5倍着火储罐直径范围内的相邻地上储罐应同时冷却，当相邻地上储罐超过3座时，可按3座较大的相邻储罐计算消防冷却水用量；着火的浮顶罐应冷却，其相邻储罐可不冷却；着火罐的保护面积应按罐壁外表面面积计算，相邻罐的保护面积可按实际需要冷却部位的外表面面积计算，但不得小于罐壁外表面面积的1/2；

8）系统用于冷却全压力式及半冷冻式液化烃或类似液体储罐在时，其保护面积及冷却范围应符合下列规定：着火储及距着火罐罐壁 1.5 倍着火罐直径范围内的相邻罐应同时冷却，当相邻罐超过 3 座时，可按 3 座较大的相邻罐计算消防冷却水用量；着火罐保护面积应按其罐体外表面面积计算，相邻罐保护面积可按其罐体外表面面积的 1/2 计算；

9) 系统用于冷却全冷冻式液化烃或类似液体储罐在时，其保护面积及冷却范围应符合下列规定：采用钢制外壁的单容罐，着火储及距着火罐罐壁 1.5 倍着火罐直径范围内的相邻罐应同时冷却。着火罐保护面积应按其罐体外表面面积计算，相邻罐保护面积可按其罐体外表面面积的 1/2 计算及罐顶外表面积之和计算；混凝土外壁与储罐间无填充材料的双容罐，着火罐的罐壁与罐顶及距着火罐罐壁 1.5 倍着火罐直径范围内的相邻罐罐顶应同时冷却；混凝土外壁与储罐间有保温材料填充的双容罐，着火罐的罐顶及距着火罐罐壁 1.5 倍着火罐直径范围内的相邻罐罐顶应同时冷却；采用混凝土外壁的全容罐．当管道进出口在罐顶时，其冷却范围应包括罐顶泵平台，且宜包括管带和钢梯。

二、设计计算要求

1. 保护对象的水雾喷头设置数量确定

保护对象的水雾喷头设置数量应按下式计算：

$$N = \frac{Aq_{\mu}}{q} \tag{14-5}$$

式中　N ——保护对象的水雾喷头设置数量；

　　　A ——保护对象的保护面积，m^2；

　　　q_{μ}——保护对象的设计喷雾强度，$L/(min \cdot m^2)$；

　　　q ——水雾喷头的流量，L/min。

2. 系统计算流量的确定

水喷雾灭火系统的计算流量应按下式计算：

$$Q_j = \frac{1}{60} \sum_{i=1}^{n} q_i \tag{14-6}$$

式中　Q_j——系统的计算流量，L/s；

　　　n ——系统启动后同时喷雾的水雾喷头数量，个；

　　　q_i——水雾喷头的实际流量，L/min。应按水雾喷头的实际工作压力 P_i（MPa）计算。

当采用雨淋阀控制同时喷雾的水雾喷头数量时，水喷雾灭火系统的计算流量应按系统中同时喷雾的水雾喷头的最大用水量确定。

3. 系统设计流量的确定

系统的设计流量应按下式计算：

$$Q_s = KQ_j \tag{14-7}$$

式中　Q_s——系统的设计流量，L/s；

　　　K ——安全系数，应不小于 1.05；

　　　Q_j——系统的计算流量，L/s。

4. 管道内水流速度的确定

水喷雾灭火系统管道内的水流速度不宜超过 5m/s。用于球形液化石油气储罐时，系统水平环管内水流速度不宜超过 2m/s，以保证同一环路上水雾喷头喷雾的均匀性。

5. 管道和雨淋阀水头损失计算

水喷雾灭火系统的管道沿程和局部水头损失以及雨淋阀的局部水头损失计算，与自动喷水灭火系统基本相同。但当管道局部水头损失采用估算确定时，应按沿程水头损失的 20%～30%估算。

6. 消防水泵的扬程计算

消防水泵的扬程或系统入口的供给压力应按下式计算：

$$H=\sum h+P_0+h_i \tag{14-8}$$

式中　H——消防水泵的扬程或系统入口的供给压力，MPa；

　　　$\sum h$——管道沿程和局部水头损失的累计值，MPa；

　　　P_0——最不利点水雾喷头的工作压力，MPa；

　　　h_i——最不利点水雾喷头与消防水池的最低水位或系统水平供水引入管中心线之间的静压差，MPa。

7. 系统水力计算方法

由于水喷雾灭火系统的保护对象火灾危险性大，发生火灾时蔓延迅速、扑救困难，所以系统的水力计算应采用沿途计算法，即从最不利点水雾喷头开始，按同时喷雾的每个水雾喷头实际工作压力逐个计算其流量、管段累计流量、沿程和局部水头损失等。

第十五章　细水雾灭火系统

细水雾灭火系统是在水喷雾灭火系统基础上开发的新型灭火系统，由于其水滴粒径细小、雾化程度好，灭火能力得到明显改善，显著提高了水的灭火效率，扩大了水的灭火应用范围。

第一节　概　述

一、细水雾灭火系统的发展

细水雾是相对于水喷雾而言的，是使用特殊喷嘴，通过高压喷水产生的水微粒。细水雾的定义是：在喷头最小设计压力下，以距喷头 1m 处的平面上，测得水雾最粗部位的雾滴直径 $D_{V0.99}$ 不超过 $1000\mu m$。作为固定灭火系统，细水雾灭火系统一般是指 $D_{V0.9}$ 小于 $400\mu m$ 的喷水灭火系统。该系统的应用始于 20 世纪 40 年代，当时主要用于特殊场所，如运输工具。1989 年"蒙特利尔协议"签署后卤代烷的逐步淘汰，使得细水雾灭火系统的应用引起重视。另外，细水雾用于可燃性液体储存设施及电器设备火灾的扑救，进一步拓展了其应用范围。

二、雾滴体积直径

（一）雾滴体积直径的概念

雾滴体积直径表示水雾的某一特定直径，雾滴直径由零到该直径的累积的体积与总体积的比值。如 $D_{V0.9}=100\mu m$，表示占总体积 90％的水雾直径小于 $100\mu m$，占总体积 10％的水雾直径大于 $100\mu m$。

（二）几种系统的粒径分布

美国海军实验室曾对下列 3 种细水雾灭火系统的灭火效果做了一系列试验：单流低压系统、单流高压系统和双流系统。上述各系统水微粒的分布如图 15-1 所示。

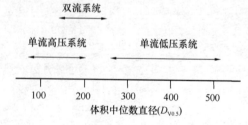

图 15-1　几种细水雾灭火系统水微粒分布图

试验表明，单流体低压系统产生较大的水雾液滴，在扑灭深层的 A 类火灾时，表现出良好的效果。这是由于其相对较大的流量（单流高压系统的 3～4 倍），产生了表面的浸湿作用，但减弱了系统扑灭受遮挡的火灾的能力。而单流体高压系统的灭火效果则完全相反，由于较小的水微粒直径，提高了扑灭受遮挡火灾的能力，而减弱了扑灭深层的 A 类火灾时的效果。试验显示，大空间内受阻挡的火灾，当火灾处的氧气浓度降到 18％以下时，火焰即可熄灭。

三、细水雾分类

细水雾可划分为 3 级，如图 15-2 所示。

1. Ⅰ级细水雾

Ⅰ级细水雾为 $D_{V0.1}=100\mu m$ 同 $D_{V0.9}=200\mu m$ 连线的左侧部分，这些代表最细的水雾。用于扑救电气设备火灾，其细水雾应该是Ⅰ级细水雾，即 $D_{V0.9}=200\mu m$。

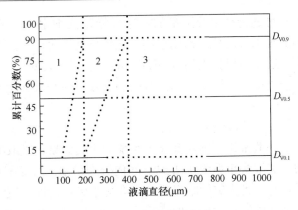

图 15-2　细水雾的划分

2. Ⅱ级细水雾

Ⅱ级细水雾是Ⅰ级细水雾的界限与 $D_{V0.1}=200\mu m$ 同 $D_{V0.9}=400\mu m$ 连线之间的部分。这种细水雾可由高压喷嘴、双流喷嘴或许多冲撞式喷嘴产生。由于有较大的水微粒存在，相对于Ⅰ级细水雾而言，Ⅱ级细水雾更容易产生较大的流量。扑灭 B 类火灾水雾颗粒 $D_{V0.9}$ 小于 $400\mu m$ 是必需的。

3. Ⅲ级细水雾

Ⅲ级细水雾为 $D_{V0.9}$ 大于 $400\mu m$，或者Ⅱ级细水雾分界线右侧至 $D_{V0.99}=1000\mu m$ 之间的部分。这种细水雾主要由中压、小孔喷头、各种冲撞式喷嘴等产生。这种细水雾对于 A 类火灾是有效的。

四、细水雾灭火机理

（一）灭火作用

细水雾的灭火机理可归纳如下：

1. 高效吸热作用

由于细水雾的雾滴直径很小，水滴表面积的增大可以极大地提高由火灾向水滴传导热能的速度，从而冷却燃烧反应。吸收热能后的水滴容易汽化，其体积大约增大到 1700 倍。按 1000℃ 水的蒸发潜热为 2257kJ/kg 计，每只喷头喷出的水雾吸热功率约为 300kW，可见其吸热率之高，冷却效果之强。

2. 窒息作用

细水雾喷入火场后，迅速蒸发形成蒸汽，体积急剧膨胀，排除空气，在燃烧物周围形成一道屏障阻挡新鲜空气的吸入。当燃烧物周围的氧气浓度降低到一定水平时，火焰将被窒息、熄灭。

3. 阻隔辐射热作用

细水雾喷入火场后，蒸发形成的蒸气迅速将燃烧物、火焰和烟羽笼罩，对火焰的辐射热具有极佳的阻隔能力，能够有效抑制辐射热引燃周围其他物品，达到防止火焰蔓延的效果。

（二）影响因素

1. 粒径大小

水雾滴直径大小的分布与灭火能力的关系是个复杂的问题。一般来讲，Ⅰ级和Ⅱ级细水雾用于扑灭液体燃料池内的火灾效果较好，而且不会搅动池内的液面。用Ⅰ级水雾扑灭

A类可燃物是比较困难的，这可能是该细水雾不能穿透碳化层而浸湿燃烧物质。然而，因为细水雾的喷射速度很高，在燃烧处于表面或封闭空间内，有利于减少氧气浓度的情况下，还是可以扑灭A类可燃物的。这说明，对于一定的燃烧物，水雾滴直径不是决定灭火能力的唯一因素。细水雾的灭火效果还与水雾相对于火焰的喷射方向、速度和喷水强度等密切相关。

2. 空间分布

一般来讲，细水雾灭火系统的灭火效果，既取决于系统产生足够小尺寸液滴直径的能力，又取决于系统在防护空间内分布液滴，使之达到"临界浓度"的能力。值得一提的是，每一种火灾的临界浓度都有待于确定。促成液滴在防护空间内以临界浓度分布的因素包括，液滴尺寸、速度、喷雾的几何形状、液滴的动量、喷嘴的混合特性，以及防护空间的几何形状、封闭情况等特性。

五、细水雾灭火系统的特点

(一) 与气体灭火系统相比

细水雾灭火系统与气体灭火系统相比，是以易取、廉价的水作为灭火剂，对环境没有任何污染，同时也避免了气体灭火剂对人体的危害，并具有洗虑烟雾中有毒成分及降尘的功能，有利于火灾现场人员的逃生。避免了气体灭火系统高压钢瓶的泄漏问题，具有日常维护费用及一次性投资较低的优点。由于冷却为主要灭火机理，灭火后不会复燃，防火灾复燃能力强。封闭空间开口大小对细水雾灭火效果的影响较小，在敞开空间内，细水雾系统比气体灭火系统具有非常明显的优势。

全淹没细水雾灭火系统不能等同于全淹没气体灭火系统，与全淹没气体灭火系统相比，细水雾的灭火能力更多地依赖于喷头工作参数的选择以及与保护对象相对位置的确定。就目前而言细水雾产品技术还达不到将细水雾雾滴均匀地分布于整个被保护空间的水平。根据试验证明细水雾灭火系统灭遮挡火有很大的难度，当在喷头和火焰之间放置障碍物时，火焰附近的温度不能很快地降下来，灭火时间将有很大变化，有时将不能达到灭火目的。这是由于障碍物的阻挡作用使细水雾在障碍物的表面沉积下来，减少了水雾的数量和动量所致。

(二) 与水喷淋灭火系统相比

细水雾灭火系统与水喷淋灭火系统相比，用水量小，仅为后者用水量的十分之一。水渍损失小，火灾后的清理工作量小，并在尽可能短的时间内可恢复操作。工程安装方便，管道相对来讲通径很小，且均采用了活接头方式。

对于缺乏水源，或为避免水渍需要控制释放水量的场所，应用细水雾灭火系统也是较好的选择。

六、细水雾灭火系统的适用范围

细水雾灭火系统可用于扑救下列场所的室内火灾：

可燃液体（闪点不低于60℃）火灾；固体表面火灾；电力变压器火灾；计算机房、通信机房、控制室等火灾；图书馆、档案馆、博物馆等火灾；配电室、电缆夹层、电缆隧道、柴油发电机房、燃气轮机、燃油燃气锅炉房、直燃机房等火灾。

第二节　细水雾灭火系统的组成及类型

一、系统组成

（一）系统基本构成

（1）高压储气瓶—储水罐系统

这种系统没有水泵，一般为预制系统。由细水雾喷嘴、储水罐、高压储气罐、管路、探测器及系统控制盘等组成，如图 15-3 所示。这类系统应用起来比较灵活，适用于没有水源或距离水源比较远的场所。

（2）水泵—雨淋阀系统

这种系统类似于雨淋系统和水喷雾灭火系统，由细水雾喷嘴、专用消防水泵、水池（箱）、专用雨淋阀、配管、专用过滤器、探测器及系统控制盘等组成。专用消防水泵为柱塞式小流量高扬程水泵，专用雨淋阀是专门用于细水雾灭火系统的小规格、能快速启动的雨淋阀，系统控制盘是具有自动、手动切换功能的。

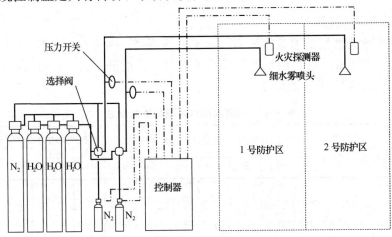

图 15-3　细水雾系统基本构成

（二）细水雾喷嘴

细水雾喷嘴，是含有一个或多个孔口，能够将水滴雾化的装置。它是系统中最为关键的部件。

1. 细水雾的产生

细水雾有以下几种产生方式：

（1）液体以相对于周围空气很高的速度被释放出来，由于液体与空气的速度差而被撕碎成为细水雾。

（2）液体射流被冲击到一个固定的表面，液体在表面的冲击，将液体射流打散成细水雾。

（3）两股成分类似的液体射流相互碰撞，两股射流碰撞将液体射流打散成细水雾。

（4）液体振动或电子粉碎成细水雾（超声波和静电雾化器）。

（5）液体在压力容器中被加热到高于沸点，突然被释放到大气压力状态（突发液体喷雾器）。

2. 细水雾喷嘴的类型

细水雾喷嘴根据喷嘴的结构形式、喷雾形状及用途等可分为多种类型，主要有螺旋式喷嘴（如图 15-4 所示）、雾化式喷嘴（如图 15-5 所示）、撞击式喷嘴（如图 15-6 所示）、多头喷嘴、多孔喷嘴等。

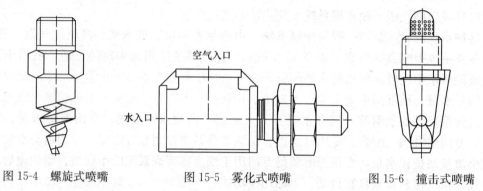

图 15-4　螺旋式喷嘴　　　　图 15-5　雾化式喷嘴　　　　图 15-6　撞击式喷嘴

3. 细水雾喷嘴的性能

细水雾喷嘴水力特性的参数主要有：水雾液滴直径、喷头接口的螺纹尺寸、特性系数、喷雾角度、喷孔孔径、自由畅通直径及外形尺寸、重量、制造材料等。表 15-1 是某型号 N 系列细水雾喷头的性能参数。

90°～120°喷雾角细水雾喷嘴性能参数　　　　　　　　表 15-1

| 管道直径 (mm) | 喷嘴编号 | 特性系数 | 各压力(MPa)下流量(L/min) | | | | | | | | 喷孔直径 (mm) | 自由通畅直径 (mm) | 近似长度 (mm) | | 重量 (g) |
			0.05	0.07	0.1	0.2	0.3	0.5	1.0	2.0			A	B	
15	N1	13.7	9.67	11.4	13.7	19.3	23.7	30.6	43.2	61.1	4.83	3.30	63.5	22.4	85
	N2	24.2	17.1	20.2	24.2	34.2	41.8	54.0	76.4	108	6.60	3.30			
	N3	37.6	26.6	31.5	37.6	53.2	65.1	84.1	119	168	8.64	3.30			
	N4	54.9	38.8	46.0	54.9	77.7	95.1	123	174	246	10.9	4.38			
	N5	75.2	53.2	62.9	75.2	106	130	168	238	336	13.5	4.38			
	N6	95.7	67.7	80.1	95.7	135	166	214	303	428	14.2	4.38			
25	N6	95.7	67.7	80.1	95.7	135	166	214	303	428	14.2	4.38	92.2	35.1	241
	N7	153	108	128	153	216	264	341	483	683	19.6	6.35			
40	N8	216	153	181	216	306	375	484	685	968	23.6	6.35	111	50.8	765
	N9	294	208	246	294	416	509	657	930	1320	27.7	7.78			
	N10	385	272	322	385	545	667	861	1220	1720	32.8	7.78			

注：标准原料为黄铜、316 不锈钢。

二、细水雾灭火系统类型

（一）按压力分类

1. 低压系统

低压细水雾灭火系统指系统的工作压力等于或小于 1.21MPa。

2. 中压系统

工作压力为 1.21～3.45MPa 的系统为中压细水雾灭火系统。

3. 高压系统

工作压力大于 3.45MPa 的系统称为高压细水雾灭火系统，最高可达到 20.0MPa 的系统。高压细水雾灭火系统能产生类似气体状态的喷雾滴，混合特性非常出色。相对于双流体及单流体低压系统，单流体高压系统的灭火效果最理想，尤其是对于有阻挡物的 B 类火灾。这应当归功于系统产生具有很高动量的细微水滴的能力。

（二）按灭火方式分类

1. 局部应用系统

这种系统主要针对经常起火的部位，喷头直接喷向起火点，如工业生产中的切割、汽轮机轴等部分。局部应用细水雾灭火系统保护的是一个特定的设备，如保护蒸汽涡轮机组轴承、炼油厂的热油泵等。

2. 全淹没系统

全淹没系统，是指着火部分不明确，喷头无法直接喷向着火点，而喷向空间，如办公室、计算机房等。全淹没细水雾灭火系统保护的是整个防护区，如燃气涡轮机组机房。

（三）按是否需要设计计算分类

1. 预制系统

预制系统是指系统的设备配置和管道系统均在工厂中设计和调试好，设计人员仅考虑把设备置于合适位置即可，不需要复杂的系统设计计算，一般是针对双流体系统的。储气钢瓶和储水罐有若干种规格，都是在工厂预制的，每种组合能保护一定大小的空间，布置多少喷嘴也都是一定的。使用时根据防护区空间的几何尺寸的大小来选择。

2. 设计系统

设计系统是指系统设备的配置和系统管道要经过设计人员具体设计计算得出，并在施工现场具体安装调试。

（四）按介质分类

1. 单流体（管）系统

单流体系统是仅以水为灭火剂。系统由喷嘴、水泵、雨淋阀、探测器及控制器组成，其构成和工作原理与普通的雨淋系统相同。

2. 双流体（管）系统

双流体系统可分成两种类型，一种系统为水及雾化介质由不同的管路分别供给到喷嘴，喷嘴利用高速气流将水撕碎并产生细小的水雾液滴。这一过程通常发生在喷嘴内部或直接在喷嘴前端。系统的雾化介质可能是压缩空气或氮气。这种技术的优点之一是在较低的工作压力下，通常为 0.7MPa，产生大量比较细微的水雾液滴。缺点是额外增加了一套管路，储气瓶及雾化介质的费用。另一种双流体系统为水及雾化介质经专用控制阀混合，通过同一管路以气液两相流输送多孔口喷嘴。

（五）按产品结构分类

1. 容器式系统

采用储水容器、储气容器进行加压供水的细水雾灭火系统。

2. 泵组式系统

采用泵组进行供水的细水雾灭火系统。

（六）按保护方式分类

1. 单元独立系统

单元独立系统是用一套灭火系统保护一个防护区或保护对象。

2. 组合分配系统

组合分配系统是用一套灭火系统保护两个或两个以上的防护区或保护对象。

第三节　系　统　设　计

细水雾灭火系统的工作，既不同于气体灭火系统，以灭火浓度为依据；也不同于自动喷水灭火系统和水喷雾灭火系统，以设计喷水强度为依据。设计时，应以厂商根据特定的火灾，以喷嘴的实验参数（如流量、压力、布置间距等）为依据，并使得保护目标或单元的参数（几何尺寸、通风条件）及火灾的种类与系统技术参数相一致。

一、设计计算

1. 喷头流量

细水雾系统喷头流量可按下式计算：

$$q = K\sqrt{10P} \tag{15-1}$$

式中　q——细水雾喷头流量，L/min；

　　　K——喷嘴流量特性系数；

　　　P——喷头工作压力，MPa。

2. 系统设计流量

系统设计流量可按下式计算：

$$Q_j = \sum_{i=1}^{n} q_i \tag{15-2}$$

3. 系统用水量计算

系统用水量可按下式计算：

$$W = Q_j \times t \tag{15-3}$$

式中　W——系统用水量，L；

　　　Q_j——系统设计流量，L/min；

　　　t——累积喷射时间，min。

4. 系统储水量

（1）用于扑救 B、C 类火灾的容器式细水雾灭火系统可按下式计算：

$$W_C = W \tag{15-4}$$

（2）用于扑救 A 类火灾的容器式细水雾灭火系统可按下式计算：

$$W_C = 1.5W \tag{15-5}$$

（3）泵组式细水雾灭火系统可按下式计算：

$$W_C = (1.3 \sim 1.5)W \tag{15-6}$$

5. 水力计算

（1）低压细水雾灭火系统类似普通水喷雾灭火系统，可按海泽-威廉姆思公式计算：

$$P_f = 0.605 \frac{Q^{1.85}}{C^{1.85} d^{4.87}} \times 10^5 \qquad (15\text{-}7)$$

式中　P_f——单位长度管道的水头损失，MPa/m；

　　　Q——流量，L/min；

　　　d——管道的实际内径，mm；

　　　C——管道的摩阻系数，对于铜管或不锈钢管 $C=150$。

（2）中压、高压细水雾灭火系统按 Darcy-Weisbach 公式计算：

$$P_f = 2.252 \frac{f \rho Q^2}{d^5} \times 10^5 \qquad (15\text{-}8)$$

雷诺数：$R_e = 21.22 \dfrac{Q \rho}{d \mu}$

管道粗糙度系数 $\dfrac{\varepsilon}{d}$

式中　P_f——单位长度管道的水头损失，MPa/m；

　　　f——管道摩擦系数，MPa/m；

　　　ρ——水的密度，kg/m³；

　　　Q——流量，L/min；

　　　d——管道的实际内径，mm。

　　　R_e——雷诺数；

　　　μ——水的动力黏度，厘泊（cP）；

　　　ε——管道壁粗糙度，mm。对于不锈钢管 $\varepsilon=0.045$mm。

（3）管道总水头损失

管道总水头损失可按下式计算：

$$P = P_f \cdot L \qquad (15\text{-}9)$$

式中　P——管道总水头损失，MPa；

　　　P_f——单位长度管道的水头损失，MPa/m；

　　　L——管道计算长度，m。包括实际长度和当量长度。管件及阀门的当量长度见表15-2。

管件及阀门的当量长度　　　　　　　　　　表 15-2

管件及阀门	20	25	32	40	50	65	80	90	100
45°弯头	0.3	0.3	0.3	0.6	0.6	0.9	0.9	0.9	1.2
90°标准弯头	0.6	0.6	0.9	1.2	1.5	1.8	2.1	2.4	3.1
90°长弯头	0.3	0.6	0.6	0.6	0.9	1.2	1.5	1.5	1.8
三通或四通	1.2	1.5	1.8	2.4	3.1	3.7	4.6	5.2	6.1
闸阀	—	—	—	—	0.3	0.3	0.3	0.3	0.6
蝶阀	—	—	—	—	1.8	2.1	3.1	—	3.7
测控件	1.2	1.5	2.1	2.7	3.4	4.3	4.9	5.8	6.7

二、设计要求

（一）设计参数的确定

1. 累积喷雾时间

累积喷雾时间不应小于表 15-3 的规定值，可采用连续或间歇两种方式。

累积喷雾时间　　　　　　　　　　　　表 15-3

被保护对象	累积喷雾时间（min）
室内电力变压器	20
柴油发电机、锅炉房、直燃机房	24
配电室、电缆夹层、电缆隧道	30
计算机房、通信机房	
汽轮机、燃气轮机	
图书馆、档案馆、博物馆	

2. 响应时间

细水雾灭火系统的响应时间不应大于 35s。

（二）喷头

1. 喷头布置

细水雾灭火系统喷头布置应符合下列要求：

（1）全淹没系统喷头宜按矩形、正方形或菱形均衡布置在防护区顶部，对于高度超过 4.0m 的防护区应分层布置；

（2）局部应用系统喷头宜均衡布置在被保护物体周围，对于高度超过 4.0m 的被保护物体应分层布置；

（3）喷头间距不应大于 3.0m，并不宜小于 1.5m。

2. 喷头工作压力

最不利点喷头工作压力不应低于喷头最低设计工作压力。

（三）系统的操作与控制

细水雾灭火系统应具有自动控制、气动控制和应急操作三种控制方式。

（四）安全要求

细水雾灭火系统防护区应符合安全要求，具体内容参见气体灭火系统。

第十六章　消防水炮系统

大空间建筑的出现，对建筑灭火设施提出挑战，传统的消火栓给水系统已不适应，为此就产生了消防水炮系统。消防水炮系统具有流量大、射程远、灭火能力强、可自控等特点，特别适合展览馆、体育馆等大空间场合的消防保护。

第一节　概　　述

一、系统基本组成

消防水炮系统由水源、消防泵组、管道、阀门、水炮、炮塔、动力源和控制装置等组成。该系统主要用于保护可能发生 A 类火灾的大空间建筑，其组成和工作过程与室内消火栓给水系统相同，灭火时水炮可人工操作，亦可远控或自控。

二、系统的类型及选择

（一）系统类型

消防水炮灭火系统根据操作方式不同分为手动、远控和自控三种类型。

1. 手动消防炮系统

手动消防炮系统指由人在现场手动操作消防炮实施灭火的固定消防炮系统。这类系统较为简单，但应有安全的操作平台。

2. 远控消防炮系统

远控消防炮系统指可远距离控制消防炮的固定消防炮系统。该系统具有流量大、射程远、可远距离有线或无线控制等特点。远控消防炮系统可分为液控消防炮系统、气控消防炮系统和电控消防炮系统，主要控制组件有消防炮（液控、气控、电控）、液压源、电控器、电动阀门控制装置、无线遥控器等。由于不需人直接操作，操作者可远离火场，较为安全。

3. 数控消防炮系统

随着电子、通信、计算机等行业的发展，消防炮技术也日益进步。近年来，数控消防炮系统逐渐成熟并得以应用，该系统又称为数字图像火灾监控报警自动灭火炮系统，利用高分辨率红外摄像头作为探测元件，应用计算机图像处理技术和三维定位技术，对场所进行全方位的监控，控制数控消防炮进行自动寻火和自动灭火，系统能自动或手动控制数控消防炮，对早期火灾进行定点扑救。该系统集防火和监控功能于一体，是一种高度集成的智能型图像火灾自动灭火系统。系统采用图像火灾自动探测与空间定位扑救技术，解决了大空间火灾定点扑救的难题，具有控制距离远、保护面积大、响应速度快、可靠性高等优点。

（二）系统选择

设置在下列场所的消防水炮系统宜选用远控或数控消防炮系统：

（1）有爆炸危险性的场所；

（2）有大量有毒气体产生的场所；

（3）燃烧猛烈，产生强烈辐射热的场所；

（4）火灾蔓延面积较大，且损失严重的场所；

（5）高度超过 8m，且火灾危险性较大的室内场所；

（6）发生火灾时，灭火人员难以及时接近或撤离固定消防炮位的场所。

三、系统适应范围

消防水炮系统的适用范围广，室内、室外均可，即可保护建筑物，又可保护各种生产设施，亦在船舶上应用广泛。作为建筑灭火设施中的一种，目前应用的场所有：大型厂房仓库、博物馆、展览馆、会议厅、候机（车）厅、飞机库、城市隧道等。

第二节　系统主要组件及设置要求

一、消防水炮

消防水炮是大型号的"消防水枪"，与消防水枪的最大差异是非手持性。一般可根据喷嘴口径或流量区分。为了研究的方便，我国习惯上将流量大于 16L/s 的射水设备定义为消防水炮，类似的其他喷射灭火剂设备定义为消防炮，如干粉炮、泡沫炮等。

（一）消防水炮的构造

消防水炮主要由操纵手柄、台座、回转锁定柄、双分水管、射水口集水弯管、可调节喷头、双手柄、压力表等组成。

（二）消防水炮的主要技术性能

消防水炮的主要技术性能参数有工作压力、流量、射程、水平回转角、仰俯角度、喷雾角度等。

（三）一般要求

系统在选用消防水炮时，应满足下列要求：

（1）为了在远控消防炮的远控系统失灵情况下仍能使用消防炮，应能在现场对其进行操作，因此，远控消防炮应同时具有手动功能。

（2）消防水炮应满足相应使用环境和介质的防腐蚀要求。

（3）安装在室外消防炮塔和设有护栏的平台上的消防炮的俯角均不宜大于 50°，以避免俯角过大时造成护栏过低甚至无法设置护栏，给安装和维修带来威胁。安装在多平台消防炮塔的低位消防炮的水平回转角不宜大于 220°。

（4）室内配置的消防水炮的俯角和水平回转角应满足使用要求。

（5）在人员密集的公共场所一旦发生火灾，直流水射流的冲击力会对人员和设施造成伤害和损失，并且可能在消防炮位附近形成射流死角。因此，室内配置的消防水炮宜具有直流—喷雾的无级转换功能。

二、消防炮塔

消防炮塔是安装消防炮实施高位喷射灭火剂的设备，消防炮安装在平台上，并便于人员的操作和安全。应满足下列要求：

（1）消防炮塔应具有良好的耐腐蚀性能，其结构强度应能同时承受使用场所最大风力和消防炮喷射反力。消防炮塔的结构设计应能满足消防炮正常操作使用的要求，不得影响消防炮的左右回转和上下俯仰等常规动作；

（2）消防炮塔应设有与消防炮配套的供灭火剂、供液压油、供气、供电等管路，其管径、强度和密封性应满足系统设计的要求；

（3）室外消防炮塔应设有防止雷击的避雷装置、防护栏杆和保护水幕，保护水幕的总流量不应小于6L/s；

（4）消防炮塔的周围应留有供设备维修用的通道。

三、阀门与管道的设置

1. 阀门

（1）当消防泵出口管径大于300mm时，不应采用单一手动启闭功能的阀门。阀门应有明显的启闭标志，远控阀门应具有快速启闭功能，且密封可靠；

（2）常开或常闭的阀门应设锁定装置，控制阀和需要启闭的阀门应设启闭指示器。参与远控炮系统联动控制的控制阀，其启闭信号应传至系统控制室。

2. 管道

（1）供水管道应与生产、生活用水管道分开；

（2）供水管道不宜与泡沫混合液的供给管道合用。寒冷地区的湿式供水管道应设防冻保护措施，干式管道应设排除管道内积水和空气的设施。管道设计应满足设计流量、压力和启动至喷射的时间等要求；

（3）管道应选用耐腐蚀材料制作或对管道外壁进行防腐蚀处理。

四、水源及水泵要求

1. 水源

消防水源的容量不应小于规定灭火时间和冷却时间内需要同时使用水炮、泡沫炮、保护水幕喷头等用水量及供水管网内充水量之和。该容量可减去规定灭火时间和冷却时间内可补充的水量。

2. 水泵

（1）消防水泵的供水压力应能满足系统中水炮喷射压力的要求。

（2）消防泵宜选用特性曲线平缓的离心泵。

（3）自吸消防泵吸水管应设真空压力表，消防泵出口应设压力表，其最大指示压力不应小于消防泵额定工作压力的1.5倍。消防泵出水管上应设自动泄压阀和回流管。

（4）消防泵吸水口处宜设置过滤器，吸水管的布置应有向水泵方向上升的坡度，吸水管上宜设置闸阀，阀上应有启闭标志。

（5）带有水箱的引水泵，其水箱应具有可靠的储水封存功能。

（6）用于控制信号的出水压力取出口应设置在水泵的出口与单向阀之间。

（7）消防泵站应设置备用泵组，其工作能力不应小于其中工作能力最大的一台工作泵组。

（8）柴油机消防泵站应设置进气和排气的通风装置，冬季室内最低温度应符合柴油机制造厂提出的温度要求。

（9）消防泵站内的电气设备应采取有效的防潮和防腐蚀措施。

五、动力源要求

消防炮灭火系统的动力源主要包括电动力源、液压动力源和气压动力源三种形式，保证系统的运行可靠性和经济合理性，动力源应符合下列要求：

（1）动力源应具有良好的耐腐蚀、防雨和密封性能。

（2）动力源及其管道应采取有效的防火措施。

（3）液压和气压动力源与其控制的消防炮的距离不宜大于 30m。

（4）动力源应满足远控炮系统在规定时间内操作控制与联动控制的要求。

六、其他要求

（1）消防水炮、消防泵组等专用系统组件必须采用通过国家消防产品质量监督检验测试机构检测合格的产品。

（2）主要系统组件的外表面涂色宜为红色。

（3）安装在防爆区内的消防水炮和其他系统组件应满足该防爆区相应的防爆要求。

第三节　系　统　设　计

一、系统性能参数的确定

（一）设计射程和设计流量

1. 设计射程

水炮的设计射程可按下式确定：

$$D_s = D_{s0} \cdot \sqrt{\frac{P_e}{P_0}} \tag{16-1}$$

式中　D_s——水炮的设计射程，m；

D_{s0}——水炮在额定工作压力时的射程，m；

P_e——水炮的设计工作压力，MPa；

P_0——水炮的额定工作压力，MPa。

2. 消防水炮设计流量

消防水炮的设计流量可按下式确定：

$$Q_s = Q_{s0} \cdot \sqrt{\frac{P_e}{P_0}} \tag{16-2}$$

式中　Q_s——水炮的设计流量，L/s；

Q_{s0}——水炮的额定流量，L/s。

（二）供水强度和连续供给时间

1. 供水强度

消防水炮系统灭火及冷却用水的供给强度应符合下列规定：

（1）扑救室内一般固体物质火灾的供给强度应符合国家有关标准的规定，其用水量应按两门水炮的水射流同时到达防护区任一部位的要求计算。民用建筑的用水量不应小于 40L/s，工业建筑的用水量不应小于 60L/s；

（2）扑救室外及化工设施火灾的灭火及冷却用水的供给强度应符合国家有关标准的规定。

2. 连续供给时间

消防水炮系统灭火及冷却用水的连续供给时间应符合下列规定：

（1）扑救室内火灾的灭火用水连续供给时间不应小于 1.0h；

（2）扑救室外火灾的灭火用水连续供给时间不应小于 2.0h。

（三）灭火面积及冷却面积

灭火面积指一次火灾中用固定消防炮灭火保护的计算面积，冷却面积指一次火灾中用固定消防炮冷却保护的计算面积。水炮系统灭火面积及冷却面积应按照国家有关标准或根据实际情况确定。

（四）补给时间和动作时间

1. 补给时间

灭火剂及加压气体的补给时间均不宜大于 48h。

2. 动作时间

消防水炮系统从启动至炮口喷射水的时间不应大于 5min。

二、消防水炮系统水力计算

1. 设计总流量

消防水炮系统的供水设计总流量应为系统中需要同时开启的水炮设计流量的总和，可按下式计算：

$$Q = \sum N_s \cdot Q_s \tag{16-3}$$

式中　Q——系统供水设计总流量，L/s；

N_s——系统中需要同时开启的水炮的数量，门；

Q_s——水炮的设计流量，L/s。

供水设计总流量不得小于灭火用水计算总流量及冷却用水计算总流量之和。

2. 管道总水头损失计算

供水管道总水头损失应按下式计算：

$$\sum h = h_1 + h_2 \tag{16-4}$$

式中　$\sum h$——水泵出口至最不利点消防水炮进口供水管道水头总损失，MPa；

h_1——沿程水头损失，MPa；

h_2——局部水头损失，MPa。

沿程水头损失可按下式计算：

$$h_1 = i \cdot L_1 \tag{16-5}$$

式中 i——单位管长沿程水头损失，MPa/m；

  L_1——计算管道长度，m。

  单位管长沿程水头损失可按下式计算：

$$i = 0.0000107 \frac{v^2}{d^{1.3}} \tag{16-6}$$

式中 v——设计流速，m/s；

  d——管道内径，m。

  局部水头损失可按下式计算：

$$h_2 = 0.01 \sum \zeta \frac{v^2}{2g} \tag{16-7}$$

式中 ζ——局部阻力系数；

  v——设计流速，m/s。

3. 消防水泵供水压力

系统中的消防水泵供水压力应按下式计算：

$$P = 0.01 \times Z + \sum h + P_e \tag{16-8}$$

式中 P——消防水泵供水压力，MPa；

  Z——最低引水位至最高位消防炮进口的垂直高度，m；

  $\sum h$——水泵出口至最不利点消防炮进口供水管道水头总损失，MPa；

  P_e——消防水炮的设计工作压力，MPa。

三、消防水炮的设置

（一）设置数量

室内消防炮的布置数量不应少于两门，其布置高度应保证消防炮的射流不受上部建筑构件的影响，并应能使两门水炮的水射流同时到达被保护区域的任一部位。

（二）设计要求

（1）消防水炮的设计射程应符合消防水炮布置的要求。室内布置的消防水炮的射程应按产品射程的指标值计算，室外布置的消防水炮的射程应按产品射程指标值的90%计算。

（2）当消防水炮的设计工作压力与产品额定工作压力不同时，应在产品规定的工作压力范围内选用。

（3）当计算的水炮设计射程不能满足要求时，应调整原设定的水炮数、布置位置或规格型号，直至达到要求。

（4）室外配置的水炮其额定流量不宜小于30L/s。

（5）室内系统应采用湿式给水系统，消防炮位处应设置消防水泵启动按钮。

（6）当灭火对象高度较高、面积较大时，或在消防炮的射流受到较高大障碍物的阻挡时，应设置消防炮塔。

（7）室外消防炮的布置应能使消防炮的射流完全覆盖被保护场所及被保护物，且应满足灭火强度及冷却强度的要求。消防炮应设置在被保护场所常年主导风向的上风方向。

四、电气与控制设计要求

（一）电气

（1）系统用电设备的供电电源、系统电器设备的布置、系统的电缆敷设、系统的防雷设计以及在有爆炸危险场所的防爆分区、电器设备和线路的选用、安装和管道防静电等措施应符合国家有关标准、规范的规定。

（2）系统配电线路应采用经阻燃处理的电线、电缆。

（二）控制

1. 通用要求

（1）远控炮系统应具有对消防泵组、远控炮及相关设备等进行远程控制的功能。

（2）系统宜采用联动控制方式，各联动控制单元应设有操作指示信号。

（3）系统宜具有接收消防报警的功能。

（4）工作消防泵组发生故障停机时，备用消防泵组应能自动投入运行。

2. 远控系统

远控炮系统采用无线控制操作时，应满足以下要求：

（1）应能控制消防炮的俯仰、水平回转和相关阀门的动作；

（2）消防控制室应能优先控制无线控制器所操作的设备；

（3）无线控制的有效控制半径应大于100m；

（4）lkm以内不得有相同频率、30m以内不得有相同安全码的无线控制器；

（5）无线控制器应设置闭锁安全电路。

（三）消防控制室

1. 消防控制室基本要求

（1）消防控制室宜设置在能直接观察各座炮塔的位置，必要时应设置监视器等辅助观察设备；

（2）消防控制室应有良好的防火、防尘、防水等措施；

（3）系统控制装置的布置应便于操作与维护。

2. 远控炮系统消防控制室

远控炮系统的消防控制室应能对消防泵组、消防炮等系统组件进行单机操作与联动操作或自动操作，并应具有下列控制和显示功能：

（1）消防泵组的运行、停止、故障；

（2）电动阀门的开启、关闭及故障；

（3）消防炮的俯仰、水平回转动作；

（4）当接到报警信号后，应能立即向消防泵站等有关部门发出声光报警信号，声响信号可手动解除，但灯光报警信号必须保留至人工确认后方可解除；

（5）具有无线控制功能时，显示无线控制器的工作状态；

（6）其他需要控制和显示的设备。

第十七章　建筑泡沫灭火系统

建筑泡沫灭火系统是针对可能发生 B 类火灾的建筑物，而采用的一种灭火系统，对扑救 A 类火亦很有效，是水灭火的特殊形式。通过其特有的组成，将泡沫液与水按比例混合，利用管道（或水带）输送至泡沫产生装置，将产生的泡沫按一定的形式喷出，以覆盖或淹没方式实施灭火。

第一节　概　　述

一、泡沫灭火剂

泡沫灭火剂是以动物蛋白质或植物蛋白质的水解浓缩液为基料，并含有适当的稳定、防腐、防冻等添加剂的起泡性液体，又叫泡沫液。泡沫液本身不能灭火，是通过与水混合形成混合液，再加入空气产生泡沫来灭火。

（一）灭火作用

泡沫是经机械作用将混合液与空气充分混合而形成的洁白、细腻微小气泡群，通过其覆盖或淹没燃烧物实现灭火。泡沫的灭火作用有冷却、窒息、遮断和淹没等。

（二）泡沫液类型

1. 蛋白泡沫灭火剂

蛋白泡沫灭火剂是泡沫灭火剂中最基本的一种，由动、植物蛋白质的水解产物，再加入适当的稳定、防冻、缓蚀、防腐及黏度控制等添加剂制成，是一种黑褐色的黏稠液体，具有天然蛋白质分解后的臭味。具有原料易得，生产工艺简单，成本低，泡沫稳定性好，对水质要求不高，储存性能较好等优点。但与其他泡沫灭火剂相比，泡沫的流动性能较差，抵抗油质污染的能力较低，不能用于液下喷射灭火，也不能与干粉灭火剂联用，主要用于扑救油类火灾。

2. 氟蛋白泡沫灭火剂

氟蛋白泡沫灭火剂是在蛋白泡沫灭火剂的基础上，加入氟碳表面活性剂、碳氢表面活性剂等，使其性能得到改善。一是灭火性能显著提高。与蛋白泡沫灭火剂相比，氟蛋白泡沫的流动性能较好，表现在灭火能力强；可以与干粉灭火剂联用，提高整体灭火效率。二是制造工艺简单，成本较低，价格与蛋白泡沫灭火剂相差不多。

3. 水成膜泡沫灭火剂

水成膜泡沫灭火剂由氟碳表面活性剂、碳氢表面活性剂、泡沫稳定剂、抗冻剂等组成。其特点是可以在密度较低的烃类油品表面上形成一层能够抑制油品蒸发的水膜，靠泡沫和水膜的双重作用灭火，又叫轻水泡沫灭火剂，是灭火速度最快的泡沫灭火剂。另外其还具有泡沫易流动，可与干粉联用，亦可预混等特点。但与蛋白泡沫灭火剂相比，泡沫不够稳定，防复燃隔热性能差，而且成本较高。

4. 抗溶性泡沫灭火剂

用于扑救水溶性甲、乙、丙类液体火灾的泡沫灭火剂，称为抗溶泡沫灭火剂。这类灭火剂有金属皂型、凝胶型、氟蛋白型、硅酮表面活性剂型等，产生的泡沫可抗水溶性甲、乙、丙类液体对其的溶解破坏。

5. 高倍数泡沫灭火剂

高倍数泡沫灭火剂由发泡剂、泡沫稳定剂、抗冻剂等组成，专用于高倍数泡沫灭火系统。

高倍数泡沫灭火剂有以下特点：发泡量大、泡沫直径大、容易输送、有良好的隔热性能，灭火后水渍损失小。灭火时可迅速充满整个防护区，以淹没和覆盖两种方式灭火，另外还可对陷落火场人员提供就地保护，亦可用于火场排烟。

（三）泡沫液的选择、储存及泡沫混合液的配制

1. 泡沫液的选择

（1）非水溶性甲、乙、丙类液体储罐，当采用液上喷射泡沫灭火时，宜选用蛋白、氟蛋白、水成膜或成膜氟蛋白泡沫液，当采用液下喷射泡沫灭火时，应选用氟蛋白、水成膜或成膜氟蛋白泡沫液。

（2）水溶性甲、乙、丙、液体以及含氧添加剂含量超过10%（体积比）的无铅汽油，必须选用抗溶性泡沫液。

（3）保护非水溶性甲、乙、丙类液体的泡沫喷淋、泡沫枪、泡沫炮系统，当采用吸气型泡沫产生装置时，可选用蛋白、氟蛋白、水成膜或成膜氟蛋白泡沫液；当采用非吸气型泡沫产生装置（如水雾喷头）时，应选用水成膜或成膜氟蛋白泡沫液。

（4）当用一套泡沫灭火系统同时保护水溶性和非水溶性甲、乙、丙类液体时，应选用抗溶泡沫液。

（5）高倍数泡沫灭火系统，当利用热烟气发泡时，应采用耐温、耐烟型高倍数泡沫液；当利用新鲜空气发泡时，应根据系统所使用的水源，选择淡水型或耐海水型高倍数泡沫液。

2. 泡沫液的储存

泡沫液的储存非常重要，严重影响着泡沫的灭火性能，一定要按照产品说明书的要求妥善保管。

首先要注意泡沫液的储存期限。蛋白泡沫液、氟蛋白泡沫液，在储存条件较好时，有效期可达5年以上。水成膜泡沫液的有效期可达10年。抗溶泡沫液的有效期仅为1～2年。高倍数泡沫液的有效期为5年；再就是要注意泡沫液的储存温度，一般为0～40℃，储存温度太高或太低都会影响泡沫液的质量和储存期限；第三要注意保持储存场所通风干燥，避免受到阳光的直射，要防止杂质和其他物质混入。

泡沫液储存容器应注意防腐。水成膜泡沫液、抗溶泡沫液的腐蚀性较大，对防腐涂料有特殊要求，应予以重视。

泡沫液一般不能预混，一旦与水混合必须一次使用完毕。水成膜泡沫液可以与水预先混合，但其有效期缩短为5年，这对泡沫灭火剂应用于灭火器非常有利。

3. 泡沫混合液的配制

　　泡沫液配制成混合液时，蛋白、氟蛋白、抗溶氟蛋白泡沫液，可使用淡水或海水，凝胶型、金属皂型泡沫液应使用淡水。严禁使用影响泡沫灭火性能的水。配制混合液用水的温度宜为 4～35℃。

二、建筑泡沫灭火系统工作过程

　　发生火灾后，自动或手动启动消防水泵，水流经过泡沫比例混合器后，将泡沫液与水按规定比例混合形成混合液，然后经混合液管道输送至泡沫产生装置，将产生的泡沫施放到燃烧物的表面上，将燃烧物表面覆盖或淹没，从而实施灭火。

三、建筑泡沫灭火系统的类型

（一）泡沫喷淋系统

　　泡沫喷淋灭火系统是在自动喷水灭火系统的基础上发展起来的一种灭火系统，将储罐区常用的泡沫灭火技术应用到建筑灭火，可有效扑救停车库、燃油锅炉房等场合火灾，对书库等场所火灾亦有效，灭火效果比单纯用水好，水渍损失要小。

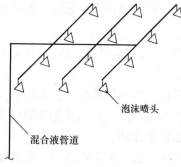

泡沫喷头

混合液管道

图 17-1　泡沫喷淋灭火系统示意图

　　泡沫喷淋灭火系统是通过设置在防护区上方的泡沫喷头将泡沫从上向下喷洒，用于覆盖和阻隔整个火区。该系统类似于自动喷水灭火系统，如图 17-1 所示，其由泡沫喷头、管道、泡沫比例混合器、泡沫液储罐、消防水泵和水源以及火灾报警控制装置等组成。

　　非水溶性甲、乙、丙类液体可能泄漏的室内场所和泄漏厚度不超过 25mm 或泄漏厚度虽超过 25mm 但有缓冲物的水溶性甲、乙、丙类液体可能泄漏的室内场所，宜选用泡沫喷淋灭火系统，例如油泵房、停车库等场所。

（二）泡沫炮灭火系统

　　泡沫炮灭火系统由安装在固定支座（平台、消防炮塔）上的消防炮和相应配套的动力源、控制装置、消防泵组、泡沫液储存与混合装置、混合液供水管网等组成。具有射程远、保护范围大、灭火能力强、机动灵活等特点，适用于飞机检修库等场合。固定泡沫炮灭火系统近几年发展较快，根据其操作控制，该系统有远控系统和手动系统两种。

　　1. 远控固定泡沫炮灭火系统

　　通过控制装置人可远距离操作控制消防炮的俯仰和旋转的固定泡沫炮灭火系统。该系统可保证灭火操作人员避免火灾的威胁，适用于具有爆炸危险性和火灾后人员接近时可能威胁其安全或难以及时到达固定消防炮位的场所。

　　2. 手动固定泡沫炮灭火系统

　　没有远控能力，火场上由人来操作消防炮的俯仰和旋转的固定泡沫炮灭火系统。适用于无爆炸危险性和火灾后人员接近时不会威胁其安全并能及时到达固定消防炮位的场所。

（三）高倍数泡沫灭火系统

　　高倍数泡沫灭火系统是指泡沫发泡倍数大于 200 倍的泡沫灭火系统，其灭火原理类似于气体灭火系统，可以用于保护固体物资仓库、飞机检修库和飞机发动机试验车间、船舱、地下工程、矿井、地下坑道以及有火灾危险性的厂房等场所。高倍数泡沫能迅速地充满较大面积的火灾区域，以淹没和覆盖的方式扑救 A 类或 B 类火灾，灭火效率高，且不受保护面积和空间大小的限制；高倍数泡沫对 A 类火灾具有良好的"渗透性"，对难于接近或难以找到火源的火灾非常有效；由于其发泡倍数大，泡沫中绝大部分被空气充填，因此水渍损失小，灭火后高倍数泡沫易清除；火场上可用高倍数泡沫置换火灾区域的空气，用以排除火场的烟气和有毒气体；高倍数泡沫绝热性能好，能防止火焰蔓延到邻近区域；紧急情况下可对陷于火区的人员提供就地保护，使之避免火焰的危害；灭火时对被保护区域重量负荷增加极少。

1. 全淹没式高倍数泡沫灭火系统

由固定的高倍数泡沫产生装置将高倍数泡沫喷放到封闭或被围挡的防护区内，并在规定的时间内达到一定泡沫淹没深度的泡沫灭火系统。该系统适用于保护在不同高度上都存在火灾危险性的大范围的封闭空间和大范围内设有阻止泡沫流失的固定围墙或其他围挡设施的局部场所。

2. 局部应用式高倍数泡沫灭火系统

由固定或半固定的高倍数泡沫产生装置直接或通过导泡筒将泡沫喷放到火灾部位的灭火系统。该系统所保护对象的表面高度相差不大，一般为大范围内的局部封闭空间或没有完全封闭空间的火灾。该系统在室内或室外都可以使用，但在室外设置时应防止风对高倍数泡沫产生器发泡和泡沫分布的影响。

第二节　系统组成设施及设置要求

泡沫灭火系统实质上也是一种水消防设施，它是将水与泡沫液按要求的比例混合，然后吸入空气（或通过鼓风）产生泡沫，利用泡沫覆盖燃烧物或将保护对象淹没实现灭火。因此，其组成设施中必然有消防水源、水泵、管路、阀门等。另外，要实现其特定的功能，还必须具有泡沫液与水的混合装置、泡沫产生装置、泡沫液储存装置等特殊设备。

一、泡沫比例混合器

各种泡沫液都有其特定的混合比。目前我国使用的泡沫液的混合比有 6％型、3％型和少量 1％型。泡沫液和水只有按规定的比例混合，才能保证泡沫的发泡倍数、灭火能力和其他性能指标。泡沫比例混合器是通过机械作用，使水在流动过程中与泡沫液按一定的比例形成混合液。目前常用的泡沫比例混合器有多种型号，使用时可根据混合流程选择。但应注意，所选用的泡沫比例混合器应能使泡沫混合液在设计流量范围内的混合比不小于其额定值，也不得大于其额定值的 30％，且实际混合比与额定混合比之差不得大于一个百分点。

（一）负压比例混合器

负压比例混合器主要是 PH 系列。当高压水流从喷嘴喷出后，在混合室内产生负压，从而使泡沫液在大气压的作用下，从吸液口被吸入混合室，在混合室与水混合，经扩散管

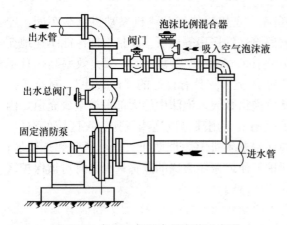

图 17-2 负压比例混合器安装示意图

进入水泵吸水管再与水充分混合形成混合液，并被输送至泡沫产生装置，其安装如图 17-2 所示。

采用负压环泵式比例混合流程，设置时要注意符合下述要求：

（1）泡沫比例混合器的出口压力宜为零或负压。当泡沫比例混合器进口压力为 0.7～0.9MPa 时，其出口压力可为 0.02～0.03MPa。

（2）泡沫比例混合器吸液口高度不能太高，一般不应高于泡沫液储罐最低液位 1m，以保证混合比。

（3）泡沫比例混合器的出口压力大于零时，其吸液管上应设有防止水倒流回泡沫液储罐的措施。

（4）为确保安全，要求安装的泡沫比例混合器宜设有不少于一个的备用量。

（5）应根据所负担的泡沫产生器的型号和数量，将泡沫比例混合器的指针旋至所需泡沫液量指数。

（二）压力比例混合器

压力比例混合器的构造如图 17-3 所示，是直接安装在耐压的泡沫液储罐上，其进口、出口串接在具有一定压力的消防水泵出水管线上。其工作原理是：当有压力的水流通过压力比例混合器时，在压差孔板的作用下，造成孔板前后之间的压力差。孔板前较高的压力水经

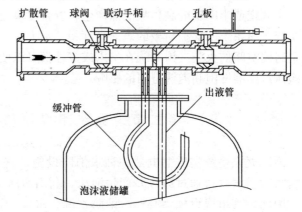

图 17-3 压力泡沫比例混合器结构图

由缓冲管进入泡沫液储罐上部，迫使泡沫液从储罐下部经出液管压出。而且节流孔板出口处形成一定的负压，对泡沫液还具有抽吸作用，在压迫与抽吸的共同作用下，使泡沫液与水按规定的比例混合，其混合比可通过孔板直径的大小确定。

采用压力式比例混合流程，在设置使用时应注意以下几点：

（1）压力比例混合器的单罐容积不宜大于 10m³；

（2）无囊式压力比例混合器，当罐容积大于 5m³ 且罐内无分隔设施时，宜设置一台小型压力比例混合器，其容积应大于 0.5m³，并能保证系统按最大设计流量连续提供 3min 的泡沫混合液。

二、泡沫产生装置

泡沫产生装置是泡沫灭火系统中的另一个重要组件，其作用就是将空气与混合液充分混合，产生并喷射泡沫实施灭火。泡沫产生装置有以下几种类型，不同类型的泡沫灭火系

统应使用相应的泡沫产生装置。

（一）泡沫喷头

1. 泡沫喷头类型

（1）吸气型泡沫喷头

吸气型泡沫喷头能够吸入空气，混合液经过空气的机械搅拌作用，再加上喷头前金属网的阻挡作用形成泡沫。当泡沫喷淋系统用于保护水溶性和非水溶性甲、乙、丙类液体时，宜选用吸气型泡沫喷头。目前常用的吸气型泡沫喷头有三种。

悬挂式泡沫喷头。该种类型喷头是悬挂在被保护物体的顶部上方某一高度，工作时泡沫从上向下以喷淋的形式均匀地洒落在被保护物体的表面。

侧挂式泡沫喷头。该种类型喷头置于被保护物体的侧面，距被保护物体有一定的距离，泡沫从侧面喷洒到被保护物体表面，将被保护物体从四面包围住。

弹出式泡沫喷头。这种泡沫喷头置于被保护物体的下部地面上。平时喷头在地面以下，喷头顶部和地面相平。一旦使用时，喷头借助混合液的压力，弹射出地面，吸入空气，形成泡沫，在导流板的作用下，将泡沫喷洒在被保护物体上。

（2）非吸气型泡沫喷头

非吸气型泡沫喷头没有吸气结构，从喷头喷出的是雾状泡沫混合液。由于没有空气机械搅拌作用，泡沫发泡倍数较低。非吸气型泡沫喷头一般多采用悬挂式，有时也可以侧挂。这种泡沫喷头亦可用水喷雾喷头代替。当泡沫喷淋系统用于保护非水溶性甲、乙、丙类液体时，可选用非吸气型泡沫喷头。

2. 泡沫喷头的保护面积和间距

泡沫喷头的保护面积和间距应符合表 17-1 的要求。

泡沫喷头的保护面积和间距　　　　　　　　表 17-1

喷头设置高度（m）	每只喷头最大保护面积（m²）	喷头最大水平距离（m）
≤10	12.5	3.6
>10	10	3.2

3. 泡沫喷头的布置要求

泡沫喷头的布置应符合下列要求：

（1）泡沫喷头的布置应根据泡沫混合液的设计供给强度、保护面积和喷头特性，在防护区内均匀布置；

（2）应保证泡沫直接喷射到保护对象上；

（3）泡沫喷头周围不应有影响泡沫喷洒的障碍物；

（4）泡沫喷淋区域边界的喷头布置，应能有效地保护分界区。

（二）泡沫炮

固定泡沫炮能够上下俯仰和左右旋转，手动固定泡沫炮通过摇动手轮来俯仰或旋转，远控固定泡沫炮通过电动和液动实现俯仰或旋转，图 17-4 所示为一液动固定泡沫炮。

固定泡沫炮设置时应符合下列要求：

（1）泡沫炮和炮塔应采取有效的防爆和隔热保护措施。

（2）室外布置的泡沫炮宜设置在保护场所主导上风方向。

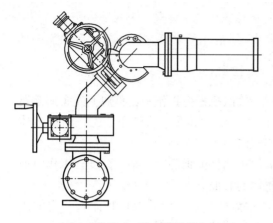

图 17-4　液动泡沫炮

（3）甲、乙、丙类液体储罐区和工艺装置区的消防炮塔（平台）的高度应满足泡沫炮的俯仰回转中心高度不低于灭火对象主体结构最大高度的 50%。

（4）液化烃储罐区的消防炮塔（平台）的高度应满足泡沫炮的俯仰回转中心高度不低于灭火对象主体结构的最大高度。

（5）油品码头的消防炮塔应使泡沫炮的俯仰回转中心高度不低于在最高潮位和油船空载时的甲板高度，泡沫炮水平回转中心与油品码头前沿的距离应不小于 2.5m。

（6）消防炮塔的周围应留有供设备维修用的通道。

（三）高倍数泡沫产生器

高倍数泡沫产生器一般是利用鼓风的方式产生泡沫。因此，根据其风机的驱动方式，有电动机、内燃机和水力驱动三种类型。在防护区内设置高倍数泡沫产生器，并利用热烟气发泡时，应选用水力驱动式高倍数泡沫产生器，其结构示意如图 17-5 所示。

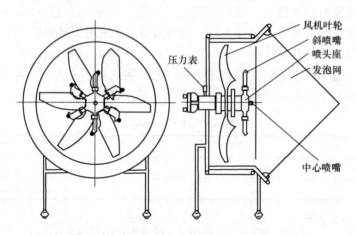

图 17-5　FG-180 型高倍数泡沫产生器构造示意图

该高倍数泡沫产生器内有数个斜喷嘴和中心喷嘴，用其将混合液均匀喷洒在发泡网上。斜喷嘴喷射混合液而产生的反作用力，驱使喷头座转动，进而带动装在喷头座上的风扇转动鼓风，鼓出的风在发泡网上与混合液混合形成泡沫。

在有爆炸危险环境使用电动式泡沫发生器时，其电气设备选择的供电设计，应符合现行国家标准《爆炸和火灾危险环境电力装置设计规范》的要求。

2. 设置要求

对于全淹没式和局部应用式高倍数泡沫灭火系统，其高倍数泡沫产生器的设置应符合：高度应在泡沫淹没深度以上；位置应免受爆炸或火焰的损坏；宜接近保护对象；能使防护区形成比较均匀的泡沫覆盖层。

对于移动式高倍数泡沫灭火系统，当采用导泡筒输送泡沫时，高倍数泡沫产生器可设置在防护区以外的安全位置，但导泡筒的泡沫出口位置应与全淹没式和局部应用式高倍数泡沫灭火系统的高倍数泡沫产生器设置要求相同。当泡沫产生器直接向防护区喷放泡沫时，其位置应免受爆炸或火焰损坏。

高倍数泡沫产生器前应设置控制阀、压力表和管道过滤器。

高倍数泡沫产生器在室外或坑道应用时，应采取防止风对泡沫的产生和分布影响的措施。

三、泡沫液储罐

泡沫液平时储存在泡沫液储罐内，使用时通过泡沫比例混合器吸出。

1. 泡沫液储罐的类型

泡沫液储罐分常压储罐和压力储罐两种。采用环泵负压比例混合或平衡压力比例混合流程时，泡沫液储罐应选用常压储罐，罐体宜为卧式或立式圆柱形储罐，在其上还应有液位计、排渣孔、进料孔、人孔、取样口、呼吸阀或带控制阀的通气管；采用压力式比例混合流程时，泡沫液储罐应选用压力储罐。在压力储罐上应设安全阀、排渣孔、进料孔、人孔和取样口。

2. 泡沫液储罐的设置要求

（1）泡沫液储罐容积由计算确定，且应保证储存一次灭火用泡沫液需要量。

（2）泡沫液储罐位置高度应满足设计所确定的混合流程对其的要求。

（3）泡沫液储罐宜采用耐腐蚀材料制作，当采用钢罐时，其内壁应做防腐处理。与泡沫液直接接触的内壁或防腐层不应对泡沫液的性能产生不利影响。

四、管道

管道在系统中担负着输送泡沫混合液和灭火泡沫的任务，因此，其管道应采用钢管，管道外壁应进行防腐处理，且法兰连接处应采用石棉橡胶垫片。为便于检测设备的安装和取样，在固定式泡沫灭火系统的泡沫混合液主管道上应留出泡沫混合液流量检测仪器安装位置，在泡沫混合液管道上应设置试验检测口。

五、其他附件

（一）火灾报警控制装置

采用全淹没式或局部应用式高倍数泡沫灭火系统保护的防护区，设置泡沫喷淋灭火系统的场所，可根据防护区或保护场所的重要程度、被保护对象的性质、发生火灾的特点、系统使用情况以及人员安全等因素，确定系统的启动控制方式，一般宜设置火灾自动报警控制装置，以便更有效地对防护区进行监控并及时启动系统进行灭火。

设置火灾自动报警控制装置应注意满足：

（1）在防护区和消防控制中心应设置声光报警装置。

（2）探测报警系统的设置应符合现行国家标准《火灾自动报警系统设计规范》的规定。当泡沫喷淋灭火系统选用带闭式喷头传动管传递火灾信号时，传动管的长度不应大于30m，公称直径宜为15～25mm，传动管上闭式喷头的布置间距不宜大于2.5m。

（3）对于高倍数泡沫灭火系统，其消防自动控制设备宜与防护区内的门窗的关闭装置、排气口的开启装置以及生产、照明电源的切断装置等联动。

（二）管道过滤器

为确保高倍数泡沫灭火系统正常工作，在泡沫比例混合器和泡沫产生器前的管路上均应设置管道过滤器，以防止杂质、颗粒进入泡沫比例混合器和泡沫产生器，堵塞孔板和喷嘴。

管道过滤器的安装、使用应注意以下几点：

（1）管道过滤器的箭头方向与水流方向应一致。

（2）应在管道过滤器进口和出口处安装压力表，压力降超过规定值时，应立即检查，取出过滤器内的杂物。

（3）每次使用后用清水冲洗。

第三节　系　统　设　计　计　算

一、泡沫喷淋系统

（一）设计技术数据

1. 泡沫混合液供给强度和连续供给时间

（1）当泡沫喷淋灭火系统保护非水溶性甲、乙、丙类液体时，其泡沫混合液供给强度和连续供给时间，不应小于表 17-2 的要求。

泡沫混合液供给强度和连续供给时间　　　　　　　　　　表 17-2

泡沫液种类	喷头设置高度（m）	混合液供给强度 [L/（min·m²）]	供给时间（min）
蛋白、氟蛋白	≤10	8	10
	>10	10	
水成膜、成膜氟蛋白	≤10	6.5	10
	>10	8	

（2）当泡沫喷淋灭火系统保护水溶性甲、乙、丙类液体时，其混合液供给强度和连续供给时间，宜由试验确定。

2. 响应时间

泡沫喷淋灭火系统在自动控制状态下的响应时间不应大于 60s。

3. 泡沫喷头的工作压力

泡沫喷头的工作压力不应小于其额定压力 0.8 倍。

4. 泡沫混合液流速

泡沫喷淋灭火系统管道内的泡沫混合液流速不宜大于 5m/s。

（二）设计要求

1. 保护面积的确定

泡沫喷淋灭火系统的保护面积应按保护场所内的水平面面积或水平投影面积确定。

2. 泡沫混合液设计流量的计算

泡沫喷淋灭火系统扑救一次火灾的泡沫混合液设计流量应按下式计算：

$$Q_h = Aq_g \tag{17-1}$$

式中　Q_h——系统的泡沫混合液流量，L/min；

　　　A——系统的设计保护面积，m^2；

　　　q_g——泡沫混合液供给强度，$L/min \cdot m^2$。

3. 泡沫液储量的计算

保护场所发泡用泡沫液储量应按下式计算：

$$W_P = 10^{-3} fQ_h t \tag{17-2}$$

式中　W_p——保护场所发泡用泡沫液储量，m^3；

　　　f——混合比；

　　　t——系统的泡沫混合液连续供给时间，min。

4. 水储量的计算

保护场所发泡用水储量应按下式计算：

$$W_s = 10^{-3} (1-f)Q_h t \tag{17-3}$$

式中　W_s——保护场所发泡用水储量，m^3。

式中其他符号意义同上式。

5. 泡沫喷头数量的确定

保护场所所需泡沫喷头数量应按下式计算：

$$N = \frac{Aq_g}{q} \tag{17-4}$$

式中　N——保护场所所需的泡沫喷头数量，个；

　　　A——保护场所的设计保护面积，m^2；

　　　q_g——泡沫混合液供给强度，$L/min \cdot m^2$；

　　　q——每个泡沫喷头的混合液供给强度，L/min。

6. 泡沫混合液管道的压力损失计算

泡沫混合液管道压力损失计算与水管道压力损失计算相同，因混合液的流动特性与水基本相同。其局部压力损失可按沿程压力损失的 30% 估算。

7. 设计保护区域确定

泡沫喷淋灭火系统的设计保护区域应按最大的一个分区考虑，具体方法可参考雨淋喷水灭火系统。

8. 其他要求

（1）当系统采用吸气型泡沫喷头时，应选用蛋白泡沫液、氟蛋白泡沫液、水成膜泡沫液或抗溶性泡沫液；当系统采用非吸气型泡沫喷头（水雾喷头）时，必须选用水成膜泡沫液。

（2）系统应设火灾自动报警装置，且宜采用自动控制方式，但必须同时设手动控制装置。

二、高倍数泡沫灭火系统

（一）设计技术数据

1. 泡沫淹没深度

泡沫淹没深度指为保护对象提供足够的高倍数泡沫覆盖层所需要的最小泡沫堆积高度。高倍数泡沫灭火系统就是用高倍数泡沫将被保护物全部淹没，并且还必须在最高保护物或液面上面有一定的泡沫高度，只有这样才能将火灾危险区域的空气与火焰完全隔绝，充分发挥高倍数泡沫灭火机理的全部效能，达到控火和灭火的目的。

泡沫淹没深度的确定应符合下列要求：

（1）当用于扑救 A 类火灾时，泡沫淹没深度不应小于最高保护对象高度的 1.1 倍，并且应高于最高保护对象最高点以上 0.6m。

（2）当用于扑救 B 类火灾时，汽油、煤油、柴油、苯等类火灾，泡沫淹没深度应高于起火部位 2m；其他 B 类火灾的泡沫淹没深度应由试验确定。

2. 泡沫淹没时间

泡沫淹没时间指从泡沫产生器喷出泡沫起至泡沫充满淹没体积所需的最长时间间隔。泡沫充满淹没体积的时间的长短，对系统的灭火效能及火灾损失都有着直接的影响。可以想象，这一时间越长，灭火速度越慢，火灾损失程度越大。但减少这一时间，意味着系统规模加大，系统造价增加。淹没时间的合理值应该是在发生火灾后，防护区域内的被保护对象未出现不允许的损失程度之前，将高倍数泡沫充满淹没体积，扑灭火灾。

采用全淹没式高倍数泡沫灭火系统和局部应用式高倍数泡沫灭火系统时，扑救各种火灾对泡沫淹没时间要求不同。对于 A 类火，一般讲，相同条件下，低密度物体的火灾损失比高密度物体火灾损失稍大，因此要求其泡沫淹没时间短一点；对于甲、乙、丙类液体火灾，闪点高的液体比闪点低的液体，发生火灾后，火灾危险性稍小些，因此要求闪点低的液体的泡沫淹没时间短一点。另外，高倍数泡沫灭火系统与自动喷水灭火系统联合应用时，由于喷水在对建筑物冷却作用的同时，还可加速对火焰的冷却和窒息作用，因此，泡沫淹没时间可长些。常见保护对象的淹没时间见表 17-3。

高倍数泡沫淹没时间（min） 表 17-3

可燃物	高倍数泡沫灭火系统单独使用	高倍数泡沫灭火系统与自动喷水灭火系统联合使用
闪点不超过 40℃的液体	2	3
闪点超过 40℃的液体	3	4
发泡橡胶、发泡塑料、成卷的织物或皱纹纸等低密度可燃物	3	4
成卷的纸、压制牛皮纸、涂料纸、纸版箱（袋）、纤维卷筒、橡胶轮胎等高密度可燃物	5	7

对于水溶性甲、乙、丙类液体火灾，从国内外的大量灭火试验看，可以用高倍数泡沫进行控火和灭火，而且，燃料的浓度较低时火势容易控制和扑救。其灭火作用主要是通过稀释燃料和逐步形成泡沫覆盖层使火焰冷却和窒息。应用时，选择发泡倍数 500 倍以下的高倍数泡沫为宜。但由于液体火灾的特殊性，这种火灾需要的高倍数泡沫淹没时间应通过试验确定。

采用移动式高倍数泡沫灭火系统时，考虑到火灾区域危险品的类别及火势大小难以预测，另外，现场一般都有专业消防人员指挥，因此其淹没时间应根据现场情况确定。

3. 泡沫保持时间

泡沫保持时间指维持泡沫淹没体积的最小时间间隔。满足泡沫保持时间是为了确保火灾被彻底扑灭，防止火灾复燃。对于 A 类火灾，单独使用高倍数泡沫灭火系统时，泡沫淹没体积的保持时间应大于 60min；与自动喷水灭火系统联合使用时，泡沫淹没体积的保持时间应大于 30min。对于 B 类火灾，根据国内外灭火试验看，发生复燃的危险性较少。

为了确保泡沫保持时间，一方面防护区的封闭要好，另一方面是使系统中的一个或几个泡沫产生器连续或间断地工作。

4. 泡沫液与水的连续供应时间

泡沫液和水的连续供应时间与采用的系统类型和扑救的火灾种类有关。

(1) 全淹没式高倍数泡沫灭火系统

当用于扑救 A 类火灾时，系统泡沫液和水的连续供应时间不应小于 25min；当用于扑救 B 类火灾时，系统泡沫液和水的连续供应时间不应小于 15min。

(2) 局部应用式高倍数泡沫灭火系统

当用于扑救 A 类和 B 类火灾时，系统泡沫液和水的连续供应时间不应小于 12min；当控制液化石油气和液化天然气时，系统泡沫液和水的连续供应时间不应小于 40min；当高倍数泡沫灭火系统保护几个防护区时，应按最大一个防护区的连续供给时间计算系统的泡沫液和水储量。

(二) 设计计算

1. 泡沫淹没体积

泡沫淹没体积指保护空间内能够被高倍数泡沫充满的净容积。可按下式计算：

$$V = S \times h - V_g \tag{17-5}$$

式中　V——淹没体积，m^3；

　　　S——防护区地面面积，m^2；

　　　h——泡沫淹没深度，m；

　　　V_g——固定的机器设备等不燃物所占的体积，m^3。

如果在泡沫的淹没空间内，有临时放置的或可移动的由不燃材料制成的设备及由可燃材料制作的物品或堆放的可燃材料所占的体积，均不应由淹没体积中减去，以保证有效地达到高倍数泡沫灭火效能。

2. 泡沫最小供给速率

泡沫最小供给速率指单位时间内向防护空间喷射的高倍数泡沫的体积。泡沫最小供给速率根据泡沫淹没体积和泡沫淹没时间确定。高倍数泡沫灭火系统在喷射泡沫过程中，由于泡沫破裂、析液、燃烧、干燥表面的浸润等引起的泡沫消失及由于封闭不严造成泡沫的流失，将会影响泡沫淹没时间的实现，因此，还应满足泡沫最小供给速率的要求，以保证泡沫淹没体积和泡沫淹没时间。全淹没高倍数泡沫灭火系统和局部应用高倍数泡沫灭火系统的泡沫最小供给速率可按下式计算：

$$R = \left(\frac{V}{T} + R_s\right) C_N \times C_L \tag{17-6}$$

式中　R——泡沫最小供给速率，m^3/min；

V——淹没体积，m^3；

T——淹没时间，min；

R_s——喷水造成的泡沫破泡率，m^3/min；

C_N——泡沫破裂补偿系数，宜取 1.15；

C_L——泡沫泄漏补偿系数，视门、窗的密封情况确定，一般宜取 $1.05\sim1.02$。

高倍数泡沫灭火系统单独使用时，不考虑喷水造成的泡沫破泡率，即 $R_s=0$；高倍数泡沫灭火系统与自动喷水灭火系统联合使用时，喷水造成的泡沫破泡率可按下式计算：

$$R_s = L_s \times Q_s \tag{17-7}$$

式中　R_s——喷水造成的泡沫破泡率，m^3/min；

L_s——泡沫破泡率与水喷头排放速率之比 $[(m^3/min)/(L/min)]$，可取 0.0748；

Q_s——预计动作最大喷头数目的总流量，L/min。

移动式高倍数泡沫灭火系统的泡沫最小供给速率可参考上式估算，因为其参数难以准确确定。

3. 高倍数泡沫产生器设置数量的确定

高倍数泡沫灭火系统所需泡沫产生器的数量应保证总的泡沫供给量不小于防护区要求的泡沫最小供给速率，因此可按下式计算确定：

$$N = \frac{R}{r} \tag{17-8}$$

式中　N——防护区高倍数泡沫产生器的设置数量，（台）；

R——防护区的泡沫最小供给速率，m^3/min；

r——每台高倍数泡沫产生器额定泡沫供给量，m^3/min。

4. 泡沫混合液流量计算

高倍数泡沫灭火系统的混合液流量应按最大一个防护区考虑，根据该防护区内设置的高倍数泡沫产生器数量，按下式计算确定：

$$Q_h = N \times q_h \tag{17-9}$$

式中　Q_h——高倍数泡沫灭火系统的泡沫混合液流量，L/min；

N——高倍数泡沫产生器的设置数量，台；

q_h——每台高倍数泡沫产生器的额定混合液流量，L/min。

5. 泡沫液储量计算

（1）泡沫液流量计算

防护区发泡用泡沫液流量可按下式计算：

$$Q_p = fQ_h \tag{17-10}$$

式中　Q_p——防护区发泡用泡沫液流量，L/min；

f——混合比。

（2）泡沫液储量计算

防护区发泡用泡沫液储量可按下式计算：

$$W_p = 10^{-3}Q_p t_p \tag{17-11}$$

式中　W_p——防护区发泡用泡沫液储量，m^3；

t_p——泡沫液的连续供应时间，min。

6. 水储量计算

防护区发泡用水储量可按下式计算：

$$W_s = 10^{-3}(1-f)Q_h t_p \qquad (17\text{-}12)$$

式中　W_s——防护区发泡用水储量，m^3；

三、泡沫炮系统

1. 泡沫炮设计流量计算

泡沫炮在设计压力下的流量可按下式计算：

$$Q_s = q_{s0} \cdot \sqrt{\frac{P_e}{P_0}} \qquad (17\text{-}13)$$

式中　Q_s——泡沫炮的设计流量，L/s；

　　　q_{s0}——泡沫炮的额定流量，L/s；

　　　P_e——泡沫炮的设计工作压力，MPa；

　　　P_0——泡沫炮的额定工作压力，MPa。

2. 泡沫炮保护面积确定

每门泡沫炮保护面积可按下式计算确定：

$$A_i = \frac{q_p}{q_g} \qquad (17\text{-}14)$$

式中　A_i——泡沫炮保护面积，m^2；

　　　q_p——泡沫炮混合液流量，L/min；

　　　q_g——混合液供给强度，$[L/(min \cdot m^2)]$。

3. 泡沫炮数量确定

泡沫炮的设置数量根据保护场所的实际情况确定，应同时满足泡沫混合液供给强度和泡沫炮的射程要求。泡沫炮最少设置数量可按下式计算确定：

$$n = \frac{A}{A_i} \qquad (17\text{-}15)$$

式中　n——泡沫炮最少设置数量，个；

　　　A——设计保护面积，m^2。对于储罐区最大按 $1500m^2$ 计算，石化装置区最大按 $750m^2$ 计算，油品码头按设计停靠油船最大油舱面积计算；

　　　A_i——泡沫炮的保护面积，m^2。

当保护场所面积较大时，泡沫炮设置数量应保证设计保护面积不论处于任何位置均应在其所必需的泡沫炮射程之内。

4. 泡沫炮灭火系统计算流量

泡沫炮灭火系统的计算流量可根据灭火面积和供给强度按下式计算确定：

$$Q_j = q_g A \qquad (17\text{-}16)$$

式中　Q_j——系统的混合液计算流量，L/min；

　　　q_g——混合液供给强度，$L/min \cdot m^2$；

　　　A——保护面积，m^2。

保护面积较大时，系统的计算流量较大，但系统的混合液计算流量一般不宜超过 12m³/min。

5. 泡沫炮灭火系统设计流量

系统设计流量应取计算流量的 1.2 倍，即：

$$Q_s = 1.2Q_j \tag{17-17}$$

式中　Q_s——系统设计流量，L/min。

第十八章 气体灭火系统

气体灭火系统是通过喷射灭火剂，使其在整个防护区内或在保护对象周围的局部区域建立起灭火浓度实现灭火。由于其特有的性能特点，主要用于保护重要且要求洁净的特定场合，是建筑灭火设施中的一种重要类型。

第一节 概 述

一、气体灭火剂

灭火剂释放到室内空间在常温常压下呈气态，通过在空间建立灭火浓度实施灭火。其易挥发不污损被保护对象，用于保护怕水污损的场所，是水灭火剂的重要补充。

（一）常用的气体灭火剂

1. CO_2 灭火剂

CO_2 在常温、常压下是一种无色、无味、不导电的气体，化学性质稳定，仅在高温下可以与强还原剂发生反应。CO_2 能溶于水，部分生成弱碳酸，对于储存 CO_2 的容器，要保持灭火剂及储存容器的干燥，以防腐蚀，应用时要防止对人的危害。

2. IG541 灭火剂

IG541 灭火剂是三种自然界气体的混合物，约由 52％N_2、40％Ar_2 和 8％CO_2 气体组成。IG541 的密度略大于空气，化学性能稳定，一般不与其他物质发生化学反应。在灭火浓度下对人基本无危害。

3. 七氟丙烷灭火剂

七氟丙烷灭火剂属于卤代烷灭火剂系列，具有灭火能力强、灭火剂性能稳定的特点，但与卤代烷 1301 和卤代烷 1211 灭火剂相比，臭氧层损耗能力（ODP）为 0，全球温室效应潜能值（GWP）很小，不会破坏大气环境。七氟丙烷灭火剂及其分解产物对人有毒性危害，使用时应引起重视。

（二）气体灭火剂灭火原理

1. CO_2 和 IG541 灭火作用

CO_2 是一种惰性气体，对燃烧具有良好的窒息作用。另外，喷射出的液态和固态 CO_2 在气化过程中要吸热，因此，具有一定的冷却作用。而 IG541 是完全通过窒息作用灭火。

2. 七氟丙烷灭火作用

七氟丙烷是化学灭火，当向火焰区喷射七氟丙烷灭火剂时，灭火剂便受热分解，分解出的 Br·参与了燃烧过程中的化学反应：

$$H \cdot + Br \cdot \rightarrow HBr$$

$$OH \cdot + HBr \rightarrow H_2O + Br \cdot$$

第二步反应是在一个自由基和一个稳定分子之间进行的，比起第一步反应要困难得多，但再生出来的 Br· 与灭火剂分解产生的 Br· 按这两步反应式不断地消耗 H·、OH·，使燃烧链维持不下去，进而达到灭火的目的。七氟丙烷灭火剂就是如此起到"断链"的作用。

二、气体灭火系统的特点

相对于传统的水灭火系统，气体灭火系统具有明显的优点，但也存在着一些难以克服的缺点，这些导致气体灭火系统不能取代水灭火系统，只能作为水灭火系统的补充。

气体灭火剂具有灭火效率高、灭火速度快、适应范围广、对被保护物不造成二次污损等优点。

气体灭火系统的缺点也很明显：系统一次投资较大、对大气环境的影响、不能扑灭固体物质深位火灾、被保护对象限制条件多等。

三、气体灭火系统的应用

（一）适应范围

1. 适宜用气体灭火系统扑救的火灾

（1）液体火灾或石蜡、沥青等可熔化的固体火灾；

（2）气体火灾；

（3）固体表面火灾及棉毛、织物、纸张等部分固体深位火灾；

（4）电气设备火灾。

2. 不适宜用气体灭火系统扑救的火灾

（1）硝化纤维、火药等含氧化剂的化学制品火灾；

（2）钾、钠、镁、钛、锆等活泼金属火灾；

（3）氢化钾、氢化钠等金属氢化物火灾；

（4）固体物质深位火灾。

（二）常用的场合

气体灭火系统应用于特定的范围，是一种较为理想的自动灭火系统，常用的具体场所有：

1. 重要场所

气体灭火系统本身造价较高，因此一般应用于在政治、经济、军事、文化、及关乎众多人员生命的重要场合。

2. 怕水污损的场所

像重要的通信机房，调度指挥控制中心，图书档案室等，这类场所无疑非常重要，而且要求灭火剂清洁，在灭火的时候不产生次生危害，气体灭火系统就是最佳选择。

3. 甲、乙、丙类液体和可燃气体储藏室或具有这些危险物的工作场所

气体灭火系统对于扑救甲、乙、丙类液体火灾非常有效，而且在灭火的同时，对防护区及内部的设备、物品等提供保护，可及时控制火势的蔓延扩大。

4. 电气设备场所

安装有发电机、变压器、油浸开关等场所，用气体灭火系统灭火不影响这些设备的正

常运行。

四、气体灭火系统的设置原则

《建筑设计防火规范》规定下列场所应设置自动灭火系统，并宜采用气体灭火系统：

（1）国家、省级或人口超过 100 万的城市广播电视发射塔内的微波机房、分米波机房、米波机房、变配电室和不间断电源（UPS）室。

（2）国际电信局、大区中心、省中心和一万路以上的地区中心内的长途程控交换机房、控制室和信令转接点室。

（3）两万线以上的市话汇接局和六万门以上的市话端局内的程控交换机房、控制室和信令转接点室。

（4）中央及省级公安、防灾和网局级及以上的电力等调度指挥中心内的通信机房和控制室。

（5）A、B 级电子信息系统机房内的主机房和基本工作间的已记录磁（纸）介质库。

（6）中央和省级广播电视中心内建筑面积不小于 120m² 的音像制品库房。

（7）国家、省级或藏书量超过 100 万册的图书馆内的特藏库；中央和省级档案馆内的珍藏库和非纸质档案库；大、中型博物馆内的珍品库房；一级纸绢质文物的陈列室。

（8）其他特殊重要设备室。

五、气体灭火系统的基本组成及工作原理

（一）系统基本组成

气体灭火系统由灭火剂储存装置、启动分配装置、输送释放装置、监控装置等组成，如图 18-1 所示。

（二）气体灭火系统工作原理

气体灭火系统的工作原理是：防护区一旦发生火灾，首先火灾探测器报警，消防控制中心接到火灾信号后，启动联动装置（关闭开口、停止空调等），延时约 30s 后，打开启动气瓶的瓶头阀，利用气瓶中的高压氮气将灭火剂储存容器上的容器阀打开，灭火剂经管道输送到喷头喷出实施灭火。这中间的延时是考虑防护区内人员的疏散。另外，通过压力开关监测系统是否正常工作，若启动指令发出，而压力开关的信号迟迟不返回，说明系统故障，值班人员听到事故报警，应尽快到储瓶间，手动开启储存容器上的容器阀，实施人工启动灭火。

六、气体灭火系统的类型

为满足各种保护对象的需要，气体灭火系统具有多种应用形式，以便充分发挥其灭火作用，最大限度地降低火灾损失。

（一）按灭火剂分类

1. CO_2 灭火系统

CO_2 灭火系统是以 CO_2 作为灭火介质，由于 CO_2 灭火剂易于制造、价格低廉，在很多场合得到应用。相对于卤代烷灭火系统来说，CO_2 灭火剂用量大，相应的系统规模较大，投资较大，灭火时的毒性危害较大。另外，CO_2 会产生温室效应，对环境有影响，所以，

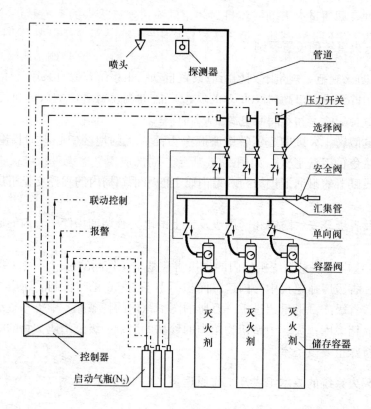

图 18-1　气体灭火系统组成示意图

该系统不宜广泛使用。

CO₂灭火系统有高压系统和低压系统两种应用形式。高压系统是将灭火剂储存容器放置在自然环境中，在20℃时，工作压力为5.17MPa；低压系统是将灭火剂储存容器的温度维持在-18℃，工作压力为2.17MPa，灭火剂储存容器容积较大，避免了高压系统储存容器数量过多、不便管理的缺点。

2. IG541灭火系统

IG541灭火系统是以N₂、Ar₂、CO₂三种惰性气体的混合物作为灭火介质。由于其纯粹来自于自然，是一种无毒、无色、无味、惰性及不导电的纯"绿色"压缩气体，因此又称为洁净气体灭火系统。

3. 七氟丙烷灭火系统

七氟丙烷灭火系统以七氟丙烷作为灭火介质，具有清洁、毒性小、使用期长、喷射性能好、灭火效果好等优点，可用于经常有人工作的防护区。

曾广泛应用的卤代烷1301灭火系统和卤代烷1211灭火系统由于其对大气臭氧层的破坏作用，使用已受到严格限制。

（二）按灭火方式分类

1. 全淹没系统

全淹没气体灭火系统指喷头均匀布置在保护房间的顶部，喷射的灭火剂能在封闭空间内迅速形成浓度比较均匀的灭火剂气体与空气的混合气体，并在灭火必需的"浸渍"时间内维持灭火浓度，即通过灭火剂气体将封闭空间淹没实施灭火的系统形式，如图 18-2 所示。该系统对防护房间提供整体保护，不仅仅局限于房间内的某个设备。

这里所说的封闭空间是相对而言的，并不要求完全密闭，在顶棚、四壁允许存在一些缝隙或开口，但要符合一定的限制条件，以保证灭火剂的"浸渍"时间。

2. 局部应用气体灭火系统

局部应用气体灭火系统指喷头均匀布置在保护对象的四周围，将灭火剂直接而集中地喷射到燃烧着的物体上，使其笼罩整个保护物外表面，在燃烧物周围局部范围内达到较高的灭火剂气体浓度的系统形式，如图 18-3 所示。局部应用气体灭火系统保护房间内或室外的某一设备（局部区域），就整个房间而言，灭火剂气体浓度远远达不到灭火浓度。

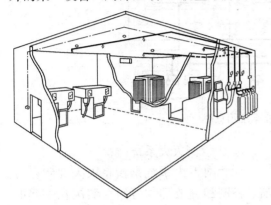

图 18-2 全淹没气体灭火系统示意图　　　　图 18-3 局部应用气体灭火系统示意图

（三）按管网的布置分类

从管网布置情况看，气体灭火系统有三种形式。

1. 组合分配灭火系统

为了节省投资，对于几个不会同时着火的相邻防护区或保护对象，可采用一套气体灭火系统保护。这种用一套灭火剂储存装置同时保护多个防护区的气体灭火系统称为组合分配系统。组合分配系统是通过选择阀的控制，实现灭火剂释放到着火的保护区。如图18-4所示。

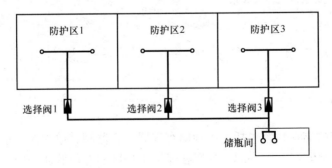

图 18-4 组合分配系统示意图

组合分配灭火系统的灭火剂设计用量是按最大的一个防护区或保护对象来确定的，对于较小的防护区或保护对象，若不需要释放全部的灭火剂量，可根据需要，利用启动气瓶来控制打开储存容器的数量，以释放全部或部分灭火剂。但要注意，组合分配系统具有同时保护但不能同时灭火的特点。

2. 单元独立灭火系统

若几个防护区都非常重要或有同时着火的可能性，为了确保安全，在每个防护区各自设置气体灭火系统保护，称为单元独立灭火系统，如图 18-5 所示。很明显，采用单元独立灭火系统可提高其安全可靠性能，但投资较大。另外，单元独立系统管路布置简单，维护管理较方便。

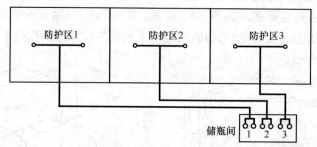

图 18-5　单元独立系统示意图

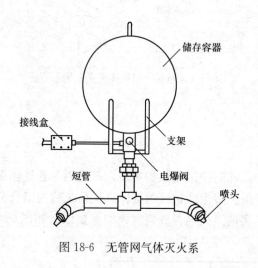

图 18-6　无管网气体灭火系

3. 无管网灭火系统

无管网灭火系统是指将灭火剂储存容器、控制和释放部件等组合装配在一起的小型、轻便灭火系统。这种系统没有管网或仅有一段短管，因此称为无管网灭火系统，如图 18-6 所示。这种系统多放置在防护区内，亦可放置在防护区的墙外，通过短管将喷头伸进防护区。

无管网气体灭火系统一般由工厂成系列生产，使用时可根据防护区的大小直接选用，这样省去了烦琐的设计计算，且便于施工，适应于较小的、无特殊要求的防护区。

第二节　气体灭火系统组成设施设计要求

一、储存装置

气体灭火系统的储存装置包括灭火剂储存容器、容器阀、单向阀、汇集管、连接软管及支架等，通常是将其组合在一起，放置在靠近防护区的专用储瓶间内。储存装置既要储存足够量的灭火剂，又要保证在着火时，能及时开启，释放出灭火剂。

（一）灭火剂储存容器

灭火剂储存容器是气体灭火系统的主要组件之一，既要储存灭火剂，同时又是系统工作的动力源，为系统正常工作提供足够的压力。由于长期处于充压工作状态，对系统正常工作影响很大。其中CO_2灭火剂储存容器有高压储存容器和低压储存容器两种，低压CO_2储存容器的容积较大，安装及维护管理较方便；高压CO_2储存容器一般为40L的标准气瓶，工作压力为15MPa。七氟丙烷灭火剂储存容器与IG541灭火剂储存容器类似于高压CO_2灭火剂储存容器。

1. 储存容器结构要求

储存容器必须满足充装压力的强度要求；储存容器及其安装的容器阀应保证平时容器内灭火剂不能泄漏；在储存容器或容器阀上，应设安全泄压装置和压力表，以防止意外出现储存容器内的压力超过允许的最高压力而引起事故，确保设备和人身安全；储存容器上应设有耐久固定的金属标牌，标明每个储存容器的号码、灭火剂充装量、充装日期、储存压力等内容，以便于进行验收、检查和维护。

2. 储存容器设置要求

同一防护区的灭火剂储存容器，其尺寸大小、灭火剂充装量和充装压力应相同，以便相互替换和维护管理；因储存压力较高，灭火剂释放时间极短，系统启动时灭火剂液流产生的冲击力很大，储存容器和汇集管必须用支架或框架固定，支架的设置应考虑到便于单个储存容器的称重和维护；储存装置的布置及安装必须便于检查、试验、补充和维护，并确保尽量减少中断保护的时间，可单排布置，亦可双排布置，如图18-7所示，具体根据储存容器数量和储瓶间的面积大小确定；储存装置不应安装在气候条件恶劣或易受机械、化学或其他伤害的场所，否则，应加强保护或设置围护装置。

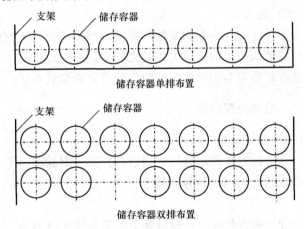

图 18-7　储存容器布置示意

（二）容器阀

1. 容器阀的作用

容器阀是指安装在灭火剂储存容器出口的控制阀门，其作用是平时用来封存灭火剂，火灾时自动或手动开启释放灭火剂。

2. 容器阀的类型

容器阀有电动型、气动型、机械型和电引爆型四类，其开启是一次性的，打开后不能关闭，需要重新更换膜片或重新支撑后才能关闭。

3. 导液管

容器阀上都安装有导液管，以保证压力气体能够将储存容器内的液态灭火剂喷出，如图18-8所示。

（三）汇集管

汇集管在系统中担负的任务是将若干储瓶同时开启施放出的灭火剂汇集起来，然后通过分配管道输送至保护空间。

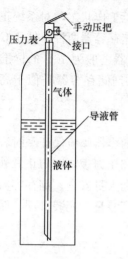

图 18-8　导液管示意图

压力表
接口
手动压把
气体
导液管
液体

汇集管为一较粗的管道，工作压力不小于最高环境温度时的储存容器内的压力。汇集管上应有安全泄压装置，可采用安全阀或泄压膜片，对 1.0MPa 的系统，泄压压力为（1.8±10%）MPa。对 2.5MPa 系统，泄压压力为（3.7±10%）MPa，泄压时不应造成人身伤害，尽量用管道将泄出物排至安全地带。装有泄压装置的集流管，其泄压方向不应朝向操作面。

（四）单向阀

单向阀是用来控制介质流向的。当气体灭火系统较大，灭火剂储存容器较多时，需成组布置，这种情况下，每个储存容器都应设有单向阀，防止灭火剂回流到空瓶或从卸下的储瓶接口处泄漏灭火剂。单向阀可设置在连接软管的前边或后边。

启动气体管路中根据需要设置必要的单向阀，用以控制启动气瓶放出的高压气体来开启相应的阀门。

（五）连接软管

为了便于储存容器的安装与维护，减缓施放灭火剂时对管网系统的冲击力，一般在单向阀与容器阀或单向阀与汇集管之间采用软管连接。

连接软管应为钢丝编织的耐压胶管，两端装有接头组成连接软管组。

二、启动分配装置

（一）启动气瓶

启动气瓶充有高压氮气，用以打开灭火剂储存容器上的容器阀及相应的选择阀。组合分配系统和灭火剂储存容器较多的单元独立系统，多采用这种设置启动气瓶启动系统的方式。

启动气瓶容积较小，通过其上的瓶头阀实现自动开启，瓶头阀为电动型或电引爆型，由火灾自动报警系统控制开启。

（二）选择阀

组合分配系统中，应设置与每个防护区相对应的选择阀，以便在系统启动时，能够将灭火剂输送到需要灭火的那个防护区。选择阀的功能相当于一个常闭的二位二通阀，平时处于关闭状态，系统启动时，与需要施放灭火剂的那个防护区相对应的选择阀则被打开。

选择阀的启动方式有电动式和气动式两类。电动式一般是利用电磁铁通电时产生的吸力或推力打开阀门。气动式则是利用压缩气体推动气缸中的活塞打开阀门。压缩气体可以利用储存容器中灭火剂的压力，也可采用其他的气源。无论是电动式或气动式选择阀，均设有手动操作机构，以便在自动启动失灵时，仍能将阀门打开，保证系统将灭火剂输送到需要灭火的防护区。

选择阀的设置应符合下列要求：

（1）选择阀的位置应靠近储存容器且便于手动操作；

（2）选择阀的公称直径应与所对应的防护区主管道的公称直径相等；

（3）选择阀上应设有标明其所保护防护区的金属标牌。

（三）启动气体管路

输送启动气体管路多采用铜管，其应符合有关国家现行标准中对"拉制铜管"和"挤制铜管"的规定。

三、喷头

喷头是将灭火剂以特定的射流形式喷出，并促使其迅速气化，在保护空间内达到灭火浓度。

（一）喷头的类型

喷头的类型较多，每种系统都有其特定的喷头型式。如图 18-9 所示全淹没 CO_2 灭火系统喷头，其构造适应 CO_2 灭火剂的气化，并有一定的喷射范围；图 18-10 所示局部应用 CO_2 灭火系统喷头，有架空型和槽边型两种类型。

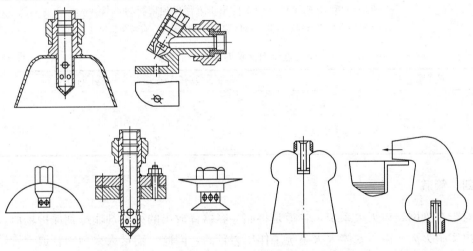

图 18-9　全淹没 CO_2 灭火系统喷头　　　　图 18-10　局部应用 CO_2 灭火系统喷头

（二）喷头选型与布置

1. 喷头选型

（1）应用高度与封闭空间的高度相适应。

（2）宜满足保护面积的要求。

（3）喷嘴流量特性与分配的平均设计流量相适应。

（4）雾化性能尽量好。

2. 喷头布置

（1）喷头应均匀分布，以保证防护区内灭火剂分布均匀。

（2）设置在有粉尘场所的喷头应增设不影响喷射效果的防尘罩。

（3）局部应用 CO_2 灭火系统采用面积法设计时，喷头宜等距布置，架空型喷头宜垂直于保护对象，其瞄准点（喷头射流的轴中心）应是喷头保护面积的中心。当确需非垂直布置时，喷头的安装角不应小于 45°，其瞄准点应偏向喷头安装位置的一方，如图 18-11 所示。瞄准点偏离保护面积中心的距离按表 18-1 确定。

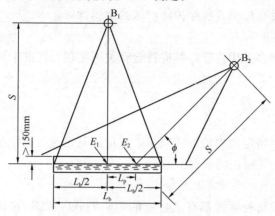

图 18-11　高架型喷头安装角度

B_1、B_2——喷头布置位置；E_1、E_2——喷头瞄准点；S——喷头出口至瞄准点的距离（m）；L_b——单个喷头正方形保护面积的边长（m）；L_p——瞄准点离喷头保护面积中心的距离（m）；φ——喷头安装角（°）

瞄准点偏离保护面积中心的距离　　　　　　　　　　　　　　表 18-1

喷头安装角	瞄准点偏离保护面积中心的距离（m）
$45°\sim60°$	$0.25L_b$
$60°\sim75°$	$0.25L_b\sim0.125L_b$
$75°\sim90°$	$0.125L_b\sim0$

四、管道

对于有管网气体灭火系统，管道是将储存容器释放出的灭火剂输送到保护场所，经喷头喷出实施灭火。由于气体灭火系统工作压力较高，因此，输送灭火剂的管道及管道连接件应能承受较高的压力。鉴于气体灭火系统的特点，系统的管网一般不是很大，但对管道材料、施工安装要求较高。

（一）管道规格及最大承受压力

1. 管道规格及选用

气体灭火系统使用的管道有无缝管和加厚管，当系统设计工作压力较高时，应采用无缝管，当系统设计压力不是很高时，可采用加厚管。输送灭火剂管道必须进行内外镀锌处理。对设置在有腐蚀镀锌层的气体、蒸气或粉尘存在的防护区的气体灭火系统，其管道应采用不锈钢管或铜管。

2. 管道最大承受压力

（1）CO_2 灭火系统输送灭火剂管道应能承受最高环境温度下的储存压力，一般为 15MPa。

（2）IG541 灭火系统管道应能承受最高环境温度下的储存压力，一级充压储瓶为 15MPa，二级充压储瓶为 20MPa。

（3）七氟丙烷灭火系统管道压力较 CO_2 管道低，要求能够承受 50℃时的储存压力。

储存压力为 2.5MPa 时，最大承受压力约为 4.0MPa，储存压力为 4.2MPa 时，最大承受压力约为 6.0MPa。

（二）管道连接件

气体灭火系统管道常用的管接件与水系统相同，有弯头、三通、接头等，应根据与其连接的管道材料和壁厚来进行选择。管道连接件与管道连接后应具有良好的密封性能和强度。

（三）管道布置

1. 均衡管网

管网宜布置成均衡管网，均衡管网应符合下列三个条件：

（1）从储存容器到任一个喷头的管道长度应大于其中最长管道长度的 90%。

（2）从储存容器到任一个喷头的管道当量长度应大于其中最长管道当量长度的 90%。

（3）每个喷头的设计流量均应相等。

均衡管网系统的计算可以大大简化，只需针对最不利点一个喷头进行计算。均衡系统的管网剩余灭火剂量也可不予考虑。

实际工程中，特别是较大的防护区，要设计成均衡系统是很困难的，因此多为非均衡系统。非均衡系统的管网要尽量对称布置，以增加喷射的均匀性，并减少管网剩余量。

2. 管道布置要求

气体灭火系统管道一般布置成枝状管网，在进行管网布置时，应满足下列要求：

（1）管道应尽量短、直，避免绕流。

（2）阀门之间的封闭管段应设置泄压装置。在设置安全卸荷装置时，应考虑到万一卸荷时，喷射物不会伤人或不会使人处于危险境地。如有必要的话，应该用管道将释放物输送到对人员无危险的地方。另外，在通向每个防护区的主管道上应设压力讯号器或流量讯号器。

（3）设置在有爆炸危险的可燃气体、蒸气或粉尘场所内的气体灭火系统，其管网应设防静电接地装置。管道系统的对地电阻不大于 100Ω。管道上每对法兰或其他接头间的电阻值应不大于 0.03Ω，如果大于 0.03Ω，则应用金属线跨接使其不大于此电阻值。因为当释放液化气体时，不接地的导体可能产生静电荷，而通过导体可能向其他物体放电，产生足够量的电火花，在有爆炸危险的防护区内可能引起爆炸。

（4）IG541 灭火系统、CO_2 灭火系统管路不应采用"四通"分流。三通管接头的分流出口应按图 18-12 所示的水平位置布置安装，而不应按图 18-13 布置安装。

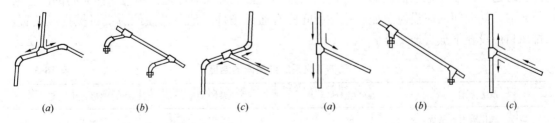

（a）　　　（b）　　　（c）　　　　　　（a）　　　（b）　　　（c）

图 18-12　分流出口正确布置图　　　　图 18-13　分流出口错误布置图

3. 管道固定

管道系统必须固定牢靠，能承受灭火剂喷射时产生的推力及温度变化引起的膨胀与收缩，承受住由于机械的、化学的、振动的或其他作用而产生的损伤。

（1）管道支、吊架最大间距可参考表 18-2；

管道支、吊架最大间距　　　　　　　　　　　表 18-2

管道公称直径（mm）	15	20	25	32	40	50	80	100	150	200
支、吊架最大距离（m）	1.5	1.8	2.1	2.4	2.7	3.4	3.7	4.3	5.2	5.8

（2）管道末端喷头处应采用支架固定，支架与喷头间管道长度不应大于 500mm；

（3）公称直径大于或等于 50mm 的主干管道上，垂直方向与水平方向至少应各安装一个防晃支架，穿过多层建筑物时每层应设一防晃支架。水平长度过长时应增设防晃支架。

五、监控和称重装置

（一）监控装置

防护区应有火灾自动报警系统，通过其探测火灾并监控气体灭火系统的启动，实现气体灭火系统的自动启动、自动监控。火灾自动报警系统可以单独设置，也可以利用建筑物的火灾自动报警系统集中控制。气体灭火系统还应有监测系统工作状态的流量或压力监测装置，常用的是压力开关。

（二）称重装置

气体灭火系统在定期检查时，需要检查储存容器的压力和重量，以检查充压气体和灭火剂是否有泄漏。压力可通过压力表检查，重量需要通过称重来检查。因此，为方便检查，每个储存容器应设有称重检测装置，如图 18-14 所示，当灭火剂泄漏量超过标定值（一般为 5%），就自动报警。

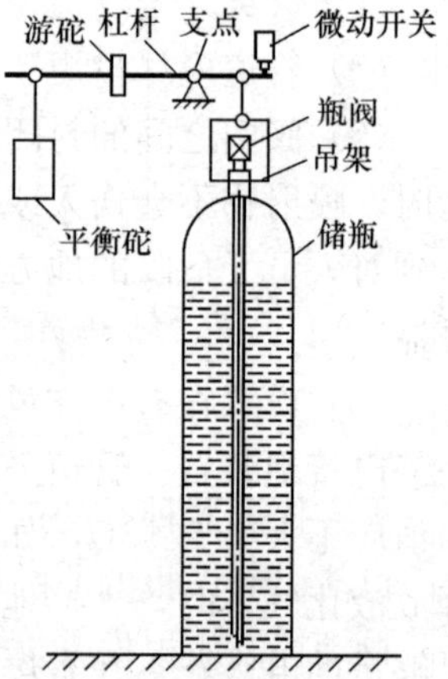

六、储瓶间

气体灭火系统应有专用的储瓶间，放置系统设备，以便于系统的维护管理。储瓶间应靠近防护区，房间的耐火等级不应低于二级，房间出口应直接通向室外或疏散走道。气体灭火系统储瓶间的室内温度应在表 18-3 的给定范围，并应保持干燥和良好通风。设在地下的储瓶间应设机械排烟装置，排风口应通往室外。储瓶间的门应向外开启，储瓶间内应设应急照明；储瓶间应有通风条件，地下储瓶间应设机械排风装置，排风口应设在下部直通室外。

图 18-14　自动称重装置

气体灭火系统储瓶间的温度　　　　　　　　　　表 18-3

系统类型	温度范围（℃）	系统类型	温度范围（℃）
高压二氧化碳灭火系统	0～49	七氟丙烷灭火系统	−10～50
低压二氧化碳灭火系统	−23～49	1301 灭火系统	−20～55
IG541 灭火系统	−10～50	1211 灭火系统	0～50

七、系统的启动控制设计要求

为确保系统在发生火灾时及时可靠地启动，系统的控制与操作应满足一定的要求。全淹没气体灭火系统一般应具有自动控制、手动控制和机械应急操作三种启动方式，无管网灭火系统应具有自动控制、手动控制两种启动方式。局部应用气体灭火系统用于经常有人的保护场所时，可不设自动控制。

（一）自动控制

自动控制就是利用火灾报警系统自动探测火灾并由消防控制中心自动启动灭火系统的启动方式。

当采用火灾探测器报警时，应在接收到两个独立的火灾信号后，才能启动系统，一般可采用复合探测。复合探测有两种布置探测器的方式，一种是将同一种类型的探测器分成两组交叉布置，就是使一组中的一个探测器，其周围的探测器应属于另一个组。另一种是将不同种类探测器串联组合布置在一起，每一组里都有两种类型的探测器。如安装 16 个火灾探测器的防护区，其探测器分组布置情况如图 18-15 所示。

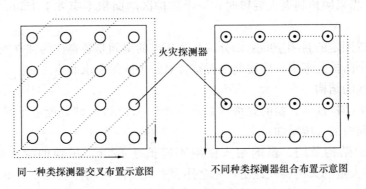

图 18-15　复合探测示意图

火灾探测器种类的选择，应根据可能发生的初起火灾的形成特点、房间高度、环境条件、可能引起误报的原因等因素按照《火灾自动报警系统设计规范》确定。

自动控制应根据人员疏散要求，适当延迟启动，但延迟时间不应大于 30s。经常有人的场合还可设置紧急切断装置，关闭系统的自动控制启动功能。这样可保证在误报情况下，或在火势很小，用灭火器即可扑灭的情况下，不再启动气体灭火系统。

（二）手动控制

手动控制是一种远动控制启动方式，可以采用气动或电动方式。手动控制操作装置应设在防护区外便于操作的地方，且使人容易识别，并应能在一处完成系统启动的全部操作。手动控制操作应不受自动控制的制约，在自动控制失灵或遭到破坏时也能进行释放灭火剂操作。

（三）机械应急操作

机械应急操作是一种应急手段，即要求气体灭火剂储存容器的容器阀有手动机械启动装置，在电动或气动启动装置发生故障时，能够保证系统启动。机械应急操作应是直接启动储存容器，尽量减少中间环节。不论采用何种启动方式，应保证每组系统所有的灭火剂

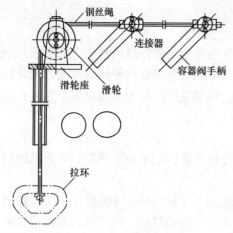

图 18-16　拉索启动方式

储存容器全部一次开启,如图 18-16 所示,是一种拉索启动方式。机械应急操作的操作位置应为高 1.5m 左右,拉力不宜大于 150N。

八、防护区和保护对象设计要求

(一)防护区

防护区是指全淹没气体灭火系统的保护对象。要发挥气体灭火系统的作用,确保灭火的可靠性,减少由于气体灭火系统的毒性对人们的危害,防护区应满足一定的要求。

1. 防护区建筑要求

(1)防护区的大小及划分

防护区不宜太大,若房间太大,应分成几个小的防护区。IG541 灭火系统和七氟丙烷灭火系统防护区,当采用管网灭火系统时,一个防护区的面积不宜大于 $800m^2$,容积不宜大于 $3600m^3$;当采用预制灭火装置时,一个防护区的面积不应大于 $100m^2$,容积不应大于 $400m^3$。

防护区应以固定的封闭空间来划分。几个相连的房间是各自作为独立的防护区还是几个房间作为一个防护区考虑,应视其是否符合对防护区的要求而定。

(2)防护区的结构

防护区围护结构及门、窗的允许压强不宜小于 1.2kPa,使其能够承受住气体灭火系统启动后,房间内的气压增加。

防护区围护结构及门、窗的耐火极限不应低于 0.5h,吊顶的耐火极限不应低于 0.25h。试验和大量的火场实践证明,完全扑灭火灾所需时间一般在 15min 内。因此,二氧化碳扑救固体火灾的抑制时间为 20min,这就要求防护区围护结构的耐火极限应在 20min 以上。

(3)防护区的开口规定

防护区不宜有敞开的孔洞,存在的开口应设置自动关闭装置。对可能发生气体、液体、电气设备和固体表面火灾的 CO_2 灭火系统防护区,若设自动关闭装置有困难,允许存在不能自动关闭的开口,但其面积不应大于防护区内表面积的 3%,且开口不应设在底面。

开口的存在对灭火浓度的维持影响很大,不利于有效地扑灭火灾。因此对开口问题一定要谨慎对待,一般情况下应遵循以下原则:防护区不宜开口;如必须开口应设自动关闭装置;当设置自动关闭装置有困难时,应使开口面积减小到最低限度。

(4)泄压口

防护区应设置泄压口,以防止气体灭火剂从储存容器内释放出来后对建筑结构造成破坏。泄压口宜设在防护区的外墙上,其高度应大于防护区净高的 2/3。

泄压口面积由计算确定。CO_2 灭火系统防护区泄压口面积:

$$A_x = 0.0076 \frac{Q_t}{\sqrt{P_t}} \tag{18-1}$$

式中 A_x——泄压口面积，m^2；

$\quad\quad Q_t$——二氧化碳喷射率，kg/min；

$\quad\quad P_t$——围护结构的允许压强，Pa。

IG541 灭火系统防护区的泄压口面积：

$$A_x = 1.1 \frac{Q_t}{\sqrt{P_t}} \qquad (18\text{-}2)$$

式中 Q_t——IG541 灭火剂喷射率（kg/s）；

七氟丙烷灭火系统防护区的泄压口面积：

$$A_x = 0.15 \frac{Q_t}{\sqrt{P_t}} \qquad (18\text{-}3)$$

式中 Q_t——七氟丙烷灭火剂在防护区的平均喷射率（kg/s）。

当防护区设有防爆泄压孔或门窗缝隙没设密封条时，可不单独设置泄压口。

（5）防护区联动要求

防护区用的通风机（包括空调）、通风管道的防火阀及影响灭火效果的生产操作，在系统启动喷放灭火剂前应自动关闭。以避免造成气体灭火剂大量流失，保证所需气体灭火剂灭火浓度的形成和维持。

2. 防护区安全要求

为防止灭火剂对停留在防护区内的人产生毒性危害。对设置全淹没气体灭火系统的防护区应采取一定的安全措施。

（1）报警

防护区应有火灾报警和灭火剂释放报警。防护区内应设火灾声报警器，必要时，防护区的入口处应设光报警器，其报警时间不宜少于灭火过程所需的时间，并应以手动方式解除报警信号；防护区入口处应设灭火剂喷放指示灯，提示人们不要误入防护区。

（2）标志

防护区入口处应设灭火系统防护标志，防护标志应标明灭火剂释放对人的危害，遇到火灾应采取的自我保护措施以及其他注意事项。

（3）疏散

防护区应有能在 30s 内使该区域人员疏散完毕的走道与出口。在疏散走道与出口处，应设火灾事故照明和疏散指示标志；防护区的门应向疏散方向开启，并能自行关闭，且保证在任何情况下均能从防护区内打开。

（4）通风

灭火后的防护区应通风换气，地下防护区和无窗或固定窗扇的地上防护区，应设机械排风装置。排风口宜设在防护区的下部并应直通室外。

（5）应急切断

在经常有人的防护区内设置的无管网灭火系统，应有切断自动控制系统的手动装置。

（6）电气防火

凡经过有爆炸危险及变电、配电室等场所的管网系统，应设防静电接地；气体灭火系统的组件与带电部件之间的最小间距，应符合表 18-4 的规定。

系统组件与带电部件之间的最小间距　　　　表 18-4

标称线路电压（kV）	最小间距（m）	标称线路电压（kV）	最小间距（m）
≤10	0.18	220	1.90
35	0.34	330	2.90
110	0.94	500	3.60

3. 其他要求

（1）设有气体灭火系统的建筑物应配备专用的空气呼吸器或氧气呼吸器；

（2）有人工作的防护区，其灭火设计浓度或实际使用浓度，不应大于 LOAEL 浓度。

（二）保护对象

局部应用气体灭火系统的保护对象，应符合下列要求：

（1）保护对象周围的空气流动速度不宜大于 3m/s，必要时，应采取挡风措施；

（2）在喷头与保护对象之间，喷头喷射角范围内不应有遮挡物；

（3）当保护对象为甲、乙、丙类液体，液面至容器缘口距离不得小于 150mm。

第三节　灭火剂用量计算

气体灭火系统工作时，是将灭火剂一次性的释放到被保护的房间，通过建立灭火浓度灭火，这与水灭火系统连续不断喷放水灭火不同，因此，准确计算灭火剂用量显得尤为重要，需要根据保护对象的燃烧特性、所处的环境情况和防护区的大小及封闭情况，精确计算灭火剂用量，在保证灭火的前提下，最大限度地避免浪费。

一、二氧化碳灭火系统灭火剂用量

（一）全淹没系统

全淹没二氧化碳灭火系统灭火剂用量包括设计用量和剩余量。

1. 设计用量

全淹没二氧化碳灭火系统的灭火剂设计用量应按下式计算：

$$W = K_b(0.2A + 0.7V) \tag{18-4}$$

其中：

$$A = A_v + 30A_0$$
$$V = V_v - V_g$$

式中　W——全淹没二氧化碳灭火系统灭火剂设计用量，kg；

　　　K_b——物质系数；

　　　A——折算面积，m^2；

　　　A_v——防护区的内侧、底面、顶面的总面积（包括其中的开口），m^2；

　　　A_0——开口总面积，m^2；

　　　V——防护区的净容积，m^3；

　　　V_v——防护区容积，m^3；

　　　V_g——防护区内非燃烧体和难燃烧体的总体积，m^3。

公式 (18-4) 是二氧化碳设计用量基本计算公式，包括了灭火用量和开口流失补偿量。其中系数 0.2 是二氧化碳设计用量的面积系数（kg/m^2）；系数 0.7 是二氧化碳设计用量的体积系数（kg/m^3）；系数 30 是开口面积的补偿系数。

物质系数 K_b 是二氧化碳设计浓度与其基本设计浓度之间的换算系数，它们之间符合下述关系式：

$$K_b = \frac{\ln(1-\varphi)}{\ln(1-0.34)} \qquad (18-5)$$

式中　φ——二氧化碳设计浓度，V/V。

常见可燃物和设置场所的二氧化碳物质系数、设计浓度和抑制时间见表 18-5。

二氧化碳物质系数、设计浓度和抑制时间

表 18-5

可 燃 物	物质系数 K_b	设计浓度（%）	抑制时间（min）
丙酮	1.00	34	—
乙炔	2.57	66	—
航空燃料 115 号/145 号	1.06	36	—
粗苯（安息油、偏苏油）、苯	1.10	37	—
丁二烯	1.26	41	—
丁烷	1.00	34	—
丁烯-1	1.10	37	—
二硫化碳	3.03	72	—
一氧化碳	2.43	64	—
煤气或天然气	1.10	37	—
环丙烷	1.10	37	—
柴油	1.00	34	—
二甲醚	1.22	40	—
二苯与其氧化物的混合物	1.47	46	—
乙烷	1.22	40	—
乙醇（酒精）	1.34	43	—
乙醚	1.47	46	—
乙烯	1.60	49	—
二氯乙烯	1.00	34	—
环氧乙烷	1.80	53	—
汽油	1.00	34	—
己烷	1.03	35	—
正庚烷	1.03	35	—
氢	3.30	75	—
硫化氢	1.06	36	—

续表

可　燃　物	物质系数 K_b	设计浓度（%）	抑制时间（min）
异丁烷	1.06	36	—
异丁烯	1.00	34	—
甲酸异丁酯	1.00	34	—
航空煤油 JP-4	1.06	36	—
煤油	1.00	34	—
甲烷	1.00	34	—
醋酸甲酯	1.03	35	—
甲醇	1.22	40	—
甲基丁烯-1	1.06	36	—
甲基乙基酮（丁酮）	1.22	40	—
甲酸甲酯	1.18	39	—
戊烷	1.03	35	—
正辛烷	1.03	35	—
丙烷	1.06	36	—
丙烯	1.06	36	—
淬火油（灭弧油）、润滑油	1.00	34	—
纤维材料	2.25	62	20
棉花	2.00	58	20
纸	2.25	62	20
塑料（颗粒）	2.00	58	20
聚苯乙烯	1.00	34	—
聚氨基甲酸甲酯（硬）	1.00	34	—
电缆间和电缆沟	1.50	47	10
数据储存间	2.25	62	20
电子计算机房	1.50	47	10
电器开关和配电室	1.20	40	10
带冷却系统的发电机	2.00	58	至停转止
油浸变压器	2.00	58	—
数据打印设备间	2.25	62	20
油漆间和干燥设备	1.20	40	—
纺织机	2.00	58	—

表中未列出的可燃物，其灭火浓度应通过试验确定，二氧化碳的设计浓度不应小于灭火浓度的 1.7 倍，并不得低于 34%。当防护区存在两种或两种以上的可燃物时，该防护区的二氧化碳设计浓度应按这些可燃物中最大的考虑。

另外，防护区的环境温度对二氧化碳设计用量也有影响。当防护区环境温度超过 100℃ 时，二氧化碳设计用量应在公式（18-4）计算值的基础上，每超过 5℃ 增加 2%；当防护区环境温度低于-20℃时，二氧化碳设计用量应在公式（18-4）计算值的基础上，每降低 1℃增加 2%。

2. 剩余量

二氧化碳灭火系统剩余量包括储存容器剩余量和管道剩余量两部分。

储存容器内的二氧化碳剩余量应由产品制造商提供。

高压二氧化碳灭火系统管道内剩余量可视为零，不予考虑；低压二氧化碳灭火系统管道内的剩余量可按下式计算：

$$W_r = \Sigma V_i \rho_i \qquad (18\text{-}6)$$

其中：

$$\rho_i = -261.6718 + 545.9939 P_i - 114740 P_i^2 - 230.9276 P_i^3 + 122.4873 P_i^4 \qquad (18\text{-}7)$$

$$P_i = \frac{P_{J-1} + P_J}{2} \qquad (18\text{-}8)$$

式中　W_r——管道内的二氧化碳剩余量，kg；

　　　V_i——管网内第 i 段管道的容积，m³；

　　　ρ_i——第 i 段管道内二氧化碳平均密度，kg/m³；

　　　P_i——第 i 段管道内的平均压力，MPa；

　　　P_{J-1}——第 i 段管道首端的节点压力，MPa；

　　　P_J——第 i 段管道末端的节点压力，MPa。

3. 储存量

二氧化碳灭火系统的灭火剂储存量可按下式计算：

$$W_C = W + W_S + W_r \qquad (18\text{-}9)$$

式中　W_C——全淹没二氧化碳灭火系统灭火剂储存量，kg；

　　　W——全淹没二氧化碳灭火系统灭火剂设计用量，kg；

　　　W_S——储存容器内的二氧化碳剩余量，kg。

（二）局部应用系统

局部应用二氧化碳灭火系统灭火剂用量包括设计用量、管道蒸发量和剩余量。

1. 设计用量

局部应用二氧化碳灭火系统灭火剂设计用量计算有面积计算法和体积计算法两种，根据保护对象的具体情况确定。

（1）面积计算法

当保护对象为油盘等液体火灾时，局部应用灭火系统宜采用面积法设计，二氧化碳灭火剂设计用量应按下式计算：

$$W = N Q_i t \qquad (18\text{-}10)$$

式中　W——二氧化碳灭火剂设计用量，kg；

　　　N——喷头数量；

　　　Q_i——单个喷头设计流量，kg/min；

　　　t——二氧化碳灭火剂喷射时间，min。

（2）体积计算法

当保护对象为变压器及其类似物体时，局部应用灭火系统宜采用体积法设计，二氧化

碳灭火剂设计用量应按下式计算:

$$W = V_i q_v t \tag{18-11}$$

式中　W——二氧化碳灭火剂设计用量,kg;

　　　V_i——保护对象的计算体积,m^3;

　　　q_v——二氧化碳体积喷射强度,$[kg/(min \cdot m^3)]$;

　　　t——二氧化碳喷射时间,min。

　　保护对象的计算体积应采用设定的封闭罩体积。封闭罩体积为假想将保护对象包围起来的设定空间,其封闭面为实体面或想定面。在确定计算体积时,封闭罩的底应为保护对象下边的实际地面,各个侧面和顶面为距保护对象的距离不小于0.6m的想定面。在这个设定空间内的物体体积不能被扣除。

　　二氧化碳体积喷射强度按下式计算:

$$q_v = K_b \left(16 - \frac{12A_p}{A_t}\right) \tag{18-12}$$

式中　q_v——二氧化碳体积喷射强度,$[kg/(min \cdot m^3)]$;

　　　K_b——物质系数;

　　　A_p——在设定的封闭罩内存在的实体墙等实际围封面的面积,m^2;

　　　A_t——设定的封闭罩侧面围封面积,m^2。

　2. 二氧化碳管道蒸发量

　　当管道敷设在环境温度超过45℃的场所且无绝热层保护时,应考虑二氧化碳在管道中的蒸发量。因为对于局部应用二氧化碳灭火系统,只有液态和固态二氧化碳才能有效地灭火。二氧化碳在管道中的蒸发量可按下式计算:

$$W_v = \frac{M_g C_p (T_1 - T_2)}{H} \tag{18-13}$$

式中　W_v——二氧化碳在管道中的蒸发量,kg;

　　　M_g——受热管网的管道质量,kg;

　　　C_p——管道金属材料的比热,$[kJ/(kg \cdot ℃)]$,钢管可取$0.46kJ/(kg \cdot ℃)$;

　　　T_1——二氧化碳喷射前管道的平均温度,℃,可取环境平均温度;

　　　T_2——二氧化碳的平均温度,℃,高压系统取15.6℃,低压系统取-20.6℃;

　　　H——二氧化碳蒸发潜热,kJ/kg,高压系统取150.7kJ/kg,低压系统取276.3kJ/kg。

　3. 剩余量

　　剩余量的计算同全淹没二氧化碳灭火系统。

　4. 系统储存量

　　局部应用二氧化碳灭火系统储存量按下式计算:

$$W_C = K_m W + W_v + W_S + W_r \tag{18-14}$$

式中　W_C——局部应用二氧化碳灭火系统储存量,kg;

　　　K_m——裕度系数,高压系统取1.4,低压系统取1.1;

　　　W——局部应用二氧化碳灭火系统设计用量,kg;

　　　W_v——二氧化碳在管道中的蒸发量,kg;

　　　W_S——储存容器内的二氧化碳剩余量,kg;

W_r——管道内的二氧化碳剩余量，kg。

二、IG541 灭火系统灭火剂用量

（一）设计用量基本计算公式

IG541 灭火系统灭火剂设计用量可按下式计算：

$$W = K_c \frac{V}{\mu} \ln\left(\frac{1}{1-\varphi}\right) \tag{18-15}$$

式中 W——灭火剂设计用量，kg；

φ——IG541 灭火（或惰化）设计浓度，%；

V——防护区的净容积，m^3；

μ——灭火剂在 101kPa 和防护区最低环境温度下的比容，m^3/kg；

K_c——海拔高度修正系数，见表 18-6。

IG541 灭火系统的海拔高度修正系数　　　　　　表 18-6

海拔高度（m）	修正系数	海拔高度（m）	修正系数
−1000	1.130	2500	0.735
0	1.000	3000	0.690
1000	0.885	3500	0.650
1500	0.830	4000	0.610
2000	0.785	4500	0.565

（二）计算参数的确定

1. 气体比容

IG541 在 101kPa 下的比容，应按下式计算：

$$\mu = 0.6575 + 0.0024T \tag{18-16}$$

式中 T——防护区最低环境温度，℃。

2. 设计浓度

可燃物的灭火设计浓度不应小于该可燃物灭火浓度的 1.3 倍，可燃物的惰化设计浓度不应小于该可燃物惰化浓度的 1.1 倍。

一般固体表面火灾的灭火浓度为 28.1%，最小设计浓度 37.0%。其他燃料火灾的灭火浓度和设计浓度见表 18-7。

IG541 其他燃料火灾的灭火浓度和设计浓度　　　　表 18-7

燃 料	灭火浓度（%）	最小设计浓度（%）
丙酮	30.3	35.3
乙腈	26.7	34.7
航空汽油 100	29.5	35.4
AVtur（JetA）	36.2	47.1
1-丁醇	37.2	48.4

续表

燃　料	灭火浓度（%）	最小设计浓度（%）
环己酮	42.1	54.7
柴油 2 号	35.8	46.5
二乙醚	34.9	45.4
乙烷	29.5	38.4
乙醇	35.0	45.5
醋酸乙酯	32.7	42.5
乙烯	42.1	54.7
庚烷	31.1	37.5
异丁醇	28.3	33.9
甲烷	15.4	20.0
甲醇	44.2	57.5
丁酮	35.8	46.5
甲基异丁基酮	32.3	42.0
辛烷	35.8	46.5
戊烷	37.2	48.4
石油醚	35.0	45.5
丙烷	32.3	42.0
普通汽油	35.8	46.5
甲苯	25.0	30.0
醋酸乙烯酯	34.4	44.7
真空泵油	32.0	41.6

注：所列全部 B 类火的灭火浓度均根据 ISO 14520-1：2000 附录 B 得到。最小设计浓度比 ISO 14520-1：2000 的
7.5.1 所列的最小设计浓度有所增加。

（三）系统储存量

IG541 系统储存量，应为防护区灭火设计用量及系统剩余量之和。

剩余量应按下式计算：

$$W_s = 1.80V_0 + 1.52V_p \tag{18-17}$$

式中　W_s——系统灭火剂剩余量，kg；

　　　V_0——喷放前全部储存容器内的气相总容积，m^3；

　　　V_p——系统管网管道容积，m^3。

三、七氟丙烷灭火系统灭火剂用量

七氟丙烷灭火系统灭火剂用量包括设计灭火用量、系统剩余量和流失补偿量。

（一）设计灭火用量

设计灭火用量是指整个防护区达到设计浓度所需的灭火剂量，是灭火剂总用量的主体

组成部分。设计灭火用量可按下式计算：

$$W = K_C \frac{\varphi}{1-\varphi} \frac{V}{\mu_{\min}}$$ (18-18)

式中　W——卤代烷灭火剂设计灭火用量，kg；

　　　K_C——海拔高度修正系数，同 IG541 灭火系统，见表 18-6。

　　　φ——卤代烷灭火剂设计浓度，体积百分比；

　　　V——防护区最大净容积，m^3；

　　　$\mu_{\min}$——防护区最低环境温度下，卤代烷灭火剂气体比容，m^3/kg。

公式（18-18）已经考虑到门、窗等缝隙可能造成的灭火剂泄漏，并且认为在喷射时间过程中灭火剂始终以浓度 φ 泄漏。而实际上，泄漏的混合气体中灭火剂浓度是从零增加到 φ。因此，按公式（18-18）计算出的结果是偏于安全的。

1. 灭火剂设计浓度

全淹没灭火系统，只有保证防护区空间各点均达到灭火浓度，才能确保安全有效地将火灾扑灭。因此，合理确定灭火剂设计浓度尤为重要。

（1）灭火剂设计浓度确定原则

1）有爆炸危险的防护区设计浓度应采用设计惰化浓度，无爆炸危险的防护区设计浓度可采用设计灭火浓度。

防护区是否有爆炸危险性，不仅要考虑着火前，而且更重要的是在扑灭火灾后，从剩余的燃料中放出或蒸发出的可燃气体，是否有爆炸危险性。确定防护区是否有爆炸危险性，主要根据燃料的数量、挥发性及防护区的使用条件，当符合下列条件之一时，可认为防护区不存在爆炸危险性：第一，防护区内可燃气体或蒸气的最大浓度小于燃烧下限的一半；第二，防护区内可燃液体的闪点超过防护区的最高环境温度时。

2）七氟丙烷的灭火浓度或惰化浓度应通过试验确定，可燃物的设计灭火浓度不应小于该可燃物灭火浓度的 1.3 倍，可燃物的设计惰化浓度不应小于该可燃物惰化浓度的 1.1 倍，且不小于 7.5%。

3）几种可燃物共存或混合时，设计浓度应按最大者考虑。

对于可燃液体、可燃气体混合存放的情形，设计浓度是介于最大者和最小者之间。有条件的话，混合物的灭火浓度或惰化浓度也可以通过实验直接测定。

（2）灭火剂设计浓度确定方法

进行系统设计计算时，可按以下方法确定灭火剂设计浓度：

1）常见甲、乙、丙类液体和可燃气体的灭火剂设计浓度，见表 18-8、表 18-9。

2）对于图书、档案、文物资料库等防护区，七氟丙烷灭火剂设计浓度宜采用 10.0%。

3）变配电室、通信机房、电子计算机房等防护区，七氟丙烷灭火剂设计浓度宜采用 8.0%。

4）油浸变压器室、带油开关的配电室和燃油发电机房等防护区，七氟丙烷设计灭火浓度宜采用 9%。

5）各防护区实际应用所采用的浓度，不应大于设计灭火浓度或设计惰化浓度的 1.1 倍，最大限度地避免毒性危害。

七氟丙烷灭火剂设计灭火浓度 (0.1MPa 压力和 25℃ 空气中) 表 18-8

可燃物	灭火浓度（%）	可燃物	灭火浓度（%）
丙酮	6.8	JP-4	6.6
乙腈	3.7	JP-5	6.6
AV 汽油	6.7	甲烷	6.2
丁醇	7.1	甲醇	10.2
丁基醋酸脂	6.6	甲乙酮	6.7
环戊酮	6.7	甲基异丁酮	6.6
2 号柴油	6.7	吗啉	7.3
乙烷	7.5	硝基甲烷	10.1
乙醇	8.1	丙烷	6.3
乙基醋酸脂	5.6	pyrolidine	7.0
乙二醇	7.8	四氢呋喃	7.2
汽油（无铅，7.8%乙醇)	6.5	甲苯	5.8
庚烷	5.8	变压器油	6.9
1 号水力流体	5.8	涡轮液压油 23	5.1
异丙醇	7.3	二甲苯	5.3

七氟丙烷灭火剂设计惰化浓度 (0.1MPa 压力和 25℃ 空气中) 表 18-9

可燃物	惰化浓度（%）	可燃物	惰化浓度（%）
1-丁烷	11.3	乙烯氧化物	13.6
1-氯-1.1-二氟乙烷	2.6	甲烷	8.0
1.1-二氟乙烷	8.6	戊烷	11.6
二氯甲烷	3.5	丙烷	11.6

2. 灭火剂气体比容

七氟丙烷灭火剂气体比容可按下式计算：

$$\mu = 0.1269 + 0.000513t \tag{18-19}$$

式中　μ——七氟丙烷灭火剂气体比容，m^3/kg；

　　　t——防护区环境温度，℃。

3. 防护区净容积

防护区净容积指可能完全由灭火气体充满的房间容积。在计算净容积时，要扣除建筑物永久固定的凸出构件和永久固定的工艺设备所占有的体积。

（二）系统剩余量

系统剩余量指在灭火剂喷射时间内不能释放到防护区空间而残留在灭火系统中的灭火剂量，包括灭火剂储存容器剩余量和管网剩余量两部分。

1. 储存容器内灭火剂剩余量的计算

喷射时间终了时残留在储存容器内的灭火剂量可按下式计算：

$$W'_1 = \rho V_d \tag{18-20}$$

式中　W'_1——储存容器内灭火剂剩余量，kg；

　　　ρ——灭火剂液态密度，kg/m^3；

　　　V_d——储存容器导液管入口以下部分容器的容积，m^3。

一般生产厂家在产品出厂时，对储存容器内灭火剂剩余量进行测定，为用户提供出该储存容器灭火剂剩余量。

2. 管网内灭火剂剩余量的计算

在灭火剂释放后期储存容器内灭火剂液面降到导液管下端入口时，驱动气体进入导液管继续推动灭火剂液体流动，此时有一个气液分界点。该气液分界点遇到分支管时，分成两个或更多个气液分界点。当气液分界点到达第一个喷嘴或同时到达几个喷嘴时，驱动气体从喷嘴迅速排出，系统泄压，此时残留在后边管道中的灭火剂已无足够推动力，不能在喷射时间内喷出参与灭火，只能挥发后进入防护区，这部分量称为管网内灭火剂剩余量。

均衡系统管网内灭火剂剩余量很少或为零，一般不需考虑。非均衡系统管网内灭火剂剩余量相对较多，设计时应考虑。

（三）开口流失补偿量

流失量对系统的安全可靠性有很大的影响，关系到能否保持灭火剂浸渍时间。但流失量不仅计算非常烦琐，而且补偿方法也较复杂，规范对此没有给出具体的计算和补偿方法，原则上要求不允许有流失量的存在。流失量与防护区的开口情况和空调通风设备有关，因此，防护区应尽量避免存在不能自动关闭的开口和不能停止的通风空调设备。

第四节 气体灭火系统设计计算

由于气体灭火系统流体流动的特殊性，其设计计算方法有别于水系统，计算过程复杂。气体灭火系统都是由储存容器内的压缩气体的膨胀将灭火剂驱动喷出，而不是通过泵加压输送，水力计算的正确与否，对系统的正常运行有很大的影响。

一、气体灭火系统的主要性能参数

气体灭火系统的技术性能参数，有的直接给出，并由此确定了系统的设计取值。有的需通过验算，来验证系统设计的合理性。

（一）系统储存压力

系统储存压力指在特定温度下，气体灭火系统启动前灭火剂储存容器内具有的设计压力。各类气体灭火系统的储存压力值不相同，有的为灭火剂本身蒸气压，有的为氮气与本身蒸气的混合压力。

1. CO_2 灭火系统储存压力

CO_2 储存容器内的压力为 CO_2 的蒸气压，随温度的变化幅度较大，如图 18-17 所示。从图中可以看出，在常温、常压条件下，CO_2 呈气态，其临界温度为 31.4℃，临界压力为 7.4MPa。固相、液相、气相三相共存点（三相点）的温度为 -56.6℃，压力为 0.52MPa，温度高于这一温度，固相不存在；压力低于这一压力，液相不复存在。密闭容器内的 CO_2，在三相点与临界点之间是以液、气两相共存。

（1）高压 CO_2 灭火系统储存压力

高压 CO_2 灭火系统的储存条件要求在 0～49℃，设计储存压力按 20℃时的 CO_2 蒸气压考虑，为 5.17MPa，最大储存压力 15MPa。

（2）低压 CO_2 灭火系统储存压力

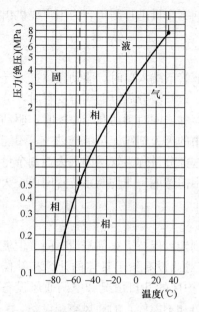

图 18-17　密闭容器内 CO_2 压力与温度关系

低压 CO_2 灭火系统的灭火剂储存容器平时要求维持在 $-18\sim-20℃$ 的温度范围内,此温度下的 CO_2 蒸气压为 $2.0\sim2.2MPa$,因此 CO_2 灭火系统的储存压力按 $2.07MPa$ 考虑。

2. IG541 灭火系统储存压力

IG541 灭火系统储存压力分为两个等级:一级储存压力 15MPa;二级储存压力 20MPa。

3. 七氟丙烷灭火系统储存压力

由于灭火剂本身的蒸气压较小,系统一般要用氮气增压,增压氮气的含水量不应大于 0.005%。

七氟丙烷灭火系统的储存压力有三个等级,管网较小时,宜选择较小的储存压力,管网较大时,可选用较大的储存压力。储存压力选择是否合适,要通过管网的水力计算认定。

一级:储存压力 $(2.5+0.2)$ MPa(表压);

二级:储存压力 $(4.2+0.2)$ MPa(表压);

三级:储存压力 $(5.6+0.2)$ MPa(表压)。

(二)充装率

充装率是气体灭火系统中的一个重要概念,在不同的系统里有不同的叫法,有称充装系数、充装密度等,是指储存容器内灭火剂的质量与储存容器的容积之比,单位为 kg/m^3 或 kg/L。可按下式计算:

$$\rho_C = \frac{W_C}{V} \tag{18-21}$$

式中　ρ_C——气体灭火系统充装率,kg/m^3;

　　　W_C——储存容器内灭火剂充装量,kg;

　　　V——储存容器容积,m^3。

1. CO_2 灭火系统最大充装率

CO_2 储存容器内的压力随温度变化较大,且与二氧化碳灭火剂充装率有很大关系,如图 18-18 所示。为了确保储存容器的安全,CO_2 灭火剂的充装率应为 $0.6\sim0.67kg/L$,当储存容器工作压力不小于 20MPa 时,其充装率可为 $0.75kg/L$。

2. IG541 灭火系统最大充装率

IG541 灭火系统充装率应符合下列规定:

一级充压储瓶,充装率应不大于 $211.15kg/m^3$;

二级充压储瓶,充装率应不大于 $281.06kg/m^3$。

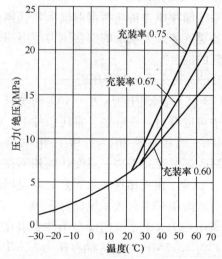

图 18-18　不同充装率的 CO_2 温度、压力曲线

3. 七氟丙烷灭火系统最大充装率

七氟丙烷灭火系统充装率的大小对储存容器的安全和系统灭火剂释放过程的压力变化有影响。充装率越小，对灭火剂释放越有利，但所需的灭火剂储存容器的容量也随之增加，系统总的造价就随之提高。因此，要合理确定充装率，其充装率不应大于 $1150kg/m^3$。

（三）灭火剂喷射时间

灭火剂喷射时间指从全部喷嘴开始喷射液态灭火剂到其中任何一个喷嘴开始喷射驱动气体为止的一段时间间隔。对于全淹没气体灭火系统来说，灭火剂喷射时间越小越好，有利于快速灭火；而对于局部应用气体灭火系统来说，灭火剂喷射时间不能太短，以保证彻底灭火。因此，不同的气体灭火系统对灭火剂喷射时间有着不同的要求。该参数是气体灭火系统设计计算的一个主要技术参数，设计时根据系统类型和保护对象的具体情况合理选择。

1. CO_2 灭火系统

（1）全淹没 CO_2 灭火系统的灭火剂喷射时间

全淹没 CO_2 灭火系统的灭火剂喷射时间一般不应大于 1min。当扑救固体深位火灾时，喷射时间不应大于 7min，并应在前 2min 内使 CO_2 的浓度达到 30%。

（2）局部应用 CO_2 灭火系统的灭火剂喷射时间

局部应用 CO_2 灭火系统的灭火剂喷射时间一般不应小于 0.5min。对于燃点温度低于沸点温度的液体（含可熔化的固体）火灾，灭火剂喷射时间不应小于 1.5min。

2. IG541 灭火系统

IG541 设计用量 95% 的喷放时间，应不大于 60s 且不小于 48s。

3. 七氟丙烷灭火系统

七氟丙烷的喷放时间，在通信机房和电子计算机房等防护区，不应大于 8s；在其他防护区，不应大于 10s。

（四）灭火剂浸渍时间（抑制时间）

1. CO_2 灭火系统

CO_2 灭火系统灭火剂抑制时间指防护区维持设计规定的 CO_2 浓度使固体深位火灾完全熄灭所需的时间，各种可燃物所需的灭火剂抑制时间见表 18-10。

CO_2 灭火剂抑制时间　　　　　　　　　　　　　　表 18-10

可 燃 物	抑制时间（min）
电缆间和电缆沟、电子计算机房、电气开关和配电室	10
纤维材料、棉花、纸张、塑料（颗粒）、数据储存间、数据打印设备间	20
带冷却系统的发电机	至停转止

2. IG541 灭火系统

IG541 灭火系统灭火剂浸渍时间，应符合下列规定：

（1）扑救木材、纸张、织物等固体表面火灾时，宜采用 20min；

（2）扑救通信机房、电子计算机房等防护区火灾及其他固体表面火灾时，宜采用 10min。

3. 七氟丙烷灭火系统

七氟丙烷灭火系统灭火剂浸渍时间是指防护区内的被保护物完全浸没在保持着灭火剂设计浓度的混合气体中的时间,应符合下列规定:

(1) 扑救木材、纸张、织物等固体表面火灾时,宜采用 20min;

(2) 扑救通信机房、电子计算机房等防护区火灾时,应采用 5min;

(3) 扑救其他固体表面火灾时,宜采用 10min;

(4) 扑救气体和液体火灾时,不应小于 1min。

(五) 喷头最小工作压力

由于气体灭火系统的两相流特性,系统工作时,需要控制储存容器及管道内的压力,以限制流体中气相部分的相对量,为此,限定喷头工作压力不能小于规定值。在目前所应用的几类气体灭火系统中,喷头最小工作压力的限定方式不同,有采用绝对限制条件的,也有采用相对限制条件的。

1. CO_2 灭火系统喷头最小工作压力

(1) 高压 CO_2 灭火系统

高压 CO_2 灭火系统喷头工作压力不应小于 1.4MPa (绝对压力)。

(2) 低压二氧化碳灭火系统

低压 CO_2 灭火系统喷头工作压力不应小于 1.0MPa (绝对压力)。

2. IG541 灭火系统喷头最小工作压力

IG541 灭火系统喷头工作压力不应小于 2.2MPa (绝对压力)。

3. 七氟丙烷灭火系统喷头最小工作压力

七氟丙烷灭火系统喷头工作压力一般不小于 0.8MPa (绝对压力)。当受条件限制难以满足这一要求时,应不小于中期容器压力的二分之一或 0.5MPa (绝对压力)。

(六) 管网相对大小

由于气体灭火系统灭火剂的释放是依靠储存容器内压缩气体的膨胀来驱动,因此,气体灭火系统的管网容积相对于储存容器的容积来说不能太大,否则,在系统启动后的工作过程中,驱动压力下降过大,不利于灭火剂的释放。各个气体灭火系统通过不同的限制来实现上述目的,七氟丙烷灭火系统是直接限制相对于管网容积的,规定系统管网的管道内容积,不宜大于该系统七氟丙烷储存容积量的 80%。

二、流量计算

由于气体灭火系统是储压系统,灭火剂的流动为非泵式输送,而是靠气体的膨胀驱动,因此,在灭火剂释放过程中,流量是变化的,随着时间而逐渐减小。另外,由于气体灭火系统工作时,管道内的流体密度随着时间而发生变化,故流量一般不宜采用体积流量 (m^3/s),而是采用质量流量 (kg/s)。

(一) 系统平均设计流量

气体灭火系统工作时的瞬时流量不易确定,而且计算烦琐。因此,工程上在进行系统设计时,灭火剂的流量是以平均设计流量作为系统设计计算的依据,实践证明,这样做可以满足系统计算精度要求,并且使计算工作量大为简化。

系统平均设计流量可按下式计算:

$$q_{mar} = \frac{W}{t_d} \tag{18-22}$$

式中 q_{mar}——系统平均设计流量，kg/s；

W——灭火剂设计用量，kg；

t_d——灭火剂喷射时间，s。

（二）喷头设计流量

1. 全淹没气体灭火系统喷头设计流量

全淹没气体灭火系统每个喷头设计流量应符合下式：

$$\sum_1^n q_j = q_{mar} \tag{18-23}$$

式中 q_j——单个喷头的设计流量，kg/min（s）；

n——喷头设置数量；

q_{mar}——系统平均设计流量，kg/min（s）。

2. 局部应用气体灭火系统喷头设计流量

局部应用气体灭火系统目前仅限于CO_2灭火系统，其喷头的保护面积和设计流量由试验确定。喷头到保护对象的距离决定着喷头的保护面积和相应的设计流量。

（三）管道平均设计流量

1. 主干管平均设计流量

CO_2灭火系统和七氟丙烷灭火系统的主干管平均设计流量等于系统平均设计流量，IG541灭火系统主干管平均设计流量，应按下式计算：

$$Q_Z = \frac{0.95W}{t} \tag{18-24}$$

式中 Q_Z——主干管平均设计流量，kg/s；

t——灭火剂设计喷放时间，s。

2. 管网支管平均设计流量

管网中支管的平均设计流量，应按下式计算：

$$Q_{rj} = \sum_1^{n_g} q_i \tag{18-25}$$

式中 Q_{rj}——支管平均设计流量，kg/s；

n_g——安装在计算支管下游的喷头数量，个；

q_i——第 i 个喷头的设计流量，kg/s。

三、管径及喷嘴孔口面积确定

（一）管径确定

1. CO_2灭火系统管道直径

CO_2灭火系统管道直径可按下式计算：

$$D_{ij} = K_d \sqrt{Q_{rj}} \tag{18-26}$$

式中 D_{ij}——管道内径，mm；

K_d——管径系数，取值范围 1.41～3.78；

Q_{rj}——管道流量，kg/min。为所负担的喷头流量之和。

2. IG541 灭火系统管道直径

IG541 灭火系统管网管道内径，宜按下式计算：

$$D = (24 \sim 36)\sqrt{Q_p} \tag{18-27}$$

式中　D——管道内径，mm；

　　　Q_p——管道平均设计流量，kg/s。

管道最大设计流量不应超过表 18-11 的规定值。

管道最大流量表　　　　　　　　　　　　　　表 18-11

公称直径（in）	最大流量（ft³/min）	
	短管道（大约 20ft）	长管道（大约 100ft）
1/4	180	40
3/8	300	60
1/2	560	100
3/4	1100	200
1	1900	340
5/4	3500	630
3/2	5000	890
2	8800	1550
5/2	13000	2300
3	21000	3720
4	39000	6830
5	65000	11360
6	98000	17260
8	185000	32500

3. 七氟丙烷灭火系统管道直径

七氟丙烷灭火系统管道直径按控制单位管长压力损失来确定。初选管径时，可控制管道压力损失在 0.003～0.03MPa/m 的范围。

（二）喷头孔口面积

1. 喷头等效孔口面积

气体灭火系统喷头等效孔口面积，应按下式计算：

$$F_C = \frac{Q_C}{q_c} \tag{18-28}$$

式中　F_C——喷头等效孔口面积，cm²；

　　　Q_C——喷头流量，kg/s；

　　　q_c——等效孔口单位面积喷射率，(kg/s)/cm²。

等效孔口单位面积喷射率与喷头入口压力有关，CO_2 灭火系统和 IG541 灭火系统喷头单位等效孔口面积喷射率见表 18-12。七氟丙烷灭火系统等效孔口单位面积喷射率见图 18-19。

不同压力下喷头单位等效孔口面积喷射率　　　　　　表 18-12

CO₂灭火系统				IG541 灭火系统（等效孔口流量系数为 0.98）			
高　压		低　压		一级充压		二级充压	
喷头入口压力(MPa)	喷射率(kg/min·mm²)	喷头入口压力(MPa)	喷射率(kg/min·mm²)	喷头入口压力(MPa，绝压)	喷射率[kg/(s·cm²)]	喷头入口压力(MPa，绝压)	喷射率[kg/(s·cm²)]
5.17	3.255	2.07	2.967	3.7	0.97	4.6	1.21
5.00	2.703	2.00	2.039	3.6	0.94	4.5	1.18
4.83	2.401	1.93	1.670	3.5	0.91	4.4	1.15
4.65	2.172	1.86	1.441	3.4	0.88	4.3	1.12
4.48	1.993	1.79	1.283	3.3	0.85	4.2	1.09
4.31	1.839	1.72	1.164	3.2	0.82	4.1	1.06
4.14	1.705	1.65	1.072	3.1	0.79	4.0	1.03
3.96	1.589	1.59	0.9913	3.0	0.76	3.9	1.00
3.79	1.487	1.52	0.9175	2.9	0.73	3.8	0.97
3.62	1.396	1.45	0.8507	2.8	0.70	3.7	0.95
3.45	1.308	1.38	0.7910	2.7	0.67	3.6	0.92
3.28	1.223	1.31	0.7368	2.6	0.64	3.5	0.89
3.10	1.189	1.24	0.6869	2.5	0.62	3.4	0.86
2.93	1.062	1.17	0.6412	2.4	0.59	3.3	0.83
2.76	0.9843	1.10	0.5990	2.3	0.56	3.2	0.80
2.59	0.9070	1.00	0.5400	2.2	0.53	3.08	0.77
2.41	0.8296			2.2	0.51	2.94	0.73
224	0.7593			2.0	0.48	2.80	0.69
2.07	0.6890					2.66	0.65
1.72	0.5484					2.52	0.62
1.40	0.4833					2.38	0.58
						2.24	0.54
						2.10	0.50

2. 喷头设置数量

（1）全淹没气体灭火系统喷头设置数量

全淹没气体灭火系统的喷头设置数量可根据防护区面积与每个喷头的保护面积（保护半径）确定。即：

$$n_p = \frac{A_f}{A_b} \tag{18-29}$$

式中　n_p——喷头设置数量；

　　　A_f——防护区面积，m²；

　　　A_b——每个喷头的保护面积，m²。

全淹没气体灭火系统喷头的保护面积由产品样品提供。

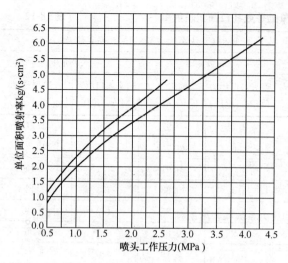

图 18-19　七氟丙烷喷头流量特性曲线

（2）局部应用气体灭火系统喷头设置数量

局部应用气体灭火系统的喷头数量，应保证燃烧面积（被保护物的表面积）完全被喷头的保护面积覆盖。喷头的保护面积为正方形或矩形。在确定喷头数量时，应最大限度地利用喷头保护面积，以便尽可能地减少喷头数量，便于喷头布置。

四、储存容器数量确定

储存容器数量应根据气体灭火剂的储存量和灭火剂充装率（充装密度）由计算确定：

$$N = \frac{W_h}{\rho_c V_p} \tag{18-30}$$

式中　N——气体灭火剂储存容器数量；

　　　W_h——灭火剂储存量，kg；

　　　ρ_c——体灭火剂的最大充装率，kg/m^3；

　　　V_p——单个储存容器的容积，m^3。

在按上式计算灭火剂储存容器数量时，首先初选一个灭火剂充装率，待灭火剂储存容器数量确定后，要反算确定系统真实的灭火剂充装率，作为系统设计依据。

五、管道压力损失

（一）管道沿程压力损失计算

1. CO_2 灭火系统管道沿程压力损失计算

CO_2 灭火剂在管道中的流动呈气液两相流，按照两相流的特性推导其流经管道的压力损失，则有两相流基本方程式：

$$Q^2 = \frac{0.8725 \times 10^{-4} D^{5.25} Y}{0.04319 D^{1.25} Z + l} \tag{18-31}$$

式中　Q——CO_2 灭火系统管道设计流量，kg/min；

　　　D——管道直径，mm；

　　　Y——压力系数，$MPa \cdot kg/m^3$；

　　　Z——密度系数；

　　　l——管段长度，m。

在实际应用中，直接使用公式（18-31）计算压力损失很不方便，为此，将其变换成以下的公式形式：

$$Y_2 = Y_1 + AlQ^2 + B(Z_2 - Z_1)Q^2 \tag{18-32}$$

式中　Y_2——管段末端 CO_2 压力系数值，$MPa \cdot kg/m^3$；

Y_1——管段始端 CO_2 压力系数值，$MPa \cdot kg/m^3$；

Z_2——管段末端 CO_2 密度系数值；

Z_1——管段始端 CO_2 密度系数值；

Q——CO_2 流量，kg/min；

l——管段长度，mm；

A、B——CO_2 灭火系统管道简化系数，其计算式为：

$$A = \frac{1}{0.8725 \times 10^{-4}D^{5.25}} \ , B = \frac{495}{D^4}$$

CO_2 灭火系统各压力点的 Y 和 Z 值见表 18-13。

CO_2 灭火系统的压力系数和密度系数

表 18-13

高压系统			低压系统		
压力（MPa）	Y（MPa·kg/m³）	Z	压力（MPa）	Y（MPa·kg/m³）	Z
5.17	0	0	2.07	0	0
5.10	55.4	0.0035	2.0	66.5	0.12
5.05	97.2	0.0600	1.9	150.5	0.295
5.00	132.5	0.0825	1.8	220.1	0.470
4.75	303.7	0.210	1.7	279.0	0.645
4.50	461.6	0.330	1.6	328.5	0.820
4.25	612.9	0.427	1.5	369.6	0.994
4.00	725.6	0.570	1.4	404.5	1.169
3.75	828.3	0.700	1.3	433.8	1.344
3.50	927.7	0.830	1.2	458.4	1.519
3.25	1005.0	0.950	1.1	478.9	1.693
3.00	1082.3	1.086	1.0	496.2	1.868
2.75	1150.7	1.240			
2.50	1219.3	1.430			
2.25	1250.2	1.620			
2.00	1285.5	1.840			
1.75	1318.7	2.140			
1.40	1340.8	2.590			

利用公式（18-32）可以间接求出管网各点的压力。即先求出压力系数值，进而从表 18-13 查出相对应的压力；反过来，已知压力也可以从表 18-13 中查得相对应的压力系数值。

2. IG541 灭火系统管道沿程压力损失计算

IG541 灭火系统的管道压力损失宜从减压孔扳后算起，按下式计算：

$$Y_2 = Y_1 + ALQ^2 + B(Z_2 - Z_1)Q^2 \tag{18-33}$$

其中，$A = \dfrac{1}{0.242 \times 10^{-8}D^{5.25}} \quad , B = \dfrac{1.653 \times 10^7}{D^4}$

式中　Q——管道设计流量，kg/s；

　　L——计算管段长度，m：

　　D——管道内径，mm；

　　Y_1——管道始端 IG541 压力系数，10^{-1}MPa·kg/m³；

　　Y_2——管道末端 IG541 压力系数，10^{-1}MPa·kg/m³；

　　Z_1——管道始端 IG541 密度系数；

　　Z_2——管道末端 IG541 密度系数。

IG541 灭火系统压力系数 Y 值和密度系数 Z 值见表 18-14。

IG541 灭火系统的管道压力系数和密度系数　　　　　　　表 18-14

一级充压（15MPa）			二级充压（20MPa）		
压力(MPa，绝压)	$Y(10^{-1}$MPa·kg/m³)	Z	压力(MPa，绝压)	$Y(10^{-1}$MPa·kg/m³)	Z
3.7	0	0	4.6	0	0
3.6	61	0.0366	4.5	75	0.0284
3.5	120	0.0746	4.4	148	0.0561
3.4	177	0.114	4.3	219	0.0862
3.3	232	0.153	4.2	288	0.114
3.2	284	0.194	4.1	355	0.144
3.1	335	0.237	4.0	420	0.174
3.0	383	0.277	3.9	483	0.206
2.9	429	0.319	3.8	544	0.236
2.8	474	0.363	3.7	604	0.269
2.7	516	0.409	3.6	661	0.301
2.6	557	0.457	3.5	717	0.336
2.5	596	0.505	3.4	770	0.370
2.4	633	0.552	3.3	822	0.405
2.3	668	0.601	3.2	872	0.439
2.2	702	0.653	3.08	930	0.483
2.1	734	0.708	2.94	995	0.539
2.0	764	0.766	2.8	1056	0.595
			2.66	1114	0.652
			2.52	1169	0.713
			2.38	1221	0.778
			2.24	1269	0.847
			2.1	1314	0.918

3. 七氟丙烷灭火系统管道沿程压力损失计算

七氟丙烷管流采用镀锌钢管的阻力损失，可按下式计算：

$$\frac{\Delta P}{L} = \frac{5.75 \times 10^5 Q^2}{\left(1.74 + 2 \times \lg \dfrac{D}{0.12}\right)^2 D^5} \tag{18-34}$$

式中 ΔP——计算管段阻力损失，MPa；

　　 L——管道计算长度，m，（为计算管段中沿程长度与局部损失当量长度之和）；

　　 Q——管道设计流量，kg/s；

　　 D——管道内径，mm。

（二）管道局部压力损失计算

气体灭火系统管道局部压力损失一般按当量长度法计算，即把产生局部压力损失的管件折算成一定的当量长度（造成的压力损失相同），与沿程压力损失一同计算。表 18-15 是常见管道附件的当量长度。

常见管道附件当量长度　　　　　　　　　　　　表 18-15

管道公称直径 (mm)	螺 纹 连 接			焊 接		
	90°弯头 (m)	三通的直通部分（m）	三通的侧通部分（m）	90°弯头 (mm)	三通的直通部分（m）	三通的侧通部分（m）
15	0.52	0.3	1.04	0.24	0.21	0.64
20	0.67	0.43	1.37	0.33	0.27	0.85
25	0.85	0.55	1.74	0.43	0.34	1.07
32	1.13	0.70	2.29	0.55	0.46	1.40
40	1.31	0.82	2.65	0.64	0.52	1.65
50	1.68	1.07	3.42	0.85	0.67	2.10
65	2.01	1.25	4.09	1.01	0.82	2.50

六、系统工作压力

由于气体灭火系统储存容器内的气压在系统的工作过程中是变化的，通过大量的实验研究，以中期容器压力作为气体灭火系统的设计工作压力，可满足工程计算精度的要求，而且可使计算过程简化，便于工程的设计。

（一）CO_2 灭火系统储存容器工作压力

CO_2 灭火系统工作压力按其蒸气压确定。但在实际喷射过程中，CO_2 储存容器内的温度将发生变化，使得其蒸气压相应的发生变化，因此，其工作过程不是一个恒压过程。按此确定的喷头出口压力应该为其初始工作状态时的压力。高压 CO_2 灭火系统的工作压力为 5.17MPa，低压 CO_2 灭火系统的工作压力为 2.07MPa。

（二）IG541 灭火系统储存容器工作压力

IG541 灭火系统灭火剂释放时，管网应进行减压。系统应以减压孔板后压力作为系统设计工作压力。减压装置宜采用减压孔板，如图 18-20 所示。减压孔板宜设在系统的源头或干管入口处。

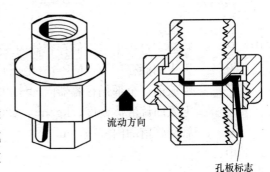

流动方向

孔板标志

图 18-20　减压孔板

（1）减压孔板前压力，应按下式计算：

$$P_1 = P_0 \left(\frac{0.525 V_0}{V_0 + V_1 + 0.4 V_2} \right)^{1.45} \qquad (18\text{-}35)$$

式中　P_1——减压孔板前压力，MPa，（绝对压力）；

　　　P_0——灭火剂储存压力，MPa，（绝对压力）；

　　　V_0——喷放前全部储存容器内的气相总容积，m³；

　　　V_1——减压孔板前管网管道容积，m³；

　　　V_2——减压孔板后管网管道容积，m³。

（2）减压孔板后压力，一股应按临界落压比进行计算：

$$P_2 = \delta \cdot P_1 \qquad (18\text{-}36)$$

式中　P_2——减压孔板后压力，MPa，（绝对压力）；

　　　δ——落压比（临界落压比：$\delta = 0.52$）。必要时，一级充压（15MPa）的系统，可在 $\delta = 0.52 \sim 0.60$ 中选用；二级充压（20MPa）的系统，可在 $\delta = 0.52 \sim 0.55$ 中选用。

（3）减压孔板孔口面积：

减压孔板孔口面积，应按下式计算：

$$F_X = \frac{Q_k}{0.95 \mu_k P_1 \sqrt{\delta^{1.38} - \delta^{1.69}}} \qquad (18\text{-}37)$$

式中　F_X——减压孔板孔口面积，cm²；

　　　Q_k——减压孔板设计流量，kg/s；

　　　μ_k——减压孔板流量系数。

（三）七氟丙烷灭火系统储存容器工作压力

由于七氟丙烷灭火剂的蒸气压较低，为保证系统的喷射动力，储存容器内充有氮气增压，使得系统具有确定的储存压力。在灭火剂喷射过程中，氮气的体积不断扩大，又没有补充源，因此，系统的压力也在不断降低。工程上，以中期容器压力作为储存容器工作压力。

管网阻力损失宜采用喷放七氟丙烷设计用量 50％时的"过程中点"储存容器内压力和该点瞬时流量进行计算，且认定该瞬时流量等于平均设计流量。

喷放"过程中点"储存容器内压力，宜按下式计算：

$$P_m = \frac{P_0 V_0}{V_0 + \dfrac{W}{2\gamma} + V_p} \qquad (18\text{-}38)$$

式中　P_m——喷放"过程中点"储存容器内压力，MPa，（绝压）；

　　　P_0——灭火剂储存压力，MPa，（绝压）；

　　　V_0——喷放前，全部储存容器内的气相总容积，m³；

　　　γ——七氟丙烷液体密度，kg/m³，（20℃时，为1407）；

　　　V_p——管网管道的内容积，m³。

其中：

$$V_0 = n V_b \left(1 - \frac{\eta}{\gamma} \right) \qquad (18\text{-}39)$$

式中　n——储存容器的数量，个；

　　　V_b——储存容器的容量，m^3；

　　　η——充装系数，kg/m^3。

七、高程压差校正

管段高程发生变化时，由于气体灭火剂静压力的作用，将对管网的压力产生影响。当管段中压力计算点的位置高于灭火剂储存容器，高程压差值为正值，当管段中压力计算点的位置低于灭火剂储存容器，高程压差值为负值。

1. CO_2灭火系统高程压差校正

CO_2灭火剂的静压力与CO_2的密度有关，而CO_2在管道中的密度又是压力的函数，可通过管段平均压力求得。工程上高程压差校正值可按表18-16确定，压力可按管段起点压力考虑。

CO_2高程压差校正值　　　　　　　　　　表 18-16

高压系统		低压系统	
管道平均压力（MPa）	高程压差校正值（MPa/m）	管道平均压力（MPa）	高程压差校正值（MPa/m）
5.17	0.0080	2.07	0.010
4.83	0.0068	1.93	0.0078
4.48	0.0058	1.79	0.0060
4.14	0.0049	1.65	0.0047
3.79	0.0040	1.52	0.0038
3.45	0.0036	1.38	0.0030
3.10	0.0028	1.24	0.0024
2.76	0.0024	1.10	0.0019
2.41	0.0019	1.00	0.0016
2.07	0.0016		
1.72	0.0012		
1.40	0.0010		

2. 七氟丙烷灭火系统高程压差校正

七氟丙烷灭火系统的高程压差校正值可按下式计算：

$$P_h = \pm 10^{-6} \rho_b g H_\Delta \qquad (18\text{-}40)$$

式中　P_h——高程压差，MPa；

　　　ρ_b——管段高程变化始端处灭火剂密度，kg/m^3；

　　　H_Δ——高程变化值，m；

　　　g——重力加速度，m/s^2。

八、喷头工作压力

气体灭火系统都属于储压系统，因此其喷头出口压力计算与水系统不同，可按下式计算：

$$P_n = P_C + P_l + P_h \tag{18-41}$$

式中 P_n——喷头出口压力，MPa；

      P_C——储存容器工作压力，MPa；

      P_l——管道沿程压力损失和局部压力损失之和，MPa；

      P_h——高程压差，MPa。

  喷头出口压力应大于喷头最小出口压力。

第十九章　气溶胶灭火系统

气溶胶灭火系统具有灭火快速高效、设计安装简便易行、造价低、不损耗大气臭氧层等特点，在特定的场合已取得较好的应用效果。

第一节　概　述

一、气溶胶灭火剂

气溶胶是指以空气为分散介质，以固态或液态的微粒为分散质的胶体体系（分散质为液态的气溶胶称为雾，分散质为固态的气溶胶称为烟）。热气溶胶灭火剂通过自身反应产生的固体或液体微粒分散质具有灭火作用，可用于扑救某些特定火灾。

（一）气溶胶灭火剂的特性

1. 组成成分

热气溶胶灭火剂由基料、可燃剂、黏合剂等组成，是一种固态物质，目前常用的有 K 型和 S 型两种。

2. 粒径

粒径的大小对其应用有很大的影响，灭火胶体中固体微粒的平均粒径是 $0.45\mu m$，保证其能够较长时间悬浮于空气中，有利于彻底灭火。

（1）粒径越小，所有粒子的表面积之和就越大，就更有利于灭火；

（2）粒径越接近可见光波长，粒子对光的散射、吸收作用越大。这就在实际应用气溶胶灭火剂时，会发生能见度过低的现象，其能见度大约在 0.5m 以内，因此，气溶胶灭火产品不能用于人员密集的场所；

（3）气溶胶灭火剂释放后会在被保护物质表面形成一层固体残留物，这是因为气溶胶的固相粒子的沉降、扩散、碰并和凝并的综合作用引起的，粒径越细，微粒在空气中的悬浮时间就越长，扩散的作用就越强，溢出保护区的量就越多，残留物也就越少。

3. 毒性

针对气溶胶灭火剂的毒性曾做过大量的试验，目前还没有发现其具有毒性。但应用时要注意，虽然没有明显的毒性，但人如果短时间暴露在这样的环境中仍会有轻微不适感，如觉得嗓子干、胸闷，这是由于吸入的微粒对呼吸道及肺部黏膜的刺激造成的，所以气溶胶不适合人多、疏散困难的场所。

4. 对环境的影响

（1）气溶胶灭火剂中一般都不含卤元素，因此不会产生卤自由基，所以从根源上消除了臭氧破坏的条件，其 ODP 值为 0，也就是说对臭氧层无破坏。

（2）热气溶胶灭火剂释放以后的气相成分中能产生温室效应的气体有 CO_2 和 N_2O 两

种，但二者的含量较少，可忽略不计，所以其温室效应潜能值 GWP 一般计为 0。

（3）气溶胶灭火剂中只存在极少量的碳氢化合物，其余 99.9％以上为无机产物，其在环境中无需降解过程，会很快进入生物地球化学的基本循环，在自然界中存留的时间仅为 6 天到 2 周时间，不会造成对环境的污染，所以其 ALT 值为 0。

（4）灭火胶体中的微粒因重力场的作用沉降于被保护物品的表面或内部，可以造成设备故障，或对被保护物形成不可恢复的损害。对保护物的二次损害以 K 型气溶胶灭火剂较为严重，生成的 K_2CO_3、$KHCO_3$、K_2O 等微粒沉降于被保护物表面或其内部后，快速与空气中的水相结合形成一种发黄发褐的强碱性导电液膜。这些液膜可破坏精密仪器的电路板的绝缘性，对文物和精密仪器造成腐蚀，对纸质档案则表现为使其发黄、变脆等。S型气溶胶灭火剂对保护物的二次损害较小。

5. 气溶胶灭火剂的安全性能

热气溶胶灭火剂本质上是一种烟火剂，其释放时的反应类型为固相氧化还原反应，药剂具有发生自燃、爆炸的危险性。目前所应用的原材料，均为烟火药中比较钝感的药剂，使用安全能够得到保证。设计时要根据保护场所的具体情况，充分考虑气溶胶灭火剂的这一特性，使用时必须严格符合安全要求，注意防潮控制含水率。

（二）气溶胶灭火剂的类型

目前，气溶胶灭火剂可以按其产生的方式分为两类，即以固体混合物燃烧而产生的热气溶胶（凝集型）灭火剂和以机械分散方法产生的冷气溶胶（分散型）灭火剂；按分散质不同气溶胶灭火剂可分为固基气溶胶和水基气溶胶两种，如图 19-1 所示。

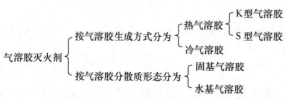

图 19-1　气溶胶灭火剂的分类

1. 热气溶胶灭火剂

热气溶胶灭火剂是由氧化剂、还原剂（可燃剂）、黏合剂、燃速调节剂等物质构成的固体混合药剂，在启动电流或热引发下，经过药剂自身的氧化还原燃烧反应后而生成灭火胶体。根据热气溶胶灭火剂所采用氧化剂的不同将热气溶胶灭火剂分为 K 型和 S 型。K型热气溶胶灭火剂采用 KNO_3 作主氧化剂，且含量达到质量百分比 30％以上；S 型热气溶胶灭火剂采用了 $S_r(NO_3)_2$ 作主氧化剂，同时以 KNO_3 作为辅氧化剂，其中 $S_r(NO_3)_2$ 质量百分比为 35％～50％，KNO_3 为 10％～20％。

2. 冷气溶胶灭火剂

冷气溶胶灭火剂是利用机械或高速气流将固体或液体超细灭火微粒分散于气体中而形成的灭火溶胶。目前应用于冷气溶胶灭火剂中的灭火微粒均是由物理分散法或化学分散法制成的，其主要成分是干粉灭火剂。这些超细粉体，由压缩气体（N_2 或 CO_2）或炸药、发射药等含能材料作为驱动源，以喷射或抛射的方式进入火灾空间形成分散性气溶胶局部保护或全淹没方式进行灭火。冷气溶胶灭火剂与热气溶胶不同的是，灭火剂在释放以前，驱动源与分散质（超细粉体或液体）是稳定存在的，释放过程中驱动源分散粉体灭火剂或驱动液体通过特定装置雾化形成气溶胶。与热气溶胶一样，被释放的灭火微粒可以绕过障碍物，还可在空间有较长的时间的驻留，达到快速高效的灭火效果，其保护方式可以是局部保护式，也可以是全淹没式。

（三）气溶胶灭火剂的灭火作用及适用的火灾类别

1. 灭火作用

由于这些微粒的粒径一般在 $10^{-9} \sim 10^{-6}$ m 之间，远小于产生布朗运动的粒径极限值 4×10^{-6} m，所以呈现明显的布朗运动状态，表现出类似于气体的扩散能力，能很快绕过障碍物扩散、渗透到火场内任何一处微小的空隙之内，起到全淹没式的灭火作用。

热气溶胶灭火剂通过电启动或热启动后，经过自身的氧化还原反应形成凝集型灭火胶体，按质量百分比，60%为气体，其成分主要是 N_2、少量的 CO_2 及微量的 CO、NO_2、O_2 和碳氢化合物；40%为固体微粒，主要是金属氧化物（MeO）、碳酸盐（$MeCO_3$）和碳酸氢盐（$MeHCO_3$）及少量金属碳化物。起灭火作用的是这些高度分散而细小的固体微粒，通过固体微粒在火场中热溶、气化、分解的吸热降温作用（冷却机理）和固体微粒对活性燃烧自由基的消耗性化学反应（化学抑制机理）协同发挥作用灭火，其中以化学抑制作用为主。

2. 适用的火灾类别

气溶胶灭火系统可用于扑救下列场所的初期火灾：

（1）变电室、配电间、发电机房、电缆夹层、电缆井、电线沟、通信机房、电子计算机房等场所；

（2）生产、使用或储存动物油、植物油、重油、润滑油、变压器油、闪点>60℃的柴油等丙类液体；

（3）不发生阴燃的可燃固体物质表面火灾。

气溶胶灭火系统不适用于扑救下列物资火灾：

（1）无空气仍能氧化的物质，如硝酸纤维、火药等；

（2）活泼金属，如钾、钠、镁、钛等；

（3）能自行分解的化合物，如某些过氧化物、联氨等；

（4）金属氢化物，如氢化钾、氢化钠等；

（5）能自燃的物质，如磷等；

（6）强氧化剂，如氧化氮、氟等；

（7）可燃固体物质的深位火灾；

（8）人员密集场所火灾，如商场、影剧院、礼堂、文体娱乐等公共活动场所；

（9）有爆炸危险的场所火灾，如有爆炸粉尘的厂房等。

（四）气溶胶灭火剂的储存

热气溶胶灭火剂的储存寿命，即热气溶胶灭火剂自然条件下安全储存的时间，遵循火工品的储存规律，主要受温、湿度的影响。理论上，热气溶胶灭火剂在常温（21℃）自然状态下储存 11 年不会发生变化，但出于安全，目前常用的气溶胶灭火剂一般在 4～7 年之间。热气溶胶灭火剂在未释放反应前是粉状或柱状，可压制成各种几何形状，所以不需用压力容器来储存。热气溶胶灭火剂必须按照产品要求储存，避免事故的发生。

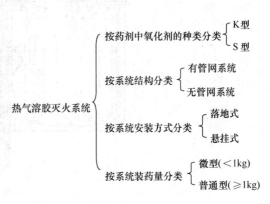

图 19-2　热气溶胶灭火系统分类

二、系统类型

目前应用的气溶胶灭火系统多为热气溶胶灭火系统，实际应用中有多种形式，如图19-2所示。

固定式、手持式、壁挂式热气溶胶灭火系统的结构形式如图19-3所示。

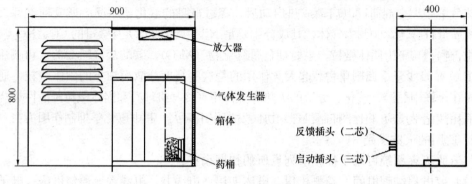

固定式结构

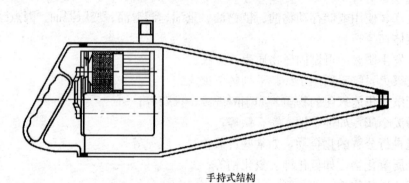

手持式结构

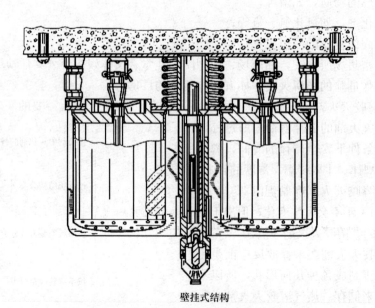

壁挂式结构

图 19-3　热气溶胶灭火系统结构示意图

三、系统的组成及工作原理

（一）系统的组成

气溶胶灭火系统一般由灭火装置和火灾探测控制装置两部分组成。

1. 灭火装置

灭火装置是气溶胶灭火系统的主体，平时用于储存气溶胶灭火剂，火灾时使气溶胶灭火剂发生化学反应，产生灭火气溶胶并将其喷射出实施灭火。它是一种为满足特定功能需要而具有特殊结构的反应装置。设置时可根据防护区的特点和防护区所需的灭火剂用量以及灭火装置的规格，选用单台或多台灭火装置组合来满足灭火要求。

2. 探测控制装置

气溶胶灭火系统的探测控制装置有火灾探测器和分区启动控制器等，其功能与其他灭火系统的探测控制装置相同。

（1）火灾探测器。用于探测火灾并发出报警信号；

（2）分区启动控制器。适用于设在独立防护区内。分区启动控制器接收火灾探测器发出的火灾信号后，作出判断，并通过输出端启动灭火装置。一个分区启动控制器可通过启动模块并联连接 15 台灭火装置。选择的控制器应具有紧急启动按钮和紧急停止按钮；

（3）分区通用接口。系专为气溶胶灭火系统与火灾自动报警控制系统联网而设计的通用接口。

（二）系统工作原理

当防护区发生火灾时，控制器收到火灾探测器发出的信号而发出声、光报警，延时 30s 后，通过启动模块自动启动灭火装置喷射气溶胶灭火剂实施灭火。另外，也可在现场按动紧急启动按钮，来直接开启灭火装置。

第二节　灭火剂用量计算

一、气溶胶灭火剂灭火浓度

气溶胶灭火剂在使用前是以固体混合物形式储存的，为了设计计算方便，将气溶胶灭火剂的灭火浓度定义为：扑灭单位封闭空间容积内特定类型火灾所需要的气溶胶灭火剂的质量，单位为 g/m^3。其中所谓的"特定火"是指具体可燃物类型的火，比如汽油火、柴油火、电缆火、原油火、木材火等。可燃物类型不同，其燃烧性能和扑灭的难易程度也不相同，所以每种灭火剂对不同的可燃物灭火浓度也不同。

气溶胶灭火剂的灭火浓度一般在 $30\sim200g/m^3$ 之间，但对于常见的可燃液体火、电气火以及可燃固体表面火，灭火浓度在 $40\sim60g/m^3$ 之间。在实际应用中，对于常见火灾，工程设计用量一般在考虑到一定安全系数后采用 $100g/m^3$。

二、基本计算公式

气溶胶灭火剂设计用量可按下式计算：

$$G = \alpha\beta VK_1K_2K_3 \tag{19-1}$$

式中　G——气溶胶灭火剂设计用量，kg；

　　　α——单位空间体积气溶胶灭火剂用量，g/m³。见表 19-1；

　　　β——物质形态系数，液体 $\beta=1.4$，固体 $\beta=2.0$；

　　　V——防护区净容积，m³；

　　　K_1——容积附加系数，$V\leqslant240\mathrm{m}^3$、$K_1=1$，$240\mathrm{m}^3<V<800\mathrm{m}^3$、$K_1=1.15$，$V\geqslant$
　　　　　　$800\mathrm{m}^3$，$K_1=1.4$；

　　　K_2——保护场所附加系数，见表 19-2；

　　　K_3——管道损耗系数。

气溶胶灭火剂对部分可燃物质的最小灭火剂用量　　　　　　　　表 19-1

物质名称	最小灭火剂用量（kg/m³）	物质名称	最小灭火剂用量（kg/m³）
汽油	0.040	石蜡	0.030
柴油	0.040	沥青	0.030
煤油	0.045	聚乙烯	0.030
乙醇（95%）	0.050	甲基丙烯酸甲酯	0.030
丙酮	0.035	聚氨酯泡沫	0.035
二甲苯	0.040	聚苯乙烯发泡塑料	0.030
变压器油（灭弧油）	0.050	橡胶	0.030
锭子油	0.050	线路板	0.030
润滑油（40 号）	0.050	钞票、书本	0.030[①]
白酒（酒精度 52%）	0.030	棉纱	0.030[①]
植物油	0.050	纸烟	0.030[①]

注：表中未给出的 α 值应经试验确定。

保护场所附加系数　　　　　　　　表 19-2

物质或场所	K_2
电缆沟、电缆井、电缆夹层	1
通信机房、电子计算机房、干式变压器间、配电间	1.1
油浸变压器间、发电机房、生产使用或储存丙类可燃液体的场所	1.3
可燃固体物质的表面火	1.7

管道损耗系数可按下式计算确定：

$$K_3=1+0.005l \tag{19-2}$$

管道折算总长度可按下式计算：

$$l=\sum_{i=1}^{n}16D_i+l_1 \tag{19-3}$$

式中　l——管道折算总长度，m，其不宜超过 10m；

　　　D_i——管道弯头内径，m；

　　　n——弯头数；

　　　l_1——管道长度，m。

第三节　系统的设置要求

一、防护区

（一）防护区的设置要求

设置气溶胶灭火系统的防护区应满足以下要求：

（1）防护区应以固定的封闭空间来划分。

（2）当灭火系统采用单具灭火装置时，一个防护区的面积不宜大于 $60m^2$，容积不宜大于 $240m^3$。当灭火系统采用多具灭火装置联动灭火时，一个防护区的面积不宜大于 $500m^2$，容积不宜大于 $2000m^3$。

（3）防护区的环境温度范围宜为 $-20\sim55℃$，其环境湿度不应大于 90%。

（4）防护区门、窗及围护构件的允许压强均不宜低于 1.2kPa。

（5）防护区门、窗及围护构件的耐火极限均不应低于 1h，吊顶的耐火极限应不低于 0.25h。

（6）在灭火系统启动前，防护区的通风、换气设施应自动关闭，影响灭火效果的生产操作应停止。

（7）防护区开口面积与防护区内部总表面积之比不大于 0.3%，且应设置自动关闭装置，以保证其良好的密封。当设置自动关闭装置有困难时，应加大灭火剂设计用量给予流失补偿，失补偿量的计算：开口面积比允许开口标准每增加 0.1%，增加设计用量 25%。

（8）完全密闭的防护区应设泄压口，泄压口应设在外墙上，泄压口尽可能做成矩形，并横向设置在防护区外墙最高处。对已设有防爆泄压设施或门、窗缝隙未加密封条的防护区，可不设泄压口。

泄压口的面积可按下式计算：

$$S = 0.014 \frac{W}{t\sqrt{\mu_m P_b}} \tag{19-4}$$

式中　S——泄压口面积，m^2；

W——气溶胶的设计用量，kg；

t——气溶胶的喷射时间，s，$t\leqslant40s$；

P_b——围护构件的允许压强，kPa；

μ_m——通过泄压口流出的混合气体比容，m^3/kg。

（9）设置在经常有人的防护区内的气溶胶灭火系统，应装有切断自动控制系统的手动装置。

（二）安全要求

气溶胶灭火系统防护区为避免对人的危害，应具有以下安全措施：

（1）防护区内应有能在延时 30s 内使该区人员疏散完毕的通道与出口，在疏散走道与出口处，应设火灾事故照明和疏散指示标志；

（2）防护区的入口处应设火灾声光报警器。报警时间不宜小于灭火时间，并应能手动切除报警信号；

（3）防护区的人口处应设灭火系统防护标志和气溶胶灭火剂喷放指示灯；

（4）在经常有人的防护区内的灭火系统应装有切断自动控制系统的手动装置；

（5）地下防护区和无窗或固定窗户的地上防护区，应设机械排风装置；

（6）防护区的门应向疏散方向开启，并能自动关闭，在任何情况下均应能从防护区内打开；

（7）气溶胶灭火系统的组件与带电设备间的最小间距应符合表 19-3 的规定。在有强电干扰场所安装的灭火装置，其外壳应接地；

气溶胶灭火系统的组件与带电设备间的最小间距　　　　　表 19-3

标称线路电压（kV）	10	35	63	110	220	330	500
最小间距（m）	0.18	0.34	0.55	0.94	1.90	2.90	3.60

注：海拔高于 1000m 时，每增高 10m，最小间距应增加 1%。

（8）气溶胶灭火装置与控制器的连接，应在竣工验收后，经检查控制器输出端口无电信号，方可接通气溶胶灭火装置投入使用。

二、系统的控制

1. 操作与控制基本要求

（1）控制系统应设有自动控制、手动控制两种启动方式。

（2）采用灭火系统的防护区，应设置火灾自动报警系统。

（3）灭火系统的自动控制应在接收到两个独立的信号后才能启动，根据人员疏散的要求，宜延迟启动，但延迟时间不应大于 60s。

（4）同一防护区内的气溶胶灭火装置应同时启动。

2. 自动控制功能

当感烟或感温二个探测器中任何一个探测到火灾信号时，启动控制器即首先发出声光预警信号，当二个探测器都感测到火灾信号后，启动控制器即发出火警声光报警，同时关闭门窗并指令风机停运，关闭空调系统。在预定的延迟时间 30s 内，火灾现场人员撤离。延迟时间结束，灭火系统自动启动，释放出气溶胶进行灭火，并向启动控制器返回信号。

3. 手动控制功能

无论有无火警信号，只要确认防护区有火灾发生，通过按动启动控制器或防护区急启动按钮，即可执行灭火功能。在延迟时间内，只要确认防护区内无火灾发生或火灾已被扑灭，亦可通过按动启动控制器或防护区内的紧急停止按钮，即可令灭火系统停止启动。手动控制可设在防护区内或防护区外的便于操作并安全防水的地方。

三、系统的设置要求

（一）安装位置要求

（1）气溶胶灭火装置喷口正前方 1.0m 内，背面、侧面、顶面 0.2m 内不允许有设备、器具或其他阻碍物；

（2）灭火装置的安装不受位置高低的影响，可壁挂、悬挂、就地摆放，就地摆放时宜沿墙壁；

（3）灭火装置严禁擅自拆卸，安装后不允许移动；

（4）灭火装置不应安装于临近明火、火源处，临近进风口、排风口、门、窗及其他开口处，容易被雨淋、水浇、水淹处，疏散通道，经常受振动、冲击、腐蚀影响处。

（二）布置要求

（1）灭火装置的正前方 0.5m 范围内不允许有设备、器具或其他障碍物；

（2）在防护区内应作均匀分散布置；

（3）灭火装置正面的保护范围应不大于 10m；

（4）同一防护区的灭火装置应具备同时启动的条件。

（三）系统布线要求

（1）气溶胶灭火系统布线如图 19-4 所示；

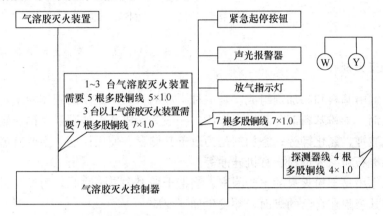

图 19-4　气溶胶灭火系统布线图

（2）气溶胶灭火系统的传输线应采用阻燃线，传输线敷设应穿金属管；配管应考虑导线的总截面积（包括外护层）不应超过管内截面积的 40%，施工前应复查金属管径是否满足这一要求；

（3）防护区内灭火系统的传输线所用穿线金属管，宜使用薄壁钢管，即管壁厚度在 2mm 以下；

（4）布管穿线的一般要求：

1）金属管在穿入导线之前，应将管内杂物清除干净；

2）不同系统、不同电压、不同电流类别的线路不应穿于同一根管内；

3）导线在管内不得有接头和扭结，其接头应在接线盒内焊接或用端子连接；

4）在金属穿线管路超过一定长度（45m 无弯曲、30m 有一个弯、20m 有两个弯、12m 有三个弯）时，中间应加装接线盒，其位置应便于穿线；

（5）配金属管应排列整齐，固定点的距离均匀；管卡与终端、转弯中点、弱电设备或接线盒边缘的距离为 0.15～0.50mm；中间的管卡最大距离为 1.5m；

（6）配金属管进入接线盒，盒外侧应套锁母，内侧应装护口，在吊顶内敷设时，盒的内外侧均应套锁母；

（7）声光报警器、放气指示灯、手动启停按钮、探头等设备外接导线应留有 0.2m 的余量。

第二十章 干粉灭火系统

干粉灭火系统是借助于惰性气体压力的驱动，并由这些气体携带干粉灭火剂形成气粉两相混合流，通过管道输送经喷嘴喷出实施灭火，可用于厨房、变压器室等场所及其设备的消防保护。

第一节 概　　述

一、干粉灭火剂

干粉灭火剂由基料和添加剂组成，是一种干燥的、易于流动的固体粉末，因此，又称化学粉末灭火剂。干粉基料部分起灭火作用，一般为无机盐，如碳酸氢钠、碳酸氢钾、磷酸二氢铵、硫酸钾、氯化钾等；添加剂是为改善其储存、使用性能，主要有流动促进剂和防结块剂，如滑石粉、云母粉、有机硅油等。

化学抑制作用是干粉灭火的主要因素。当把干粉射向燃烧物时，粉粒与火焰中的活性基团接触而将其吸附在自己的表面，并发生如下反应：

$$M（粉粒）+OH \cdot \rightarrow MOH$$

$$MOH+H \cdot \rightarrow M+H_2O$$

通过上面反应，这些活泼的 OH·和 H·在粉粒表面结合形成了不活泼的水，最终将维持燃烧的活性基团 H·和 OH·消耗殆尽。

粉粒粒径大小对灭火效力有影响，粒径越小，其与火焰的接触面积越大，所吸收的活性基团也越多，从而对燃烧的抑制作用也越大。

干粉灭火剂具有灭火能力强、灭火速度快、不导电、环境污染小、毒性危害小、水渍损失小等优点；但也存在抗复燃能力差、灭火后火场清理困难等缺点。

普通干粉灭火剂。普通干粉灭火剂主要用于扑救可燃液体火灾、可燃气体火灾以及带电设备的火灾，也称为 BC 类干粉灭火剂，可燃气体、易燃、可燃液体和可熔化固体火灾宜选用。

多用干粉灭火剂。多用干粉灭火剂不仅适于扑救可燃液体、可燃气体和带设备的火灾，还适于扑救一般固体物质火灾，又称 ABC 类干粉灭火剂，可燃固体表面火灾应采用。

二、干粉灭火系统工作原理

干粉灭火系统在组成上与气体灭火系统相类似，由灭火剂供给源、输送灭火剂管网、干粉喷射装置、火灾探测与控制启动装置等组成，如图 20-1 所示。干粉灭火系统的启动（灭火）过程是：当保护对象着火后，温度迅速上升达到规定的数值，探测器发出火灾信号，控制器将启动瓶打开。启动瓶中的一部分气体通过报警喇叭发出火灾报警，大部分气体通过管道上的止回阀，把先导瓶阀门打开，瓶中的高压气体进入集气管，管中的压力迅速上升，把其余动力气瓶阀门全部打开。各瓶中高压气体一起进入集气管，经高压阀进入减压阀，减压至规定的压力，通过进气阀进入干粉罐内，当干粉罐内的压力上升到工作压力时，将干粉罐出口的球阀打开，干粉灭火剂则经输粉管和喷嘴喷向着火对象，或者经喷枪喷射到着火对象的表面，实施灭火。

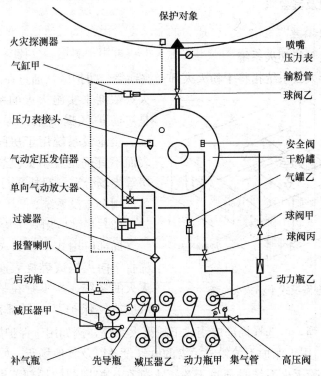

保护对象
火灾探测器
气缸甲
压力表接头
气动定压发信器
单向气动放大器
过滤器
报警喇叭
启动瓶
减压器甲
补气瓶　先导瓶　减压器乙　动力瓶甲　集气管　高压阀
喷嘴　压力表　输粉管　球阀乙　安全阀　干粉罐　气罐乙　球阀甲　球阀丙　动力瓶乙

图 20-1　干粉灭火系统组成示意图

三、干粉灭火系统的应用

（一）干粉灭火系统适用范围

1. 适用扑救的火灾

（1）灭火前可切断气源的气体火灾；

（2）易燃、可燃液体和可熔化固体火灾；

（3）可燃固体表面火灾；

（4）带电设备火灾。

2. 不适用扑救的火灾

（1）硝化纤维、炸药等无空气仍能迅速氧化的化学物质与强氧化剂。

（2）钾、钠、镁、钛、锆等活泼金属及其氢化物。

（3）精密仪器、设备火灾。因为干粉粉粒细，可进入仪器设备内部，影响设备的正常使用。

（二）干粉灭火系统应用场合

干粉灭火系统不仅灭火速度快、不导电，而且对环境条件要求不严，在某些场合如宾馆、饭店的厨房、敞口易燃液体容器、不宜用水扑救的变压器等处，设置干粉灭火系统较合适。另外，与其他灭火系统相比，干粉灭火系统较经济，因此，当条件许可时，建筑物内的其他部位也可设置干粉灭火系统。

四、系统类型及其要求

1. 按灭火方式分类

(1) 全淹没式干粉灭火系统

全淹没式干粉灭火系统指将干粉灭火剂释放到整个防护区，通过在防护区空间建立起灭火浓度来实施灭火的系统形式。其特点是对防护区提供整体保护，如图 20-2 所示。全淹没系统用于房间较小、火灾燃烧表面不宜确定且不会复燃的场合，如油泵房等类场合。一般扑救封闭空间内的火灾，可选用全淹没系统。

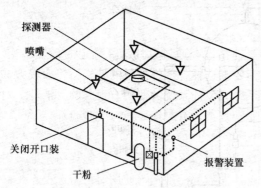

图 20-2 全淹没式干粉灭火系统

(2) 局部应用式干粉灭火系统

局部应用式干粉灭火系统是指通过喷嘴直接向火焰或燃烧表面喷射灭火剂实施灭火的系统。当不宜在整个房间建立灭火浓度或仅保护某一局部范围、某一设备、室外火灾危险场所等，可选择局部应用式干粉灭火系统，例如用于保护甲、乙、丙类液体的敞顶罐（或槽），用于保护不怕粉末污染的电气设备以及其他场所，如图 20-3 所示。

局部应用式干粉灭火系统是通过干粉灭火剂在火焰周围的局部范围建立起较高浓度（大于灭火浓度）实施灭火的干粉灭火系统。因此，要求设计时应确保灭火剂能够将整个保护对象的表面覆盖。一般用于保护房间内的某个局部范围或室外的某一设备，但保护对象与其他物品必须隔开，以保证火不会蔓延到保护区以外的地方。

(3) 手持软管干粉灭火系统

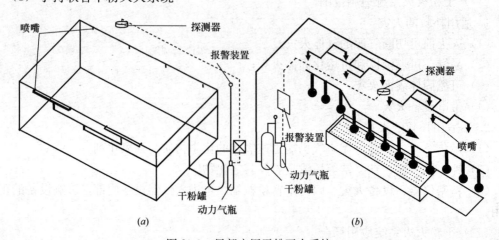

图 20-3 局部应用干粉灭火系统

手持软管干粉灭火系统具有固定的干粉供给源，并配备有一条或数条输送干粉灭火剂的软管及喷枪，火灾时通过人来操作实施灭火。手持软管系统的灭火方式类似于灭火器，但与灭火器不同，该系统需根据保护对象的具体情况，经设计确定干粉喷射强度、干粉储存量等，且作为一个系统，能够扑灭较大规模的火灾，如汽油灌装台、甲、乙、丙类液体储罐区、柴油和燃气涡轮机车头、飞机库、船舶等的火灾。经常有人且火灾范围较大的火灾危险场合，可选用手持软管系统。有时，将手持软管系统作为全淹没系统或局部应用系统的补充保护设施，但手持软管系统不能取代上述两类系统，且手持软管系统应另设干粉源。只有固定干粉灭火系统保护区域处在手持软管系统保护半径之外，且不会同时着火、着火后不会蔓延时，才可共用干粉源（即作为组合分配系统考虑）。

2. 按设计情况分类

（1）设计型干粉灭火系统

设计型干粉灭火系统是指根据保护对象的具体情况，通过设计计算确定的系统形式。该系统中的所有参数都需经设计确定，并按设计要求选择各部件设备的型号。一般较大的保护场所或有特殊要求的保护场所宜采用设计系统。设计系统的使用有很大的灵活性，对保护对象以及其他方面限制较少，但设计计算非常复杂，有时还要通过实验验证。

（2）预制型干粉灭火系统

预制型干粉灭火系统是指由工厂生产的系列成套干粉灭火设备，系统的规格是通过对保护对象做灭火试验后预先设计好的，即所有设计参数都已确定，使用时只需选型，不必进行复杂的设计计算。当保护对象不很大且无特殊要求的场合，一般选择预制系统，这类系统的设计、安装、审核等比较容易，且灭火性能经过多次试验比较可靠。但保护对象一定要符合该预制系统的限定条件，才能确保流速、喷嘴压力和喷射强度等符合实际需要。预制型灭火系统应符合下列规定：

灭火剂储存量不得大于 150kg；

管道长度不得大于 20m；

工作压力不得大于 2.5MPa。

若保护空间较大，用一套系统不能满足要求时，可以将多个系统组合使用。但一个防护区或保护对象所用系统最多不得超过 4 套，并应保证各套系统同时启动，其动作响应时间差不得大于 2s。

预制系统的生产厂家应提供详细的安装说明，以确保系统的正确安装。如某一具有两个喷嘴的预制型干粉灭火系统，如图 20-4 所示，其限制条件如下：

（1）输粉管直径，干粉储罐与三通间直径为 20mm，三通到喷头间直径为 15mm；

（2）干粉储罐至任一喷头的管长不超过 15m；

（3）干粉储罐至任一喷头间的管道上弯头数（包括三通）不超过 6 个；

（4）如果使用高架喷头，至少应有四个弯头，以保证产生足够的压力损失，降低干粉喷出速度，防止被保护甲、乙、丙类液体的飞溅；

（5）三通与每个喷头间的管道长度相差不能太大，弯头数量也应相等，以保证每个喷头的流量相等；

（6）若采用侧面喷头保护方式，最大保护面积 3.7m²，长度不超过 2.44m，喷头与保护液面的最小距离 0.2m；

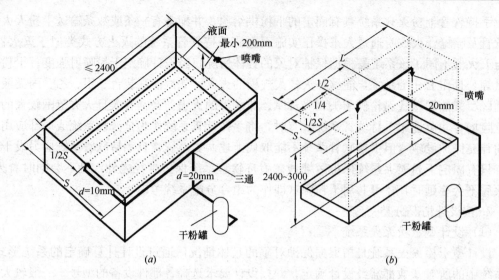

图 20-4　预制型干粉灭火系统示意图

（7）若采用高架喷头，最大保护面积 2.4m²，长度不超过 2.13m 或宽度不小于 1.07m，喷头与保护液面的距离在 2.44m 或 3.05m 以上。

3. 按系统保护情况分类

（1）组合分配系统

当一个区域有几个保护对象且每个保护对象发生火灾后又不会蔓延时，可选用组合分配系统，即用一套系统同时保护多个保护对象。组合分配系统保护的防护区与保护对象之和不得超过 8 个，系统的规模应满足最大保护对象的需要。图 20-5 是保护两个区域的组合分配系统。

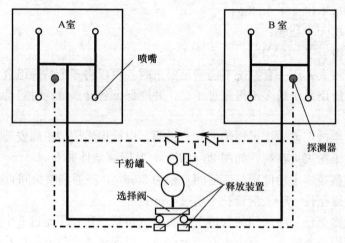

图 20-5　组合分配系统示意图

（2）单元独立系统

若火灾的蔓延情况不能预测，则每个保护对象应单独设置一套系统保护，即单元独立系统。预制型灭火系统为单元独立系统，即一个防护区或保护对象宜用一套预制型灭火系统保护。

多个保护对象采用统一喷射系统，同时向各个保护对象施放干粉灭火剂，这也是一种单元独立系统。

4. 按驱动气体储存方式分类

（1）储气式干粉灭火系统

储气式干粉灭火系统指将驱动气体（氮气或二氧化碳气体）单独储存在储气瓶中，灭火使用时，再将驱动气体充入干粉储罐，进而携带驱动干粉喷射实施灭火。

储气式干粉灭火系统装填粉末比较容易，干粉储罐的永久密封要求不太严格，且储气钢瓶容易密封。这类系统要求储气瓶放置点环境温度不低于 0℃，以保证灭火效果。干粉灭火系统大多数采用的是该种系统形式。

（2）储压式干粉灭火系统

储压式干粉灭火系统指将驱动气体与干粉灭火剂同储于一个容器，灭火时直接启动干粉储罐。这种系统结构比储气系统简单，但要求驱动气体不能泄漏。干粉储罐置于−40℃的环境而不影响灭火效果。

（3）燃气式干粉灭火系统

燃气式干粉灭火系统指驱动气体不采用压缩气体，而是在火灾时点燃燃气发生器内的固体燃料，通过其燃烧生成的燃气压力来驱动干粉喷射实施灭火。该系统的组成如图20-6所示。

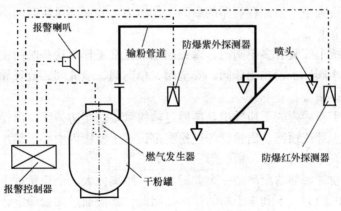

图 20-6 燃气干粉系统示意图

第二节 系统主要组件及设置要求

一、储存装置

储存装置宜由干粉储存容器、容器阀、安全泄压装置、驱动气体储瓶、瓶头阀、集流管、减压阀、压力报警及控制装置等组成。

（一）干粉储存容器

1. 干粉储存容器的构造

干粉储存容器是干粉灭火系统的主体，一般为圆筒形的压力容器，其上有装粉口、出粉管、进气口等，如图20-7所示。动力气体进入干粉储存容器时，应保证能使干粉适当地流体化，同时在干粉从干粉储存容器放出之前，使整个储存容器内形成相同的压力。

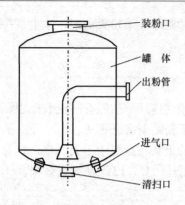

图 20-7　干粉储存容器构造示意图

2. 干粉储存容器的设置要求

（1）干粉储存容器的直径和高度比例应合适，因这些尺寸会影响干粉喷射效果。干粉储存容器的生产已系列化，有 100、150、200、300、500、750、1000、1500、2000L 等规格，可根据需要进行选用。防护区较大时，可将几个干粉储存容器并联使用；

（2）干粉储存容器应密封良好，避免水气进入，以防干粉受潮；

（3）干粉储存容器设计压力可取 1.6MPa 或 2.5MPa 压力级。

（二）驱动气体储瓶

干粉灭火剂是由气体驱动并携带喷射出去，驱动气体应选用惰性气体，大型干粉灭火系统一般采用氮气作为动力气体，小型干粉灭火系统多采用二氧化碳气体作为动力气体。氮气瓶通常采用40L的标准氮气瓶，储气压力为13～15MPa；二氧化碳气瓶多采用7kg 二氧化碳灭火器钢瓶。动力气体应保证质量，要求不能含有水分和其他可能腐蚀容器的成分，二氧化碳含水率不应大于 0.015%(m/m)，其他气体含水率不得大于 0.006%(m/m)。

驱动压力不得大于干粉储存容器的最高工作压力，并保证增压时间不大于 30s。

（三）控制阀门

干粉灭火系统上安装有多个阀门，以控制系统正常工作。这些阀门主要有：动力气瓶上的瓶头阀、减压阀、干粉控制球阀、安全阀、单向阀、泄放阀、放气阀、吹扫阀等。

（四）出粉管

出粉管是将干粉罐内的干粉导出，再通过输粉管输送至防护区。出粉管的出口一般在干粉罐圆柱体的上部或顶部。出粉管的进粉嘴都设在干粉罐内中心下部。

进粉嘴有直管形、锐角形、喇叭形三种，如图 20-8 所示。

进粉嘴与干粉罐底部的距离是一个关键尺寸，距离偏大，余粉量过多，距离偏小，使粉气流产生过大的阻力，不利于干粉的排出，因此，其应通过实验确定。

（五）进气管

进气管是向干粉罐加注动力气体的，数量为一根或几根。进气管一般位于干粉罐的底部，沿出粉管进粉嘴周围均匀布置，但与进粉嘴的相对位置要适当，因为其距离的远近将影响粉气混合比。进气管的末端有排气孔，在排气孔上要加橡胶套，如图 20-9 所示。 橡

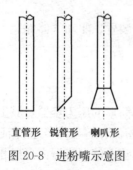

直管形　锐管形　喇叭形

图 20-8　进粉嘴示意图

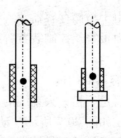

图 20-9　进气管结构示意图

胶套可固定，亦可不固定。但在固定时，要固定在上部，使气流向下排放。

二、启动分配装置

（一）启动气瓶

启动气瓶一般为一小氮气瓶，工作压力 15MPa。其作用有两个：一是平时给探测管道充气，并控制活塞阀处于关闭状态；二是着火后推动驱动气体储瓶的气动阀开启并发出警报。

（二）选择阀

1. 选择阀的设置

在组合分配系统中，每个防护区或保护对象应设一个选择阀。

2. 选择阀的设置要求

（1）选择阀的位置宜靠近干粉储存容器，并便于手动操作，方便检查和维护。选择阀上应设有标明防护区的永久性铭牌；

（2）选择阀应采用快开型阀门，其公称直径应与连接管道的公称直径相等；

（3）选择阀可采用电动、气动或液动驱动方式，并应有机械应急操作方式。阀的公称压力不应小于干粉储存容器的设计压力；

（4）系统启动时，选择阀应在输出容器阀动作之前打开。

三、喷嘴

喷嘴的作用是将粉气流均匀地喷出，将着火物表面完全覆盖，以实现灭火。

1. 喷嘴类型

为了适应不同保护场所的需要，干粉喷嘴主要有三种形式：直流喷嘴、扩散喷嘴和扇形喷嘴，如图 20-10 所示。

2. 喷嘴防潮措施

喷头应有防止灰尘或异物堵塞喷孔的防护装置，防护装置在灭火剂喷放时应能被自动吹掉或打开。一般可采用喷头护盖式或密封膜片式。膜片一般采用铝箔或合适的塑料薄膜。

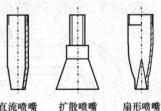

直流喷嘴 扩散喷嘴 扇形喷嘴

图 20-10 干粉喷嘴示意图

3. 喷嘴压力与流量

干粉喷嘴的工作压力可在 0.05~0.7MPa 之间。由于喷嘴口径和喷嘴压力不同，每个喷嘴的喷粉量可为 9~470kg/min，喷射距离为 1~12m。

4. 喷嘴数量确定

喷嘴的数量应根据其喷射性能确定，喷嘴的保护面积应完全覆盖保护对象的计算面积。

5. 喷嘴的布置

（1）全淹没灭火系统喷头布置，应使防护区内灭火剂均匀分布，以保证整个封闭空间内干粉灭火浓度不低于设计浓度。管网宜设计成均衡系统，均衡系统的结构对称度应满足下式：

$$S = \frac{L_{\max} - L_{\min}}{L_{\min}} \leqslant 5\% \tag{20-1}$$

式中　S——均衡系统的结构对称度；

　　　$L_{\max}$——对称管段计算长度最大值，m；

　　　$L_{\min}$——对称管段计算长度最小值，m。

　　喷嘴的最大布置间距一般应通过试验确定。图 20-11 是某危险品仓库干粉喷嘴平面布置图。

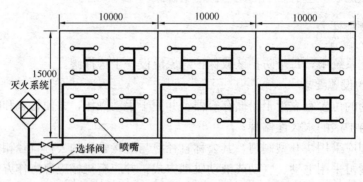

图 20-11　某危险品仓库干粉喷嘴平面布置图

　　(2) 局部应用式干粉灭火系统喷嘴的布置，应保证喷射的干粉完全覆盖保护对象，使得在整个喷射时间内，确保保护对象表面的任一处能够形成要求的干粉灭火剂设计浓度。当采用体积法设计时，还应满足单位体积的喷射速率和设计用量的要求。若保护易燃液体，喷头的布置位置还应防止易燃液体的飞溅，以避免火灾蔓延扩大。

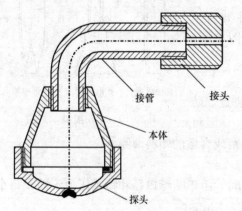

图 20-12　低熔点合金火灾探测器

四、火灾探测控制装置

　　在干粉灭火系统中，应设置火灾探测控制装置。其探测器多采用的是低熔点合金火灾探测器，它由探头、本体、接管、接头等组成，如图 20-12 所示。

　　探头的中间有小孔，平时用低熔点合金密封。低熔点合金火灾探测器的工作原理是：当防护区发生火灾时，温度急骤上升，当达到火灾探测器的动作温度时，低熔点合金熔化脱落，探测器管路中的气体排出，压力迅速下降，使启动气瓶上的活塞阀开启，进而启动系统工作。

　　系统的启动控制可采用自动、半自动、机械应急操作三种方式，且应满足以下要求：

　　(1) 自动探测设备应能对生产事故及温度、火焰、烟气、可燃蒸气及其他异常情况作出反应，并显示异常位置；

　　(2) 显示器应能够指明系统是否正常动作；

　　(3) 系统应有显示报警、启动、电源等发生故障的监视装置，故障报警必须迅速发出，并应与其他状态报警相区别；

（4）启动装置应靠近保护对象，但不能遭受火灾威胁；

（5）手动启动机构应不高于地面 1.5m，任何时候都能方便操作。远动手动控制装置应标明保护场所；

（6）应急机械操作装置，其手动拉力应不大于 178N，位移不大于 360mm；

（7）其他联动装置的启动，必须先于灭火装置的启动；

（8）启动控制装置应有可靠的动力源（电源或气源）。

五、管道及附件

（一）管材的选用及防腐

干粉灭火系统的管道有气体管道和干粉管道，气体管道又分为启动气体管道和驱动气体管道。

1. 管材的选用

管道应采用无缝钢管。

对防腐层有腐蚀的环境，管道及附件可采用不锈钢、铜管或其他耐腐蚀的不燃材料。

输送启动气体的管道，宜采用铜管。

2. 管道防腐

管道及附件应进行内外表面防腐处理，并宜采用符合环保要求的防腐方式。

（二）管道的布置及要求

1. 管道布置

对于输送干粉管道，由于干粉的流动呈气固两相流，当流动通过弯头、三通时，流动方向被迫发生改变，质量较大的粉末将被抛至管壁的外侧，趋于同气体的分离状态，在这时分流，将导致流量分配严重不均衡。输送干粉的这种特性，对干粉管道的布置提出特殊要求，以保证系统正常工作。

（1）管道变径时应使用异径管。

（2）管道分支不应使用四通管件。

（3）管道转弯时宜选用弯管。

（4）干管转弯处不应紧接支管。管道转弯处的几种正确连接方法如图 20-13 所示。

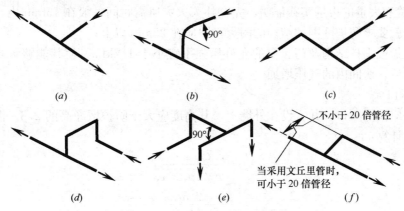

图 20-13　弯头与三通的正确连接

2. 管道设置要求

（1）管道及附件应能承受最高环境温度下工作压力。

（2）应保持管道内部清洁，减压器前需安装过滤器，且不能使用挠性软管。

（3）管网应留有吹扫口。

（4）管道附件应通过国家法定检测机构的检验认可。

（5）管网中阀门之间的封闭管段应设置泄压装置，其泄压动作压力取工作压力的（115±5）％。

（6）在通向防护区或保护对象的灭火系统主管道上，应设置压力信号器或流量信号器。

（三）管道的连接及固定

1. 干粉管道的连接

管道可采用螺纹连接、沟槽（卡箍）连接、法兰连接或焊接。公称直径等于或小于80mm的管道，宜采用螺纹连接；公称直径大于80mm的管道，宜采用沟槽（卡箍）或法兰连接。

2. 干粉管道的固定

管道应设置固定支、吊架，其间距可按表20-1取值。可能产生爆炸的场所，管网宜吊挂安装并采取防晃措施。

管道支、吊架最大间距　　　　　　　　　　　　　　表 20-1

管道直径（mm）	15	20	25	32	40	50	65	80	100
最大间距（m）	1.5	1.8	2.1	2.4	2.7	3.0	3.4	3.7	4.3

六、防护区与保护对象设置要求

（一）防护区

1. 防护区设置要求

采用全淹没灭火系统的防护区，应符合下列规定：

（1）防护区应有较好的封闭，一般不能关闭的开口总面积不得超过房间四面墙体、天花板、地板等总内表面积的15％，且开口不应设在底面；

（2）防护区围护结构及门、窗的耐火极限不应小于0.5h，吊顶的耐火极限不应小于0.25h。试验和大量的火场实践证明，完全扑灭火灾所需时间一般在15min内，考虑到安全余量，这就要求防护区围护结构的耐火极限应在25min以上；

（3）防护区围护结构及门、窗的允许压强不宜小于1.2kPa，使其能够承受住气体灭火系统启动后，房间内的气压增加。

2. 泄压口

防护区应设泄压口，并宜设在外墙上，其高度应大于防护区净高的2/3。泄压口的面积可按下式计算：

$$A_x = \frac{Q_0 \times \nu_H}{k \sqrt{2 p_x \times \nu_x}} \qquad (20\text{-}2)$$

$$\nu_H = \frac{\rho_q + 2.5 \mu \times \rho_f}{2.5 \rho_f (1 + \mu) \rho_q} \qquad (20\text{-}3)$$

$$\rho_q = (10^{-5}p_x + 1)\rho_{q0} \tag{20-4}$$

$$\nu_x = \frac{2.5\rho_f \times \rho_{q0} + K_1(10^{-5}p_x + 1)\rho_{q0} + 2.5K_1 \times \mu \times \rho_f}{2.5\rho_f(10^{-5}p_x + 1)\rho_{q0}(1.205 + K_1 + K_1 \times \mu)} \tag{20-5}$$

式中　　A_x——泄压口面积，m^2；

$\quad\quad Q_0$——干管的干粉输送速率，kg/s；

$\quad\quad \nu_H$——气固二相流比容，m^3/kg；

$\quad\quad k$——泄压口缩流系数，取 0.6；

$\quad\quad K_1$——灭火剂设计浓度，kg/m^3；

$\quad\quad p_x$——防护区围护结构的允许压力，Pa；

$\quad\quad \nu_x$——泄放混合物比容，m^3/kg；

$\quad\quad \rho_q$——在 p_x 压力下驱动气体密度，kg/m^3；

$\quad\quad \mu$——驱动气体系数，按产品样本取值；

$\quad\quad \rho_f$——干粉灭火剂松密度，kg/m^3，按产品样本取值；

$\quad\quad \rho_{q0}$——常态下驱动气体密度，kg/m^3。

3. 安全要求

(1) 防护区内及入口处应设火灾声光警报器，防护区入口处应设置干粉灭火剂喷放指示门灯及干粉灭火系统永久性标志牌。

每个防护区内设置火灾声光警报器，目的在于向在防护区内人员发出迅速撤离的警告，以免受到火灾或施放的干粉灭火剂的危害。防护区外入口处设置的火灾声光警报器及干粉灭火剂喷放标志灯，旨在提示防护区内正在喷放灭火剂灭火，人员不能进入，以免受到伤害。

防护区内外设置的警报器声响，通常明显区别于上下班铃声或自动喷水灭火系统水力警铃等声响。警报声响度通常比环境噪声高 30dB。设置干粉灭火系统标志牌是提示进入防护区人员，当发生火灾时，应立即撤离。

(2) 防护区的走道和出口，必须保证人员能在 30s 内安全疏散。

干粉灭火系统从确认火警至释放灭火剂灭火前有一段延迟时间，该时间不大于 30s。因此通道及出口大小应保证防护区内人员能在该时间内安全疏散。

(3) 防护区的门应向疏散方向开启，并应能自动关闭，在任何情况下均应能在防护区内打开。

防护区的门向外开启，是为了防止个别人员因某种原因未能及时撤离时，都能在防护区内将门开启，避免对人员造成伤害。门自行关闭是使防护区内释放的干粉灭火剂不外泄，保持灭火剂设计浓度有利于灭火，并防止污染毗邻的环境。

(4) 防护区入口处应装设自动、手动转换开关。转换开关安装高度宜使中心位置距地面 1.5m。

封闭的防护区内释放大量的干粉灭火剂，会使能见度降低，使人员产生恐慌心理及对人员呼吸系统造成障碍或危害。因此，人员进入防护区工作时，通过将自动、手动开关切换至手动位置，使系统处于手动控制状态，即使控制系统受到干扰或误动作，也能避免系统误喷，保证防护区内人员的安全。

(5) 地下防护区和无窗或设固定窗扇的地上防护区，应设置独立的机械排风装置，排风口应通向室外。

当干粉灭火系统施放了灭火剂扑灭防护区火灾后，防护区内还有很多因火灾而产生的有毒气体，而施放的干粉灭火剂微粒大量悬浮在防护区空间，为了尽快排出防护区内的有毒气体及悬浮的灭火剂微粒，以便尽快处理现场，应设防护区通风换气，但对地下防护区及无窗或设固定窗扇的地上防护区，难以用自然通风的方法换气，因此，要求采用机械排风方法。

（二）保护对象

采用局部应用灭火系统的保护对象，应符合下列规定：

（1）保护对象周围的空气流动速度不应大于 2m/s，必要时，应采取挡风措施；

（2）在喷头与保护对象之间，喷头喷射角范围内不应有遮挡物；

（3）当保护对象为甲、乙、丙类液体时，液面至容器缘口距离不得小于 150mm；

（4）局部应用灭火系统，应设置火灾声光警报器。设置局部应用灭火系统的场所，一般没有围封结构，因此只设置火灾声光警报器，不设门灯等设施。

（三）灭火安全要求

当系统管道设在有爆炸危险的场所时，管网等金属件应设防静电接地，防静电接地设计应符合国家现行有关标准规定。有爆炸危险的场所，为防止爆炸，应消除金属导体上的静电，消除静电最有效的方法就是接地。有关标准规定，接地线应连接可靠，接地电阻小于 100Ω。

当防护区或保护对象有可燃气体及易燃、可燃液体供应源时，启动干粉灭火系统之前或同时，必须切断气体、液体的供应源。

七、储瓶间

1. 全淹没系统

储存装置宜设在专用的储存装置间内。专用储存装置间的设置应符合下列规定：

（1）应靠近防护区，出口应直接通向室外或疏散通道；

（2）耐火等级不应低于二级；

（3）宜保持干燥和良好通风，并应设应急照明。

2. 局部应用系统

当采取防湿、防冻、防火等措施后，局部应用灭火系统的储存装置可设置在固定的安全围栏内。

储存装置的布置应方便检查和维护，并宜避免阳光直射。其环境温度应为 $-20\sim50℃$。

八、系统控制与操作

干粉灭火系统应设有自动控制、手动控制和机械应急操作三种启动方式。当局部应用灭火系统用于经常有人的保护场所时可不设自动控制启动方式。

设有火灾自动报警系统时，灭火系统的自动控制应在收到两个独立火灾探测信号后才能启动，并应延迟喷放，延迟时间不应大于 30s，且不得小于干粉储存容器的增压时间。

全淹没灭火系统的手动启动装置应设置在防护区外邻近出口或疏散通道便于操作的地

方；局部应用灭火系统的手动启动装置应设在保护对象附近的安全位置。手动启动装置的安装高度宜使其中心位置距地面 1.5m，所有手动启动装置都应明显地标示出其对应的防护区或保护对象的名称。

在紧靠手动启动装置的部位应设置手动紧急停止装置，其安装高度应与手动启动装置相同。手动紧急停止装置应确保灭火系统能在启动后和喷放灭火剂前的延迟阶段中止。在使用手动紧急停止装置后，应保证手动启动装置可以再次启动。

预制灭火装置可不设机械应急操作启动方式。

第三节 系 统 设 计

一、干粉灭火剂用量计算

（一）干粉设计用量

1. 全淹没式干粉灭火系统干粉灭火剂用量计算

（1）基本计算公式

全淹没式干粉灭火系统干粉灭火剂用量包括两部分：一部分是保证在封闭空间形成灭火浓度所需的干粉灭火剂量；另一部分是补偿各种可能降低灭火效率所消耗干粉灭火剂的附加量。灭火剂设计用量应按下式计算：

$$m = K_1 \times V + \Sigma(K_{0i} \times A_{0i}) \tag{20-6}$$

$$V = V_v - V_g - V_z \tag{20-7}$$

$$V_z = Q_z \times t \tag{20-8}$$

$$K_{0i} = 0 \qquad A_{0i} < 1\% A_v \tag{20-9}$$

$$K_{0i} = 2.5 \qquad 1\% A_v \leqslant A_{0i} < 5\% A_v \tag{20-10}$$

$$K_{0i} = 5 \qquad 5\% A_v \leqslant A_{0i} \leqslant 15\% A_v \tag{20-11}$$

式中　m——干粉设计用量，kg；

　　K_1——灭火剂设计浓度，kg/m³；

　　V——防护区净容积，m³；

　　K_{0i}——开口补偿系数，kg/m²；

　　A_{0i}——不能自动关闭的防护区开口面积，m²；

　　V_v——防护区容积，m³；

　　V_g——防护区内不燃烧体和难燃烧体的总体积，m³；

　　V_z——不能切断的通风系统的附加体积，m³；

　　Q_z——通风流量，m³/s；

　　t——干粉喷射时间，s；

　　A_v——防护区的内侧面、底面、顶面（包括其中开口）的总内表面积，m²。

（2）参数确定

全淹没灭火系统的灭火剂设计浓度不得小于 0.65kg/m³，干粉喷射时间不应大于 30s。

2. 局部应用式干粉灭火系统干粉灭火剂用量计算

(1) 基本要求

局部应用灭火系统的设计可采用面积法或体积法。当保护对象的着火部位是平面时,宜采用面积法;当采用面积法不能做到使所有表面被完全覆盖时,应采用体积法。

室内局部应用灭火系统的干粉喷射时间不应小于 30s;室外或有复燃危险的室内局部应用灭火系统的干粉喷射时间不应小于 60s。

(2) 面积法

局部应用灭火系统当采用面积法设计时,干粉设计用量应按下列公式计算:

$$m = N \times Q_i \times t \tag{20-12}$$

式中　N——喷头数量;

　　　Q_i——单个喷头的干粉输送速率,kg/s,按产品样本取值。

确定喷头数量时,保护对象计算面积应取保护表面的垂直投影面积。

架空型喷头应以喷头的出口至保护对象表面的距离确定干粉输送速率和相应保护面积;槽边型喷头保护面积应由设计选定的干粉输送速率确定。

所有喷头的干粉输送速率之和就是系统的灭火剂喷射速率,其大小对系统的灭火效果有很大影响。当喷射速率小于某一值时,无论灭火剂喷射时间多长,都不能灭火;反之,喷射速率太大时,灭火时间减少的不明显,而灭火剂用量较大。因此,设计时应选择一最佳喷射速率,以求干粉用量最省。如图 20-14 所示,为某一具体实例的干粉用量与喷射速率的关系。

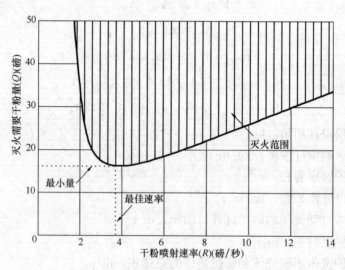

图 20-14　干粉用量与喷射速率的关系

根据有关资料介绍,扑救敞口易燃液体火灾,应选用碳酸氢钠干粉灭火剂,对于醇类罐,喷射速率为 $0.3\text{kg}/(\text{s} \cdot \text{m}^2)$;对于烃类罐,喷射速率为 $0.26 \sim 0.38\text{kg}/(\text{s} \cdot \text{m}^2)$。

(3) 体积法

当采用体积法设计时,保护对象的计算体积应采用假定的封闭罩的体积。封闭罩的底应是实际底面;封闭罩的侧面及顶部当无实际围护结构时,他们至保护对象外缘的距离不应小于 1.5m。

干粉设计用量应按下式计算：

$$m = V_1 \times q_v \times t \tag{20-13}$$

$$q_v = 0.04 - 0.006 A_p / A_t \tag{20-14}$$

式中　V_1——保护对象的计算体积，m^3；

　　　q_v——单位体积的喷射速率，$kg/(s \cdot m^3)$；

　　　A_p——在假定封闭罩中存在的实体墙等实际围封面积，m^2；

　　　A_t——假定封闭罩的侧面围封面积，m^2。

（二）干粉储存量

干粉储存量可按下式计算：

$$m_c = m + m_s + m_r \tag{20-15}$$

$$m_r = V_D (10 p_P + 1) \rho_{q0} / \mu \tag{20-16}$$

式中　m_c——干粉储存量，kg；

　　　m_s——干粉储存容器内干粉剩余量，kg；

　　　m_r——管网内干粉残余量，kg；

　　　V_D——整个管网系统的管道容积，m^3。

（三）干粉备用量

当防护区与保护对象之和超过 5 个时，或者在喷放后 48h 内不能恢复到正常工作状态时，灭火剂应有备用量。备用量不应小于系统设计的储存量。

备用干粉储存容器应与系统管网相连，并能与主用干粉储存容器切换使用。

二、干粉储存容器与动力气瓶容积计算

1. 干粉储存容器容积计算

干粉储存容器容积可按下列公式计算：

$$V_c = \frac{m_c}{K \times \rho_f} \tag{20-17}$$

式中　V_c——干粉储存容器容积，m^3，取系列值；

　　　K——干粉储存容器的装量系数，不应大于 0.85。

2. 驱动气体储存量计算

驱动气体有非液化驱动气体和液化驱动气体两类。

非液化驱动气体储存量可按下式计算：

$$m_{gc} = N_P \times V_0 (10 p_c + 1) \rho_{q0} \tag{20-18}$$

$$N_P = \frac{m_g + m_{gs} + m_{gr}}{10 V_0 (p_c - p_0) \rho_{q0}} \tag{20-19}$$

液化驱动气体储存量可按下式计算：

$$m_{gc} = \alpha \times V_0 \times N_P \tag{20-20}$$

$$N_P = \frac{m_g + m_{gs} + m_{gr}}{V_0 [\alpha - \rho_{q0} (10 p_0 + 1)]} \tag{20-21}$$

$$m_g = \mu \times m \tag{20-22}$$

$$m_{gs} = V_c(10p_0 + 1)\rho_{q0} \tag{20-23}$$

$$m_{gr} = V_D(10p_P + 1)\rho_{q0} \tag{20-24}$$

式中　m_{gc}——驱动气体储存量，kg；

　　　N_P——驱动气体储瓶数量；

　　　V_0——驱动气体储瓶容积，m^3；

　　　p_c——非液化驱动气体充装压力，MPa；

　　　p_0——管网起点压力，MPa；

　　　m_g——驱动气体设计用量，kg；

　　　m_{gs}——干粉储存容器内驱动气体剩余量，kg；

　　　m_{gr}——管网内驱动气体残余量，kg；

　　　α——液化驱动气体充装系数，kg/m^3。

3. 清扫气体

管网内残存干粉需要用气体吹扫，清扫应符合下列要求：

(1) 清扫管网内残存干粉所需清扫气体量，可按 10 倍管网内驱动气体残余量选取；

(2) 瓶装清扫气体应单独储存；

(3) 清扫工作应在 48h 内完成。

三、干粉输送速率

管网中干管的干粉输送速率应按下式计算：

$$Q_0 = m/t \tag{20-25}$$

管网中支管的干粉输送速率应按下式计算：

$$Q_b = n \times Q_i \tag{20-26}$$

式中　Q_b——支管的干粉输送速率，kg/s；

　　　n——安装在计算管段下游的喷头数量。

四、管径及喷头孔口面积确定

1. 干粉管道直径

干粉管道内的流动属于气固两相流，其流动状态及管道压力降与干粉粉末的粒度、组成成分、固气比等有关。当管道容积超过干粉罐容积的 30% 时，气固两相流的稳流时间很短，其流体特性很难掌握。管道管径的大小对系统正常工作影响很大。管径过小，压力损失过大；管径过大，会造成出现压力、流量的波动。因为当流速较小时，固体从气体中分离出来并沉积到管道的下部，这时的流体中固气比较小（质量流量较小），压力损失减小，喷头压力增大。经过一段时间后，粉粒的沉积使管道变窄，流速增大，这时流体又将先前沉淀的粉粒携带一起流动。固气比又变得较大（质量流量增大），压力损失增加，喷嘴压力降低。以后又重复上述过程，即出现"波动"现象。

为了防止波动现象的发生，就要保持干粉管道内的流动为紊流。因此管道内径宜按下式计算：

$$d \leqslant 22\sqrt{Q} \tag{20-27}$$

式中　d——管道内径，mm；

Q——管道中的干粉输送速率，kg/s。

2. 喷头孔口面积

喷头孔口面积应按下列公式计算：

$$F = Q_i/q_0 \tag{20-28}$$

式中　F——喷头孔口面积，mm²；

q_0——在一定压力下，单位孔口面积的干粉输送速率，kg/(s·mm²)。

喷头的单孔直径不得小于 6mm。

五、系统压力损失计算

当系统选用设计型干粉灭火系统时，需要进行系统压力损失计算。需要说明的是，干粉系统的压力损失计算非常复杂，其流动特性不仅受系统设备的影响，而且干粉灭火剂的类型对其也有很大影响，甚至同一种类的干粉灭火剂，由于生产厂家不同，其流动特性参数也不一样，这就是说流动特性参数不能通用。

（一）管道沿程与局部压力损失

管网中各管段单位长度上的压力损失可按下式估算：

$$\Delta p/L = \frac{8 \times 10^9}{\rho_{q0}(10p_e+1)d} \times \left(\frac{\mu \times Q}{\pi \times d^2}\right)^2 \times \left\{\lambda_q + \frac{7 \times 10^{-12.5} g^{0.7} \times d^{3.5}}{\mu^{2.4}} \times \left[\frac{\pi(10p_e+1)\rho_{q0}}{4Q}\right]^{1.4}\right\} \tag{20-29}$$

$$\lambda_q = \left(1.14 - 2\lg\frac{\Delta}{d}\right)^{-2} \tag{20-30}$$

式中　$\Delta p/L$——管段单位长度上的压力损失，MPa/m；

p_e——管段末端压力，MPa；

λ_q——驱动气体摩擦阻力系数；

g——重力加速度，m/s²；取 9.81；

Δ——管道内壁绝对粗糙度，mm。

管段的计算长度应按下式计算：

$$L = L_Y + \sum L_J \tag{20-31}$$

$$L_J = f(d) \tag{20-32}$$

式中　L——管段计算长度，m；

L_Y——管段几何长度，m；

L_J——管道附件的当量长度，m，可按表 20-2 取值。

管道附件当量长度（m）　　　　　　　　　　　　表 20-2

DN（mm）	15	20	25	32	40	50	65	80	100
弯头	7.1	5.3	4.2	3.2	2.8	2.2	1.7	1.4	1.1
三通	21.4	16.0	12.5	9.7	8.3	6.5	5.1	4.3	3.3

（二）高程压差校正

高程校正前管段首端压力可按下列公式估算：

$$p'_b = p_e + (\Delta p/L)_i \times L_i \tag{20-33}$$

式中　p'_b——高程校正前管段首端压力（MPa）。

用管段中的平均压力代替公式 20-29 中的管段末端压力，再次求取新的高程校正前的管段首端压力，两次计算结果应满足下列公式要求，否则应继续用新的管段平均压力代替公式 20-29 中的管段末端压力，再次演算，直至满足下列公式要求。

$$p_P = (p_e + p'_b)/2 \tag{20 34}$$

$$\delta = |p'_b(i) - p'_b(i+1)|/\min\{p'_b(i), p'_b(i+1)\} \leqslant 1\% \tag{20-35}$$

式中　p_P——管段中的平均压力，MPa；

　　　δ——相对误差；

　　　i——计算次序。

高程校正后管段首端压力可按下列公式计算：

$$p_b = p'_b + 9.81 \times 10^{-6} \rho_H \times L_Y \times \sin\gamma \tag{20-36}$$

$$\rho_H = \frac{2.5\rho_f(1+\mu)\rho_Q}{2.5\mu \times \rho_f + \rho_Q} \tag{20-37}$$

$$\rho_Q = (10p_P + 1)\rho_{q0} \tag{20-38}$$

式中　p_b——高程校正后管段首端压力，MPa；

　　　ρ_H——干粉—驱动气体二相流密度，kg/m³；

　　　γ——流体流向与水平面所成的角，°；

　　　ρ_Q——管道内驱动气体的密度，kg/m³。

（三）系统控制压力

管网起点（干粉储存容器输出容器阀出口）压力不应大于 2.5MPa；

管网最不利点喷头工作压力不应小于 0.1MPa。

第二十一章　灭火器配置设计

灭火器是由人操作的能在其自身内部压力作用下，将所充装的灭火剂喷出实施灭火的器具，稍经训练即会操作使用。火灾现场人员可使用灭火器及时有效地扑灭建筑初起火灾，有效防止火灾蔓延扩大，节省灭火系统启动的耗费。因此，建筑设计防火规范规定高层住宅建筑的公共部位和公共建筑内，厂房、仓库、储罐（区）和堆场，应设置灭火器，其他住宅建筑的公共部位宜设置灭火器。灭火器配置设计应符合《建筑灭火器配置设计规范》。

第一节　灭　火　器

一、灭火器的类型

（一）按操作使用分类

1. 手提式灭火器

手提式灭火器一般指灭火剂充装量小于 20kg，能手提移动实施灭火的便携式灭火器。手提式灭火器是应用较为广泛的灭火器材，绝大多数的建筑物配置该类灭火器。

2. 推车式灭火器

推车式灭火器总装量较大，灭火剂充装量一般在 20kg 以上，其操作一般需两人协同进行。通过其上固有的轮子可推行移动实施灭火。该灭火器灭火能力较大，特别适应于石油、化工等企业。

背负式、手抛式、悬挂式灭火器等一般不作为标准灭火器配置使用。

（二）按充装的灭火剂分类

1. 水型灭火器

水型灭火器以清水灭火器为主，使用水通过冷却作用灭火。

2. 泡沫灭火器

泡沫型灭火器有空气泡沫灭火器和化学泡沫灭火器。化学泡沫灭火器目前已淘汰，空气泡沫灭火器内装水成膜泡沫灭火剂。

3. 干粉灭火器

干粉灭火器是我国目前使用的最为广泛的灭火器，其有两种类型：

碳酸氢钠干粉灭火器：又叫 BC 类干粉灭火器，用于灭液体、气体火灾，对固体火灾效果较差，不宜使用。但据有关资料介绍，对纺织品火灾非常有效。

磷酸铵盐干粉灭火器：又叫 ABC 类干粉灭火器，可灭固体、液体、气体火灾，适用范围较广。

4. 七氟丙烷灭火器

七氟丙烷灭火器是一种气体灭火器，其最大的特点就是对保护对象不产生任何损害。

5. 二氧化碳灭火器

二氧化碳灭火器也是一种气体灭火器，也具有对保护对象无污损的特点，但灭火能力较差。

二、灭火器技术性能

1. 灭火器的喷射性能

（1）有效喷射时间：指将灭火器保持在最大开启状态下，自灭火剂从喷嘴喷出，至灭火剂喷射结束的时间。不同的灭火器要求的有效喷射时间也不一样，但要求在最高使用温度时不得小于 6s；

（2）喷射滞后时间：指自灭火器的控制阀开启或达到相应的开启状态时起至灭火剂从喷嘴开始喷出的时间。在灭火器使用温度范围内，要求不大于 5s，间歇喷射的滞后时间不大于 3s；

（3）有效喷射距离：指从灭火器喷嘴的顶端起，至喷出的灭火剂最集中处中心的水平距离。不同类型的灭火器，要求的喷射距离也不相同；

（4）喷射剩余率：指额定充装的灭火器在喷射至内部压力与外界环境压力相等时，内部剩余的灭火剂量相对于喷射前灭火剂充装量的重量百分比，在 20±5℃ 时，不大于 10%，在灭火器使用温度范围内，不大于 15%。

2. 灭火器的灭火性能

灭火器的灭火能力通过实验测定。

（1）灭 A 类火能力：用灭木条垛火灾实验测试，按标准的试验方法进行。通过不同的木条垛的大小测定出相应的灭火级别，分 3A、5A、8A、13A、21A、34A 等级别。

（2）灭 B 类火能力：用灭油盘火实验测试，按标准的试验方法进行。油盘面积的大小和灭火级别有一个对应关系：

$1B \rightarrow 0.2m^2$，$2B \rightarrow 0.4m^2 \cdots\cdots 20B \rightarrow 4.0m^2 \cdots\cdots 120B \rightarrow 24.0m^2$。

灭火级别的大小最终反映在灭火剂充装量上，见表 21-1、表 21-2。

手提式灭火器类型、规格和灭火级别　　　　　　表 21-1

灭火器类型	灭火剂充装量（规格）		灭火器类型规格代号（型号）	灭火级别	
	L	kg		A 类	B 类
水型	3	—	MSQ3、MSQW3	1A	—
			MST3、MSTW3		55B
	6	—	MSQ6、MSQW6	1A	—
			MST6、MSTW6		55B
	9	—	MSQ9、MSQW9	2A	—
			MST9、MSTW9		89B
泡沫	3	—	MP3、MPH3、MPS3、MPK3	1A	55B
	4	—	MP4、MPH4、MPS4、MPK4	1A	55B
	6	—	MP6、MPH6、MPS6、MPK6	1A	55B
	9	—	MP9、MPH9、MPS9、MPK9	2A	89B

续表

灭火器类型	灭火剂充装量（规格）		灭火器类型规格代号（型号）	灭火级别	
	L	kg		A类	B类
干粉（1）（碳酸氢钠）	—	1	MFZ1	—	21B
	—	2	MFZ2	—	21B
	—	3	MFZ3	—	34B
	—	4	MFZ4	—	55B
	—	5	MFZ5	—	89B
	—	6	MFZ6	—	89B
	—	8	MFZ8	—	144B
	—	10	MFZ10	—	144B
干粉（2）（磷酸铵盐）	—	1	MFZL1	1A	21B
	—	2	MFZL2	1A	21B
	—	3	MFZL3	2A	34B
	—	4	MFZL4	2A	55B
	—	5	MFZL5	3A	89B
	—	6	MFZL6	3A	89B
	—	8	MFZL8	4A	144B
	—	10	MFZL10	6A	144B
卤代烷（3）（1211）	—	1	MY1	—	21B
	—	2	MY2	—	21B
	—	3	MY3	—	34B
	—	4	MY4	—	34B
	—	6	MY6	1A	55B
二氧化碳	—	2	MT2	—	21B
	—	3	MT3	—	21B(4)
	—	5	MT5	—	34B
	—	7	MT7	—	55B

推车式灭火器类型、规格和灭火级别   表 21-2

灭火器类型	灭火剂充装量（规格）		灭火器类型规格代号（型号）	灭火级别	
	L	kg		A类	B类
水型	20		MST20、MSTZ20	4A	—
	40		MST40、MSTZ40	4A	—
	60		MST60、MSTZ60	4A	—
	125		MST125、MSTZ125	6A	—
泡沫	20		MPT20、MPTZ20	4A	113B
	40		MPT40、MPTZ40	4A	144B
	60		MPT60、MPTZ60	4A	233B
	125		MPT125、MPTZ125	6A	297B

续表

灭火器类型	灭火剂充装量（规格）		灭火器类型规格代号	灭火级别	
	L	kg	（型号）	A类	B类
干粉 （碳酸氢钠）	—	20	MFTZ20	—	183B
	—	50	MFTZ50	—	297B
	—	100	MFTZ100	—	297B
	—	125	MFTZ125	—	297B
干粉 （磷酸铵盐）	—	20	MFTZL20	4A	183B
	—	50	MFTZL50	6A	297B
	—	100	MFTZL100	10A	297B
	—	125	MFTZL125	10A	297B
卤代烷 （1211）	—	10	MYT10		70B
	—	20	MYT20	—	144B
	—	30	MYT30	—	183B
	—	50	MYT50	—	297B
二氧化碳	—	10	MTT10	—	55B
	—	20	MTT20	—	70B
	—	30	MTT30	—	113B
	—	50	MTT50	—	183B

3. 灭火器的安全可靠性能

（1）密封性能：保证灭火器在放置期间驱动气体不泄漏。

（2）抗腐蚀性能：指外部表面抗大气腐蚀、内部表面抗灭火剂腐蚀的性能。

（3）热稳定性能：指灭火器上采用橡胶、塑料等高分子材料制成的零部件，在高温的影响下，不显著变形、不开裂或无裂纹等现象。

（4）安全性能：灭火器安全性能包括结构强度、抗振动、抗冲击等性能。结构强度是为确保使用时的安全，抗振动、抗冲击是要求灭火器具有抵抗使用过程中振动、冲击的能力。

第二节 灭火器选配

一、灭火器配置场所危险等级的划分

灭火器配置场所指生产、使用、储存可燃物并要求配置灭火器的房间或部位。为了使灭火器配置更趋合理、科学，将灭火器配置场所的危险等级划分为严重危险级、中危险级、轻危险级三类。

（一）工业建筑灭火器配置场所危险等级的划分

1. 严重危险级

指火灾危险性大、可燃物多、起火后蔓延较迅速或容易造成重大火灾损失的场所。

2. 中危险级

指火灾危险性较大、可燃物较多、起火后蔓延较迅速的场所。

3. 轻危险级

指火灾危险性较小、可燃物较少、起火后蔓延较缓慢的场所。

（二）民用建筑灭火器配置场所危险等级的划分

1. 严重危险级

指功能复杂、用电用火多、设备贵重、火灾危险性大、可燃物多、起火后蔓延较迅速或容易造成重大火灾损失的场所。

2. 中危险级

指用电用火较多、火灾危险性大、可燃物多、起火后蔓延较迅速的场所。

3. 轻危险级

指用电用火较少、火灾危险性较小、可燃物较少、起火后蔓延较缓慢的场所。

二、灭火器的选择

（一）选择灭火器时应考虑的因素

1. 灭火器配置场所的火灾种类

每一类灭火器都有其特定的扑救火灾类别，如水型灭火器不能灭 B 类火，碳酸氢钠干粉灭火器对扑救 A 类火无效等。因此，选择的灭火器应适应保护场所的火灾种类，这一点非常重要。

2. 灭火器的灭火有效程度

尽管几种类型的灭火器均适应于灭同一种类的火灾，但它们在灭火程度上有明显的差异。如一具 7kg 二氧化碳灭火器的灭火能力不如一具 2kg 干粉灭火器的灭火能力。因此选择灭火器时应充分考虑灭火器的灭火有效程度。

3. 对保护物品的污损程度

不同种类的灭火器在灭火时不可避免地要对被保护物品产生程度不同的污渍，泡沫、水、干粉灭火器较为严重，而气体灭火器（如二氧化碳灭火器）的则非常轻微。为了保证贵重物质与设备免受不必要的污渍损失，灭火器的选择应充分考虑其对保护物品的污损程度。

4. 设置点的环境温度

灭火器设置点的环境温度对灭火器的喷射性能和安全性能均有影响。若环境温度过低，则灭火器的喷射性能显著降低；若环境温度过高，则灭火器的内压剧增，灭火器本身有爆炸伤人的危险。因此，选择时其环境温度要与灭火器的使用温度相符合。各类灭火器的使用温度范围见表 21-3。

灭火器的使用温度范围　　　　　　　　　　　　　　　　表 21-3

灭火器类型		使用温度范围（℃）
水型、泡沫型灭火器		4～55
干粉型灭火器	储气瓶式	−10～55
	储压式	−20～55
卤代烷型灭火器		−20～55
二氧化碳灭火器		−10～55

5. 使用灭火器人员的素质

灭火器是靠人来操作的，因此选择灭火器时还要考虑到建筑物内工作人员的年龄、性别、职业等，以适应他们的身体素质。

(二) 灭火器类型的选择

灭火器类型选择原则：

(1) 扑救 A 类火灾应选用水型、泡沫型、磷酸铵盐干粉型和卤代烷型灭火器。

(2) 扑救 B 类火灾应选用干粉、泡沫、卤代烷和二氧化碳型灭火器。

(3) 扑救 C 类火灾应选用干粉、卤代烷和二氧化碳型灭火器。

(4) 扑救带电设备火灾应选用卤代烷、二氧化碳和干粉型灭火器。

(5) 扑救可能同时发生 A、B、C 类火灾和带电设备火灾应选用磷酸铵盐干粉和卤代烷型灭火器。

(6) 扑救 D 类火灾应选用专用干粉灭火器。

(三) 选择灭火器时应注意的问题

(1) 在同一配置场所，当选用同一类型灭火器时，宜选用相同操作方法的灭火器。这样可以为培训灭火器使用人员提供方便，为灭火器使用人员熟悉操作和积累灭火经验提供方便，也便于灭火器的维护保养。

(2) 根据不同种类火灾，选择相适应的灭火器。

(3) 配置灭火器时，宜在手提式或推车式灭火器中选用，因为这两类灭火器有完善的计算方法。其他类型的灭火器可作为辅助灭火器使用，如某些类型的微型灭火器作为家庭使用效果也很好。

(4) 在同一配置场所，当选用两种或两种以上类型灭火器时，应选用灭火剂相容的灭火器，以便充分发挥各自灭火器的作用。灭火剂不相容性见表 21-4。

灭火剂不相容性 表 21-4

类　型	相互间不相容灭火剂		类　型	相互间不相容灭火剂	
干粉与干粉	磷酸铵盐	碳酸氢钠	干粉与泡沫	碳酸氢钾	蛋白泡沫、化学泡沫
	磷酸铵盐	碳酸氢钾		碳酸氢钠	蛋白泡沫、化学泡沫

(5) 在非必要配置卤代烷灭火器的场所，不得选用卤代烷灭火器，宜选用磷酸铵盐干粉灭火器或泡沫灭火器等其他类型灭火器。

三、灭火器配置位置及要求

在确定灭火器的具体位置和放置方式时，应考虑以下几点：

(1) 灭火器应设置在明显、便于人们取用的地点，否则应有明显的指示标志。

(2) 灭火器不应放置在潮湿、有强腐蚀性的地方（部位），否则应有相应的保护措施。

(3) 手提式灭火器应设置在挂钩、托架上或灭火器箱内，保证灭火器设置稳固，且铭牌朝外。

(4) 推车式灭火器应设置在便于移动和使用的地方。

(5) 灭火器的设置不得影响安全疏散。

(6) 手提式灭火器的设置应保证其顶部距离地面的高度不大于 1.5m，底部距离地面的高度不小于 0.15m。

（7）设在室外的灭火器，应有保护措施。

（8）灭火器设置场所的温度应与灭火器使用温度范围一致。

第三节　灭火器配置设计

一、灭火器配置基准

灭火器配置基准系以单位灭火级别（1A 或 1B）的最大保护面积为定额。以此计算出配置场所需要的灭火级别的折合值。

1. A 类火灾配置场所灭火器配置基准

A 类火灾配置场所灭火器配置基准见表 21-5。

A 类火灾配置场所灭火器配置基准　　　　　　　表 21-5

	严重危险级	中危险级	轻危险级
最大保护面积（m²/A）	10	15	20
所配灭火器每具最小灭火级别	5A	5A	3A

2. B 类火灾配置场所灭火器配置基准

B 类火灾配置场所灭火器配置基准见表 21-6：

B 类火灾配置场所灭火器配置基准　　　　　　　表 21-6

	严重危险级	中危险级	轻危险级
最大保护面积（m²/B）	5	7.5	10
所配灭火器每具最小灭火级别	8B	4B	1B

3. C 类火灾配置场所灭火器配置基准

C 类火灾配置场所灭火器配置基准应按 B 类火灾配置场所的规定执行。

二、灭火器配置原则

在配置灭火器时应注意掌握以下原则：

（一）灭火器灭火能力要求

配置场所选配灭火器所具有的灭火级别应大于或等于配置场所需要的灭火级别。

灭火器配置场所需要的灭火级别可按下式计算：

$$Q = K_1 K_2 \frac{S}{U} \tag{21-1}$$

式中　Q——灭火器配置场所需要的灭火级别，A 或 B；

　　　K_1——增配系数；

　　　K_2——减配系数；

　　　S——灭火器配置场所的保护面积，m²；

　　　U——灭火器配置基准，m²/A 或 m²/B。

1. 灭火器配置场所的计算单元划分及保护面积确定

在进行灭火器配置设计时，为方便计算，可将几个配置场所合并作为一个计算单元，并以此作为一个整体来进行设计计算。在确定计算单元时，不相邻的灭火器配置场所应各自单独作为计算单元进行灭火器配置设计。相邻的灭火器配置场所，若危险等级和火灾种类均相同，可将一个楼层或一个防火分区作为一个计算单元考虑；危险等级和火灾种类不相同，则应分别作为计算单元进行灭火器配置设计。

在计算灭火器配置场所的保护面积时，建筑物可按使用面积确定；可燃物露天堆场，甲、乙、丙类液体储罐，可燃气体储罐等可按堆场、储罐的占地面积考虑。

2. 增配系数和减配系数的确定

灭火器的增配系数和减配系数应按表 21-7 确定。

灭火器增配系数和减配系数　　　　　　　　　　表 21-7

计算单元	$K-1$	$K-2$
仅设有室外消火栓系统、无室内消防设施的建筑场所		1.0
设有室内消火栓系统的建筑场所	1.0	0.9
设有灭火系统（仅设有水幕系统的除外）的建筑场所		0.7
同时设有室内消火栓系统和灭火系统的建筑场所		0.5
地下建筑（含人民防空工程、地下铁道等）场所	1.5	
一类高层和超高层建筑场所		
古建筑场所		1.0
歌舞娱乐放映游艺建筑场所	2.0	
大型商场、超市等建筑场所		
可燃物露天堆场		0.7
甲、乙、丙类液体储罐区	1.0	
可燃气体储罐区		0.5

（二）灭火器保护距离要求

灭火器设置点（位置）的确定，应符合灭火器最大保护距离要求。

1. 灭火器的最大保护距离

灭火器的保护距离指从灭火器设置点到配置场所任一着火点的行走距离。它确定了灭火器设置点的服务范围。为便于快速取用灭火器，保证及时扑救初起火灾，灭火器的保护距离不能太大。不同配置场所灭火器的最大保护距离应符合下列要求。

（1）A 类火灾配置场所灭火器最大保护距离见表 21-8。

A 类火灾配置场所灭火器最大保护距离（m）　　　　　表 21-8

	手提式灭火器	推车式灭火器
严重危险级	15	30
中危险级	20	40
轻危险级	25	50

（2）B、C 类火灾配置场所灭火器最大保护距离见表 21-9。

B、C类火灾配置场所灭火器最大保护距离（m） 表 21-9

	手提式灭火器	推车式灭火器
严重危险级	9	18
中危险级	12	24
轻危险级	15	30

（3）可燃物露天堆场，甲、乙、丙类液体储罐，可燃气体储罐等灭火器配置场所灭火器的最大保护距离按有关标准、规范的规定执行。

2. 灭火器设置点及保护范围

灭火器设置点指灭火器的放置位置，其确定应保证配置场所任何一点得到至少一个灭火器设置点的保护。设置点的保护范围视设置点的具体位置而定，如图 21-1 所示。

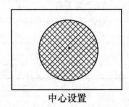 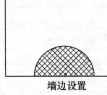 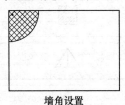

中心设置　　　　　　墙边设置　　　　　　墙角设置

图 21-1　灭火器保护范围示意图

判定灭火器设置点是否合理，有两种方法：一是以设置点为圆心，以最大保护距离为半径画圆，要求将整个配置场所覆盖；二是运用实际测量方法，判断两点距离是否小于最大保护距离。

（三）配置场所灭火器最少数量要求

一个配置场所至少应有两具灭火器。

这样要求主要考虑两具灭火器配合使用灭火效果更佳，另外，万一其中的一具灭火器不能使用，另一具灭火器还可使用，以确保安全。

（四）设置点灭火器最大数量和最小型号要求

一个设置点配置的灭火器数量不应超过 5 具，且应符合所配灭火器每具最小灭火级别的要求。

这一要求主要考虑灭火器型号不能太小，灭火器型号太小，其有效喷射时间就短，不利于灭火。

三、灭火器符号表示

灭火器的设置在图纸上应用符号表示，见表 21-10 所示。

灭火器符号表示方法 表 21-10

序号		图　例	名　称
1	灭火器基本图例	△	手提式灭火器 Portable fire extinguisher
2		△	推车式灭火器 Wheeled fire extinguisher

序号	图　例	名　称
3		水 Water
4		泡沫 Foam
5		含有添加剂的水 Water with additive
6		BC类干粉 BC powder
7		ABC类干粉 ABC powder
8		卤代烷 Halon
9		二氧化碳 Carbon dioxide（CO_2）
10		非卤代烷和二氧化碳类气体灭火剂 Extinguishing gas other than Halon or CO_2
11		手提式清水灭火器 Water Portable　extinguisher
12		手提式 ABC 类干粉灭火器 ABC powder Portable　extinguisher
13		手提式二氧化碳灭火器 Carbon dioxide Portable extinguisher
14		推车式 BC 类干粉灭火器 Wheeled BC powder extinguisher

注：序号3～10为"灭火器种类图例"，序号11～14为"灭火器图例举例"。

第二十二章　建筑防排烟系统设计

火灾情况下所产生的烟气，由于具有高温、毒害、减光等危险特性，严重威胁建筑内人员的生命安全，同时也对消防员的灭火作战产生有害的影响。为了及时有效地将火灾时产生的高温烟气排出室外，阻止火灾烟气蔓延进入人员疏散的安全通道，确保建筑物内人员顺利疏散以及消防队员火灾扑救，应根据建筑的类别和性质，在建筑物内的适当部位设置能够起到排烟或防烟作用的设施。

第一节　建筑防烟、排烟系统设置范围

根据控制火灾烟气原理和方法的不同，建筑火灾烟气控制方式可以分为防烟和排烟两大类。

一、建筑防烟系统设置范围

建筑防烟系统是指采用机械加压送风或自然通风的方式，对楼梯间、前室、避难层（间）等需要防烟的部位送入足够的新鲜空气，使其维持高于建筑物其他部位的压力，从而把着火区域所产生的烟气堵截于防烟部位之外的一种防烟方式。根据《建筑设计防火规范》GB 50016—2014 的规定，建筑的防烟楼梯间及其前室、消防电梯间前室或合用前室、避难走道前室或避难层（间）等场所或部位应设置防烟设施。

1. 自然通风防烟系统的设置范围

建筑高度小于等于 50m 的公共建筑、工业建筑和建筑高度小于等于 100m 的住宅建筑，其防烟楼梯间及其前室、消防电梯前室及合用前室宜采用自然通风方式的防烟系统。

建筑高度小于等于 50m 的公共建筑、工业建筑和建筑高度小于等于 100m 的住宅建筑，当前室或合用前室采用机械加压送风系统，且其加压送风口设置在前室的顶部或正对前室入口的墙面上时，楼梯间可采用自然通风方式的防烟系统。

当防烟楼梯间利用敞开的阳台或凹廊作为前室或合用前室时，楼梯间可不设置防烟设施；此外，当防烟楼梯间设有不同朝向的可开启外窗的前室或合用前室，且前室两个不同朝向的可开启外窗面积分别不小于 2.0m²，合用前室分别不小于 3.0m² 时，楼梯间也可不设置防烟设施。

2. 机械加压送风系统的设置范围

建筑高度小于等于 50m 的公共建筑、工业建筑和建筑高度小于等于 100m 的住宅建筑，当前室或合用前室未设置机械加压送风系统，或前室、合用前室虽然设置了机械加压送风系统，但其加压送风口未设置在前室的顶部或正对前室入口的墙面上时，防烟楼梯间应采用机械加压送风系统。

建筑高度大于 50m 的公共建筑、工业建筑和建筑高度大于 100m 的住宅建筑，其防烟

楼梯间、消防电梯前室及合用前室应采用机械加压送风方式的防烟系统。

当防烟楼梯间采用机械加压送风方式的防烟系统时，前室可不设机械加压送风设施，但合用前室应设机械加压送风设施。

带裙房的高层建筑的防烟楼梯间及其前室、消防电梯前室或合用前室，当裙房高度以上部分利用可开启外窗进行自然通风，裙房等高范围内不具备自然通风条件时，该高层建筑不具备自然通风条件的前室、消防电梯前室或合用前室应设置局部机械加压送风系统。

当地上部分利用可开启外窗进行自然通风时，楼梯间的地下部分应采用机械加压送风系统。

不能满足自然通风条件的封闭楼梯间，应设置机械加压送风系统，但当封闭楼梯间位于地下且不与地上楼梯间共用时，可不设置机械加压送风系统，但应在首层设置不小于 $1.2m^2$ 的可开启外窗或直通室外的门。

二、建筑排烟系统设置范围

建筑排烟系统是指采用机械方式或自然排烟的方式，将房间、走道等空间的烟气排至建筑物外的系统。根据工作原理的不同，可以分为机械排烟系统和自然排烟系统。根据《建筑设计防火规范》GB 50016—2014 的规定，民用建筑、厂房、仓库、地下或半地下建筑的特殊场所或部位应设置排烟设施。

（一）民用建筑

民用建筑的下列场所或部位应设置排烟设施：

（1）歌舞娱乐游艺放映场所。

当歌舞娱乐游艺放映场所设置在四层及以上楼层，或设置在地下、半地下时，需设置排烟设施；而当歌舞娱乐游艺放映场所设置在建筑物的一、二、三层且房间建筑面积大于 $100m^2$ 时，也需设置排烟设施。

（2）中庭。

中庭通常是指建筑内部贯穿多个楼层的共享空间，火灾烟气一旦进入中庭，会迅速充满整个空间，并很快蔓延到与中庭相通的各个楼层，因此需在中庭设置排烟设施。

（3）公共建筑内建筑面积大于 $100m^2$ 的且经常有人停留的地上房间。

（4）公共建筑内建筑面积大于 $300m^2$ 的且可燃物较多的地上房间。

（5）建筑内长度大于 20m 的疏散走道。

（二）地下、半地下建筑及地上建筑内的无窗房间

对于地下、半地下建筑，或地上建筑中的无窗或固定窗房间，当总建筑面积大于 $200m^2$ 或一个房间的建筑面积大于 $50m^2$ 且经常有人停留或可燃物较多时，需设置排烟设施。

（三）厂房或仓库

（1）丙类厂房。

人员或可燃物较多的丙类生产场所应设置排烟设施，丙类厂房内建筑面积大于 $300m^2$ 且经常有人停留或可燃物较多的地上房间应设置排烟设施。

（2）建筑面积大于 $5000m^2$ 的丁类生产车间。

（3）占地面积大于 $1000m^2$ 的丙类仓库。

（4）疏散走道。

高度大于 32m 的高层厂房（仓库）内长度大于 20m 的疏散走道，或其他厂房（仓库）内长度大于 40m 的疏散走道，应设置排烟设施。

第二节　建筑防烟、排烟系统分类

建筑火灾烟气控制有"防烟"和"排烟"两种方式。"防烟"，即防止燃烧产生的火灾烟气进入前室、楼梯间等人员疏散的通道内；"排烟"，则是在有烟区域内采用积极的方式把火灾烟气排出室外，从而极大降低火场的烟气浓度和温度。防烟与排烟两种烟气控制方式互为补充、紧密联系，构成了建筑物的防排烟系统。

一、防烟系统分类

按工作原理不同，防烟系统可以分为机械加压送风的防烟系统和自然通风的防烟系统。

1. 自然通风系统

自然通风系统由可开启外窗等自然通风设施组成。对于建筑高度小于等于 50m 的公共建筑、工业建筑和建筑高度小于等于 100m 的住宅建筑，由于这些建筑受风压作用影响较小，且一般不需设火灾自动报警系统，此时，利用建筑本身的采光通风系统，也可基本起到防止烟气进一步进入安全区域的作用。当满足条件时，建议防烟楼梯间的楼梯间、前室、合用前室均采用自然通风方式的防烟系统。因为这种系统简便易行、效果良好且经济效益明显。

2. 机械加压送风系统

机械加压送风系统由送风机、送风口及送风管道等机械加压送风设施组成。机械加压防烟方式的优点是能有效地防止烟气侵入所控制的区域，而且由于送入大量的新鲜空气，特别适合于作为疏散通道的楼梯间、电梯间、前室及避难层的防烟。

二、排烟系统分类

根据工作原理的不同，排烟系统可以分为机械排烟系统和自然排烟系统。机械排烟系统由排烟风机、排烟口及排烟管道等组件构成，而自然排烟系统由可开启外窗等自然排烟设施组成。

1. 自然排烟

自然排烟是利用火灾产生的热烟气的浮力和外部风力作用，通过建筑物的对外开口，如外墙上的可开启外窗、高侧窗、天窗等，将房间、走道内的烟气排至室外的排烟方式。其目的就是控制火灾烟气在建筑物内的蔓延扩散，特别是减缓烟气侵入疏散通道，减小火灾烟气对受灾人员的危害以及财产损失。这种排烟方式实质上是热烟气和冷空气的对流运动，在自然排烟中，必须有冷空气的进口和热烟气的排出口，烟气排出口可以是建筑物的外窗，也可以是设置在侧墙上部的排烟口。

2. 机械排烟

利用排烟机把着火区域中产生的烟气通过排烟口、排烟管道等部件排到室外的方式，称为机械排烟。在火灾发展初期，这种排烟方式能使着火房间内压力下降，造成负压，烟气不会向其他区域扩散。一个设计优良的机械排烟系统在火灾时能排出 80% 的热量，使火场温度大大降低，从而对人员安全疏散、控制火灾的蔓延和火灾扑救起到积极的作用。

根据补气方式的不同，机械排烟可分为机械排烟—自然进风、机械排烟—机械进风两种方式。

第三节　防烟分区的划分

从烟气的危害及扩散规律，人们清楚地认识到，发生火灾时首要任务是把火场上产生的高温烟气控制在一定的区域范围之内，并迅速排出室外。为了完成这项迫切任务，在特定条件下必须设置防烟分区。

一、防烟分区的概念

防烟分区是指在建筑内部屋顶或顶板、吊顶下采用具有挡烟功能的挡烟垂壁、结构梁、隔墙等进行分隔所形成的，具有一定蓄烟能力的空间。划分防烟分区的目的在于把火灾烟气控制在一定范围内，保证在一定时间内使火场上产生的高温烟气不致随意扩散，并通过排烟设施迅速排除，从而有效地减少人员伤亡、财产损失和防止火灾蔓延扩大，并为火灾扑救创造有利条件。图 22-1 所示为防烟分区阻挡火灾烟气蔓延扩散的模拟示意图。

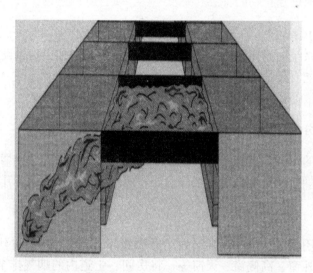

图 22-1　防烟分区阻挡火灾烟气蔓延扩散示意图

二、防烟分区的划分原则

防烟分区的划分一般应遵循以下原则：

1. 防烟分区不应跨越防火分区

划分防火分区和防烟分区的作用不完全相同，防火分区的作用是有效地阻止火灾在建筑物内沿水平和垂直方向蔓延，把火灾限制在一定的空间范围内，以减少火灾损失。防烟分区的作用是在一定时间内把建筑火灾的高温烟气控制在一定的区域范围内，为排烟设施排除火灾初期的高温烟气创造有利条件，防止烟气蔓延。

热烟气在流动过程中会被建筑的围护结构和卷吸进来的冷空气冷却，在流动一定距离后热烟会成为冷烟而离开顶板沉降下来，这时挡烟垂壁等挡烟设施就不再起控制烟气的作用了，所以防烟分区面积不应过大，防烟分区的面积要小于防火分区，因此可以在一个防火分区内划分若干个防烟分区，而防火分区的构件可作为防烟分区的边界。

2. 每个防烟分区的建筑面积应符合规范要求

设置防烟分区时，如果面积过大，会使烟气波及面积扩大，增加受灾面积，不利安全疏散和扑救；如果面积过小，热烟气冷却沉降后挡烟设施会失去作用，同时会提高工程造价，不利工程设计。从实际排烟效果看，防烟分区面积划分小一些为宜，这样安全性就会提高。每个防烟分区的建筑面积，应符合《建筑防烟排烟系统技术规范》的规定。

3. 通常应按楼层划分防烟分区

通常把建筑物中的每个楼层选作防烟分区的分隔，一个楼层可以包括一个以上的防烟分区。有些情况下，如低层建筑每层面积较小时，为节约投资，一个防烟分区可能跨越一个以上的楼层，但一般不宜超过 3 层，最多不应超过 5 层。

三、防烟分区的划分方法

防烟分区一般根据建筑物的种类和要求不同，可按其用途、面积、楼层划分：

1. 按用途划分

对于建筑物的各个部分，按其不同的用途，如厨房、卫生间、起居室、客房及办公室等，来划分防烟分区比较合适，也较方便。国外常把高层建筑的各部分划分为居住或办公用房、走道、停车库等防烟分区。但按此种方法划分防烟分区时，应注意对通风空调管道、电气配管、给水排水管道等穿墙和楼板处，应用不燃烧材料填塞密实。

2. 按面积划分

在建筑物内按面积将其划分为若干个基准防烟分区，这些防烟分区在各个楼层，一般形状相同、尺寸相同，用途相同。不同形状和用途的防烟分区，其面积也宜一致。每个楼层的防烟分区可采用同一套防排烟设施。例如所有防烟分区共用一套防排烟设备时，排烟风机的容量应按最大防烟分区的面积计算。

3. 按楼层划分

在高层建筑中，底层部分和上层部分的用途往往不太相同，如高层旅馆建筑，底层布置餐厅、商店和多功能厅等，上层部分多为客房。火灾统计资料表明，底层发生火灾的机会较多，火灾概率大，上部主体发生火灾的机会较小。因此，应尽可能根据房间的不同用途沿垂直方向按楼层划分防烟分区。图 22-2（a）为典型高层旅馆防烟分区的划分示意图，该设计把底层公共设施部分和高层客房部分严格分开。图 22-2（b）为典型高层综合楼防烟分区的划分示意图。从图中可以看出，底部商场是沿垂直方向按楼层划分防烟分区的，地上层则是沿水平方向划分防烟分区的。

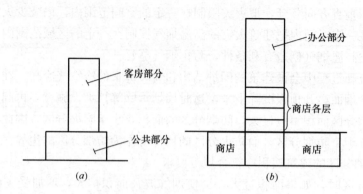

图 22-2　高层建筑按方向分区示意图

(a) 高层旅馆；(b) 高层综合楼

四、防烟分区的划分构件

防烟分区的划分构件也称为挡烟设施，它们在阻挡烟气四处蔓延的同时可提高防烟分区排烟口的排烟效果。通过设置挡烟设施，能够在防烟分区的顶部形成用于火灾时蓄积热烟气的局部空间，称为储烟仓。

（一）挡烟垂壁

1. 定义

挡烟垂壁系指用不燃材料制成，垂直安装在建筑顶棚、横梁或吊顶下，能在火灾时形成一定的蓄烟空间的挡烟分隔设施。挡烟垂壁是为了阻止烟气沿水平方向流动的挡烟构件，其有效高度不小于 500mm。

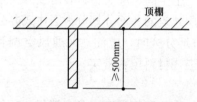

图 22-3　固定式挡烟垂壁示意图

2. 分类

（1）按形式分类

按照形式不同，挡烟垂壁可以分成固定式或活动式。当建筑物净空较高时可采用固定式挡烟垂壁，将挡烟垂壁长期固定在顶棚上。图 22-3 所示固定挡烟垂壁示意图。当建筑物净空较低时，宜采用活动式挡烟垂壁，平时挡烟垂壁收起，不影响空间使用，发生火灾时，活动挡烟垂壁可以通过自动联动的方式或手动方式控制下降，起到阻挡烟气沿水平方向蔓延的作用。图 22-4 所示为活动式挡烟垂壁示意图。

（2）按材质分类

1）高温夹丝防火玻璃型

高温夹丝防火玻璃又称安全玻璃，玻璃中间镶有钢丝。它的一个最大的特点就是夹丝防火玻璃挡烟垂壁遇到外力冲击破碎时，破碎的玻璃不会脱落或整个的垮塌而伤人，因而具有很强的安全性。

2）单片防火玻璃型

单片防火玻璃是一种单层玻璃构造的防火玻璃。在一定的时间内能保持耐火完整性、阻断迎火面的明火及有毒、有害气体，但不具备隔温绝热功效。

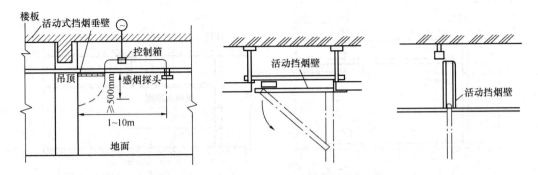

图 22-4　活动式挡烟垂壁示意图

3）双层夹胶玻璃型

夹胶防火玻璃型是综合了单片防火玻璃型和夹丝防火玻璃的优点的一种挡烟垂壁。它是由两层单片防火玻璃中间夹一层无机防火胶制成。它既有单片防火玻璃型的美观度又有夹丝防火玻璃型的安全性，是一种比较完美的固定式挡烟垂壁，但其造价较高。

4）板型挡烟垂壁

板型挡烟垂壁用涂碳金刚砂板等不燃材料制成。板型挡烟垂壁造价低，使用范围主要是车间、地下车库、设备间等对美观要求较低的场所。

3. 高度规定

挡烟垂壁的设置应与顶棚的构造相适应，这样才能起到有效的挡烟作用，具有代表性的设置方式有以下几种：

（1）顶棚高度不同

顶棚高度不同时，挡烟垂壁的下垂有效高度应从较低的顶棚面算起，如图 22-5 所示。

（2）顶棚材料不同

1）当顶棚为可燃材料时，挡烟垂壁要穿过顶棚平面，并紧贴楼板或顶板，如图 22-6 所示，必须完全隔断，这样一旦顶棚烧毁，挡烟垂壁仍能起到有效的防烟作用。

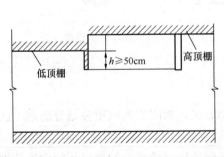

图 22-5　顶棚高度不同时挡烟垂壁设置示意图

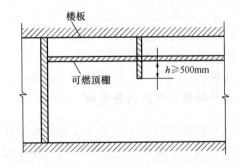

图 22-6　配合可燃顶棚的挡烟垂壁

2）当顶棚为不燃烧材料或难燃烧材料时，挡烟垂壁或挡烟隔墙只紧贴顶棚平面即可，不必完全隔断，如图 22-7 所示。

3）当顶棚为格栅式顶棚时，由于顶棚本身不隔烟，所以挡烟垂壁应设置在顶棚内，其下垂有效高度从楼板底面算起，如图 22-8 所示。

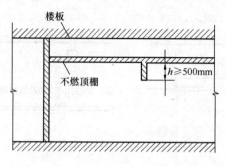

图 22-7　配合不燃或难燃顶棚的挡烟垂壁

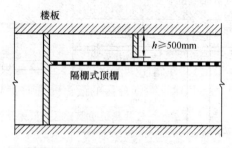

图 22-8　配合隔栅式顶棚的挡烟垂壁

（二）挡烟隔墙

从挡烟效果看，挡烟隔墙比挡烟垂壁的效果好，如图 22-9 所示。因此，在安全区域宜采用挡烟隔墙，建筑内的挡烟隔墙应砌至梁板底部，且不宜留有缝隙。例如，走廊两侧的隔墙、面积超过 100m² 的房间隔墙、贵重设备房间隔墙、火灾危险性较大的房间隔墙以及病房等房间隔墙，均应砌至梁板底部，不留缝隙，以阻止烟火流窜蔓延，避免火情扩大。

（三）挡烟梁

有条件的建筑物，可利用钢筋混凝土梁或钢梁进行挡烟。挡烟梁作为顶棚构造的一个组成部分，其高度应超过挡烟垂壁的有效高度，如图 22-10（a）所示。若挡烟梁的下垂高度小于 500mm 时，可以在梁底增加适当高度的挡烟垂壁，以加强挡烟效果，如图 22-10（b）所示。

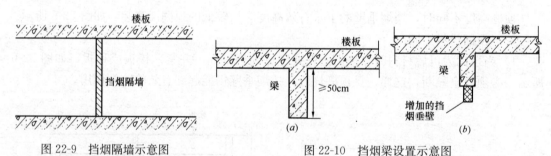

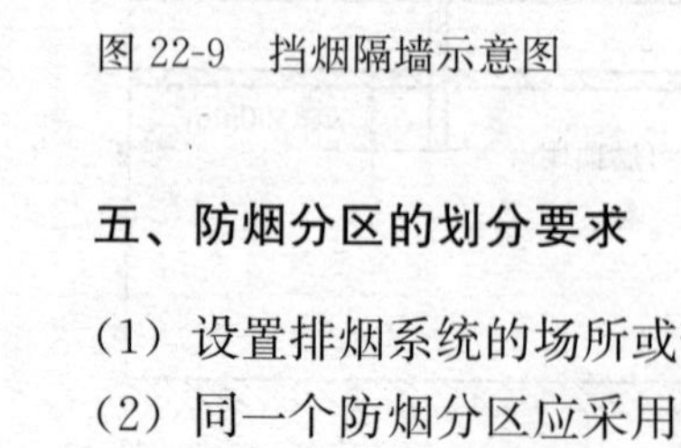

图 22-9　挡烟隔墙示意图

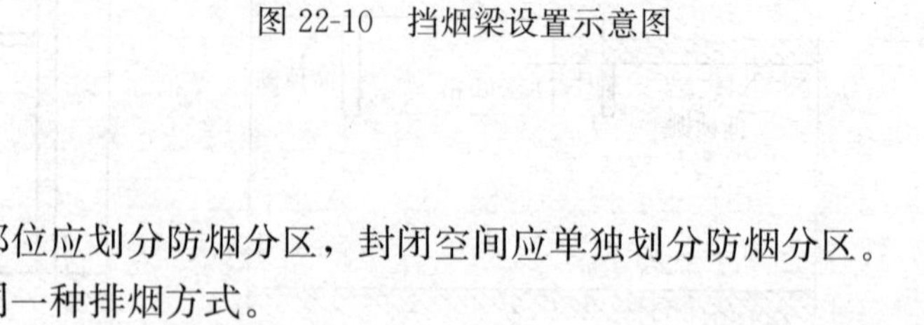

图 22-10　挡烟梁设置示意图

五、防烟分区的划分要求

（1）设置排烟系统的场所或部位应划分防烟分区，封闭空间应单独划分防烟分区。

（2）同一个防烟分区应采用同一种排烟方式。

（3）设置排烟设施的建筑内，敞开楼梯和自动扶梯穿越楼板的开口部应设置挡烟垂壁等设施。

（4）无回廊的中庭，周围场所应设置排烟系统，中庭的每层周边应设置挡烟垂壁；有回廊的中庭，当回廊周围场所的任一单间面积大于等于 100m² 时，周围场所应设排烟系统，回廊可不设置排烟，但回廊与中庭之间应设置挡烟垂壁；有回廊的中庭，当回廊周围场所的各个单间面积均小于 100m² 时，周围场所可不设置排烟，回廊按相应要求设置排烟系统，且回廊与中庭之间应设置挡烟垂壁。

（5）防烟分区内储烟仓的厚度不应小于 500mm，且储烟仓厚度应保证疏散所需的清晰高度。当采用自然排烟方式时，储烟仓厚度不应小于空间净高的 20%，当采用机械排烟方式时，储烟仓厚度不应小于空间净高的 10%。

（6）公共建筑防烟分区的最大允许面积及其长边最大允许长度应符合下列规定：

1）公共建筑防烟分区的最大允许面积及其长边最大允许长度应按表 22-1 设计。

公共建筑防烟分区的最大允许面积，及其长边最大允许长度 表 22-1

空间净高（H）	最大允许面积（m²）	长边最大允许长度（m）
H<3.0m	500	24
3.0m≤H<6.0m	1000	36
H≥6.0m	2000	60（具有自然对流条件时，不应大于 75m）

2）走道宽度不大于 2.5m 时，其防烟分区的长边长度可按表 22-1 中规定值增加 1.0 倍，但不应大于 60m。

3）汽车库防烟分区的划分及其排烟量应符合现行国家规范《汽车库、修车库停车场防火规范》GB 50067—2014 的规定。

（7）工业建筑防烟分区的最大允许面积及其长边最大允许长度应符合表 22-2 的规定，且当采用自然排烟方式时，其防烟分区的长边长度尚不应大于建筑内空间净高的 8 倍。

工业建筑防烟分区的最大允许面积，及其长边最大允许长度 表 22-2

空间净高（H）	最大允许面积（m²）	长边最大允许长度（m）
H<6.0m	1000	36
H≥6.0m	2000	60

（8）防烟分区内任一点与最近的排烟口或排烟窗之间的水平距离不应大于 30m。当工业建筑采用自然排烟方式时，其水平距离尚不应大于空间净高的 2.8 倍；当公共建筑空间净高大于等于 6m，且具有自然对流条件时，其水平距离不应大于 37.5m。

第四节　自然通风和自然排烟系统

自然通风是一种防烟方式，由可开启外窗等自然通风设施组成，可防止烟气进入楼梯间、前室、避难层（间）等空间。自然排烟是一种排烟方式，由可开启外窗等自然排烟设施组成，可在一定程度上将房间、走道等空间的烟气排至建筑物外。自然通风和自然排烟方式构造简单、经济、易操作，不需要外加动力，平时可兼作换气用，因此在符合条件的建筑中可优先使用。

无论自然通风还是自然排烟，都是借助室内外气体温度差引起的热压作用和室外风力造成的风压作用使室内烟气和室外空气形成对流，烟气通过建筑物的对外开口（如门、窗、阳台等）或排烟竖井排至室外。

一、自然通风方式

（1）建筑高度小于等于 50m 的公共建筑、工业建筑和建筑高度小于等于 100m 的住宅建筑，其防烟楼梯间及其前室、消防电梯前室及合用前室宜采用自然通风方式的防烟系统。

（2）靠外墙的防烟楼梯间前室、消防电梯间前室及合用前室，在采用自然通风时，一般可根据不同情况选择下面的方式：

1）利用阳台或凹廊进行自然通风。

2）利用防烟楼梯间前室、消防电梯间前室及合用前室直接对外开启的窗自然通风。

3）利用防烟楼梯间前室或合用前室所具有的两个或两个以上不同朝向的对外开窗自然通风，如图 22-11 所示。

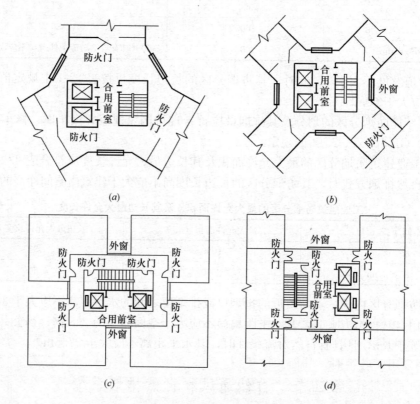

图 22-11　有两个不同朝向可开启外窗的合用前室

二、自然排烟方式

（1）房间和走道可利用直接对外开启的窗或专为排烟设置的自然排烟口进行自然排烟，如图 22-12（a）所示。

（2）无窗房间、内走道或前室可用上部的排烟口接入专用的排烟竖井进行自然排烟，如图 22-12（b）所示。由于竖井需要两个很大的截面，给设计布置带来了很大的困难，同时也降低了建筑的使用面积，因此近年来这种方式已很少被采用。

三、自然通风系统的设计要求

根据《建筑防烟排烟系统技术规范》的规定，自然通风设施的设置，应满足下列

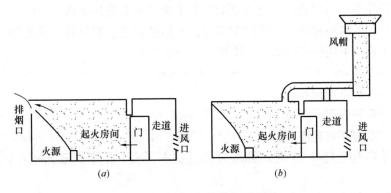

图 22-12　房间自然排烟示意图

要求：

（1）封闭楼梯间、防烟楼梯间每 5 层内的可开启外窗或开口的有效面积不应小于 $2.0m^2$，且在该楼梯间的最高部位应设置有效面积不小于 $1.0m^2$ 的可开启外窗或开口。

（2）防烟楼梯间前室、消防电梯前室可开启外窗或开口的有效面积不应小于 $2.0m^2$，合用前室不应小于 $3.0m^2$。

（3）采用自然通风方式的避难层（间）应设有不同朝向的可开启外窗，其有效面积不应小于该避难层（间）地面面积的 2%，且每个朝向的有效面积不应小于 $2.0m^2$。

（4）可开启外窗或开口的有效面积计算应符合下列规定：

1）当开窗角大于 70°时，其面积应按窗的面积计算；

2）当开窗角小于 70°时，其面积应按窗的水平投影面积计算；

3）当采用侧拉窗时，其面积应按开启的最大窗口面积计算；

4）当采用百叶窗时，其面积应按窗的有效开口面积计算；

5）当采用平推窗设置在顶部时，其面积应按窗的 1/2 周长与平推距离乘积计算，且不应大于窗面积；

6）当平推窗设置在侧墙时，其面积应按窗的 1/4 周长与平推距离乘积计算，且不应大于窗面积。

可开启外窗的型式有侧开窗和顶开窗。侧开窗有上悬窗、中悬窗、下悬窗、平开窗和侧拉窗等。其中，除了上悬窗外，其他窗都可以作为排烟使用，如图 22-13 所示。在设计时，必须将这些作为排烟使用的窗设置在储烟仓内。如果中悬

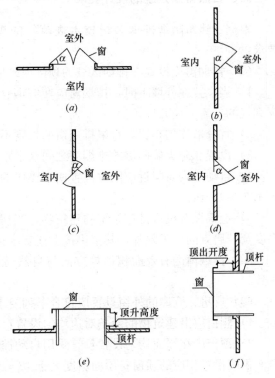

图 22-13　可开启外窗的示意图

（a）顶开窗；（b）下悬窗（剖视图）；（c）中悬窗（剖视图）；（d）上悬窗（剖视图）；（e）顶升窗（剖视图）；（f）顶开窗（剖视图）

窗的下开口部分不在储烟仓内，这部分的面积不能计入有效排烟面积之内。

在计算有效排烟面积时，侧拉窗按实际拉开后的开启面积计算，其他型式的窗按其开启投影面积计算，可用公式（22-1）计算：

$$F_p = F_c \cdot \sin\alpha \tag{22-1}$$

式中　F_p——有效排烟面积，m²；

　　　F_c——窗的面积，单位 m²；

　　　α——窗的开启角度。

当窗的开启角度大于 70°时，可认为已经基本开直，排烟有效面积可认为与窗面积相等。

当采用百叶窗时，窗的有效面积为窗的净面积乘以遮挡系数，根据工程实际经验，当采用防雨百叶时系数取 0.6，当采用一般百叶时系数取 0.8。

当屋顶采用顶升窗时，其面积应按窗洞的周长一半与窗顶升净空高的乘积计算，但最大不超过窗洞面积，如图 22-13（e）；当外墙采用顶开窗时，其面积应按窗洞宽度与窗净顶出开度的乘积计算，但最大不超过窗洞面积，如图 22-13（f）。

（5）可开启外窗应方便开启；设置在高处的可开启外窗应设置距地面高度为 1.3～1.5m 的开启装置。

四、自然排烟系统的设计要求

根据《建筑防烟排烟系统技术规范》的规定，自然通风设施的设置，应满足下列要求：

（1）排烟窗应设置在排烟区域的顶部或外墙，并应符合下列要求：

1）当设置在外墙上时，排烟窗应在储烟仓以内或室内净高度的 1/2 以上，并应沿火灾烟气的气流方向开启；

2）宜分散均匀布置，每组排烟窗的长度不宜大于 3.0m；

3）设置在防火墙两侧的排烟窗之间水平距离不应小于 2.0m；

4）自动排烟窗附近应同时设置便于操作的手动开启装置，手动开启装置距地面高度宜 1.3～1.5m；

5）走道设有机械排烟系统的建筑物，当房间面积不大于 300m² 时，除排烟窗的设置高度及开启方向可不限外，其余仍按上述要求执行。

（2）排烟窗的有效面积计算方法与自然通风可开启外窗或开口的有效面积计算方法一致。

（3）厂房、仓库的外窗设置应符合下列要求：

1）侧窗应沿建筑物的两条对边均匀设置；

2）顶窗应在屋面均匀设置且宜采用自动控制；屋面斜度小于等于 12°，每 200m² 的建筑面积应设置相应的顶窗；屋面斜度大于 12°，每 400m² 的建筑面积应设置相应的顶窗。

（4）可熔性采光带（窗）应在屋面均匀设置，每 400m² 的建筑面积应设置一组，且不应跨越防烟分区。严寒、寒冷地区可熔性采光带应有防积雪和防冻措施。

（5）采用自然排烟时，厂房、仓库排烟窗的有效面积应符合下列要求：

1）采用自动排烟窗时，厂房的排烟面积不应小于排烟区域建筑面积的 2%，仓库的排烟面积应增加 1.0 倍；

2）采用手动排烟窗时，厂房的排烟面积不应小于排烟区域建筑面积的 3%，仓库的排烟面积应增加 1.0 倍。

当设有自动喷水灭火系统时，排烟面积可减半。

（6）仅采用可熔性采光带（窗）进行自然排烟时，厂房的可熔性采光带（窗）排烟面积不应小于排烟区域建筑面积的 5%，仓库的可熔性采光带（窗）排烟面积不应小于排烟区域建筑面积的 10%。

（7）同时设置可开启外窗和可熔性固定采光带（窗）时，应符合下列要求：

1）当设置自动排烟窗时，厂房的自动排烟窗的面积与 40% 的可熔性采光带（窗）的面积之和不应小于排烟区域建筑面积的 2%；仓库的自动排烟窗的面积与 40% 的可熔性采光带（窗）的面积之和不应小于排烟区域建筑面积的 4%。

2）当设置手动排烟窗时，厂房的手动排烟窗的面积与 60% 的可熔性采光带（窗）的面积之和不应小于排烟区域建筑面积的 3%；仓库的手动排烟窗的面积与 60% 的可熔性采光带（窗）的面积之和不应小于排烟区域建筑面积的 6%。

第五节　机械加压送风防烟系统

设置机械加压送风防烟系统的目的，是为了在建筑物发生火灾时，向特定区域送入新鲜空气使其维持一定的正压，从而提供不受烟气干扰的疏散路线和避难场所。

一、机械加压送风防烟原理

所谓机械防烟，就是在疏散楼梯间等需要防烟的部位送入足够的新鲜空气，使其维持高于建筑物其他部位的压力，从而把着火区域所产生的烟气堵截于防烟部位之外的一种防烟方式。图 22-14 为加压送风防烟的原理图，其中（a）为前室加压送风、楼梯间加压送风、走道排烟；（b）为前室加压送风、楼梯间自然排烟（楼梯间靠外墙）、走道排烟。

为保证楼梯间等疏散通道不受烟气侵害、使人员能够安全疏散，发生火灾时，从安全性角度出发，高层建筑内可分为四个安全区：第一安全区为防烟楼梯间、避难层（间）；第二安全区为防烟楼梯间前室、消防电梯间前室或合用前室；第三安全区为走道；第四安全区为房间。依据上述原则，加压送风时应使防烟楼梯间压力＞前室压力＞走道压力＞房间压力，同时还要保证各部分之间的压差不要过大，造成开门困难影响疏散。《建筑防烟排烟系统技术规范》规定，前室、合用前室、消防电梯前室、封闭避难层（间）与走道之间的压差应为 25～30Pa，防烟楼梯间、封闭楼梯间与走道之间的压差应为 40～50Pa。

二、机械加压送风防烟系统组成

机械加压送风防烟系统主要由送风口、送风管道、送风机以及电气控制设备等组成，如图 22-15 所示。

三、机械加压送风防烟设施设置部位

当防烟楼梯间及其前室、消防电梯前室或合用前室各部位有可开启外窗并且满足自然

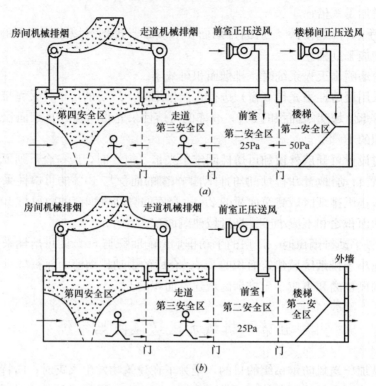

图 22-14　加压送风防烟的原理图

通风的要求时，可以采用自然通风作为防烟方式。当不满足自然通风的条件时，应采用机械加压送风方式。楼梯间与前室或合用前室在采用自然通风方式与采用机械加压送风方式的排列组合上有多种选择，这种组合关系及防烟设施设置部位详见表 22-3。

垂直疏散通道防烟部位组合设置表　　　　　　　　　　　　　表 22-3

组合关系	防烟部位
不具备自然通风条件的楼梯间与其前室	楼梯间
采用自然通风的前室或合用前室与不具备自然通风条件的楼梯间	楼梯间
采用自然通风的楼梯间与不具备自然通风条件的前室或合用前室	前室或合用前室
不具备自然通风条件的楼梯间与合用前室	楼梯间、合用前室
不具备自然通风条件的消防电梯前室	前室

四、机械加压送风防烟系统的设置要求

根据《建筑防烟排烟系统技术规范》的规定，进行机械加压送风防烟系统设计时，应满足下列要求：

（1）建筑高度大于 50m 的公共建筑、工业建筑和建筑高度大于 100m 的住宅建筑，其防烟楼梯间、消防电梯前室及合用前室应采用机械加压送风方式的防烟系统。

（2）建筑高度大于 100m 的高层建筑，其送风系统应竖向分段独立设置，且每段高度不应超过 100m。

（3）当防烟楼梯间采用机械加压送风方式的防烟系统时，楼梯间应设置机械加压送风设施，前室可不设机械加压送风设施，但合用前室应设机械加压送风设施。防烟楼梯间的楼梯间与合用前室的机械加压送风系统应分别独立设置。

（4）带裙房的高层建筑的防烟楼梯间及其前室、消防电梯前室或合用前室，当裙房高度以上部分利用可开启外窗进行自然通风，裙房等高范围内不具备自然通风条件时，该高层建筑不具备自然通风条件的前室、消防电梯前室或合用前室应设置局部机械加压送风系统。

（5）地下室、半地下室楼梯间与地上部分楼梯间均需设置机械加压送风系统时，宜分别独立设置。当受建筑条件限制，与地上部分的楼梯间共用机械加压送风系统时，应按规范的要求分别计算地上、地下的加压送风量，相加后作为共用加压送风系统风量，且应采取有效措施满足地上、地下的送风量的要求。

（6）当地上部分利用可开启外窗进行自然通风时，楼梯间的地下部分应采用机械加压送风系统。

（7）不能满足自然通风条件的封闭楼梯间，应设置机械加压送风系统，当封闭楼梯间位于地下且不与地上楼梯间共用时，可不设置机械加压送风系统，但应在首层设置不小于 $1.2m^2$ 的可开启外窗或直通室外的门。

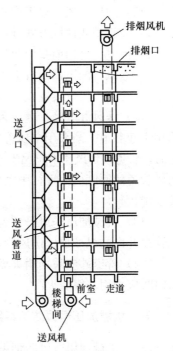

图 22-15　机械加压送风防烟系统

（8）建筑高度小于等于 50m 的建筑，当楼梯间设置加压送风井（管）道确有困难时，楼梯间可采用直灌式加压送风系统，并应符合下列规定：

1）建筑高度大于 32m 的高层建筑，应采用楼梯间多点部位送风的方式，送风口之间距离不宜小于建筑高度的 1/2；

2）直灌式加压送风系统的送风量应按计算值或规范规定表中的送风量增加 20%；

3）加压送风口不宜设在影响人员疏散的部位。

（9）采用机械加压送风的场所不应设置百叶窗，且不宜设置可开启外窗。

（10）机械加压送风风机可采用轴流风机或中、低压离心风机，其安装位置应符合下列要求：

1）送风机的进风口宜直通室外；

2）送风机的进风口宜设在机械加压送风系统的下部，且应采取防止烟气侵袭的措施；

3）送风机的进风口不应与排烟风机的出风口设在同一层面。当必须设在同一层面时，送风机的进风口与排烟风机的出风口应分开布置。竖向布置时，送风机的进风口应设置在排烟机出风口的下方，其两者边缘最小垂直距离不应小于 3.0m；水平布置时，两者边缘最小水平距离不应小于 10.0m；

4）送风机应设置在专用机房内。该房间应采用耐火极限不低于 2.0h 的隔墙和 1.5h 的楼板及甲级防火门与其他部位隔开；

5）当送风机出风管或进风管上安装单向风阀或电动风阀时，应采取火灾时阀门自动开启的措施。

（11）加压送风口设置应符合下列要求：

1）除直灌式送风方式外，楼梯间宜每隔 2～3 层设一个常开式百叶送风口；

2）前室、合用前室应每层设一个常闭式加压送风口，并应设手动开启装置；

3）送风口的风速不宜大于 7m/s；

4）送风口不宜设置在被门挡住的部位。

（12）送风井（管）道应采用不燃烧材料制作，且宜优先采用光滑井（管）道，不宜采用土建井道。当采用金属管道时，管道设计风速不应大于 20m/s；当采用非金属材料管道时，管道设计风速不应大于 15m/s；当采用土建井道时，管道设计风速不应大于 10m/s。送风管道的厚度应按现行国家标准《通风与空调工程施工质量验收规范》GB 50243 的有关规定执行

（13）机械加压送风管道宜设置在管道井内，且不应与其他管道共用管道井。未设置在管道井内的机械加压送风管，其耐火极限不应小于 1.5h。

（14）管道井应采用耐火极限不小于 1.0h 的隔墙与相邻部位分隔，当墙上必须设置检修门时应采用乙级防火门。

五、机械加压送风防烟系统的设计计算

（一）机械加压送风防烟系统设计中的主要参数

1. 设计层数内的疏散门开启的数量（N_1）

楼梯间：采用常开风口，当地上楼梯间为 15 层以下时，设计 2 层内的疏散门开启，取 $N_1=2$；当地上楼梯间为 15 层及以上时，设计 3 层内的疏散门开启，取 $N_1=3$；当地下楼梯间时，设计 1 层内的疏散门开启，取 $N_1=1$；当防火分区跨越楼层时，设计跨越楼层内的疏散门开启，取 $N_1=$跨越楼层数，最大值为 3。

前室、合用前室：采用常闭风口，当防火分区不跨越楼层时，取 $N_1=$系统中开向前室门最多的一层门数量；当防火分区跨越楼层时，取 $N_1=$跨越楼层数所对应的疏散门数，最大值为 3。

2. 每层开启门的总断面积（A_k）

对于疏散楼梯间的门，门面积一般取值 2.0m×1.6m；对于电梯门，面积一般取值为 2.0m×1.8m。

3. 门洞断面风速（v）

当楼梯间机械加压送风、合用前室机械加压送风时，取 $v=0.7$m/s；当楼梯间机械加压送风、前室不送风时，门洞断面风速取 $v=1.0$m/s；当前室或合用前室采用机械加压送风方式且楼梯间采用可开启外窗的自然通风方式时，通向前室或合用前室疏散门的门洞风速不应小于 1.2m/s。

4. 计算漏风量的平均压力差（ΔP）

当开启门洞处风速为 0.7m/s 时，取 $\Delta P=6.0$Pa；当开启门洞处风速为 1.0m/s 时，取 $\Delta P=12.0$ Pa；当开启门洞处风速为 1.2m/s 时，取 $\Delta P=17.0$ Pa。

5. 门缝宽度

对于楼梯间，其疏散门缝宽一般取值为 0.002～0.004m；对于电梯门，其缝宽一般取值为 0.005～0.006m。

（二）机械加压送风量的确定

防烟楼梯间、前室的机械加压送风的风量应计算确定，当系统负担建筑高度大于24m时，应按计算值与《建筑防烟排烟系统技术规范》中规定表中的值的较大值确定。

由于建筑有各种不同条件，如开门数量、风速不同，满足机械加压送风条件亦不同，宜首先进行计算，但计算结果的加压送风量不能小于表22-4～表22-7的要求。这样既可以避免加压送风量不足，又可以减少复杂的验算过程。

1. 查表法

根据《建筑防烟排烟系统技术规范》规定，防烟楼梯间的楼梯间、前室、合用前室、消防电梯前室的机械加压送风量可分别按表22-4～表22-7的规定确定。

消防电梯前室的加压送风量　　　　　　　　　　　　　　　　表22-4

系统负担高度 h（m）	加压送风量（m³/h）
$24 \leqslant h < 50$	13800～15700
$50 \leqslant h < 100$	16000～20000

楼梯间自然通风，前室、合用前室的加压送风量　表22-5

系统负担高度 h（m）	加压送风量（m³/h）
$24 < h \leqslant 50$	16300～18100
$50 < h \leqslant 100$	18400～22000

前室不送风，封闭楼梯间、防烟楼梯间的加压送风量　表22-6

系统负担高度 h（m）	加压送风量（m³/h）
$24 < h \leqslant 50$	25400～28700
$50 < h \leqslant 100$	40000～46400

防烟楼梯间的楼梯间及合用前室的分别加压送风量　　　　　　表22-7

系统负担高度 h（m）	送风部位	加压送风量（m³/h）	系统负担高度 h（m）	送风部位	加压送风量（m³/h）
$24 < h \leqslant 50$	楼梯间	17800～20200	$50 < h \leqslant 100$	楼梯间	28200～32600
	合用前室	10200～12000		合用前室	12300～15800

注：1. 表22-4至表22-7的风量按开启2.0m×1.6m的双扇门确定。当采用单扇门时，其风量可乘以0.75系数计算，当设有多个疏散门时，其风量应乘以开启疏散门的数量，最多按3扇疏散门开启计算；

2. 表22-4至表22-7中未考虑防火分区跨越楼层的情况；当防火分区跨越楼层时应按照公式(22-2)～公式(22-6)重新计算；

3. 表中风量的选取应按建筑高度或层数、风道材料、防火门漏风量等因素综合确定。

2. 计算法

（1）楼梯间机械加压送风量计算公式：

$$L_j = L_1 + L_2 \tag{22-2}$$

式中，L_j 为楼梯间的机械加压送风量，m³/s；L_1 为门开启时，达到规定风速值所需的送风量，m³/s；L_2 为门开启时，规定风速值下其他门缝漏风总量，m³/s。

门开启时，达到规定风速值所需的送风量应按以下公式计算：

$$L_1 = A_k v N_1 \tag{22-3}$$

式中，A_k 为每层开启门的总断面积，m²；v 为门洞断面风速，当楼梯间机械加压送风、合用前室机械加压送风时取 $v = 0.7$m/s，当楼梯间机械加压送风、前室不送风时取 $v = 1.0$m/s，当前室或合用前室采用机械加压送风方式且楼梯间采用可开启外窗的自然通风方式时，通向前室或合用前室疏散门的门洞风速不应小于 1.2m/s；N_1 为设计层数内的疏散门开启的数量。

N_1 的取值应满足下列规定：

1) 对于楼梯间，由于采用常开风口，当地上楼梯间为 15 层以下时，设计 2 层内的疏散门开启，取 $N_1 = 2$；当地上楼梯间为 15 层及以上时，设计 3 层内的疏散门开启，取 $N_1 = 3$；当地下楼梯间时，设计 1 层内的疏散门开启，取 $N_1 = 1$；当防火分区跨越楼层时，设计跨越楼层内的疏散门开启，取 $N_1 = $ 跨越楼层数，最大值为 3；

2) 前室、合用前室，由于采用常闭风口，当防火分区不跨越楼层时，取 $N_1 = $ 系统中开向前室门最多的一层门数量；当防火分区跨越楼层时，取 $N_1 = $ 跨越楼层数所对应的疏散门数，最大值为 3。

门开启时，规定风速值下的其他门漏风总量应按以下公式计算：

$$L_2 = 0.827 \times A \times \Delta P^{1/n} \times 1.25 \times N_2 \tag{22-4}$$

式中，A 为每个疏散门的有效漏风面积，m^2；ΔP 为计算漏风量的平均压力差，Pa；n 为指数，一般取 $n = 2$；1.25 为不严密处附加系数；N_2 为漏风疏散门的数量，楼梯间采用常开风口，取 $N_2 = $ 加压楼梯间的总门数 $- N_1$。

（2）前室、合用前室机械加压送风量计算公式：

$$L_s = L_1 + L_3 \tag{22-5}$$

式中，L_s 为前室或合用前室的机械加压送风量，m^3/s；L_1 为门开启时，达到规定风速值所需的送风量，m^3/s；L_3 为未开启的常闭送风阀的漏风总量，m^3/s。

L_1 的计算方法与楼梯间相同。

未开启的常闭送风阀的漏风总量 L_3 按以下公式计算：

$$L_3 = 0.083 \times A_f N_3 \tag{22-6}$$

式中，A_f 为每个送风阀门的面积，m^2；0.08 为阀门单位面积的漏风量，$m^3/s \cdot m^2$；N_3 为漏风阀门的数量。

对于合用前室、消防电梯前室，采用常闭风口，当防火分区不跨越楼层时，取 $N_3 = $ 楼层数 -1；当防火分区跨越楼层时，取 $N_3 = $ 楼层数 $-$ 开启送风阀的楼层数，其中开启送风阀的楼层数为跨越楼层数，最多为 3。

【例 22-1】某写字楼为 20 层建筑物，楼梯间采用机械加压送风方式来防烟，前室不送风，每层楼梯间门为双扇 1.6m×2.0m，楼梯间的送风口为常开送风口，每隔 3 层一个，共 7 个送风口，试确定楼梯间的机械加压送风量。

【解】

（1）开启着火层疏散门时为保持门洞处风速所需的送风量 L_1 确定：

开启门的截面面积 $A_k = 1.6 \times 2.0 = 3.2 m^2$；

由于楼梯间机械加压送风、前室不送风，门洞断面风速取 $v = 1.0 m/s$；

地上楼梯间为 20 层，开启门的数量 $N_1 = 3$；

则：$L_1 = A_k v N_1 = 9.6 m^3/s$

（2）对于楼梯间，保持加压部位一定的正压值所需的送风量 L_2 确定：

取门缝宽度为 0.004m，则：

每层疏散门的有效漏风面积 $A = (2.0 \times 3 + 1.6 \times 2) \times 0.004 = 0.0368 m^2$

门开启时的压力差 $\Delta P = 12\text{Pa}$

漏风门的数量 $N_2 = 20 - 3 = 17$

$$L_2 = 0.827 \times A \times \Delta P^{1/n} \times 1.25 \times N_2 = 2.24\text{m}^3/\text{s}$$

则楼梯间的机械加压送风量：

$$L_j = L_1 + L_2 = 11.84\text{m}^3/\text{s} = 42624\text{m}^3/\text{h}$$

根据已知条件查表 22-9，得知当系统负担高度 $50\text{m} < h \leqslant 100\text{m}$ 时，前室不送风，封闭楼梯间、防烟楼梯间的加压送风量为 $40000 \sim 46400\text{m}^3/\text{h}$。

此写字楼为 20 层，按层高 3m 计算，大约 60m，根据差值法可知其送风量为 $41280\text{m}^3/\text{h}$。由于计算值大于表中的规定值，故楼梯间的机械加压送风量为 $42624\text{m}^3/\text{h}$。

加压送风管采用非金属风道时，考虑漏风、风机负偏差等因素，考虑 1.15 的系数，风机的风量不小于 $49017.6\text{m}^3/\text{h}$。

【例 22-2】某商务大厦办公防烟楼梯间 30 层，每层楼梯间至合用前室的门为双扇 $1.6\text{m} \times 2.0\text{m}$，楼梯间的送风口均为常开风口；合用前室至走道的门为双扇 $1.6\text{m} \times 2.0\text{m}$，合用前室的送风口为常闭风口，火灾时开启着火层合用前室的送风口。火灾时楼梯间压力为 50Pa，合用前室为 25Pa。试分别计算楼梯间与合用前室的机械加压送风量。

【解】

(1) 楼梯间机械加压送风量计算

1) 对于楼梯间，开启着火层楼梯间疏散门时为保持门洞处风速所需的送风量 L_1 确定：

每层开启门的总断面积 $A_k = 1.6 \times 2.0 = 3.2\text{m}^2$；

由于楼梯间与合用前室分别加压送风，门洞断面风速 v 取 0.7m/s；

常开风口，开启门的数量 $N_1 = 3$；

$$L_1 = A_k v N_1 = 6.72\text{m}^3/\text{s}$$

2) 保持加压部位一定的正压值所需的送风量 L_2 确定：

取门缝宽度为 0.004m，则：

每层疏散门的有效漏风面积 $A = (1.6 + 2.0) \times 2 \times 0.004 + 0.004 \times 2 = 0.0368\text{m}^2$

当开启门洞处风速为 0.7m/s 时，取 $\Delta P = 6\text{Pa}$

漏风门的数量 $N_2 = 30 - 3 = 27$

$$L_2 = 0.827 \times A \times \Delta P^{\frac{1}{n}} \times 1.25 \times N_2 = 2.52\text{m}^3/\text{s}$$

则楼梯间的机械加压送风量：

$$L_j = L_1 + L_2 = 9.24\text{m}^3/\text{s} = 33264\text{m}^3/\text{h}$$

根据已知条件查表 22-7，得知当系统负担高度 $50\text{m} < h \leqslant 100\text{m}$ 时，楼梯间与合用前室分别加压送风，楼梯间的加压送风量为 $28200 \sim 32600\text{m}^3/\text{h}$。

此写字楼为 30 层，按层高 3m 计算，大约 90m，根据差值法可知其送风量为 $31720\text{m}^3/\text{h}$。由于计算值大于表中的规定值，故楼梯间的机械加压送风量为 $33264\text{m}^3/\text{h}$。

加压送风管采用非金属风道时，考虑漏风、风机负偏差等因素，考虑 1.15 的系数，风机的风量不小于 $38253.6\text{m}^3/\text{h}$。

(2) 合用前室机械加压送风量计算

1) 对于合用前室，开启着火层楼梯间疏散门时，为保持走廊开向前室门洞处风速所

需的送风量 L_j 确定：

每层开启门的总断面积 $A_k=1.6×2.0=3.2m^2$；

门洞断面风速 v 取 $0.7m/s$；

开启门的数量 $N_1=1$；

$$L_1 = A_k v N_1 = 2.24m^3/s$$

2）送风阀门的总漏风量 L_3 确定：

常闭风口，漏风阀门的数量 $N_3=30-1=29$

每层送风阀门的面积为 $A_F=0.9m^2$

$$L_3 = 0.083 A_F N_3 = 2.17m^3/s$$

3）当楼梯间至合用前室的门和合用前室至走道的门同时开启时，机械加压送风量为：

$$L_s = L_1 + L_3 = 4.41m^3/s = 15862.7m^3/h$$

根据已知条件查表 22-7，得知当系统负担高度 $50m<h≤100m$ 时，楼梯间与合用前室分别加压送风，合用前室的加压送风量为 $12300\sim15800m^3/h$。

此写字楼为 30 层，按层高 3m 计算，大约 90m，根据差值法可知其送风量为 $15100m^3/h$。由于计算值大于表中的规定值，故合用前室的机械加压送风量为 $15862.7m^3/h$。

加压送风管采用非金属风道时，考虑漏风、风机负偏差等因素，考虑 1.15 的系数，风机的风量不小于 $18242m^3/h$。

六、机械加压送风系统的压力控制

疏散门的最大允许压力差应按以下公式计算：

$$P = 2(F' - F_{dc})(W_m - d_m)/(W_m × A_m) \tag{22-7}$$

$$F_{dc} = M/(W_m - d_m) \tag{22-8}$$

式中，P 为疏散门的最大允许压力差，Pa；A_m 为门的面积，m^2；d_m 为门的把手到门闩的距离，m；M 为闭门器的开启力矩，$N·m$；F' 为门的总推力，N（一般取 110N）；F_{dc} 为门把手处克服闭门器所需的力，N；W_m 为单扇门的宽度，m。

第六节　机械排烟系统

机械排烟系统由排烟风机、排烟口及排烟管道等机械排烟设施组成，通过机械方式将房间、走道等空间的火灾烟气排至建筑物外。一个设计优良的机械排烟系统在火灾时不但能排出大量的烟，还能够排出大量的热量，使火灾温度大大降低，从而对人员安全疏散和火灾的扑救起到重要的作用。

一、机械排烟方式和系统组成

（一）机械排烟方式

机械排烟可分为局部排烟和集中排烟两种方式。

局部排烟方式是在每个需要排烟的部位设置独立的排烟风机直接进行排烟，如图 22-16 (a) 所示。局部排烟方式投资大，而且排烟风机分散，维修管理麻烦，费用也高，故这种方式只适用于不能设置竖直烟道的场合或旧式建筑物的防排烟技术改造中。

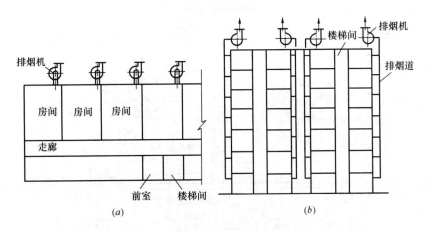

图 22-16　机械排烟方式
(a) 局部机械排烟方式；(b) 集中机械排烟方式

集中排烟方式是将建筑物划分为若干个系统，在每个系统内设置排烟风机，系统内的各个房间的烟气通过排烟口进入排烟管道引入排烟机直接排至室外，如图 22-16 (b)所示。这种排烟方式已成为目前普遍采用的机械排烟方式。但建筑物系统的划分形式直接影响到设备投资和排烟效果的好坏，所以在划分集中排烟系统时应注意以下几点：

（1）系统的建筑面积不宜过大。当一个防烟分区的范围较广时，可以将其按面积划分成几个系统；

（2）尽量缩短水平通道，如有可能应将竖烟道分散布置；

（3）必须把重要的疏散通道单独作为一个排烟系统；

（4）处于同一排烟系统中的防烟分区面积尽可能相等，即每个防烟分区的排烟量不要相差太大。

（二）机械排烟系统组成

机械排烟系统是由挡烟构件（活动式或固定式挡烟垂壁、挡烟隔墙、挡烟梁等）、排烟口（阀）、排烟防火阀、排烟管道、排烟风机和排烟出口组成，如图 22-17 所示。当建筑物内发生火灾时，由火灾自动报警系统联动控制或由火场人员手动控制，开启活动的挡烟垂壁使其降落至规定位置，将烟气控制在发生火灾的防烟分区内，并打开相应的排烟口，同时关闭空调系统和送风管道内的防火调节阀防止烟气从空调、通风系统蔓延到其他非着火房间，然后启动排烟风机，将火灾烟气通过排烟管道排至室外。

二、机械排烟系统的设置要求

按照《建筑防烟排烟系统技术规范》的规定，机械排烟系统的设计应符合下列要求：

（1）机械排烟系统横向应按每个防火分区独立设置。

（2）一台排烟风机竖向可担负多个楼层的排烟，担负楼层的总高度不宜大于50m，当超过50m时，系统应设备用风机。

（3）建筑高度超过100m的高层建筑，排烟系统应竖向分段独立设置，且每段高度不应超过100m。

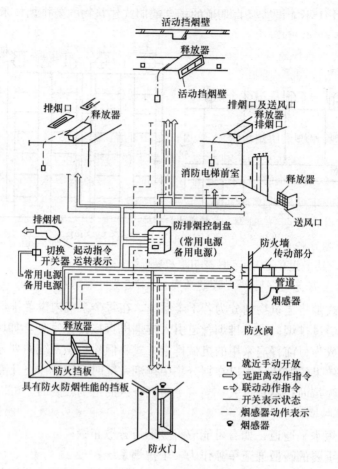

图 22-17　机械排烟系统组成示意图

（4）排烟风机宜设置在排烟系统的顶部，烟气出口宜朝上，并应高于加压送风机和补风机的进风口，竖向布置时，送风机的进风口应设置在排烟机出风口的下方，其两者边缘最小垂直距离不应小于 3.0m；水平布置时，两者边缘最小水平距离不应小于 10.0m。

（5）排烟风机应设置在专用机房内，机房应采用耐火极限不低于 2.0h 的隔墙和 1.5h 的楼板及甲级防火门与其他部位隔开。当必须与其他风机合用机房时，应符合下列条件：

1）机房内应设有自动喷水灭火系统；

2）机房内不得设有用于机械加压送风的风机与管道；

3）排烟风机与排烟管道上不宜设有软接管。当排烟风机及系统中设置有软接头时，该软接头应能在 280℃ 的环境条件下连续工作不少于 30min。

（6）排烟风机可采用离心式或轴流排烟风机，且风机应满足 280℃ 时连续工作 30min 的要求，排烟风机入口处应设置 280℃ 能自动关闭的排烟防火阀，该阀应与排烟风机连锁，当该阀关闭时，排烟风机应能停止运转。

（7）排烟井（管）道应采用不燃材料制作，当采用金属风道时，管道设计风速不应大于 20m/s；当采用非金属材料管道时，管道设计风速不应大于 15m/s；当采用土建风道时，管道设计风速不应大于 10m/s；排烟管道的厚度应按现行国家标准《通风与空调工程施工质量验收规范》GB 50243-2011 的有关规定执行。

（8）当吊顶内有可燃物时，吊顶内的排烟管道应采用不燃烧材料进行隔热，并应与可燃物保持不小于 150mm 的距离。

（9）排烟系统垂直风管应设置在管井内，且与垂直风管连接的水平风管交接处应设置 280℃能自动关闭的排烟防火阀。

（10）当一个排烟系统负担多个防烟分区的排烟任务时，排烟支管处应设 280℃能自动关闭的排烟防火阀。

（11）排烟管道井应采用耐火极限不小于 1.0h 的隔墙与相邻区域分隔；当墙上必须设置检修门时，应采用乙级防火门；排烟管道的耐火极限不应低于 0.5h，当水平穿越两个及两个以上防火分区或排烟管道在走道的吊顶内时，其管道的耐火极限不应小于 1.5h。

（12）排烟阀或排烟口的设置应符合下列要求：

1）排烟口应设在防烟分区所形成的储烟仓内；

2）走道、防烟分区不大于 500m² 的区域，其排烟口应设置在其净空高度的 1/2 以上，当设置在侧墙时，其最近的边缘与吊顶的距离不应大于 0.5m；

3）火灾时由火灾自动报警系统联动开启排烟区域的排烟阀或排烟口，应在现场设置手动开启装置；

4）排烟口的设置宜使烟流方向与人员疏散方向相反，排烟口与附近安全出口相邻边缘之间的水平距离不应小于 1.5m；

5）每个排烟口的排烟量不应大于最大允许排烟量，最大允许排烟量应按照计算确定；

6）排烟口的风速不宜大于 10m/s。

（13）当排烟阀或排烟口设在吊顶内，通过吊顶上部空间进行排烟时，应符合下列规定：

1）吊顶应采用不燃烧材料，且吊顶内不应有可燃物；

2）封闭式吊顶的吊平顶上设置的烟气流入口的颈部烟气速度不宜大于 1.5m/s；

3）非封闭吊顶的吊顶开孔率不应小于吊顶净面积的 25%，且排烟口应均匀布置。

（14）排烟系统与通风、空气调节系统宜分开设置。当合用时，应符合排烟系统的要求。

三、补风系统的设置要求

（1）除建筑地上部分设有机械排烟的走道或面积小于 500m² 的房间外，排烟系统应设置补风系统。

（2）补风系统应直接从室外引入空气，且补风量不应小于排烟量的 50%。

（3）补风系统可采用疏散外门、手动或自动可开启外窗等自然进风方式以及机械送风方式。风机应设置在专用机房内。

（4）补风口与排烟口设置在同一空间内相邻的防烟分区时，补风口位置不限；当补风口与排烟口设置在同一防烟分区时，补风口应设在储烟仓下沿以下；补风口与排烟口水平距离不应少于 5m。

（5）补风系统应与排烟系统联动开闭。

（6）机械补风口的风速不宜大于 10m/s，人员密集场所补风口的风速不宜大于 5m/s；自然补风口的风速不宜大于 3m/s。

（7）补风管道耐火极限不应低于 0.5h，当补风管道跨越防火分区时，管道的耐火极限不应小于 1.5h。

四、排烟系统设计计算

（1）当排烟风机担负多个防烟分区时，其风量应按最大一个防烟分区的排烟量、风管（风道）的漏风量及其他未开启排烟阀或排烟口的漏风量之和计算。

（2）一个防烟分区的排烟量应根据场所内的热释放速率以及《建筑防烟排烟系统技术规范》的规定计算确定，但下列场所一个防烟分区的排烟量可按以下规定确定：

1）建筑面积小于等于 $500m^2$ 的房间（防烟分区，挡烟垂壁，不到顶的隔断构造都不算房间），其排烟量应不小于 $60m^3/(h \cdot m^2)$，或设置有效面积不小于该房间建筑面积 2% 的排烟窗。

2）建筑面积大于 $500m^2$ 的办公室、商场及其他公共场所，其排烟量不应小于表 22-8 中的数值，或设置自然排烟窗，其有效排烟面积应根据表 22-8 及排烟口风速计算。

建筑面积大于 $500m^2$ 的办公室、商场及其他公共场所，设有自动喷水灭火系统时，其自然排烟口的风速可按 0.66m/s 计；无自喷系统时，其自然排烟口风速可按 0.95m/s 计。采用顶窗时，其自然排烟口的风速可增加 40%。

办公、商场及其他公共场所排烟量   表 22-8

空间净高 (m)	办公（$\times 10^4 m^3/h$）		商场（$\times 10^4 m^3/h$）		其他公共建筑（$\times 10^4 m^3/h$）	
	无自动喷水灭火系统	有喷淋	无喷淋	有喷淋	无喷淋	有喷淋
3.0	8.7	3.0	13.2	5.0	11.0	4.3
3.5	9.4	3.3	14.3	5.5	11.9	4.8
4.0	10.2	3.7	15.3	6.0	12.8	5.3
4.5	11.0	4.2	16.4	6.6	13.8	5.9
5.0	11.8	4.7	17.5	7.3	14.7	6.5
5.5	12.6	5.2	18.4	7.9	15.5	7.1
6.0	13.5	5.8	19.4	8.6	16.5	7.7
7.0	15.3	6.9	21.6	10.0	18.5	9.1
8.0	17.3	8.2	24.0	11.6	20.7	10.6

注：建筑空间净高低于 3.0m 的，按 3.0m 取值，建筑空间净高位于表中两个高度之间的，按线性插值法取值。

3）建筑面积大于 $500m^2$ 的工厂、仓库，其排烟量不应小于表 22-9 中的数值。当设置自然排烟窗时，其有效排烟面积应根据表 22-13 及排烟口风速计算；当空间高度大于 8m 时，其自然排烟窗有效排烟面积应符合以下规定：

① 采用自动排烟窗时，厂房的每个防烟分区内排烟窗有效排烟面积不应小于 $50m^2$，仓库的每个防烟分区内排烟窗有效排烟面积不应小于 $100m^2$；

② 采用手动排烟窗时，厂房的每个防烟分区内排烟窗有效排烟面积不应小于 $75m^2$，仓库的每个防烟分区内排烟窗有效排烟面积不应小于 $150m^2$；

③ 当采用设置顶窗排烟时，每个防烟分区内顶开窗的有效排烟面积不应小于①、②项规定有效面积的 70%。

建筑面积大于 500m² 的工厂、仓库，设有自动喷水灭火系统时，其自然排烟口的风速可按 0.78m/s 计，无自喷系统时，其自然排烟口风速可按 1.10m/s 计。采用顶窗时，其自然排烟口的风速可增加 40%。

厂房、仓库排烟量　　　　　　　　　　　　　表 22-9

房间净高 （m）	厂房（×10⁴m³/h）		仓库（×10⁴m³/h）	
	无喷淋	有喷淋	无喷淋	有喷淋
3.0	11.0	4.3	23.8	6.2
4.0	12.8	5.3	27.0	7.5
5.0	14.7	6.5	30.2	8.9
6.0	16.5	7.7	33.2	10.3
7.0	18.5	9.1	36.1	11.9
8.0	20.7	10.6	39.0	13.7

4）当公共建筑仅需在走道或回廊设置排烟时，机械排烟量不应小于 13000m³/h，或在走道两端（侧）均设置面积不小于 2m² 的排烟窗且两侧排烟窗的距离不应小于走道长度的 2/3。

5）当公共建筑室内与走道或回廊均需设置排烟时，其走道或回廊的机械排烟量可按 60m³/(h·m²) 计算或设置有效面积不小于走道、回廊建筑面积 2% 的排烟窗。

（3）当公共建筑中庭周围场所设有机械排烟时，中庭的排烟量可按周围场所中最大排烟量的 2 倍数值计算，且不应小于 107000m³/h 或 25m² 的有效开窗面积；当公共建筑中庭周围仅需在回廊设置排烟或周围场所均设置自然排烟时，中庭的排烟量应对应表22-10 中的热释放速率按《建筑防烟排烟系统技术规范》的规定计算确定。

（4）各类场所的火灾热释放速率可按公式 $Q = a \cdot t^2$ 计算或按表 22-10 设定的值确定。设置自动喷水灭火系统（简称喷淋）的场所，其室内净高大于 12m 时，应按无喷淋场所对待。

（5）除满足上述规定的场所外，其他场所的排烟量或排烟窗面积应按照烟羽流类型，根据火灾功率、清晰高度、烟羽流质量流量及烟羽流温度等参数计算确定。

火灾达到稳态时的热释放速率　　　　　　　　　　　　　表 22-10

建筑类别		热释放速率 Q（MW）	建筑类别		热释放速率 Q（MW）
办公室、客房、 走道	无喷淋	6.0	汽车库	无喷淋	3.0
	有喷淋	1.5		有喷淋	1.5
商场	无喷淋	10.0	厂房	无喷淋	8.0
	有喷淋	3.0		有喷淋	2.5
其他公共场所	无喷淋	8.0	仓库	无喷淋	20.0
	有喷淋	2.5		有喷淋	4.0
中庭	无喷淋	4.0			
	有喷淋	1.0			

（6）当烟羽流的质量流量大于150kg/s，或储烟仓的烟层温度与周围空气温差小于15℃时，应通过降低排烟口的位置等措施重新调整排烟设计。

（7）走道、防烟分区不大于500m²的区域的最小清晰高度不应小于其净高的1/2，其他区域最小清晰高度应按以下公式计算：

$$H_q = 1.6 + 0.1 \cdot H \tag{22-9}$$

式中　H_q——最小清晰高度，m；

　　　　H——排烟空间的建筑净高度，m。

火灾时的最小清晰高度是为了保证室内人员安全疏散和方便消防人员的扑救而提出的最低要求，也是排烟系统设计时必须达到的最低要求。对于单个楼层空间的清晰高度，可以参照图22-18（a）所示，公式（22-9）也是针对这种情况提出的。对于多个楼层组成的高大空间，最小清晰高度同样也是针对某一个单层空间提出的，往往也是连通空间中同一防烟分区中最上层计算得到的最小清晰高度，如图22-18（b）所示。然而，在这种情况下的燃料面到烟层底部的高度Z是从着火的那一层起算，见图22-18（b）。

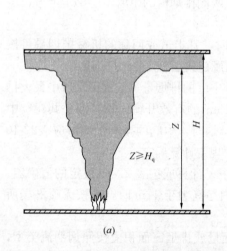

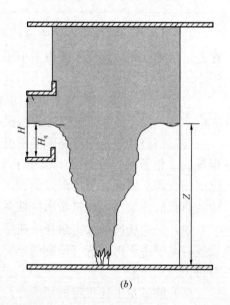

（a）　　　　　　　　　　　　　　　　　　（b）

图22-18　最小清晰高度示意图

空间净空高度按如下方法确定：

1）对于平顶和锯齿形的顶棚，空间净空高度为从顶棚下沿到地面的距离；

2）对于斜坡式的顶棚，空间净空高度为从排烟开口中心到地面的距离；

3）对于有吊顶的场所，其净空高度应从吊顶处算起；设置格栅吊顶的场所，其净空高度应从上层楼板下边缘算起。

（8）火灾热释放速率应按表22-10选取或按以下公式计算：

$$Q = \alpha \cdot t^2 \tag{22-10}$$

式中　Q——热释放速率，kW；

　　　　t——自动灭火系统启动时间，s；

　　　　α——火灾增长系数，kW/s²。

	火灾增长系数	表 22-11
火灾类别	典型的可燃材料	火灾增长系数/(kW/s²)
慢速火	粗木条、厚木板制成的家具	0.0029
中速火	棉质/聚酯垫子	0.012
快速火	装满的邮件袋、木制货架托盘、泡沫塑料	0.047
超快速火	池火、快速燃烧的装饰家具、轻质窗帘	0.187

排烟系统的设计计算取决于火灾中的热释放速率，因此首先应明确设计的火灾规模，设计的火灾规模取决于燃烧材料性质、时间等因素和自动灭火设施的设置情况，为确保安全，一般按可能达到的最大火势确定火灾热释放速率。一般认为，自动灭火系统启动后，火灾规模可以得到控制，因此通过预测自动灭火系统的启动时间，可以确定火灾的最大规模。自动喷水灭火系统的启动时间可按照系统联动型火灾报警控制 DETECT 模型进行分析确定，一般取 60s。

（9）烟羽流质量流量应按以下公式计算：

轴对称型烟羽流、阳台溢出型烟羽流、窗口型烟羽流为火灾情况下涉及的三种烟羽流形式，计算公式选用了 NFPA92B 中推荐的公式。

1）轴对称型烟羽流

轴对称羽流（Axisymmetric Plume）指上升过程不与四周墙壁或障碍物接触，并且不受气流干扰的烟羽流。其形式如图 22-19 所示。

轴对称羽流的质量流量可按式（22-11）或式（22-12）计算：

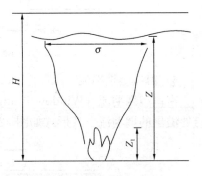

图 22-19　轴对称型烟羽流

当 $Z > Z_1$ 时：
$$M_\rho = 0.071 Q_c^{1/3} Z^{5/3} + 0.0018 Q_c \tag{22-11}$$

当 $Z \leqslant Z_1$ 时：
$$M_\rho = 0.032 Q_c^{3/5} Z \tag{22-12}$$

$$Z_1 = 0.166 Q_c^{2/5} \tag{22-13}$$

式中　Q_c——热释放速率的对流部分，kW，一般取值为 $Q_c = 0.7Q$；

Z——燃料面到烟层底部的高度，m（取值应大于等于最小清晰高度）；

Z_1——火焰极限高度，m；

M_ρ——烟羽流质量流量，kg/s。

2）阳台溢出型烟羽流

阳台溢出型烟羽流（Balcony Spill Plume）指从着火房间的门（窗）梁处溢出，并沿着着火房间外的阳台或水平突出物流动，至阳台或水平突出物的边缘向上溢出至相邻的高大空间的烟羽流。其形式如图 22-20 所示。

阳台溢出型烟羽流的质量流量可按式（22-14）计算：
$$M_\rho = 0.36 (QW^2)^{1/3} (Z_b + 0.25 H_1) \tag{22-14}$$

$$W = w + b \tag{22-15}$$

式中　H_1——燃料至阳台的高度，m；

Z_b——从阳台下缘至烟层底部的高度，m；

W——烟羽流扩散宽度，m；

w——火源区域的开口宽度，m；

b——从开口至阳台边沿的距离，m（$b \neq 0$）。

当 $Z_b \geqslant 13W$，阳台型烟羽流的质量流量可使用公式（22-11）计算。

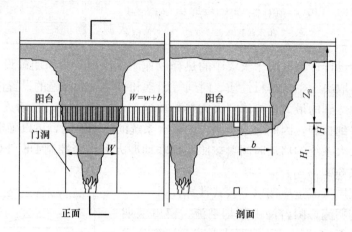

图 22-20　阳台溢出型烟羽流

3）窗口型烟羽流

窗口型烟羽流（Window Plume）指从发生通风受限火灾的房间或隔间的门、窗等开口处溢出的烟羽流。其形式如图 22-21 所示。

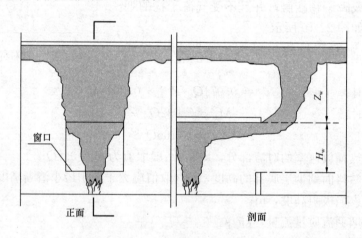

图 22-21　窗口型烟羽流

窗口型烟羽流的质量流量可按式（22-16）计算：

$$M_\rho = 0.68 (A_w H_w^{1/2})^{1/3} (Z_w + \alpha_w)^{5/3} + 1.59 A_w H_w^{1/2} \qquad (22\text{-}16)$$

$$\alpha_w = 2.4 A_w^{2/5} H_w^{1/5} - 2.1 H_w \qquad (22\text{-}17)$$

式中　A_w——窗口开口的面积，m²；

H_w——窗口开口的高度，m；

Z_w——开口的顶部到烟层底部的高度，m；

a_w——窗口型烟羽流的修正系数，m。

窗口型烟羽流公式（22-16）适用于通风控制型火灾（即热释放速率由流进室内的空气量控制的火灾）和可燃物产生的火焰在窗口外燃烧的场景，并且仅适用于只有一个窗口的空间。该公式不适用于有喷淋控制的火灾场景。

【例 22-3】 某商业建筑含有一个六层共享的中庭，中庭未设置喷淋系统，其中庭尺寸长、宽、高分别为 40m、25m、24m，每层层高为 4m，排烟口设于中庭顶部（其最近的边离墙大于 0.5m），最大火灾热释放速率为 4MW，火源燃料面距地面高度 1m。试计算中庭排烟所需的烟羽流质量流量。

【解】

热释放速率的对流部分：

$$Q_c = 0.7Q = 0.7 \times 4 = 2.8 \text{MW}$$

火焰极限高度：

$$Z_1 = 0.166 Q_c^{2/5} = 0.166 \times 2.8^{2/5} = 3.97 \text{m}$$

燃料面到烟层底部的高度：

$$Z = 4 \times 5 + (1.6 + 0.1H) - 1 = 20 + (1.6 + 0.4) - 1 = 21 \text{m}$$

因为 $Z > Z_1$，则烟缕质量流量：

$$M_\rho = 0.071 Q_c^{1/3} Z^{5/3} + 0.0018 Q_c = 164.99 \text{kg/s}$$

【例 22-4】 某一带有阳台的两层公共建筑，室内设有喷淋装置，每层层高 4m，阳台开口 $w = 3$m，燃料面距地面 1m，至阳台下缘 $H_1 = 3$m，从开口至阳台边沿的距离为 $b = 2$m。火灾热释放速率取 $Q = 1.5$MW，排烟口设于侧墙并且其最近的边离吊顶小于 0.5m，计算阳台溢出型烟羽流的质量流量。

【解】

烟羽流扩散宽度：

$$W = w + b = 3 + 2 = 5 \text{m}$$

从阳台下缘至烟层底部的最小清晰高度：

$$Z_b = 1.6 + 0.1 \times 4 = 2.0 \text{m}$$

烟羽流质量流量：

$$M_\rho = 0.36(QW^2)^{1/3}(Z_b + 0.25H_1)$$
$$= 0.36 \times (1500 \times 5^2)^{1/3}(2.0 + 0.25 \times 3) = 33.1 \text{kg/s}$$

（10）烟气平均温度与环境温度的差应按以下公式计算：

$$\Delta T = K Q_c / M_\rho C_p \tag{22-18}$$

式中　ΔT——烟层温度与环境温度的差，K；

　　　C_p——空气的定压比热，一般取 $C_p = 1.01 \text{kJ/(kg·K)}$；

　　　K——烟气中对流放热量因子，当采用机械排烟时，取 $K = 1.0$；当采用自然排烟时，取 $K = 0.5$。

（11）排烟量应按以下公式计算：

$$V = M_\rho T / \rho_0 T_0 \tag{22-19}$$
$$T = T_0 + \Delta T \tag{22-20}$$

式中　V——排烟量，m^3/s；

　　　ρ_0——环境温度下的气体密度，kg/m^3（通常 $t_0 = 20℃$，$\rho_0 = 1.2 \text{kg/m}^3$）；

T_0——环境的绝对温度，K；

T——烟层的平均绝对温度，K。

【例 22-5】 某公共场所面积 1500m²，层高 5.5m，采用封闭吊顶，吊顶下净高 $H=4m$，该区域设有自动喷水灭火系统。该场所采用机械排烟，试计算所需的机械排烟量。

【解】

选取火灾场景为该区域的中央地面附近的可燃物燃烧，烟羽流为轴对称羽流。

最小清晰高度　　$H_q=1.6+0.1H=2.0m$

火灾的热释放速率取　$Q=2.5MW=2500kW$

热释放速率的对流部分　$Q_c=0.7Q=1750kW$

火焰极限高度　　　$Z_1=0.166Q_c^{2/5}=3.29m>Z$

烟羽流质量流量　　　$M_\rho=0.032Q_c^{3/5}Z=5.7kg/s$

由于采用机械排烟方式，$K=1.0$

烟气层温度与环境温度的差 $\Delta T=KQ_c/M_\rho C_p=304.9K$

烟气层的绝对温度 $T=T_0+\Delta T=597.9K$

环境温度 20℃，气体密度为 1.2kg/m³

排烟量 $V=M_\rho T/\rho_0 T_0=9.69m^3/s=34894m^3/h$

(12) 机械排烟系统中，排烟口的最大允许排烟量 V_{crit} 应按以下公式计算，且 d_b/D 不宜小于 2.0。

$$V_{crit}=0.00887\beta d_b^{5/2}(\Delta T T_0)^{1/2} \tag{22-21}$$

式中　V_{crit}——最大允许排烟量，m³/s；

β——无因次系数，当排烟口设于吊顶并且其最近的边离墙小于 0.5m 或排烟口设于侧墙并且其最近的边离吊顶小于 0.5m 时，取 $\beta=2.0$；当排烟口设于吊顶并且其最近的边离墙大于 0.5m 时，取 $\beta=2.8$；当排烟窗（口）为顶窗时，d_b 为排烟窗（口）下烟气的厚度，m，当排烟窗（口）为侧窗时，d_b 为排烟窗（口）中心线下烟气的厚度，m，具体见图 22-22；

D——排烟口的当量直径，m。

当排烟口为矩形时，$D=2a_1b_1/(a_1+b_1)$。其中 a_1、b_1 分别为排烟口的长和宽，m。

如果从一个排烟口排出太多的烟气，则会在烟层底部撕开一个"洞"，使新鲜的冷空气卷吸进去，随烟气被排出，从而降低了实际排烟量，见图 22-23，因此，规定了每个排烟口的最高临界排烟量，公式选自 NFPA92。

(13) 采用自然排烟方式所需通风面积应按以下公式计算：

$$A_vC_v=\frac{M_\rho}{\rho_0}\left[\frac{T^2+(A_vC_v/A_0C_0)^2TT_0}{2gd_b\Delta T T_0}\right]^{\frac{1}{2}} \tag{22-22}$$

式中　A_v——排烟口截面积，m²；

A_0——所有进气口总面积，m²；

C_v——排烟口流量系数，通常选定在 0.5～0.7 之间；

C_0——进气口流量系数，通常约为 0.6；

g——重力加速度，m/s²。

公式中 A_vC_v 在计算时应采用试算法。

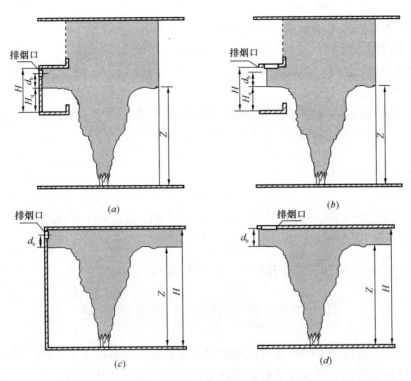

图 22-22　排烟口设置位置参考图

(*a*) 侧排烟；(*b*) 顶排烟；(*c*) 侧排烟；(*d*) 顶排烟

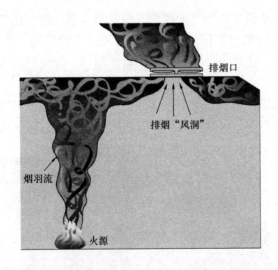

图 22-23　排烟口的最高临界排烟量示意图

　　自然排烟系统是利用火灾热烟气的浮力作为排烟动力，其排烟口的排放率在很大程度上取决于烟气的厚度和温度。

　　【例 22-6】计算举例：某商场，平面尺寸为 50m×30m，净高为 5m，该商场设置有自动喷水灭火系统，现采用自然排烟系统进行设计，排烟窗采用顶部安装，自然补风。计算所需自然排烟口的面积是多少？

【解】

设有喷淋的商场火灾规模为 3MW，根据公式计算：

首先确定清晰高度：$H_q = 1.6 + 0.1 \times 5 = 2.1\text{m}$

烟层厚度：$d_b = 5 - 2.1 = 2.9\text{m}$；

C_v 取 0.6；

采用轴对称羽流计算烟羽流质量流量：$M_p = 0.071 Q_c^{1/3} Z^{5/3} + 0.0018 Q_c$

$$Q_c = 0.7Q = 0.7 \times 3000 = 2100\text{kW}$$

$$Z = 2.1\text{m}$$

计算得到 $M_p = 6.91\text{kg/s}$；

烟气层温升：

$$\Delta T = KQ_c / M_p C_p = 0.5 \times 2100 / (6.91 \times 1.0) = 152\text{K}；$$

$$T = T_0 + \Delta T = 293 + 152 = 445\text{K}$$

设定 $A_0 = 3\text{m}^2$，则所需最小排烟开口面积为 4.1m^2。

第七节　防烟排烟系统主要部件

防排烟设备是防排烟系统的重要组成部分，也是防排烟系统正常运行的保障，本章将重点介绍防排烟系统的主要组成部件、设备工作原理、性能及其参数。

一、机械加压送风系统主要组成部件

机械加压送风系统是依靠机械力的作用，向建筑内部的防烟楼梯间、前室或避难层等区域送入新鲜空气，从而形成正压、防止火灾烟气侵入的系统，该系统主要由加压送风机、送风口、送风管道、进风口、余压阀、风机控制箱、配电箱等部件组成。

1. 加压送风机

机械加压送风系统中，最重要的组件即为加压送风机，常见的加压送风机包括轴流风机和离心风机。图 22-24 即为设置在建筑物屋顶的轴流式机械加压送风机。

图 22-24　设置在建筑物屋顶的机械加压送风机

2. 加压送风口（阀）

加压送风口是设置在建筑内部需要加压送风防烟部位的送风装置，根据其形式和使用部位要求的不同，可以分为常开式送风口和常闭式送风口。根据《建筑防烟排烟系统技术规范》的规定，楼梯间内一般采用自垂百叶式常开送风口，而前室、合用前室内一般采用的是常闭式送风口。

图 22-25 所示即为自垂百叶式常开加压送风口，这种送风口无论有无火灾，一直处于开启状态，火灾时无需进行任何启动操作，风机开启后即可进行送风。

图 22-26 所示为多叶送风口构造示意图。

图 22-25　设置在楼梯间内的自垂百叶式常开送风口

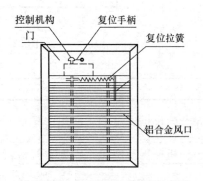

图 22-26　多叶送风口构造示意图

3. 加压送风管道

加压送风机与送风口之间，必须有送风管道相连。目前常用的加压送风管道，有金属型的和非金属型的两种类型。

4. 进风口

根据《建筑防烟排烟系统技术规范》的规定，机械加压送风系统的进风口宜直通室外，且风机进风口宜设置在机械加压送风系统的下部，且应采取防止烟气侵袭的措施。进风口安装时，应尽量避免与排烟系统的出风口设置在同一层面上，必须设置在同一层面上时，送风机的进风口与排烟机的出风口应分开布置，竖向布置时。送风机进风口应设置在排烟机出风口的下方，且两者边缘的最小垂直距离不小于 3m；水平布置时，两者边缘最小水平距离不小于 10m。

5. 余压阀

余压阀是为了维持一定的加压空间静压、实现其正压的无能耗自动控制而设置的设备，它是一个单向开启的风量调节装置，按静压差来调整开启度，用重锤的位置来平衡风压，图 22-27 所

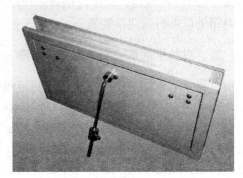

图 22-27　余压阀实物图

示为余压阀实物图，图 22-28 为余压阀构造示意图。在机械加压送风系统中，余压阀一般设置在楼梯间与前室和前室与走道之间的隔墙上。其目的是当机械加压送风系统向楼梯间或前室送风产生的压力过高时，空气通过余压阀进行泄放，使楼梯间和前室能维持各自适宜的正压。表 22-12 为余压阀常见规格。

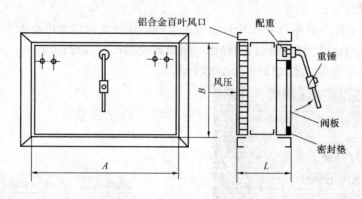

图 22-28　余压阀构造示意图

余压阀常见规格　　　　　　　　　　　　　　表 22-12

序　号	规格（mm×mm）	序　号	规格（mm×mm）
1	300×150	5	600×200
2	400×150	6	600×250
3	450×150	7	800×300
4	500×200		

6. 风机控制箱

风机控制箱是机械加压送风机最末一级的直接控制装置，在风机控制箱上，安装有直接启动、停止风机的控制按钮，并安装有风机通电、运行状态的指示灯，能够现场控制加压送风机的启动、停止，并显示相应的通电和工作状态。此外，在风机的控制箱上，还安装有整个系统手动/自动状态的切换按钮，控制整个机械加压送风系统的工作状态。根据规范要求，工作状态下，该切换按钮应处于自动状态。

7. 配电箱

风机的配电箱，担负着向风机控制箱供电的任务。根据《建筑设计防火规范》GB 50016—2014 的规定，对于防烟排烟风机房的消防用电设备，应在其配电线路最末一级的配电箱处设置自动切换装置。

二、自然排烟系统的主要组成部件

自然排烟系统是应用在建筑物的房间、走廊、中庭等场所，依靠可开启外窗等自然排烟设施实现火灾时排烟的系统。自然排烟系统的主要组成部件即为自然排烟窗。

自然排烟窗包括普通手动排烟窗和电动排烟窗两种不同类型。普通手动排烟窗没有电动开启装置，构造简单，此处不做详细介绍。电动排烟窗设置在火灾时需要自动开启窗口进行自然排烟的房间、走道或中庭等场所内部，平时呈关闭状态，火灾时通过火灾报警系统自动联动开启或手动开启，其主要组成部分包括排烟窗、开窗机、排烟窗控制箱、手动控制按钮等。

三、机械排烟系统的主要组成部件

机械排烟系统的主要组成部分包括机械排烟风机、排烟口（阀）、排烟管道、排烟防火阀以及控制箱、配电箱等。

1. 排烟风机

排烟风机是整个机械排烟系统中最重要的组成部件，是排烟系统产生动力的机构，如图 22-29 所示。排烟风机的主要功能是在火灾情况下及时开启，组织室内高温的火灾烟气流向室外排出，因此要求排烟风机在高温下能够可靠连续运行，根据《建筑设计防火规范》GB 50016—2014 的规定，消防高温排烟风机必须能够在 280℃ 的条件下连续运行 30min。

排烟风机的机身上都带有铭牌，在铭牌上会明确标识出风机的类型、风量、风压、功率、生产日期及生产厂家等相关信息。同时，在机身上还会标识出该风机正确安装时叶片的旋转方向和气流的流动方向，在安装风机的过程中，必须特别注意机身上的方向指向箭头，只有叶片旋转方向与箭头指示方向一致，排烟风机才能产生拍向室外的气流方向，否则风机在发生火灾时将无法起到应有的作用。

2. 排烟口（阀）

排烟口（阀）安装机械排烟系统各支管端部，是排烟时建筑内部火灾烟气的吸入口，平

图 22-29　消防高温排烟风机

时呈关闭状态，火灾时电动或手动打开，风机开启后即可进行排烟。图 22-30 为多叶排烟口构造示意图，由阀体、叶片、执行机构等部件组成。

除上述常见的多叶排烟口外，建筑物中还有一种较常见的排烟口，板式排烟口。图 22-31 所示即为板式排烟口，这种排烟口平时也为常闭状态，火灾时通过报警系统联动开启或手动开启，进行排烟。图 22-32 为板式排烟口构造示意图。板式排烟口无论是以联动方式自动开启还是通过手动方式开启后，都必须通过手动的方式进行复位。

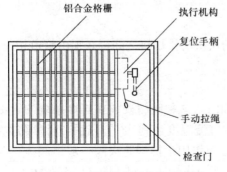

图 22-30　多叶排烟口构造示意图

图 22-31　板式排烟口

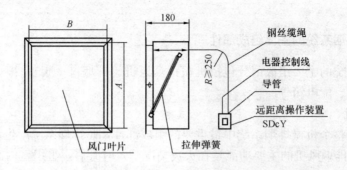

图 22-32　板式排烟口构造示意图

矩形排烟口常见规格如表 22-13 所示。

矩形排烟口常见规格　　　　　　　　　表 22-13

排烟口（阀）公称宽度 W	排烟阀口公称高度 H									
	250	320	400	500	630	800	1000	1250	1600	2000
250	√	√	√	√	√	√				
320		√	√	√	√	√	√			
400			√	√	√	√	√	√		
500				√	√	√	√	√	√	
630					√	√	√	√		
800						√	√	√		√
1000							√	√		√
1250								√	√	√

注：√为常用规格。

圆形排烟口的规格用公称直径 ϕ 来表示，单位为 mm，常用的规格有 280，320，360，400，450 等。

3. 排烟管道

与机械加压送风系统一样，机械排烟系统的风机与排烟口之间也必须由管道相连，且排烟管道也包括金属管道和非金属管道两大类。

4. 排烟防火阀

排烟防火阀是机械排烟系统中特有的一种阀门，这种阀门安装在排烟系统的管道中，平时呈开启状态，发生火灾后，当排烟管道内的气流温度达到 280℃以后，排烟防火阀在温控元件的作用下自行关闭，起到阻隔高温烟气的作用。排烟防火阀一般由阀体、叶片、执行机构和温感控制元件等组成。图 22-33 所示即为排烟防火阀。图 22-34 所示为排烟防火阀构造示意图。图 22-35 为排烟防火阀温度熔断装置构造示意图。

图 22-33　排烟防火阀

1—执行机构；2—阀体；3—温感控制
器（温度熔断器）；4—叶片

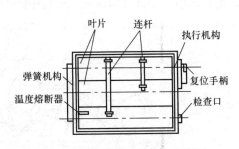

图 22-34　排烟防火阀构造示意图

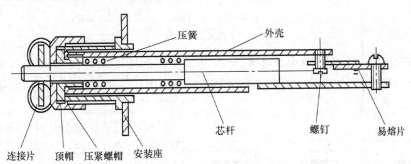

图 22-35　排烟防火阀温度熔断器构造示意图

四、自动挡烟垂壁的主要组成部件

设置挡烟垂壁的目的是划分防烟分区、在一定时间内阻止烟气的蔓延扩散并进行排烟。挡烟垂壁有固定挡烟垂壁和自动挡烟垂壁两种类型。在建筑内部不适宜设置固定挡烟垂壁的场所，一般设置的是自动挡烟垂壁。自动挡烟垂壁的组成部分主要包括挡烟垂壁、控制箱、手动控制按钮等。

五、防排烟风机分类及性能参数

风机是一种用于输送气体的机械，它是将原动机的机械能转换成流经其内部流体的压力能的设备。在建筑物防排烟系统中，风机是有组织的往室内送入新鲜空气或排出室内火灾烟气的输送设备，是机械排烟系统和加压送风系统中必不可少的部分，在防排烟系统中起着至关重要的作用。

（一）风机的分类

1. 根据作用原理分

根据作用原理风机分为离心式风机、轴流式风机和贯流式风机。

（1）离心式风机

离心式风机由叶轮、机壳、转轴、支架等部分组成，叶轮上装有一定数量的叶片，如图22-36所示。气流从风机轴向入口吸入，经90°转弯进入叶轮中，叶轮叶片间隙中的气体被带动旋转而获得离心力，气体由于离心力的作用向机壳方向运动，并产生一定的正压力，由蜗壳汇集沿切向引导至排气口排出，叶轮中则由于气体离开而形成了负压，气体因而源源不断地由进风口轴向地被吸入，从而形成了气体被连续地吸入、加压、排出的流动过程。

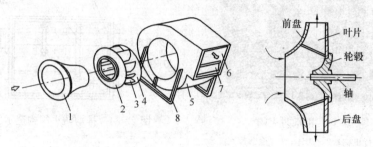

图 22-36　离心式风机的组成

1—吸入口；2—叶轮前盘；3—叶片；4—后盘；5—机壳；

6—出口；7—截流盘（风舌）；8—支架

根据离心式风机提供的全压不同分为高、中、低压三类，高压离心风机全压大于3000Pa，中压离心风机全压介于 1000Pa 和 3000Pa 之间，低压离心风机全压不超过 1000Pa。

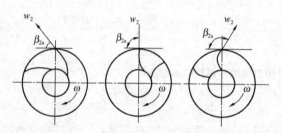

图 22-37　离心式风机的叶片形式

离心式风机根据叶片的出口安装角度分为前向式、后向式、径向式三种。前向式叶片出口安装角度 $\beta_{2a}>90°$，径向式叶片出口安装角度 $\beta_{2a}=90°$，后向式叶片出口安装角度 $\beta_{2a}<90°$，如图 22-37。

（2）轴流式风机

轴流式风机的叶片安装在旋转的轮毂上，当叶轮由电动机带动而旋转时，将气流从轴向吸入，气体受到叶片的推挤而升压，并形成轴向流动，由于风机中的气流方向始终沿着轴向，故称为轴流式风机，如图 22-38 和图 22-39。

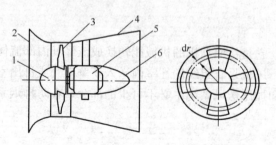

图 22-38　轴流式风机的组成

1—轮毂；2—前整流罩口；3—叶轮；4—扩压管；

5—电动机；6—后整流罩

图 22-39　轴流风机实物图

　　根据风机提供的全压，轴流风机分为高压风机和低压风机两种，其中高压轴流风机全压不小于 500Pa，低压轴流风机全压小于 500Pa。轴流式风机按叶片的型式可分为板型和机翼型，而且有扭曲和非扭曲之别。按结构可分为筒式和风扇式两种。

　　在轴流风机中有一种用于公路、铁路交通隧道内通风换气用的风机，称为隧道用射流风机。它是在轴流风机进风口、出风口带圆筒式消声器，它的进出口端为流线型喷嘴，内壁为穿孔板，中间填充防水吸声材料。隧道用射流风机一般悬挂在隧道顶部或两侧，不占用交通面积，不需另外修建风道。土建造价低，是一种很经济的通风方式。

　　隧道用射流风机是由风机产生的高速喷射气流，推动隧道内的污浊空气顺着射流方向运动。流经隧道的总空气流量的一部分被风机吸入，叶轮做功后，由出口高速喷出，高速气流将把能量传给隧道内的空气，推动隧道内的空气一起向前流动，当流动速度衰减到某一值时，下一组风机继续工作。这样，实现了从隧道进口端吸入新鲜空气，从出口端排除污染空气。

　　隧道用射流风机输送介质为空气，适用的环境温度为 $-25 \sim +500 ℃$，介质中含尘量和其他固体杂质的含量不大于 $100 mg/m^3$ 并无黏性和无纤维物质。

　　在轴流风机中有一种地铁轴流通风机。它一般用于地铁环控系统内的通风换气，分为两大系列：一大系列为可逆转式，另一大系列为单向运转式。可逆转式通过改变电机旋向可实现反向通风，反风量接近正风量的 100%，单向运转式为只能单向通风的地铁轴流通风机。从使用场所上分车站大系统的集中式全空气系统用、隧道中间风井用和车站设备管理用房或空调通风机房用；从使用功能上分送风、排风和排烟功能。地铁风机与其配套的消声器、风阀等附件构成地铁环控系统通风设备的主要组成设备。

　　(3) 混流风机

　　混流风机（又叫斜流风机）的外形、结构都是介于离心风机和轴流风机之间是介于轴流风机和离心风机之间的风机，斜流风机的叶轮高速旋转让空气既做离心运动又做轴向运动，既产生离心风机的离心力，又具有轴流风机的推升力，机壳内空气的运动混合了轴流与离心两种运动形式。斜流风机和离心风机比较，压力低一些，而流量大一些，它与轴流风机比较，压力高一些，但流量又小一些。斜流风机具有压力高、风量大、高效率、结构紧凑、噪音低、体积小、安装方便等优点。斜流式风机外形看起来更像传统的轴流式风机，机壳可具有敞开的入口，排泄壳缓慢膨胀，以放慢空气或气体流的速度，并将动能转换为有用的静态压力。

　　斜流风机广泛应用于宾馆、饭店、商场、写字楼、体育馆等高级民用建筑的通排风、管道加压送风及工矿企业的通风换气场所。

　　在建筑防排烟工程中，排烟风机可采用排烟轴流风机、斜流风机或离心式风机，加压送风风机可采用轴流风机和中、低压离心风机。

　　2. 根据风机的用途分

　　根据风机的用途，可以将风机分为一般用途风机，排尘风机、防爆风机、防腐风机、消防用排烟风机、屋顶风机、高温风机、射流风机等。

　　在建筑防排烟工程中，由于加压送风系统输送的是一般的室外空气，因此可以采用一般用途风机，而排烟系统中的风机可采用消防用排烟风机。

　　另外，根据风机的转速将风机分为单速风机和双速风机。通过改变风机的转速可以改变风机的性能参数，以满足风量和全压的要求，并可实现节能的目的。双速风机采用的是双速电机，通过接触器改变极对数得到两种不同转速。

（二）风机的性能参数

风机的性能是以它的性能参数表示的，其性能参数主要有额定工况下的风量 Q、全压 P、转速 n、功率 N、效率 η 等。

1. 风量

风量是指标准工况（$t=20℃$，$p=101.3kN/m^2$，$\varphi=50\%$）下单位时间内流过风机入口的气体体积流量，单位为 m^3/s 或 m^3/h。实际工况不是标准工况时，需要进行换算，若实测的流量和密度为 Q_1 和 ρ_1，则标准工况下的流量，见式（22-23）。

$$Q=\frac{Q_1\rho_1}{1.2} \tag{22-23}$$

2. 全压

风机的全压是指单位体积流体流过风机后所获得的能量增加值（全压值），即气体在风机出口和进口的全压值之差，用 P 表示，单位为 N/m^2 或 Pa。

3. 转速

转速是指风机叶轮每分钟的转数，用 n 表示，单位为 r/min。

4. 功率

风机的功率是指输入功率，即原动机传到风机转轴上的功率，也称为轴功率，用 N 表示，单位为 W 或 kW。

5. 效率

单位时间内流体从风机得到的实际能量，称为有效功率，用 N_e 表示，单位为 W 或 kW。

风机效率是指有效功率与轴功率之比，用 η 表示，如式（22-24）所示。它表示输入的轴功率被流体的利用程度，风机的效率，通常是由实验确定的。

$$\eta=\frac{N_e}{N} \tag{22-24}$$

（三）风机的命名方法

风机的命名方法如图 22-40 所示。

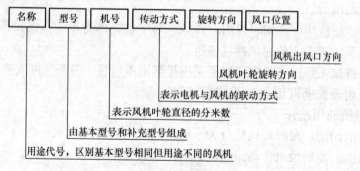

图 22-40 风机的命名

例如，Y4-72-11No8C 右 90°型号离心风机，其中：

"Y"为风机用途代号，目的是为了区分采用相同基本型号但用途不同的风机，采用汉语拼音第一个字母来表示，风机用途代号见表22-14；

"4-72"为风机基本型号，"4"表示压力系数乘以10取整数值，"72"为风机在最高转数点时的比效率；

"11"为补充型号，两个数字分别表示风机进口的吸入型式和设计次数，风机进口吸入形式代号见表22-15所示；

"No8"为风机机号，用风机叶轮直径的分米数表示，"8"就表示该风机叶轮直径为8分米；

"C"表示风机的传动方式，传动方式代号见表22-16。

风机用途代号　　　　　　　　　　　　　　　　　表 22-14

用途	汉字	汉语拼音	代号
排尘除灰	尘	CHEN	C
输送煤粉	煤	MEI	M
防腐蚀	腐	FU	F
工业炉吹风	炉	LU	L
冷却塔通风	冷	LENG	L
一般通风换气	通	TONG	T
耐高温	温	WEN	W
防爆炸	爆	BAO	B
矿井通风	矿	KUANG	K
电站锅炉引风	引	YIN	Y
电站锅炉通风	锅	GUO	G
特殊用途	特	TE	T

风机进口型式代号　　　　　　　　　　　　　　　表 22-15

风机进口型式	双侧吸入	单侧吸入	二级串联吸入
代号	0	1	2

风机传动方式代号　　　　　　　　　　　　　　　表 22-16

风机传动方式	无轴承电机直联传动	悬臂支撑皮带轮在轴承中间	悬臂支撑皮带轮在轴承中间	悬臂支撑联轴器传动	双支撑皮带轮在外侧	双支撑联轴器传动
代号	A	B	C	D	E	F

（四）防排烟工程对风机的要求

建筑物防排烟工程的风机，加压送风风机与一般的送风风机没有区别，而排烟风机除具备一般工程中所用的风机的性能外，还应满足以下要求：

（1）排烟风机排出的是火灾时的高温烟气，因此排烟风机应能够保证烟气温度低于85℃时长时间运行，在烟气温度为280℃的条件下连续工作不小于30min（地铁用轴流风机需要在250℃高温下可连续运转1h），当温度冷却至环境温度时仍能连续正常运转。当排烟风机及系统中设置有软接头时，该软接头应能在280℃的环境条件下连续工作不少于 30min。

（2）排烟风机可采用离心风机或消防专用排烟轴流风机，风机采用不燃材料制作，耐高温变形小。排烟专用轴流风机必须有国家质量检测认证中心，按照相应标准进行性能检测的报告。普通离心式通风机是按输送密度较大的冷空气设计的，当输送火灾烟气时风量保持不变，由于烟气密度小，风机功耗小，电机线圈发热量小，这对风机有利。

（3）排烟风机的全压应满足排烟系统最不利环路的要求，考虑排烟风道漏风量的因素，排烟量应增加 10%～20% 的富余量。

（4）在排烟风机入口或出口处的总管应设置排烟防火阀，当烟气温度超过 280℃ 时排烟防火阀能自行关闭，该阀应与排烟风机连锁，该阀关闭时排烟风机应能停止运转。

（5）加压风机和排烟风机应满足系统风量和风压的要求，并尽可能使工作点处在风机的高效区。机械加压送风风机可采用轴流风机或中、低压离心风机，送风机的进风口宜直接与室外空气相通。

（6）高原地区由于海拔高，大气压力低，气体密度小。对于排烟系统在质量流量、阻力都相同时，风机所需要的风量和风压都比平原地区的大，不能忽视当地大气压力的影响。

（7）轴流式消防排烟通风机应在风机内设置电动机隔热保护与空气冷却系统，电动机绝缘等级应不低于 F 级。

（8）轴流式消防排烟通风机电动机动力引出线，应由耐温隔热套管包容或采用耐高温电缆。

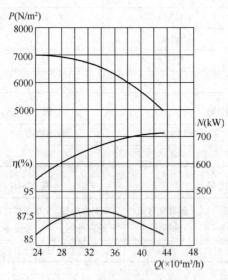

图 22-41　离心式风机的性能曲线

（五）风机的性能曲线及工作点

1. 风机的性能曲线

风机的性能通常用性能曲线来表示。性能曲线是指在一定转速下，以流量为基本变量，其他各性能参数随流量改变而变化的关系曲线。通常有流量-全压曲线（Q-P）、流量-功率曲线（Q-N）、流量-效率曲线（Q-η）等。

图 22-41 为离心式风机的性能曲线，这种离心式风机的全压 P 是随着风量 Q 的增大而降低的，而所消耗的功率 N 则是随着风量 Q 的增大而增长的。而风机的效率 η 开始随着风量 Q 的增大而增大，当风量达到某一定值时，效率最高，其后，效率随着风量的继续增大而降低。正确选用的风机，应该能在高效率区域内工作。目前国内提供的风机产品目录中的性能选用表中对每一转速下的风机性能是将最高效率 90% 范围内的性能按流量等分为 5 个工况点，以供选用，对超过该性能范围的风机，不应使用。

图 22-42 为轴流风机的性能曲线从图中可以看出，风压性能曲线 P-Q 随流量增加风压先减小而后增加，而后又减小，左侧呈马鞍形，在一定流量范围内，风量减小时，风压增大，流量为零时风压最大。风机效率随着流量增加先增大而后减小，最高效率点在风压峰

值附近。功率随流量增加而减小，在流量为零时，N 达到最大值，此时为最高效率时功率的 1.2～1.4 倍，因此在启动时应保证管路畅通、阻力最小，以防止电动机启动式超载现象。

斜流风机的性能曲线形状介于离心风机和轴流风机之间，对于高压力斜流风机，其流量与压力、流量与功率的相互关系变化规律接近于离心风机，在使用上，可采用关闭阀门启动，这时功率最小，动力机安全。对于低压力混流风机，性能参数之间的变化规律接近于轴流风机，在使用上，不宜采用关阀启动，而应该开阀启动，这时功率比较小，电动机不容易被烧毁。

2. 风机工作点的确定

在 $Q\text{-}P$ 坐标系中画出管路特性曲线，再按同一比例画出所选用的风机性能曲线，两曲线交点就是风机在此管路中运行的工况点或称工作点。图 22-43 中，曲线 AB 为风机的性能曲线，曲线 CE 为管路的特性曲线，两者的交点 D 为风机在管路中的工作点，此时应看 Q_D、P_D 是否满足工程设计要求，以及 η_D 是否在高效区，若都满足则所选用的风机经济和恰当。

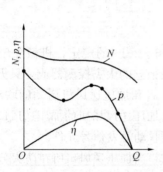

图 22-42　轴流风机的性能曲线

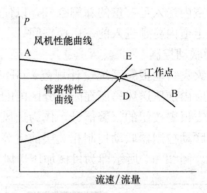

图 22-43　风机的工作点

（六）风机选型中应注意的问题

应根据被输送的介质性质选择不同用途的风机，如输送常温空气可选用普通风机，又如连续排除高温烟气则应选用耐温型风机。实验表明在防排烟工程中无论是送风系统还是排烟系统采用普通离心式通风机都是可行的。对于离心式风机应根据现场安装位置选择风机的旋转方向和出口方位，使管道连接方便弯头尽可能减少，并便于运行中的维护和检修。

高原地区，由于海拔高，大气压力低，气体的密度小，当烟风系统的质量流量和阻力相同时，风机所需要的风量、风压都要比平原地区的大。为简化计算，在进行风机选型时可不考虑当地大气压力的影响。但是，对于高原地区，则不允许忽视当地大气压力的影响。

第八节　防烟排烟系统联动控制

当火灾发生时，在安装有火灾自动报警系统的建筑内，报警系统的触发原件会首先探测到火警信号并报警，同时联动启动相应的消防设施，而防排烟系统就是其中最重要的消防系统之一。

火灾发生后，受联动信号控制的自动挡烟垂壁、自动排烟窗、机械加压送风设施、机械排烟设施等，均应能够在联动信号的控制下自动启动运行，以实现系统的防烟或排烟作用，从而阻止火灾烟气的蔓延扩散，并及时将之排出室外。此外，为了提高防排烟系统的可靠性、及时有效的控制系统运行，对于不同的防排烟设施，还应该在自动联动控制的同时，能够实现手动方式的控制。

一、防烟系统的控制

防烟系统的控制包括自动联动控制方式和手动控制方式两种不同类型。采用机械加压送风方式的防烟系统应与火灾自动报警系统联动。

（一）加压送风系统的控制

对于采用机械加压送风方式的防烟楼梯间、防烟楼梯间前室及合用前室来说，发生火灾时，常闭式送风口和加压送风机应自动启动（楼梯间内的常开式送风口不受影响），向楼梯间及前室内送入足够量的新鲜空气，以使这些部位维持相对的正压，防止火灾烟气由起火房间及走道内蔓延进入前室后楼梯间。

1. 自动联动控制

根据《火灾自动报警系统设计规范》GB 50116—2013 的规定，机械加压送风系统的联动控制，应由加压送风口所在防火分区内的两只独立的火灾探测器或一只火灾探测器与一只手动火灾报警按钮的报警信号，作为送风口开启和加压送风机启动的联动触发信号，并应由消防联动控制器联动控制相关层前室等需要加压送风场所的加压送风口开启和加压送风机启动。图 22-44 所示即为机械加压送风系统联动触发信号元件。

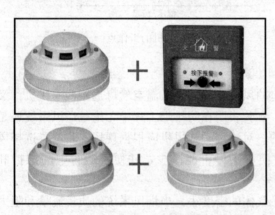

图 22-44　机械加压送风系统联动触发元件

当加压送风口所在防火分区内发生火灾时，如果只有一个报警信号传递到火灾报警控制器，消防联动控制器并不发出控制信号，加压送风口及加压送风风机均不启动，只有当两个独立的报警信号传递到火灾报警控制器后，消防联动控制器才会输出命令，通过模块的输出功能控制，控制机械加压送风机启动运行，且开启相关楼层前室的常闭式送风口。当送风机启动运行、送风口开启后，还应通过模块的输入功能，向火灾报警控制器反馈相应风机和送风口的动作信号。此外，当系统中任一个常闭式加压送风口开启时，无论是手动开启还是自动开启，机械加压送风机均应自动启动。

2. 手动控制

根据《火灾自动报警系统设计规范》GB 50116—2013 的规定，防烟系统的手动控制方式，应能在消防控制室内的消防联动控制器上手动控制送风口、电动挡烟垂壁的开启或关闭及防烟风机等设备的启动或停止，防烟风机的启动、停止按钮应采用专用线路直接连接至设置在消防控制室内的消防联动控制器的手动控制盘，并应直接手动控制防烟风机的启动、停止。

（1）加压送风机的手动控制

加压送风机应能实现下列几种手动控制方式：多线手动控制、总线手动控制及现场手动控制。

多线手动的控制方式，即在消防联动控制器的多线手动控制盘上，直接采用专用回路将手动控制按钮与加压送风风机控制箱连接，实现对风机的远程直接启动、停止控制。多线手动控制虽然可靠性高，但布线复杂，因此一般只对可靠性要求高的设备设置多线手动控制方式，如机械加压送风机、机械排烟风机等。

总线手动控制，即在消防联动控制器的总线手动控制盘上，设置加压送风机的总线手动启动按钮，实现风机的远程总线手动启动、停止操作。

除多线远程直启、总线手动启动外，加压送风机还必须能实现现场的手动启动、停止操作，即风机现场控制箱上手动控制按钮的启动和停止。

（2）常闭式加压送风口的手动控制

常闭式加压送风口一般设置在防烟楼梯间的前室或合用前室内，平时呈关闭状态，火灾发生后，受火灾自动报警系统的控制联动打开相应楼层前室或合用前室内的送风口。

常闭式送风口的开启方式，除接受火灾自动报警系统的联动控制外，还应在消防联动控制器的总线手动控制盘上，设置总线手动控制按钮，以实现常闭式送风口的远程手动启动。

除总线手动控制外，常闭式送风口还能实现现场的手动控制。通过拉动执行机构上的手动控制拉环，即能打开常闭式送风口。无论常闭式送风口是通过手动方式还是自动联动方式开启，则均需手动操作执行机构手柄，以使开启的送风阀叶片回复关闭状态。

（二）电动挡烟垂壁的控制

电动挡烟垂壁安装在吊顶或楼板下，或隐藏在吊顶中。当其所处区域未发生火灾时，挡烟垂壁收起，不影响空间使用；而当其所处区域发生火灾后，电动挡烟垂壁自动下垂，起到划分防烟分区、阻止火灾烟气蔓延扩散的作用。电动挡烟垂壁的组成，包括挡烟垂壁、手动控制按钮、控制箱等。

1．自动联动控制

电动挡烟垂壁的联动控制，应由同一防烟分区内且位于电动挡烟垂壁附近的两只独立的感烟火灾探测器的报警信号，作为电动挡烟垂壁降落的联动触发信号，并应由消防联动控制器联动控制电动挡烟垂壁的降落。

火灾发生时，当电动挡烟垂壁附近位于同一防烟分区内的两只感烟火灾探测器的报警信号传递至火灾报警控制器后，消防联动控制器通过输出模块将控制信号传递至电动挡烟垂壁控制箱，控制挡烟垂壁自动降落，同时控制箱上对应下降动作的指示灯亮，挡烟垂壁降落至下位限位器后，停止降落。输入模块向火灾报警控制器反馈挡烟垂壁动作信号。

2．手动控制

与机械加压送风系统中的常闭式送风口一样，电动挡烟垂壁也有总线手动控制和现场手动控制两种手动控制方式。

在消防联动控制器的总线手动控制盘上，设置电动挡烟垂壁的总线手动控制按钮，以实现远程手动控制电动挡烟垂壁的动作，并向火灾报警控制器反馈动作信号。

此外，在电动挡烟垂壁的设置现场，还应能够手动操作挡烟垂壁的动作。电动挡烟垂壁手动控制按钮能够通过手动操作，实现挡烟垂壁的下降、上升及动作停止的操作。

（三）防烟系统联动控制要求

根据《建筑防排烟设计技术规范》的规定，防烟系统的联动控制，还应符合下列规定：

（1）当防火分区内火灾确认后，应能在15s内联动开启常闭加压送风口和加压送风机，并应符合下列要求：

1）应开启该防火分区楼梯间的全部加压送风机；

2）当防火分区不跨越楼层时，应开启该防火分区内前室及合用前室的常闭加压送风口及其加压送风机；

3）当防火分区跨越楼层时，应开启该防火分区内全部楼层的前室及合用前室的常闭加压送风口及其加压送风机。

（2）机械加压送风系统宜设有测压装置及风压调节措施。

（3）消防控制设备应显示防烟系统的送风机、阀门等设施启闭状态。

二、排烟系统的控制

排烟系统的控制也包括自动联动控制方式和手动控制方式两种不同类型。根据《火灾自动报警系统设计规范》GB 50116—2013的规定，排烟系统的联动控制应符合下列规定：

（1）应由同一防烟分区内的两只独立的火灾探测器的报警信号，作为排烟口、排烟窗或排烟阀开启的联动触发信号，并应由消防联动控制器联动控制排烟口、排烟窗或排烟阀的开启，时停止该防烟分区的空气调节系统。

（2）应由排烟口、排烟窗或排烟阀开启的动作信号，作为排烟风机启动的联动触发信号，并应由消防联动控制器联动控制排烟风机的启动。

《火灾自动报警系统设计规范》同时规定，排烟系统的手动控制方式，应能在消防控制室内的消防联动拉制器上手动控制排烟口、排烟阀、排烟窗的开启或关闭及排烟风机等设备的启动或停止，排烟风机的启动、停止按钮应采用专用线路直接连接至设置在消防控制室内的消防联动控制器的手动控制盘，并应直接手动控制排烟风机的启动、停止。

（一）排烟口（阀）的控制

排烟口（阀）平时呈常闭状态，当火灾发生时，可以通过联动或手动的方式打开。

1. 自动联动控制

发生火灾时，当排烟口所在防烟分区内，任意两只独立的感烟火灾探测器发出报警信号，消防联动控制器应控制相应的常闭式排烟口（阀）开启，并向火灾报警控制器反馈动作信号。只有当其所在防烟分区内有两个独立火警信号传递至火灾报警控制器后，排烟口（阀）才会联动开启，只有一个火警信号该设备是不会自动开启的。

2. 手动控制

常闭式排烟口（阀）的开启方式，除接受火灾自动报警系统的联动控制外，还应在消防联动控制器的总线手动控制盘上，设置总线手动控制按钮，以实现常闭式排烟口（阀）的远程手动启动。

除总线手动控制外，常闭式排烟口（阀）还能实现现场的手动控制。通过拉动执行机构上的手动控制拉环，即能打开常闭式排烟口（阀）。无论常闭式排烟口（阀）是通过手动方式还是自动联动方式开启，则均需手动操作执行机构手柄，以使开启的排烟口（阀）叶片回复正常的关闭状态。

（二）电动排烟窗的控制

电动排烟窗，一般装设在需要进行自然排烟的房间、中庭或走道内部。建筑内无火灾发生时，电动排烟窗处于关闭状态，当有火灾发生时，电动排烟窗可以通过联动或手动的方式打开。

1. 自动联动控制

发生火灾时，当电动排烟窗所在防烟分区内，任意两只独立的感烟火灾探测器发出报警信号，消防联动控制器应控制相应的电动排烟窗开启，并向火灾报警控制器反馈动作信号。与常闭式排烟口一样，只有当其所在防烟分区内有两个独立火警信号传递至火灾报警控制器后，电动排烟窗才会联动开启，只有一个火警信号该设备是不会自动开启的。

2. 手动控制

电动排烟窗的开启方式，除接受火灾自动报警系统的联动控制外，还应在消防联动控制器的总线手动控制盘上，设置总线手动控制按钮，以实现电动排烟窗的远程手动启动。

除总线手动控制外，电动排烟窗还能实现现场的手动控制，通过按动按钮上的上升、下降、停止按钮，可实现相应动作操作。

（三）排烟风机的控制

排烟风机是整个机械排烟系统当中最重要的组成部分，其控制的可靠性对整个机械排烟系统功能的发挥起着至关重要的影响作用。

根据《建筑防排烟系统技术规范》的规定，机械排烟风机，必须具备以下几种控制方式：现场手动启动；消防控制室手动启动；火灾自动报警系统自动启动；系统中任一排烟阀或排烟口开启时，排烟风机、补风机自动启动；排烟防火阀在280℃时应自行关闭，并应连锁关闭排烟风机。

1. 自动联动控制

根据《火灾自动报警系统设计规范》GB 50116—2013 的规定，机械排烟系统的联动控制，应由排烟口、排烟窗或排烟阀开启的动作信号，作为排烟风机启动的联动触发信号，并应由消防联动控制器联动控制排烟风机的启动。

由上述规定可知，当火灾自动报警系统的触发原件，即火灾探测器等发出报警信号后，并不直接联动启动排烟风机，只能联动启动相应的排烟口（阀）、电动排烟窗。只有当排烟风机所担负排烟任务的防烟分区中，常闭式排烟口（阀）或电动排烟窗开启的信号传递至火灾报警控制器后，消防联动控制器才会发出命令，控制相应的排烟风机自动启动运行。

2. 手动控制

机械排烟风机应能实现下列几种手动控制方式：多线手动控制、总线手动控制及现场手动控制。

多线手动的控制方式，即在消防联动控制器的多线手动控制盘上，直接采用专用回路将手动控制按钮与排烟风机控制箱连接，实现对风机的远程直接启动、停止控制。与机械加压送风机一样，机械排烟风机由于在系统中作用极为重要，也应设置多线手动直启按钮。

除多线手动直启按钮外，机械排烟风机还应在消防联动控制器总线手动控制盘上，设置总线启动按钮，实现排烟风机的远程总线手动启动、停止操作。

除多线远程直启、总线手动启动外，与机械加压送风机相同，机械排烟风机也必须能实现现场的手动启动、停止操作，即风机现场控制箱上手动控制按钮的启动和停止操作。

在上述控制方式以外，机械排烟风机还有一种比较特殊的控制方式。根据《建筑防火设计规范》GB 50016—2014 的规定，在排烟风机入口处，必须设置平时常开、280℃时能够自动关闭的排烟防火阀。排烟防火阀设置的目的是在排烟管道内火灾烟气温度过高时，切断管道内的气流，从而保护机械排烟风机不受损坏。根据《建筑防排烟系统技术规范》的规定，当设置在排烟风机入口处的排烟防火阀关闭时，必须连锁停止风机的运行，并向火灾报警控制器反馈动作信号。

（四）排烟系统联动控制要求

根据《建筑防排烟系统技术规范》的规定，排烟系统的联动控制，还应符合下列规定：

（1）除手动自然排烟窗、固定采光带（窗）外，排烟系统应与火灾自动报警系统联动，其联动控制应符合现行国家标准《火灾自动报警系统设计规范》GB 50116 的有关规定。

（2）当火灾确认后，担负两个及以上防烟分区的排烟系统，应仅打开着火防烟分区的排烟阀或排烟口，其他防烟分区的排烟阀或排烟口应呈关闭状态。

（3）当一个排烟系统负担多个防烟分区时，排烟支管应设 280℃ 自动关闭的排烟防火阀。

（4）机械排烟系统中的常闭排烟阀或排烟口应具有火灾自动报警系统自动开启、消防控制室手动开启和现场手动开启功能，其开启信号应与排烟风机联动。当火灾确认后，火灾自动报警系统应在 15s 内联动开启同一排烟区域的全部排烟阀、排烟口、排烟风机和补风设施，并应在 30s 内自动关闭与排烟无关的通风、空调系统。

（5）活动挡烟垂壁、自动排烟窗应具有火灾自动报警系统自动启动和现场手动启动功能，当火灾确认后，火灾自动报警系统应在 15s 内联动同一排烟区域的全部活动挡烟垂壁，并在 60s 内或小于烟气充满储烟仓的时间内开启完毕自动排烟窗。

（6）室内净空高度大于 6m 且面积大于 500m² 的中庭、营业厅、展览厅、观众厅、体育馆、客运站、航站楼等，以及面积大于 2000m² 的其他场所，当采用自然排烟时，排烟窗应具有现场集中手动开启、现场手动开启和温控释放开启功能。当该场所设有火灾自动报警系统时，排烟窗尚应具有火灾自动报警系统自动开启、消防控制室手动、现场手动开启和温控释放开启功能。

（7）消防控制设备应显示排烟系统的排烟风机、补风机、阀门等设施启闭状态。

第二十三章 供暖、通风空调系统防火

根据《建筑防火设计规范》GB 50016—2014 的规定，供暖、通风和空气调节系统应采取防火措施。

第一节 供暖系统防火

（1）在散发可燃粉尘，纤维的厂房内，散热器表面平均温度不应超过 82.5℃。输煤廊的供暖散热器表面平均温度不应超过 130℃。

（2）甲、乙类厂房和甲、乙类仓库内严禁采用明火和电热散热器供暖。

（3）下列厂房应采用不循环使用的热风供暖：

1）生产过程中散发的可燃气体、可燃蒸汽、可燃粉尘、可燃纤维与供暖管道、散热器表面接触能引起燃烧的厂房；

2）生产过程中散发的粉尘受到水、水蒸气的作用能引起自燃，爆炸或产生爆炸性气体的厂房。

（4）存在与供暖管道接触能引起燃烧爆炸的气体，蒸汽或粉尘的房间内不应穿过供暖管道，当必须穿过时，应采用不燃烧材料隔热。

（5）供暖管道与可燃物之间应保持一定距离。当温度大于 100℃时，不应小于 100mm 或采用不燃烧材料隔热。当温度小于 100℃时，不应小于 50mm。

（6）建筑内供暖管道和设备的绝热材料应符合下列规定：

1）对于甲、乙类厂房或甲、乙类仓库，应采用不燃材料；

2）对于其他建筑，宜采用不燃材料，不得采用可燃材料。

第二节 通风和空调系统防火

一、通风、空调系统的类型

通风是将未经处理过的室外新鲜空气送入室内，同时排出室内被污染的空气或用来冲淡室内被污染的空气，借以改善空气，以造成安全、卫生条件而进行的换气技术。

（1）通风一般分为自然通风和机械通风两大类，机械通风一般有下列两种方式：

1）局部通风。

2）全面通风。

局部通风系统用以排除建筑内某些部位的被污染的空气。全面通风用于危害空气因素不固定或面积较大，用新鲜空气来冲淡有害气体。

（2）按照空调系统的特点，主要分成以下几种形式：

　　1）单风道集中式空调系统。

　　2）双风道集中式空调系统。

　　3）变风量集中式空调系统。

　　4）风机盘管空调系统。

　　5）诱导式空调方式。

　　6）双导管空调方式。

　　7）各层机组空调系统。

二、通风、空调系统的火灾危险性

　　(1) 穿越楼板的竖直风管是火灾向上蔓延的主要途径之一。

　　(2) 排出有火灾爆炸危险物质，如没有采取有效措施，容易引起爆炸事故。

　　(3) 由于排风机与电机不配套引起火灾爆炸事故时有发生。

　　(4) 某些建筑使用塑料风管，燃烧蔓延快，产生大量有毒气体，危害大。

　　(5) 某些建筑的通风、空调系统采用可燃泡沫塑料做风管保温材料，发生火灾燃烧快，浓烟多且有毒。

　　(6) 风管大多隐藏在吊顶和夹层内，起火不易扑救，往往造成大灾。

三、通风、空调系统的防火措施

　　(1) 通风和空气调节系统，横向宜按防火分区设置，竖向不宜超过 5 层。当管道设置防止回流设施或防火阀时，管道布置可不受此限制。竖向风管应设置在管井内。

　　(2) 厂房内有爆炸危险场所的排风管道，严禁穿过防火墙和有爆炸危险的房间隔墙。

　　(3) 甲、乙、丙类厂房内的送、排风管道宜分层设置。当水平或竖向送风管在进入生产车间处设置防火阀时，各层的水平或竖向送风管可合用一个送风系统。

　　(4) 空气中含有易燃、易爆危险物质的房间，其送、排风系统应采用防爆型的通风设备。当送风机布置在单独分隔的通风机房内且送风干管上设置防止回流设施时，可采用普通型的通风设备。

　　(5) 含有燃烧和爆炸危险粉尘的空气，在进入排风机前应采用不产生火花的除尘器进行处理。对于遇水可能形成爆炸的粉尘，严禁采用湿式除尘器。

　　(6) 处理有爆炸危险粉尘的除尘器、排风机的设置应与其他普通型的风机、除尘器分开设置，并宜按单一粉尘分组布置。

　　(7) 净化有爆炸危险粉尘的干式除尘器和过滤器宜布置在厂房外的独立建筑内，建筑外墙与所属厂房的防火间距不应小于 10m。

　　具备连续清灰功能，或具有定期清灰功能且风量不大于 $15000m^3/h$、集尘斗的储尘量小于 60kg 的干式除尘器和过滤器，可布置在厂房内的单独房间内，但应采用耐火极限不低于 3.00h 的防火隔墙和 1.50h 的楼板与其他部位分隔。

　　(8) 净化或输送有爆炸危险粉尘和碎屑的除尘器、过滤器或管道，均应设置泄压装置。

　　净化有爆炸危险粉尘的干式除尘器和过滤器应布置在系统的负压段上。

　　(9) 排除有燃烧或爆炸危险气体、蒸气和粉尘的排风系统，应符合下列规定：

1）排风系统应设置导除静电的接地装置；

2）排风设备不应布置在地下或半地下建筑（室）内；

3）排风管应采用金属管道，并应直接通向室外安全地点，不应暗设。

（10）排除和输送温度超过 80℃的空气或其他气体以及易燃碎屑的管道，与可燃或难燃物体之间的间隙不应小于 150mm，或采用厚度不小于 50mm 的不燃材料隔热；当管道上下布置时，表面温度较高者应布置在上面。

（11）通风、空气调节系统的风管在下列部位应设置公称动作温度为 70℃的防火阀：

1）穿越防火分区处；

2）穿越通风、空气调节机房的房间隔墙和楼板处；

3）穿越重要或火灾危险性大的场所的房间隔墙和楼板处；

4）穿越防火分隔处的变形缝两侧；

5）竖向风管与每层水平风管交接处的水平管段上。

当建筑内每个防火分区的通风、空气调节系统均独立设置时，水平风管与竖向总管的交接处可不设置防火阀。

（12）公共建筑的浴室、卫生间和厨房的竖向排风管，应采取防止回流措施或在支管上设置公称动作温度为 70℃的防火阀。

公共建筑内厨房的排油烟管道宜按防火分区设置，且在与竖向排风管连接的支管处应设置公称动作温度为 150℃的防火阀。

（13）防火阀的设置应符合下列规定：

1）防火阀宜靠近防火分隔处设置；

2）防火阀暗装时，应在安装部位设置方便维护的检修口；

3）在防火阀两侧各 2.0m 范围内的风管及其绝热材料应采用不燃材料；

4）防火阀应符合现行国家标准《建筑通风和排烟系统用防火阀门》GB 15930 的规定。

（14）除下列情况外，通风、空气调节系统的风管应采用不燃材料：

1）接触腐蚀性介质的风管和柔性接头可采用难燃材料；

2）体育馆、展览馆、候机（车、船）建筑（厅）等大空间建筑，单、多层办公建筑和丙、丁、戊类厂房内通风、空气调节系统的风管，当不跨越防火分区且在穿越房间隔墙处设置防火阀时，可采用难燃材料。

（15）设备和风管的绝热材料、用于加湿器的加湿材料、消声材料及其粘结剂，宜采用不燃材料，确有困难时，可采用难燃材料。

风管内设置电加热器时，电加热器的开关应与风机的启停连锁控制。电加热器前后各 0.8m 范围内的风管和穿过有高温、火源等容易起火房间的风管，均应采用不燃材料。

（16）燃油或燃气锅炉房应设置自然通风或机械通风设施。燃气锅炉房应选用防爆型的事故排风机。当采取机械通风时，机械通风设施应设置导除静电的接地装置，通风量应符合下列规定：

1）燃油锅炉房的正常通风量应按换气次数不少于 3 次/h 确定，事故排风量应按换气次数不少于 6 次/h 确定；

2）燃气锅炉房的正常通风量应按换气次数不少于 6 次/h 确定，事故排风量应按换气次数不少于 12 次/h 确定。

（17）甲、乙类厂房内的空气不应循环使用。

丙类厂房内含有燃烧或爆炸危险粉尘、纤维的空气，在循环使用前应经净化处理，并应使空气中的含尘浓度低于其爆炸下限的 25％。

（18）为甲、乙类厂房服务的送风设备与排风设备应分别布置在不同通风机房内，且排风设备不应和其他房间的送、排风设备布置在同一通风机房内。

（19）民用建筑内空气中含有容易起火或爆炸危险物质的房间，应设置自然通风或独立的机械通风设施，且其空气不应循环使用。

（20）当空气中含有比空气轻的可燃气体时，水平排风管全长应顺气流方向向上坡度敷设。

（21）可燃气体管道和甲、乙、丙类液体管道不应穿过通风机房和通风管道，且不应紧贴通风管道的外壁敷设。

第二十四章　电气防火设计

第一节　电气防火概述

一、基本概念

由于电气方面原因（如过载、短路、漏电、电火花或电弧等）产生火源而引起的火灾，称为电气火灾。为了抑制电气点火源的产生而采取的各种技术措施和安全管理措施，称为电气防火。

电气防火安全范畴包含了四大类技术内容，即电气防火技术、消防电源及其配电体系的可靠性与防火性、电气火灾原因鉴别技术、电气火灾报警与控制技术。本书将较系统介绍电气火源形成理论（含电气发热、电弧、绝缘击穿等）、消防电源及其配电系统、变配电装置防火、电气设备及系统的火灾预防、防雷和防静电等技术内容。

电气防火是以防火安全要求为基本出发点，研究如何防止火灾的发生以保证人员生命和财产安全，以及如何使火灾损失减到最低限度。

二、研究内容与应用对象

（一）电气防火的研究内容

电气防火的研究内容包括：电气火灾及其形成机理（包含电气发热、电弧、绝缘击穿等）、消防电源及其配电系统要求、变电所及变配电装置防火、电气设备防火、导线电缆阻燃及耐火、爆炸和火灾危险环境电气设备的选择、防雷和防静电等。

（二）电气防火的应用对象

电气防火的应用对象是工业企业及建筑对象供配电系统，其基本知识内容涉及电力系统概念、供配电系统组成、电力网额定电压等级规定、用电设备的工作制等。

三、电气火灾原因

电气火灾的直接原因是多种多样的，例如过载、短路、接触不良、电弧火花、漏电、雷电和静电等。从电气防火角度看，电气火灾大都是因电气工程、电气产品质量以及管理等问题造成的。电气设备质量不高，安装使用不当，保养不良，雷击和静电是造成电气火灾的几个重要原因。

（一）过载

所谓过载，是指电气设备或线路的功率或电流超过其额定值。造成过载的原因有以下几个方面：

（1）设计、安装时选型不正确，使电气设备的额定容量小于实际负载容量；

（2）设备或导线随意装接，增加负荷，造成超载运行；

（3）检修、维护不及时，使设备或导线长期处于带病运行状态。

电气设备或线缆的绝缘材料，大都是可燃有机绝缘材料，如油、纸、麻、丝和棉花类纺织品、树脂、沥青、漆、塑料、橡胶等，只有少数属于无机材料，如陶瓷、石棉和云母等。过载使导体中的电能转变成热能，当导体和绝缘材料局部过热，达到一定温度时，就会引起火灾。

（二）短路、电弧和火花

短路是电气设备最严重的一种故障状态。短路的主要原因是载流部分绝缘破坏，包括：

（1）电气设备选用和安装与使用环境不符，致使其绝缘在高温、潮湿、酸碱环境条件下受到破坏；

（2）绝缘导线由于拖拉、摩擦、挤压、长期接触尖硬物体等，绝缘层造成机械损伤；

（3）电气设备使用时间过长，绝缘老化，耐压与机构强度下降；

（4）电气线路及设备使用维护不当，长期带病运行，扩大了故障范围；

（5）过电压使绝缘击穿；

（6）错误操作或把电源投向故障线路；

（7）恶劣天气，如大风、暴雨造成线路金属性连接。

短路时，在短路点或导线连接松动的电气接头处，会产生电弧或火花。电弧温度很高，可达 6000℃以上，不但可引燃线缆本身的绝缘材料，还可将它附近的可燃材料、易燃液体蒸气和粉尘引燃。电弧还可能是由于接地装置不良、电气设备与接地装置间距过小、过电压时击穿空气等因素引起。切断或接通大电流电路时，或大截面熔断器熔断时，也能产生电弧。

（三）接触不良

电气线路或电气连接件接触不良，实际上是接触电阻过大，会形成局部过热，也会出现电弧、电火花，造成潜在点火源。接触电阻过大的基本原因是连接质量不好。一般，接触不良主要发生在导线与导线或导线与电气设备连接处，常见的原因有：

（1）电气接头表面污损，接触电阻增加；

（2）电气接头长期运行，产生导电不良的氧化膜，未及时清除；

（3）电气接头因振动或由于热的作用，使连接处发生松动，氧化；

（4）铜铝连接处未按规定方法处理，发生电化学腐蚀，也会使接触电阻增大；

（5）接头没有按规定方法连接、连接不牢。

此外，烘烤、摩擦及外部热源对电气设备及线路作用并造成绝缘材料性能破坏，雷电、静电等也是造成电气火灾的主要原因。

为预防或减少电气火灾事故的发生，可从以下几个主要方面规范电气设备及线路的安装使用：

（1）在安装线路的电气设备时，要正确选型、规范操作，尤其对于潮湿、有腐蚀性的物质、高温及有火灾和爆炸危险的房间、仓库和作坊，更应严格按规定要求选型和安装；

（2）修建房屋或装修时，必须加强消防安全意识，保证电气安装质量，以免留下隐患；

（3）正确安装和使用照明灯和家用电器，尤其是大功率电器、电热器具，切不可马虎；

（4）在使用导线、电气设备和家用电器时，不可超出允许限度；

（5）切实预防线路和电气设备的短路、过载事故发生；

（6）切实做好电气接头的连接工作，防止接触电阻过大引起的火灾。

第二节　消防电源及配电防火

性质特别重要的建筑通常都设有一个向消防用电设备供给电能的独立系统，这就是消防用电设备配电系统，即消防电源及其配电系统。建筑防火设计对此系统的供电可靠性要求特别高。一般，这些对象或场所的消防用电设备正常时由电力网供电，只有在火灾时，消防电源及其配电系统才投入工作，以保持消防用电设备的用电连续性。

一、消防电源配电系统组成

通常，向消防用电设备供给电能的独立电源叫消防电源。

工业建筑、民用建筑、地下工程中设置的消防控制室、消防水泵、消防电梯、防排烟设施、火灾自动报警系统、自动灭火系统、火灾应急照明装置、消防疏散指示标志和电动的防火门、窗、卷帘、阀门等消防用电，都应该按照现行《供配电系统设计规范》GB 50052—2009 的规定对其进行电源及其配电系统设计，并应符合《建筑设计防火规范》对消防用电的具体要求。

消防电源及其配电系统由消防电源、高低压配电装置与配电线路（配电部分）、消防用电设备等三部分组成。图 24-1 是一个典型的消防电源及其配电系统图。

（一）电源

电源是将其他形式的能量（如机械能、化学能、核能等）转换成电能的装置。消防电源往往由几个不同用途的独立电源以一定的方式互相连接起来，构成一个电力网络进行供电，这样可以提高供电的可靠性和经济性。为了分析方便，一般可按照供电范围和时间的不同把消防电源分为主电源和应急电源两类。主电源指电力系统电源，应急电源可由自备柴油发电机组或蓄电池组担任。对于停电时间要求特别严格的消防用电设备，还可采用不停电电源（UPS）进行连续供电。此外，在火灾应急照明或疏散指示标志的光源处，需要获得交流电时，可增加把蓄电池直流电变为交流电的逆变器。

消防用电设备如果完全依靠城市电网供给电能，火灾时一旦失电，势必给早期火灾报警、消防安全疏散、消防设备的自动和手动操作带来危害，甚至造成极为严重的人身伤亡和财产损失。这样的教训国内外皆有之，教训深刻，不容忽视。所以，电源设计时，必须认真考虑火灾时消防用电设备的电能连续供给问题。

（二）配电部分

它是从电源到用电设备的中间环节，其作用是对电源进行保护、监视、分配、转换、控制和向消防用电设备输配电能。配电装置有：变电所内的高低压开关柜、发电机配电屏、动力配电箱、照明分配电箱、应急电源切换开关箱和配电干线与分支线路。配电装置应设在不燃区域内，设在防火分区时要有耐火结构，从电源到消防设备的配电线路，要用绝缘电线穿管理地敷设，或敷设在电缆竖井中。若明敷时应使用耐火的电缆槽盒。双回路

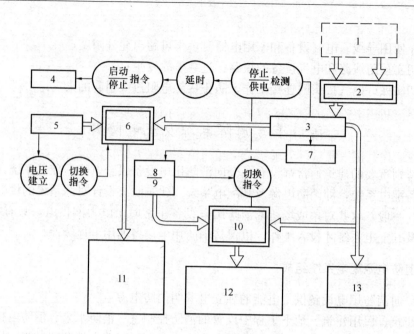

图 24-1　消防电源及其配电系统图

1—双回路受电电源；2—高压切换开关（装置）；3—低压变配电装置；4—柴油机；
5—交流发电机；6、10—应急电源切换开关；7—充电装置；8—蓄电池；9—逆变器；
11—消防用电设备（消防泵、消防电梯等）；12—火灾应急事故照明与疏散指示标志；
13——般动力和照明

配电线路应在末端配电箱处进行电源切换。值得注意的是，正常供电时切换开关一般长期闲置不用，为防止对切换开关的锈蚀，平时应定期对其维护保养，以确保火灾时能正常工作。

（三）消防用电设备

消防用电设备，又称为消防负荷，可归纳为下面几类：①电力拖动设备。如消防水泵、消防电梯、排烟风机、防火卷帘门等。②电气照明设备。如消防控制室、变配电室、消防水泵房、消防电梯前室等处所，火灾时须提供照明灯具；人员聚集的会议厅、观众厅、走廊、疏散楼梯、安全疏散门等火灾时人员聚集和疏散处所的照明和指示标志灯具。③火灾报警和警报设备。如火灾探测器、火灾报警控制器、火灾事故广播、消防专用电话、火灾警报装置等。④其他用电设备。如应急电源插座等。

自备柴油发电机组通常设置在用电设备附近，这样电能输配距离短，可减少损耗和故障。电源电压多采用 220/380V，直接供给消防用电设备。只有少数照明才增设照明用控制变压器。

为确保火灾时电源不中断，消防电源及其配电系统应满足如下要求：

（1）可靠性。火灾时若供电中断，会使消防用电设备失去作用，贻误灭火战机，给人民的生命和财产带来严重后果，因此，要确保消防电源及其配电线路的可靠性。可靠性是消防电源及其配电系统诸要求中首先应考虑的问题。

（2）耐火性。火灾时消防电源及其配电系统应具有耐火、耐热、防爆性能，土建方面也应采用耐火材料构造，以保障不间断供电的能力。消防电源及其配电系统的耐火性保障主要是依靠消防设备电气线路的耐火性。

（3）安全性。消防电源及其配电系统设计应符合电气安全规程的基本要求，保障人身安全，防止触电事故发生。

（4）有效性。消防电源及其配电系统的有效性是要保证规范规定的供电持续时间，确保应急期间消防用电设备的有效获得电能并发挥作用。

（5）科学性。在保证消防电源及其配电系统具有可靠性、耐火性、安全性和有效性前提下，还应确保其供电质量，力求系统接线简单，操作方便，投资省，运行费用低。

二、消防负荷分级及供电要求

消防电源是保证工业与民用建筑平时和火灾情况下消防设备正常工作用电的电源。为了保证消防电源能连续可靠地供电，按照负荷要求，还应包括应急电源，即当正常电源故障时，应急电源应能继续供给消防设备。

一般，消防电源中工作电源取自电力系统，然后通过输电、变压和分配，将其送到220V/380V低压消防用电设备。在消防电源中设置应急电源是确保消防电源向消防用电负荷可靠供电的关键措施之一。

（一）消防用电负荷分级

消防用电负荷等级的划分可以正确地反映它对供电可靠性要求的界限，以便恰当地选择符合我国实际水平的供电方式，贯彻执行国家的技术经济政策，满足建设的需要，提高投资的效益，做到保障人身安全，供电可靠，技术先进和经济合理。

消防用电负荷是工业与民用建筑用电负荷的一部分，它的分级原则参照了工业与民用建筑用电负荷的分级方法。

电力网上用电设备所消耗的功率称为电力负荷。工业与民用建筑电力负荷，根据其重要性以及中断供电在政治、经济上所造成的损失或影响的大小，可为三级。

1. 一级电力负荷

符合下列情况之一者，应为一级负荷：

（1）中断供电将造成人身伤亡者；

（2）中断供电将在政治、经济上造成重大影响或损失者；

（3）中断供电将影响有重大政治、经济意义的用电单位的正常工作，或造成公共场所秩序严重混乱者。

在一级负荷中，当中断供电将发生中毒、爆炸和火灾等情况的负荷，以及特别重要场所的不允许中断供电的负荷，应视为特别重要的负荷。如特级体育场馆的应急照明就属于一级负荷中的特别重要负荷。

2. 二级电力负荷

符合下列情况之一者，应为二级负荷：

（1）中断供电将造成较大政治影响及较大经济损失者；

（2）中断供电将影响重要用电单位的正常工作，或造成公共场所秩序混乱者。

3. 三级电力负荷

不属于一级和二级的用电负荷应为三级负荷。

一般，电力网上消防用电设备消耗的功率电力称为消防负荷。消防负荷分级是参照电力负荷的分级方法来划分等级的。划分消防负荷等级并确定其供电方式的基本出发点是，考虑建筑物的结构、使用性质、火灾危险性、疏散和扑救难度、火灾事故后果等。

1.《建筑设计防火规范》对消防负荷等级的划分

国家现行《建筑设计防火规范》GB 50016—2014 中 10.1.1-10.1.4 的要求，是根据建筑扑救难度和建筑物的功能及其重要性以及建筑发生火灾后可能的危害与损失、消防设施的用电情况，确定了建筑中的消防用电设备负荷等级要求的建筑范围，规定如下：

（1）下列建筑物的消防用电应按一级负荷供电：①建筑高度大于 50m 的乙、丙类厂房和丙类仓库；②一类高层民用建筑。

（2）下列建筑物、储罐（区）和堆场的消防用电应按二级负荷供电：①室外消防用水量大于 30L/s 的厂房（仓库）；②室外消防用水量大于 35L/s 的可燃材料堆场、可燃气体储罐（区）和甲、乙类液体储罐（区）；③粮食仓库及粮食筒仓；④二类高层民用建筑；⑤座位数超过 1500 个的电影院、剧场，座位数超过 3000 个的体育馆，任一层建筑面积大于 3000m² 的商店和展览建筑，省（市）级及以上的广播电视、电信和财贸金融建筑，室外消防用水量大于 25L/s 的其他公共建筑。

（3）除（1）、（2）条以外的建筑物、储罐（区）和堆场等的消防用电设备，可按三级负荷供电。

（4）消防用电按一、二级负荷供电的建筑，当采用自备发电设备作备用电源时，自备发电设备应设置自动和手动启动装置。当采用自动启动方式时，应能保证在 30s 内供电。不同级别负荷的供电电源应符合现行国家标准《供配电系统设计规范》的规定。

2.《人民防空工程设计防火规范》的规定

国家现行《人民防空工程设计防火规范》明确规定，建筑面积大于 5000m² 的，其消防用电按一级负荷要求供电；建筑面积小于 5000m² 的人防工程消防用电可按二级负荷的要求供电。

3.《石油化工企业设计防火规范》的规定

国家现行《石油化工企业设计防火规范》明确规定，石油化工企业生产区消防水泵房用电设备的电源，应满足一级消防负荷供电要求。

4.《汽车库、修车库、停车场设计防火规范》的规定

《汽车库、修车库、停车场设计防火规范》GB 50067—2014 中 9.0.1 条规定，消防水泵、火灾自动报警系统、自动灭火系统、防排烟设备、电动防火卷帘、电动防火门、消防应急照明和疏散指示标志等消防用电设备以及采用汽车专用升降机作车辆疏散出口的升降梯用电应符合下列要求：

（1）Ⅰ类汽车库、采用汽车专用升降机作车辆疏散出口的升降机用电应按一级负荷供电；

（2）Ⅱ、Ⅲ类汽车库和Ⅰ类修车库应按二级负荷供电；

（3）Ⅳ类汽车库和Ⅱ、Ⅲ、Ⅳ类修车库可采用三级负荷供电。

（二）消防负荷的供电要求

依据国家现行消防规范，各级消防负荷的供电要求应根据负荷点的供电条件，遵照下列原则考虑决定：

1.一级消防负荷的供电要求

原则上，一级消防负荷应由两个独立电源供电。所谓独立电源，是指若干电源向用电点供电，任一电源发生故障或停止供电时，其他电源将能保证继续供电；这些电源中任何一个都是独立电源。根据国家现行《供配电系统设计规范》要求并考虑应用需要，在实际工程中，两个独立电源的要求，应符合下列条件之一：

（1）两个电源间无联系。

（2）两个电源间有联系，但符合下列各要求：①发生任何一种故障时，两个电源的任何部分应不致同时受到损坏；②发生任何一种故障且保护装置动作正常时，有一个电源不中断供电，并且在发生任何一种故障且主保护装置失灵以至两电源均中断供电后，应能在有人值班的处所完成各种必要操作，迅速恢复一个电源供电。

对于特别重要的建筑对象，应考虑一个电源系统检修或故障时，另一个电源又发生故障的严重情况，此时应从电力系统取得第三电源或设置自备电源；自备发电设备一般应设有自动启动装置，并能在 30s 内供电。一般，消防用电负荷与其他动力负荷相比都比较小，但其可靠性却要求很高，因此可以设立柴油发电机组作为自备发电设备，提供应急电源。

2. 二级消防负荷的供电要求

二级消防负荷应由二回路线路供电。二级消防负荷的供电系统应尽量做到当发生电力变压器故障或电力线路常见故障时不致中断供电（或中断后能迅速恢复）。因此，当地区供电条件允许且投资不高时，二级消防负荷宜由两个电源供电。在负荷较小或地区供电条件困难时，二级消防负荷可由 6kV 及以上专用架空线供电。如采用电缆时，应敷设备用电缆并经常处于运行状态。二类高层民用建筑设有自备发电设备，当采用自动启动有困难时，可采用手动启动装置。

3. 三级消防负荷的供电要求

三级消防负荷无特殊的供电要求，最好设有两台变压器，采用暗备用或一用一备方式供电。

（三）常用供电方式

电源供电方式，原则上有放射式、树干式和环式三种。对重要的消防负荷首先应考虑供电可靠性及其备用性问题，也就是必须保证它有两个电源或双回路。从这点出发，根据负荷对可靠性的要求，按放射式、树干式和环式三种接线方式，可将供电系统分为无备用系统和有备用系统。在有备用系统中，当某一回路故障停电时，其余回路将保证负荷全部或只保证重要负荷供电；备用回路投入方式有手动、自动和经常投入等几种。

1. 无备用系统

无备用系统的优点是：线路接线和敷设简单，运行操作和维护方便，容易发现和排除故障；其缺点是可靠性差。无备用系统的接线方式有单回路放射式和树干式，如图 24-2 所示。

图 24-2 中单回路放射式供电，就是由电源点母线上引出的每一条专用回路直接向一个用户受电端供电，各条回路中途并不接分支负荷，用户受电端也没有联系。

图 24-2 中直接连接树干式供电，就是由电源点引出的每回路供电干线沿线的用户用电点，都从该干线上直接接出分支线供电。

图 24-2 所示无备用系统供电方式（包括其中的两种接线方式），一般只适于三级

负荷。

2. 有备用系统

有备用系统的供电方式分为双路放射式和环式两种，其优点是可靠性高，缺点是使用设备多，投资大。

（1）双回路放射式供电

在这种供电方式下，每个负荷都由双回路供电，在一条线路发生故障或检修时，另一条线路可继续供电。双回路放射式供电方式按电源数目多少，又分为单电源双回路放射式和双电源双回路放射式，如图 24-3 所示。对单电源双回路放射式来说，当电源发生故障时，则仍要停电。对双电源双回路放射式来说（又称双电源双回路交叉放射式），由于两路放射式线路连接在不同电源母线上，无论任一线路或任一电源故障时，都能保证供电不中断。双电源双回路交叉放射式供电一般从电源到负载都设置双套设备，可同时投入工作状态，互为备用，可靠性高，适用于一级消防负荷。

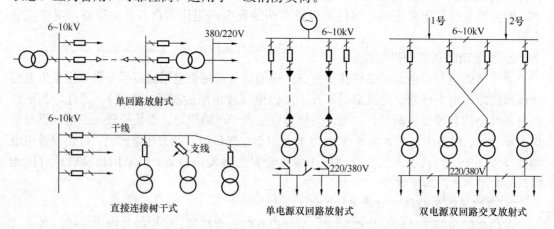

图 24-2　无备用系统供电方式

图 24-3　双回路放射式供电

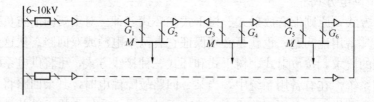

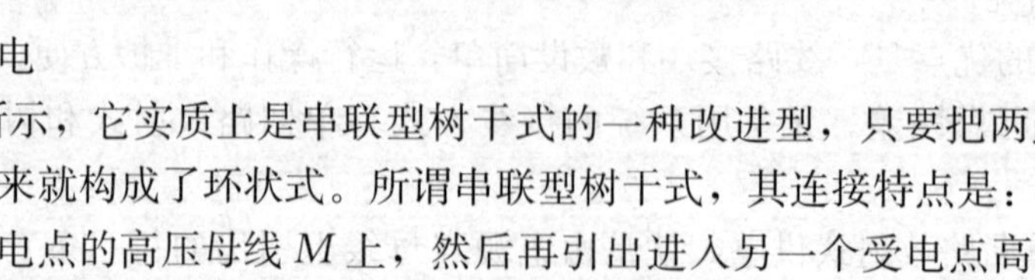

图 24-4　环式供电

（2）环式供电

如图 24-4 所示，它实质上是串联型树干式的一种改进型，只要把两路串联型树干式线路末端联络起来就构成了环状式。所谓串联型树干式，其连接特点是：从电源点引出的干线进入每个受电点的高压母线 M 上，然后再引出进入另一个受电点高压母线，干线的进出两侧都要安装隔离开关（如 G_1、G_2），都装入高压开关柜内；其优点是减小了线路故障的停电范围。

环式供电的运行方式有开环和闭环两种。由闭环方式形成两端供电时，当线路某一处故障，会使进线端断路器都跳闸，造成全部停电，故一般多用开环运行方式。虽说环式也是树干式的一种，但故障后的恢复供电要比树干式快，可用来供给二级负荷。

总的来说，在上述两种基本电源供电系统中，有备用系统比无备用系统可靠性高；双电源双回路放射式供电可满足对一级消防负荷供电要求；单电源双回路放射式可向二级消防负荷供电。而单回路放射式供电系统的受电变压器低压侧有引自其他变电所变压器低压侧的联络线时，也可满足一、二级消防负荷要求。

三、主电源与应急电源

（一）主电源

主电源电能通常取自电力系统。主电源是保证工业与民用建筑平时和火灾情况下正常工作用电的电源。为保证主电源能连续有效地供电，按照消防负荷等级的要求还应设置备用电源，即当正常电源故障停电时，备用电源应继续供电。工业与民用建筑在接受和分配取自电力系统电源电能时，需要有一个内部的供配电系统，该系统由两部分组成：一是外部供电系统（或称电源系统），它是从电力系统电源到总降压变电所（或配电所）的供电系统部分；二是内部配电系统（或称配电系统），它是从总降压变电所（或配电所）至各车间（或建筑物）的配电系统，包括高低压线路和高低压用电设备等。配电系统是内部供电系统的重要组成部分。

1. 母线接线

母线又称汇流排，它是变压器与馈线之间的一种连接方式。从原理讲，它相当于电路中一个电气节点。其作用是集中接受电源电能，然后分配给各用户馈电线。母线若故障，则馈电用户电源会全部中断。电气工程中，常见的母线接线方式有下列几种：

（1）单母线不分段接线

单母线不分段接线是常见的接线方式，有下列两种情况：①单电源进线，多回路出线，如图 24-5 所示；②双电源（一用一备）进线，多回路出线，如图 24-6 所示。

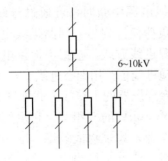

图 24-5　单进多出单母线

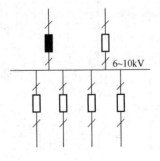

图 24-6　双进多出单母线

（2）单母线分段接线

图 24-7 为单母线分段主接线。两回路电源进线，通常每段接一个电源。每一路出线只能接在Ⅰ段或Ⅱ段母线上。当母线故障时，接在该段上的出线会全部停电。为保证一、二级重要用户不停电，可由接在Ⅰ段和Ⅱ段母线上的环式系统或双回路供电。

单母线分段接线可用隔离开关作断路器。由于断路器能切断负荷电流并能在相应的继电保护的配合下切断短路电流，进行自动分、合闸，使故障母线切除，从而提高可靠性。但二者都免不了因母线故障而导致的故障母线所接用户的停电。

（3）双母线接线

双母线接线如图 24-8 所示。两回路电源进线、各条回路出线，通过隔离开关可接在任一条母线上，两条母线之间用断路器连接。所以，不论哪一个电源与其母线单独或同时发生故障，都不影响对用户的供电。

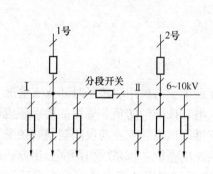

图 24-7　单母线分段

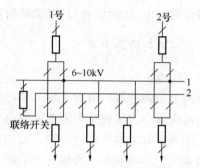

图 24-8　双母线接线

2. 消防设备配电

（1）低压配电变电所电源接线

低压配电变电所的电源接线通常有双回路两台变压器、双回路单台变压器和单回路两台变压器三种方式。

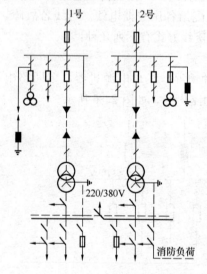

图 24-9　双回路进线两台变压器

双回路两台变压器的主接线方式如图 24-9 所示。双回路进线电源均引自 6~10kV 供电系统，而且是两个独立电源。低压母线联络开关，当不允许停电操作时，可用空气自动开关来实现带负荷切换或自动切换；当允许停电操作时，可采用刀开关或隔离开关。当其中任一回路进线电源中断时，可通过母线联络开关，将断电部分的负荷换接到另一回路进线电源上去。此外，两回路电源进线方式，根据当地供电条件和环境情况，可用电缆进线也可用架空进线。

双回路单台变压器的主接线方式如图 24-10 所示，其高压为一回路 10kV 的专用线。它主要用于用电量较小的中小型企业，建筑物或贮罐、堆场等常只设一台变压器的场所。优点是接线简单，运行便利、投资费用低。但当低压母线变压器或高压侧某一电气设备故障时，将造成全部停电。为保证消防用电，可从独立变电所或邻近建筑变电所引来低压 220/380V 备用电源，接在低压母线上；当专用电源中断时，通过自动装置把断电负荷换接到备用电源上。

应注意，图 24-10 所示接线方式中，变压器高压侧开关电器可根据变压器容量和变电所结构型式的不同而采取不同的类型。在 560kVA 以内的露天变电所，可选用户外高压跌开式熔断器；320kVA 以下附设变电所或户内变电所，可选用隔离开关和户内式高压熔断器；560~1000kVA 车间变电所，可选用负荷开关和高压熔断器，当熔断器不能满足保护配合条件时，要选用高压断路器；大于 1000kVA 的车间变电所，选用隔离开关和高压断路器。

在供电条件差的地方，要取得第二回路 6～10kV 进线电源比较困难时，可采用单回路两台变压器的主接线方式，且低压母线的连接可参考图 24-12 接法。如有可能第二电源也可按图 24-10 处理，这将使可靠性提高，以满足消防用电之需。

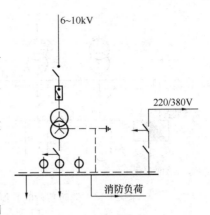

图 24-10 双回路进线一台变压器

（2）低压配电接线方式

380/220V 低压配电接线方式，一般也有放射式、树干式和环式之分，不过实际使用时多为混合式，如图 24-11 所示。

由图 24-11，放射式干线从变电所低压侧的低压配电盘引出，接至容量较大的用电设备，如消防泵或主配电箱，再以支线引到分配电箱后经分支线接到用电设备上。

为了提高供电的可靠性，在图 24-11 放射式或树干式接线方式中常常需从变电所引出一条公共的备用干线，切换开关装设在配电箱内；在建筑变电所有两台变压器时，还可将变压器低压侧通过联络线接成环式，从而构成有备用的配电接线系统，如图 24-12 所示。

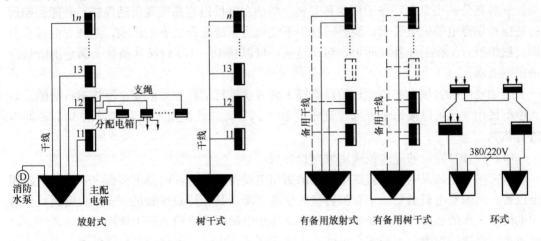

图 24-11 无备用系统   图 24-12 有备用系统

（3）消防负荷接线方法

在低压配电变电所设计可靠、技术经济合理的情况，消防负荷电源常见的接线方法有两种：

1）常规接法：将向消防负荷供电回路的电源端直接接在变压器低压母线上。但是，这种接法当非消防负荷故障时，有可能使变压器出现自动空气开关跳闸。同时，当母线检修时，该自动空气开关也要断开，将影响消防供电可靠性。

2）改进方法：将向消防负荷供电回路的电源端直接接在变压器低压出线自动空气开关之前，如图 24-13 所示。这样同样可以克服上述缺点，提高供电的可靠性。在二类建筑，如住宅楼、贮罐堆场等供电条件比较困难或消防等级不太明确的地方，可用这种接线方法。

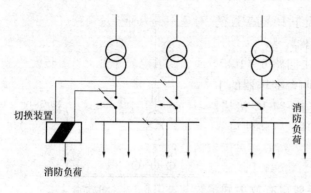

图 24-13　消防负荷的其他接线

（二）应急电源

当工业与民用建筑处于火灾应急状态时，为了保证火灾扑救工作的成功，担负向消防用电设备供电的独立电源称为应急电源。应急电源有三种类型：电力系统电源、自备柴油发电机组和蓄电池组。对供电时间要求特别严格的地方，还可采用不停电电源（UPS）。

在特定的防火对象中，应急电源种类并不是单一的，多采用几个电源的组合方案。其供电范围和容量的确定，一般是根据建筑物的负荷等级、供电质量要求、应急负荷数量和分布，负荷特性等因素决定的。应急电源供电时间要求一般相对较短，应急电源的容量可按时间表计量。

1. 柴油发电机组

柴油发电机组是将柴油机与发电机组合在一起的发电设备的总称。它由同步发电机和拖动它的柴油机、控制屏三部分组成。柴油机与发电机用弹性联轴器连接在一起，并用减震器安装在公共底盘上，便于移动和安装。柴油发电机组容易实现自动控制，并能长期运行适应长期停电的供电要求。而且运行中不受电力系统运行状态的影响，是独立的可靠电源。机组投入工作的准备时间短，启动迅速，可以在 10～15s 内接通负荷，满足消防负荷的供电要求。

柴油发电机容量在初步设计阶段可按下列方法进行估算并采取安全经济运行措施。对大中型民用建筑可以按每平方米建筑面积 10～20W，或按配电变压器容量的 10%～30% 进行估算。

（1）按计算容量的最大值确定发电机容量

火灾时，柴油发电机不只供给一台消防用电设备的负荷，而是供多台（一组）消防用电设备。柴油发电机组是一个有限容量的供电电源，其容量必须满足在发生火灾时使消防用电设备工作的必要容量。如果按直接启动异步电动机的启动容量来选择发电机，势必会使机组容量选的很大，不经济。虽然可用降压启动的方法，把启动容量降低些，因为启动电源与电压成正比。但是电磁转矩又与电压平方成正比。因此，电压调节只能限制在一定范围进行。何况，火灾时消防用电设备投入的多少、大小和顺序都受火灾现场实际情况的影响，这就为比较准确的计算火灾时的负荷带来了困难。如果能精确地绘制出火灾时的负荷曲线图，然后按它来选择机组容量是比较理想的。

一般在消防负荷投入的情况下，应以保证发电机端电压瞬时压降不大于额定电压的 15%～20%，把投入的异步电动机拖动起来，而又不影响其他装接负荷的正常工作为宜。可见，正确计算并确定柴油发电机机组容量，对保证机组在火灾时经济、可靠、安全地运行和消防设备的正常工作是十分重要的。为此，计算并确定柴油发电机容量时，应考虑以下三个问题：

1）柴油发电机组原则上设置在每个防火对象中。但是，当不同的防火对象中的消防用电设备共用一台柴油发电机组供电时，应分别对每一防火对象中的消防用电设备的负荷进行计算。此时，柴油发电机组的容量只要满足其防火对象中最大计算负荷就可以了。

2）当一个防火对象中设置两个以上大功率消防用电设备时，柴油发电机组的容量原则上必须满足其同时启动的要求。此时，为减少突加负荷引起的电流冲击，当消防设备采用分时启动控制时，不得瞬时投入全部负荷的容量。

3）火灾时主电源停电，自动切换到柴油发电机时，其消防用电设备的投入也要按2）的原则处理。

当柴油发电机组制造厂提供有计算表格时，可按表格进行计算。没有计算表格时，可按确定的装接负载、允许电压降落以及按负载中最后启动值最大的电动机（组）分别计算发电机容量，然后取其中计算结果的最大值，作为确定柴油发电机容量的依据。

（2）柴油发电机组可靠、安全、经济运行的措施

在消防用电设备中，一般消火栓水泵是最大用电负荷，且在火灾时其启动顺序又具有随机性。针对这种情况，为使柴油发电机组能可靠、安全、经济地运行，宜采取下列措施：

1）正确选择消防泵电机容量；

2）对功率较大的异步电机尽量采用 Y—Δ 启动、电抗器启动、电阻启动或自耦减压补偿器等降压启动方法，以减少电动机启动容量；

3）调整启动顺序为较理想的顺序：最大容量电动机→较小容量电动机→无冲击的其他负荷；

4）错开启动时间，避免同时启动，如在消火栓加压泵及自动喷淋泵电机控制回路中接入时间继电器，把启动时间错开；

5）在火灾信号使柴油发电机组启动投入前，闭锁非消防用电负荷接入共用母线，或从共同母线把非消防用电负荷自动切除。

（3）应急母线连接非消防负荷时应注意的问题

为了提高柴油发电机组的利用率和备用能力，设计时出于经济原因而将一些非消防负荷接于应急母线。这样，在非火灾停电时则可利用柴油发电机组向非消防负荷供电。但应考虑如下问题：

1）柴油发电机组的负载能力，必须满足应急母线所有装接负荷的要求。

2）检验启动消防用电动机的能力。

3）设计时要考虑应急母线所有供电回路分励脱扣措施；火灾确认后，非消防负荷从应急母线自动切除。

4）对普通电梯实行火灾管制。

2. 蓄电池组

蓄电池组是一种独立而又十分可靠的应急电源。火灾时，当电网电源一旦失去，它即向火灾信息检测、传递、弱电控制和事故照明等设备提供直流电能。当然，这种电源经过逆变器或逆变机组可将直流变为交流。因此，它可兼作交流应急电源，向不允许间断供电的交流负荷供电。

常用的蓄电池有酸性（铅）蓄电池和碱性（镉镍、铁镍）蓄电池两种。蓄电池组的优点是供电可靠、转换快；缺点是容量不大，持续时间有限，放电过程中电压不断下降，需经常检查维护。

蓄电池在使用时，根据不同电压的要求，将若干只蓄电池串联成蓄电池组。蓄电池组通常按充放电制、定期浮充制和连续浮充制三种工作方式进行供电。消防常用连续浮充制的蓄电池组对小容量的消防用电设备供电。所谓连续浮充制，即整昼夜地将蓄电池组和整流设备并接在消防负载上，消防用电电流全部由整流设备供给，而蓄电池组处于连续浮充备用状态，当市电停电时才起作用。

小规模建筑的火灾应急照明和疏散指示标志灯，多采用灯具内自带电池的形式，并已经形成了定型产品。大规模建筑的火灾应急照明从经济、维修管理上考虑，多采用蓄电池组。

3. 不停电电源

不停电电源（Uninterrupted Power Systems，简称 UPS）具有供电可靠（无任何瞬间中断）、质量高、抗干扰能力强、性能稳定、体积小、无旋转噪音、维护费用少等优点，广泛用于自动控制和数据处理系统。不足之处是，长时过载能力较低，但短时过载能力可达 125%～150% 额定电流。

不停电电源由整流器、逆变器和蓄电池组三部分组成。在满足可靠性的前提下，不停电电源可采用单台供电系统、多台并联供电系统或时序备用系统。

（三）主电源与应急电源的连接

消防用电设备除正常时由主电源供电外，火灾时主电源掉电应由应急电源供电。当主电源不论何因在火灾中停电时，应急电源应能自动投入以保证消防用电的可靠性。

应急电源与主电源之间应有一定的电气连锁关系。当主电源运行时，应急电源不允许工作；一旦主电源失电，应急电源必须立即在规定时间内投入运行。在采用自备发电机组作为应急电源的情况下，如果启动时间不能满足应急设备对停电间隙要求的话，可以在主电源失电而自备发电机组尚待启动之间，使蓄电池迅速自动地投入运行，直到自备发电机组向配电线路供电时才自动退出工作。此外，亦可采用不停电电源来达到目的。

当主电源恢复时可采用手动或自动复归。但当电源复归会引起电动机重新启动，危及人身和设备安全时，只能手动切换。主电源与应急电源之间的切换方式有下列两种方式：

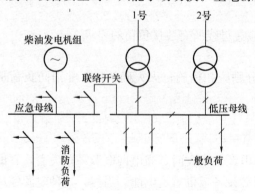

图 24-14　应急母线集中供电首端切换

1. 首端切换

如图 24-14 所示。消防负荷各独立馈电线分别接向应急母线，集中受电并以放射式向消防用电设备供电。柴油发电机组向应急母线提供应急电源。应急母线则以一条单独馈线经自动开关（称联络开关）与主电源变电所低压母线相连接。正常情况下，该自动开关是闭合的，消防用电设备经应急母线由主电源供电。当主电源出现故障或因火灾而断开时，主电源低压母线失电，联络开关经延时后自动断开，柴油发电机组经 30s 启动后，仅向应急母线供电，从而实现了首端切换目的，保证了消防用电设备的可靠供电。这里引入延时的目的，是为了避免柴油发电机组因瞬间的电压骤降而进行不必要的启动。

这种切换方式，正常时应急电网实际变成了主电源供电电网的一个组成部分。消防用电设备馈电线在正常情况下和应急时都由一条完成，这样就节约了导线，比较经济。但馈线一旦发生故障时，它所连接的消防用电设备则失去电源。另外，柴油发电机容量，由于选择时是依消防泵等大电机的启动容量来定的，备用能力较大。应急时只能供应消防电梯、消防泵、事故照明等少量消防负荷，这样就造成了柴油发电机组设备利用率低的情况。

2. 末端切换

末端切换方式如图 24-15 所示，引自应急母线和主电源低压母线的两条各自独立的馈线，在各自末端的事故电源切换箱内实现切换。由于各馈线是独立的，从而提高了供电的可靠性，但其馈线比首端切换增加了一倍。火灾时当主电源切断，柴油发电机组启动供电后，如果应急馈线出现故障，同样有使消防用电设备失电的可能。对于不停电电源装置（UPS），由于已经两级切换，两路馈线无论哪一回路出现故障对消防负荷都是可靠的。

必须说明，具有一级或二级消防负荷的被保护对象中，对于重要的消防设备，如建筑室内消火栓系统、自动喷水灭火系

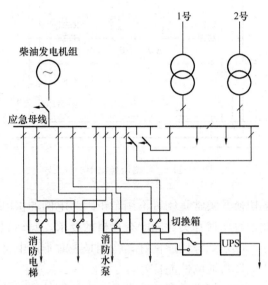

图 24-15　两路电源末端切换

统、送风排烟装置、消防电梯和气体灭火系统等，必须采用消防电源双路末端切换方式。

3. 备用电源自动投入装置

当供电网络向消防负荷供电的同时，还应考虑电动机的自启动问题。如果网络能自动投入，但消防泵不能自动启动，仍然无济于事。特别是火灾时消防水泵电动机，自启动冲击电流往往会引起应急母线上电压的降低，严重时使电动机达不到应有的转矩，会使继电保护误动作，甚至会使柴油机熄火停车，从而使网络自动化不能实现，达不到火灾时应急供电、发挥消防用电设备投入灭火的目的。目前解决这一问题所用的手段是采用设备用电源自动投入装置（BZT）。

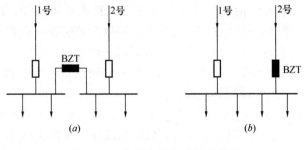

图 24-16　备用电源自动投入装置

消防规范要求一类、二类消防负荷分别采用双电源、双回路供电。为保障供电可靠性，变配电所常用分段母线供电，BZT 则装在分段断路器上，如图 24-16（a）所示。正常时，分段断路器断开，两段母线分段运行，当其中任一电源故障时，BZT 装置将分段断路器合上，保证另一电源继续供电。当然，BZT 装置也可装在备用电源的断路器上，如图 24-16（b）所示。正常时，备用线路处于明备用状态，当工作线路故障时，备用线路自动投入。

BZT 装置不仅在高压线路中采用，在低压线路中也可以通过自动空气开关或接触器

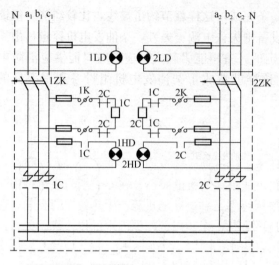

图 24-17　末端切换箱 BZT 接线

来实现其功能。图 24-17 所示是在双回路放射式供电线路末端负荷容量较小时，采用交流接触器的 BZT 接线来达到切换要求。图中，自动空气开关 1ZK、2ZK 作为短路保护用。正常运行中，处于闭合位置；当 1 号电源失压时，接触器主触头 1C 分断，常闭接点闭合，2C 线圈通电，将 2 号电源自动投入供电。此接线也可通过控制开关 1K 或 2K 进行手动切换电源。

必须说明，切换开关的性能对应急电源能否适时投入影响很大。目前，电网供电持续率都比较高，有的地方可达每年只停电数分钟的程度，而供消防用的切换开关常是闲置不用。正因为电网的供电可靠性较高，切换开关就容易被忽视。鉴于此，对切换开关性能应有严格的要求。归纳起来有下列四点要求：

（1）绝缘性能良好，特别是平时不通电又不常用部分；

（2）通电性能良好；

（3）切换通断性能可靠，在长期处于不动作的状态下，一旦应急要立即投入；

（4）长期不维修，又能立即工作。

四、消防设备电气配线措施

为了提高消防电源及其配电系统的可靠性，除了对电源种类、供配方式采取一定的可靠性措施外，还要考虑火灾高温对消防设备配电线路的影响，采取措施防止发生短路、接地故障，从而保证消防设备的安全运行，使安全疏散和扑救火灾的工作顺利进行。

（一）耐火耐热配线概念

火灾实例证明，只有可靠电源，而消防用电线路不可靠，仍不能保证火灾时消防设备的可靠供电。火灾时，影响消防设备电气线路可靠性的因素主要有：消防电气线路也可能形成短路，或因绝缘损坏而发生漏电，或火焰沿着消防电气线路蔓延扩大火灾范围。因此，为了防止消防人员触电，造成伤亡事故，防止火灾蔓延扩大，需要给消防设备设置专用（单独）回路，而且电源要从配电室母线直接引出；为防止火灾时在配电室内发生误操作，消防专用回路还必须设置明显标志，以利灭火战斗。同时，根据消防设备在防火和灭火中的作用需要，其电气配线应采用耐火配线或耐热配线。

耐火配线是指按照规定的火灾升温曲线，对配电线路进行耐火试验，从受火的作用起，到火灾升温曲线达到 840℃时，在 30min 内仍能继续有效供电的线路。耐热配线是指按照规定的火灾升温曲线的 1/2 曲线，对配电线路进行试验，从受火的作用起，到火灾升温曲线达到 380℃时，在 15min 内仍能供电的线路。

（二）耐火耐热配线原则

我国高层建筑防火设计立足于自防自救，建筑防火设计强调消防安全基本性能要求，因而被保护对象消防电源及其配电系统的防火要求由建筑物消防负荷等级、自动消防系统设置情况和消防设备工作特性等决定，应具备可靠性、耐火性、安全性、有效性和科学性等，其中消防设备配电线路的可靠性和耐火性应予以特别重视。

消防设备配电线路的可靠性用以确保向消防设备正常供电和有效实施人员疏散与火灾扑救。消防设备配电线路的耐火性用以确保一旦发生火灾且消防设备配电线路可能处于火场之中时能持续供电。在消防工程中，一般是结合建筑电气设计和施工对消防设备配电线路采用耐火耐热配线措施，达到其可靠性、耐火性等要求。

消防设备配电线路的敷设应符合场所环境、建筑物或构筑物的特征，符合人与布线可接近的程度，有足够的机械强度能承受短路可能出现的机电应力及在安装期间或运行中布线可能遭受其他应力和导线自重；并能承受热效应，避免外部热源产生热效应的影响；避免由于强烈日光辐射而带来的损害。此外，还应防止在使用过程中因水的侵入或因进入固体物而带来的损害等。

必须说明，不论耐火配线还是耐热配线，应该包括所用电线电缆类型和敷设方法。原则上，耐火配线即将电线电缆穿管并埋于耐火构造中，耐热配线需要将电线电缆穿管。消防设备耐火耐热配线的范围，应该包括从应急母线或主电源低压母线到消防用电设备点的所有配电线路。

（三）常规的耐火耐热配线措施

根据我国的情况，消防用电设备的配电线路一般采用下列几种耐火耐热配线措施：

（1）消防用电设备应采用单独或专用供电回路，并当发生火灾切断生产、生活用电时，应仍能保证消防用电，其配电设备应有明显标志。高层建筑的消防配电线路和控制回路宜按防火分区划分。

（2）消防用电设备的配电线路一般应穿管保护：①当暗敷时，应敷设在不燃烧体结构内，其保护层厚度不应小于 30mm；②明敷时，必须穿金属管，并采取防火保护措施提高耐燃性能，或是直接选用具有耐火性能的电线电缆。

（3）消防设备配电线路采用绝缘和护套为不延燃性材料的电缆时，可不采取穿金属管保护，但应敷设在电缆井沟内。值得注意的是，当不延燃电缆与延燃电缆敷设在同一个电缆竖井中时，两者中间必须进行耐火分隔，以防一般线路故障时对消防配电线路产生影响。

（4）建筑物顶棚内，一般电气线路可穿硬质阻燃塑料管保护，消防设备配电线路应穿金属管保护或在难燃顶棚内穿难燃型硬质阻燃塑料管保护。

（5）消防用电配电箱结构及其器件宜用耐火耐热型，当用普通型配电箱时，其安装位置的选择除了常规遵循事项外，应尽可能避开易受火灾影响的场所，并对其安装方式和安装部位的结构做好隔热措施。

（6）从消防用电配电箱至消防用电设备应是放射式配电，在负荷的连接上不应将一些与消防无关的设备接入。

（7）消防用电的配电回路不应装设漏电切断保护装置；对消防水泵、防烟排烟风机等重要消防设备不宜装设过负荷保护，必要时可手动进行控制。

（8）为保证消防设备电气配线全程能达到耐火、耐热，要求在金属管端头的接线要留有一定的余度，因为在金属管受热时，电线会产生收缩现象。中途的接线盒不应埋设在易被火烧的部位。盒盖也应加套石棉布等隔热材料，加强保护。

（四）消防设备及系统配线设计方案

实际工程中，消防用电设备的耐火耐热配线一般按图 24-18 所示考虑，并遵循分系统配线原则。

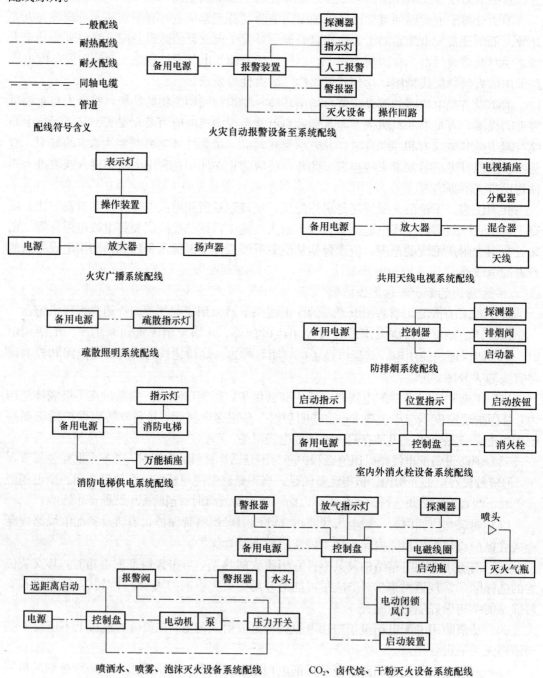

图 24-18　消防用电设备耐火耐热配线示例

1. 火灾自动报警系统

在火灾自动报警系统中，传输线路的配线措施是应采用金属管、可挠（金属）电气导管、B₁级以上的刚性塑料管或封闭式线槽保护，消防控制、通信和警报线路在暗敷时最好采用阻燃型电线穿保护管敷设在不燃结构层内且保护层厚度≥30mm。对总线制系统的干线，需考虑更高的防火要求，可采用耐火电缆敷设在耐火电缆桥架内，或有条件的可选用不燃性电缆。从选线考虑，火灾自动报警系统的供电线路、消防联动控制线路应采用耐火铜芯电线电缆，报警总线、消防应急广播和消防专用电话等传输线路应采用阻燃或阻燃耐火电线电缆。

2. 消火栓泵、喷淋泵

消火栓系统、水喷淋系统、水幕系统等固定灭火系统的消防水泵一般集中设在水泵房，其水泵电动机配电线路常采用阻燃电线穿金属管并埋设在非燃烧体结构内，或采用耐火电缆并配以耐火型电缆桥架，或选用矿物绝缘电缆直敷。水泵房供电电源一般由建筑变电所直接提供；当变电所与水泵房邻近并属于同一防火分区时，采用耐火电缆或耐火母线沿防火型电缆桥架明敷；当变电所与水泵房距离较远并穿越不同防火分区时，可采用矿物绝缘电缆直敷。

3. 防排烟装置

防排烟装置包括送风机、排烟机、各类阀门、防火阀等，一般布置较分散，其线路防火设计要考虑供电主回路和联动控制线路。防排烟装置配电线路主回路明敷时应采用耐火型交联低压电缆或矿物绝缘电缆，暗敷时可采用一般耐火电缆；联动和控制线路应采用耐火电缆；线路在敷设时应尽量缩短长度，避免穿越不同的防火分区。

4. 防火卷帘门

建筑中防火卷帘门电源通常引自带双电源切换的区域配电箱，经防火卷帘门专用配电箱用放射式或环式向其控制箱供电。当防火卷帘门水平配电线路较长时，宜采用耐火电缆并在吊顶内使用耐火型电缆桥架明敷。

5. 消防电梯

在消防工程中，消防电梯一般由高层建筑底层的变电所敷设两路专线配电至位于顶层的电梯机房。由于线路较长且路线较复杂，因此消防电梯配电线路应采用耐火电缆；当有可靠性特殊要求时，两路配电专线中一路可选用矿物绝缘电缆。

6. 火灾应急照明

火灾应急照明线路一般采用阻燃电线穿金属管暗敷于不燃结构内且保护层厚度≥30mm。在装饰装修工程中，当应急照明线路只能敷于吊顶内时，应采用耐火型电线并考虑前述耐火耐热配线措施。

7. 其他消防设备

火灾事故广播、消防电话、火灾警铃等设备的电气配线，在条件允许时可优先采用阻燃电线穿保护管暗敷或采用前述耐火耐热配线措施；当采用明敷线路时，应对线路做耐火处理或考虑前述耐火耐热配线措施。

（五）消防设备电气配线的规范要求

根据《建筑设计防火规范》GB 50016—2014 中 10.1.10 规定，消防配电线路应满足火灾时连续供电的需要，其敷设应符合下列规定：

（1）明敷设时（包括敷设在吊顶内），应穿金属导管或采用封闭式金属槽盒保护，金属导管或封闭式金属槽盒应采取防火保护措施；当采用阻燃或耐火电缆并敷设在电缆井、沟内时，可不穿金属导管或采用封闭式金属槽盒保护；当采用矿物绝缘类不燃性电缆时，可直接明敷。

（2）暗敷时，应穿管并应敷设在不燃性结构内且保护层厚度不应小于 30mm。

（3）消防配电线路宜与其他配电线路分开敷设在不同的电缆井、沟内；确有困难需敷设在同一电缆井、沟内时，应分别布置在电缆井、沟的两侧，且消防配电线路应采用矿物绝缘类不燃性电缆。

分析《建筑设计防火规范》GB 50016—2014 第 10.1.10 条对消防设备电气配线的防火保护要求可见，消防配电线路敷设是否安全，直接关系到消防用电设备在火灾时能否正常运行，因此，（1）、（2）对消防配电线路的敷设提出了强制性要求。

工程中，电气线路的敷设方式主要有明敷和暗敷两种方式。对于明敷方式，由于线路暴露在外，火灾时容易受火焰或高温的作用而损毁，因此，规范要求线路明敷时要穿金属导管或金属线槽并采取保护措施。保护措施一般可采取包覆防火材料或涂刷防火涂料。

对于阻燃或耐火电缆，由于其具有较好的阻燃和耐火性能，故当敷设在电缆井、沟内时，可不穿金属导管或封闭式金属槽盒。"阻燃电缆"和"耐火电缆"为符合国家线型标准《阻燃及耐火电缆：塑料绝缘阻燃及耐火电缆分级和要求》GA 306.1—2 的电缆。

矿物绝缘类不燃性电缆由铜芯、矿物质绝缘材料、铜等金属护套组成，除具有良好的导电性能、机械物理性能、耐火性能外，还具有良好的不燃性，这种电缆在火灾条件下不仅能够保证火灾延续时间内的消防供电，还不会延燃、不产生烟雾，故规范允许这类电缆可以直接明敷。

暗敷设时，配电线路穿金属导管并敷设在保护层厚度达到 30mm 以上的结构内，是考虑到这种敷设方式比较安全、经济，且试验表明，这种敷设能保证线路在火灾中继续供电，故规范对暗敷设时的厚度作出相关规定。

第三节　电力线路及电器装置防火

一、电气保护设计与选择

（一）计算负荷

负荷是指导线、电缆和电气设备（变压器，断路器等）中通过的功率和电流。在设计时，如果简单地把各用电设备的容量加起来作为选择导线、电缆截面和电气设备容量的依据，那么，过大会使设备欠载；过小则又会出现过载运行。其结果要么是不经济，要么就是出现过热绝缘损坏、线损增加，影响导线、电缆或电气设备的安全运行，严重时，会造成火灾事故。为避免这种情况的发生，设计时使用计算负荷。从原理上讲，计算负荷的热效应是与导线、电缆或电气设备变动的总负荷的热效应相等的；用计算负荷来选择导线、电缆截面和电气设备，比较接近实际。

（二）导线、电缆类型选择

1. 导线、电缆的耐燃性能

导线、电缆是用于传输电能、传递信息和实现电磁能量转换的电工产品，广泛应用于工农业生产中。由导线、电缆组成的供电网络，线路长，分支线多，有更多的机会与可燃物或建筑物相接触。

导线、电缆绝缘材料多为碳、氢为主的高分子材料，具有热不稳定性，即当加热时发生化学破坏并伴随产生挥发物，从而留下多孔的残渣。这将使空气中氧容易渗入，并在固体基材中引起进一步的氧化反应。残渣多由碳渣组成，它吸收周围的辐射热量，促进材料的热裂解。这样就会产生累积性的温升，最后挥发物起燃，形成火焰。起燃可由外部火焰引起，也可能是自燃。燃烧产生的热量连续地为基材热裂解提供所必需的热能而维持燃烧。

当导线、电缆集中敷设或成束敷设时，其引燃温度比自燃点往往还要低，在绝缘材料老化的情况下，自燃点也随之下降。

导线、电缆在一定使用条件下，是能够安全运行的。但是，当导线电缆发生短路、过载、局部过热、电火花或电弧等故障状态时，所产生的热量将远远超过正常状态。火灾案例表明，有的绝缘材料是直接被电火花或电弧引燃；有的绝缘材料是在高温作用下，发生自燃；有的绝缘材料是在高温作用下，加速了热老化进程，导致热击穿短路，产生的电弧，将其引燃。导线、电缆不管是由于电的原因，还是被外界引火源点燃都属于导线、电缆火灾范畴。

导线、电缆因使用场所和电压等级不同，其类型也很多。为了确保电气网络的经济运行和防火安全，在电气工程设计时，必须考虑其类型、使用环境、敷设方法和截面选择等工程问题。

2. 导线材料的选择

导线按材料可分为铜芯线和铝芯线两大类。

根据国家"以铝代铜"的政策，一般采用铝芯线。在爆炸和火灾危险环境、腐蚀性严重的地方、移动设备处和控制回路，宜选用铜芯线。在高层建筑中，由于负荷比较集中，为提高截面的载流能力，便于敷设，也多采用铜芯线。

3. 导线型号的选择

导线按有无绝缘和保护层分为裸导线和绝缘线。裸导线没有任何绝缘和保护层，主要用于室外架空线。

绝缘线是有绝缘包皮的导线，如果再加保护层，则具有防潮湿、耐腐蚀等性能。绝缘线按绝缘和保护层的不同又分为多种型号。例如，常用的橡皮绝缘线（BX、BLX、BBX、BBLX）用玻璃丝或棉纱作保护层，柔软性好，但耐热性差，易受油类腐蚀，且易延燃；塑料绝缘线（BV、BLV、BVV、BLVV）绝缘性能良好，价格低，可代替橡皮绝缘线，但缺点是气候适应性差，低温下会变硬发脆，高温下增塑剂易挥发，加速绝缘老化；氯丁橡皮线（BLXF）耐油性能好，不延燃，具有取代普通橡皮绝缘线之趋势。另外，绝缘导线根据线芯硬软，又分为硬线和软线。一般，软线芯线均为多股铜芯。

4. 电缆型号的选择

电缆按缆芯、绝缘层和保护层材料的不同可分为多种型号。聚氯乙烯绝缘及护套电力电缆如 VLV（VV），交联聚乙烯绝缘及聚氯乙烯护套电力电缆如 YJLV（YJV），具有抗酸碱、抗腐蚀、重量轻、不延燃等优点，适于高差大的场所，可以取代油浸纸绝缘电力电缆。

油浸纸绝缘电力电缆一般用 ZLQ（ZLL）来表示。油浸纸绝缘具有良好的耐热性和较低的介质损耗，也不易受电晕影响而氧化，使用寿命长。缺点是绝缘易老化变脆，可弯曲性差，绝缘油易在绝缘层内流动，不宜倾斜和垂直安装。况且带负荷运行后，绝缘油会受热膨胀，从电缆头或中间接头外渗漏出，久而久之，便电缆头绝缘性能降低，发生相间短路，酿成火灾事故。

铜芯铜套氧化镁绝缘电缆（简称矿物绝缘电缆），缆芯为铜芯，绝缘物为氧化镁，护套为无缝铜管。由于铜熔点为 1083℃，氧化镁熔点为 2300℃，故能经受 1000℃ 内火灾（火焰或辐射）热的作用，具有良好的防火性能。同时，铜套和氧化镁均无老化、延燃性，又不产生烟雾和毒性气体，是目前我国市场的一种性能较好的防火电缆。矿物绝缘电缆主要应用在具有爆炸和火灾危险的场所、高温车间和高层建筑物中（要求对消防用电设备供电线路采用耐火耐热配线的地方）。

（三）导线电缆截面选择

导线电缆截面选择有按发热条件选择截面、按电压损失选择截面、按机械强度选择截面三种，应严格按照国家有关电力规范标准确定。

（四）电气保护装置选择

1. 电气装置选择一般原则

电气装置在供电系统中的装设地点、工作环境及运行要求尽管各不相同，但在设计和选择这些电气装置时都应遵守以下共同原则：按正常工作条件选择电气装置的额定值；按最大短路电流的热效应和电动力效应校验电气装置的热稳定和动稳定性；按安装设备地点的最大三相短路容量校验开关电器的断路能力；按设备装设地点、工作环境、使用要求及供货条件等选择电气装置的型式。

2. 熔断器的选择

熔断器是电气设备长期过载或短路的一种保护元件。熔断器的结构一般由熔体及熔管或熔体座组成。因其结构简单，使用方便，价格低廉，所以不但在高压系统，而且在低压配电系统中，特别是对供电可靠性要求比较低的设备或网络，获得了极其广泛的应用。

熔断器正常情况下安装在被保护设备或网络的电源端，当发生过流故障时，熔体熔化，使设备与网络隔离。要使供电线路按照预期的电流和预定的时间切断，必须选择适当额定电流的熔体，不同熔体在一定电流下，其熔断时间是不一样的，决定熔体熔断时间和通过电流的关系曲线，叫作熔断器的保护特性曲线。

一般，制造熔体的材料分热惯性较小的和热惯性较大的两大类。前者如铝、锡、锌及其合金，它们熔点低，常用于 500V 以下的网络中（分为 327℃、200℃、420℃）；后者如铜、银，这类熔体的熔点高（1080℃、960℃），升温高，与前者相比，在同一额定电流下熔体截面小，不易氧化，性能较稳定，多在高压熔断器中使用，且这种熔体不考虑电动机启动时的启动电流使熔体熔断的可能，而前者则必须考虑这一点。

在低压配电系统中，如果没有特殊要求，均可采用熔断器保护；熔断器通常装在各级配电线路的电源端，以便对过电流故障进行保护。此时，各级保护之间应有相应的配合，才能达到保护动作选择性的要求；熔断器一般装设在配电线路的不接地的各相或各级上，并要求上一级保护的熔体电流比下级的大两级左右。

必须指出，熔断器一般只做短路保护，只有在下列情况下才考虑做过负荷保护：①居住建筑、重要的仓库以及公共建筑中的照明线路；②有可能引起绝缘导线或电缆长期过负荷的电力线路；③当有延燃性外层的绝缘导线明敷在易燃体或难燃体的建筑物结构上时。

如果导线或电缆长期过负荷超过允许载流量而熔断器熔体不熔断时,将会引起绝缘热击穿,从而造成火灾发生,因此导体或电缆的允许电流必须和熔体的额定电流相配合。对于装设熔断器做过负荷保护的配电线路,其绝缘导线、电缆的允许载流量 I_{ux} 应不小于熔体的最小试验电流即

$$I_{ux} \geqslant 1.25 I_{er} \tag{24-1}$$

在短路保护时,也要考虑导体或电缆的允许载流量与熔体的额定电流之间的关系。因为当被保护的配电干线末端发生短路故障时,为使熔体迅速熔断,最小短路电流与熔体的额定电流比值越大,则动作时间越快,越灵敏。但当配电干线的距离一定时,比值越大,则要求导线或电缆截面越粗,为节约金属又能保证一定的灵敏度,熔体的额定电流应小于导体允许载流量的 3 倍。我国电气设计规范规定,熔体额定电流 I_{er} 不应大于电缆或穿管绝缘导线允许载流量的 2.5 倍,或明敷绝缘导线允许载流量的 1.5 倍。同时,规范规定当被保护的线路末端发生下列两种情况短路时:①中性点直接接地网络中的单相接地短路;②中性点不接地网络中的两相短路;其短路电流值与熔体额定电流值之比不得小于 4 倍。

一般,熔断器的额定电流只要大于熔体的额定电流即可。但不同熔断器其切断短路电流的能力是不一样的,故应进行校验。当熔断器熔体受短路电流的峰值冲击时,需要经过 0.01s 才能熔断,故校验时,只要熔断器的最大开断电流大于安装处的冲击短路有效值 I_{ch} 即可满足要求。

3. 自动空气开关的选择

自动空气开关又称为空气断路器,由于其灭弧性能较好,在正常运行时可接通和切断负荷电流,并具有短路、过负荷和欠压保护特性,因此广泛地应用在低压交直流配电装置中。

自动空气开关主要由触头系统、灭弧装置、脱扣保护装置和操作机构等组成。自动空气开关的选择,除应满足电气设备选择的一般原则外,要注意其三个额定电流——自动开关的额定电流 I_e、电磁脱扣器的额定电流 I_{ez} 和热脱扣器的额定电流 I_{er} 的配合关系。如果线路计算电流为 I_j,导线允许载流量为 I_{ux},则它们之间应符合下列关系:

$$I_e \geqslant I_{er}; I_{ez} \geqslant I_{er}; I_{er} \geqslant I_j; I_j \leqslant I_{ux} \tag{24-2}$$

二、电气线路及设备防火

(一)电气线路敷设的防火要求

1. 架空线路敷设的防火要求

架空线路主要由电杆、横担、瓷瓶和导线组成。电杆用来支撑瓷瓶和导线,使导线保持对地高度,保护人身安全;横担用来固定瓷瓶并使导线保持规定线距,防止风吹摆动,形成相间短路;瓷瓶又称绝缘子,安装在横担上,起着导线对地和导线之间的绝缘作用。

(1)对路径的防火要求

架空线路不得跨越有易燃易爆物品库、有爆炸危险的场所、易燃可燃液体储罐区、可燃助燃气体储罐区和易燃材料堆场,架空线的路径如果与这些有爆炸燃烧危险的设施较近时,必须保持不小于杆高的 1.5 倍间距,以防倒杆、发生断线事故时,导线短路产生火花电弧,引起爆炸和燃烧。

(2)安全距离

架空线路有高压和低压两种,为确保其安全运行,应保持一定的水平和垂直安全距离。

2. 接户线与进户线的防火要求

接户线的档距,不宜超过 25m;距地距离,对小于 1kV 的要大于 2.5m;1~10kV 的不小于 4m。

1kV 以下的低压接户线,其导线截面:档距小于 10m 时,绝缘铜线不应小于 2.5mm²,绝缘铝线不应小于 4mm²;档距 10~25m 时,绝缘铜线不应小于 4mm²,绝缘铝线不应小于 6mm²。380V 接户线线间距离不应小于 150mm。

从用户屋外第一个支持点到屋内第一个支持点之间的引线叫进户线。进户线应采用绝缘线穿管进户。进户钢管应设防水弯头,以防电线磨损,雨水倒流,造成短路或产生漏电引起火灾。严禁将电线从腰窗、天窗、老虎窗或从草、木层顶直接引入建筑内。

爆炸物品库的进户线,宜用铠装电缆理地引入,从电杆引入电缆的长度 $L \geqslant 50m$;进户处宜穿管,并将电缆外皮接地。电杆上设置低压避雷器,以防感应雷电波沿进户线侵入库内,引起爆炸事故。

3. 室内、外线路敷设的防火要求

室内、外线路应采用绝缘线。敷设时要防止导线机械受损,以避免绝缘性能降低。导线连接也要避免接触电阻过大造成局部过热。

(1) 按环境确定敷设方式

在实际生产、生活中,电气设备所处的环境各异。有的处在潮湿和特别潮湿的环境,有的处于多尘环境,有的处于腐蚀环境,有的处于火灾危险环境以及爆炸危险环境。不同环境要求使用的导线、电缆类型也不同,安装敷设方法也要与其相适应,以保证导线在各种环境下的安全运行,防止火灾。表 24-1 列出了按环境选择导线、电缆及其敷设方式,供参考。

按环境选择导线、电缆及其敷设方式 表 24-1

环境特征	线路敷设方式	常见电线、电缆型号
正常干燥环境	1. 绝缘线瓷珠、瓷夹板或铝皮卡子明配线	BBLX、BLXF、BLV、BLVA、BLX
	2. 绝缘线、裸线瓷瓶明配线	BBLX、BLXF、BLV、BLX、LV、LMV
	3. 绝缘线穿管明敷或暗敷	BBLX、BLXF、BLX
	4. 电缆明敷或放在沟中	ZLL、ZLL₁₁、VLV、VJV、XLV、ZLQ
潮湿和特别潮湿的环境	1. 绝缘线瓷瓶明配线(敷设高度>3.5m)	BBLX、BLXF、BLV、BLX
	2. 绝缘线穿塑料管、钢管明敷或暗敷	BBLX、BLXF、BLV、BLX、ZLL₁₁、XLV、VLV
	3. 电缆明敷	YJV
多尘环境	1. 塑料线瓷球、瓷瓶明配	BLV、BLVV
	2. 绝缘线穿塑料管明敷或暗敷	BBLX、BLXF、BLV、BV、BLV
	3. 电缆明敷	VLV、VJV、ZLL₁₁、XLV
有火灾危险的环境	1. 绝缘线瓷瓶明配线	BBLX、BLV、BLX
	2. 绝缘线穿管明敷或暗敷	BBLX、BLV、BLX
	3. 电缆明敷或放在沟中	ZLL₁₁、ZLQ、VLV、YJV
有爆炸危险的环境	1. 绝缘线穿钢管明敷或暗敷	BBX、BV、BX
	2. 电缆明敷	ZL₁₂₀、ZQ₂₀、VV₂₀

一般，高温场所应用以石棉、玻璃丝、瓷珠、云母等作为耐热配线或选择耐火线缆。有闷顶的三、四级耐火等级建筑物，闷顶内的电线，应采用金属管配线或带有金属保护的绝缘导线。

（2）对室内、外线距离的要求

为防止导线绝缘损坏后引起火灾，敷设线路时，要注意线间、导线固定点间以及线路与建筑物、地面之间必须保持一定距离。

为了保证电气线路的安全运行，导线固定点间最大允许距离，随着敷设方式、敷设场所和导线截面的不同而不同；配线与室内外管道、建筑物、地面及导线相互间应保持一定的距离。有关数据见相关电气设计手册。

（3）室内绝缘导线敷设时的防火要求

1）明敷时的防火要求

绝缘导线应防止受到机械损伤，如导线穿过墙壁或可燃建筑构件时，应采用砌在墙内的绝缘管，且每根管只能穿一根导线。从地面向上安装的绝缘导线，距地面 2m 高度以内的一段应加钢管保护，以防绝缘受损造成事故。

2）线管配线的防火要求

凡明敷于潮湿场所或埋在地下的线管均应采用水煤气钢管。明敷或暗敷于干燥场所的线管可采用一般钢管。线管内导线绝缘强度不应低于交流 500V。用金属管保护的交流线路，当负荷电流大于 25A 时，为避免涡流产生，应将同一回路的所有导线穿于同一根金属管内。

3）槽板配线的防火要求

槽板配线就是把导线敷设在槽板线槽内，上面用盖板把导线盖住。槽板有木质的和塑料制的，适用于办公室、生活间等干燥的场所。槽板应设在明处，不得直接穿过楼板或墙壁；必要时，须改用瓷套管或钢管保护。安装槽板时，要防止将导线绝缘层钉破，造成漏电或短路事故。槽板若为木板时，应采用干燥坚硬的，并涂漆防潮，以达到防止机械损伤口和增强绝缘的目的。但木槽板在有尘埃或有燃烧、爆炸危险场所，不得使用。

（4）对导线连接和封端的技术要求

导线相互连接或导线与电气设备连接的接头处，是造成电阻过大，产生局部过热的主要部位，是产生火灾的引火源。

1）对连接的基本要求

① 导线连接接触处，应接触可靠、稳定，接触电阻应不大于同样长度、同截面导线的电阻；

② 连接接头要牢固，其机械强度不得小于同截面导线的 80％；

③ 接头处应耐腐蚀；铝线连接采用焊接时，要防止焊药和熔渣的化学腐蚀；铝线与铜线连接要防止接触面松动、受潮、氧化，以及防止在铜铝线之间产生电化腐蚀；

④ 接头处包缠的绝缘材料的绝缘强度应与原导线相同。

2）对铜（铝）芯导线的中间连接和分支连接的要求

应用熔焊、线夹、瓷接头或压接法连接。在实际施工中，$2.5mm^2$ 以下的单芯导线多用绞接；$4mm^2$ 的单芯铜导线可用缠绕法连接；多芯铜线多用压接或缠绞连接。铝芯线可用铝管进行压接。铜导线和铝导线连接时，可用铜铝过渡连接管。

3) 对导线出线端子的装接要求

10mm² 以下的单股铜芯线，2.5mm² 以下的多股铜芯线和单股铝芯线与电气设备的接线端子可直接连接，但多股铜线宜先拧紧，搪锡后再连接。多股铝芯线和截面大于 2.5mm² 的多股铜芯线的终端，应在其端子焊接或压接后，再与电气设备的接线端子连接。铜线接线端子，俗称铜接头、线鼻子，常用锡焊接，焊接时涂无酸焊接膏。

4) 对线路接头处绝缘的要求

绝缘导线中间和分支接头，绝缘应包缠均匀、严密，并不低于原有绝缘强度；接线端子端部与导线绝缘层空隙处，应用绝缘带包缠严密。

(二) 电缆敷设及其防火要求

1. 电缆敷设的一般要求

(1) 电缆线路路径要短，且尽量避免与其他管线（管道、铁路、公路和弱电电缆）交叉。敷设时要顾及已有的或拟建房屋的位置，不使电缆接近易燃易爆物及其他热源，尽可能不使电缆受到各种损坏，如机械损伤、化学腐蚀、地下流散电流腐蚀、水土锈蚀、蚁鼠害等。

(2) 不同用途电缆，如工作电缆与备用电缆，动力与控制电缆等宜分开敷设，并对其进行防火分隔。

(3) 电缆支持点之间的距离，电缆弯曲半径，电缆最高最低点间的高差等不得超过规定数值，以防机械损伤。

(4) 电缆在电缆沟内、隧道内及明敷时，应将麻包外皮剥去，并应采取防火措施。

(5) 交流回路中的单芯电缆应采用无钢铠的或非磁性材料护套的电缆。单芯电缆要防止引起附近金属部件发热。

2. 电缆敷设方式

常用的电缆敷设方式有：电缆隧道、电缆沟、排管、壕沟（直埋）、竖井、桥架、吊架、夹层等，各种方式的特点及其选用要求如下：

(1) 电缆隧道和电缆沟

电缆隧道是一种用来放置电缆的、封闭狭长的构筑物，高 1.8m 以上，两侧设有数层敷设电缆的支架，可放置多层电缆，人在隧道内能方便地进行电缆敷设、更换和维修工作。电缆隧道适用于有大量电缆配置的工程环境，其缺点是投资大，耗材多，易积水。

电缆沟是有盖板的沟道，沟宽与沟深不足 1m，敷设和维修电缆必须揭开水泥盖板，很不方便，且容易积灰、积水，但施工简单、造价低，走向灵活且能容纳较多电缆。电缆沟有屋内、屋外和厂区三种，适于电缆更换机会少的地方。电缆沟要避免在易积水、积灰的场所使用。

电缆隧道（沟）在进入建筑物（如变配电所）处，或电缆隧道每隔 100m 处，应设带门的防火隔墙（对电缆沟只设隔墙），以防止电缆发生火灾时烟火蔓延扩大，且可防小动物进入室内。电缆隧道应尽量采用自然通风，当电缆热损失超过 150～200W/m 时，需考虑机械通风。

(2) 电缆排管

电缆敷设在排管中，可免受机械损伤，并能有效防火，但施工复杂，检修和更换都不方便，散热条件差，需要降低电缆载流量。电缆排管的孔眼直径，电力电缆应大于

100mm，控制电缆应大于 75mm，孔眼中电缆占积率为 65%。电缆排管材料选择，高于地下水位 1m 以上的可用石棉水泥管或混凝土管；对潮湿地区，为防电缆铅层受到化学腐蚀，可用 PVC（塑料管）。

（3）壕沟（直埋）

将电缆直接埋在地下，既经济方便，又可防火，但易受机械损伤、化学腐蚀、电腐蚀，故可靠性差，且检修不便，多用于工业企业中电缆根数不多的地方。一般，电缆埋深不得小于 700mm，壕沟与建筑物基础间距要大于 600mm。电缆引出地面时，为防止机械损伤，应用 2m 长的金属管或保护罩加以保护；电缆不得平行敷设于管道的上方或下面；直埋电缆与各种管线、公路、铁路之间交叉接近的距离需符合电气设计手册要求。

（4）电缆竖井

竖井是电缆敷设的垂直通道。竖井多用砖和混凝土砌成的，在有大量电缆垂直通过处采用，如发电厂的主控室，高层建筑的楼层间等。竖井在地面，设有防火门，通常做成封闭式，底部与隧道或沟相连；在每层楼板处设有防火分隔。高层建筑竖井一般位于电梯井道两侧和楼梯走道附近。竖井还可做成钢结构固定式，竖井截面视电缆多少而定，大型竖井截面为 4~5m²，小的只有 0.9m×0.5m 不等。

高层建筑竖井会产生烟囱效应，容易使火势扩大，蔓延成灾。因此，在高层建筑的每层楼板处都应隔开；穿行管线或电缆孔洞，必须用防火材料封堵。

（5）电缆桥架

电缆架空敷设在桥架上，其优点是无积水问题，避免了与地下管沟交叉相碰，成套产品整齐美观，节约空间；封闭桥架有利于防火、防爆、抗干扰。缺点是：耗材多，施工、检修和维护困难，受外界引火源（油、煤粉起火）影响的几率较大。

（6）电缆穿管

电缆一般在出入建筑物，穿过楼板和墙壁，从电缆沟引出地面 2m、地下深 0.25m 内，以及与铁路、公路交叉时，均要穿管给予保护。保护管可选用水煤气管，腐蚀性场所可选用 PVC 塑料管。管径要大于电缆外径的 1.5 倍。保护管的弯曲半径不应小于的所穿电缆的最小允许弯曲半径。

（7）电缆头的要求

电缆线路的端部接头，称为电缆终端头。将两根电缆连接起来的接头，称电缆中间接头。油浸绝缘电缆两端位差太大时，由于油压的作用，低端将会漏油，电缆铅包甚至会胀裂；为避免此类故障的发生，往往要将电缆油路分隔成几段，这种隔断油路的接头，称电缆中间堵油接头。终端头、中间接头和中间堵油接头统称为电缆头。

电缆按其型号和使用环境不同，电缆头的型式也各不相同，一般有户内型和户外型两种。油浸纸绝缘电缆多采用户内型、有预制外壳的环氧树脂终端头、沥青终端头和干包头等；户外型有户外瓷质盒、铸铁盒、环氧树脂终端头等。塑料电缆全部用干包电缆头。

电缆头是影响电缆绝缘性能的关键部位，最容易成为点火源。因此，确保电缆头的施工质量是极为重要的。电缆头在投入运行前要做耐压试验，测量出的绝缘电阻应与电缆头制作前没有大的差别，其绝缘电阻一般在 50~100MΩ 以上。运行要检查电缆头有无漏油、渗油现象，有无积聚灰尘，放电痕迹等。

3. 电缆火灾原因

常见的电缆火灾，一是由于本身故障引起的，二是由于外界原因引起，即火源或火种来自外部。据统计，外因引起的电缆火灾较多，只有少数是电缆本身故障引起的。具体原因可归纳如下：

（1）电缆绝缘损坏。如运输、施工过程中造成机械损伤，过负荷运行、接触不良加速绝缘老化，或绝缘达到使用寿命期，以及短路故障等使绝缘遭到破坏。

（2）电缆头故障使绝缘物自燃。如施工质量差、电缆头不清洁降低了线间绝缘强度。

（3）堆积在电缆上的粉尘自燃起火。如电缆过负荷时，其表面高温使堆积其上的煤粉自燃起火。

（4）电焊火花引燃。这类事故与对电缆沟的管理不严格有关。当盖板不严密时，使沟内混入了油泥、木板等易燃物品。在地面上进行电焊或气焊时，焊渣和火星落入沟内引起火灾。

（5）充油电气设备故障时喷油起火。如火焰经电缆孔洞、电缆夹层蔓延并造成火灾。

（6）电缆遇高温起火并蔓延。如发电厂汽轮机油系统，因漏油遇到高温管道起火，火焰沿电缆延燃。此外，锅炉防爆门爆破，或锅炉焦块也可引燃电缆。

4. 电缆基本防火措施

电缆着火延燃的同时，往往伴生有大量有毒烟雾，因此使扑救困难，导致事故扩大，损失严重。防止电缆火灾发生的基本对策如下：

（1）远离热源及火源

使缆道尽可能远离蒸汽及油管道，其最小允许距离见表24-2。可燃气体或可燃液体管沟，不应敷设电缆。若敷设在热力管沟中，应有隔热措施。在具有爆炸和火灾危险的场所不应架空明敷电缆。

电缆与各种管道最小允许距离（mm）　　　　　　　　表 24-2

名　称	电　力　电　缆		控　制　电　缆	
	平行	垂直	平行	垂直
蒸汽管道	1000	500	500	250
一般管道	500	300	500	250

（2）隔离易燃易爆物

在容易受到外界着火影响的电缆区段，应采用防火槽盒，涂刷阻燃材料等措施，防止火灾蔓延。对处于充油电气设备（如高压电流、电压互感器）附近的电缆沟，应密封好。

（3）封堵电缆孔洞

对通向控制室电缆夹层的孔洞、竖井的所有墙孔、楼板处电缆穿孔和控制柜、箱、表盘下部的电缆孔洞等，必须用耐火材料严密封堵。决不能用木板等易燃物品承托或封堵，以防止电缆火灾向非火灾区蔓延。

（4）设置防火墙及阻火段

设置防火墙及阻火段的目的是，将火灾控制在一定电缆区段，以缩小火灾范围。在电缆隧道、沟及托架的下列部位应设置带门的防火墙：不同厂房或车间交界处、进入室内处，不同电压配电装置交界处，不同机组及主变压器的缆道连接处，隧道与主控、集控、网控室连接处等。长距离电缆隧道每隔100m处，均应设置防火墙。

（5）防止电缆因故障自燃

对电缆构筑物要防止积灰、积水。要确保电缆头的工艺质量，集中的电缆头要用耐火板隔开，并对电缆头附近电缆刷防火涂料。高温处宜选用耐热电缆，应对消防用电缆作耐火处理。加强电缆隧道通风，控制隧道温度，明敷电缆不得带麻被层。

（6）设置自动报警及灭火装置

在电缆夹层、电缆隧道、电缆竖井的适当位置，可设置自动报警及灭火装置探测并控制火灾。

5. 电缆防火材料及应用

采用防火材料组成各种防火阻燃措施，是国内外防止电缆着火延燃的主要方法。采用电缆防火材料可提高电缆绝缘材料的引燃温度，降低引燃敏感性，降低火焰沿电缆表面的燃烧速率和蔓延长度，提高阻止火焰传播的能力。

（1）常用电缆防火材料

1）膨胀型防火涂料

这种防火涂料的阻燃机理是，涂覆于电缆表面的膨胀型防火涂层，当受到火星或火种作用时，很难被引燃；当受到高温或明火作用时，涂层中部分物质因热分解，高速产生不燃气体（如 CO_2 和水蒸气），使涂层薄膜发泡，形成致密的炭化泡沫。该泡沫具有排除氧气和对电缆基材的隔热作用，从而阻止热量传递，防止火焰直接烧到电缆，推迟了电缆着火时间，在一定条件下还可将火阻熄。

采用防火涂料涂覆电缆，一般可以采用全涂、局部涂覆、局部长距离大面积涂覆三种形式。为保证火灾时消防电源及控制回路能够正常供电和操作，可全涂；如消防水泵、火灾应急照明线路、火灾报警及联动控制回路等。为增大隔火距离，防止窜燃，在阻火墙一侧或两侧，根据电缆数量、型号的不同，可局部涂覆 0.5～1.5m 长的涂料。对邻近易着火部位，可采用长距离大面积涂覆。对成束控制和热控电缆，可只涂外层。

膨胀型防火涂料的涂覆厚度，根据不同场所、不同环境、电缆数量及其重要性，可适当增减，一般以 1.0mm 左右为宜，最少 0.7mm，多则 1.2mm。涂覆比为 1～2kg/m²。涂覆方式可由具体施工环境及条件而定，如人工刷涂或喷枪喷涂。

防火涂料不但对于电缆能起到防火保护作用，对一些重要场所，如配电间、控制室、计算机房的门、墙、窗，公用建筑的平面等处，也可涂以防火涂料，以达到防火与装饰美化环境的双重效应。建筑平面上涂刷防火涂料厚度以 0.5～1.0mm 为宜，其用量为 0.75～1.0kg/m²。

2）电缆用难燃槽盒

难燃槽盒按盒体材料不同，分为钢板型和 FRP 型两种。FRP 型槽盒用 4mm 厚的玻璃纤维增强塑料粘结而成，具有质轻、强度高、安装方便、耐腐蚀、耐油、耐火、不燃、无毒等优点，适用于 -20～+70℃ 的环境温度及潮湿、含盐雾和化学气体的环境。钢板槽盒由 2mm 厚的钢板制成，因其质重、安装不便，应用受到一定的限制。

FRP 型封闭式槽盒的耐火性，可使槽内敷设的电缆免遭外部火灾的危害，保证正常运行；其阻止延燃，即保证电缆无论在槽盒内短路着火，还是裸露在槽盒外部的电缆着火延燃至槽盒端口时，均能使着火电缆因缺氧而自熄，从而有效地起到阻止电缆在盒内的延燃。FRP 型封闭式槽盒是目前国内较多用的一种电缆用防火敷设材料，其氧指数大于 40，可对发电厂、变电所、供电隧道、工业企业等电缆密集场所明敷在支架（或桥架）上的各种电压等级电缆回路实行防火保护、耐火分隔和防止电缆延燃着火。

根据工程需要，电缆槽盒可做成箱型，由上盖和下底组成，下底侧边有凹形口，用来固定上盖，盒体外用镀锌钢带扎紧。箱型槽盒用与防火隔板配套使用。敷设电缆时，上下两层电缆用隔板隔开，起到防火隔离作用。

电缆槽盒可按需要可连续铺设，也可在电缆 30m 或 50m 处设一段 2m 长槽盒作防火段，盒体两端用有机防火堵料封堵，即可起到防火、耐火作用。

3）耐火隔板

耐火隔板由难燃玻璃纤维增强塑料制成，隔板两面涂覆防火涂料，具有耐火隔热性能。隔板可对电缆层间作防火分隔，缩小着火范围，减缓燃烧强度，防止火灾蔓延。

4）防火堵料

防火堵料主要用来对建、构筑物的电缆穿孔洞进行封堵，从而抑制火势穿透孔洞向邻室蔓延。常用的有可塑性有机防火堵料和速固无机防火堵料两种。

可塑性有机防火堵料，主要由绝热性能好的无机物和阻火效果良好的有机制剂组成。堵料呈油灰状，具有长期柔软性，而且施工方便，并可重复使用。适用于电缆密集区域中的一些小孔洞封堵和缝隙填塞。

速固无机防火堵料，主要由耐高温无机材料混合而成，呈粉末状，形似水泥。该堵料耐火性好、施工方便，且凝固迅速。使用时，只要加水搅拌成糊状，10min 左右即凝固干燥，类似水泥砂浆板，但较疏松，易敲落，适用于各种电缆孔洞封堵。

5）防火包

防火包形似枕头状，内部填充无机物纤维、不燃和不溶于水的扩张成分，以及特殊耐热添加剂，外部由玻璃纤维编织物包装而成。主要应用在电缆或管道穿越墙体或楼板贯穿孔洞的封堵，阻止电缆着火后向邻室蔓延。用防火包构成的封堵层，耐火极限可达 3h 以上。防火包耐潮湿，在任何天气、气温、环境条件下，都能够保持其特性不变，经久耐用。防火包安装和拆除都很容易，使用方便，并可重复使用。

6）防火网

防火网是以钢丝为基材，表面涂刷防火涂料而成。适用于既要求通风，又要求防火的地方。其特点是可保证平时能充分通风，若安装在槽盒端口，则可制成通风型槽盒，有利于提高槽盒内敷设电缆的载流量。以防火网为基材可做防火门。

防火网遇明火时，网上的防火涂料即刻膨胀发泡，网孔被致密泡沫碳化层封闭，从而可阻止火焰穿透和蔓延。防火网目前有两种规格可供选用：①基材为 5mm×10mm 菱形网孔，涂刷防火涂料后有效通风面积为整个网的 60%；②基材为 4mm×4mm 正方形网孔，涂刷防火涂料后有效通风面积为整个网的 40%。

（2）防火材料的应用

电缆用防火阻燃材料是电缆防火工程中的关键，不仅直接关系着防火阻燃效果，而且对电缆安全运行、环境美化、文明生产也有直接影响。所以，防火阻燃措施及其材料的选用，应根据不同场所、使用条件和环境情况正确选用，以达到目的。电缆防火材料在防火设施中的典型应用有下列几种情况。

1）在防火隔墙中应用

防火隔墙是电缆隧道（沟）或夹层的一种防火设施。隔墙由矿渣棉充填密实而成，矿渣棉用料量视隔墙大小而异。电缆隧道（沟）防火隔墙一般如图 24-19、图 24-20 所示。

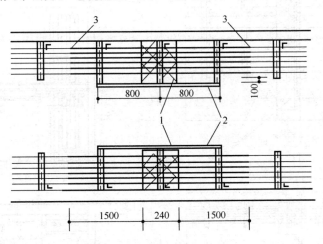

图 24-19　电缆隧道防火隔墙

1—防火隔墙用矿渣棉夯实；2—可拆防火隔板；3—防火涂料

电缆隧道隔墙两侧 1.5m 长的电缆，需涂有防火涂料，一般需涂刷 4～6 次。隔墙两侧还装有 2mm×800mm 宽的防火隔板（系厚 2mm 的钢板）用螺栓固定在电缆支架上。

电缆沟防火隔墙与隧道隔墙做法相同，且都要考虑沟（隧道）排水问题，但防火隔墙两侧无需设隔板和涂刷防火涂料。

电缆夹层防火隔墙，如图 24-21 所示。

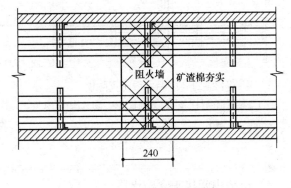

图 24-20　电缆沟防火隔墙

2）构成阻火夹层

图 24-22 是带人孔的竖井阻火夹层，夹层上下用耐火板，中间一层用矿棉半硬板。耐火板在穿过电缆处，按电缆外径锯成条状孔。铺好后用散装泡沫矿棉充填缝隙。夹层上下 1m 处，用防火涂料涂刷电缆及支架 3 次。人孔用可移动防火板铰链带及活动盖板予以密封。

不带人孔竖井阻火夹层如图 24-23 所示，其做法与带人孔的做法相同。

3）构成阻火段

为防止架空电缆着火延燃，沿架空电缆线路可设置阻火段，如图 24-24 所示。具体要求是：电缆支架为 5 层时，在 2m 长一段电缆上涂刷防火涂料 5 次（或包防火带）即可；如果支架为 10 层时，需在 2m 长一段电缆上涂刷防火涂料 6 次，并在其上部 6 层，每隔两层用 6m 长防火隔板予以分隔，以防窜燃。控制电缆可用封闭式耐火槽盒进行分段。

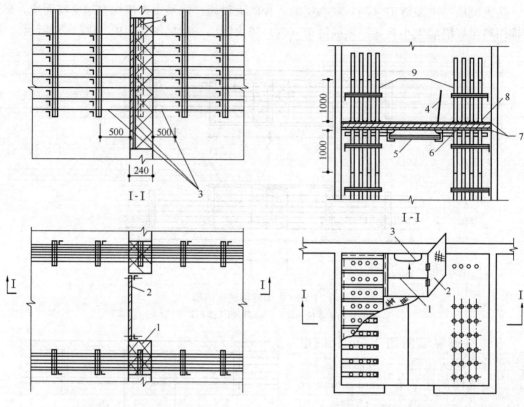

图 24-21　电缆夹层防火隔墙

1—矿渣棉砌料；2—耐火隔板；3—防火涂料；
4—防火隔墙

图 24-22　带人孔电缆竖井阻火夹层

1—可移动耐火板；2—带铰链钢板人孔盖；3—爬梯；4—人孔盖；5—可移动耐火板；6—矿棉半硬板；7—耐火隔板；8—泡沫石棉板；9—防火涂料（涂 3 次）

4）电缆中间接头盒防火段

无论在电缆隧道、沟、竖井、桥架等地方，还是敷设电缆的中间接头盒周围电缆，均需包防火带或涂刷防火涂料 4 次，以防止中间接头处着火，向两侧延燃。其做法如图 24-25 所示。

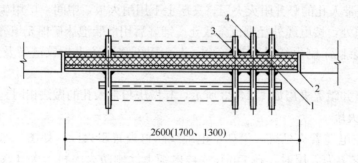

图 24-23　不带人孔电缆竖井阻火夹层竖向剖面图

1—耐火隔板；2—石棉半硬板；3—泡沫石棉块；4—防火涂料

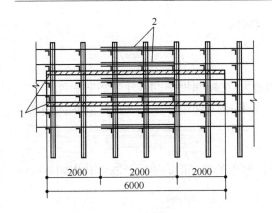

图 24-24　架空电缆阻火段
1—防火隔板；2—防火涂料或包防火带

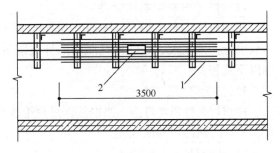

图 24-25　中间接头盒防火段
1—防火涂料或包防火带；2—中间接头盒

（三）电动机火灾危险性及防火措施

1. 异步电动机火灾危险性

异步电动机的火灾危险性主要有：电源电压波动、频率过低，电机运行中发生过载、闷车（卡住）、碰壳（定子与转子相碰），电机绝缘破坏、产生漏电甚至发生相间、匝间短路，绕组断线或接触不良，以及选型和启动方式不当等。异步电动机事故的形式乃至起火既有电气方面的原因也有机械方面的原因，有时不是孤立的，电气原因可能引起机械方面的故障或事故，反之亦然。

2. 电动机火灾预防措施

（1）正确选择电动机容量和型式

电动机功率和机型的选择既关系到安全问题又涉及经济问题。如果设计中选择不当，则不是造成浪费，就是造成事故，毁坏设备，酿成火灾。

（2）正确选择电动机启动方式

电动机启动时启动电流很大，对绝缘和安全都不利，故应选择正确合适的启动方式。三相异步电动机分为鼠笼式和绕线式两大类。由于它们结构性能不同，启动方式也不尽相同。

电动机启动电流大，是一个不安全因素，必须根据电机型式、容量、电源情况、电网情况合理地选择其启动方式。启动方式选择不合理会使运行条件变坏，影响同一网上其他负荷的正常供电，或使电机使用寿命缩短，甚至烧坏。必须注意，不仅电动机本身能成为火源，有时启动和控制电器（如闸刀开关，接触器，自动开关、变压器等）也可能成为发生火灾的根源。

（3）正确选择电动机的保护方式

电动机的保护方式有短路保护、失压保护、过载保护、断相运行保护。必须说明，上述保护方式适于中、小型三相异步电动机保护，高压大容量电机的保护方式有所不同。

（四）照明装置火灾危险性及防火措施

照明灯具在工作过程中，往往要产生大量的热，致使其玻璃灯泡、灯管、灯座等表面温度较高。若灯具选用不当或发生故障时会产生电火花、电弧，接触不良导致局部过热，导线和灯具的过载和过压，会引起导线过热，以及灯具的爆碎。凡此种种，都会造成可燃气体、易燃蒸气和粉尘爆炸，或引起可燃物起火燃烧。

1. 电气照明分类

（1）按光源发光原理分类

照明电光源种类很多，按其由电能转换为光能的发光原理不同，分为热辐射光源和气体放电光源两大类。虽然电气照明的种类繁多，但其中比较常见且火灾危险性较大的主要有以下几种：

1）白炽灯

白炽灯又称钨丝灯泡。当电流流过封于玻璃灯泡中的钨丝时，使钨丝温度升高到2000～3000℃，达到白炽程度发光。

2）荧光灯

常用的荧光灯是热阴极弧光放电型低压汞灯，其由灯管、镇流器、启动器（又称启辉器）等组成。当灯丝两端加入电压后，灯丝会发热并发射电子，使管内水银气化并电离放电。汞放电辐射的大量紫外线激发灯管上的荧光粉而发光。启动器的作用是在启动时使电路自动接通和断开。荧光灯镇流器容易发热产生很高的温度。

3）高压汞灯

俗称高压水银灯，分镇流器式和自镇流式两种，它们的主要区别在于镇流元件不同。

4）卤钨灯

卤钨灯工作原理与白炽灯基本相同，区别是在卤钨灯的石英玻璃灯管内充入适量的卤元素（如腆或溴等）。卤钨灯一般功率较大，温度较高。

（2）按使用性质分类

电气照明按使用性质，一般可分为工作照明、装饰照明和事故照明等。事故照明是工厂、车间和重要场所以及公共集会场所发生电源中断或火灾事故下，供继续工作或人员疏散的照明，如备用照明灯具和应急安全照明。

2. 常用照明灯具的火灾危险性

（1）白炽灯

白炽灯的表面温度较高，在散热不良时，灯泡表面温度则要高得多，并且功率越大，升温的速度也越快。灯泡距可燃物愈近，则引起燃烧的时间越短。另外，白炽灯耐震性较差，灯泡易破碎。碎后，高温玻璃碎片和高温的灯丝溅落于可燃物上，也会引起火灾。

（2）荧光灯

荧光灯的火灾危险性主要是镇流器发热烤着可燃物。镇流器正常工作时，由于铜损和铁损使其有一定的温度，如果制造粗劣、散热不良或者灯管选配不合理，以及其他附件发生故障时，都会使其温度进一步升高并超过允许值，进而破坏线圈的绝缘强度，甚至形成匝间短路，产生高温、电弧或火花，会使周围可燃物发生燃烧，形成火灾。

（3）高压汞灯

通常情况下高压汞灯功率都比较大，因此发出的热量较大，温升速度快，表面温度高，如400W的高压汞灯，其表面温度约为180～250℃。另外，高压汞灯镇流器的火灾危险性与荧光灯镇流器的基本相似。

（4）卤钨灯

卤钨灯一般功率较大，温度较高。1000W卤钨灯的石英玻璃管外表面温度可达500～

800℃，而其内壁温度则更高，约为 1600℃左右。因此，卤钨灯不仅能在短时间内烤着接触灯管外壁的可燃物，而且在其高温热辐射长时间作用下，还能将距灯管一定距离的可燃物烤着。卤钨灯的火灾危险性，比其他照明灯具更大，事实上它在公共场所和建筑工地引起的火灾较多，必须予以足够的重视。

3. 常用灯具的防火措施

(1) 灯具的开关、插座和照明器靠近可燃物时，应采取隔热、散热等保护措施。卤钨灯和超过 100W 使用白炽灯泡的吸顶灯、槽灯、嵌入式灯的引入线应采用瓷管、石棉、玻璃丝等不燃烧材料作隔热保护。

(2) 白炽灯、卤钨灯、荧光高压汞灯、镇流器等不应直接设置在可燃装修材料或可燃构件上。可燃物品库房不应设置卤钨灯等高温照明灯具。

(3) 地下人防工程内潮湿场所应采用防潮型灯具；柴油发电机房的油库、蓄电池室等房间应采用密闭型灯具。人防工程内灯具的安装方式宜采用吊式（链、线等）安装，不应用粘结方式固定灯具。

(4) 白炽灯、高压汞灯与可燃物、可燃结构之间的距离不应小于 500mm，卤钨灯与可燃物之间的距离也应大于 500mm。灯泡的正下方，不宜堆放可燃物品。

(5) 灯泡距地面高度一般不应低于 2m。如必须低于此高度时，应采用必要的防护措施。可能会遇到碰撞的场所，灯泡应有金属或其他网罩防护。严禁用纸、布或其他可燃物遮挡灯具。

(6) 可燃吊顶内暗装的灯具（全部或大部分在吊顶内）功率不宜过大，并应以白炽灯或荧光灯为主。灯具上方应保持一定的空间，以利散热。暗装灯具及其发热附件，周围应用不燃材料（石棉板或石棉布）做好防火隔热处理。安装条件不允许时，应将可燃材料刷以防火涂料。

(7) 各种特效舞厅灯的电动机，不应直接接触可燃物，中间层铺垫防火隔热材料。可燃吊顶上所有暗装、明装灯具、舞台暗装彩灯、舞池脚灯的电源导线，均应穿钢管敷设。舞台暗装彩灯灯泡，舞池脚灯彩灯灯泡，其功率均宜在 40W 以下，最大不应超过 60W。彩灯之间导线应焊接，所有导线不应与可燃材料直接接触。大型舞厅在轻钢龙骨上以线吊方式安装的彩灯，导线穿过龙骨处应穿胶圈保护，以免导线绝缘破损造成短路。

4. 照明供电设施的防火措施

照明供电设施包括照明总开关、熔断器、照明线路、灯具开关、挂线盒、灯头线（指挂线盒到灯座的一段导线）、灯座等。由于这些零件和导线的电压等级及容量如选择不当，都会因超过负荷、机械损坏等而导致火灾的发生。因此，必须符合以下防火要求：

(1) 各种照明灯具安装前，应对灯座、挂线盒、开关等零件进行认真检查。发现松动、损坏的要及时修复或更换。开关应装在相线上，螺口灯座的螺口必须接在零钱上。开关、插座、灯座的外壳均应完整无损，带电部分不得裸露在外面。

(2) 功率在 150W 以上的开启式和 100W 以上的其他型式灯具，不准使用塑胶灯座，而必须采用瓷质灯座。灯具各零件必须符合电压、电流等级，不得过电压、过电流使用。灯头线在天棚挂线盒内应做保险扣，以防止接线端直接受力拉脱，产生火花。

(3) 重量在 1kg 以上的灯具（吸顶灯除外），应用金属链吊装或用其他金属物支持（如采用铸铁底座和焊接钢管），以防坠落。重量超过 3kg 时，应固定在预埋的吊钩或螺栓上。轻钢龙骨上安装的灯具，原则上不能加重钢龙骨的荷载，凡灯具重量在 3kg 及以上者，必须在主龙骨上安装，必须以铁件作固定。

（4）灯具的灯头线不得有接头；需接地或接零钱的灯具金属外壳，应有接地螺栓与接地网连接。

（5）各式灯具装在易燃结构部位或暗装在木制吊平顶内时，在灯具周围应做好防火隔热处理。用可燃材料装修墙壁的场所，墙壁上安装的灯具开关、电源插座、电扇开关等应配金属接线盒，导线穿钢管敷设，要求与吊顶内导线敷设相同。

（6）特效舞厅灯安装前应检查各部接线是否牢固，通电试验所有灯泡有无接触不良现象，电机运转是否平稳，温升正常，旋转部分是否有异常响声。

（7）凡重要场所的暗装灯具（包括特制大型吊装灯具的安装），应在全面安装前做出同类型试装样板（包括防火隔热处理的全部装置），然后组织有关人员核定后再全面安装。

（8）照明与动力如合用同一电源时，照明电源不应接在动力总开关之后，而应分别有各自的分支回路，所有照明线路均应有短路保护装置。为了避免过载时导线过热，对于宿舍、公共建筑、重要仓库及具有延燃性外层的绝缘导线明敷在燃烧体或难燃烧体建筑构件上的场所，还应设有过载保护装置。照明干线均应设置带有保护装置的总开关。生产场所的照明，应尽量集中在配电室（箱）内控制，配电盘盘后接线要尽量减少接头；如无法避免时，则必须接触牢固可靠，最好能采用锡焊焊接并应用绝缘布包好。金属盘面还应有良好接地。

（9）照明电压一般采用 220V。携带式照明灯具（俗称行灯）的供电电压不应超过 36V。如在金属容器内及特别潮湿场所内作业，则行灯电压不得超过 12V。36V 以下照明供电变压器严禁使用自耦变压器。36V 以下和 220V 以上的电源插座应有明显区别，低压插头应无法插入较高电压的插座内。

（10）电气照明灯具数和负载量一般应符合下列要求：①一个分支回路内灯具数不应超过 20 个（总负载在 10A 以下者，可增到 25 个）；②民用照明的负荷量不应大于 15A，工业用不应大于 20A，且应在严格计算负载量后再确定导线规格，每一插座应以 2～3A 计入总负载量，持续电流应小于导线允许载流量；③三相四线制照明电路，负载应均匀地分配在三相电源的各相，导线对地或线间绝缘电阻一般不应小于 0.5MΩ。

三、变配电装置防火

在变配电所内，火灾危险性最大的是油浸式变压器、断路器和高压电容器等电气设备。因为变压器及各种用电设备投入或退出电网时，都由开关电器来完成。当其在大气中开断时，只要电源电压超过 12～20V，被开断的电流超过 0.25～1A，在触头间（简称弧隙）就会产生电弧。实际上，开关电器在工作时，电路的电压和电流大都大于生弧电压和生弧电流，即开断电路时触头间隙中必然产生电弧这一现象。电弧的产生，一方面使电路仍保持导通状态，延迟了电路的开断；另一方面电弧长久不熄会烧损触头及附近的绝缘，严重时甚至引起开关电器的爆炸和火灾。因此，变电所需要考虑高压断路器及油浸式变压器等充油电气设备的防火问题。

（一）高压断路器防火

断路器是电力系统配电装置中的主要控制元件，正常时用以接通和切断负荷电流，短路时通过保护装置可自动切断短路电流。断路器的类型很多，根据其灭弧介质的不同，主要有油断路器、SF$_6$断路器和真空断路器。

1. 油断路器（油开关）

油断路器是以绝缘油作为灭弧介质的断路器，根据断路器中油量的多少，有多油和少油断路器之分。多油断路器的特点，是将触头系统放在装有变压器油的接地钢箱（油箱）中，绝缘油主要起着灭弧、绝缘和冷却作用，因其用油量多，故称多油断路器。

油断路器（油开关）的火灾危险性在于：油断路器油箱内的油量过多，空气垫小，切断大电流时，使油箱所受压力增高，这就可能造成油箱爆炸；若油量过少，会使油气、氢气等从油中析出时路径过短，使其在油中没有得到足够冷却，就与油面上部空间的油气混合物接触，有可能将其引燃，产生爆炸、火灾危险。油断路器潜在的火灾危险性，除油面过高或过低外，还可能是：

（1）断路器的断流容量不够，切不断电弧。电弧高温将使绝缘油分解，产生过多的气体，引起爆炸。

（2）断路器的脱扣弹簧老化或螺杆松动造成压力不足，或触头表面粗糙，致使合闸后接触不良，分闸时电弧不能及时被切断，使油箱内产生过多的气体。

（3）油质不洁，含有杂质，长期运行老化或受潮，分闸时引起内部闪络。

多油断路器与少油断路器相比，其缺点是油量多，不仅使油断路器的体积和重量显著增加，而且更增加了爆炸和火灾的危险性。油量多，给检修也带来了困难，因此多油断路器已逐渐被少油断路器、六氟化硫（SF$_6$）断路器、真空断路器等所取代。

根据大量事故分析，为防止油断路器发生火灾事故，应注意以下问题：

（1）断路器的断流容量必须大于电力系统在其装设处的短路容量。

（2）断路器安装前应严格检查，使其符合制造技术条件。

（3）经常进行断路器操作试验，确保机件灵活好用，定期试验绝缘性能，及时发现和消除缺陷。

（4）保持断路器油箱内的适当油面，防止油箱和充油套管渗油、漏油。

（5）发现油温过高时应采取措施，取出油样进行化验。如油色变黑，闪点降低，有可燃气体逸出，应换新油；这些现象也同时说明触头有故障，应及时检修。

（6）断路器切断严重故障电流之后，应检查触头是否有烧损现象。

（7）尽量用少油断路器、SF$_6$或真空断路器代替多油断路器。

2. 六氟化硫断路器

六氟化硫断路器是用六氟化硫（SF$_6$）气体作灭弧介质的一种断路器。SF$_6$气体绝缘性能好、灭弧能力强，热稳定性好，而且无毒、无味、不燃，因此获得广泛应用。SF$_6$断路器具有下列特点：

（1）防火、防爆和防潮性能良好，具有本质安全性。

（2）熄弧能力强，容易制成断流容量大的路断器，介质强度恢复快，一般SF$_6$介质恢复速度比空气快100倍，能够经受幅值大的恢复电压而不易被击穿。

（3）允许开断次数多，检修周期长。

（4）散热性能、散热效果好，通流能力大，绝缘性能好。

SF$_6$断路器的缺点是：加工精度要求高，密封性强，水分控制和检测要求严格。

3. 真空断路器

真空断路器是一种利用真空绝缘和灭弧的断路器。所谓真空是指气体稀薄的空间，其气体的稀薄程度用真空度表示，单位是托（Torr）。真空断路器所要求的真空度为 10^{-4} Torr 以上，即气体的绝对压力应低于 0.01333Pa。由于真空中几乎没有什么气体分子可供游离导电，且弧隙中少量导电粒子很容易向周围真空扩散，故真空的绝缘及灭弧性能特别好。

真空断路器无火灾和爆炸危险。但由于真空的绝缘特性及动触头部分的密封技术问题，触头开距不宜太大，故单个灭弧室的真空断路器额定电压一般在 35kV 以下，目前还不能用于更高等级的电压。真空断路器的灭弧能力，与开断电流的大小无关，因此在开断小电流时会产生截流现象，故在开断感性的小电流回路时，易产生过高的操作过电压。此外对真空度的监视与测量，目前还无简单可靠的方法。

（二）油浸式电力变压器防火

电力变压器按其冷却介质的不同，可分为干式和油浸式。油浸式是电力变压器中应用最普遍的一种。

1. 油浸式电力变压器火灾原因

油浸式电力变压器内部充有大量绝缘油，同时还有一定数量的可燃物，如果遇到高温、火花和电弧，容易引起火灾和爆炸，从而导致变压器发生火灾。一般，导致油浸式变压器火灾的原因有：

（1）变压器产品制造质量不良、检修失当、长期过负荷运行等，使内部线圈绝缘损坏，发生短路，电流剧增，从而使绝缘材料和变压器油过热。

（2）线圈间、线圈与分接头间、端部接线处等，由于连接不好，产生接触不良，从而造成局部接触电阻过大，导致局部高温。

（3）铁芯绝缘损坏后，涡流加大，温升增高。

（4）变压器油质劣化、雷击或操作过电压使油中产生电弧闪络；油箱漏油，也会影响油的热循环，从而使散热能力下降，导致过热。

（5）用电设备过负荷，故障短路，外力使瓷瓶损坏。在此情况发生时，如果变压器保护装置设置不当，会引起变压器的过热。

2. 油浸式电力变压器防火措施

在设计使用油浸电力变压器的地方，应该注意如下防火问题：

（1）设计选型时，要注意选用优质产品，并进行严格的检查试验。特别是油箱各部位强度要相同，这对承受较大内压，对切除故障后及时灭弧是十分有效的。按照规定变压器应能承受二次线端的突发短路作用无损坏。另外，防爆管的直径、形状也要与容量相适应，尽可能避免急剧弯曲或截面的变化。

（2）设置完善的变压器保护装置，按规范对不同容量等级和使用环境的变压器选用熔断器、过电流继电器保护装置以及气体（瓦斯继电器）保护、信号温度计保护，从而使变压器故障时，能及时发现并切除电源。

（3）注意运行、维护工作。定期对绝缘油进行化验分析，通过巡视检查及时发现异常声音、温度等，并要保持变压器良好的通风条件。变压器不宜过负荷运行，事故过负荷不得超过有关规定值。

（三）蓄电池室防火措施

1. 建筑设计要求

蓄电池室是蓄电池组充放电工作的专门地方，应达到二级耐火等级。蓄电池必须放在专用不燃房间内，并分别用耐火极限不低于 2.50h 的不燃烧体墙和耐火极限不小于 1.50h 不燃烧体楼板与其他部位隔开。为防室内形成通风不良的死角，顶棚宜作成平顶，不宜采用折板屋盖和槽形天花板。室内地坪要能耐酸。墙壁、天花板和台架应涂以耐酸油漆。门窗应向外开并涂耐酸漆。入口处宜经过套间，大蓄电池室应设有贮藏酸及配制电解液的专门套间。

2. 通风要求

蓄电池在充电过程中，尤其在接近充电末期时，由于电流对水的分解作用，放出大量氢、氧气体，同时也逸出许多硫酸雾气。当室内含有的氢气浓度达到 2％时，遇到火花，极易引起爆炸。酸气过多也影响人的健康。一般，蓄电池室内含氢量和含酸量分别控制在 0.7％和 $2mg/m^3$ 以内。

蓄电池室应有通风装置，通风方式可采用自然通风或轴流式通风设备。通风系统应是独立系统，通风管道应为不燃材料并作良好接地，室内空气不可再循环使用。对小容量蓄电池室，通风换气次数，应保证每小时不少于 10 次，对大容量开口蓄电池室不少于 15 次。通风所用的进气口距地 1.5m，以保证吸入新鲜空气。

3. 室内温度要求

当蓄电池室和调酸室的温度低于 10℃时，可采用蒸汽或热水装置供暖。室内管道应为无接缝或焊接的光圆管，且不允许设置法兰盘或阀门，以防漏汽、漏水。

4. 电气防爆要求

室内通风机和照明灯具应选用密封防爆式，电源开关箱应安装在蓄电池室外。配电线路采用钢管布线，蓄电池连接的明用部分应使用裸导线。若采用电炉，其易产生火花部位应密封，并于充电时停止使用。

酸性或碱性蓄电池，都具有一定火灾危险性。为提高安全性可选用密封式或防酸隔爆式，但它们都不能完全避免氢、氧气的逸出。目前有一种消氢式铅蓄电池，在其半密封盖内装有催化剂（如钯珠催化剂），使蓄电池内产生的氢、氧气体在催化剂表面上化合成水，再流回到电槽内去，在使用过程中，无酸雾、无爆炸。碱性镉镍密封蓄电池制造时使负极物质过量，从而避免了氢气产生；正极上产生的氧气，由于电化作用被负极吸收，因此防止了内部气体集聚，保证了在密封条件下的安全工作。

（四）电容器室防火措施

防止电容器发生火灾的措施有：

（1）防止过电压。运行电压不超过 1.1 倍的额定电压，运行电流不宜超过 1.3 倍的额定电流。

（2）保持良好的通风条件，室内温度不宜超过 40℃。

（3）加强维护，做到无鼓肚、无渗漏油、无套管松动和裂损、无火花放电等不良现象。

（4）接地线要连接良好。

（5）设置可靠的保护装置，用熔断器保护时，熔丝不应大于电容器额定电流的 130%。

（五）变配电所建筑防火要求

1. 总平面布置

（1）防火间距

为确保变配电所的安全运行，变配电所与建筑物的防火间距，应根据建筑物在生产或储存物品过程中的火灾危险性类别及建筑物应达到的最低耐火等级来进行设计。为防止储有大量绝缘油的变压器等充油电气设备的火灾爆炸事故蔓延和扩大，除应核验防火间距外，并应设置蓄油坑和总事故储油池。在设计道路时，要考虑到火灾时能使消防车顺利出入，方便扑救工作。大、中型变电所内一般均应铺设宽 3m 的环行道路。

（2）常年风向

为防止火灾蔓延或易燃易爆物质侵入变、配电所，生产或储存易燃易爆物的建筑宜布置在变、配电所常年盛行风向的下风侧或最小风频的上风侧。

（3）与民用建筑贴邻的考虑

为防止因火灾或爆炸事故造成人员伤亡，安装总容量不超过 1260kVA，单台容量不超过 630kVA 的油浸电力变压器变电所，充有可燃油的高压补偿电容器和多油开关等，不允许与观众厅、教室、病房等聚集人员多的房间贴邻；若必须与其他民用建筑贴邻时，必须采用防火墙隔开。但是，这种变电所不宜布置在建筑物的主体建筑内，如因条件限制，必须布置在主体建筑内时，应采取下列安全措施：

1）不应布置在人员密集的场所上面、下面或贴邻而应远离人员密集区，并应采用无门窗洞口的耐火极限不低于 3.00h 的隔墙，包括变压器之间的隔墙和 1.50h 的楼板与其他部位隔开，如必须开门时，应设甲级防火门。变压器与配电间之间隔墙应设防火墙。

2）变压器室应布置在底层外墙部位，并应在外墙上开门，底层外墙开口部位的上方均应设置宽度不少于 1m 的防火挑檐。

3）变压器下面应有储存变压器全部油量的事故储油设施。多油开关室、高压电容器室均应设有防止油品流散的设施。为了防止变压器发生喷油、爆裂漏油故障时，因燃油流失，使火灾蔓延扩大，对单箱油量大于 1000kg 以上油浸电力变压器室，在变压器下面应设能容纳 100% 油量的事故贮油池或 20% 油量的挡油槛，其长宽尺寸应比设备外形尺寸每边相应大 1m，贮油池内一般铺设厚度不小于 250mm 的卵石层，卵石直径为 50～80mm。为防下雨使泥水流入贮油池，贮油池四墙宜高出地面 50～100mm，并用水泥抹面。

4）10kV 以下的变、配电所与各级爆炸危险场所毗连设计，是易燃易爆车间防火、防爆应考虑的重要电气问题。变压器室的进风口，尽可能通向屋外。若设在屋内时，不允许与尘埃多、温度高或其他有可能引起火灾、爆炸的车间连通。有关具体要求参考爆炸和火灾危险环境电气设备选择。

（4）安全净距

为保证运行安全，屋内配电装置的最小安全净距应符合规范要求。实际上为了减少短路的可能性，并考虑到检修、维护的方便，大电流导体通过磁性材料的结构引起的感应电流发热等（35kV 以上者还为了减少电路电量损耗），一般所用的净距要比规定的相应数据大 2～3 倍。

2. 屋内变配电所

（1）变压器室

35kV 电压等级的油浸电力变压器和 10kV 电压等级 80kVA 以上的油浸电力变压器，其油量均大于 100kg，一般应安装在单独防爆小间（变压器室）内，小间耐火等级应为一级。

对大于 100kg 油量的油浸电力变压器室，应设贮油或挡油设施。挡油设施可按 20% 的油量设计，要能将事故油排向安全处，排油管内径不小于 100mm，事故油排放中不考虑回收。若要考虑回收，贮油设施应按 100% 油量设计，且该设施应为不燃材料作成。注意不能用电缆沟道排油。

（2）配电室

配电室耐火等级应不低于二级。配电室多布置在靠近变压器的地方，以便母线引接。配电室可开窗，但要有防雨、雪、小动物、风沙及污秽尘埃进入措施。蓄电池必须放在专用不燃房间内，并分别用耐火极限不低于 2.50h 的非燃烧体墙和耐火极限不小于 1.50h 非燃烧体楼板与其他部位隔开。

（3）油断路器和互感器

根据《高压配电装置设计技术规程》规定，油量在 60kg 以下的油断路器可安装在敞开式小间内，油量达到 60～600kg 的油断路器应安装在有隔离墙的封闭小间内。油量达到 600kg 以上的油断路器应安装在单独防爆小间内。

一般，电压等级为 35kV 以上的油断路器都是安装在具有防爆隔墙的间隔内，因为只有 240mm 的水泥砂浆承重砖墙才能承受爆炸冲击。35kV 以下的油断路器、油浸式电流互感器及电压互感器一般宜安装在开关柜或两侧有隔墙（板）的间隔内，因为该电压等级下 2～3mm 厚的钢板、120mm 厚的砖墙或混凝土板均能承受该级电气设备爆炸时的冲击波及碎片。

防爆小间的出口通往屋外或防爆走廊，目的是当断路器爆炸时使出口打开，迅速将小间的浓烟排出，以使配电装置及时恢复正常工作。

为了保证运行安全，在屋内配电装置中，将一个电路的电器与相邻电路的电器用砖、混凝土或石棉水泥板隔起来，使其形成各个小间。这样可防止电气设备出现故障时扩大事故范围，使故障影响相邻电路；同时，也避免检修电路电器时，与邻近电路接触。

屋内单台断路器、电流互感器总油量在 60kg 以上及 10kV 以上的油浸式电压互感器，应设置贮油或挡油设施。

（4）电力电缆和控制电缆

电力电缆是在配电装置的间隔中，通过陶管或金属管引向屋外，但在出管之前，是敷在电缆沟中的，当数目较多时敷设在地下隧道中。

控制电缆也是敷设在电缆沟或电缆隧道中的。大型变电所的控制室下面可建造控制电缆层，控制电缆安放在支架上。电缆沟是一种盖有水泥盖板的沟道，深与宽一般都不足 1m。电缆隧道一般封闭狭长，高可达 1.8m 以上，人可在里面作业。电缆往往成排地安装在钢架上，各排之间宜用水泥板、石棉水泥板或耐火隔板隔开，这样可以防止某排发生故障时，所产生的电弧影响其他排。电力电缆与控制电缆在隧道内也是分开敷设的。

电缆沟、电缆隧道在进出建筑物（包括控制室和开关室）的孔洞处，必须用耐燃材料封堵，或设带门的耐火隔墙或只设隔墙。以防火灾时，火焰穿过孔洞蔓延，扩大事故，同时还可防止小动物进入。

对位于变压器下面的地下电缆隧道，必须与变压器地坪、油坑严密隔开，以杜绝变压器油流入隧道。

3. 屋外变配电所

（1）变压器储油池

屋外变电所变压器容量较大，储油量较多，火灾时影响范围广。为防止变压器发生喷油、爆裂漏油故障时，油火流失、蔓延扩大火灾事故，必须按规定设置储油池。

（2）防火间距

屋外变配电所设置要考虑的防火间距有：①屋外变配电所与建筑物、堆场、储罐之间防火间距；②发电厂、变电所电工建筑物之间的防火间距；③主变压器之间的防火间距。

值得注意的是当防火间距达不到规定要求时，应该采取隔离措施，如设防火墙等。

（3）消防通道

大中型变电站一般应铺设宽 3m 的环形消防车道，以利消防车的进出。

四、低压配电接地安全

（一）基本概念

接地就是把电气设备的某一部分通过接地装置与大地作良好的连接；接零就是将电气设备正常不带电的金属部分通过保护线与电源中性线相连接。接地与接零按作用可分为：工作接地、保护接地、重复接地、防雷接地、防静电接地和保护接零等。

（二）低压配电系统接地型式

低压电网是人们接触机会最多的电网。低压电网接地系统的设计与用电安全有密切的关系。按照国际电工委员会（IEC）的规定，低压配电系统常见的接地形式有三种，即 TT 系统、IT 系统和 TN 系统。工业与民用建筑中的 380/220V 低压配电系统，为防止用电设备因绝缘损坏而使人触电的危险，多采用中性点直接接地系统。

（三）接地系统安全要求

1. IT 系统

在 IT 系统中，应将电气设备外壳接地，形成保护接地方式，以有效提高设备安全性。在 TT 系统中，同样须对电气设备采用保护接地。

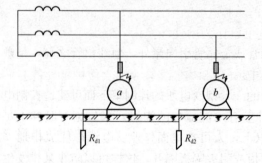

图 24-26　双碰壳时共同接地

但是，在 IT 系统采用保护接地时，若同一台变压器供电的两台电气设备同时发生碰壳接地，则两台设备外壳都要承受大于 $0.866U_x$（U_x 是相电压）的电压，对人身安全不利，而且容易对周围金属构件（如电线管）发生火花放电，引起火灾。解决方法是：采用金属导线将两个保护接地的接地体直接连接（如图 24-26 所示），形成共同接地方式，使两相分别接地变成相间短路，促使保护装置迅速动作，切除设备电源，以达到安全目的。

2. TN 系统

在 TN 系统中，应对电气设备采取保护接零，同时须与熔断器或自动空气开关等保护装置配合应用，才能起到有效的保护作用。

在 TN 系统中，不能采用有些设备保护接地、有些设备保护接零的不合理接地方式。其原因是，由同一台发电机，或同一台变压器，或同一段母线供电的线路不应采用两种工作制，否则，当采用保护接地措施的设备发生碰壳接地时，设备外壳和接地线上会长期存在危险电压，也会使采用保护接零措施的设备外壳电压升高，扩大故障范围。

3. 重复接地

TN 系统将电气设备外壳与 N（PEN）线相接，可以使漏电设备从线路中迅速切除，但并不能避免漏电设备对地危险电压的存在，同时当 N（PEN）线断线的情况下，设备外壳还存在着承受接近相电压的对地电压，继电保护的动作时间也没有达到最低程度。为了使 TN 系统中电气设备处于最佳的安全状态，还必须对其 N（PEN）线进行重复接地，也就是将 TN 系统中 N（PEN）线上一处或多处通过接地装置与大地再次连接，如图 24-27 所示。

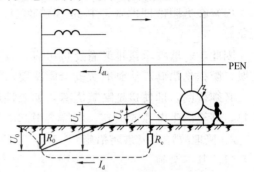

图 24-27　有重复接地的 TN 系统

当电网中发生绝缘损坏使电气设备外壳带电时，与单纯接零措施相比较，重复接地可以进一步降低中性线的对地电压，安全性提高了；如果能使重复接地电阻值降低，则安全性更高，因而在线路中多处重复接地可以降低总的重复接地电阻。当中性线（PEN 线）发生断线故障时，重复接地可使危害的程度减轻，对人身安全有利。

一般，重复接地可以从 PEN 线上直接接地，也可以从电气设备外壳上接地。户外架空线宜在线路终端接地，分支线宜在超过 200m 的分支处接地，高压与低压线路宜在同杆敷设段的两端接地。以金属外皮作中性线的低压电缆，也要重复接地。工厂车间内宜采用环型重复接地，中性线与接地装置至少有两点连接。

4. 中性线的选择

变压器中性点引出的中性线可采用钢母线；工厂车间若为 TN-C-S 系统，则行车轨道、金属结构构件可选作保护接地线，设备外壳都与它相连，外壳不会有危险电压。

专用中性线的截面应大于相线截面的一半；四芯电缆的中性线与电缆钢铠焊接后，也可作为 TN 系统的 N（PEN）线；金属钢管也可以作为中性线使用，但爆炸危险环境 N 线和 PEN 线必须分开敷设。

严格讲，在 TN 系统的 PEN 线上不允许装设开关和熔断器，否则会使接零设备上呈现危险的对地电压。在 380/220V 系统中的 PEN 线和具有接零要求的单相设备，不允许装设开关和熔断器。如果装设自动开关，只有当过流脱扣器动作后能同时切断相线时，才允许在 PEN 线上装设过流脱扣器。

（四）接地故障火灾预防

1. 接地故障火灾成因

接地装置是由接地体和接地线两部分组成的，其基本作用是给接地故障电流提供一条经大地通向变压器中性接地点的回路；对雷电流和静电电流唯一的作用是构成与大地间的通路。无论哪种电流，当其流过不良的接地装置时，均会形成电气点火源，引起火灾。由接地故障形成电气点火源的常见现象如下：

（1）当绝缘损坏时，相线与接地线或接地金属物之间的漏电，形成火花放电；

（2）在接地回路中，因接地线接头太松或腐蚀等，使电阻增加形成局部过热；

（3）在高阻值回路，流通的故障电流沿邻近阻抗小的接地金属结构流散时，若是向煤气管道弧光放电，则会将煤气管击穿，使煤气泄漏而着火；

（4）在低阻值回路，若接地线截面过小，会影响其热稳定性，使接地线产生过热现象。

因此，一般要求接地装置连接可靠，具有足够的机械强度、载流量和热稳定性，采用防腐、防损伤措施，达到有关安全间距要求。

必须说明，即使接地装置完善，如果接地故障得不到及时的切除，故障电流会使设备发热，甚至产生电弧或火花，同样会引起电气火灾。

2. 接地故障火灾预防措施

（1）基本措施

在接地系统设计时，要按下列基本原则综合考虑保护措施，确保系统安全。

1）TT 系统、IT 系统中，电气设备应采用保护接地或共同接地措施。

2）TN 系统中，电气设备应采用保护接零或重复接地措施。

3）TN 系统中，不能采用有些设备接地、有些设备接零的不合理接地方式。

4）TN 系统中，在 PEN 线上不要装设开关和熔断器，防止接零设备上呈现危险的对地电压。

（2）接地装置安全要求

一般，对接地装置的安全要求如下：

1）可靠性连接

为保证导电的连续性，接地装置必须连接可靠。一般均采用焊接，其搭接长度，扁钢为其宽度的 2 倍，圆钢为其直径的 6 倍。当不宜焊接时，可以用螺栓和卡箍连接，并应有防松措施，确保电气接触良好。在管道上的表计和阀门法兰连接处，可使用塑料绝缘垫，以提高密封性，并用跨接线连通电气道路；建筑物伸缩缝处，同样要敷设跨接线。

2）机械强度

接地线和零线宜采用钢质材料，有困难时可用铜、铝，但埋地时不能用裸铝，因易腐蚀。对移动设备的接地线和零线应采用 $0.75 \sim 1.5 \text{mm}^2$ 以上的多股铜线。电缆线路的零线可用专用芯线或铅、铝皮。接地线最小截面应符合有关规定。

3）防腐与防损伤

对于敷设在地下或地上的钢制接地装置，最好采用镀锌元件，焊接部位应作防腐处理，如涂刷沥青油或防腐漆等；在土壤的腐蚀性比较强时，应加大接地装置的截面，特别在使用化学方法处理土壤时，要注意提高接地体的耐腐蚀性。

在施工设计中，接地线和零线要尽量安在人易接触且又容易检查的地方。在穿越铁路、墙或跨越伸缩缝时可用角钢、钢管加以保护，或弯成弧状，以防机械损伤和热胀冷缩造成机械应力，将其破坏。对明敷接地线应涂成黑色，零线涂成淡蓝色，这样既可作为接地线和零线的标志，又可防腐。

4）安全距离

接地体与建筑物的距离不宜小于 1.5m，接地线与独立避雷针接地线之地中距离不应小于 3m。独立避雷针及其接地装置与道路或建筑物出入口等的距离应大于 3m。接地干线至少应在不同的两点与接地网相连接。自然接地体至少应在不同的两点与接地干线相连接。

有时防雷接地与电气设备接地装置要连接在一起，这时每个接地部分应以单独接地线与接地干线相连，不得在一个接地线中串接几个需要接地部分。

5）足够的载流量和热稳定性

在接地短路保护系统中，与设备和接地极连接的钢、铜、铝接地线，在流过单相短路电流时，由于作用的时间较长，会使接地线温度升高，所以规定接地线敷设在地上部分不超过 150℃，敷设在地下的不超过 100℃，并以此允许温度校验其载流量和选择截面。

对中性点不接地的低压电气设备，接地干线的截面按供电电网中容量最大线路的相线允许载流量的 1/2 确定；单独用电设备接地支线的截面不应低于分支供电相线的 1/3。实际上，接地线的截面一般不大于下列数值：钢：100mm²、铝：35mm²、铜：25mm²。这时无论从机械强度还是热稳定角度，都能满足要求。

（3）等电位连接

低压配电系统实行等电位连接，对防止触电和电气火灾事故的发生具有重要作用。等电位连接可降低接地故障的接触电压，从而减轻由于保护电器动作带来的不利影响。

等电位连接有总等电位连接和辅助等电位连接两种。所谓总等电位连接，是在建筑物的电源进户处将 PE 干线、接地干线、总水管、总煤气管、供暖和空调立管相连接，建筑物的钢筋和金属构件等也与上述部分相连，从而使以上部分处于同一电位。总等电位连接是一个建筑物或电气装置在采用切断故障电路防人身触电和火灾事故措施中必须设置的。

所谓辅助等电位连接则是在某一局部范围内将上述管道构件作再次相同连接，它作为总等电位连接的补充，用以进一步提高用电安全水平。

（4）剩余电流监测

低压配电系统中，有时熔断器和自动开关不能及时、安全地切除故障电路，为此低压电网中可使用剩余电流监测装置来防止剩余电流引起的触电和火灾事故。

装设剩余电流监测装置，可提高用电安全水平，提高 TN 系统和 TT 系统单相接地故障保护灵敏度；可解决环境恶劣场所的安全供电问题；可解决手握式、移动式电器的安全供电问题；可避免相线接地故障时设备带危险的高电位以及避免人体直接接触相线所造成的伤亡事故。

剩余电流保护器是针对低压用电回路的接地故障，利用对地短路电流或泄漏电流而自动切断电路的一种电气保护装置。剩余电流保护器按其工作原理分为电压型和电流型两种，目前多用电流型剩余电流保护器。

低压配电系统中，剩余电流是客观存在的，且有一定规律。一般，电气设备正常运行时，供电干线始端和末端的剩余电流均有可能大于人身安全电流和防火安全电流指标。因此，采用剩余电流监测保护装置可以从技术角度有效监测其带来的电气火灾危险，预防接地故障火灾事故发生。

剩余电流监测保护装置有防触电和防火两种功能用途，它检测的是漏电流，而不是不平衡电流。以人身安全电流为动作值的一般称防触电保护器；以防火安全电流为动作值的则称为防火保护器；当有报警功能时，又叫剩余电流式电气火灾报警器。

目前，我国的下列工程建设标准中对采用剩余电流监测装置已作出相关规定：

1)《民用建筑电气设计规范》JGJ 16—2008 的规定

《民用建筑电气设计规范》JGJ 16—2008 要求，在下列建筑物的电源进线处为避免接地故障引起的电气火灾危险应设剩余电流动作报警器：

① 住宅，公寓等居住建筑；

② 医院及疗养院；

③ 剧场，影院等大型娱乐场所；

④ 图书馆，博物馆，美术馆等大型文化场所，商场、超市等大型场所；

⑤ 地下汽车停车场。

同时要求，为防范电气火灾危险，在限制布线系统中接地故障电流引起后果的地方，剩余电流动作报警器的额定剩余电流动作值不应超过 0.5A；多级装设的剩余电流动作保护器，应在时限和剩余电流动作值有选择性配合；剩余电流动作保护器的选择和回路划分，应做到在主要回路所接的负荷正常运行时，其预期可能出现的任何对地泄漏电流均不致引起保护电器的误动作。特别提出的是，为了确保消防电源的连续供电，消防电气设备的剩余电流动作保护装置，只发出动作信号而不自动切断电源。

2)《火灾自动报警系统设计规范》GB 50116—2013 的规定

《火灾自动报警系统设计规范》GB 50116—2013 规定：

① 剩余电流式电气火灾监控探测器应以设置在低压配电系统首端为基本原则，宜设置在第一级配电柜（箱）的出线端。在供电线路泄漏电流大于 500mA 时，宜在其下一级配电柜（箱）设置。

② 剩余电流式电气火灾监控探测器不宜设置在 IT 系统的配电线路和消防配电线路中。

③ 选择剩余电流式电气火灾监控探测器时，应计及供电系统自然漏流的影响，并应选择参数合适的探测器；探测器报警值宜为 300～500mA。

④ 具有探测线路故障电弧功能的电气火灾监控探测器，其保护线路的长度不宜大于 100m。

综合上述规范要求并考虑国际电工委员会提出的两级或三级漏电保护要求，建议在建筑中供电干线及分支线上，漏电火灾监测装置的动作值宜在 0.5～1.5A、动作延时宜在 0.5～5s 之间选用。一般，剩余电流式火灾报警装置的实际动作值都应大于上述推荐值，否则将会出现供电干线及分支线频繁跳闸，使设备无法工作。同时，如果剩余电流（漏电流）持续时间过长，触电和引发火灾的可能性依然存在，而且正常情况下漏电引起火灾也是可能的。因此，选择优良的剩余电流式火灾报警装置，并进行合理安装是十分必要的。

第四节 火灾应急照明与疏散指示系统

一、概述

消防应急照明与疏散指示系统是为人员疏散、消防作业提供照明和疏散指示的系统，它由各类消防应急灯具及相关装置组成。

按照系统形式进行分类，消防应急照明和疏散指示系统可分为自带电源集中控制型、自带电源非集中控制型、集中电源集中控制型和集中电源非集中控制型四种类型。

1. 自带电源集中控制型系统

自带电源集中控制型系统是由自带电源型消防应急灯具、应急照明控制器、应急照明配电箱及相关附件等组成的消防应急照明和疏散指示系统。其组成如图 24-28 所示。

2. 自带电源非集中控制型系统

自带电源非集中控制型系统是由自带电源型消防应急灯具、应急照明配电箱及相关附件等组成的消防应急照明和疏散指示系统。其组成如图 24-29 所示。

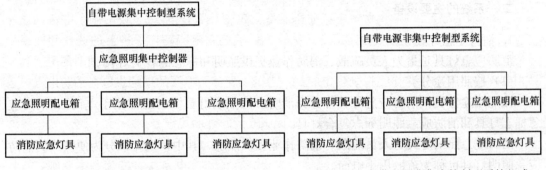

图 24-28　自带电源集中控制型系统组成　　　　图 24-29　自带电源非集中控制型系统组成

3. 集中电源集中控制型系统

集中电源集中控制型系统是由集中控制型消防应急灯具、应急照明控制器、应急照明分配电装置及相关附件组成的消防应急照明和疏散指示系统。其组成如图 24-30 所示，该系统中，应急照明集中电源盒应急照明控制器可以做成一体机。

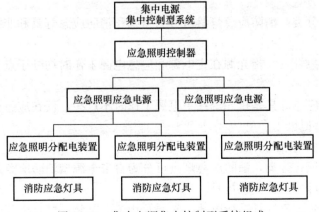

图 24-30　集中电源集中控制型系统组成

4. 集中电源非集中控制型系统

集中电源非集中控制型系统是由集中控制型消防应急灯具、应急照明集中电源、应急照明分配电装置及相关附件组成的消防应急照明和疏散指示系统。其组成如图 24-31 所示。

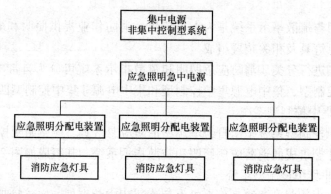

图 24-31　集中电源非集中控制型系统组成

二、系统的主要设备

1. 消防应急灯具

消防应急灯具是指为人员疏散、消防作业提供照明和标志的各类灯具。

（1）按照用途分类

按照用途分类，消防应急灯具可分为消防应急照明灯具（含疏散用手电筒）、消防应急标志灯具和消防应急照明标志复合灯具。

消防应急照明灯具为人员疏散、消防作业提供照明，其中，发光部分为便携式的消防应急照明灯具也称为疏散用手电筒。

消防应急标志灯具可以采用图形和（或）文字指示安全出口、楼层和避难层，可以指示疏散方向，可以指示灭火器材、消火栓箱、消防电梯、残疾人楼梯位置及其方向，还可以指示禁止入内的通道、场所及危险品存放处。

消防应急照明标志复合灯具是指同时具备消防应急照明灯具和消防应急标志灯具功能的消防应急灯具。

（2）按照工作方式分类

按照工作方式分类，消防应急灯具可分为持续型消防应急灯具和非持续型消防应急灯具两类。

持续型消防应急灯具是指光源在主电源和应急电源工作时均处于点亮状态的消防应急灯具。

非持续型消防应急灯具是指光源在主电源工作时不点亮，仅在应急电源工作时处于点亮状态的消防应急灯具。

（3）按照应急供电形式分类

按照应急供电形式分类，消防应急灯具可分为自带电源型消防应急灯具、集中电源型消防应急灯具和子母型消防应急灯具。

自带电源型消防应急灯具是指电池、光源及相关电路装在灯具内部的消防应急灯具。

集中电源型消防应急灯具是指灯具内无独立的电池而由应急照明集中电源供电的消防应急灯具。

子母型消防应急灯具是指子消防应急灯具内无独立的电池而由与之相关的母消防应急灯具供电，其工作状态受母灯具控制的一组消防应急灯具。

（4）按照应急控制方式分类

按照应急控制方式分类，消防应急灯具可分为集中控制型消防应急灯具和非集中控制型消防应急灯具两大类。集中控制型消防应急灯具是指工作状态由应急照明控制器控制的消防应急灯具。

2. 应急照明控制器

应急照明控制器是控制并显示控制型消防应急灯具、应急照明集中电源、应急照明分配电装置及应急照明配电箱及相关附件等工作状态的控制与显示装置。

3. 应急照明集中电源

应急照明集中电源是在火灾发生时，专门为集中电源型消防应急灯具供电、以蓄电池为能源的电源。

4. 应急照明配电箱

应急照明配电箱是指为自带电源型消防应急灯具供电的供配电装置。

5. 应急照明分配电装置

应急照明分配电装置是指为应急照明集中电源应急输出进行分配电的供配电装置。

三、系统主要设备的功能要求

1. 一般要求

消防应急照明和疏散指示系统的应急转换时间小于 5s，在高危险区域使用的系统的应急转换时间可以小于 0.25s。系统的应急工作时间不小于 90min，并且不小于灯具本身标称的应急工作时间。

2. 消防应急灯具的要求

自带电源型和子母型灯具（地面安装的灯具和集中控制型灯具除外）应具有状态指示灯，用不同颜色表示不同状态。非持续型的自带电源型和子母型灯具在光故障的条件下应点亮故障状态指示灯，正常光源接入后能恢复到正常工作状态。集中控制系统中的自带电源型和子母型灯具的状态除了在灯具上显示之外，还应集中在应急照明控制器上显示。集中电源型灯具（地面安装的灯具和集中控制型灯具除外）应有主电和应急电源状态指示灯，主电状态用绿色，应急状态用红色，主电和应急电源共用供电线路的灯具只用红色指示灯，即只显示应急状态。地面安装及其他场所封闭安装的灯具的状态指示灯设置在灯具内部。非闪亮持续型或导向光流型的标志灯具可以不在表面设置状态指示灯，灯具发生故障或不能完成自检时，光源可以闪亮，导向光流型灯具在故障时的闪亮频率与正常闪亮频率有明显区别。

消防应急灯具要在发生火灾时使用，火场环境和灭火时使用的水都会侵害应急灯具，因此消防应急灯具必须要满足制造上的要求。

消防应急灯具包括外壳必须采用耐热材料或阻燃材料（氧指数大于等于 28）制造，灯具内部连线必须采用耐温不小于 105℃ 的导线，应急灯具外壳的防护等级应依应急灯具使用的环境条件和安装地点而定。正常环境下安装在室内地面以上的应急灯具不应低于 IP30 规定的要求，正常环境下安装在室内地面上的应急灯具不应低于 IP54 的要求。对消防应急照明灯具的外形、尺寸和颜色，国家规范中没有具体的规定，可以采用和正常照明相同的灯具外形、尺寸和颜色，但必须满足上述外壳、内部连线和防护等级等要求。消防应急标志灯具的尺寸、颜色、图形和文字应按国家标准《消防安全标志第 1 部分：标志》 GB 13495.1—2005 执行。尺寸依视看距离而定，颜色应采用规定的颜色，图形和文字的式样也有统一规定。消防应急标志灯具的表面亮度应满足国家标准《消防安全标志设置要求》GB 15630—1995 的相关规定。

3. 应急照明集中电源的要求

应急照明集中电源应设有状态指示灯，可以显示主电、充电、故障和应急四种状态，用绿色显示主电状态，用黄色显示故障状态，用红色显示充电和应急状态。当充电器和电池之间连接线开路、应急输出回路开路或应急状态下电池电压低于过放保护电压值时，应急照明集中电源应发出故障声、光信号，并指示故障的类型。可以手动消除故障声信号，当有新的故障信号时，故障声信号可以再次启动，故障光信号在故障排除前一直都保持。

4. 应急照明配电箱的要求

双路输入型的应急照明配电箱在正常供电电源发生故障时能自动投入到备用供电电源，并在正常供电电源回复后自动恢复到正常供电电源供电。应急照明配电箱可以接收应急转换联动控制信号，切断供电电源，使连接的灯具转入应急状态，并发出反馈信号。应急照明配电箱的每路电源均设有绿色电源状态指示灯，指示正常供电电源和备用供电电源的供电状态。应急照明配电箱在应急转换时，可以保证灯具在 5s 内转入应急工作状态，高危险区域的应急转换时间不大于 0.25s。

5. 应急照明分配电装置的要求

应急照明分配电装置应为应急照明集中电源应急输出进行分配电，可以完成主电工作状态到应急工作状态的转换。

6. 应急照明控制器的要求

应急照明控制器应有主、备用电源的工作状态指示，并能实现主、备用电源的自动转换，其备用电源至少可以保证应急照明控制器正常工作 3h。应急照明控制器应控制并显示与其相连的所有灯具的工作状态，并显示应急启动时间。

应急照明控制器的主电源欠压、控制器备用电源的充电器与备用电源之间的连接线开路、短路或控制器与为其供电的备用电源之间的连接线开路、短路时，应发出故障声、光信号，并指示故障类型。故障期间，与其连接的灯具可以转入应急状态。

应急照明控制器在与其相连的灯具之间的连接线开路、短路时，可以发出故障声、光信号，并指示故障部位。应急照明控制器在与其相连的任一灯具的光源开路、短路、电池开路、短路或主电欠压时，都可以发出故障声、光信号，并显示、记录故障部位、故障类型和故障发生时间。可以手动消除故障声信号，当有新的故障时，故障声信号能再次启动，故障光信号在故障排除前将一直保持。

当应急照明控制自带电源型灯具时，能显示应急照明配电箱的工作状态。当应急照明控制器控制应急照明集中电源时，应急照明控制器可以显示每台应急电源的部位、主电工作状态、充电状态、故障状态，可以显示各应急照明分配电装置的工作状态，可以控制每台应急电源转入应急工作状态，还可以在与每台应急电源和各应急照明分配电装置之间连接线开路或短路时，发出故障声、光信号，指示故障部位。

四、消防应急照明的设计要求

（一）分类

消防应急照明是指发生火灾时，因正常照明的电源失效而启用的照明。在消防应急照明和疏散指示系统中，使用消防应急照明灯具来实现消防应急照明。消防应急照明包括消防疏散照明和消防备用照明。

1. 消防疏散照明

消防疏散照明用于安全出口、疏散出口、疏散走道、疏散楼梯间等部位，是确保疏散通道和安全出口被有效地辨认和使用的照明。

2. 消防备用照明

消防备用照明用于消防控制室、消防水泵房、自备发电机房、配电室、防烟与排烟机房以及发生火灾时仍需坚持工作的房间或场所，是确保消防作业继续进行的照明。

（二）消防疏散照明

1. 消防疏散照明设置部位

（1）根据《建筑设计防火规范》GB 50016—2014 第 10.3.1 中要求，除建筑高度小于27m 的住宅建筑外，民用建筑、厂房和丙类仓库的下列部位应设置疏散照明：

1）封闭楼梯间、防烟楼梯间及其前室、消防电梯间的前室或合用前室、避难走道、避难层（间）；

2）观众厅、展览厅、多功能厅和建筑面积大于 $200m^2$ 的营业厅、餐厅、演播室等人员密集的场所；

3）建筑面积大于 $100m^2$ 的地下或半地下公共活动场所；

4）公共建筑内的疏散走道；

5）人员密集的厂房内的生产场所及疏散走道。

（2）除机械式立体汽车库外，汽车库的下列部位应设置消防疏散照明：疏散走道、楼梯间、防烟前室等部位。

（3）人防工程的下列部位应设置消防疏散照明：疏散走道、楼梯间、防烟前室、公共活动场所等部位。

设置疏散照明可以使人们在正常照明电源被切断后，仍能以较快的速度逃生，是保证和有效引导人员疏散的设施。上述规定了建筑内应设置疏散照明的部位，这些部位主要为人员安全疏散必须经过的重要节点部位和建筑内人员相对集中、人员疏散时易出现拥堵情况的场所。对于未明确规定的场所或部位，设计人员应根据实际情况，从有利于人员安全疏散需要出发考虑设置疏散照明，如生产车间、仓库、重要办公楼中的会议室等。

2. 消防疏散照明设置要求

（1）根据《建筑设计防火规范》GB 50016—2014 第 10.3.2、10.3.4 中规定，建筑内疏散照明的地面最低水平照度应符合下列规定：

1）对于疏散走道，不应低于 1.0lx。

2）对于人员密集场所、避难层（间），不应低于 3.0lx；对于病房楼或手术部的避难间，不应低于 10.0lx。

　　3）对于楼梯间、前室或合用前室、避难走道，不应低于 5.0lx。

　　4）疏散照明灯具应设置在出口的顶部、墙面的上部或顶棚上。

　　(2) 消防疏散照明电源应急转换时间应不大于 5s。

　　(3) 采用符合消防负荷等级的双电源（或双回路）自动切换方式为消防疏散照明供电时，其双电源自动转换开关电器（ATSE）应急转换时间应不大于 5s。

　　采用 EPS 集中电源型应急照明系统供电时，其应急转换时间宜选用安全级（不大于 0.25s)，可选用一般级（不大于 5s)。

　　(4) 采用蓄电池作备用电源时，消防疏散照明灯具（包括消防应急照明灯和消防应急照明标志灯）或集中电源型消防应急照明系统最少持续供电时间应不小于 30min；新装应急电源在额定负载下的应急工作时间应不小于 90min。

　　(5) 疏散楼梯的消防疏散照明（包括疏散楼梯的消防疏散照明灯和火灾疏散指示标志灯）应采用独立的供电回路，不应与楼层平面的消防疏散照明合用同一个供电回路。

　　(6) 消防疏散照明采用独立型火灾应急灯具（自带蓄电池）时，其配电回路可不采用耐火导线，允许按普通用电设备配管配线。

　　(7) 消防疏散照明的地面最低水平照度要求及最少持续供电时间要求应符合表 24-3 的要求。

消防疏散照明的地面最低水平照度要求及最少持续供电时间要求　　　　　　表 24-3

疏散场所		地面最低水平照度 (lx)	最少持续供电时间 (min)
疏散走道		0.5	≥30
疏散楼梯间		5.0	
观众厅、展览厅、多功能厅、餐厅和商业营业厅、歌舞娱乐放映游艺场所等人员密集的场所及地下疏散区域		5.0	
汽车库的疏散走道、公共活动场所	地上汽车库	1.0	
	地下汽车库	5.0	
人防工程的疏散走道、楼梯间、防烟前室、公共活动场所		5.0	

　　上述规定的区域均为疏散过程中的重要过渡区或视作室内的安全区，适当提高疏散应急照明的照度，可以大大提高人员的疏散速度和安全疏散条件，有效减少人员伤亡。规定设置消防疏散照明场所的照度值，考虑了我国各类建筑中暴露出来的一些影响人员疏散的问题，参考了美国、英国等国家的相关标准，但这仍较这些国家的标准要求低。因此，有条件的，要尽量增加该照明的照度，从而提高疏散的安全性。

　　(三) 消防备用照明

　　消防控制室、消防水泵房、防烟排烟机房、配电室和自备发电机房、电话总机房以及发生火灾时仍需坚持工作的其他房间的消防备用照明，仍应保证正常照明的照度。在这里，保证正常照明的照度是指消防备用照明在消防作业（包括避难）时应达到的一般照明最低照度，必须保证消防作业的正常进行，不是指必须达到正常情况下的一般照明照度标准值。

1. 消防备用照明设置部位

根据《建筑设计防火规范》GB 50016—2014 第 10.3.3 中规定，消防控制室、消防水泵房、自备发电机房、配电室、防排烟机房以及发生火灾时仍需正常工作的消防设备房应设置消防备用照明。

2. 消防备用照明设置要求

（1）根据《建筑设计防火规范》GB 50016—2014 第 10.3.3、10.3.4 中规定：

1）消防备用照明，其作业面的最低照度不应低于正常照明的照度。

消防控制室、消防水泵房、自备发电机房等是要在建筑发生火灾时继续保持正常工作的部位，故消防应急照明的照度值仍应保证正常照明的照度要求。这些场所一般照明标准值参见现行国家标准《建筑照明设计标准》GB 50034 的有关规定。

2）备用照明灯具应设置在墙面的上部或顶棚上。

应急照明的设置位置一般有：设在楼梯间的墙面或休息平台板下，设在走道的墙面或顶棚的下面，设在厅、堂的顶棚或墙面上，设在楼梯口、太平门的门口上部。

（2）消防备用照明电源应急转换时间应不大于 5s。

（3）采用 EPS 集中电源型应急照明系统供电时，其应急转换时间宜选用安全级（不大于 0.25s），可选用一般级（不大于 5s）。

采用符合消防负荷等级的双电源自动切换方式为消防备用照明供电时，其双电源自动转换开关电器（ATSE）应急转换时间应不大于 5s（注意金融商业交易场所的非火灾应急备用照明，其备用照明电源应急转换时间应不大于 1.5s）。

（4）需要消防备用照明的场所应满足最低照度要求，见表 24-4。

消防备用照明设置部位及最低照度要求　　　　表 24-4

消防备用照明设置部位	一般照明（lx）		
	参考平面	最低照度	照度标准值
消防控制室	0.75m	150	500
消防值班室	0.75m	75	300
消防水泵房、防排烟风机房	地面	20	100
为消防用电设备供电的蓄电池室	地面	20	200
配电装置室	0.75m	30	200
自备发电机房	地面	30	200
电话总机房	0.75m	50	500
避难层（间）	地面	1	—
直升机停机坪	地面	20	—

（四）消防应急照明的供电要求

为消防应急照明供电的电源应符合下列规定：

（1）当建筑物消防用电负荷为一级，且采用交流电源供电时，宜由主电源和应急电源提供双电源，并以树干式或放射式供电。应按防火分区设置末端双电源自动切换应急照明配电箱，提供该分区内的备用照明和疏散照明电源。

当采用集中蓄电池或灯具内附电池组时，宜由双电源中的应急电源提供专用回路采用树干式供电，并按防火分区设置应急照明配电箱。

（2）当消防用电负荷为二级并采用交流电源供电时，宜采用双回线路树干式供电，并按防火分区设置自动切换应急照明配电箱。当采用集中蓄电池或灯具内附电池组时，可由单回线路树干式供电，并按防火分区设置应急照明配电箱。

（3）高层建筑楼梯间的应急照明，宜由应急电源提供专用回路，采用树干式供电。宜根据工程具体情况，设置应急照明配电箱。

（4）备用照明和疏散照明，不应由同一分支回路供电，严禁在应急照明电源输出回路中连接插座。

五、疏散指示标志的设计要求

疏散指示标志是在火灾情况下，既提供一定照度，又同时以显眼的文字、鲜明的箭头标记指疏散方向的安全标志。在消防应急照明和疏散指示系统中，使用消防应急标志灯具作为疏散指示标志。它为人员疏散提供指示安全出口、疏散出口及其疏散方向，指示楼层、避难层及其他安全场所。

（一）疏散指示标志分类

按照发光原理，疏散指示标志包括电致发光型疏散指示标志（例如灯光型、电子显示型等）和光致发光型疏散指示标志（例如蓄光自发光型等）两大类。

按照标志内容，疏散指示标志可以分为出口指示标志、疏散指示标志、楼层指示标志和避难层指示标志，在某些特殊场合也可以指示灭火器具存放位置及其方向和指示禁止入内的通道、场所及危险品存放处。后者需要由设计人员根据特殊场合具体情况与当地消防主管部门协商确定处理方法。

（二）疏散指示标志设置部位

（1）根据《建筑设计防火规范》GB 50016—2014 第 10.3.5 中规定，公共建筑、建筑高度大于 54m 的住宅建筑、高层厂房（库房）和甲、乙、丙类单、多层厂房，应设置灯光疏散指示标志，并应符合下列规定：

1）应设置在安全出口和人员密集的场所的疏散门的正上方。

2）应设置在疏散走道及其转角处距地面高度 1.0m 以下的墙面或地面上。灯光疏散指示标志的间距不应大于 20m；对于袋型走道，不应大于 10m；在走道转角区，不应大于 1.0m。

对于疏散指示标志的安装位置，是根据国内外的建筑实践和火灾中人的行为习惯提出的。具体设计还可结合实际情况，在规范规定的范围内合理选定安装位置，比如也可设置在地面上等。总之，所设置的标志要便于人们辨认，并符合一般人行走时目视前方的习惯，能起诱导作用，但要防止被烟气遮挡，如设在顶棚下的疏散标志应考虑距离顶棚一定高度。对于疏散指示标志的间距，设计还要根据标志的大小和发光方式以及便于人员在较低照度条件清楚识别的原则进一步缩小。

（2）根据《建筑设计防火规范》GB 50016—2014 第 10.3.6 中规定，下列建筑或场所应在疏散走道和主要疏散路径的地面上增设能保持视觉连续的灯光疏散指示标志或蓄光疏散指示标志：

1）总建筑面积大于 8000m² 的展览建筑；

2）总建筑面积大于 5000m² 的地上商店；

3）总建筑面积大于 500m² 的地下或半地下商店；

4）歌舞娱乐放映游艺场所；

5）座位数超过 1500 个的电影院、剧院，座位数超过 3000 个的体育馆、会堂或礼堂；

6）车站、码头建筑和民用机场航站楼中建筑面积大于 3000m² 的候车、候船厅和航站楼的公共区。

应在展览建筑、商店、歌舞娱乐放映游艺场所、电影院、剧场和体育馆等大空间或人员密集场所内部，疏散走道和主要疏散线路的地面上增设能保持视觉连续的疏散指示标志。该标志是辅助疏散指示标志，不能作为主要的疏散指示标志。合理设置疏散指示标志，能更好地帮助人员快速、安全地进行疏散。对于空间较大的场所，人们在火灾时依靠疏散照明的照度难以看清较大范围的情况，依靠行走路线上的疏散指示标志，可以及时识别疏散位置和方向，缩短到达安全出口的时间。

（3）除机械式立体汽车库外，汽车库的下列部位应设置疏散指示标志：

疏散走道及其拐角处、楼梯间和疏散出口、安全出口处，应设灯光疏散指示标志。

（4）人防工程的下列部位应设置疏散指示标志：

疏散走道及其拐角处、楼梯间和疏散出口、安全出口处，应设灯光疏散指示标志。

（三）疏散指示标志设置要求

（1）疏散指示标志灯电源转换时间应不大于 5s。

（2）采用集中电源型应急照明系统供电时，其转换时间宜选用安全级（不大于 0.25s），可选用一般级（不大于 5s）；采用符合消防负荷等级的双电源（或双回路）自动切换方式为疏散指示标志灯供电时，其双电源自动转换开关电器（ATSE）转换时间应不大于 5s。

（3）采用蓄电池作备用电源时，疏散指示标志灯或集中电源型供电系统最少持续供电时间应不小于 30min；新装应急电源在额定负载下的应急工作时间应不小于 90min。

（4）疏散指示标志灯应满足其地面最低水平照度不低于 1.0lx（指标志灯上边缘距地面不大于 1.0m 时，标志灯下方地面 0.5m 范围以内）。

（5）疏散指示标志灯应采用不燃烧材料制作，否则应在其外面加设玻璃或其他不燃烧透明材料制成的保护罩。

（6）出口标志一般应设在安全出口、疏散出口的上部，严禁安装在可移动的门、窗上。标志的下边缘距门框应不大于 0.3m。设在安全出口、疏散出口上部确有困难时（例如顶棚高度与安全出口、疏散出口处的门框高度相差无几时），也可设在门框侧边缘，出口诱导标志灯侧边缘距门框应不大于 0.15m，宜在门的两侧安装且不能被门遮挡，标志的中心应距地面 1.3~1.5m。

（7）疏散走道上的疏散指示标志（灯）应有指示疏散方向的箭头标志，箭头所指方向应与疏散方向一致；当疏散指示标志（灯）有向两侧疏散的可能性时，应选用向两侧指示疏散方向的箭头标志；临近安全出口、疏散出口时的疏散指示标志（灯），箭头应指向该安全出口、疏散出口。疏散指示标志（灯）一般设在疏散走道的墙面上，标志的上边缘距地高度应不大于 1.0m（一般情况 0.5~1.0m 为宜，疏散光流灯中心距地 0.3~0.5m 为宜）。设在疏散走道墙面上有困难或不具备设置条件时，也可设在顶棚的下面。除特殊情况外，标志灯不应吸顶安装，其上边缘离顶棚宜不小于 0.25m。

（8）疏散走道上的疏散指示标志安装间距不应大于 20.0m；对于袋形走道，不应大于 10.0m；在走道转角区，不应大于 1.0m，如图 24-32 所示。

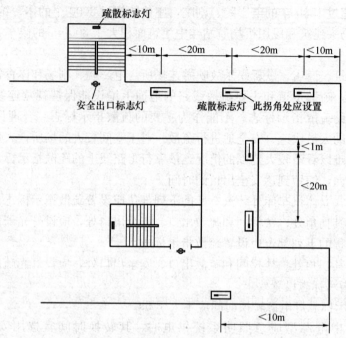

图 24-32　疏散通道上疏散指示标志设置方法

第二十五章　火灾自动报警系统设计

第一节　系　统　构　成

一、火灾探测方法

物质燃烧过程是一种伴随有烟、光、热的化学反应过程。在物质燃烧过程中，一般有热（温度）、燃烧气体与烟雾、火焰等现象产生。这些现象一般可以作为火灾探测的重要参数。因此，可采用探测烟雾的方法及时发现普通可燃物是否发生燃烧现象。

普通可燃物质由火灾初起阴燃阶段发烟开始，到火焰燃烧、火势渐大，最终酿成火灾。在工业环境，油品、液化烃等可燃液体起火过程不同于普通可燃物，起火速度快且迅速达到全燃阶段，形成很少有烟雾遮蔽的明火火灾，因而火焰光探测及时有效。此外，当可燃物质是可燃气体或易燃液体蒸气时，起火燃烧过程也不同于普通可燃物，在可燃气体或易燃液体蒸气的爆炸浓度范围内由于点火源的作用会引起轰燃或爆炸，这时对可燃气体或易燃液体蒸气浓度探测十分重要。

火灾信息探测以物质燃烧过程中产生的各种火灾现象为依据，以实现早期发现火灾为前提。分析普通可燃物的火灾特点，以其中发生的能量转换和物质转换为基础，利用一定的装置对其附近区域由火灾产生的物理或化学现象进行探测，形成不同的火灾探测方法，如感烟式、感温式、感光式火灾探测技术和可燃气体探测技术。

（一）感烟式火灾探测

感烟式火灾探测是利用小型烟雾传感器响应悬浮在其周围附近大气中的燃烧和（或）热解产生的烟雾气溶胶（固态或液态微粒），探测的两种主要方式有空气离化探测和光电感烟探测。

1. 空气离化探测法

空气离化探测法是利用放射性同位素（一般选择 Am^{241}）释放的 α 射线将空气电离产生正、负离子，使得带电腔室（称为电离室）内空气具有一定的导电性，在电场作用下形成离子电流；当烟雾气溶胶进入电离室内，比表面积较大的烟雾粒子利用其吸附特性吸附其中的带电离子，产生离子电流变化。这种离子电流变化与烟浓度有直接线性关系，并可用电子电路加以检测，从而获得与烟浓度有直接关系的电信号，用于火灾确认和报警。

2. 光电感烟探测法

光电探测法是根据火灾所产生的烟雾颗粒对光线的阻挡或散射作用来实现感烟探测的方法。根据烟雾颗粒对光线的作用原理，光电感烟探测法分为透射光式和散射光式两类。

（1）透射光式光电探测法

透射光式光电探测是根据烟雾颗粒对光线（一般采用红外光）的阻挡所形成的光通量的减少量来实现对烟雾浓度的有效探测，一般灭火由发光与收光部分两部分组成。目前利用透射光式光电感烟探测方法,有点型和线型感烟火灾探测器两种结构,点型火灾探测器光源和光敏元件对应设置在小暗室里;线型结构一般制成主动红外对射式或反射式线型火灾探测器。

透射光式感烟探测器由发光元件、透射镜和受光元件组成,平常光源(发光元件)发出的光,通过透镜射到光敏元件(受光元件)上,电路维持正常,如果有烟雾从中阻隔,到达光敏元件的光通量就显著减弱,于是光敏元件就把光强的变化转化成电信号的变化。光电流相对于初始标定值的变化量大小,反映烟雾的浓度,据此可通过电子电路对火灾信息进行处理,通过放大电路发出相应的火灾信号。

线型红外光束式感烟探测器是对警戒范围中某一线路周围的烟雾粒子予以响应的火灾探测器,也属于一种减光型感烟探测器。它的特点是监视范围广,保护面积大。它由发射器和接收器两个独立部分组成,作为测量用的光路暴露在被保护的空间,且加长了许多倍。如果有烟雾扩散到测量区,烟雾粒子对红外光束起到吸收和散射的作用,使到达受光元件的光信号减弱。当光信号减弱到一定程度时,探测器就发出火灾报警信号。

(2) 散射光式光电探测

散射光型光电感烟探测器由检测暗室、发光元件、受光元件和电子电路所组成。检测暗室是一个特殊设计的"迷宫",外部光线不能到达受光元件,但烟雾粒子却能进入其中。另外,发光元件与受光元件在检测暗室中成一定角度设置,并在其间设置遮光板,使得从发光元件发出的光不能直接到达受光元件上。当烟雾粒子进入光电感烟探测器的烟雾室,探测器内的光源发出的光线被烟雾粒子散射,其散射光被处于光路一侧的光敏元件感应。光敏元件的响应与散射光的大小有关,且由烟雾粒子的浓度所决定。如果探测器感受到的烟雾浓度超过一定限量时,光敏元件接收到的散射光的能量足以激发探测器动作,从而发出火灾报警信号。

3. 空气采样感烟探测器

空气采样感烟探测器是通过管道抽取被保护的空间空气样本到中心检测室,以监视被保护空间内烟雾存在与否的火灾探测器。该探测器能够通过测试空气样本,了解烟雾的浓度,并根据预先确定的响应阈值等级给出相应的报警信号。该系统是一种主动式的探测系统,其内置的抽气泵在管网中形成了一个稳定的气流,通过所敷设管路上的抽样孔不停地从警戒区域抽取空气样品并送到探测室进行检测。与常规感烟火灾探测器相比较,这种主动式空气采样感烟火灾探测系统主动抽取空气样本并进行烟粒子(包括不可见烟粒子)探测计数分析,因而能实现早期、超早期探测火灾。

(二) 热(温度)探测

热(温度)探测法是根据物质燃烧释放出的热量所引起的环境温度升高或其变化率大小,通过热敏元件与电子电路来探测火灾。

由于热(温度)探测法是根据物质燃烧释放出的热量所引起的环境温度升高或变化率大小,通过热敏元件与电子电路来探测火灾。因此,热敏元件是最主要的感温元件。目前,常用的热敏元件有电子测温元件(热敏电阻)、双金属片、感温膜盒、热电偶、光纤光栅、分布式光纤等,其中电子测温元件热滞后性较小,对于普通可燃物可在火灾发展过程中阴燃阶段的中后期实现较为有效的火灾探测,在火焰燃烧阶段和有较大温度变化的火灾危险环境可实现有效的火灾探测。

感温火灾探测器，根据其结构造型的不同分为点型感温探测器和线型感温探测器两类；根据检测温度参数的特性不同，可分为定温式、差温式及差定温组合式三类。定温类火灾探测器用于响应环境的异常高温；差温类火灾探测器响应环境温度异常变化的升温速率；差定温火灾探测器则是以上两种火灾探测器的组合。

光纤光栅感温探测器是基于光纤光栅传感器的感温探测器，在国内的石化、电力、冶金等行业都有较广泛的应用，其探测原理是：当宽带光经光纤传输到光栅处时，光栅将有选择地反射回一窄带光。在光栅不受外界影响（拉伸、压缩或挤压，环境温度等恒定时），该窄带光中心波长为一固定值；而当环境温度或被测接触物体温度发生变化，或光栅受到外力影响时，光栅栅距将发生变化，反射的窄带光中心波长将随之发生改变，这样就可以通过检测反射的窄带光中心波长的变化值，测量到光栅处的温度的变化。

分布式光纤温度探测器是利用光纤几何上的一维特性，将高功率光脉冲送入光纤，以光纤中的后向散射为基础，通过光时域反射测试技术来测量返回的散射光强随时间的变化记录下来，就可知道沿光纤路径的多点温度分布情况。

（三）火焰（光）探测

火焰（光）探测法是通过光敏元件与电子电路来探测物质燃烧所产生的火焰光辐射，广泛使用的有紫外式和红外式两种类型。

火焰（光）探测法是根据物质燃烧所产生的火焰光辐射的大小，其中主要是红外辐射和紫外辐射的大小，通过光敏元件与电子电路来探测火灾现象。这类探测方法一般采用被动式光辐射探测原理，用于火灾发展过程中火焰发展和明火燃烧阶段，其中紫外式感光原理多用于油品火灾，红外式感光原理多用于普通可燃物和森林火灾；为了区别非火灾形成的光辐射，被动感光式火灾探测通常还要考虑可燃物燃烧时火焰光的闪烁频率 $3\sim30$ Hz。

此外还有图像火灾探测系统，该系统利用早期火灾烟气的红外辐射特性，结合早期火灾火焰可见光辐射特征，利用早期火灾的红外视频信号以及火灾火焰可见波段视频信号，同时结合火焰的色谱特性、相对稳定性、纹理特性、蔓延增长特性等，采用趋势算法等智能算法，将火灾探测与图像监控有机结合，实现高大空间早期火灾探测与监控的目的。

（四）可燃气体探测

可燃气体探测是采用各种气敏元件或传感器来响应火灾初期物质燃烧产生的烟气体中某些气体浓度，或液化石油气、天然气等环境中可燃气体浓度以及气体成分。可燃气体的探测原理，按照使用的气敏元件或传感器的不同分为热催化原理、热导原理、气敏原理和三端电化学原理等四种。一般，这类火灾探测方法在工业环境应用较多，相应的火灾探测器需采用防爆式结构；随着城市煤气系统的广泛应用，非防爆式家用可燃气体探测器在建筑物中正不断普及。应用在燃气锅炉房及厨房等场所的点型可燃气体探测器是采用气敏型原理的可燃气体探测器，其气体传感器的主要成分是金属氧化物结烧体。在其工作温度下，吸附还原性气体（例如液化气、天然气、一氧化碳等）时，因发生还原性气体的吸附与氧化反应，粒子界面存在的势垒降低，形成电子流动，从而使电导率上升。当恢复到清洁空气中时，由于半导体表面吸附氧气，使粒子界面的势垒升高，阻碍电子的流动，电导率下降。传感器就是将这种电导率变化，以输出电压的方式取出，从而检测出气体的浓度。

基于红外吸收原理的气体传感器，可以实现远距离、大面积气体探测，相对于传统点型气体探测器而言,线型红外吸收式气体探测器具有气体选择性强、灵敏度高、探测范围大等优点。红外吸收式气体传感器信号检测部分主要由发射器、探测室和接收器组成,在正常情况下,发射器发送检测气体对应特定吸收波长的脉冲红外光束,经过气体检测室照射到接收器的光敏元件上。探测室可做成吸收式以提高传感器的灵敏度并缩短响应时间。当检测气体进入探测室,接收器接收经由检测室气体吸收衰减的红外辐射能量,从而由红外特征波长得知气体的种类,由气体吸收红外光束能量的强弱得知气体的浓度。

（五）复合式火灾探测

根据火灾复杂性的需要,在同一时间段内同时对火灾过程中的烟雾、温度等多个参数进行探测和综合数据处理复合式探测技术也有了比较广泛的应用。复合式火灾探测方法是建立在单一参数火灾探测基础上的,是利用火灾发展模型、专用集成电路设计技术和火灾信息处理技术形成的探测方法。复合式火灾探测法根据普通可燃物火灾模型,在同一时间段同时对火灾过程中的烟雾、温度等多个参数进行探测和综合数据处理,以兼顾火灾探测可靠性和及时性为目的,分析判断火灾现象,确认火灾。目前应用较多的是烟温复合探测器及烟温及 CO 复合探测器,光声复合探测技术用于火灾的探测也有一定的进展。

据最新研究,还有超声波探测和静电探测技术。超声波探测技术是根据任何燃烧现象都包含可闻声、超声波和超低频声波等燃烧声波,因此,可将燃烧声波作为探测源进行火灾探测。静电探测技术通过探测燃烧生成离子的电荷或电荷极性来发现火灾,对无烟火和有机溶剂火灾特别灵敏,一般将其作为离子和光电感探测的一个补充手段。

二、系统组成形式

火灾自动报警技术的发展趋向于智能化系统,这种系统可组合成任何形式的火灾自动报警网络结构。根据《火灾自动报警系统设计规范》GB 50116—2013 要求和产品特点,火灾自动报警系统的基本结构如图 25-1 所示。它是由于探测火灾早期特征、发出火灾报警信号,为人员疏散、防止火灾蔓延和启动自动灭火设备提供控制与指示的消防系统。根据系统组成形式可以分为区域报警系统、集中报警系统和控制中心报警系统。

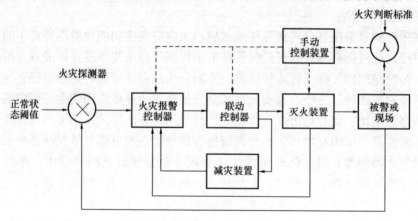

图 25-1　火灾自动报警系统基本结构示意图

（一）区域报警系统

区域火灾报警系统通常由火灾探测器、手动火灾报警按钮、火灾报警控制器、火灾警报装置及电源等构成，系统中可以包括消防控制室图形显示装置和指示楼层的区域显示器。区域报警系统主要用于仅需要报警，不需要联动自动消防设备的保护对象宜采用区域报警系统；适用于小型建筑对象或防火对象单独使用。一般，使用这类系统的火灾探测和报警区域内最多不得超过 3 台区域火灾报警控制器或用作区域报警的小型通用火灾报警控制器（一般每台的探测点数<256 点）；若多于 3 台，应考虑使用集中报警系统形式。

　　区域报警系统比较简单，但使用面很广。它既可单独用在工矿企业的计算机房等重要部位和民用建筑的塔楼公寓、写字楼等处，也可作为集中报警系统和控制中心系统中最基本的组成设备。典型的公寓塔楼火灾自动报警系统构成如图 25-2 所示。目前，区域报警系统多数由环状网络构成（如图 25-2 右边所示），也可能是支状线路构成（如图 25-2 左边所示），但必须加设楼层报警确认灯。其中的区域火灾报警控制器按照一定的时间周期顺序对每个火灾探测器进行检测，检测内容包括火灾探测器的工作情况是否正常、火灾探测器监测区域内是否存在火警情况等。火灾探测器将监测到的烟、温度、火焰光等火灾信号转变成电流信号输出给火灾报警控制器，报警控制器将把这些信息存储在储存器中，经中央处理机分析、运算和判断处理后，确认火警或故障信

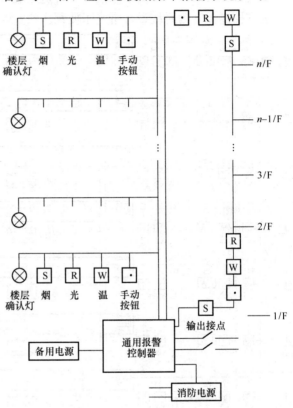

图 25-2　区域报警系统示意图

号，启动显示、报警声光控制电路显示相应的火灾报警发生时间、火灾探测器编码，点亮相应的报警指示灯并同步发出相应的报警声响，同时由打印机输出火警发生时间和地点。

　　（二）集中报警系统

　　集中火灾报警系统应由火灾探测器、手动火灾报警按钮、火灾声光警报器、消防应急广播、消防专用电话、消防控制室图形显示装置、火灾报警控制器、消防联动控制器等组成。其中，集中火灾报警控制器按一定的时间周期对系统中每一台区域火灾报警控制器进行巡检，区域火灾报警控制器随时把自身的状态信息和报警信息存储并等待集中火灾报警控制器查询。集中火灾报警控制器一旦对报警信息确认，则发出相应的联动控制指令，使消防联动控制设备按顺序投入火势控制与火灾扑救工作。集中报警系统图可以如图 25-3 所示。

　　在带有报警总线和联动总线的大型通用火灾报警控制器以及各种火灾探测器和功能模块构成总线制编码传输集中报警系统中，消防泵、喷淋泵等消防主设备的联动控制仍然采用联动控制台实现直接硬线控制，但对于空调系统、电梯、正压送风阀、防火阀、排烟

阀、防火卷帘、灭火装置等则采用模块控制或模块传输控制信号,提高了消防设备控制可靠性(因模块被中心控制器监测)和控制实现的灵活性,并且使得火灾报警控制器对绝大多数消防设备实现了有效监测。此外,系统采用区域报警显示器(亦称楼层显示器)来完成按火灾报警分区实现监测和故障显示,用环状布线或支状布线来提高火灾报警回路和控制回路的工作可靠性,提高了系统的工程适用性;系统还采用通用接口方式兼容了不同类型的火灾探测器,为系统设计带来了便利。

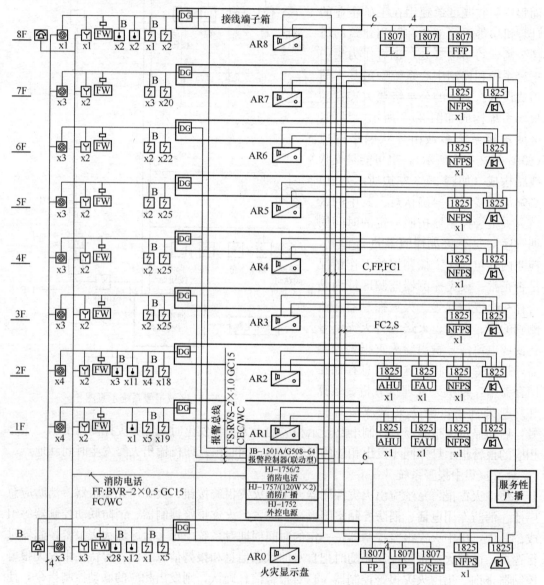

图 25-3 集中报警系统

(三)控制中心报警系统

设置两个及以上消防控制室的保护对象,或已设置两个及以上集中报警系统的保护对象,应采用控制中心报警系统。有两个及以上消防控制室时,应确定一个主消防控制室,主消防控制室应能显示所有火灾报警信号和联动控制状态信号,并应能控制重要的消防设备；各分消防控制室内消防设备之间可以互相传输、显示状态信息，但不应互相控制。控制中心报警系统原理图如图 25-4 所示。

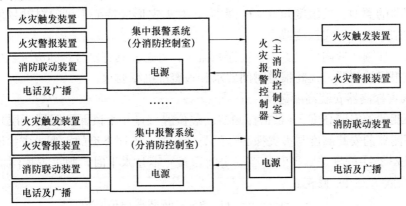

图 25-4　控制中心报警系统

第二节　火灾探测器选择与设置

一、火灾探测器的选择

（一）选择的基本原则

火灾探测器的选择要根据火灾探测区域内可能发生的初期火灾的形成和发展特点、房间高度、环境条件以及可能引起误报的原因等因素来决定。由于不同火灾探测器的性能指标不同，因此，针对不同火灾需要选择不同类型的火灾探测器。

1. 按火灾发展规律选择火灾探测器

（1）对火灾初期有阴燃，产生大量的烟和少量的热，很少或没有火焰辐射的场所，应选择感烟探测器。探测器的感烟方式和灵敏度级别应该根据具体使用场所来确定。感烟探测器的工作方式则是根据反应速度与可靠性要求来确定，一般对于只是用作报警目的的探测器，选用非延时工作方式，并应该考虑与其他种类火灾探测器配合使用。

（2）对火灾发展迅速，可产生大量热、烟和火焰辐射的场所，可选择感温探测器、感烟探测器、火焰探测器或其组合。感温探测器的使用一般考虑其定温、差温和差定温方式选择，其使用环境条件要求不高，一般在感温探测器不能使用的场所均可使用。但是，在感烟探测器可用的场所，尽管也可使用感温探测器，但其探测速度却大大低于感烟方式，因此，只要感烟和感温探测器均可用的场所多选择感烟式，在有联动控制要求时则采用感烟和感温组合式或复合式。此外，点型电子感温探测器受油、雾等污染会影响其外露热敏元件的特性，因此对环境污染应鉴别考虑。

（3）对火灾发展迅速，有强烈的火焰辐射和少量的烟、热的场所，应选择火焰探测器。火焰探测器通常采用紫外式或紫外与红外复合式，一般为点型结构，其有效性取决于探测器的光学灵敏度、视锥角（即视角，通常为 $70°\sim120°$）、响应时间（小于等于 1s）和安装定位。

（4）对火灾初期有阴燃阶段，且需要早期探测的场所，宜增设一氧化碳火灾探测器。

（5）对使用、生产可燃气体或可燃蒸气的场所，应选择可燃气体探测器。

（6）根据保护场所可能发生火灾的部位和燃烧材料的分析选择相应的火灾探测器（包括火灾探测器的类型、灵敏度和响应时间等），对火灾形成特征不可预料的场所，可根据模拟试验的结果选择火灾探测器。

（7）同一探测区域内设置多个火灾探测器时，可选择具有复合判断火灾功能的火灾探测器和火灾报警控制器，提高报警时间要求和报警准确率要求。

2. 按火灾探测器安装高度选择

火灾探测器的安装高度 H_0 是指探测器安装位置（点）距该保护区域（层）地面的高度。火灾探测器的安装高度与火灾探测器的类型有关。不同类型的点型火灾探测器的安装高度应符合表 25-1 的规定。当安装面（房间屋顶）不是水平时，则火灾探测器的安装高度 H_0 需要按式（25-1）修正。

$$H_0 = \frac{H+h}{2} \quad \begin{cases} H & \text{安装面最高部位高度} \\ h & \text{安装面最低位置高度} \end{cases} \qquad (25\text{-}1)$$

从表 25-1 中可以看出，当房间太高，烟气流动到顶部时间太长，并且烟气滞留在一定的高度，所以不适合采用点型感烟探测器。而是应该根据烟气流动规律，在热烟气屏障层处设置光束型的红外对射或红外反射式火灾探测器。

3. 需要考虑环境对火灾探测器的影响

（1）环境温度：一般感烟与火焰探测器的使用温度＜50℃；定温探测器在 10～35℃；在 0℃ 以下火灾探测器安全工作的条件是其本身不允许结冰，并且多数采用感烟或火焰光探测器。

（2）气流速度：根据实验研究结果表明，当气流速度过大时，对于感烟探测器的灵敏度有较大影响，因而我国《火灾自动报警系统设计规范》中规定，感烟式探测器要求气流速度不大于 5m/s。

（3）振动：环境中有限的正常振动对点型火灾探测器影响较小，对分离式光电感烟探测器影响较大，要求定期调校。

（4）空气湿度：空气湿度＜95％ 时，影响小；当有雾化烟雾或凝露存在时，对感烟式和光辐射式探测器的灵敏度有影响。

（5）光干扰：环境中的光干扰对感烟和感温火灾探测器基本无影响，对火焰光探测器无论直接或间接，都将影响工作可靠性。

（6）烟源粒径等：环境中存在烟、灰及类似的气溶胶时，直接影响感烟火灾探测器的使用。离子感烟探测器对粒径 $0.3\mu m$ 以下的烟雾响应灵敏；光电感烟探测器对 $1\mu m$ 以上的烟雾响应灵敏。对于感温和火焰光探测器，则应该避免湿灰尘。

点型火灾探测器安装高度 表 25-1

房间高度 (m)	点型感烟火灾探测器	点型感温火灾探测器			火焰探测器
		A1、A2	B	C、D、E、F、G	
12＜h≤20	不适合	不适合	不适合	不适合	适合
8＜h≤12	适合	不适合	不适合	不适合	适合
6＜h≤8	适合	适合	不适合	不适合	适合

续表

房间高度（m）	点型感烟火灾探测器	点型感温火灾探测器			火焰探测器
		A1、A2	B	C、D、E、F、G	
$4 < h \leqslant 6$	适合	适合	适合	不适合	适合
$h \leqslant 4$	适合	适合	适合	适合	适合

此外，当火灾探测报警与灭火设备有联动要求时，必须以可靠为前提，获得双报警信号后，或者再加上延时报警判断后，才能产生延时报警信号。该要求一般都是针对重要性强、火灾危险性较大的场所，这时，一般是采用感烟、感温和火焰探测器的同类型或不同类型组合产生双报警信号；同类型组合通常是指同一探测器具有两种不同灵敏度的输出，如具有两极灵敏度输出的双信号式光电感烟探测器；不同类型组合则包括复合式探测器和探测器的组合使用，如热烟光电式复合探测器与感烟探测器配合组合使用。

（二）点型火灾探测器的选择

根据探测器的工作原理、特性和灵敏度指标，我国《火灾自动报警系统设计规范》中明确规定了各点型火灾探测器适用与不适用场所。

1. 感烟探测器的适用范围

对感烟探测器的选用基本上由感烟探测器的工作原理决定的，不同烟粒径、烟的颜色和不同可燃物产生的烟对两种探测器适用性是不一样的。适宜感烟探测器适用的场所有：饭店、旅馆、教学楼、办公楼的厅堂、卧室、办公室、商场、列车载客车厢等；计算机房、通信机房、电影或电视放映室等；楼梯、走道、电梯机房、车库等；书库、档案库等。

不宜选择离子感烟探测器的场所有：相对湿度经常大于95%；气流速度大于5m/s；有大量粉尘、水雾滞留；可能产生腐蚀性气体；在正常情况下有烟滞留；产生醇类、醚类、酮类等有机物质。

不宜选择光电感烟探测器的场所有：有大量粉尘、水雾滞留；可能产生蒸汽和油雾；高海拔地区，在正常情况下有烟滞留。

2. 感温探测器的适用范围

适宜选择感温探测器的场所有：相对湿度经常大于95%；可能发生无烟火灾；有大量粉尘；在正常情况下有烟和蒸气滞留；吸烟室等在正常情况下有烟或蒸汽滞留的场所；厨房、锅炉房、发电机房、烘干车间等不宜安装感烟火灾探测器的场所；需要联动熄灭"安全出口"标志灯的安全出口内侧；其他无人滞留且不适合安装感烟火灾探测器，但发生火灾时需要及时报警的场所。

不适宜选择感温探测器的场所有：可能产生阴燃火或发生火灾不及时报警将造成重大损失的场所，不宜选择感温探测器；温度在0℃以下的场所，不宜选择定温探测器；温度变化较大的场所，不宜选择差温探测器。

一般来说，感温探测器对火灾的探测不如感烟探测器灵敏，它们对阴燃火不可能响应，并且根据经验，只有当火焰高度达到至顶棚的距离为1/3房间净高时，感温探测器才能响应。因此感温探测器不适宜保护可能由小火造成不能允许损失的场所。例如计算机房等。在最后选定探测器类型之前，必须对感温探测器动作前火灾可能造成的损失做出评估。

3. 火焰探测器的适用范围

适宜选择火焰探测器的场所有：火灾时有强烈的火焰辐射；液体燃烧火灾等无阴燃阶段的火灾；需要对火焰做出快速反应。

不适宜选择火焰探测器的场所有：在火焰出现前有浓烟扩散；探测器的镜头易被污染；探测器的"视线"易被油雾、烟雾、水雾和冰雪遮挡；探测区域内的可燃物是金属和无机物；探测器易受阳光、白炽灯等光源直接或间接照射。探测区域内正常情况下有高温物体的场所，不宜选择单波段红外火焰探测器；正常情况下有阳光、明火作业，探测器易受 X 射线、弧光和闪电等影响的场所，不宜选择紫外火焰探测器。

由于火焰探测器不能探测阴燃火，因此，火焰探测器只能在特殊场所使用，或者作为感烟或感温探测器的一种辅助手段，不作为通用型火灾探测器。火焰探测器只靠火焰的辐射就能响应，而无需燃烧产物的对流传输，对明火的响应也比感温和感烟探测器快得多，且又无须安装在顶棚上。所以火焰探测器特别适合仓库和储木场等大的开阔空间或者明火的蔓延可能造成重大危险的场所，如可燃气体的泵站、阀门和管道等。

(三) 线型火灾探测器的选择

(1) 适宜线性光束感烟探测器的场所：无遮挡大空间或有特殊要求的场所，如大型库房、博物馆、档案馆、飞机库等经常是无遮挡大空间的情形，发电厂、变配电站、古建筑、文物保护建筑的厅堂馆所，有时也适合安装这种类型的火灾探测器。

(2) 适宜缆式线型感温火灾探测器的场所：电缆隧道、电缆竖井、电缆夹层、电缆桥架；不易安装点型探测器的夹层、闷顶；各种皮带输送装置；其他环境恶劣不适合点型探测器安装的场所。

(3) 适宜线型光纤感温火灾探测器的场所：除液化石油气外的石油储罐；需要设置线型感温火灾探测器的易燃易爆场所；需要监测环境温度的地下空间等场所宜设置具有实时温度监测功能的线型光纤感温灾探测器；公路隧道、敷设动力电缆的铁路隧道和城市地铁隧道等。

(4) 不宜选择线型光束感烟火灾探测器的场所：有大量粉尘、水雾滞留；可能产生蒸汽和油雾；在正常情况下有烟滞留；固定探测器的建筑结构由于振动等原因会产生较大位移的场所。线型定温火灾探测器的选择，应保证其不动作温度高于设置场所的最高环境温度。

(四) 可燃气体探测器的选用

1. 下列场所宜选用可燃气体探测器

(1) 使用管道煤气或天然气的房间；

(2) 煤气站和煤气表房以及大量存储液化石油气罐的场所；

(3) 其他散发可燃气体和可燃蒸汽的场所；

(4) 有可能产生一氧化碳气体的场所，宜选用一氧化碳气体探测器。

2. 爆炸性气体场所气体探测器的选用

(1) 防爆场所选用的探测器应为防爆型；

(2) 探测器的报警灵敏度应按照所需探测的气体进行标定，一级报警后 (达到爆炸下限的 25%) 应控制启动有关排风机、送风机；二级报警后 (达到爆炸下限的 50%) 应控制切断有关可燃气体的供应阀门。

（五）图像型火灾探测器的选用

1. 双波段图像火灾探测器的选用

（1）双波段图像火灾探测器采用双波段图像火焰探测技术，在报警方式上属于感火焰型火灾探测器件，具有可以同时获取现场的火灾信息和图像信息的功能特点，将火焰探测和图像监控有机地结合在一起，并且有防爆、防潮、防腐蚀功能。

（2）双波段图像火灾探测器可用于易产生明火或阴燃火的各类场所，如家具城、档案库、电气机房、物资库、油库等大空间以及环境恶劣场所。

（3）双波段图像火灾探测器的设计要求各产品不尽相同，实际工程中参见相关产品样本。

2. 线型光束图像感烟火灾探测器的选用

（1）线型光束图像感烟火灾探测器采用光截面图像感烟火灾探测技术，在报警方式上属于感烟型火灾探测器件，它可对被保护空间实施任意曲面式覆盖，具有分辨发射光源和其他干扰光源的功能，具有保护面积大、响应时间短的特点，同时具有防爆、防潮、防腐蚀功能。

（2）线型光束图像感烟火灾探测器可用于在发生火灾时产生烟雾的场所，烟草单位的烟叶仓库、成品仓库，纺织企业的棉麻仓库、原料仓库等大空间以及环境恶劣的场所。

（3）线型光束图像感烟火灾探测器的设计要求各产品不尽相同，实际工程中应参见相关产品样本。

（六）吸气式感烟火灾探测器的选择

下列场所宜选择吸气式感烟火灾探测器：

（1）具有高速气流的场所；

（2）点型感烟、感温火灾探测器不适宜的大空间、舞台上方、建筑高度超过 12m 或有特殊要求的场所；

（3）低温场所；

（4）需要进行隐蔽探测的场所；

（5）需要进行火灾早期探测的重要场所；

（6）人员不宜进入的场所。

污物较多且必须安装感烟火灾探测器的场所，应选择间断吸气的点型采样吸气式感烟火灾探测器或具有过滤网和管路自清洗功能的管路采样吸气式感烟火灾探测器。

二、火灾探测器设置要求

点型火灾探测器的设置与火灾探测器本身的特性参数，如保护面积、保护半径、安装间距等和保护对象的特性参数，如建筑对象保护等级、房间面积、高度、屋顶坡度、有无隔梁、有无遮挡物等多种因素有关。关于火灾探测器的设置位置，可以按照下列三项基本原则确定：

（1）设置位置应该是火灾发生时烟、热最易到达之处，并且能够在短时间内聚积的地方；

（2）消防管理人员易于检查、维修，而一般人员应不易触及火灾探测器；

（3）火灾探测器不易受环境干扰，布线方便，安装美观。

（一）点型火灾探测器的设置数量

探测区域内的每个房间至少应设置一只火灾探测器。一个探测区域内所需设置的探测器数量，不应小于下式的计算值：

$$N \geqslant \frac{S}{K \cdot A} \tag{25-2}$$

式中　N——应设火灾探测器数量；

　　　S——探测区域面积，m^2；

　　　A——探测器保护面积，m^2，探测区域的保护面积指的是一只火灾探测器能够有效地探测火灾信息的地面面积，亦称探测面积。对于点型火灾探测器的保护面积 A 和保护半径 R 见表25-2；

　　　K——安全修正系数，主要根据工程设计人员的实践经验，并考虑到一旦发生火灾，对人身和财产的损失程度、危险程度、疏散及扑救的难易程度以及火灾对社会的影响面大小等多种因素。一般，容纳人数超过 10000 人的公共场所宜取 0.7~0.8；容纳人数在 2000 人至 10000 人之间的公共场所宜取 0.8~0.9，容纳人数在 500 人至 2000 人之间的公共场所宜取 0.9~1.0，其他场所可取 1.0。

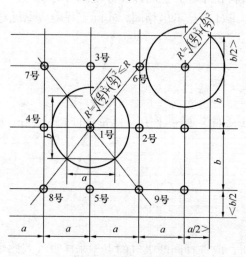

图 25-5　点型火灾探测器安装间距说明图例

（二）点型火灾探测器的安装间距

火灾探测器的安装间距定义为两只相邻的火灾探测器中心连线的长度。当探测区域（面积）为矩形时，则 a 称为横向安装间距，b 为纵向安装间距，如图 25-5 所示。

从图 25-5 可以看出安装间距 a、b 的实际意义。以图中 1 号探测器为例，安装间距是指 1 号探测器与 2 号、3 号、4 号和 5 号 相邻探测器之间的距离，而不是 1 号 探测器与 6 号、7 号、8 号和 9 号探测器之间的距离。显然，只有当探测区域内，探测器按正方形布置时，才有 $a=b$。图 25-5 还可以看出探测器保护面积 A、保护半径 R 与安装间距 a、b 具有下列近似关系：

$$(R')^2 = a^2 + b^2 \leqslant R \tag{25-3}$$

$$D_i = 2R' \tag{25-4}$$

$$A = a \cdot b \tag{25-5}$$

应该指出，工程设计中为了尽快地确定出某个探测区域内火灾探测器的安装间距 a 和 b，经常利用安装间距 a 和 b 的极限曲线（如图 25-5）。该曲线根据式（25-3）、（25-4）和（25-5）绘出，应用这一曲线，可以按照选定的火灾探测器的保护面积 A 和保护半径 R 确定出安装间距 a 和 b。有时也称"安装间距 a 和 b 的极限曲线"为"D_i——极限曲线"，D_i 有时称保护直径。应当说明，在图 25-5 中所示的 D_i——极限曲线中：

（1）极限曲线 $D_1 \sim D_4$ 和 D_6 适宜于保护面积 $A = 20m^2$、$30m^2$、$40m^2$ 及其保护半径 $R = 3.6m$、$4.4m$、$4.9m$、$5.5m$ 和 $6.3m$ 的感温火灾探测器；

（2）极限曲线 D_5 和 $D_7 \sim D_{11}$（含 D_9'）适宜于保护面积 $A = 60m^2$、$80m^2$、$100m^2$、$120m^2$ 及其保护半径 $R = 5.8m$、$6.7m$、$7.2m$、$8.0m$、$9.0m$ 和 $9.9m$ 的感烟火灾探测器；

（3）各条 D_i—极限曲线端点 Y_i 和 Z_i 坐标值（a_i、b_i），即安装间距 a、b 的极限值，可由式（25-3）至（25-5）算得如表 25-3。

（4）感烟探测器、感温探测器的安装间距，应根据探测器的保护面积 A 和保护半径 R 确定，并不应超过探测器安装间距的极限曲线 $D_1 \sim D_{11}$（含 D_9'）所规定的范围。如表 25-4 所示。

点型火灾探测器的保护面积和保护半径　　　　　　　　　表 25-2

火焰探测器的种类	地面面积 S (m^2)	房间高度 h (m)	一只探测器的保护面积 A（m^2）和保护半径 R（m）					
			房间坡度 θ（°）					
			$\theta \leqslant 15$		$15 < \theta \leqslant 30$		$\theta > 30$	
			A	R	A	R	A	R
感烟探测器	$S \leqslant 80$	$h \leqslant 12$	80	6.7	80	7.2	80	8.0
	$S > 80$	$6 < h \leqslant 12$	80	6.7	100	8.0	120	9.9
		$h \leqslant 6$	60	5.8	80	7.2	100	9.0
感温探测器	$S \leqslant 30$	$h \leqslant 8$	30	4.4	30	4.9	30	5.5
	$S > 30$	$h \leqslant 8$	20	3.6	30	4.9	40	6.3

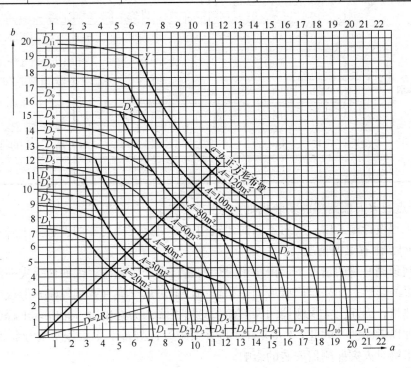

图 25-6　安装间距 a，b 的极限曲线

D_i——极限曲线端点坐标值 表 25-3

极限曲线 D_i	$Y_i(a_i \cdot b_i)$ 点	$Z_i(a_i \cdot b_i)$ 点	极限曲线 D_i	$Y_i(a_i \cdot b_i)$ 点	$Z_i(a_i \cdot b_i)$ 点
D_1	$Y_1(3.1 \cdot 6.5)$	$Z_1(3.1 \cdot 6.5)$	D_7	$Y_7(7.0 \cdot 11.4)$	$Z_7(11.4 \cdot 7.0)$
D_2	$Y_2(3.3 \cdot 7.9)$	$Z_2(7.9 \cdot 3.3)$	D_8	$Y_8(6.1 \cdot 13.0)$	$Z_8(13.0 \cdot 6.1)$
D_3	$Y_3(3.2 \cdot 9.2)$	$Z_3(9.2 \cdot 3.2)$	D_9	$Y_9(5.3 \cdot 15.1)$	$Z_9(15.1 \cdot 5.3)$
D_4	$Y_4(2.8 \cdot 10.6)$	$Z_4(10.6 \cdot 2.3)$	D_9'	$Y_9'(6.9 \cdot 14.4)$	$Z_9'(6.9 \cdot 14.4)$
D_5	$Y_5(6.1 \cdot 9.9)$	$Z_5(9.9 \cdot 6.1)$	D_{10}	$Y_{10}(5.9 \cdot 17.0)$	$Z_{10}(17.0 \cdot 5.9)$
D_6	$Y_6(3.3 \cdot 12.1)$	$Z_6(12.1 \cdot 3.3)$	D_{11}	$Y_{11}(6.4 \cdot 18.7)$	$Z_{11}(18.7 \cdot 6.4)$

感温、感烟火灾探测器适用的极限曲线、保护面积及保护半径 表 25-4

适用探测器	极限曲线	保护面积（m²）	保护半径（m）
感温	D_1	20	3.6
	D_2	30	4.4
	D_3	30	4.9
	D_4		5.5
	D_6	40	6.3
	D_5	60	5.8
感烟	D_7	80	6.7
	D_8		7.2
	D_9		8.0
	D_9'	100	8.0
	D_{10}		9.0
	D_{11}	120	9.9

（三）点型火灾探测器的安装规则

消防工程设计施工中，针对不同的建筑构造，对火灾探测器的安装要求是不相同的。

1. 房间顶棚有梁的情况

在房间顶棚有梁的情况下，由于梁对烟的蔓延会产生阻碍，因而使火灾探测器的保护面积受到梁的影响。如果梁间区域的面积较小，梁对热气流（或烟气流）形成障碍，并吸收一部分热量，因而火灾探测器的保护面积必然下降。为补偿这一影响，工程中是按梁的高度情况加以考虑的。因此，《火灾自动报警系统设计规范》中根据火灾模拟及火场实际情况规定了梁对火灾探测器安装的影响。

（1）当梁突出顶棚的高度小于 200mm 时，在顶棚上设置感烟、感温火灾探测器，可以忽略梁对火灾探测器保护面积的影响；

（2）当梁突出顶棚高度在200～600mm时，设置的感烟、感温火灾探测器应按图25-5和表25-5来确定梁的影响和一只火灾探测器能够保护的梁间区域的个数（梁间区域指的是高度在200～600mm之间的梁所包围的区域）；

（3）当梁突出顶棚高度超过600mm时，被梁隔断的每个梁间区域至少应设置一只探测器；

（4）当被梁隔断的区域面积超过一只探测器的保护面积时，被隔断的区域应按规定计算探测器的设置数量；

（5）当梁间距净距离小于1m时，可视为平顶棚，可不计梁对探测器保护面积的影响。

2. 其他安装规则要求

（1）探测器至墙壁、梁边的水平距离，不应小于0.5m。

（2）探测器周围0.5m内，不应有遮挡物。

（3）探测器至空调送风口边的水平距离不应小于1.5m，并宜接近回风口安装，探测器至多孔送风顶棚孔口的水平距离不应小于0.5m。

（4）当屋顶有热屏障时，感烟探测器下表面至顶棚或屋顶的距离d应符合表25-6的规定。

（5）探测器宜水平安装。当倾斜安装时，倾斜角不应大于45°。

（6）在宽度小于3m的内走道顶棚上设置探测器时，宜居中布置。感温探测器的安装间距不应超过10m；感烟探测器的安装间距不应超过15m；探测器至端墙的距离，不应大于探测器安装间距的一半。

（7）在电梯井、升降机井设置探测器时，其位置宜在井道上方的机房顶棚上。

（8）房间被书架、设备或隔断等分隔，其顶部至顶棚或梁的距离小于房间净高的5%时，每个被隔开的部分至少应安装一只探测器。

（9）感烟火灾探测器在隔栅吊顶场所的设置应符合下列规定：

①镂空面积与总面积的比例不大于15%时，探测器应设置在吊顶下方；②镂空面积与总面积的比例大于30%时，探测器应设置在吊顶上方；③镂空面积与总面积的比例在15%～30%范围时，探测器的设置部位应根据实际试验结果确定；④探测器设置在吊顶上方且火警确认灯无法观察时，应在吊顶下方设置火警确认灯；⑤地铁站台等有活塞风影响的场所，镂空面积与总面积的比例在30%～70%范围内时，探测器宜同时设置在吊顶上方和下方。

按梁间区域面积确定一只火灾探测器能够保护的梁间区域的个数　　　　表25-5

探测器的保护面积 A（m^2）	感温探测器		感烟探测器		保护的梁间区域的个数
	20	30	60	80	
梁隔断的梁间区域面积 Q（m^2）	$Q>12$	$Q>18$	$Q>36$	$Q>48$	1
	$8<Q\leq12$	$12<Q\leq18$	$24<Q\leq36$	$32<Q\leq48$	2
	$6<Q\leq8$	$9<Q\leq12$	$18<Q\leq24$	$24<Q\leq32$	3
	$4<Q\leq6$	$6<Q\leq9$	$12<Q\leq18$	$16<Q\leq24$	4
	$Q\leq4$	$Q\leq6$	$Q\leq12$	$Q\leq16$	5

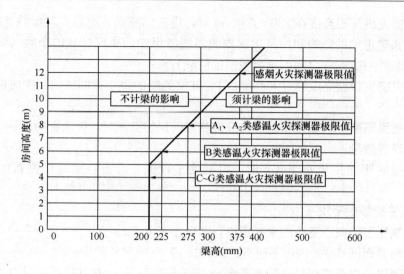

图 25-7 梁对火灾探测器应用之影响

感烟火灾探测器下表面距顶棚（或屋顶）的距离 表 25-6

探测器的安装高度 h（m）	感烟探测器下表面至顶棚或屋顶的距离 d（mm）					
	顶棚或屋顶坡度 θ					
	θ≤15°		15°<θ≤30°		θ>30°	
	最小	最大	最小	最大	最小	最大
h≤6	30	200	200	300	300	500
6<h≤8	70	250	250	400	400	600
8<h≤10	100	300	300	500	500	700
10<h≤12	150	350	350	600	600	800

注：锯齿形屋顶和坡度大于 15°的人字形屋顶，应在每个屋脊处设置一排探测器，探测器下表面距屋顶最高处的距离，也应符合上表的规定。

（10）火灾探测器的底座应固定牢靠，其导线连按必须可靠压接或焊接。当采用焊接时，不得使用带腐蚀性的助焊剂。

（11）火灾探测器的"＋"线应为红色，"－"线应为蓝色，其余线应根据不同用途采用其他颜色区分，但同一工程中相同用途的导线颜色应一致。

（12）火灾探测器底座的外接导线，应留有不小于 15 cm 的余量，入端处应有明显标志。

（13）火灾探测器底座的穿线孔宜封堵，安装完毕后的探测器底座应采取保护措施。

（14）火灾探测器的确认灯，应面向便于人员观察的主要入口方向。

（15）火灾探测器在即将调试时方可安装；在安装前应妥善保管，并应采取防尘、防潮、防腐蚀措施。

（四）线型火灾探测器的安装规则

（1）红外光束感烟探测器的光束轴线距顶棚的垂直距离宜为 0.3～1.0m，距地高度不宜超过 20m。

（2）相邻两组红外光束感烟探测器的水平距离不应大于 14m。探测器距侧墙水平距离不应大于 7m，且不应小于 0.5m。探测器的发射器和接收器之间的距离不宜超过 100m。

（3）缆式线型定温探测器在保护电缆、堆垛等类似保护对象时，应采用接触式布置；在各种皮带输送装置上设置时，宜设置在装置的过热点附近。

（4）设置在顶棚下方的线型感温火灾探测器，距顶棚的距离宜为 0.1m。相邻管路之间的水平距离不宜大于 5m；管路至墙壁的距离宜为 1~1.5m。

（5）光栅光纤感温火灾探测器每个光栅的保护面积和保护半径应符合点型感温火灾探测器的保护面积和保护半径要求。

（6）设置线型感温火灾探测器的场所有联动要求时，宜采用两只不同火灾探测器的报警信号组合。与线型感温火灾探测器连接的模块不宜设置在长期潮湿或温度变化较大的场所。

（五）管路采样式吸气感烟火灾探测器的设置

（1）非高灵敏型探测器的采样管网安装高度不应超过 16m；高灵敏型探测器的采样管网安装高度可以超过 16m；采样管网安装高度超过 16m 时，灵敏度可调的探测器必须设置为高灵敏度，且应减小采样管长度、减少采样孔数量。

（2）探测器的每个采样孔的保护面积、保护半径应符合点型感烟火灾探测器的保护面积、保护半径的要求。

（3）一个探测单元的采样管总长不宜超过 200m，单管长度不宜超过 100m，同一根采样管不应穿越防火分区。采样孔总数不宜超过 100 个，单管上的采样孔数量不宜超过 25 个。

（4）当采样管道采用毛细管布置方式时，毛细管长度不宜超过 4m。

（5）吸气管路和采样孔应有明显的火灾探测器标识。

（6）有过梁、空间支架的建筑中，采样管路应固定在过梁、空间支架上。

（7）当采样管道布置形式为垂直采样时，每 2℃温差间隔或 3m 间隔（取最小者）应设置一个采样孔，采样孔不应背对气流方向。

（8）采样管网应按经过确认的设计软件或方法进行设计；探测器的火灾报警信号、故障信号等信息应传给火灾报警控制器，涉及消防联动控制时，探测器的火灾报警信号还应传给消防联动控制器。空管路采样式吸气感烟火灾探测器的设置安装平面示意图及其与传统报警系统连接系统图见图 25-8 及图 25-9。

（六）线型光束图像感烟火灾探测器的安装

线型火灾探测器的安装见图 25-10。

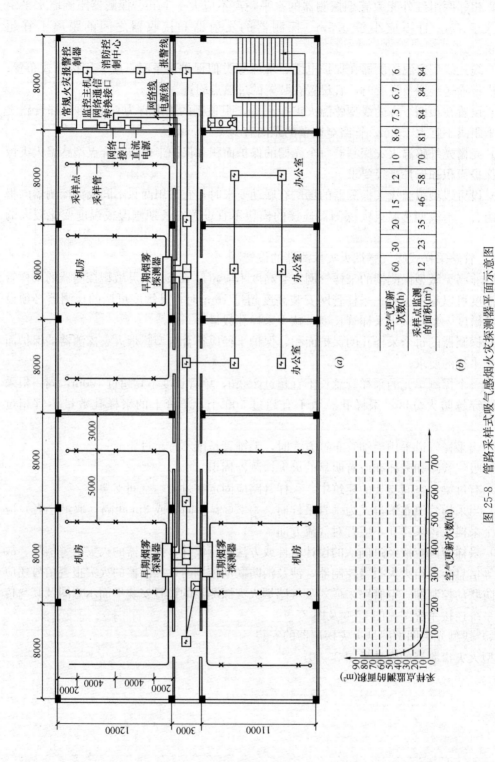

空气更新次数(h)	60	30	20	15	12	10	8.6	7.5	6.7	6
采样点监测的面积(m²)	12	23	35	46	58	70	81	84	84	84

(b)

图 25-8 管路采样式吸气感烟火灾探测器平面示意图

(a) 早期烟雾探测器与常规火灾报警系统的连接方式;(b) 保护区内每小时更新次数与采样点保护面积曲线(表)

与常规火灾报警系统连接方式	方式（一）	方式（二）
监控方式	由布置在值班室的19in显示器远控机架进行系统的显示和编程	由布置在值班室的装有专用监控软件的计算机进行系统的显示和编程
示意图	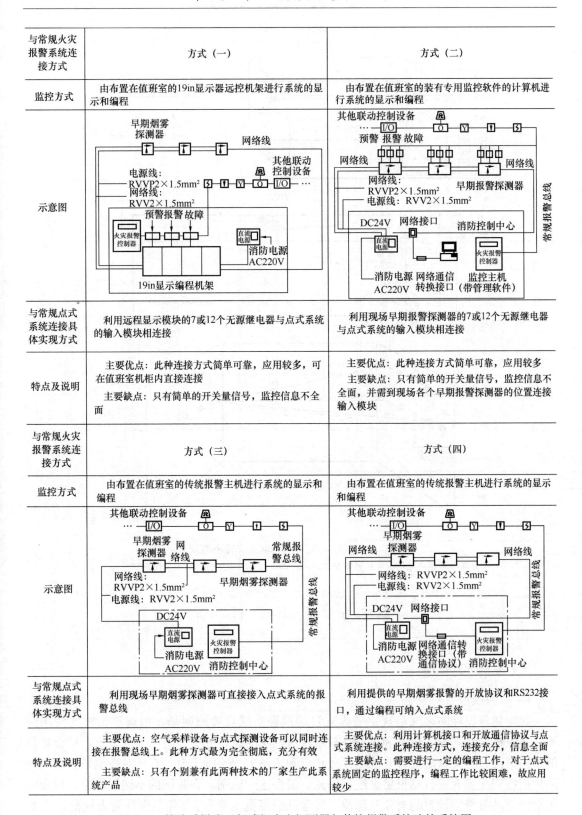	
与常规点式系统连接具体实现方式	利用远程显示模块的7或12个无源继电器与点式系统的输入模块相连接	利用现场早期报警探测器的7或12个无源继电器与点式系统的输入模块相连接
特点及说明	主要优点：此种连接方式简单可靠，应用较多，可在值班室机柜内直接连接 主要缺点：只有简单的开关量信号，监控信息不全面	主要优点：此种连接方式简单可靠，应用较多 主要缺点：只有简单的开关量信号，监控信息不全面，并需到现场各个早期报警探测器的位置连接输入模块
与常规火灾报警系统连接方式	方式（三）	方式（四）
监控方式	由布置在值班室的传统报警主机进行系统的显示和编程	由布置在值班室的传统报警主机进行系统的显示和编程
示意图		
与常规点式系统连接具体实现方式	利用现场早期烟雾探测器可直接接入点式系统的报警总线	利用提供的早期烟雾报警的开放协议和RS232接口，通过编程可纳入点式系统
特点及说明	主要优点：空气采样设备与点式探测设备可以同时连接在报警总线上。此种方式最为完全彻底，充分有效 主要缺点：只有个别兼有此两种技术的厂家生产此系统产品	主要优点：利用计算机接口和开放通信协议与点式系统连接。此种连接方式，连接充分，信息全面 主要缺点：需要进行一定的编程工作，对于点式系统固定的监控程序，编程工作比较困难，故应用较少

图 25-9　管路采样式吸气感烟火灾探测器与传统报警系统连接系统图

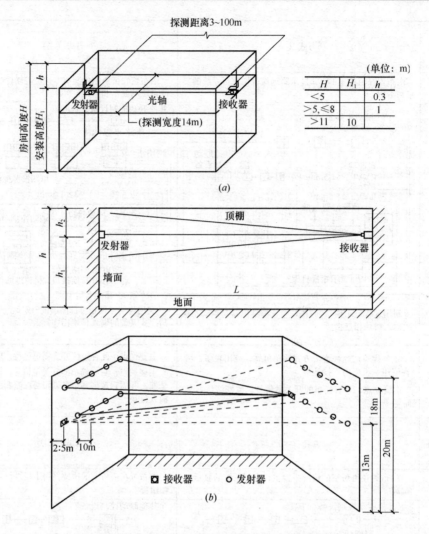

图 25-10 线型光束图像感烟火灾探测器安装

（*a*）线型光束图像感烟火灾探测器安装（一）；（*b*）线型光束图像感烟火灾探测器安装（二）

第三节 系 统 设 计

一、系统形式选择

（一）系统设置对象

我国建筑设计防火规范规定的火灾自动报警系统设置原则是：根据建筑物的使用性质、火灾危险性划分、疏散和火灾扑救难度所确定的建筑分类和耐火等级要求，结合建筑的不同情况、火灾自动报警系统的设计特点和消防工程实际需要，有针对性地采取相应的防护措施和配置火灾自动报警系统。因此，根据这一原则，在我国的不同规范中，均规定了火灾自动报警应设置的对象及部位。最常见的规范主要有：《建筑设计防火规范》、《火灾自动报警系统设计规范》、《人民防空设计防火规范》、《汽车库、修理车库、停车场设计防火规范》等。

（二）系统选型及设计要求

火灾自动报警系统作为消防安全设备，必须符合公共消防安全标准，并满足消防电源供配电要求、消防设备电气配线耐火阻燃措施、消防设备监控、火灾监控数据信息网络通信等基本要求，结合保护对象的建筑特点，充分发挥系统的作用。

1. 一般要求

火灾自动报警系统无论何种形式，都应设有自动和手动两种触发装置。自动触发装置，即火灾探测器，是火灾自动报警系统中最基本的触发装置，它能够自动探测火灾，产生和发出火灾报警信号并将火灾报警信号传输给火灾报警控制器。手动触发装置，即手动火灾报警按钮，它是系统中必不可少的组成部分。手动火灾报警按钮与火灾探测器相辅相成，有利于提高火灾自动报警系统报警的可靠性。

火灾自动报警系统中火灾报警控制器容量和每一总线回路所连接的火灾探测器及控制模块（或信号模块）的地址编码总数，在设计时均宜留有一定余量。这也就是说，在设计火灾自动报警系统时，所选用的火灾报警控制器的额定容量，即其可以接收和显示的探测部位地址编码总数应当大于系统保护对象实际需要的探测部位地址编码总数。并且，火灾报警控制器每一总线回路所连接的火灾探测器和控制模块或信号模块的编码总数的额定值，应当大于该总线回路中实际需要的地址编码总数。所留余量大小，应根据保护对象的具体情况，如工程规模、重要程度等合理掌握，一般可按火灾报警控制器额定容量或总线回路地址编码总数额定值的 80%～85% 来选择。

2. 系统形式选择及要求

在具体工程设计中，要根据工程建设的规模、使用性质、报警区域的划分以及消防管理的组织体制等因素合理确定系统形式。仅需要报警，不需要联动自动消防设备的保护对象宜采用区域报警系统；不仅需要报警，同时需要联动自动消防设备，且只设置一台具有集中控制功能的火灾报警控制器和消防联动控制器的保护对象，应采用集中报警系统，并应设置一个消防控制室；设置两个及以上消防控制室的保护对象，或设置了两个及以上集中报警系统的保护对象，应采用控制中心报警系统。

（1）区域报警系统的设计要求

区域报警系统是一种简单的火灾报警系统，其保护对象一般是规模较小，对联动控制功能要求简单，或没有联控功能的场所。区域报警系统的工程设计，应符合下列要求：

①一个火灾报警区域宜设置一台区域火灾报警控制器（火灾报警控制器），系统中区域火灾报警控制器（火灾报警控制器）不应超过两台，以方便用户管理。②区域火灾报警控制器（火灾报警控制器）应设置在有人值班的房间或场所。当火灾报警系统中设有两台区域火灾报警控制器（火灾报警控制器）且分设在两处时，应当以一处为主值班室，并将另一台区域火灾报警控制器（火灾报警控制器）的信号送到主值班室。③区域火灾报警系统按照用户需要可设置简单的消防联动控制设备。④当用一台区域火灾报警控制器（火灾报警控制器）警戒多个楼层时，应在每个楼层的楼梯口或消防电梯前室等明显部位，设置识别着火楼层的灯光显示装置，以便火灾时，及时正确引导消防、保卫人员组织疏散、扑救活动。⑤区域火灾报警控制器（火灾报警控制器）安装在墙上时，其底边距地高度宜为 1.3～1.5m，其靠近门轴的侧面距墙不应小于 0.5m，正面操作距离不应小于 1.2m，以

便设计人员据此提出对值班房间或场所建筑面积的设计要求。

采用区域报警系统形式进行消防工程设计时，火灾自动报警系统中设置的区域火灾报警控制器（或装置）台数不能多于三台。区域火灾报警控制器（装置）的安装高度通常参照有关电力、通信等国家标准规范中各种电气装置仪表盘或通信设备的安装高度而确定。

（2）集中报警系统的设计要求

集中报警系统是一种较复杂的火灾报警系统，其保护对象一般规模较大，联动控制功能要求较复杂。集中报警系统应按照本章第一节要求构成，其工程设计还应符合下列要求：

1）集中火灾报警系统中应设置一台集中火灾报警控制器和两台及两台以上区域火灾报警控制器，或设置一台火灾报警控制器和两台及以上区域显示器（灯光显示装置）。

2）集中火灾报警系统中应设置消防联动控制设备。

3）集中火灾报警控制器（火灾报警控制器）应能显示火灾报警部位信号和控制信号，亦可进行消防设备联动控制。

4）集中火灾报警控制器（火灾报警控制器）、消防联动控制设备等在消防控制室（或值班室）内的布置。采用集中报警系统形式进行消防工程设计时，集中火灾报警控制器（装置）应设置在有人值班的专用房间或消防值班室内。凡是集中火灾报警控制器（装置）不是设置安装在消防控制室时，必须将集中火灾报警控制器（装置）的总输出信号送至消防控制室，以利于对整个火灾自动报警系统进行统一管理和统一监控。

（3）控制中心报警系统的设计要求

控制中心报警系统是一种复杂的火灾自动报警系统，其保护对象一般规模大，联动控制功能要求复杂。其工程设计还应符合下列要求：

1）控制中心报警系统中至少应设置一台集中火灾报警控制器、一台专用消防联动控制设备和两台及两台以上区域火灾报警控制器；或至少设置一台通用火灾报警控制器、一台消防联动控制设备和两台及两台以上区域显示器（灯光显示装置）。

2）控制中心报警系统应能集中显示火灾报警部位信号和联动控制状态信号。

3）控制中心报警系统中设置的集中火灾报警控制器（或通用火灾报警控制器）和消防联动控制设备在消防控制室内的布置。

（三）报警区域和探测区域的划分

在进行火灾探测系统工程设计之初，应该根据保护对象的建筑结构、火灾探测系统的型式等进行火灾报警单元和火灾探测单元的划分，即划分报警区域和火灾探测区域。

1. 报警区域的划分

为了便于火灾自动报警系统早期发现并通报火灾和进行系统的日常管理与维护，火灾自动报警系统设计一般都要将其保护对象的整个保护范围划分成为若干个分区，即火灾报警区域。只有按照保护对象的保护等级、耐火等级，合理正确地划分报警区域，才能在火灾初期及早地发现火灾发生的部位，尽快扑灭火灾。

报警区域应根据防火分区或楼层划分。可将一个防火分区或一个楼层划分为一个报警区域，也可将发生火灾时需要同时联动消防设备的相邻几个防火分区或楼层划分为一个报警区域。每个火灾报警区域应设置一台区域报警控制器或区域显示器，但这种情况下，除了高层公寓和塔式住宅外，一台区域报警系统警戒的区域一般也不跨越楼层。因此，火灾报警区域是由多个火灾探测器组成的火灾警戒区域范围按建筑结构特点划分的部分。

此外，电缆隧道的一个报警区域宜由一个封闭长度区间组成，一个报警区域不应超过相连的 3 个封闭长度区间；道路隧道的报警区域应根据排烟系统或灭火系统的联动需要确定，且不宜超过 150m；甲、乙、丙类液体储罐区的报警区域应由一个储罐区组成，每个 50000m³ 及以上的外浮顶储罐应单独划分为一个报警区域；列车的报警区域应按车厢划分，每节车厢应划分为一个报警区域。

2. 探测区域的划分

火灾探测区域是将报警区域按照探测火灾的部位划分的探测单元。火灾探测区域是由一个或多个火灾探测器并联组成的一个有效探测报警单元，每一个火灾探测区域对应在火灾报警控制器或楼层显示器上显示一个部位号。火灾探测区域是火灾报警系统的最小单位，代表了火灾报警的具体部位。这种划分的根本目的是为了在火灾时，能够迅速、准确地确定着火部位，及时采取有效措施。探测区域的划分主要取决于被监控现场的建筑构造情况，一般要符合下列规定：

(1) 探测区域应按独立房（套）间划分。一个探测区域的面积不宜超过 500m²；从主要入口能看清其内部，且面积不超过 1000m² 的房间，也可划为一个探测区域。

(2) 红外光束感烟火灾探测器和缆式线型感温火灾探测器的探测区域的长度不宜超过 100m；空气管差温火灾探测器的探测区域长度宜在 20~100m 之间。

对于为了保证发生火时能使人员安全疏散，就必须确保一些比较特殊或比较重要的公共部位，所发生的火灾能够及早而准确地发现，并尽快扑灭，应该分别单独划分探测区域。如：①敞开或封闭楼梯间；②防烟楼梯间前室、消防电梯前室、消防电梯与防烟楼梯间合用的前室；③走道、坡道、管道井、电缆隧道；④建筑物闷顶、夹层。

二、系统设备

(一) 系统保护方式及探测器设置部位

火灾报警系统作为重要的消防设施，应根据建筑物的使用性质、火灾危险性划分、疏散和火灾扑救难度所确定的建筑分类和耐火等级要求，结合建筑的不同情况、并根据火灾报警系统本身的设计特点和消防工程实际需要，有针对性地进行工程设计。

(二) 手动报警按钮

(1) 每个防火分区应至少设置一只手动火灾报警按钮。从一个防火分区内的任何位置到最邻近的手动火灾报警按钮的步行距离不应大于 30m。手动火灾报警按钮宜设置在疏散通道或出入口处。列车上设置的手动火灾报警按钮，应设置在每节车厢的出入口和中间部位。

(2) 手动火灾报警按钮应设置在明显的和便于操作的部位；当安装在墙上时，其底边距地高度宜为 1.3~1.5m，且应有明显的标志。

(三) 区域显示器

(1) 每个报警区域宜设置一台区域显示器（火灾显示盘）；宾馆、饭店等场所应在每个报警区域设置一台区域显示器（火灾显示盘）。当一个报警区域包括多个楼层时，宜在每个楼层设置一台仅显示本楼层的区域显示器（火灾显示盘）。

(2) 火灾显示盘应设置在出入口等明显的和便于操作部位。当安装在墙上时，其底边距地高度宜为 1.3～1.5m。

（四）火灾警报器

火灾警铃是一种安装于走道、楼梯等公共场所的火灾警报装置。建筑中设置的火灾警铃通常按照防火分区设置，报警方式采用分区报警。设有消防应急广播系统后，可不再设火灾警铃。在装设有手动报警开关处需装设火灾警铃或讯响器，一旦发现火灾，操作手动报警开关就可向本地区报警。一般，火灾警铃或讯响器工作电压为 DC24 V，多采用嵌入墙壁安装。

对于火灾警铃等火灾报警装置，规范规定的设置范围和技术要求是：设置区域报警系统的建筑，应设置火灾警报装置，设置集中报警系统和控制中心报警系统的建筑，宜装置火灾警报装置。同时还规定满足下列要求：

（1）火灾光警报器应设置在每个楼层的楼梯口、消防电梯前室、建筑内部拐角等处的明显部位，且不宜与安全出口指示标志灯具设置在同一面墙上。

（2）每个报警区域内应均匀设置火灾声、光警报器，声压级不应小于 60dB；在环境噪声大于 60dB 的场所设置火灾警报器时，其声警报器的声压级应高于背景噪声 15dB。

（3）火灾警报器设置在墙上时，其底边距地面高度应大于 2.2m。

（五）消防应急广播

消防应急广播是火灾或意外事故时指挥现场人员进行疏散的设备。火灾警报装置（包括警铃、警笛、警灯等）是发生火灾或意外事故时向人们发出警告的装置。虽然两者在设置范围上有些差异，使用目的统一，即为了及时向人们通报火灾，指导人们安全、迅速地疏散。

1. 消防应急广播设置范围

火灾发生时，为了便于组织人员的安全疏散和通知有关的救灾事项，《火灾自动报警系统设计规范》规定：控制中心报警系统，应设置消防应急广播系统，集中报警系统宜设置消防应急广播系统。

在智能建筑和高层建筑内或已装有广播扬声器的建筑内设置消防应急广播时，要求原有广播音响系统具备消防应急广播功能，即当发生火灾时，无论扬声器当时处于何种工作状态，都应能紧急切换到消防应急广播线路上。消防应急广播的扩音机需专用，但可放置在其他广播机房内，在消防控制室应能对它进行遥控自动开启，并能在消防控制室直接用话筒播音。

一般，消防应急广播的线路需单独敷设，并应有耐热保护措施，当某一路的扬声器或配线短路、开路时，应仅使该路广播中断而不影响其他各路广播。消防应急广播系统可与建筑物内的背景音乐或其他功能的大型广播音响系统合用扬声器，但应符合规范提出的技术要求。

2. 消防应急广播的技术要求

按照《火灾自动报警系统设计规范》的规定，民用建筑内消防应急广播扬声器应设置在走道和大厅等公共场所。每个扬声器的额定功率不应小于 3W，其数量成能保证从一个防火分区内的任何部位到最近一个扬声器的直线距离不大于 25m，走道末端距最近的扬声器距离不应大于 12.5m，在环境噪声大于 60dB 的场所设置的扬声器，在其播放范围内最远点的播放声压级应高于背景噪声 15dB。客房设置专用扬声器时，其功率不宜小于 1W。

壁挂扬声器的底边距地而高度应大于 2.2m。

3. 消防应急广播控制方式

集中报警系统和控制中心报警系统应设置消防应急广播。消防应急广播系统的联动控制信号应由消防联动控制器发出。当确认火灾后，应同时向全楼进行广播。消防应急广播的单次语音播放时间宜为 10～30s，应与火灾声警报器分时交替工作，可采取 1 次火灾声警报器播放、1 次或 2 次消防应急广播播放的交替工作方式循环播放。在消防控制室应能手动或按预设控制逻辑联动控制选择广播分区、启动或停止应急广播系统，并应能监听消防应急广播。在通过传声器进行应急广播时，应自动对广播内容进行录音。消防控制室内应能显示消防应急、广播的广播分区的工作状态。消防应急广播与普通广播或背景音乐广播台用时，应具有强制切入消防应急广播的功能。

（六）消防专用电话

消防专用电话是与普通电话分开的独立系统，一般采用集中式对讲电话，主机设在消防控制室，分机分设在其他各个部位。采用多线制消防电话系统中的每个电话分机应与总机单独连接；不同防火分区内设置的电话插孔不应连接到同一回路中。消防专用电话应建成独立的消防通信网络系统；消防控制室、消防值班室或工厂消防队（站）等处应装设向公安消防部门直接报警的外线电话。消防控制室应设消防专用电话总机，电话分机或电话插孔的设置，应符合下列规定：

（1）消防水泵房、发电机房、配变电室、计算机网络机房、主要通风和空调机房、防排烟机房、灭火控制系统操作装置处或控制室、企业消防站、消防值班室、总调度室、消防电梯机房及其他与消防联动控制有关的且经常有人值班的机房应设置消防专用电话分机。消防专用电话分机应固定安装在明显且便于使用的部位，应有区别于普通电话的标识；

（2）设有手动火灾报警按钮或消火栓按钮等处宜设置电话插孔，并宜选择带有电话插孔的手动火灾报警按钮；

（3）各避难层应每隔 20m 设置一个消防专用电话分机或电话插孔；

（4）电话插孔在墙上安装时，其底边距地面高度宜为 1.3～1.5m。

应指出，除了上述消防设备控制问题之外，发生火灾时火灾自动报警系统还要考虑消防电源监控、消防电梯监控、空调系统断电控制、消防设备用电末端切换等问题。

（七）各消防控制器

1. 消防水泵控制器的设置

（1）消防水泵控制器宜设置在泵房的控制间内；

（2）控制箱落地安装时，底部宜抬高，室内宜高出地面 50mm 以上，室外应高出地面 200mm 以上；

（3）控制器的屏前和屏后通道最小宽度应符合现行国家标准《低压配电设计规范》GB 50054 中的有关要求。

2. 防烟排烟系统控制器的设置

（1）防烟排烟系统控制器应设置防烟排烟风机房或设备附近。控制器落地安装时，底部宜抬高，室内宜高出地面 50mm 以上，室外应高出地面 200mm 以上；

（2）控制器的屏前和屏后通道最小宽度应符合现行国家标准《低压配电设计规范》

GB 50054 中的有关要求。

3. 气体（泡沫）灭火控制器的设置

（1）气体（泡沫）灭火控制器应设置在保护区域外部出入口或消防控制室内。

（2）气体（泡沫）灭火控制器的安装设置应符合火灾报警控制器的安装设置要求。

（3）表示气体释放的火灾光警报器、气体释放灯应设置在保护区域门口上方。

（4）手动启动按钮和停止按钮应设置在防护区门外距地面 1.3～1.5m 处。

4. 防火卷帘控制器的设置

（1）防火卷帘控制器应设置在防火卷帘附近的墙面上。

（2）防火卷帘的手动控制按钮应设置在防火卷帘附近的两侧墙面上，底边距地面高度宜为 0.9～1.3m。

（八）模块

（1）每个报警区域内的模块宜相对集中设置在本报警区域内的金属模块箱中，严禁将模块设置在配电（控制）柜（箱）内。

（2）模块不应控制其他报警区域的设备。

（3）未集中设置的模块附近应有明显的标识。

（九）消防电动装置

（1）消防电动装置应有相应的控制装置控制，其状态信息应在相应的控制装置上显示。

（2）具有手动控制功能的消防电动装置其手动操作按钮底边距地面高度宜为 1.3～1.5m。

（十）消防控制室图形显示装置

（1）消防控制室图形显示装置应设置在消防控制室内。

（2）消防控制室图形显示装置与火灾报警控制器和消防联动控制器、电气火灾监控设备、可燃气体报警控制器等消防设备之间应采用专线连接。

（十一）火灾报警传输设备或用户信息传输装置

（1）火灾报警传输设备或用户信息传输装置应设置在消防控制室内；未设置消防控制室时，应设置在火灾报警控制器附近的明显部位。

（2）火灾报警传输设备或用户信息传输装置与火灾报警控制器、消防联动控制器等设备应采用专线连接。

（3）火灾报警传输设备或用户信息传输装置的设置应保证有足够的操作和检修间距。

（4）火灾报警传输设备或用户信息传输装置的手动报警装置应设置在易操作的明显部位。

（十二）防火门监控器

（1）防火门监控器应设置在消防控制室内，没有消防控制室时，应设置在有人值班的场所。

（2）电动开门器的手动控制按钮应设置在防火门内侧墙面上，距门不宜超过 0.5m，底边距地面高度宜为 0.9～1.3m。

（3）防火门监控器的设置应符合火灾报警控制器的安装设置要求。

（十三）消防设备电源

（1）消防设备宜由近距离的消防电源供电。

（2）消防设备电源的工作状态信息应传至消防控制室。

三、特殊场所的系统设计

（一）道路隧道

道路隧道的报警区域应根据排烟系统或灭火系统的联动需要确定，且不宜超过150m。

城市道路隧道、特长双向公路隧道和道路中的水底隧道应同时采用线型光纤感温火灾探测器和点型红外火焰探测器（或图像型火灾探测器）；其他公路隧道应采用线型光纤感温火灾探测器或点型红外火焰探测器。隧道用电缆通道宜设置线型感温火灾探测器，主要设备用房内的配电线路应设置电气火灾监控探测器。隧道出入口以及隧道内每隔200m处应设置报警电话、每隔50m处应设置手动火灾报警按钮和闪烁红光的火灾声光警报器。隧道入口前方50～250m内应设置指示隧道内发生火灾的声光警报装置。隧道中设置的火灾自动报警系统应将火灾报警信号传输给隧道中央控制管理设备，火灾自动报警系统宜联动隧道中设置的视频监视系统确认火灾，消防联动控制器应能手动控制与正常通风合用的排烟风机。消防应急广播、消防专用电话分别可以与隧道内设置的有线广播、紧急电话合用，其设置应满足消防广播和消防专用电话的设置要求。

（二）油罐区

甲、乙、丙类液体储罐区的报警区域应由一个储罐区组成，每个50000m³及以上的外浮顶储罐应单独划分为一个报警区域。

外浮顶油罐宜采用线型光纤感温火灾探测器，且每只线型光纤感温火灾探测器只能保护一个油罐；并应设置在浮盘的堰板上。除浮顶和卧式油罐外的其他油罐宜采用火焰探测器。油罐区可在高架杆等高位处设置点型红外火焰探测器或图像型火灾探测器做辅助探测。火灾报警信号宜联动报警区域内的工业视频装置确认火灾。

（三）电缆隧道

电缆隧道的一个报警区域宜由一个封闭长度区间组成，一个报警区域不应超过相连的3个封闭长度区间。电缆隧道应单独划分探测区域。

电缆隧道外的电缆接头、端子等发热部位应设置测温式电气火灾监控探测器，隧道内应沿电缆设置线型感温火灾探测器（隧道内所有电缆的燃烧性能均为A级时除外），且在电缆接头、端子等发热部位应保证有效探测长度；隧道内设置的线型感温火灾探测器可接入电气火灾监控器。无外部火源进入的电缆隧道应在电缆层上表面设置线型感温火灾探测器；有外部火源进入可能的电缆隧道在电缆层上表面和隧道顶部均应设置线型感温火灾探测器。

（四）高度大于12m的空间场所

高度大于12m的空间场所宜同时选择两种以上火灾参数的火灾探测器。火灾初期产生大量烟的场所，应选择线型光束感烟火灾探测器、管路吸气式感烟火灾探测器或图像型感烟火灾探测器。火灾初期产生少量烟并产生明显火焰的场所，应选择一级灵敏度的点型红外火焰探测器或图像型火焰探测器，并应降低探测器设置高度。电气线路应设置电气火灾监控探测器，照明线路上应设置具有探测故障电弧功能的电气火灾监控探测器。

四、系统供电设计

1. 电源设计

火灾报警系统是建筑物中的消防安全设备,其工作特点是连续、不间断。为了保证其供电的可靠性,主电源应采用消防专用电源,其负荷等级应按照有关防火规范划分。火灾自动报警系统主电源不应采用脱扣型剩余电流保护器保护。同时,规范要求火灾自动报警系统在主电源采用消防电源的前提下,必须配置直流备用电源,直流备用电源采用消防系统宜采用火灾报警控制器专用的蓄电池或集中设置的蓄电池。当直流备用电源采用消防系统集中设置的蓄电池时,应保证集中设置的蓄电池备用电源输出功率应大于火灾自动报警及联动系统全负荷功率的120%,蓄电池组的容量应保证火灾自动报警及联动系统在火灾状态同时工作负荷条件下连续工作3h以上。消防控制室图形显示装置、消防通信设备等的电源,宜由UPS电源装置或蓄电池型应急控制电源供电。

2. 消防设备供电

消防控制室、消防水泵、消防电梯、防烟排烟设施、火灾自动报警系统、自动灭火系统、疏散应急照明和电动的防火门、窗、卷帘、阀门等消防用电的设计,可以参考本手册其他章节内容。消防设备与为其配电的配电箱距离不宜超过30m。设置自动喷水灭火系统的场所,使用消防电源供电的消防供电设备和配电箱应有防水措施。消防电源供电线路外露接线盒应有防水措施。

3. 系统接地

火灾报警设备的保护也是系统设计中应注意的问题,它涉及系统接地要求。一般规定,火灾自动报警系统的采用共用接地装置时,接地电阻值必须按接入设备中要求的最小值确定;采用专用接地装置时,接地电阻值不应大于4Ω。有些智能建筑或高层建筑工程中,建筑物四周已被避雷保护接地体封闭,或建筑物已采用了利用建筑物结构基础的钢筋作为防雷保护接地方式,则火灾自动报警系统也可以利用该防雷保护接地方式进行接地,即联合接地。联合接地时,接地电阻应小于1Ω。

在消防控制室应设等电位连接网络。电气和电子设备的金属外壳、机柜、机架、金属管、槽、浪涌保护器接地端等均应以最短的距离与等电位连接网络的接地端子连接。

由消防控制室接地板引至各消防电子设备的专用接地线应选用铜芯绝缘导线,其线芯截面面积不应小于$4mm^2$。消防控制室接地板与建筑接地体之间应采用线芯截面面积不小于$25mm^2$的铜芯绝缘导线连接。

特别要强调的是,为保护设备装置及人员安全的保护接地,可以采用"接零干线保护方式"(即单相三线制,三相五线制)。凡是对火灾自动报警系统中引入交流供电的设备、装置的金属外壳,都应采用专用接零干线作保护接地,并且接地线应满足下列要求:

(1) 工作接地线应采用钢芯绝缘导线或电缆,不得利用镀锌扁铁或金属软管;

(2) 由消防控制室引至接地体的工作接地线,在通过墙壁时,应穿入钢管或其他坚固的保护管;

(3) 工作接地线与保护接地线必须分开,保护接地导体不得利用金属软管;

(4) 接地装置施工完毕后,应及时作隐蔽工程验收,验收内容包括:测量接地电阻并且记录、查验应提交的技术文件和审查施工质量。

五、系统布线设计

1. 一般规定

（1）火灾自动报警系统的传输线路和 50V 以下供电的控制线路，应采用电压等级不低于交流 300/500V 的铜芯绝缘导线或铜芯电缆。采用交流 220/380 V 的供电和控制线路应采用电压等级不低于交流 450/750V 的铜芯绝缘导线或铜芯电缆。

（2）消防用电设备应采用专用的供电回路，其配电设备应设有明显标志。其配电线路和控制回路宜按防火分区划分。

（3）火灾自动报警系统传输线路的线芯截面选择，除应满足自动报警装置技术条件的要求外，还应满足机械强度的要求。铜芯绝缘导线、铜芯电缆线芯的最小截面面积不应小于表 25-7 的规定。

铜芯绝缘导线和铜芯电缆的线芯最小截面积（mm^2）　　　　表 25-7

序　号	类　别	线芯最小截面积
1	穿管敷设的绝缘导线	1.0
2	线槽内敷设的绝缘导线	0.75
3	多芯电缆	0.5

2. 火灾自动报警系统的室内布线要求

（1）火灾自动报警系统的传输线路应采用金属管、可挠（金属）电气导管、B_l 级以上的刚性塑料管或封闭式线槽保护。

（2）火灾自动报警系统的供电线路、消防联动控制线路应采用耐火铜芯电线电缆，报警总线、消防应急广播和消防专用电话等传输线路应采用阻燃或阻燃耐火电线电缆。

（3）线路暗敷设时，应采用金属管、可挠（金属）电气导管或 B_l 级以上的刚性塑料管保护，并应敷设在不燃烧体的结构层内，且保护层厚度不宜小于 30mm；线路明敷设时，应采用金属管、可挠（金属）电气导管或金属封闭线槽保护。矿物绝缘类不燃性电缆可直接明敷。

（4）火灾自动报警系统用的电缆竖井，宜与电力、照明用的低压配电线路电缆竖井分别设置。受条件限制必须合用时，应将火灾自动报警系统用的电缆和电力、照明用的低压配电线路电缆分别布置在竖井的两侧。

（5）不同电压等级的线缆不应穿入同一根保护管内，当合用同一线槽时，线槽内应有隔板分隔。

（6）采用穿管水平敷设时，除报警总线外，不同防火分区的线路不应穿入同一根管内。

（7）从接线盒、线槽等处引到探测器底座盒、控制设备盒、扬声器箱的线路，均应加金属保护管保护。

（8）火灾探测器的传输线路，宜选择不同颜色的绝缘导线或电缆。正极"＋"线应为红色，负极"－"线应为蓝色或黑色。同一工程中相同用途导线的颜色应一致，接线端子应有标号。

第四节　住宅建筑火灾报警系统

一、系统分类及选择

住宅建筑火灾报警系统指的是安装在居住建筑中户内的火灾探测报警系统。适用于住宅、公寓类居住场所。住宅建筑火灾自动报警系统可根据实际应用过程中保护对象的具体情况分为以下四类系统：

(1) A类系统由火灾报警控制器、手动火灾报警按钮、家用火灾探测器、火灾声警报器、应急广播等设备组成；

(2) B类系统由控制中心监控设备、家用火灾报警控制器、家用火灾探测器、火灾声警报器等设备组成；

(3) C类系统由家用火灾报警控制器、家用火灾探测器、火灾声警报器等设备组成；

(4) D类系统由独立式火灾探测报警器、火灾声警报器等设备组成。

家用火灾报警系统的选择应符合下列规定：

(1) 有物业集中监控管理且设有需联动控制的消防设施的住宅建筑应选用A类系统；

(2) 仅有物业集中监控管理的住宅建筑宜选用A类或B类系统；

(3) 没有物业集中监控管理的住宅建筑宜选用C类系统；

(4) 别墅式住宅和已经投入使用的住宅建筑可选用D类系统。

二、系统选型设计要求

（一）A类系统的设计

A类系统的设计应符合下列要求：

(1) 系统在公共部位的设计应直接接入火灾报警控制器。应符合选定的区域火灾报警系统、集中火灾报警系统或控制中心火灾报警系统的设计要求；

(2) 住户内设置的家用火灾探测器可接入家用火灾报警控制器，也可直接接入火灾报警控制器；

(3) 设置的家用火灾报警控制器应将火灾报警信息、故障信息等相关信息传输给相连接的火灾报警控制器。

（二）B类和C类系统的设计

B类和C类系统的设计应符合下列要求：

(1) 住户内设置的家用火灾探测器应接入家用火灾报警控制器；

(2) 家用火灾报警控制器应能启动设置在公共部位的火灾声警报器；

(3) B类系统中，设置在每户住宅内的家用火灾报警控制器应连接到控制中心监控设备，控制中心监控设备应能显示发生火灾的住户。

（三）D类系统的设计

D类系统的设计应符合下列要求：

(1) 有多个起居室的住户，宜采用互连型独立式火灾探测报警器；

(2) 宜选择电池供电时间不少于3年的独立式火灾探测报警器。

采用无线方式将独立式火灾探测报警器组成系统时，系统设计应符合 A 类、B 类或 C 类系统之一的设计要求。

三、系统设备设置要求

（一）家用火灾探测器

（1）在住户内宜采用家用火灾探测器。

（2）每间卧室、起居室内应至少设置一只感烟火灾探测器。

（3）厨房内应设置可燃气体探测器，并符合下列要求：

①使用天然气的用户应选择甲烷探测器，使用液化气的用户应选择丙烷探测器，使用煤制气的用户应选择一氧化碳探测器；②连接燃气灶具的软管及接头在橱柜内部时，探测器宜设置在橱柜内部；③甲烷探测器应设置在厨房顶部，丙烷探测器应设置在厨房下部，一氧化碳探测器可设置在厨房下部，也可设置在其他部位；④可燃气体探测器不宜设置在灶具正上方；⑤宜采用具有联动关断燃气关断阀功能的可燃气体探测器；⑥探测器联动的燃气关断阀。宜为用户可以自己复位的关断阀，且具有燃气泄漏时自动关断功能。

（4）同时设置有火灾自动报警系统和家用火灾报警系统时，家用火灾报警控制器应接入火灾报警控制器或消防控制室图形显示装置集中显示火灾报警信息。

（二）家用火灾报警控制器

用火灾报警控制器应独立设置在每户内，且应设置在明显的和便于操作部位。当安装在墙上时，其底边距地高度宜为 1.3～1.5m。具有可视对讲功能的家用火灾报警控制器宜设置在户门附近。

（三）火灾声警报器

住宅建筑公共部位设置的火灾声警报器应具有语音功能，且应能接受联动控制和手动火灾报警按钮信号后直接发出警报。每台警报器覆盖的楼层不应超过 3 层，且首层明显部位应设置用于直接启动火灾声警报器的手动火灾报警按钮。

（四）应急广播的设置

消防应急广播的设置应符合下列要求：

（1）住宅建筑内设置的应急广播应能接受联动控制和手动火灾报警按钮信号后直接进行广播；

（2）每台扬声器覆盖的楼层不应超过 3 层；

（3）广播功率放大器应具有消防电话插孔，消防电话插入后应能直接讲话；

（4）广播功率放大器应配有备用电池，电池持续工作不能达到 1h 时，应能向消防控制室或物业值班室发送报警信息；

（5）广播功率放大器应设置在首层内走道侧面墙上，箱体面板应有防止非专业人员打开的措施。

第五节　电气火灾监控系统

一般来讲，电气火灾监控系统适用于具有电气火灾危险的各类场所。工程应用中，电气火灾监控系统通常是用于监测和保护低压供配电系统的电气线路及电气设备，当被保护电气线路及设备中的被探测参数（如剩余电流、温度、故障电弧等参数）超过报警设定值时，能发出报警信号并能指示报警部位的系统。

电气火灾监控系统通常由电气火灾监控器和剩余电流式、测温式或故障电弧式电气火灾监控探测器等部分或全部设备组成。工程中，当线型感温火灾探测器用于电气火灾监控时，可作为测温式电气火灾监控探测器接入电气火灾监控器。

一、系统设计基本要求

电气火灾监控系统选用设计时应首先满足下列基本要求：

（1）应根据建筑物的性质及电气火灾危险性、保护对象等级及特点选用设置电气火灾监控系统；

（2）应根据电气线路敷设和用电设备的具体情况，确定电气火灾监控探测器的形式与安装位置；

（3）在无消防控制室且电气火灾监控探测器设置数量不超过 8 个时，可采用独立式电气火灾监控探测器；

（4）非独立式电气火灾监控探测器不应接入被保护对象火灾报警系统中火灾报警控制器的探测器回路；

（5）在设置消防控制室的场所，电气火灾监控器的报警信息和故障信息应在消防控制室图形显示装置或集中火灾报警控制器上显示，且该类信息与火灾报警信息的显示应有区别；

（6）电气火灾监控系统保护区域内有联动和警报要求时，应由电气火灾监控器或消防联动控制器实现；

（7）电气火灾监控系统的设置不应影响供电系统的正常工作，不宜自动切断供电电源。

二、系统的设置要求

电气火灾监控系统的设置主要包括下列建筑或场所：

（1）有火灾自动报警系统保护的对象；

（2）观众厅、会议厅、多功能厅等人员密集场所；

（3）歌舞厅、卡拉 OK 厅（含具有卡拉 OK 功能的餐厅）、夜总会、录像厅、放映厅、桑拿浴室、游艺厅（含电子游艺厅）、网吧等歌舞娱乐放映游艺场所；

（4）超过 5 层或总建筑面积大于 $3000m^2$ 的老年人建筑、任一楼层建筑面积大于 $1500m^2$ 或总建筑面积大于 $3000m^2$ 的旅馆建筑、疗养院的病房楼、儿童活动场所和大于等于 200 床位的医院的门诊楼、病房楼、手术部等；

（5）国家级文物保护单位的重点砖木或木结构的古建筑；

（6）家具、服装、建材、灯具、电器等经营场所；

（7）其他具有电气火灾危险性的场所。

三、系统设备选用及设置

（一）剩余电流式电气火灾监控探测器

剩余电流式电气火灾监控探测器是电气火灾监控系统的主要设备之一，应以设置在低压配电系统首端为基本原则。一般，剩余电流式电气火灾监控探测器宜在第一级配电柜（箱）的出线端设置；在供电线路泄漏电流大于500mA时，宜在其下一级配电柜（箱）设置；不宜在IT系统的配电线路和消防配电线路中设置。

正常的供电系统通常会产生一定的剩余电流，选择剩余电流式电气火灾监控探测器时，应考虑供电系统自然漏流的影响，并选择参数合适的探测器，探测器报警值宜在300～500mA范围内。应指出，真正能引起火灾的泄漏电流，是与电气线路或设备的拉弧特征分不开的，因此探测剩余电流时还应该考虑结合拉弧特征，这样才能实现准确判断。

剩余电流式电气火灾监控探测器一般安装在保护对象的配电柜内，因此其额定工作电压和额定工作电流应该与被保护线路相匹配，符合其电气安全要求。

此外，剩余电流式电气火灾监控探测器一旦报警，表示其监视的保护对象的剩余电流突然升高，产生了一定的电气火灾隐患，容易发生电气火灾，但是并不能表示已经发生了火灾。因此，剩余电流式电气火灾监控探测器报警后，没有必要自动切断保护对象的供电电源，只要提醒维护人员在方便的时候查看电气线路和设备，排除电气火灾隐患即可。总之，剩余电流式电气火灾监控探测器宜用于报警，不宜用于自动切断保护对象的供电电源。

（二）测温式电气火灾监控探测器

测温式电气火灾监控探测器是以探测温度变化为探测原理，以探测电气系统异常发热为基本原则。测温式电气火灾监控探测器一般应符合下列设置要求：

（1）测温式电气火灾监控探测器应接触或贴近保护对象的电缆接头、端子、重点发热部件等部位设置；

（2）保护对象为1000V及以下的配电线路（低压系统），测温式电气火灾监控探测器应采用接触式布置；

（3）保护对象为1000V以上的供电线路（高压系统），测温式电气火灾监控探测器宜选择光栅光纤测温式或红外测温式电气火灾监控探测器，且应将光栅光纤测温式电气火灾监控探测器应直接设置在保护对象的表面；

（4）探测对象为配电柜内部时，测温式电气火灾监控探测器宜靠近发热部件设置；

（5）测温式电气火灾探测若采用线型感温火灾探测器，为便于统一管理，最好将其报警信号接入电气火灾监控设备。

（三）故障电弧式电气火灾监控探测器

故障电弧式电气火灾监控探测器是以探测电弧所形成的谐波变化为探测原理，以探测电气系统中线路或设备的异常拉弧特征为基本原则。在消防工程应用中，故障电弧式电气火灾监控探测器一般用于低压配电的末端线路，可根据异常拉弧特征实现串弧或并弧故障探测报警。应指出，具有探测线路故障电弧功能的电气火灾监控探测器的设置要求是，其保护线路的长度不宜大于100m。

（四）独立式电气火灾监控探测器

剩余电流式、测温式或故障电弧式电气火灾监控探测器均做成独立工作结构，独立完成探测和报警功能，因此独立式电气火灾监控探测器的设置应符合上述不同机理探测器的相关规定。

　　在独立式电气火灾监控探测器应用工程中，设有火灾自动报警系统时，独立式电气火灾监控探测器的报警信息和故障信息应在消防控制室图形显示装置或集中火灾报警控制器上显示，且该类信息与火灾报警信息的显示应有区别。未设火灾自动报警系统时，独立式电气火灾监控探测器应将报警信号传至有人值班的场所。

（五）电气火灾监控器

　　电气火灾监控系统中的电气火灾监控器是发出报警信号并对报警信息进行统一管理的监控设备，应以设置在有人值班的场所为基本原则，并符合下列要求：

　　（1）在有消防控制室的场所，一般情况应将该设备设置在消防控制室，若现场条件不允许，可设置在保护区域附近，但必须将其报警信息和故障信息传入消防控制室；

　　（2）在无消防控制室的场所，电气火灾监控设备应设置在有人值班的场所；

　　（3）在消防控制室内，电气火灾监控器发出的报警信息和故障信息应与火灾报警信息和可燃气体报警信息有明显区别，可以通过集中型火灾报警控制器或消防控制室图形显示装置进行管理；

　　（4）电气火灾监控器的安装设置应参照火灾报警控制器的设置要求。

四、系统应用问题

（一）系统应用模式

电气火灾监控系统有三种工作模式，即主—从模式、火灾报警器模式及独立应用。

1. 主—从模式

当系统设置为主—从模式时，电气火灾监控装置自身以总线连接方式构成主—从机系统，主机最大可管理60台从机，可带240路剩余电流式电气火灾监控探测器的电流互感器，检测240条电力配电线路。主—从模式应用示意图如图25-11所示。

该应用模式主要用于有独立电气火灾监控系统要求的场所。剩余电流式电气火灾监控探测器的电流互感器、剩余电流式电气火灾监控探测装置（从机）安装于配电柜（箱）处，电气火灾监控监控器装置（主机）安装于值班室（远程监控）。该系统最大监控回路为240路，从机到主机最大传输距离3000m，剩余电流式电气火灾监控探测器的电流互感器到监控装置部分的最大传输距离不大于50m，连线导线采用RVVP2×0.3。

2. 火灾报警器模式

电气火灾监控系统设置为火灾报警器模式时，剩余电流式电气火灾监控探测器（或监控装置）可以和通用火灾报警控制器配套连接使用，组成更大的电力配电线路电气火灾监控系统。电气火灾监控系统的火灾报警器模式应用示意图如图25-12所示。

火灾报警器模式的电气火灾监控系统主要用于具有火灾报警、剩余电流式电气火灾监控混合设置要求的场所。该系统的配制要求：剩余电流式电气火灾监控器（或监控装置）应与火灾报警控制器兼容；每台火灾报警控制器每个回路最大连接10台剩余电流式电气火灾监控探测器（或监控装置）或电气火灾监控器，地址数量一般不超过40个；剩余电流式电气火灾监控探测器（或监控装置）的电流互感器到监控装置部分的最大传输距离不大于50m，连线应采用RVVP2×0.5。

3. 独立应用模式

剩余电流式电气火灾监控探测器也可单机独立使用，其应用示意图可参见图25-12中

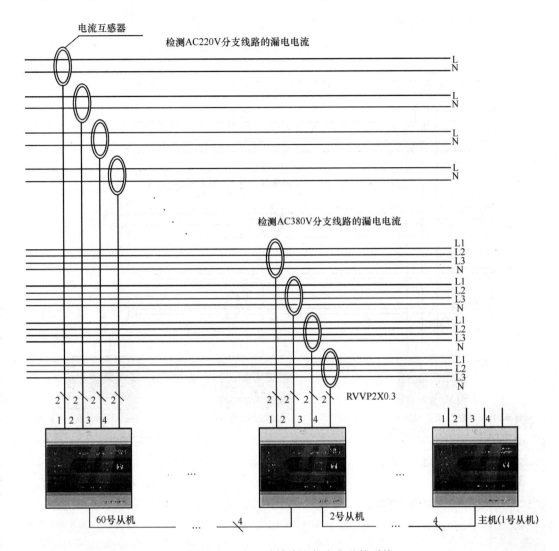

图 25-11　主—从模式电气火灾监控系统

每个从机的应用方式，有关要求可参见主一从模式的电气火灾监控系统。

（二）系统安装使用方式

电气火灾监控系统的安装使用方式主要有：监测用户单位的总剩余电流、监测用户单位的总剩余电流及分支线路剩余电流、监测 AC220V 或 AC380V 分支线路的剩余电流。

1. 监测用户单位的总剩余电流

当电气火灾监控系统用于监测用户总剩余电流时，其安装使用方式如图 25-13 所示。剩余电流式电气火灾监控探测器的电流互感器安装于变压器接地线上，电气火灾监控设备（探测器监控部分或电气火灾监控器）安装在值班室。

2. 监测用户单位的总剩余电流及分支线路的剩余电流

当电气火灾监控系统用于监测用户单位的总剩余流及分支线路的剩余电流时，其安装使用方式如图 25-14 所示。剩余电流式电气火灾监控探测器的电流互感器安装于变压器接地线及配电箱出线处，电气火灾监控设备（探测器监控部分或电气火灾监控器）安装在值

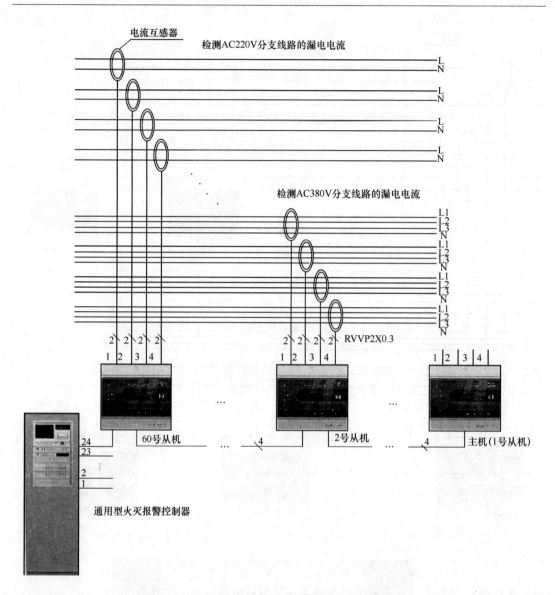

图 25-12 通用火灾报警控制器的电气火灾监控系统

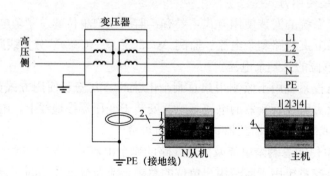

图 25-13 监测用户单位的总剩余电流

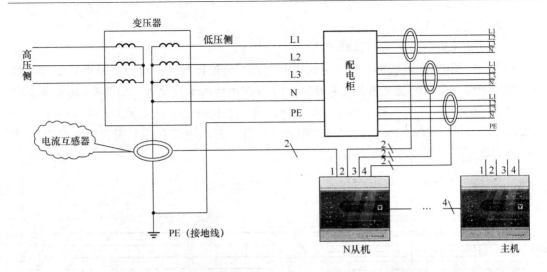

图 25-14　监测用户单位的总剩余电流及分支线路的剩余电流

班室。

3. 监测 AC220V 或 AC380V 分支线路的剩余电流

当电气火灾监控系统用于检测 AC220V 或 AC380V 分支线路剩余电流时，其安装使用方式如图 25-15 所示。剩余电流式电气火灾监控探测器的电流互感器安装于被保护电气线路上，探测器监控部分根据具体工程状况安装并将监测信号送到值班室。

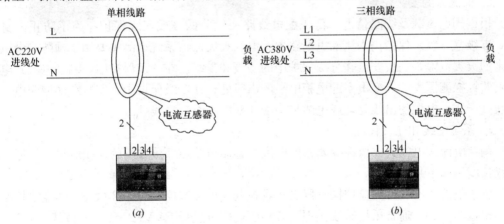

图 25-15　分支线路剩余电流监测

（三）系统应用要求

1. 监测线路接地型式的要求

低压配电系统的接地型式分为三种：TN 系统、TT 系统和 IT 系统。电气火灾监控系统对低压配电系统接地形式的选择要求如下：

（1）低压配电系统总剩余电流的监测

对于有独立变电系统的用电单位，可以通过其变压器低压侧接地线检测该单位的总剩余电流，前提是其接地型式应为 TN-S 或 TT 系统。

对于低压配电系统接地型式为 TN-C 系统的，必须将其改造为 TN-C-S、局部 TT 系统后，才可以使用剩余电流式电气火灾监控探测器及其监控装置，即电流互感器应安装在重复接地点之后的线路上。

（2）分支线路剩余电流的监测

对于 AC 220V 配电线路，剩余电流式电气火灾监控探测器的电流互感器只要套住两根电源线即可，要求电流互感器安装处以后的 N 线不得再重复接地，如图 25-16 所示。

对于 AC 380V 配电线路，剩余电流式电气火灾监控探测器的电流互感器必须同时套住 L1、L2、L3、N 线，PE 线不得穿过电流互感器，要求电流互感器安装处以后的 N 线不得再重复接地，如图 25-17 所示。

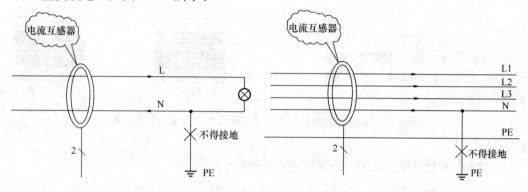

图 25-16　单相分支线路剩余电流监测　　　　图 25-17　三相分支线路剩余电流监测

2. 探测器的安装位置

根据用电负载及线路情况，低压配电线路一般分两级或三级保护。为了防止人身触电，末级（三级）保护仍采用漏电断路器。电气火灾监控系统产品主要用于预防剩余电流带来的火灾危险，一般安装在分级保护中的一级和二级。在一级保护中，剩余电流式电气火灾监控探测器安装于变电室配电柜电缆的出线处；在二级保护中，安装在区域配电柜分支线（干线）电缆的出线处，或电缆另一端即配电盘电源进线处。

3. 系统配线和连线长度

剩余电流式电气火灾监控探测器的电流互感器与监控部分之间的连线应尽量靠近，其连线长度一般不超过 50m，采用明线现场配接，导线规格一般可选择 RVVP2×0.5。

剩余电流式电气火灾监控探测器之间或到电气火灾监控器的连接总线，其连线长度一般不超过 3000m，通常采用暗线预埋，其导线规格可选择 RVVP2×1.0 双绞线。

4. 系统使用注意事项

（1）应保证电气火灾监控系统不间断供电，确保剩余电流式电气火灾监控探测器的声光报警信号或产品自身故障报警信号能被专业值班人员知晓，并在出现剩余电流报警后及时排除线路或电气设备的故障；

（2）剩余电流式电气火灾监控探测器的电流互感器为精密测量器件，安装时应避免碰撞和冲击，不得用其他电流互感器取代剩余电流式电气火灾监控探测器配套提供的电流互感器；

（3）应定期进行电气火灾监控系统及其剩余电流式电气火灾监控探测器的自检测试，记录剩余电流显示值，掌握被监测线路电气绝缘性能的变化情况，当预检的漏电电流值有明显增大时，应当及时对监测线路进行检查。

第六节　可燃气体探测报警系统

可燃气体一般是指气体的爆炸下限浓度为 10% 以下或爆炸上限与下限之差大于 20% 的甲类气体或液化烃、甲、乙 A 类可燃液体气化后形成的可燃气体等。可燃气体探测报警系统就是对可能泄露的可燃气体浓度进行检测，能够在可燃气体小于或等于爆炸下限浓度值的条件下及时发出警告或报警，从而预防由于可燃气体泄漏引发的火灾和爆炸事故发生，以保障人民生命财产的安全。可燃气体探测器的检测范围为 0～100% 可燃气体爆炸下限值。一级报警小于或等于爆炸下限的 25%，二级报警小于或等于爆炸下限的 50%。常规的检测报警宜为一级报警，如《汽车加油加气站设计与施工规范》规定加气站、加油加气合建站的可燃气体检测器报警（高限）设定值应小于或等于可燃气体爆炸下限浓度（V%）值的 25%。

一、系统基本组成

可燃气体探测报警系统由可燃气体报警控制器、可燃气体探测器和火灾声光警报器等组成。

（一）可燃气体报警控制器

可燃气体报警控制器是可燃气体探测报警系统的核心，由主机和电源组成。主机部分由主 CPU 控制单元、显示控制单元、声警报控制单、网络通信控制单元等组成。具体的功能要求如下：

1. 可燃气体报警功能

（1）可燃气体报警控制器应具有低限报警功能或低、高限报警功能。

（2）可燃气体报警控制器应能直接或间接地接收来自可燃气体探测器及其他报警触发器件的报警信号，发出声、光报警信号，指示报警发生部位，记录报警时间，并予以保持，直至手动复位。

（3）可燃气体报警控制器发出的声报警信号应能手动消除。当再有可燃气体报警信号输入时，应能重新启动。

（4）应能显示当前可燃气体报警部位的总数。

（5）可燃气体报警控制器报警计时装置的日计时误差不应超过 30s。

（6）在可燃气体报警控制器连接的可燃气体探测器的报警设定值可以通过可燃气体报警控制器改变时，则探测器的报警设定值应能手动检查。

2. 故障报警功能

（1）当可燃气体报警控制器内部和可燃气体报警控制器与其连接的部件之间发生故障时，可燃气体报警控制器应在 100s 内发出与可燃气体报警信号有明显区别的故障报警信号；声故障报警信号应能手动消除，当再有故障报警信号输入时，应能重新启动；光故障报警信号应保持至故障排除。

（2）可燃气体报警控制器应能显示下述故障的部位：可燃气体报警控制器与可燃气体探测器部件之间的连线为断路、短路；可燃气体探测器内部元件失效。

（3）可燃气体报警控制器应能显示下述类型的故障：备用电源与其负载之间的连线的

断路、短路；主电源欠压。

（4）在任一部位发生故障时，都不应影响非故障部分的正常工作。

3. 自检功能

（1）可燃气体报警控制器应能对其面板上的指示灯（器）、显示器和音响器件进行功能检查。

（2）可燃气体报警控制器在执行自检功能期间，受其控制的外接设备和输出接点不应动作。

4. 电源功能

电源部分是向控制器的供电保证，用于控制器主机部分和探测器回路两大部分的供电。相对于火灾报警控制器而言，由于可燃气体探测器的功耗远远大于火灾探测探测器的功耗，所以要求可燃气体报警控制器的电源输出功率较大。目前可燃气体探测器的电源设计一般采用线性调节稳压电路和开关型稳压电路两种，其特点与火灾报警控制器的电源相同。可燃气体报警控制器的电源部分应设有主电源和备用电源转换装置。当主电源断电时，应能自动转换到备用电源；当主电源恢复时，应能自动转换到主电源；应有主、备电源工作状态指示，主电源应有过流保护措施。主、备电源的转换不应使控制器产生误动作。可燃气体报警控制器除声报警信号应采用手动消除外，其余操作功能都应采用钥匙和密码进行。

（二）可燃气体探测器

可燃气体探测器由感应器、信号处理器及发送器组成。感应器多数只对某一种气体起作用。当感应器接收到有害气体时，信号处理器将此信号转换成为电信号并发送至控制器，从而报警。目前，有多种不同的技术可用于检测气体，其中应用最为广泛的主要有：半导体型气体传感器、电化学型气体传感器、红外气体传感器、催化燃烧式气体传感器、光电离型气体传感器等。

1. 半导体气体传感器

半导体气体传感器是采用金属氧化物或金属半导体氧化物材料做成的元件，利用待测气体与半导体表面接触时，发生氧化和还原反应而导致的以载流子运动为特征的电导率或伏安特性变化来检测气体的。由于传感器成品在不同温度范围内显示出不同的气体反应特性，因此传感器采用加热元件来调节温度，该加热器由专用电路进行调节和控制。加热温度与元件输出灵敏度有关，一般为 $200\sim400℃$。

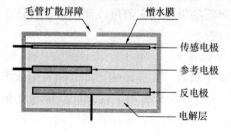

图 25-18　电化学传感器基本结构

2. 电化学气体传感器

电化学气体传感器通过与目标气体发生反应并产生与气体浓度成正比的电信号来工作的。典型的电化传感器由传感电极（或工作电极）和反电极组成，两者之间由一个薄电解层隔开，见图 25-18。

气体首先通过微小的毛管型开孔与传感器发生反应，然后是憎水屏障，最终到达电极表面。穿过屏障扩散的气体与传感电极发生反应，传感电极可以采用氧化机理或还原机理，这些反应由针对目标气体而设计的电极材料进行催化。通过电极间连接的电阻器，与电气浓度成正比的电流会在正极与负极间流动，测量该电流即可确定气体浓度。由于该过程中会产生电流，电化传感器又常被称为电流气体传感器或微型燃料电池。参考电极的作用是为了保持传感电极上的固定电压值，改善传感器性能。

3. 催化燃烧式气体传感器

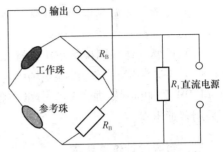

催化燃烧式传感器采用惠斯通电桥原理，见图 25-19。威斯登电桥是通过与已知电阻相比来测量未知电阻的电路。工作过程中，R_1 是微调电阻器，用于保持电桥均衡，均衡电桥输出信号为 0。电阻 R_B 及微调电位器 R_1 通常选择相对较大的电阻值，以确保电路正常运行。当气体在工作传感器表面发生无焰燃烧时，燃烧热量导致温度上升，温度上升反过来又会改变传感器的电阻，打破电桥平衡，使之输出稳定的电流信号。信号再经过后期电路的放大、稳定和处理最终显示可靠的数值。

图 25-19　催化珠气体传感器示意图

4. 光学式气敏传感器

光学式气敏传感器有红外吸收型、光谱吸收型和荧光型等三种型式。其中，以红外吸收型为常用。红外吸收型气敏传感器的基本工作原理是基于可燃气体对红外光中某些波段的吸收特性。由于不同气体的红外吸收峰值不同，可以通过测量和分析红外吸收峰值来检测气体。该传感器具有工作不需加热、寿命较长、抗震和抗污染能力高、可与计算机相结合连续测试分析气体的优点。红外吸收型气敏传感器一般由红外源、探头、波长选择器（如光带通过干扰过滤器）和参比元件等基本元件组成。从红外源中发出红外光通过被测气体和波长选择器，探头在测出被测气体吸收的红外光的同时，便给出被测气体中目标气体浓度值的测量结果。传感器中的参比元件所具有的另一种波长，不会被被测气体吸收。所以这种波长通常被用来提供参考测量值。

（三）声光警报器

一旦发生泄露报警，应立即采用警报装置通知值班人员。在报警控制器的设置场所，应设置声音报警，在现场应设置声光报警系统，而且声光报警装置宜安装在疏散出口，宜利于现场人员的安全疏散。

二、系统设计基本要求

可燃气体探测器应符合国家标准《可燃气体探测器》GB 15322 的要求；可燃气体报警控制器应符合国家标准《可燃气体报警控制器》GB 16808 的要求。在工程应用中，可燃气体探测报警系统的选用设计应满足下列基本要求：

（1）可燃气体探测报警系统应独立组成且可燃气体探测器不应接入火灾报警控制器的探测器回路，当可燃气体的报警信号需接入火灾自动报警系统时，应由可燃气体报警控制器接入；

（2）石化行业涉及过程控制的可燃气体探测器可按照现行国家标准《石油化工可燃气体和有毒气体检测报警设计规范》GB 50493 的规定设置，但其报警信号应接入消防控制室；

（3）可燃气体报警控制器的报警信息和故障信息应在消防控制室图形显示装置或集中火灾报警控制器上显示，且该类信息与火灾报警信息的显示应有区别；

（4）可燃气体报警控制器发出报警信号时，应能启动保护区域的火灾声光警报器；

（5）可燃气体探测报警系统保护区域内有联动和警报要求时，应由可燃气体报警控制器或消防联动控制器联动实现；

（6）可燃气体探测报警系统设置在有防爆要求的场所时，应符合有关防爆要求；

（7）工艺装置和储运设施现场固定安装的可燃气体探测报警系统宜设有不间断电源供电（UPS），加油站、加气站、分散或独立的易燃易爆经营设施其可燃气体探测报警系统可采用普通电源。

三、系统设计位置要求

在使用可燃气体的场所或有可燃气体产生的场所，应设置可燃气体探测报警系统。建筑内可能散发可燃气体、可燃蒸气的场所、加气站、加油加气合建站以及易于泄路可燃气体或蒸气的工艺装置区、储运设施区及其他有可能形成可燃气体扩散和积聚的场所应设置可燃气体检测报警系统。可燃气体探测点应根据气体的理化特性、释放源的特性、生产场地布置、地理条件、环境气候、操作巡检路线等条件，并选择气体易于积累和便于采样检测之处布置。如：气体压缩机和液体泵的密封处、液体采样口和气体采样口、液体排液（水）口和放空口、设备和管道的法兰和阀门组、加气站、加油加气合建站内的液化石油气储罐区、压缩天然气储气瓶间（棚）、液化石油气或天然气泵和压缩机房（棚）等场所，均应设置可燃气体检测器。

（一）可燃气体探测器设置基本原则

（1）可燃气体的密度如果小于空气密度，该气体泄漏后会漂浮在保护空间上方，因此探测气体密度小于空气密度的可燃气体探测器应设置在被保护空间的顶部；

（2）可燃气体的密度如果大于空气密度，该气体泄漏后会下沉到保护空间下方，因此探测气体密度大于空气密度的可燃气体探测器应设置在被保护空间的下部；

（3）如果可燃气体密度与空气密度相当，探测器可设置在空间的中部或顶部；

（4）可燃气体探测器是探测燃气的泄漏，越靠近可能产生可燃气体部位附近则报警灵敏度越高，因此可燃气体探测器宜设置在可能产生可燃气体部位附近；

（5）点型可燃气体探测器的保护半径应符合现行国家标准《石油化工可燃气体和有毒气体检测报警设计规范》GB 50493 的规定，考虑到气体泄漏的不规律性，一般其保护半径不宜大于 5m；

（6）线型可燃气体探测器的保护范围是一定矩形区域，其保护区域长度不宜大于 60m。

（二）可燃气体探测器设置的具体要求

1. 工艺装置区的布置要求

（1）释放源处于露天或敞开式厂房布置的设备区域内，当检（探）测点位于释放源的全年最小频率内向的上风侧时，可燃气体检（探）测点与释源的距离不宜大于 15m，当检（探）测点位于释放源的全年最小频率风向的下风侧时，可燃气体检（探）点与释放源的距离不宜大于 5m。

（2）可燃气体释放源处于封闭或局部通风不良的半敞开厂房内，每隔 15m 可设一台检（探）测器，且检（探）测器距其所覆盖范围内的任一释放源不宜大于 7.5mm。

（3）比空气轻的可燃气体释放源处于封闭或局部通风不良的半敞开厂房内，除应在释放源上方设置检（探）测器外，还应在厂房内最高点易于积聚处设置可燃气体。

2. 储运设施可燃气体探测器布置要求

（1）液化烃、甲 B、乙 A 类液体等产生可燃气体的液体储罐的防火堤内，应设检（探）测器，当检（探）测点位于释放源的全年最小频率风向的上风侧时，可燃气体检（探）测点与释放源的距离不宜大于 15m，当检（探）测点位于释放源的全年最小频率风向的下风侧时，可燃气体检（探）测点与释放源的距离不宜大于 5m。

（2）液化烃、甲 B、乙 A 类液体的装卸设施处，如小鹤管铁路装栈台，在地面上每隔一个车位宜设一台检（探）测器，且检（探）测器与装卸车口的水平距离不应大于 15m；大鹤管铁路装栈台宜设一台检（探）测器；汽车装卸站的装卸站内设有缓冲罐时或装卸设施的泵或压缩机的检（探）测器设置，应符合工艺装置区的检（探）测器布置要求。

（3）液体烃灌装站的检（探）测器设置在封闭或半敞开的灌瓶间，灌装口与检（探）测器的距离宜为 5～7.5m，封闭或半敞开式储瓶库，应符合工艺装置区设置检（探）测器的要求，敞开式储瓶库房沿四周每隔 15～30m 应设一台检（探）测器，当四周边长总和小于 15m 时，应设一台检（探）测器。缓冲罐排水口或阀组与检（探）测器的距离，宜为 5～7.5m。

（4）封闭或半敞开氢气灌瓶间，应在灌装口上方的室内最高点且易于滞留气体处设检（探）测器。

（5）可能散发或燃气体的装卸码头，距输油臂水平平面 15m 范围内，应设一台检（探）测器。

3. 其他有可燃气体的扩散与积聚场所检（探）测器布置要求

（1）明火加热炉与可燃气体释放源之间，距加热炉炉边 5m 处应设检（探）测器。当明火加热炉与可燃气体释放源之间设有不燃烧材料实体墙时，实体墙靠近释放源的一侧应设检（探）测器。

（2）设在爆炸危险区域 2 区范围内的在线分析仪表间，应设可燃气体检（探）测器。

（3）控制室、机柜间、变配电所的空调引风口、电缆沟和电缆桥架进入建筑物的洞口处，且可燃气体有可能进入时，宜设置检（探）测器。

（4）工艺阀井、地坑及排污沟等场所，且可能积聚比重大于空气的可燃气体、液化烃时，应设检（探）测器。

（三）可燃气体报警控制器设置基本要求

（1）当有消防控制室时，可燃气体报警控制器可以设置在保护区域附近；若无消防控制室时，可燃气体报警控制器应设置在有人值班的场所；

（2）可燃气体报警控制器的设置应符合火灾报警控制器的安装设置要求；

（3）可燃气体报警控制器的报警信息和故障信息应传给消防控制室。

第七节　消防控制室

一、消防控制室要求

消防控制室是火灾自动报警系统的控制和信息中心，也是火灾时灭火作战的指挥和信息中心，具有十分重要的地位和作用。规范规定具有消防联动功能的火灾自动报警系统的建筑物中均应设置消防控制室，对消防设备的联动控制操作及消防设备的运行监测均是在消防控制室中实现。《建筑设计防火规范》GB 50016—2014 等规范对消防控制室的设置范围、位置、建筑耐火性能都作了明确规定，并对其主要功能提出原则要求。在国家标准《消防控制室通用技术要求》GB 25506—2010 和《火灾自动报警系统设计规范》GB 50116—2013 中，则进一步对消防控制室的设备组成、安全要求、设备功能、设备布置、控制要求等作了具体规定。

（一）一般要求

消防控制室内设置的消防设备应包括火灾报警控制器、消防联动控制器、消防控制室图形显示装置、消防专用电话总机、消防应急广播控制装置、消防应急照明和疏散指示系统控制装置、消防电源监控器、电梯回降控制装置等设备，或具有相应功能的组合设备。此外，消防控制室应设有用于火灾报警的外线电话。

当建筑对象具有两个或两个以上消防控制室时，应确定主消防控制室和分消防控制室。主消防控制室的消防设备应对系统内共用的消防设备进行控制，并显示其状态信息；主消防控制室内的消防设备应能显示各分消防控制室内消防设备的状态信息，并可对分消防控制室内的消防设备及其控制的消防系统和设备进行控制；各分消防控制室之间的消防设备之间可以互相传输、显示状态信息，但不应互相控制。

1. 消防控制室设备的设置要求

消防控制室也是控制室工作人员长期工作的场所，设备布置也非常重要。为保证火灾自动报警系统设备正常可靠工作，消防控制室内设备的布置应符合下列总体要求：

（1）设备面盘前的操作距离：单列布置时不应小于 1.5m；双列布置时不应小于 2m；

（2）在值班人员经常工作的一面，设备面盘至墙的距离不应小于 3m；

（3）设备面盘后的维修距离不宜小于 1m；

（4）设备面盘的排列长度大于 4m 时，其两端应设置宽度不小于 1m 的通道；

（5）与建筑其他弱电系统合用的消防控制室内，消防设备应集中设置，并应与其他设备之间有明显间隔。

消防控制室内设备的安装依照国家标准《火灾自动报警系统施工及验收规范》GB 50166—2007 应满足下列要求：

（1）火灾报警控制器、可燃气体报警控制器、区域显示器、消防联动控制器等控制器类设备（以下称控制器）在墙上安装时，其底边距地（楼）面高度宜为 1.3～1.5m，其靠近门轴的侧面距墙不应小于 0.5m，正面操作距离不应小于 1.2m；落地安装时，其底边宜高出地（楼）面 0.1～0.2m。控制器应安装牢固，不应倾斜；安装在轻质墙上时，应采取加固措施。

（2）引入控制器的电缆或导线，应符合下列要求：

1）配线应整齐，不宜交叉，并应固定牢靠；

2）电缆芯线和所配导线的端部，均应标明编号，并与图纸一致，字迹应清晰且不易褪色；

3）端子板的每个接线端，接线不得超过2根；

4）电缆芯和导线，应留有不小于200mm的余量；

5）导线应绑扎成束；

6）导线穿管、线槽后，应将管口、槽口封堵。

（3）控制器的主电源应有明显的永久性标志，并应直接与消防电源连接，严禁使用电源插头。控制器与其外接备用电源之间应直接连接。

（4）控制器的接地应牢固，并有明显的永久性标志。

2. 资料和管理要求

（1）资料要求

消防控制室内应保存下列纸质和电子档案资料：

1）建（构）筑物竣工后的总平面布局图、建筑消防设施平面布置图、建筑消防设施系统图及安全出口布置图、重点部位位置图等；

2）消防安全管理规章制度、应急灭火预案、应急疏散预案等；

3）消防安全组织结构图，包括消防安全责任人、管理人、专职、义务消防人员等内容；

4）消防安全培训记录、灭火和应急疏散预案的演练记录；

5）值班情况、消防安全检查情况及巡查情况的记录；

6）消防设施一览表，包括消防设施的类型、数量、状态等内容；

7）消防系统控制逻辑关系说明、设备使用说明书、系统操作规程、系统和设备维护保养制度等；

8）设备运行状况、接报警记录、火灾处理情况、设备检修检测报告等资料，这些资料应能定期保存和归档。

（2）管理要求

消防控制室管理应符合下列要求：

1）应实行每日24h专人值班制度，每班不应少于2人，值班人员应持有消防控制室操作职业资格证书。

2）消防设施日常维护管理应符合《建筑消防设施的维护管理》GB 25201—2010的要求。

3）应确保火灾自动报警系统、灭火系统和其他联动控制设备处于正常工作状态，不得将应处于自动状态的设在手动状态。

4）应确保高位消防水箱、消防水池、气压水罐等消防储水设施水量充足，确保消防泵出水管阀门、自动喷水灭火系统管道上的阀门常开；确保消防水泵、防排烟风机、防火卷帘等消防用电设备的配电柜开关处于自动位置（通电状态）。

3. 消防控制室防火要求

由于消防控制室既是火灾自动报警系统的控制和信息中心，也是火灾时灭火作战的指挥与信息中心。因此，消防控制室本身的防火安全尤为重要。在设计时，为保证其自身安全、消防控制室应符合下列具体安全要求：

（1）单独建造的消防控制室，其耐火等级不应低于二级；

（2）附设在建筑内的消防控制室，宜设置在建筑内首层的靠外墙部位，亦可设置在建筑的地下一层，并采用耐火极限不低于2.00h的防火隔墙和不低于1.50h的楼板与其他部位分隔；

（3）疏散门应直通室外或安全出口，消防控制室开向建筑内的门应采用乙级防火门；

（4）消防控制室的送、回风管在其穿墙处应设防火阀；

（5）消防控制室内严禁与其无关的电气线路及管路穿过；

（6）消防控制室周围不应布置电磁场干扰较强以及其他影响消防控制设备工作的设备用房。

（二）控制要求

消防控制室的控制功能由《消防控制室通用技术要求》GB 25506—2010规定。消防控制室对于消防设备的控制要求如下：

1. 火灾报警控制器

火灾报警控制器应符合下列要求：

（1）应能显示火灾探测器、火灾显示盘、手动火灾报警按钮的正常工作状态、火灾报警状态、屏蔽状态及故障状态等相关信息；

（2）应能控制火灾声光警报器启动和停止。

2. 消防联动控制器

应能将下列消防系统及设备的状态信息传输到消防控制室图形显示装置。

（1）自动喷水灭火系统的控制和显示应符合下列要求

1）应能显示喷淋泵电源的工作状态；

2）应能显示喷淋泵（稳压或增压泵）的启、停状态和故障状态，并显示水流指示器、信号阀、报警阀、压力开关等设备的正常工作状态和动作状态、消防水箱（池）最低水位信息和管网最低压力报警信息。

3）应能手动控制喷淋泵的启、停，并显示其手动启、停和自动启动的动作反馈信号。

（2）消火栓系统的控制和显示应符合下列要求

1）应能显示消防水泵电源的工作状态；

2）应能显示消防水泵（稳压或增压泵）的启、停状态和故障状态，并显示消火栓按钮的正常工作状态和动作状态及位置等信息、消防水箱（池）最低水位信息和管网最低压力报警信息；

3）应能手动和自动控制消防水泵启、停，并显示其动作反馈信号。

（3）气体灭火系统的控制和显示应符合下列要求

1）应能显示系统的手动、自动工作状态及故障状态。

2）应能显示系统的驱动装置的正常工作状态和动作状态，并能显示防护区域中的防火门（窗）、防火阀、通风空调等设备的正常工作状态和动作状态。

3）应能手动控制系统的启、停，并显示延时状态信号、紧急停止信号和管网压力信号。

（4）水喷雾、细水雾灭火系统的控制和显示应符合下列要求

1）水喷雾灭火系统、采用水泵供水的细水雾灭火系统的要求同消火栓系统的控制和显示要求；

2）采用压力容器供水的细水雾灭火系统的要求同气体灭火系统的控制和显示要求。

（5）泡沫灭火系统的控制和显示应符合下列要求

1）应能显示消防水泵、泡沫液泵电源的工作状态。

2）应能显示系统的手动、自动工作状态及故障状态。

3）应能显示消防水泵、泡沫液泵的启、停状态和故障状态，并显示消防水池（箱）最低水位和泡沫液罐最低液位信息。

4）应能手动控制消防水泵和泡沫液泵的启、停，并显示其动作反馈信号。

（6）干粉灭火系统的控制和显示应符合下列要求

1）应能显示系统的手动、自动工作状态及故障状态。

2）应能显示系统的驱动装置的正常工作状态和动作状态，并能显示防护区域中的防火门窗、防火阀、通风空调等设备的正常工作状态和动作状态。

3）应能手动控制系统的启动和停止，并显示延时状态信号、紧急停止信号和管网压力信号。

（7）防烟排烟系统及通风空调系统的控制和显示应符合下列要求

1）应能显示防烟排烟系统风机电源的工作状态。

2）应能显示防烟排烟系统的手动、自动工作状态及防烟排烟系统风机的正常工作状态和动作状态。

3）应能控制防烟排烟系统及通风空调系统的风机和电动排烟防火阀、电控挡烟垂壁、电动防火阀、常闭送风口、排烟阀（口）、电动排烟窗的动作，并显示其反馈信号。

（8）防火门及防火卷帘系统的控制和显示应符合下列要求

1）消防控制室应能显示防火门控制器、防火卷帘控制器的工作状态和故障状态等动态信息。

2）消防控制室应能显示防火卷帘、常开防火门、人员密集场所中因管理需要平时常闭的疏散门及具有信号反馈功能的防火门的工作状态。

3）消防控制室应能关闭防火卷帘和常开防火门，并显示其反馈信号。

（9）电梯的控制和显示应符合下列要求

1）应能控制所有电梯全部回降首层，非消防电梯应开门停用，消防电梯应开门待用，并显示反馈信号及消防电梯运行时所在楼层。

2）消防控制室应能显示消防电梯的故障状态和停用状态。

3. 消防电话总机

消防电话总机应符合下列要求：

（1）应能与各消防电话分机通话，并具有插入通话功能。

（2）应能接收来自消防电话插孔的呼叫，并能通话。

（3）应有消防电话通话录音功能。

（4）应能显示消防电话的故障状态，并能将故障状态信息传输给消防控制室图形显示装置。

4. 消防应急广播控制装置

消防应急广播控制装置应符合下列要求：

（1）应能显示处于应急广播状态的广播分区、预设广播信息；

（2）应能分别通过手动和按照预设控制逻辑自动控制选择广播分区、启动或停止应急广播，并在扬声器进行应急广播时自动对广播内容进行录音；

（3）应能显示应急广播的故障状态，并能将故障状态信息传输给消防控制室图形显示装置。

5. 消防应急照明和疏散指示系统控制装置

消防应急照明和疏散指示系统控制装置应符合下列要求：

（1）应能手动控制自带电源型消防应急照明和疏散指示系统的主电工作状态和应急工作状态的转换。

（2）应能分别通过手动和自动控制集中电源型消防应急照明和疏散指示系统、集中控制型消防应急照明和疏散指示系统从主电工作状态切换到应急工作状态。

（3）受消防联动控制器控制的系统应能将系统的故障状态和应急工作状态信息传输给消防控制室图形显示装置。

（4）不受消防联动控制器控制的系统应能将系统的故障状态和应急工作状态信息传输给消防控制室图形显示装置。

6. 消防电源监控器

消防电源监控器应符合下列要求：

（1）应能显示消防用电设备的供电电源和备用电源的工作状态和故障报警信息。

（2）应能将消防用电设备的供电电源和备用电源的工作状态和欠压报警信息传输给消防控制室图形显示装置。

二、设备构成与控制逻辑

（一）设备构成

消防控制室是火灾自动报警系统中的一个重要组成部分。在消防控制室中，通常包括消防联动控制器、消防控制室图形显示装置、传输设备、消防电气控制装置（防火卷帘控制器、气体灭火控制器等）、消防设备应急电源、消防电动装置、消防联动模块、消火栓按钮、消防应急广播设备、消防电话等设备和组件，如图 25-20 所示。

如图 25-20 所示，消防控制室的主要设备包括消防联动控制装置（控制机构）、消防联动控制设备（执行机构）和消防电源（主电源和备用电源）等。火灾探测报警设备是对火灾探测报警的核心和消防联动控制的依据。消防联动控制装置则是完成消防联动控制的核心，最终通过消防联动控制设备实施火灾的控制和灭火操作。国家标准《消防联动控制系统》GB 16806—2006 规定，消防联动控制系统通常由消防联动控制器、模块、气体灭火控制器、消防电气控制装置、消防设备应急电源、消防应急广播设备、消防电话、传输设备、消防控制室图形显示装置、消防电动装置、消火栓按钮等全部或部分设备组成。

1. 消防联动控制器

消防联动控制器是消防联动控制设备的核心组件。它通过接收火灾报警控制器发出的火灾报警信息，按内部预设逻辑对自动消防设备实现联动控制和状态监视。消防联动控制

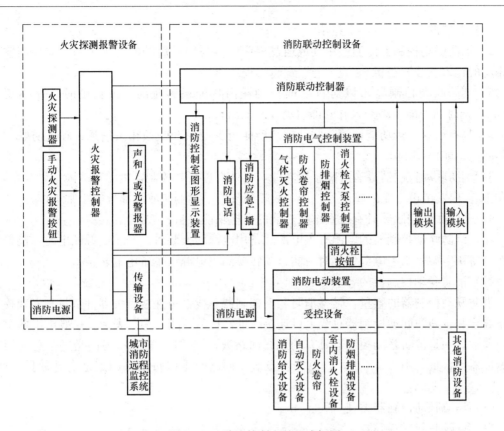

图 25-20　消防控制室的组成框图

器可直接发出控制信号，通过驱动装置控制现场的受控设备。对于控制逻辑复杂，在消防联动控制器上不便实现直接控制的情况，通过消防电气控制装置（如防火卷帘控制器、气体灭火控制器等）间接控制受控设备。

（1）消防联动控制器功能

1）消防联动控制器能接收来自火灾报警控制器的火灾报警信号，并发出火灾报警声、光信号。在非延时状态下能在 3s（一般发生动作后会有一段信号传输过程）内向与其连接的各类受控设备发出启动信号，按设定的控制逻辑直接或间接控制该受控设备，同时发出启动光指示信号。消防联动控制器能接收受控设备动作后的反馈信号，并显示相应设备状态。

2）消防联动控制器能接收连接的启泵按钮、水流指示器等灭火系统启动按钮相关触发器件发出的报警信号，显示其所在的部位，发出报警声、光信号，将报警信号发送到连接的火灾报警控制器。

3）消防联动控制器能以手动或自动两种方式完成所有控制功能并指示状态。在自动方式下，手动插入操作优先。

4）消防联动控制器具有直接手动控制单元。直接手动控制单元至少有六组独立的手动控制开关，每个控制开关对应一个直接控制输出。直接手动控制单元能独立使用时，受控设备的启动、反馈等各种工作状态均能在手动控制开关旁单独显示。直接手动控制单元不能独立使用时，受控设备除启动状态外的其他工作状态在手动控制开关旁单独指示，或在联动控制器的共用显示器上显示。

5）消防联动控制器能通过手动或通过程序的编写输入启动的逻辑关系，对控制输出有相应的输入"或"逻辑和/或"与"逻辑编程功能。

6）消防联动控制器可以对特定的控制输出功能设置延时，最长延时时间不超过10min，延时期间能手动插入并立即启动控制输出。

7）具有信息记录功能，消防联动控制器能至少记录999条相关信息，在消防联动控制器断电后能保持14d（天）。

8）消防联动控制器具有故障报警功能，当外部连线和控制器电源有故障信号存在时，能在100s内发出声、光故障信号，任一故障部分均不影响非故障部分的正常工作。

9）消防联动控制器具有检查本机功能的自检功能（自检按键）。

10）消防联动控制器的电源有主电源和备用电源转换装置。当主电源断电时，能自动转换到备用电源；当主电源恢复时，能自动转换到主电源（主备电的转换）。

（2）消防联动控制器的容量

消防联动控制器的容量，是指消防联动控制器总线上可连接编址器件数量和专线控制回路数之和。消防联动控制器总线上可连接编址器件数量用"M"表示。一般给出两个相关的参数，一是消防联动控制器具有的总线回路数，用"F"表示；另一是每个总线回路的编址器件数量，用"N"表示，总线容量等于回路数乘以每回路的编址器件数量，即：$M=F\times N$。

（3）消防联动控制器类型

1）多线制联动控制器

多线制联动控制器一般操作简单、安全可靠，缺点是外部连线多，适用于外控设备数量少或要求高可靠性的重要外控设备。例如松江消防公司的HJ-1810联动控制器，通过RS-232通信接口与1501系列火灾报警控制器配合，外控容量为16路，通过被驱动的继电器触点，输出DC+24V，再通过中间继电器或双切换盒，控制外控消防设备动作，各路均有启动状态指示灯。通过按动面板上的停止按钮，提供DC+24V，经中间继电器盒或双切换盒，可使外控设备停机，各路均有停止状态指示灯。在壁挂式1810型中，只有4路设停止按钮和停止反馈指示灯。

2）总线制联动控制器

总线制联动控制器将控制、返回集中在一对总线上，与多线制联动控制器相比简化布线，其优点不言而喻。例如睿杨安博公司的ZN917联动控制器，其总线容量为96。有些总线制联动控制器除了总线输出控制方式外，还有多线输出控制方式。例如松江消防公司HJ-1811联动控制器除总线总量为128外，还有16组多线制输出。

3）火灾自动报警与联动控制合为一体方式

近年来，由于电子技术和电子计算机技术的迅猛发展，在消防自动报警控制器及消防联动控制器技术方面有两个不同的发展趋势。一种是前面所述的火灾自动报警控制器与灭火救灾联动控制器分开设置，即分别设有两只有微处理机控制器，一只为火灾自动报警控制器，另一只为联动控制器，其中联动控制器接受火灾自动报警控制器的联动命令信号，实行消防联动的自动控制，同时它又可由消防值班人员通过设在联动控制器上的手动按钮实行对灭火救灾设备的人工远动控制。这种方式比较灵活，一旦火灾发生，在报警系统瘫痪的情况下，由于联动控制线路同报警线路分开敷设，只要联动线路与联动控制器仍然完好，消防控制中心仍可对灭火救灾设备实行远动控制，可靠性较高，但是它敷设线路较多，内部管线较复杂。

另一种设备是将火灾自动报警控制与联动控制器二个控制器的功能集中到一只微处理机控制器上，成为报警联动控制器，布线时无论是报警线路还是联动控制线路都可集中在一条二总线上，外加二根 24V 电源线。通过二总线来实行报警信号及联动控制信号的传输。这种方式布线简单，对于各种管线密如蛛网的高层建筑来说这是难得的优势，但是如果控制器或线路发生故障，那无论是报警系统还是联动系统都将受到影响。国内外先进的通用火灾报警（联动）控制器均是集报警和联动控制于一体，可实现手动或自动联动、跨区联动、设置防火区域，使火灾报警和联动控制达到最佳的配合，符合最新火灾报警和联动控制国家消防标准。

2. 气体灭火控制器

气体灭火控制器专用于气体自动灭火系统中，融自动探测、自动报警、自动灭火为一体的控制器，气体灭火控制器可以连接感烟、感温火灾探测器，紧急启停按钮，手自动转换开关，气体喷洒指示灯，声光警报器等设备，并且提供驱动电磁阀的接口，用于启动气体灭火设备。气体灭火控制器是用于控制各类气体自动灭火设备的一种消防电气控制装置，也是消防联动控制设备的基本组件之一。主要功能如下：

（1）控制和显示功能

气体灭火控制器能按预置逻辑工作，接收启动控制信号后能发出声、光指示信号，记录时间；声指示信号能手动消除，消除后再有启动控制信号输入时，能再次启动；启动声光警报器；进入延时期间有延时光指示，显示延时时间和保护区域，关闭保护区域的防火门、窗和防火阀等，停止通风空调系统；延时结束后，发出启动喷洒控制信号，并有光指示；气体喷洒阶段发出相应的声、光信号并保持至复位，记录时间。

（2）延时功能

延时时间在 0~30s 内可调，延时期间，能手动停止后续动作。

（3）手动和自动功能

气体灭火控制器有手动和自动控制功能，并有控制状态指示，控制状态不受复位操作的影响。气体灭火控制器在自动状态下，手动插入操作优先；手动停止后，如再有启动控制信号，按预置逻辑工作。

（4）声信号优先功能

气体灭火控制器的气体喷洒声信号优先于启动控制声信号和故障声信号；启动控制声信号优先于故障声信号。

（5）接收和发送功能

气体灭火控制器能接收消防联动控制器的联动信号；能向消防联动控制器发送启动控制信号、延时信号、启动喷洒控制信号、气体喷洒信号、故障信号、选择阀和瓶头阀的动作信号。

（6）防护区控制功能

气体灭火控制器具有分别启动和停止每个防护区声、光警报装置的功能。每个防护区设独立的显示工作状态的指示灯。

（7）计时功能

气体灭火控制器的计时器，用于对工作状态提供监视参考。计时器的日计时误差不超过 30s。

（8）故障报警功能

当发生气体灭火控制器与声光警报器之间的连接线断路、短路和影响功能的接地；气体灭火控制器与驱动部件、现场启动和停止按键（按钮）等部件之间的连接线断路、短路和影响功能的接地；以及系统自身出现故障时，气体灭火控制器在 100s 内应发出故障声、光信号，并指示故障部位；故障光信号采用黄色指示灯，故障声信号明显区别于其他报警声信号。

（9）自检功能

气体灭火控制器具有本机检查的功能。在执行自检功能期间，受控制的外接设备和输出接点均不应动作。

（10）电源功能

气体灭火控制器的电源具有主电、备电自动转换、备用电源充电、电源故障监测、电源工作状态指示和为连接的部件供电等功能。

3. 消防电气控制装置

消防电气控制装置用于对建筑消防给水设备、自动灭火设备、室内消火栓设备、防排烟设备、防火门窗、防火卷帘等各类自动消防设施的控制，具有控制受控设备执行预定动作、接收受控设备的反馈信号、监视受控设备状态、与上级监控设备进行信息通信、向使用人员发出声光提示信息等功能。

（1）消防电气控制装置的分类

消防电气控制装置按受控设备的不同，可分为以下几类：

1）风机控制装置

风机控制装置用于控制排烟风机或防烟风机。发生火灾时，根据接收到的控制信号，排烟风机启动，将火灾产生的烟排放到室外；防烟风机启动，将室外的空气送入室内，从而降低室内烟浓度，达到排烟、防烟的目的。

2）电动防火门控制装置

电动防火门控制装置用于控制电动防火门。根据接收到的控制信号，这种控制装置能够控制电动防火门的开启与关闭。电动防火门开启时，可供人员正常通行及在火灾情况下逃生；电动防火门关闭时，起到阻隔火灾蔓延和防止烟气扩散的作用。

3）电动防火窗控制装置

电动防火窗控制装置用于控制电动防火窗。根据接收到的控制信号，这种控制装置能够控制电动防火窗的开启与关闭。电动防火窗开启时，使火灾产生的烟气排放到室外；电动防火窗关闭时，起到阻止室内外空气流通的作用。

4）电动阀控制装置

电动阀控制装置用于控制各类电动阀。常见的电动阀有防烟阀、排烟阀等。根据接收到的控制信号，这种控制装置能够控制电动阀的开启与关闭。电动阀开启时可使火灾产生的烟气排放到室外或使室外空气进入室内；电动阀关闭时起到阻止室内外空气流通的作用。

5) 自动灭火设备控制装置

用于控制自动喷水灭火设备、水喷雾灭火设备、泡沫灭火设备、气体灭火设备、干粉灭火设备、室内消火栓设备。根据接收到的控制信号，这种控制装置能够通过消防电动装置或直接控制该类受控设备的启动或停止，并接收其状态反馈信号。

6) 电动消防给水设备控制装置

电动消防给水设备控制装置用于控制各类电动消防给水设备。根据接收到的控制信号，这种控制装置能够控制电动消防给水设备的启动或停止，并接收其状态反馈信号。

7) 防火卷帘控制器

防火卷帘控制器用于控制建筑内安装的各类防火卷帘。根据接收到的控制信号，这种控制装置能够控制防火卷帘的启动或停止，接收其状态反馈信号。

8) 消防应急照明指示控制装置

消防应急照明指示控制装置用于控制建筑内安装的消防应急照明灯和消防应急标志灯。根据接收到的控制信号，这种控制装置能够控制消防应急照明灯和消防应急标志灯的启动或停止。

(2) 消防电气控制装置的功能

消防电气控制装置的主要功能包括控制功能、指示功能和信号传递功能。控制功能是指控制受控设备执行预定动作；信号传递功能是指消防联动控制器之间进行信号传递；指示功能是指指示电源、控制装置、受控设备的工作状态，以及指示消防电气控制装置和受控设备的故障状态。

消防设备电气控制装置一般由主电路、控制电路、操作和指示部分等基本单元组成。消防电气控制装置的主电路为控制装置供电。控制电路对受控设备进行控制，接收受控设备的反馈信号。操作和指示部分指示消防设备电气控制的状态、接收操作人员的操作、设置指令。

消防设备电气控制装置的工作原理如下：消防电气控制装置接收到现场手动控制信号或消防联动控制器的联动控制信号后，将此信号进行处理、转换，形成下一级控制信号并将该信号向受控设备发送；同时控制主电路接通或断开受控设备的电源，从而完成控制受控设备启动/停止的功能。此外，消防电气控制装置还能将受控设备的工作状态信息向上一级消防联动控制设备传送，发出显示控制装置和受控设备状态的指示信号，如：电源信号、控制装置的手动/自动工作状态信号、延时信号、受控设备的状态信号等，从而完成信息传送和指示功能。

4. 消防设备应急电源

消防设备应急电源是在主电源处于非正常情况下，为消防用电设备供电的一种备用的消防电源，是为提高消防电源供电可靠性，保证消防用电设备正常工作而采用的一种重要电源设备。根据国家标准《火灾自动报警系统施工及验收规范》GB 50116 和《消防联动控制系统》GB 16806 的有关规定，消防应急电源应具有以下功能：供电功能；显示功能；保护功能；控制功能；转换功能；充电功能；放电功能；故障报警功能；主电工作极限条件；应急状态的输出特性。

5. 消防应急广播设备

消防应急广播设备是火灾情况下用于通告火灾报警信息、发出人员疏散语音指示及灾害事项信息的广播设备，也是消防联动控制设备的相关设备之一。当有火警或其他灾害与突发性事件发生时，通过中心指挥系统将有关指令或事先准备播放的内容，及时、准确地广播出去。消防应急广播设备具有以下功能：应急广播功能；故障报警功能；自检功能；电源功能。

6. 消防电话

消防电话是火灾自动报警系统中专用于各保护区域的重要部位与消防控制室之间传递火灾等突发事件有关语音信息的专用电话设备，也是消防联动控制设备的相关设备之一。

消防电话由电话总机、电话分机和传输介质组成。消防电话总机和分机分别设置在消防控制室和保护区各重要部位。当保护区出现火警或其他灾害与突发事件时，现场人员可利用分布于现场内的电话插孔和消防电话分机，无需拨号，摘机即可通话，从而准确、及时地与消防控制室进行联络。消防电话总机通过总线接口与分布于现场的电话分机进行通信（多线制消防电话主机一般直接与分机连接）。现场分机呼叫主机时，总机即有振铃声，同时显示分机号；当总机处于通话状态时，自动启动内部电子数字录音。数字录音断电时不丢失，可实现每次通话自动录音。消防电话总机可通过面板按键直接呼叫分机。消防电话总机可外接一条市内电话线，通过操作 119 键对外呼叫火警电话 119。

7. 传输设备

传输设备是将火灾报警控制器发出的火灾报警信号和其他信号传输给建筑消防设施远程监控中心的设备。该装置具有以下功能：

（1）接收火灾自动报警系统的火灾报警信息，并将信息通过报警传输网络发送给监控中心。

（2）接收建筑消防设施运行状态信息，并将信息通过报警传输网络发送给监控中心。

（3）优先传送火灾报警信息和手动报警信息。

（4）具有自检和故障报警功能。

（5）具有主、备用电源自动转换功能；备用电源的容量应能保证用户信息传输装置连续正常工作时间不小于 8h。

8. 消防控制室图形显示装置

消防控制室图形显示装置是消防联动控制设备的一个重要组件。消防控制室图形显示装置与火灾报警控制器和消防联动控制器进行通信，及时接收消防系统中的设备火警信号、联动信号和故障信号，并通过图形终端把火警信息、故障信息和联动信息直观地显示在建筑平面图上，从而使消防管理人员能够方便及时地处理火灾事故。消防控制室图形显示装置应具有下述功能：通信功能；状显示功能；通信故障报警功能；信息记录功能；信息传输功能。

9. 消防联动模块

消防联动模块是用于消防联动控制器与其所连接的受控设备之间信号传输、转换的一种器件，包括消防联动中继模块、消防联动输入模块、消防联动输出模块和消防联动输入/输出模块，它是消防联动控制设备完成对受控消防设备联动控制功能所需的一种辅助器件。

（1）中继模块

消防联动中继模块是由信号整形、滤波稳压和信号放大过流保护电路等部分组成，用于对消防联动控制系统内部各种电信号进行远距离传输和放大驱动。该模块分为总线型和非总线型两种。总线型中继模块主要作用是增加联动总线的负载能力，提高消防联动控制系统的可靠性。

（2）输入模块

消防联动输入模块是由无极性转换电路、滤波整形、编码信号变换电路、主控电路、指示灯电路、信号隔离变换电路等部分组成，用于把消防联动控制器所连接的消防设备、器件的工作状态信号输入相应的消防联动控制器。该模块一般与消防联动控制器相连。消防联动输入模块的工作原理是：自动灭火设备、防排烟设备、防火门窗、防火卷帘、水流指示器、消火栓、压力开关等消防设备、器件在监视状态时，其内部继电器处于常开状态；当处于启动工作状态时，继电器由常开转变为常闭状态。消防联动输入模块内部的信号隔离变换电路将上述消防设备、器件的工作状态转换为电信号，传给消防联动输入模块的主控电路。主控电路一般通过分析与判断，确认消防设备的工作状态，同时通过信号总线上传给相应的消防联动控制器。

（3）输出模块

消防联动输出模块用于将消防联动控制器的控制信号传输给其连接的消防设备、器件。该模块分为总线型和非总线型两种，一般与消防联动控制器相连，其工作原理是：当消防联动控制设备发出启动信号后，根据预置逻辑，通过总线将联动控制信号输送到消防联动输出模块，启动需要联动的消防设备、器件，如消防水泵、防排烟阀、送风阀、防火卷帘门、风机、警铃等。

（4）输入/输出模块

消防联动输入/输出模块同时具有消防联动输入模块和消防联动输出模块功能的消防联动模块，其作用、组成和工作原理等同上。

10. 消防电动装置

消防电动装置是自动灭火设备、防排烟设备、防火门窗和防火卷帘等自动消防设施的电气驱动装置，是消防联动控制设备完成对受控消防设备的联动控制的一种重要的辅助装置。

（1）基本功能

消防电动装置能够接收消防联动控制器或消防电气控制装置的控制信号，在30s内发出驱动信号，驱动受控设备，完成预定消防功能，并反馈消防设施的状态。同时具有手动和自动控制功能的消防电动装置，应有手动和自动控制状态光指示；在自动状态下，手动插入操作优先。对具有机械操作部件的消防电动装置施加的推力不超过规定动作推力80%时，消防电动装置不应发出驱动信号。

（2）组成与工作原理

消防电动装置一般由信号接收、信号处理、驱动、显示四个部分组成。驱动机构一般由电磁阀、电动阀或各种电机及附属机械部件构成。消防电动装置通常接收控制信号，将信号进行处理、转换，形成驱动信号并传送至驱动机构。驱动机构接收到驱动信号后动作，带动受控设备执行预定的动作。

11. 消火栓按钮

消火栓按钮是用于向消防联动控制器或消火栓水泵控制器发送动作信号并启动消防水

泵的器件，也是消防联动控制设备的一种辅助器件。

（1）功能与性能

消火栓按钮具有以下主要功能与性能：

向消火栓水泵控制器或消防联动控制器发送启动控制信号，启动消防水泵，点亮启动确认灯；接收消火栓水泵启动回答信号，点亮回答确认灯。工作电压小于36V；按钮的正常监视状态通过其前面板外观能清晰识别，通过击碎启动零件或使启动零件移位的操作方式进入启动状态并与正常监视状态有明显区别；按钮设红色启动确认灯、绿色回答确认灯；按钮至少具有一对常开或常闭接点。启动零件不可重复使用的消火栓按钮有专门测试手段，在不击碎启动零件的情况下进行模拟启动及复位测试。消火栓按钮的复位手段只能使用工具进行。启动零件不可重复使用的，更换新的启动零件；启动零件可重复使用的，复位启动零件。

（2）组成与工作原理

消火栓按钮一般由前面板、底座、启动零件、启动确认灯、回答确认灯、接点等组成。对于可编址的消火栓按钮，还包括地址编码部分。

当发生火灾，需要从消火栓取水灭火时，手动操作启动零件使其动作，按钮发出启动信号，同时点亮启动确认灯。启动信号被传送至消防水泵控制器或消防联动控制器，消防水泵启动向消火栓供水，同时将水泵的启动回答信号反馈至消火栓按钮，按钮的回答确认灯点亮。消火栓按钮被启动后，直至启动零件被更换或手动复原，方可恢复到正常状态。启动零件由玻璃或塑料等物质构成，在受到压力或击打后，发生破碎或明显的位移。

（二）控制设计要求

（1）各类受控消防设备或系统的控制和显示功能的设计应满足消防控制室的要求；

（2）消防联动控制器应能按设定的控制逻辑向各相关的受控设备发出联动控制信号，并接受相关设备的联动反馈信号；

（3）消防联动控制器的电压控制输出应采用直流24V，其电源容量应满足受控消防设备同时启动且维持工作的控制容量要求；

（4）各受控设备接口的特性参数应与消防联动控制器发出的联动控制信号相匹配；

（5）消防水泵、防烟和排烟风机的控制设备除采用自动控制方式外，还应在消防控制室设置手动直接控制装置；

（6）启动电流较大的消防设备宜分时启动；

（7）需要火灾自动报警系统联动控制的消防设备，其联动触发信号应采用两个报警触发装置报警信号的"与"逻辑组合。

（三）控制逻辑

1. 自动喷水灭火系统

（1）湿式系统和干式系统的联动控制设计，应符合下列规定：

1）联动控制方式，应由湿式报警阀压力开关的动作信号作为触发信号，直接控制启动喷淋消防泵，联动控制不应受消防联动控制器处于自动或手动状态影响；

2）手动控制方式，应将喷淋消防泵控制箱（柜）的启动、停止按钮用专用线路直接连接至设置在消防控制室内的消防联动控制器的手动控制盘，直接手动控制喷淋消防泵的启动、停止；

　　3）水流指示器、信号阀、压力开关、喷淋消防泵的启动和停止的动作信号应反馈至消防联动控制器。

　　（2）预作用系统的联动控制设计，应符合下列规定：

　　1）联动控制方式，应由同一报警区域内两只及以上独立的感烟火灾探测器或一只感烟火灾探测器与一只手动火灾报警按钮的报警信号，作为预作用阀组开启的联动触发信号。由消防联动控制器控制预作用阀组的开启，使系统转变为湿式系统；当系统设有快速排气装置时，应联动控制排气阀前的电动阀的开启。湿式系统的联动控制设计应符合前述的规定；

　　2）手动控制方式，应将喷淋消防泵控制箱（柜）的启动和停止按钮、预作用阀组和快速排气阀入口前的电动阀的启动和停止按钮，用专用线路直接连接至设置在消防控制室内的消防联动控制器的手动控制盘，直接手动控制喷淋消防泵的启动、停止及预作用阀组和电动阀的开启；

　　3）水流指示器、信号阀、压力开关、喷淋消防泵的启动和停止的动作信号，有压气体管道气压状态信号和快速排气阀入口前电动阀的动作信号应反馈至消防联动控制器。

　　（3）雨淋系统的联动控制设计，应符合下列规定：

　　1）联动控制方式，应由同一报警区域内两只及以上独立的感温火灾探测器或一只感温火灾探测器与一只手动火灾报警按钮的报警信号，作为雨淋阀组开启的联动触发信号。由消防联动控制器控制雨淋阀组的开启；

　　2）手动控制方式，应将雨淋消防泵控制箱（柜）的启动和停止按钮、雨淋阀组的启动和停止按钮，用专用线路直接连接至设置在消防控制室内的消防联动控制器的手动控制盘，直接手动控制雨淋消防泵的启动、停止及雨淋阀组的开启；

　　3）水流指示器，压力开关，雨淋阀组、雨淋消防泵的启动和停止的动作信号应反馈至消防联动控制器。

　　（4）自动控制的水幕系统的联动控制设计，应符合下列规定：

　　1）联动控制方式，当自动控制的水幕系统用于防火卷帘的保护时，应由防火卷帘下落到楼板面的动作信号与本报警区域内任一火灾探测器或手动火灾报警按钮的报警信号作为水幕阀组启动的联动触发信号，由消防联动控制器联动控制水幕系统相关控制阀组的启动；仅用水幕系统作为防火分隔时，应由该报警区域内两只独立的感温火灾探测器的火灾报警信号作为水幕阀组启动的联动触发信号，由消防联动控制器联动控制水幕系统相关控制阀组的启动。

　　2）手动控制方式，应将水幕系统相关控制阀组和消防泵控制箱（柜）的启动、停止按钮用专用线路直接连接至设置在消防控制室内的消防联动控制器的手动控制盘，并应直接手动控制消防泵的启动、停止及水幕系统相关控制阀组的开启。

　　3）压力开关、水幕系统相关控制阀组和消防泵的启动、停止动作信号应反馈至消防联动控制器。

　　2. 消火栓系统

　　消火栓系统的联动控制设计应符合下列要求：

　　（1）联动控制方式，应由消火栓系统出水干管上设置的低压压力开关、高位消防水箱出水管上设置的流量开关或报警阀压力开关等信号作为触发信号，直接控制启动消火栓泵，不受消防联动控制器处于自动或手动状态影响。当设置消火栓按钮时，消火栓按钮的动作信号应作为报警信号及启动消火栓泵的联动触发信号，由消防联动控制器联动控制消火栓泵的启动。

（2）手动控制方式，应将消火栓泵控制箱（柜）的启动、停止按钮用专用线路直接连接至设置在消防控制室内的消防联动控制器的手动控制盘，直接手动控制消火栓泵的启动、停止。

（3）消火栓泵的动作信号应反馈至消防联动控制器。

3. 气体灭火系统、泡沫灭火系统

气体灭火系统、泡沫灭火系统应分别由专用的气体灭火控制器、泡沫灭火控制器控制。气体灭火系统、泡沫灭火系统的联动控制设计应符合下列要求：

（1）自带火灾探测器的气体灭火系统、泡沫灭火系统

气体灭火控制器、泡沫灭火控制器直接连接火灾探测器时，气体灭火系统、泡沫灭火系统的自动控制方式应符合下列规定：

1）应由同一防护区域内两只独立的火灾探测器报警信号、一只火灾探测器与一只手动火灾报警按钮的报警信号或防护区外的紧急启动信号，作为系统的联动触发信号，探测器的组合宜采用感烟火灾探测器和感温火灾探测器，各类探测器应按规定分别计算保护面积；

2）气体灭火控制器、泡沫灭火控制器在接收到满足联动逻辑关系的首个联动触发信号后，应启动设置在该防护区内的火灾声光警报器，且联动触发信号应为任一防护区域内设置的感烟火灾探测器、其他类型火灾探测器或手动火灾报警按钮的首次报警信号；在接收到第二个联动触发信号后，应发出联动控制信号，且联动触发信号应为同一防护区域内与首次报警的火灾探测器或手动火灾报警按钮相邻的感温火灾探测器、火焰探测器或手动火灾报警按钮的报警信号；

3）联动控制信号内容包括：关闭防护区域的送、排风机及送排风阀门；停止通风和空气调节系统及关闭设置在该防护区域的电动防火阀；联动控制防护区域开口封闭装置的启动，包括关闭防护区域的门、窗；启动气体灭火装置、泡沫灭火装置，气体灭火控制器、泡沫灭火控制器，可设定不大于 30s 的延迟喷射时间；

4）平时无人工作的防护区，可设置为无延迟的喷射，且应在接收到满足联动逻辑关系的首个联动触发信号后执行第 3 款规定的除启动气体灭火装置、泡沫灭火装置外的联动控制；在接收到第二个联动触发信号后，应启动气体灭火装置、泡沫灭火装置；

5）气体灭火防护区出口外上方应设置表示气体喷洒的火灾声光警报器，指示气体释放的声信号应与该保护对象中设置的火灾声警报器的声信号有明显区别。启动气体灭火装置、泡沫灭火装置的同时，启动设置在防护区入口处表示气体喷洒的火灾声光警报器；组合分配系统应首先开启相应防护区域的选择阀，然后启动气体灭火装置、泡沫灭火装置。

（2）不自带火灾探测器的气体灭火系统、泡沫灭火系统

气体灭火控制器、泡沫灭火控制器不直接连接火灾探测器时，气体灭火系统、泡沫灭火系统的自动控制方式应符合下列规定：

1）气体灭火系统、泡沫灭火系统的联动触发信号应由火灾报警控制器或消防联动控制器发出；

2）气体灭火系统、泡沫灭火系统的联动触发信号和联动控制的要求同自带火灾探测器的气体灭火系统、泡沫灭火系的自动控制要求。

（3）手动控制

气体灭火系统、泡沫灭火系统的手动控制方式应符合下列规定：

1）在防护区疏散出口的门外应设置气体灭火装置、泡沫灭火装置的手动启动和停止按钮，手动启动按钮按下时，气体灭火控制器、泡沫灭火控制器应执行自带火灾探测器的气体灭火系统、泡沫灭火系统的自动控制要求中第 3 款及第 5 款规定的联动操作；手动停止按钮按下时，气体灭火控制器、泡沫灭火控制器应停止正在执行的联动操作；

2）气体灭火控制器、泡沫灭火控制器上应设置对应于不同防护区的手动启动和停止按钮，手动启动按钮按下时，气体灭火控制器、泡沫灭火控制器应执行自带火灾探测器的气体（泡沫）灭火系统的自动控制要求中第 3 款及第 5 款规定的联动操作；手动停止按钮按下时，气体灭火控制器、泡沫灭火控制器应停止正在执行的联动操作。

（4）信号反馈

气体灭火装置、泡沫灭火装置启动及喷放各阶段的联动控制及系统的反馈信号应反馈至消防联动控制器。系统的联动反馈信号主要包括：

1）气体灭火控制器、泡沫灭火控制器直接连接的火灾探测器的报警信号；

2）选择阀的动作信号；

3）压力开关的动作信号；

4）防护区域内设有手动与自动转换装置的系统，其手动或自动控制方式的工作状态应在防护区内、外的手动、自动控制状态显示装置上显示，该状态信号应反馈至消防联动控制器。

4. 防烟排烟系统

防烟排烟系统的联动控制设计应符合下列要求。

（1）防烟系统的联动控制方式应符合下列规定：

1）由加压送风口所在防火分区内的两只独立的火灾探测器或一只火灾探测器与一只手动火灾报警按钮的报警信号，作为送风口开启和加压送风机启动的联动触发信号，由消防联动控制器联动控制火灾层和相关层前室等需要加压送风场所的加压送风口开启和加压送风机启动；

2）由同一防烟分区内且位于电动挡烟垂壁附近的两只独立的感烟火灾探测器的报警信号作为电动挡烟垂壁降落的联动触发信号，由消防联动控制器联动控制电动挡烟垂壁的降落。

（2）排烟系统的联动控制方式应符合下列规定：

1）由同一防烟分区内的两只独立的火灾探测器作为排烟口、排烟窗或排烟阀开启的联动触发信号，由消防联动控制器联动控制排烟口、排烟窗或排烟阀的开启，同时停止该防烟分区的空气调节系统；

2）排烟口、排烟窗或排烟阀开启的动作信号作为排烟风机启动的联动触发信号，由消防联动控制器联动控制排烟风机的启动；

3）排烟风机入口处的总管上设置的 280℃ 排烟防火阀在关闭后直接联动控制风机停止，排烟防火阀及风机的动作信号应反馈至消防联动控制器。

（3）防烟系统、排烟系统的手动控制方式，应能在消防控制室内的消防联动控制器上手动控制送风口、电动挡烟垂壁、排烟口、排烟窗、排烟阀的开启或关闭及防烟风机、排烟风机等设备的启动或停止，防烟、排烟风机的启动、停止按钮应采用专用线路直接连接至设置在消防控制室内的消防联动控制器的手动控制盘，直接手动控制防烟、排烟风机的启动、停止。

（4）送风口、排烟口、排烟窗或排烟阀开启和关闭的动作信号，防烟、排烟风机启动和停止及电动防火阀关闭的动作信号，均应反馈至消防联动控制器。

5. 防火门

防火门系统的联动控制设计，应符合下列规定：

（1）常开防火门所在防火分区内的两只独立的火灾探测器或一只火灾探测器与一只手动火灾报警按钮的报警信号，作为常开防火门关闭的联动触发信号，联动触发信号应由火灾报警控制器或消防联动控制器发出，由消防联动控制器或防火门监控器联动控制防火门关闭；

（2）疏散通道上各防火门的开启、关闭及故障状态信号应反馈至防火门监控器。

6. 防火卷帘

防火卷帘的联动控制设计应符合下列要求：

（1）防火卷帘的升降应由防火卷帘控制器控制。

（2）疏散通道上设置的防火卷帘的联动控制设计，应符合下列规定：

1）联动控制方式，防火分区内任两只独立的感烟火灾探测器或任一只专门用于联动防火卷帘的感烟火灾探测器的报警信号联动控制防火卷帘下降至距楼板面 1.8m 处；任一只专门用于联动防火卷帘的感温火灾探测器的报警信号联动控制防火卷帘下降到楼板面；在卷帘的任一侧距卷帘纵深 0.5～5m 内应设置不少于 2 只专门用于联动防火卷帘的感温火灾探测器；

2）手动控制方式，由防火卷帘两侧设置的手动控制按钮控制防火卷帘的升降。

（3）非疏散通道上设置的防火卷帘的联动控制设计，应符合下列规定：

1）联动控制方式，由防火卷帘所在防火分区内任两只独立的火灾探测器的报警信号，作为防火卷帘下降的联动触发信号，并应联动控制防火卷帘直接下降到楼板面；

2）手动控制方式，由防火卷帘两侧设置的手动控制按钮控制防火卷帘的升降，并应能在消防控制室内的消防联动控制器上手动控制防火卷帘的降落。

（4）防火卷帘下降至距楼板面 1.8m 处、下降到楼板面的动作信号和防火卷帘控制器直接连接的感烟、感温火灾探测器的报警信号应反馈至消防联动控制器。

7. 电梯

（1）消防电梯及客梯的联动控制信号应由消防联动控制器发出。当确认火灾后，消防联动控制器应发出联动控制信号强制所有电梯停于首层或电梯转换层。除消防电梯外，其他电梯的电源应切断。

（2）消防电梯及客梯运行状态信息和停于首层或转换层的反馈信号应传送给消防控制室显示，轿厢内应设置直接能与消防控制室通话的专用电话。

8. 火灾警报和消防应急广播系统

（1）火灾警报装置

1）火灾自动报警系统应设火灾声光警报器，并在确认火灾后启动建筑内所有火灾声光警报器。

2）未设置消防联动控制器的火灾自动报警系统，火灾警报器应由火灾报警控制器控制；设置消防联动控制器的火灾自动报警系统，火灾警报器应由火灾报警控制器或消防联动控制器控制。

3）公共场所宜设置具有同一种火灾变调声的火灾声警报器；具有多个报警区域的保护对象，宜选用带有语音提示的火灾声警报器；学校、工厂等各类日常使用电铃的场所，不应使用警铃作为火灾声警报器。

4）火灾声警报器设置带有语音提示功能时，应同时设置语音同步器。

5）同一建筑内设置多个火灾声警报器时，火灾自动报警系统应能同时启动和停止所有火灾声警报器工作。

6）火灾声警报器单次发出火灾警报时间宜在 8～20s 之间，同时设有消防应急广播时，火灾声警报应与消防应急广播交替循环播放。

（2）消防应急广播系统

1）集中报警系统和控制中心报警系统应设置消防应急广播。

2）消防应急广播系统的联动控制信号应由消防联动控制器发出。当确认火灾后，应同时向全楼进行广播。

3）消防应急广播的单次语音播放时间宜在 10～30s 之间，应与火灾声警报器分时交替工作，可采取 1 次声警报器播放，1 或 2 次消防应急广播播放的交替工作方式循环播放。

4）消防控制室内应能显示消防应急广播的广播分区的工作状态。

5）在消防控制室应能手动或按照预设控制逻辑联动控制选择广播分区、启动或停止应急广播系统，并能监听消防应急广播。在通过传声器进行应急广播时，自动对广播内容进行录音。

6）消防应急广播与普通广播或背景音乐广播合用时，应具有强制切入消防应急广播的功能。

9．消防应急照明和疏散指示系统

消防应急照明和疏散指示系统联动控制的设计，应符合下列规定：

（1）集中控制型消防应急照明和疏散指示系统，应由火灾报警控制器或消防联动控制器启动应急照明控制器实现；

（2）集中电源非集中控制型消防应急照明和疏散指示系统，应由消防联动控制器联动应急照明集中电源和应急照明分配电装置实现；

（3）自带电源非集中控制型消防应急照明系统的联动应由消防联动控制器联动消防应急照明配电箱实现。

当确认火灾后，由发生火灾的报警区域开始，顺序启动全楼疏散通道的消防应急照明和疏散指示标志系统，系统投入应急状态的启动时间不应大于 5s。

10．相关联动控制

（1）消防联动控制器应具有切断火灾区域及相关区域的非消防电源的功能，当需要切断正常照明时，宜在自动喷淋系统、消火栓系统动作前切断。

（2）消防联动控制器应具有自动打开涉及疏散的电动栅杆等的功能，宜开启相关区域安全技术防范系统的摄像机监视火灾现场。

（3）消防联动控制器应具有打开疏散通道上由门禁系统控制的门和庭院的电动大门的功能，并打开停车场出入口的挡杆。

三、消防监控信息管理

随着建筑技术的发展，现代建筑中火灾监控系统既可以独立运行，完成火灾信息的采集、判断、处理和确认并实施联动控制；还可通过网络通信实施远端报警及信息传输，向城市消防远程监控中心报警。在平时，为消防机构防火监督管理提供火灾监控系统运行状况和数据资料；在火灾发生并确认报警后，为消防部队及时到位提供道路交通情况，为有效灭火提供充足水源，为火场讯情传递和灭火指挥提供信息。

（一）消防控制室信息要求

消防控制室图形显示装置应能监控并显示建筑消防设施运行状态信息，并应具有向城市消防远程监控中心传输这些信息的功能。

1. 信息显示要求

（1）消防控制室图形显示装置应能显示消防控制室资料要求中规定的有关管理信息及消防安全管理信息。

（2）消防控制室图形显示装置应能用同一界面显示建（构）筑物周边消防车道、消防登高车操作场地、消防水源位置，以及相邻建筑的防火间距、建筑面积、建筑高度、使用性质等情况。

（3）消防控制室图形显示装置应能显示消防系统及设备的名称、位置和动态信息。

（4）当有火灾报警信号、监管报警信号、反馈信号、屏蔽信号、故障信号输入时，消防控制室应有相应状态的专用总指示，在总平面布局图中应显示输入信号的建（构）筑物的位置，在建筑平面图上应显示输入信号所在的位置和名称，并记录时间、信号类别和部位等信息。

（5）消防控制室图形显示装置应在10s内显示输入的火灾报警信号和反馈信号的状态信息，100s内显示其他输入信号的状态信息。

（6）消防控制室图形显示装置应有中文标注和中文界面，界面对角线长度不应小于430mm。

（7）消防控制室图形显示装置应能显示可燃气体探测报警系统、电气火灾监控系统的报警信息、故障信息和相关联动反馈信息。

2. 信息记录要求

（1）消防控制室图形显示装置应记录表25-8中规定的建筑消防设施运行状态信息，记录容量不应少于10000条，记录备份后方可被覆盖。

（2）消防控制室图形显示装置应具有产品维护保养的内容和时间、系统程序的进入和退出时间、操作人员姓名或代码等内容的记录，存储记录容量不应少于10000条，记录备份后方可被覆盖。

（3）消防控制室图形显示装置应记录表25-9中规定的消防安全管理信息及系统内各个消防设备（设施）的制造商、产品有效期，记录容量不应少于10000条，记录备份后方可被覆盖。

（4）消防控制室图形显示装置应能对历史记录打印归档或刻录存盘归档。

3.信息传输要求

（1）消防控制室图形显示装置应能在接收到火灾报警信号或联动信号后 10s 内将相应信息按规定的通信协议格式传送给城市消防远程监控中心。

（2）消防控制室图形显示装置应能在接收到建筑消防设施运行状态信息后 100s 内将相应信息按规定的通信协议格式传送给城市消防远程监控中心。

（3）当具有自动向城市消防远程监控中心传输消防安全管理信息功能时，消防控制室图形显示装置应能在发出传输信息指令后 100s 内将相应信息按规定的通信协议格式传送给城市消防远程监控中心。

（4）消防控制室图形显示装置应能接收城市消防远程监控中心的查询指令并按规定的通信协议格式将表 25-8、表 25-9 规定的信息传送给城市消防远程监控中心。

（5）消防控制室图形显示装置应有信息传输指示灯，在处理和传输信息时，该指示灯应闪亮，在得到城市消防远程监控中心的正确接收确认后，该指示灯应常亮并保持直至该状态复位。当信息传送失败时应有声、光指示。

（6）火灾报警信息应优先于其他信息传输，信息传输不应受保护区域内消防系统及设备任何操作的影响。

建筑消防设施运行状态信息表　　　　　　表 25-8

设施名称		内　容
火灾探测报警系统		火灾报警信息、可燃气体探测报警信息、电气火灾监控报警信息、屏蔽信息、故障信息
消防联动控制系统	消防联动控制器	动作状态、屏蔽信息、故障信息
	消火栓系统	消防水泵电源的工作状态，消防水泵的启、停状态和故障状态，消防水箱（池）水位、管网压力报警信息及消火栓按钮的报警信息
	自动喷水灭火系统、水喷雾（细水雾）灭火系统（泵供水方式）	喷淋泵电源工作状态，喷淋泵启停状态和故障状态，水流指示器、信号阀、报警阀、压力开关的正常工作状态和动作状态
	气体灭火系统、细水雾灭火系统（压力容器供水方式）	系统的手动、自动工作状态及故障状态，阀驱动装置的正常状态和动作状态，防护区域中的防火门（窗）、防火阀、通风空调等设备的正常工作状态和动作状态，系统的启、停信息，紧急停止信号和管网压力信号
	泡沫灭火系统	消防水泵、泡沫液泵电源的工作状态，系统的手动、自动工作状态及故障状态，消防水泵、泡沫液泵的正常工作状态和动作状态
	干粉灭火系统	系统的手动、自动工作状态及故障状态，阀驱动装置的正常状态和动作状态，系统的启、停信息，紧急停止信号和管网压力信号
	防烟排烟系统	系统的手动、自动工作状态，防烟排烟风机电源的工作状态，风机、电动防火阀、电动排烟防火阀、常闭送风口、排烟阀（口）、电动排烟窗、电控挡烟垂壁的正常工作状态和动作状态

设施名称		内　容
消防联动控制系统	防火门及卷帘系统	防火卷帘控制器、防火门监控器的工作状态和故障状态；卷帘门的工作状态，具有反馈信号的各类防火门、疏散门的工作状态和故障状态等动态信息
	消防电梯	消防电梯的停用和故障状态
	消防应急广播	消防应急广播的启动、停止和故障状态
	消防应急照明和疏散指示系统	消防应急照明和疏散指示系统的故障状态和应急工作状态信息。
	消防电源	系统内各消防设备的供电电源和备用电源工作状态和欠压报警信息

消防安全管理信息表　　　　　　　　　　表 25-9

序号	名　称		内　容
1	基本情况		单位名称、编号、类别、地址、联系电话、邮政编码，消防控制室电话；单位职工人数、成立时间、上级主管（或管辖）单位名称、占地面积、总建筑面积、单位总平面图（含消防车道、毗邻建筑等）；单位法人代表、消防安全责任人、消防安全管理人及专兼职消防管理人的姓名、身份证号码、电话
2	主要建、构筑物等信息	建（构）筑	建筑物名称、编号、使用性质、耐火等级、结构类型、建筑高度、地上层数及建筑面积、地下层数及建筑面积、隧道高度及长度等、建造日期、主要储存物名称及数量、建筑物内最大容纳人数、建筑立面图及消防设施平面布置图；消防控制室位置，安全出口的数量、位置及形式（指疏散楼梯）；毗邻建筑的使用性质、结构类型、建筑高度、与本建筑的间距
		堆场	堆场名称、主要堆放物品名称、总储量、最大堆高、堆场平面图（含消防车道、防火间距）
		储罐	储罐区名称、储罐类型（指地上、地下、立式、卧式、浮顶、固定顶等）、总容积、最大单罐容积及高度、储存物名称、性质和形态、储罐区平面图（含消防车道、防火间距）
		装置	装置区名称、占地面积、最大高度、设计日产量、主要原料、主要产品、装置区平面图（含消防车道、防火间距）
3	单位（场所）内消防安全重点部位信息		重点部位名称、所在位置、使用性质、建筑面积、耐火等级、有无消防设施、责任人姓名、身份证号码及电话
4	室内外消防设施信息	火灾自动报警系统	设置部位、系统形式、维保单位名称、联系电话；控制器（含火灾报警、消防联动、可燃气体报警、电气火灾监控等）、探测器（含火灾探测、可燃气体探测、电气火灾探测等）、手动报警按钮、消防电气控制装置等的类型、型号、数量、制造商；火灾自动报警系统图
		消防水源	市政给水管网形式（指环状、支状）及管径、市政管网向建（构）筑物供水的进水管数量及管径、消防水池位置及容量、屋顶水箱位置及容量、其他水源形式及供水量、消防泵房设置位置及水泵数量、消防给水系统平面布置图

续表

序号	名　称		内　容
4	室内外消防设施信息	室外消火栓	室外消火栓管网形式（指环状、支状）及管径、消火栓数量、室外消火栓平面布置图
		室内消火栓系统	室内消火栓管网形式（指环状、支状）及管径、消火栓数量、水泵接合器位置及数量、有无与本系统相连的屋顶消防水箱
		自动喷水灭火系统（含雨淋、水幕）	设置部位、系统形式（指湿式、干式、预作用，开式、闭式等）、报警阀位置及数量、水泵接合器位置及数量、有无与本系统相连的屋顶消防水箱、自动喷水灭火系统图
		水喷雾（细水雾）灭火系统	设置部位、报警阀位置及数量、水喷雾（细水雾）灭火系统图
		气体灭火系统	系统形式（指有管网、无管网，组合分配、独立式，高压、低压等）、系统保护的防护区数量及位置、手动控制装置的位置、钢瓶间位置、灭火剂类型、气体灭火系统图
		泡沫灭火系统	设置部位、泡沫种类（指低倍、中倍、高倍，抗溶、氟蛋白等）、系统形式（指液上、液下，固定、半固定等）、泡沫灭火系统图
		干粉灭火系统	设置部位、干粉储罐位置、干粉灭火系统图
		防烟排烟系统	设置部位、风机安装位置、风机数量、风机类型、防烟排烟系统图
		防火门及卷帘系统	设置部位、数量
		消防应急广播	设置部位、数量、消防应急广播系统图
		应急照明及疏散指示系统	设置部位、数量、应急照明及疏散指示系统图
		消防电源	设置部位、消防主电源在配电室是否有独立配电柜供电、备用电源形式（市电、发电机、EPS等）
		灭火器	设置部位、配置类型（指手提式、推车式等）、数量、生产日期、更换药剂日期
5	消防设施定期检查及维护保养信息		检查人姓名、检查日期、检查类别（指日检、月检、季检、年检等）、检查内容（指各类消防设施相关技术规范规定的内容）及处理结果，维护保养日期、内容
6	日常防火巡查记录	基本信息	值班人员姓名、每日巡查次数、巡查时间、巡检部位
		用火用电	用火、用电、用气有无违章情况
		疏散通道	安全出口、疏散通道、消防车道是否畅通、是否堆放可燃物；疏散通道、疏散楼梯、顶棚装修材料是否合格
		防火门、防火卷帘	常闭防火防火门是否处于正常工作状态，是否被锁闭；防火卷帘是否处于正常工作状态，防火卷帘下方是否堆放物品影响使用
		消防设施	安全疏散指示标志、应急照明是否处于正常完好状态；火灾自动报警系统探测器是否处于正常完好状态；自动喷水灭火系统喷头、末端放（试）水装置、报警阀是否处于正常完好状态；室内、室外消火栓系统是否处于正常完好状态；灭火器是否处于正常完好状态

续表

序号	名　称	内　容
7	火灾信息	起火时间、起火部位、起火原因、报警方式（指自动、人工等）、灭火方式（指气体、喷水、水喷雾、泡沫、干粉灭火系统，灭火器，消防队等）

（二）城市消防信息监控要求

城市消防远程监控系统是通过现代通信网络将城市各建筑物内独立的火灾自动报警系统联网，并综合运用地理信息系统、数字视频监控等信息技术，在监控中心内对所有联网建筑物的火灾报警情况进行实时监测、对消防设施进行集中管理的消防信息化应用系统，是加强公共消防安全管理的一项重要科技手段，对强化单位消防安全管理，快速处置火灾，提高城市防控火灾的综合能力，具有十分重要的作用。国家标准《城市消防远程监控系统技术规范》GB 50440—2007 对远程消防监控系统的设计和施工质量提出了明确要求，《城市消防远程监控系统》GB 26875—2011 则进行了补充和细化，规范了城市消防信息监控的内容及要求。

1. 监控网络构成

城市消防远程监控系统涉及城市的各个消防安全单位、消防管理部门以及互联网技术提供商，其目的是要把全市消防安全单位自动报警设备通过报警传输网络与消防监控中心联网。系统主要由用户信息传输装置、报警传输网络、报警受理系统、信息查询系统、用户服务系统及相关终端和接口构成，如图 25-21 所示。其中各单位火灾自动报警系统是城市火灾监控系统的基础，负责收集本单位的消防信息、报警系统的维护以及具体情况的处理，一旦探测器发现火情，在向消防控制室示警的同时，也通过用户数据终端将报警信号送至城市消防远程监控中心。监控中心主要负责对各单位的消防监控、处理各单位的自动报警信息并常年实时监控城市中所有火灾自动报警系统的运行状况及人员值班情况。

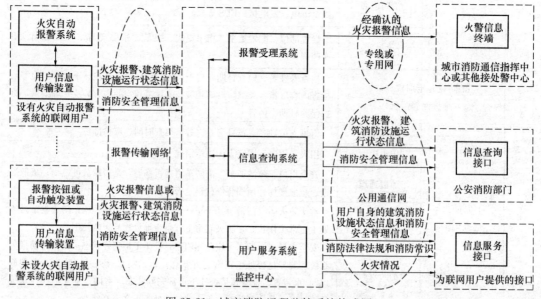

图 25-21　城市消防远程监控系统构成图

2. 功能要求

城市消防监控系统的主要功能是：对联网用户的火灾报警信息、建筑消防设施运行状态信息进行接收、处理和查询，向城市消防通信指挥中心或其他接处警中心发送经确认的火灾报警信息，对联网用户的消防安全管理信息等进行管理，并为公安消防部门和联网用户提供信息服务的系统。

（1）报警联动

城市消防监控系统应实时接收、显示联网单位的火灾自动报警系统各个监控点报警信息，并通过语音通信和数据通信对火警信息进行判别确认，真实火警及起火部位及时向城市消防通信指挥系统传送，提高火灾报警的及时性和可靠性。

（2）设施巡检

城市消防监控系统应实时监测联网单位火灾自动报警系统和其他建筑消防设施的运行状态，自动或人工对相关设备进行巡检测试，及时发现设备运行故障，确认故障类型和故障状态，并对故障信息进行跟踪处理，提示联网单位及时维修故障设备，提高建筑消防设施的完好率。

（3）单位管理

城市消防监控系统应为社会单位提供消防安全管理的模块，拓展服务功能。联网单位依托远程监控系统平台，落实岗位责任制，严格日常管理，还可以随时掌握本单位建筑消防设施运行情况，建立消防档案，制作灭火预案，开展网上培训、隐患登记整改等消防安全管理工作，提高单位自身的消防安全管理水平。

（4）消防监督

城市消防监控系统除与城市消防通信指挥系统交流信息外，还应为消防监督部门提供监控接口。消防监督机构可以随时登录系统平台对社会单位自身消防安全管理状况和消防安全重点部位进行监控，对自身管理状况不好或存在隐患的单位加大监督执法力度，提高监督执法的针对性和有效性，切实做到将火灾隐患解决在火灾发生之前。

附录一 各类非木结构构件的燃烧性能和耐火极限

各类非木结构构件的燃烧性能和耐火极限

附表 1

序号	构件名称		构件厚度或截面最小尺寸(mm)	耐火极限(h)	燃烧性能
一	承重墙				
1	普通黏土砖、硅酸盐砖，混凝土、钢筋混凝土实体墙		120	2.50	不燃性
			180	3.50	不燃性
			240	5.50	不燃性
			370	10.50	不燃性
2	加气混凝土砌块墙		100	2.00	不燃性
3	轻质混凝土砌块、天然石料的墙		120	1.50	不燃性
			240	3.50	不燃性
			370	5.50	不燃性
二	非承重墙				
1	普通黏土砖墙	1. 不包括双面抹灰	60	1.50	不燃性
			120	3.00	不燃性
		2. 包括双面抹灰(15mm 厚)	150	4.50	不燃性
			180	5.00	不燃性
			240	8.00	不燃性
2	七孔黏土砖墙(不包括墙中空120mm)	1. 不包括双面抹灰	120	8.00	不燃性
		2. 包括双面抹灰	140	9.00	不燃性
3	粉煤灰硅酸盐砌块墙		200	4.00	不燃性
4	轻质混凝土墙	1. 加气混凝土砌块墙	75	2.50	不燃性
			100	6.00	不燃性
			200	8.00	不燃性
		2. 钢筋加气混凝土垂直墙板墙	150	3.00	不燃性
		3. 粉煤灰加气混凝土砌块墙	100	3.40	不燃性
		4. 充气混凝土砌块墙	150	7.50	不燃性
5	空心条板隔墙	1. 菱苦土珍珠岩圆孔	80	1.30	不燃性
		2. 炭化石灰圆孔	90	1.75	不燃性

序号	构件名称		构件厚度或截面最小尺寸(mm)	耐火极限(h)	燃烧性能
6	钢筋混凝土大板墙(C20)		60	1.00	不燃性
			120	2.60	不燃性
7	轻质复合隔墙	1. 菱苦土板夹纸蜂窝隔墙，构造(mm)：2.5+50(纸蜂窝)+25	77.5	0.33	难燃性
		2. 水泥刨花复合板隔墙(内空层60mm)	80	0.75	难燃性
		3. 水泥刨花板龙骨水泥板隔墙，构造(mm)：12+86(空)+12	110	0.50	难燃性
		4. 石棉水泥龙骨石棉水泥板隔墙，构造(mm)：5+80(空)+60	145	0.45	不燃性
8	石膏空心条板隔墙	1. 石膏珍珠岩空心条板，膨胀珍珠岩的容重为(50~80)kg/m³	60	1.50	不燃性
		2. 石膏珍珠岩空心条板，膨胀珍珠岩的容重为(60~120)kg/m³	60	1.20	不燃性
		3. 石膏珍珠岩塑料网空心条板，膨胀珍珠岩的容重为(60~120)kg/m³	60	1.30	不燃性
		4. 石膏珍珠岩双层空心条板，构造(mm)：60+50(空)+60	170	3.75	不燃性
		膨胀珍珠岩的容重为(50~80)kg/m³	170	3.75	不燃性
		膨胀珍珠岩的容重为(60~120)kg/m³	60	1.50	不燃性
		5. 石膏硅酸盐空心条板	90	2.25	不燃性
		6. 石膏粉煤灰空心条板	60	1.28	不燃性
		7. 增强石膏空心墙板	90	2.50	不燃性
9	石膏龙骨两面钉表右侧材料的隔墙	1. 纤维石膏板，构造(mm)：			
		10+64(空)+10	84	1.35	不燃性
		8.5+103(填矿棉，容重为100kg/m³)+8.5	120	1.00	不燃性
		10+90(填矿棉，容重为100kg/m³)+10	110	1.00	不燃性
		2. 纸面石膏板，构造(mm)：			
		11+68(填矿棉，容重为100kg/m³)+11	90	0.75	不燃性
		12+80(空)+12	104	0.33	不燃性
		11+28(空)+11+65(空)+11+28(空)+11	165	1.50	不燃性
		9+12+128(空)+12+9	170	1.20	不燃性
		25+134(空)+12+9	180	1.50	不燃性
		12+80(空)+12+12+80(空)+12	208	1.00	不燃性

序号		构 件 名 称	构件厚度或截面最小尺寸(mm)	耐火极限(h)	燃烧性能
10	木龙骨两面钉表右侧材料的隔墙	1. 石膏板，构造(mm)：12＋50(空)＋12	74	0.30	难燃性
		2. 纸面玻璃纤维石膏板，构造(mm)：10＋55(空)＋10	75	0.60	难燃性
		3. 纸面纤维石膏板，构造(mm)：10＋55(空)＋10	75	0.60	难燃性
		4. 钢丝网(板)抹灰，构造(mm)：15＋50(空)＋15	80	0.85	难燃性
		5. 板条抹灰，构造(mm)：15＋50(空)＋15	80	0.85	难燃性
		6. 水泥刨花板，构造(mm)：15＋50(空)＋15	80	0.30	难燃性
		7. 板条抹1：4石棉水泥隔热灰浆，构造(mm)：20＋50(空)＋20	90	1.25	难燃性
		8. 苇箔抹灰，构造(mm)：15＋70＋15	100	0.85	难燃性
11	钢龙骨两面钉表右侧材料的隔墙	1. 纸面石膏板，构造：			
		20mm＋46mm(空)＋12mm	78	0.33	不燃性
		2×12mm＋70mm(空)＋2×12mm	118	1.20	不燃性
		2×12mm＋70mm(空)＋3×12mm	130	1.25	不燃性
		2×12mm＋75mm(填岩棉，容重为100kg/m³)＋2×12mm	123	1.50	不燃性
		12mm＋75mm(填50mm玻璃棉)＋12mm	99	0.50	不燃性
		2×12mm＋75mm(填50mm玻璃棉)＋2×12mm	123	1.00	不燃性
		3×12mm＋75mm(填50mm玻璃棉)＋3×12mm	147	1.50	不燃性
		12mm＋75mm(空)＋12mm	99	0.52	不燃性
		12mm＋75mm(其中5.0%厚岩棉)＋12mm	99	0.90	不燃性
		15mm＋9.5mm＋75mm＋15mm	123	1.50	不燃性
		2. 复合纸面石膏板，构造(mm)：			
		10＋55(空)＋10	75	0.60	不燃性
		15＋75(空)＋1.5＋9.5(双层板受火)	101	1.10	不燃性
		3. 耐火纸面石膏板，构造：			
		12mm＋75mm(其中5.0%厚岩棉)＋12mm	99	1.05	不燃性
		2×12mm＋75mm＋2×12mm	123	1.10	不燃性
		2×15mm＋100mm(其中8.0%厚岩棉)＋15mm	145	1.50	不燃性

序号		构件名称	构件厚度或截面最小尺寸(mm)	耐火极限(h)	燃烧性能
11	钢龙骨两面钉表右侧材料的隔墙	4. 双层石膏板，板内掺纸纤维，构造： 2×12mm+75mm(空)+2×12mm	123	1.10	不燃性
		5. 单层石膏板，构造(mm)： 12+75(空)+12 12+75(填50mm厚岩棉，容重100kg/m³)+12	99 99	0.50 1.20	不燃性 不燃性
		6. 双层石膏板，构造： 18mm+70mm(空)+18mm 2×12mm+75mm(空)+2×12mm 2×12mm+75mm(填岩棉，容重100kg/m³)+2×12mm	106 123 123	1.35 1.35 2.10	不燃性 不燃性 不燃性
		7. 防火石膏板，板内掺玻璃纤维，岩棉容重为60kg/m³，构造： 2×12mm+75mm(空)+2×12mm 2×12mm+75mm(填40mm岩棉)+2×12mm 12mm+75mm(填50mm岩棉)+12mm 3×12mm+75mm(填50mm岩棉)+3×12mm 4×12mm+75mm(填50mm岩棉)+4×12mm	 123 123 99 147 171	 1.35 1.60 1.20 2.00 3.00	 不燃性 不燃性 不燃性 不燃性 不燃性
		8. 单层玻镁砂光防火板，硅酸铝纤维棉容重为180kg/m³，构造： 8mm+75mm(填硅酸铝纤维棉)+8mm 10mm+75mm(填硅酸铝纤维棉)+10mm	 91 95	 1.50 2.00	 不燃性 不燃性
		9. 布面石膏板，构造： 12mm+75mm(空)+12mm 12mm+75mm(填玻璃棉)+12mm 2×12mm+75mm(空)+2×12mm 2×12mm+75mm(填玻璃棉)+2×12mm	 99 99 123 123	 0.40 0.50 1.00 1.20	 难燃性 难燃性 难燃性 难燃性
		10. 矽酸钙板(氧化镁板)填岩棉，岩棉容重为180kg/m³，构造： 8mm+75mm+8mm 10mm+75mm+10mm	 91 95	 1.50 2.00	 不燃性 不燃性

序号	构件名称		构件厚度或截面最小尺寸(mm)	耐火极限(h)	燃烧性能
11	钢龙骨两面钉表右侧材料的隔墙	11. 硅酸钙板填岩棉，岩棉容重为 100 kg/m³，构造：			
		8mm+75mm+8mm	91	1.00	不燃性
		2×8mm+75mm+2×8mm	107	2.00	不燃性
		9mm+100mm+9mm	118	1.75	不燃性
		10mm+100mm+10mm	120	2.00	不燃性
12	轻钢龙骨两面钉表右侧材料的隔墙	1. 耐火纸面石膏板，构造：			
		3×12mm+100mm(岩棉)+2×12mm	160	2.00	不燃性
		3×15mm+100mm(50mm 厚岩棉)+2×12mm	169	2.95	不燃性
		3×15mm+100mm(80mm 厚岩棉)+2×15mm	175	2.82	不燃性
		3×15mm+150mm(100mm 厚岩棉)+3×15mm	240	4.00	不燃性
		9.5mm+3×12mm+100mm(空)+100mm(80mm 厚岩棉)+2×12mm+9.5mm+12mm	291	3.00	不燃性
		2. 水泥纤维复合硅酸钙板，构造(mm)：			
		4(水泥纤维板)+52(水泥聚苯乙烯粒)+4(水泥纤维板)	60	1.20	不燃性
		20(水泥纤维板)+60(岩棉)+20(水泥纤维板)	100	2.10	不燃性
		4(水泥纤维板)+92(岩棉)+4(水泥纤维板)	100	2.00	不燃性
		3. 单层双面夹矿棉硅酸钙板	100	1.50	不燃性
			90	1.00	不燃性
			140	2.00	不燃性
		4. 双层双面夹矿棉硅酸钙板			
		钢龙骨水泥刨花板，构造(mm)：12+76(空)+12	100	0.45	难燃性
		钢龙骨石棉水泥板，构造(mm)：12+75(空)+6	93	0.30	难燃性
13	两面用强度等级32.5号硅酸盐水泥，1∶3水泥砂浆的抹面的隔墙	1. 钢丝网架矿棉或聚苯乙烯夹芯板隔墙，构造(mm)：			
		25(砂浆)+50(矿棉)+25(砂浆)	100	2.00	不燃性
		25(砂浆)+50(聚苯乙烯)+25(砂浆)	100	1.07	难燃性
		2. 钢丝网聚苯乙烯泡沫塑料复合板隔墙，构造(mm)：			
		23(砂浆)+54(聚苯乙烯)+23(砂浆)	100	1.30	难燃性
		3. 钢丝网塑夹芯板(内填自熄性聚苯乙烯泡沫)隔墙	76	1.20	难燃性

序号	构件名称		构件厚度或截面最小尺寸(mm)	耐火极限(h)	燃烧性能
13	两面用强度等级32.5号硅酸盐水泥，1：3水泥砂浆的抹面的隔墙	4. 钢丝网架石膏复合墙板，构造(mm)：15(石膏板)＋50(硅酸盐水泥)＋50(岩棉)＋50(硅酸盐水泥)＋15(石膏板)	180	4.00	不燃性
		5. 钢丝网岩棉夹芯复合板	110	2.00	不燃性
		6. 钢丝网架水泥聚苯乙烯夹芯板隔墙，构造(mm)：35(砂浆)＋50(聚苯乙烯)＋35(砂浆)	120	1.00	难燃性
14	增强石膏轻质板墙		60	1.28	不燃性
	增强石膏轻质内墙板(带孔)		90	2.50	不燃性
15	空心轻质板墙	1. 孔径38mm，表面为10mm水泥砂浆	100	2.00	不燃性
		2.62mm孔空心板拼装，两侧抹灰19mm(砂：碳：水泥比为5：1：1)	100	2.00	不燃性
16	混凝土砌块墙	1. 轻集料小型空心砌块	330×140	1.98	不燃性
			330×190	1.25	不燃性
		2. 轻集料(陶粒)混凝土砌块	330×240	2.92	不燃性
			330×290	4.00	不燃性
		3. 轻集料小型空心砌块(实体墙体)	330×190	4.00	不燃性
		4. 普通混凝土承重空心砌块	330×140	1.65	不燃性
			330×190	1.93	不燃性
			330×290	4.00	不燃性
17	纤维增强硅酸钙板轻质复合隔墙		50～100	2.00	不燃性
18	纤维增强水泥加压平板墙		50～100	2.00	不燃性
19	1. 水泥聚苯乙烯粒子复合板(纤维复合)墙		60	1.20	不燃性
	2. 水泥纤维加压板墙		100	2.00	不燃性
20	采用纤维水泥加轻质粗细填充骨料混合浇注，振动滚压成型玻璃纤维增强水泥空心板隔墙		60	1.50	不燃性
21	金属岩棉夹芯板隔墙，构造：双面单层彩钢板，中间填充岩棉(容重为100kg/m³)		50	0.30	不燃性
			80	0.50	不燃性
			100	0.80	不燃性
			120	1.00	不燃性
			150	1.50	不燃性
			200	2.00	不燃性

续表

序号	构 件 名 称		构件厚度或截面最小尺寸(mm)	耐火极限(h)	燃烧性能
22	轻质条板隔墙,构造: 双面单层 4mm 硅钙板,中间填充聚苯混凝土		90	1.00	不燃性
			100	1.20	不燃性
			120	1.50	不燃性
23	轻集料混凝土条板隔墙		90	1.50	不燃性
			120	2.00	不燃性
24	灌浆水泥板隔墙,构造(mm)	6+75(中灌聚苯混凝土)+6	87	2.00	不燃性
		9+75(中灌聚苯混凝土)+9	93	2.50	不燃性
		9+100(中灌聚苯混凝土)+9	118	3.00	不燃性
		12+150(中灌聚苯混凝土)+12	174	4.00	不燃性
25	双面单层彩钢面玻镁夹芯板隔墙	1. 内衬一层 5mm 玻镁板,中空	50	0.30	不燃性
		2. 内衬一层 10mm 玻镁板,中空	50	0.50	不燃性
		3. 内衬一层 12mm 玻镁板,中空	50	0.60	不燃性
		4. 内衬一层 5mm 玻镁板,中填容重为 100kg/m³ 的岩棉	50	0.90	不燃性
		5. 内衬一层 10mm 玻镁板,中填铝蜂窝	50	0.60	不燃性
		6. 内衬一层 12mm 玻镁板,中填铝蜂窝	50	0.70	不燃性
26	双面单层彩钢面石膏复合板隔墙	1. 内衬一层 12mm 石膏板,中填纸蜂窝	50	0.70	难燃性
		2. 内衬一层 12mm 石膏板,中填岩棉(120kg/m³)	50	1.00	不燃性
			100	1.50	不燃性
		3. 内衬一层 12mm 石膏板,中空	75	0.70	不燃性
			100	0.90	不燃性
27	钢框架间填充墙、混凝土墙,当钢框架为	1. 用金属网抹灰保护,其厚度为:25mm	—	0.75	不燃性
		2. 用砖砌面或混凝土保护,其厚度为:60mm	—	2.00	不燃性
		120mm	—	4.00	不燃性
三	柱				
1	钢筋混凝土柱		180×240	1.20	不燃性
			200×200	1.40	不燃性
			200×300	2.50	不燃性
			240×240	2.00	不燃性
			300×300	3.00	不燃性
			200×400	2.70	不燃性
			200×500	3.00	不燃性
			300×500	3.50	不燃性
			370×370	5.00	不燃性

序号		构 件 名 称	构件厚度或截面最小尺寸(mm)	耐火极限(h)	燃烧性能
2		普通黏土砖柱	370×370	5.00	不燃性
3		钢筋混凝土圆柱	直径 300	3.00	不燃性
			直径 450	4.00	不燃性
4	有保护层的钢柱，保护层	1. 金属网抹 M5 砂浆，厚度(mm)：25	—	0.80	不燃性
		50	—	1.30	不燃性
		2. 加气混凝土，厚度(mm)：40	—	1.00	不燃性
		50	—	1.40	不燃性
		70	—	2.00	不燃性
		80	—	2.33	不燃性
		3. C20 混凝土，厚度(mm)：25	—	0.80	不燃性
		50	—	2.00	不燃性
		100	—	2.85	不燃性
		4. 普通黏土砖，厚度(mm)：120	—	2.85	不燃性
		5. 陶粒混凝土，厚度(mm)：80	—	3.00	不燃性
		6. 薄涂型钢结构防火涂料，厚度(mm)：5.5	—	1.00	不燃性
		7.0	—	1.50	不燃性
		7. 厚涂型钢结构防火涂料，厚度(mm)：15	—	1.00	不燃性
		20	—	1.50	不燃性
		30	—	2.00	不燃性
		40	—	2.50	不燃性
		50	—	3.00	不燃性
5	有保护层的钢管混凝土圆柱 (λ≤60)，保护层	金属网抹 M5 砂浆，厚度(mm)：25		1.00	不燃性
		35		1.50	不燃性
		45	D=200	2.00	不燃性
		60		2.50	不燃性
		70		3.00	不燃性
		金属网抹 M5 砂浆，厚度(mm)：20		1.00	不燃性
		30		1.50	不燃性
		35	D=600	2.00	不燃性
		45		2.50	不燃性
		50		3.00	不燃性
		金属网抹 M5 砂浆，厚度(mm)：18		1.00	不燃性
		26		1.50	不燃性
		32	D=1000	2.00	不燃性
		40		2.50	不燃性
		45		3.00	不燃性

序号	构 件 名 称		构件厚度或截面最小尺寸(mm)	耐火极限(h)	燃烧性能
5	有保护层的钢管混凝土圆柱(λ≤60)，保护层	金属网抹 M5 砂浆，厚度(mm)：15	D≥1400	1.00	不燃性
		25		1.50	不燃性
		30		2.00	不燃性
		36		2.50	不燃性
		40		3.00	不燃性
		厚涂型钢结构防火涂料，厚度(mm)：8	D=200	1.00	不燃性
		10		1.50	不燃性
		14		2.00	不燃性
		16		2.50	不燃性
		20		3.00	不燃性
		厚涂型钢结构防火涂料，厚度(mm)：7	D=600	1.00	不燃性
		9		1.50	不燃性
		12		2.00	不燃性
		14		2.50	不燃性
		16		3.00	不燃性
		厚涂型钢结构防火涂料，厚度(mm)：6	D=1000	1.00	不燃性
		8		1.50	不燃性
		10		2.00	不燃性
		12		2.50	不燃性
		14		3.00	不燃性
		厚涂型钢结构防火涂料，厚度(mm)：5	D≥1400	1.00	不燃性
		7		1.50	不燃性
		9		2.00	不燃性
		10		2.50	不燃性
		12		3.00	不燃性
6	有保护层的钢管混凝土方柱、矩形柱(λ≤60)，保护层	金属网抹 M5 砂浆，厚度(mm)：40	B=200	1.00	不燃性
		55		1.50	不燃性
		70		2.00	不燃性
		80		2.50	不燃性
		90		3.00	不燃性
		金属网抹 M5 砂浆，厚度(mm)：30	B=600	1.00	不燃性
		40		1.50	不燃性
		55		2.00	不燃性
		65		2.50	不燃性
		70		3.00	不燃性

序号		构件名称		构件厚度或截面最小尺寸(mm)	耐火极限(h)	燃烧性能
6	有保护层的钢管混凝土方柱、矩形柱（λ≤60），保护层	金属网抹 M5 砂浆，厚度(mm)：25		B＝1000	1.00	不燃性
		35			1.50	不燃性
		45			2.00	不燃性
		55			2.50	不燃性
		65			3.00	不燃性
		金属网抹 M5 砂浆，厚度(mm)：20		B≥1400	1.00	不燃性
		30			1.50	不燃性
		40			2.00	不燃性
		45			2.50	不燃性
		55			3.00	不燃性
		厚涂型钢结构防火涂料，厚度(mm)：8		B＝200	1.00	不燃性
		10			1.50	不燃性
		14			2.00	不燃性
		18			2.50	不燃性
		25			3.00	不燃性
		厚涂型钢结构防火涂料，厚度(mm)：6		B＝600	1.00	不燃性
		8			1.50	不燃性
		10			2.00	不燃性
		12			2.50	不燃性
		15			3.00	不燃性
		厚涂型钢结构防火涂料，厚度(mm)：5		B＝1000	1.00	不燃性
		6			1.50	不燃性
		8			2.00	不燃性
		10			2.50	不燃性
		12			3.00	不燃性
		厚涂型钢结构防火涂料，厚度(mm)：4		B＝1400	1.00	不燃性
		5			1.50	不燃性
		6			2.00	不燃性
		8			2.50	不燃性
		10			3.00	不燃性
四		梁				
	简支的钢筋混凝土梁	1. 非预应力钢筋，保护层厚度(mm)：10		—	1.20	不燃性
		20		—	1.75	不燃性
		25		—	2.00	不燃性
		30		—	2.30	不燃性
		40		—	2.90	不燃性
		50		—	3.50	不燃性

序号	构 件 名 称	构件厚度或截面最小尺寸(mm)	耐火极限(h)	燃烧性能
	2. 预应力钢筋或高强度钢丝，保护层厚度(mm)：25	—	1.00	不燃性
简支的钢筋混凝土梁	30	—	1.20	不燃性
	40	—	1.50	不燃性
	50	—	2.00	不燃性
	3. 有保护层的钢梁：15mm 厚 LG 防火隔热涂料保护层		1.50	不燃性
	20mm 厚 LY 防火隔热涂料保护层		2.30	不燃性
五	楼板和屋顶承重构件			
1	非预应力简支钢筋混凝土圆孔空心楼板，保护层厚度(mm)：10	—	0.90	不燃性
	20	—	1.25	不燃性
	30	—	1.50	不燃性
2	预应力简支钢筋混凝土圆孔空心楼板，保护层厚度(mm)：10	—	0.40	不燃性
	20	—	0.70	不燃性
	30	—	0.85	不燃性
3	四边简支的钢筋混凝土楼板，保护层厚度(mm)：10	70	1.40	不燃性
	15	80	1.45	不燃性
	20	80	1.50	不燃性
	30	90	1.85	不燃性
4	现浇的整体式梁板，保护层厚度(mm)：10	80	1.40	不燃性
	15	80	1.45	不燃性
	20	80	1.50	不燃性
	现浇的整体式梁板，保护层厚度(mm)：10	90	1.75	不燃性
	20	90	1.85	不燃性
	现浇的整体式梁板，保护层厚度(mm)：10	100	2.00	不燃性
	15	100	2.00	不燃性
	20	100	2.10	不燃性
	30	100	2.15	不燃性
	现浇的整体式梁板，保护层厚度(mm)：10	110	2.25	不燃性
	15	110	2.30	不燃性
	20	110	2.30	不燃性
	30	110	2.40	不燃性
	现浇的整体式梁板，保护层厚度(mm)：10	120	2.50	不燃性
	20	120	2.65	不燃性

续表

序号	构件名称		构件厚度或截面最小尺寸(mm)	耐火极限(h)	燃烧性能
5	钢丝网抹灰粉刷的钢梁，保护层厚度(mm)：10		—	0.50	不燃性
	20		—	1.00	不燃性
	30		—	1.25	不燃性
6	屋面板	1. 钢筋加气混凝土屋面板，保护层厚度10mm	—	1.25	不燃性
		2. 钢筋充气混凝土屋面板，保护层厚度10mm	—	1.60	不燃性
		3. 钢筋混凝土方孔屋面板，保护层厚度10mm	—	1.20	不燃性
		4. 预应力钢筋混凝土槽形屋面板，保护层厚度10mm	—	0.50	不燃性
		5. 预应力钢筋混凝土槽瓦，保护层厚度10mm	—	0.50	不燃性
		6. 轻型纤维石膏板屋面板	—	0.60	不燃性
六	吊顶				
1	木吊顶搁栅	1. 钢丝网抹灰	15	0.25	难燃性
		2. 板条抹灰	15	0.25	难燃性
		3. 1：4水泥石棉浆钢丝网抹灰	20	0.50	难燃性
		4. 1：4水泥石棉浆板条抹灰	20	0.50	难燃性
		5. 钉氧化镁锯末复合板	13	0.25	难燃性
		6. 钉石膏装饰板	10	0.25	难燃性
		7. 钉平面石膏板	12	0.30	难燃性
		8. 钉纸面石膏板	9.5	0.25	难燃性
		9. 钉双层石膏板(各厚8mm)	16	0.45	难燃性
		10. 钉珍珠岩复合石膏板(穿孔板和吸音板各厚15mm)	30	0.30	难燃性
		11. 钉矿棉吸音板	—	0.15	难燃性
		12. 钉硬质木屑板	10	0.20	难燃性
2	钢吊顶搁栅	1. 钢丝网(板)抹灰	15	0.25	不燃性
		2. 钉石棉板	10	0.85	不燃性
		3. 钉双层石膏板	10	0.30	不燃性
		4. 挂石棉型硅酸钙板	10	0.30	不燃性
		5. 两侧挂0.5mm厚薄钢板，内填容重为100kg/m³的陶瓷棉复合板	40	0.40	不燃性
3	双面单层彩钢面岩棉夹芯板吊顶，中间填容重为120kg/m³的岩棉		50	0.30	不燃性
			100	0.50	不燃性

序号	构件名称		构件厚度或截面最小尺寸(mm)	耐火极限(h)	燃烧性能
4	钢龙骨单面钉表右侧材料	1. 防火板，填容重为100kg/m³的岩棉，构造： 9mm＋75mm(岩棉) 12mm＋100mm(岩棉) 2×9mm＋100mm(岩棉)	84 112 118	0.50 0.75 0.90	不燃性 不燃性 不燃性
		2. 纸面石膏板，构造： 12mm＋2mm填缝料＋60mm(空) 12mm＋1mm填缝料＋12mm＋1mm填缝料＋60mm(空)	74 86	0.10 0.40	不燃性 不燃性
		3. 防火纸面石膏板，构造： 12mm＋50mm(填60kg/m³的岩棉) 15mm＋1mm填缝料＋15mm＋1mm填缝料＋60mm(空)	62 92	0.20 0.50	不燃性 不燃性
七	防火门				
1	木质防火门：木质面板或木质面板内设防火板	1. 门扇内填充珍珠岩 2. 门扇内填充氯化镁、氧化镁 　　　　丙级 　　　　乙级 　　　　甲级	40～50 45～50 50～90	0.50 1.00 1.50	难燃性 难燃性 难燃性
2	钢木质防火门	1. 木质面板 1)钢质或钢木质复合门框、木质骨架，迎/背火面一面或两面设防火板，或不设防火板。门扇内填充珍珠岩，或氯化镁、氧化镁 2)木质门框、木质骨架，迎/背火面一面或两面设防火板或钢板。门扇内填充珍珠岩，或氯化镁、氧化镁 2. 钢质面板 钢质或钢木质复合门框、钢质或木质骨架，迎/背火面一面或两面设防火板，或不设防火板。门扇内填充珍珠岩，或氯化镁、氧化镁 　　　　丙级 　　　　乙级 　　　　甲级	 40～50 45～50 50～90	 0.50 1.00 1.50	 难燃性 难燃性 难燃性

续表

序号	构件名称		构件厚度或截面最小尺寸（mm）	耐火极限（h）	燃烧性能
3	钢质防火门	钢质门框、钢质面板、钢质骨架。迎/背火面一面或两面设防火板，或不设防火板。门扇内填充珍珠岩或氧化镁、氧化镁			
		丙级	40～50	0.50	不燃性
		乙级	45～70	1.00	不燃性
		甲级	50～90	1.50	不燃性
八	防火窗				
1	钢质防火窗	窗框钢质，窗扇钢质，窗框填充水泥砂浆，窗扇内填充珍珠岩，或氧化镁、氯化镁，或防火板。复合防火玻璃		25～30	1.00	不燃性
			30～38	1.50	不燃性
2	木质防火窗	窗框、窗扇均为木质，或均为防火板和木质复合。窗框无填充材料，窗扇迎/背火面外设防火板和木质面板，或为阻燃实木。复合防火玻璃		25～30	1.00	难燃性
			30～38	1.50	难燃性
3	钢木复合防火窗	窗框钢质，窗扇木质，窗框填充采用水泥砂浆、窗扇迎背火面外设防火板和木质面板，或为阻燃实木。复合防火玻璃		25～30	1.00	难燃性
			30～38	1.50	难燃性
九	防火卷帘				
	1. 钢质普通型防火卷帘（帘板为单层）			1.50～3.00	不燃性
	2. 钢质复合型防火卷帘（帘板为双层）			2.00～4.00	不燃性
	3. 无机复合防火卷帘（采用多种无机材料复合而成）			3.00～4.00	不燃性
	4. 无机复合轻质防火卷帘（双层，不需水幕保护）			4.00	不燃性

注：1. λ为钢管混凝土构件长细比，对于圆钢管混凝土，$λ=4L/D$；对于方、矩形钢管混凝土，$λ=2\sqrt{3}L/B$；L 为构件的计算长度。

2. 对于矩形钢管混凝土柱，B 为截面短边边长。

3. 钢管混凝土柱的耐火极限为根据福州大学土木建筑工程学院提供的理论计算值，未经逐个试验验证。

4. 确定墙的耐火极限不考虑墙上有无洞孔。

5. 墙的总厚度包括抹灰粉刷层。

6. 中间尺寸的构件，其耐火极限建议经试验确定，亦可按插入法计算。

7. 计算保护层时，应包括抹灰粉刷层在内。

8. 现浇的无梁楼板按简支板的数据采用。

9. 无防火保护层的钢梁、钢柱、钢楼板和钢屋架，其耐火极限可按 0.25h 确定。

10. 人孔盖板的耐火极限可参照防火门确定。

11. 防火门和防火窗中的"木质"均为经阻燃处理。

附录二　各类木结构构件的燃烧性能和耐火极限

| | | 各类木结构构件的燃烧性能和耐火极限 | | | 附表 2 |

构 件 名 称			截面图和结构厚度或截面最小尺寸(mm)	耐火极限(h)	燃烧性能
承重墙	木龙骨两侧钉石膏板的承重内墙	1. 15mm 耐火石膏板 2. 木龙骨：截面尺寸 40mm×90mm 3. 填充岩棉或玻璃棉 4. 15mm 耐火石膏板 木龙骨的间距为 400mm 或 600mm	厚度 120	1.00	难燃性
		1. 15mm 耐火石膏板 2. 木龙骨：截面尺寸 40mm×140mm 3. 填充岩棉或玻璃棉 4. 15mm 耐火石膏板 木龙骨的间距为 400mm 或 600mm	厚度 170	1.00	难燃性
	木龙骨两侧钉石膏板+定向刨花板的承重外墙	1. 15mm 耐火石膏板 2. 木龙骨：截面尺寸 40mm×90mm 3. 填充岩棉或玻璃棉 4. 15mm 定向刨花板 木龙骨的间距为 400mm 或 600mm	厚度 120 曝火面	1.00	难燃性
		1. 15mm 耐火石膏板 2. 木龙骨：截面尺寸 40mm×140mm 3. 填充岩棉或玻璃棉 4. 15mm 定向刨花板 木龙骨的间距为 400mm 或 600mm	厚度 170 曝火面	1.00	难燃性
非承重墙	木龙骨两侧钉石膏板的非承重内墙	1. 双层 15mm 耐火石膏板 2. 双排木龙骨，木龙骨截面尺寸 40mm×90mm 3. 填充岩棉或玻璃棉 4. 双层 15mm 耐火石膏板 木龙骨的间距为 400mm 或 600mm	厚度 245	2.00	难燃性
		1. 双层 15mm 耐火石膏板 2. 双排木龙骨交错放置在 40mm×140mm 的底梁板上，木龙骨截面尺寸 40mm×90mm 3. 填充岩棉或玻璃棉 4. 双层 15mm 耐火石膏板 木龙骨的间距为 400mm 或 600mm	厚度 200	2.00	难燃性

构　件　名　称			截面图和结构厚度或截面最小尺寸(mm)	耐火极限(h)	燃烧性能
非承重墙	木龙骨两侧钉石膏板的非承重内墙	1. 双层12mm耐火石膏板 2. 木龙骨：截面尺寸40mm×90mm 3. 填充岩棉或玻璃棉 4. 双层12mm耐火石膏板 木龙骨的间距为400mm或600mm	厚度138	1.00	难燃性
		1. 12mm耐火石膏板 2. 木龙骨：截面尺寸40mm×90mm 3. 填充岩棉或玻璃棉 4. 12mm耐火石膏板 木龙骨的间距为400mm或600mm	厚度114	0.75	难燃性
		1. 15mm普通石膏板 2. 木龙骨：截面尺寸40mm×90mm 3. 填充岩棉或玻璃棉 4. 15mm普通石膏板 木龙骨的间距为400mm或600mm	厚度120	0.50	难燃性
	木龙骨两侧钉石膏板或定向刨花板的非承重外墙	1. 12mm耐火石膏板 2. 木龙骨：截面尺寸40mm×90mm 3. 填充岩棉或玻璃棉 4. 12mm定向刨花板 木龙骨的间距为400mm或600mm	厚度114　曝火面	0.75	难燃性
		1. 15mm耐火石膏板 2. 木龙骨：截面尺寸40mm×90mm 3. 填充岩棉或玻璃棉 4. 15mm耐火石膏板 木龙骨的间距为400mm或600mm	厚度120　曝火面	1.25	难燃性
		1. 12mm耐火石膏板 2. 木龙骨：截面尺寸40mm×140mm 3. 填充岩棉或玻璃棉 4. 12mm定向刨花板 木龙骨的间距为400mm或600mm	厚度164　曝火面	0.75	难燃性
		1. 15mm耐火石膏板 2. 木龙骨：截面尺寸40mm×140mm 3. 填充岩棉或玻璃棉 4. 15mm耐火石膏板 木龙骨的间距为400mm或600mm	厚度170　曝火面	1.25	难燃性

构 件 名 称		截面图和结构厚度或 截面最小尺寸(mm)	耐火极 限(h)	燃烧 性能
柱	支持屋顶和楼板的胶合木柱(四面曝火)： 　1. 横截面尺寸：200mm×280mm	 200 280	1.00	可燃性
	支持屋顶和楼板的胶合木柱(四面曝火)： 　2. 横截面尺寸：272mm×352mm 横截面尺寸在 200mm×280mm 的基础上每个曝火面厚度各增加 36mm	 272 352	1.00	可燃性
梁	支持屋顶和楼板的胶合木梁(三面曝火)： 　1. 横截面尺寸：200mm×400mm	 200 400	1.00	可燃性
	支持屋顶和楼板的胶合木梁(三面曝火)： 　2. 横截面尺寸：272mm×436mm 截面尺寸在 200mm×400mm 的基础上每个曝火面厚度各增加 36mm	 272 436	1.00	可燃性
楼板	1. 楼面板为 18mm 定向刨花板或胶合板 2. 楼板搁栅 40mm×235mm 3. 填充岩棉或玻璃棉 4. 顶棚为双层 12mm 耐火石膏板 采用实木搁栅或工字木搁栅，间距 400mm 或 600mm	厚度 277 	1.00	难燃性

续表

构 件 名 称		截面图和结构厚度或 截面最小尺寸(mm)	耐火极 限(h)	燃烧 性能
屋顶 承重 构件	1. 屋顶椽条或轻型木桁架 2. 填充保温材料 3. 顶棚为 12mm 耐火石膏板 木桁架的间距为 400mm 或 600mm	椽檩屋顶截面 轻型木桁架屋顶截面 	0.50	难燃性
吊顶	1. 实木楼盖结构 40mm×235mm 2. 木板条 30mm×50mm（间距为 400mm） 3. 顶棚为 12mm 耐火石膏板	独立吊顶，厚度 42mm。总厚 度 277mm 406　　406	0.25	难燃性

参 考 文 献

1. 《建筑设计防火规范》GB 50016—2014

2. 《建筑内部装修设计防火规范》GB 50222，2001 年版

3. 《建筑材料及制品燃烧性能分级》GB 8624—2012

4. 《消防给水及消火栓系统技术》GB 50974—2014

5. 《自动喷水灭火系统设计规范》GB 50084—2001，2005 年版

6. 《气体灭火系统设计规范》GB 50370—2005

7. 《二氧化碳灭火系统设计规范》GB 50193—1993，2010 版

8. 《泡沫灭火系统设计规范》GB 50151—2010

9. 《水喷雾灭火系统技术规范》GB 50219—2014

10. 《细水雾灭火系统技术规范》GB 50898—2013

11. 《建筑灭火器配置设计规范》GB 50140—2005

12. 《汽车库、修车库、停车场设计防火规范》GB 50067—97

13. 《火灾自动报警系统设计规范》GB 50116—2013

14. 《人民防空工程设计防火规范》GB 50098—2009

15. 《供配电系统设计规范》GB 50052—2009

16. 《民用建筑电气设计规范》JGJ 16—2008

17. 《消防设备电源监控系统》GB28 184—2011

18. 《阻燃和耐火电线电缆通则》GB/T 19666—2005

19. 《消防应急照明和疏散指示系统》GB 17945—2010

20. 《消防安全标志》GB 13495—1992

21. 《消防安全标志设置要求》GB 15630—1995

22. 《建筑设计防火规范》GB 50016—2014 引用标准规范汇编，中国计划出版社编，北京：中国计划出版社，2015.4

23. 《民用建筑电线电缆防火设计规程》DGJ 08—93—2002

24. 《建筑防排烟系统技术规范》编制组.建筑防排烟系统技术规范（征求意见稿），2015.

25. 中国建筑标准设计研究院组织编制.国家建筑标准设计图集13J811—1，建筑设计防火规范图示.北京：中国计划出版社，2014

26. 王学谦.建筑防火设计手册(第二版).北京：中国建筑工业出版社，2008

27. 公安部消防局组织编写.消防安全技术实务.北京：机械工业出版社，2014

28. 姜文源.建筑灭火设计手册.北京：中国建筑工业出版社，1990

29. 张学魁，景绒.建筑灭火设施.西安：陕西旅游出版社，2000

30. 张学魁.建筑灭火设施.北京：中国人民公安大学出版社，2014

31. 郭铁男.中国消防手册第六卷.上海：上海科学技术出版社，2007

32. 中国建筑设计研究院.建筑给排水设计手册.北京：中国建筑工业出版社，2008

33. 李亚峰，蒋白懿，刘强．建筑消防工程实用手册．北京：化学工业出版社，2008

34. 徐志嫱．建筑消防工程．北京：中国建筑工业出版社，2009

35. 景绒．灭火设施．北京：机械工业出版社，2013

36. 徐志胜，姜学鹏．防排烟工程．北京：机械工业出版社，2011

37. 陆耀庆．实用供热空调设计手册(第二版)．北京：中国建筑工业出版社，2007

38. 中国建筑标准设计研究院．国家建筑标准设计图集 12SDX101—2，民用建筑电气设计计算及示例．北京：中国计划出版社，2012

39. 刘介才．工厂供电．北京：机械工业出版社，2004

40. 陈南．电气防火教程．北京：中国人民公安大学出版社，2008

41. 蒋慧灵．电气防火．北京：兵器工业出版社，2009

42. 郭铁男．中国消防手册第十二卷　消防装备·消防产品．上海：上海科学技术出版社，2007